인류세의 모험
ADVENTURES IN THE ANTHROPOCENE

인류세의 모험
ADVENTURES IN THE ANTHROPOCENE

인류세의 모험
ADVENTURES IN THE ANTHROPOCENE

우리가 만든 지구의 심장을 여행하다

가이아 빈스 지음
김명주 옮김

곰출판

닉에게

닉에게

지질 연대

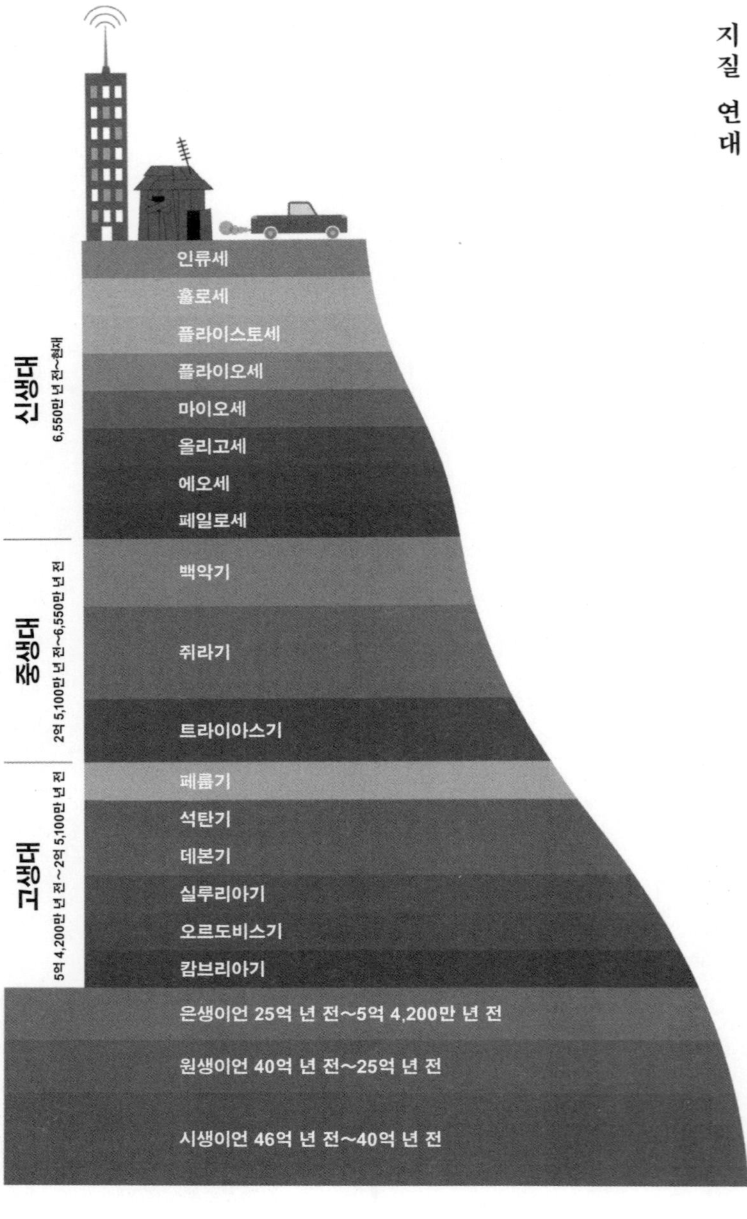
인류세
홀로세
플라이스토세
플라이오세
마이오세
올리고세
에오세
페일로세
백악기
쥐라기
트라이아스기
페름기
석탄기
데본기
실루리아기
오르도비스기
캄브리아기
은생이언 25억 년 전~5억 4,200만 년 전
원생이언 40억 년 전~25억 년 전
시생이언 46억 년 전~40억 년 전
신생대
6,550만 년 전~현재
중생대
2억 5,100만 년 전~6,550만 년 전
고생대
5억 4,200만 년 전~2억 5,100만 년 전

차
례

북서항로
대 서 양
프랑스
국제열핵융합실험로
핵융합 설비
스페인
알메리아
사하라사막
쓰레기 섬
태 평 양
콜롬비아
바야애르모사
갈라파고스제도
메델린
브라질
마나우스
페루
루레나바케
리마
볼리비아
포토시
리우데
자네이루
판타나우
살라르
소금 사막
코이아이케
파타고니아
베이커강
N

마하비르 푼의
오지 마을
고비사막
베이징
중국
텐진
에코시티
레
세팔
라즈사마디얄라
인도
카트만두
상하이
베트남
캄팔라
소로티
투르카나호수
뭄바이
캄보디아
라오스
메콩강
인더스강
케냐
우간다
탄자니아
나이로비
야시호수
세렝게티
인 도 양
마사이 마라
태 평 양
키리바시
오스트레일리아
포트
오거스타

서
문
∶∶
인
간
의
행
성

45억 년 전, 태양이 만들어지고 남은 뿌연 우주 먼지 속에서 광물이 빙글빙글 돌면서 덩어리로 뭉쳐졌다. 태양에서 세 번째로 가까운 행성 지구가 탄생한 것이다. 곧이어 거대한 암석 하나가 지구에 충돌했고, 이 충격으로 암석 조각이 떨어져 나가 달이 되었으며 지구의 자전축이 기울었다. 기울어진 자전축 때문에 지구에 계절과 해류가 생겨났고 달은 조석을 일으켰다. 이런 일들은 약 40억 년 전 생명이 탄생할 수 있는 조건을 제공했다. 그다음 35억 년 동안 지구는 극단적 빙하기를 들락날락했으며, 마지막 주기가 끝났을 때 복잡한 다세포 생명 형태가 폭발했다.

그 뒤에 일어난 이야기는 지구의 겉가죽에 — 목 긴 공룡과 도마뱀을 닮은 새들, 거대한 곤충과 기괴한 물고기들 같은 — 경이로운 생명체의 3차원 화석으로 새겨져 있다. 생명의 출현은 지구의 물리적 조건을 근본적으로 바꾸었다.[1] 식물의 뿌리는 암석의 더딘 침식 속도를 높였고, 침식으로 수로가 만들어지자 빗물이 흘러 강이 생겼다. 광합성은 대기와 바다의 화학적 조성을 탈바꿈시켰고 지구라는 계에 화학 에너지를 불어넣었으며 기후를 바꾸었다. 동물들은 그 식물을 먹고 지구의 화학적 조성을 다시 한 번 변모시켰다.

지구의 물리적 변화는 다시 생물학적 조건을 결정했다. 생명은 지질학적, 물리 화학적 조건에 따라 진화한다. 지난 5억 년 동안 다섯 번의 대멸종이 있었으며, 대규모 멸종을 초래한 초대형 화산 폭발, 소행성 충돌, 그 밖의 전 지구적 대형 사건들은 기후를 극적으로 바꾸었다.[2] 대멸종이 지나갈 때마다 지구의 생존자들이 재편되어 번성하고 진화했다. 오늘날 지구상에 존재하는 식물, 동물, 균류, 박테리아 등 생명들은 그 어느 때보다 다양하다.[3]

그러면 우리는 어떻게 탄생했을까? 해부학적인 현대 인류는 거의 20만 년 전까지도 나타나지 않았고, 끝내 살아남을 수 있을지도 매우 불확실했다. 하지만 인류가 어려움을 헤쳐 나갈 수 있게 한 뭔가가 있었다. 모든 생물이 공유하는 이 생물권에서 우리를 다른 모든 종과 다르게 만들었으며 우리의 성공을 도와 이 세계를 지배할 수 있게 한 그 뭔가는 바로 인간의 뇌였다. 우리는 다른 동물들보다 지능이 높고 도구 사용에 능하다. 그리고 불을 피우고 통제할 수 있다. 최초의 인류가 처음 불을 지피면서 우리는 가장 강한 종으로서 운명을 확고히 했다. 이런 외적 에너지원과 더불어 그것을 어디든 가져갈 수 있었던 덕분에 우리는 환경을 지배할 수 있었고, 다른 동물들로부터 자신을 보호할 수 있었으며, 음식을 조리하고 몸을 따뜻하게 할 수 있었을 뿐 아니라 결국 세계를 접수할 수 있었다.

인류는 수만 년 동안 네안데르탈인을 포함한 사촌 종들과 지구를 공유했다. 7만 4,000년 전 인도네시아 토바에서 초대형 화산 폭발이 일어나 거의 모든 인류가 죽으면서 지구의 인구는 몇 천 명으로 줄어들었다. 그리고 약 3만 5,000년 전 진정한 현대 인류, 즉 오늘날 살아 있는 사람들과 구별이 불가능하며 동굴과 바위 여기저기에 자신들의 문화적 흔적을 남겨놓은 사람들이 출현해 아프리카 밖으로 이주했다. 이리하여 인류의 영웅적 등정이 시작되었다.

석기 시대에 우리가 종으로서 지구에 미친 영향은 대형 포유류 몇 종을 멸종시키고 숲을 불태우는 것 같은 국소적인 환경 변화에 그쳤다. 기술은 무시할 만한 수준의 원시적인 것이었고, 원재료는 모두 재생 가능한 물질들이었다. 이후 오랜 세월에 걸쳐 인류의 영향은 점점 커졌다. 마침내 약 1만 년 전 농경이 발명되어(약 300세대 전으로, 당시 세계 인구는 100만 명이었다) 재배종들이 야생의 식물상을 대체함에 따라 몇몇 지역의 풍경이 크게 달라졌다. 그리고 약 5,500년 전(세계 인구는 500만이었다) 도시가 건설되고 최초의 거대 문명이 발생했다. 유럽과 북아메리카에서 일어난 산업혁명은 인간과 짐승의 노동을 기계로 대체하고, 약 150년 전부터는(세계 인구 10억 명) 화석 연료로 대량의 이산화탄소를 대기로 방출하면서 전 지구적으로 무시할 수 없는 영향을 미치기 시작했다.

하지만 인간이 제2차 세계 대전 이후만큼 큰 규모와 빠른 속도로 주변 환경에 영향을 끼쳤던 적은 일찍이 없었다. 인구 팽창, 세계화, 대량생산, 기술통신 혁명, 개선된 농법과 의료 발전이 그것을 추동했다. '거대한 가속(Great Acceleration)'으로 일컬어지는 인간 활동의 폭주는 자동차의 수에서부터 물 사용에 이르기까지 광범한 분야에서 목격된다.[4] 세계 인구가 처음 10억이 되기까지 5만 년이 걸렸지만, 최근에는 10억이 불어나는 데 단 10년밖에 걸리지 않았다.

이런 빠른 변화는 사회 경제적 발전에 박차를 가했다. 한 예로 100년 전 유럽의 기대 수명은 50세 밑이었지만 지금은 약 80세다. 하지만 '거대한 가속'은 추잡한 행보였다. 석탄 연소로 생긴 자욱한 스모그가 런던 같은 도시들을 휘감아 수천 명을 죽였고, 산성비는 강, 호수, 토양을 오염시켜 건물과 기념비를 부식시켰으며, 냉각제가 오존층을 좀먹었고, 배출된 이산화탄소는 지구의 기후를 바꾸고 바다를 산성화시켰다. 우리가 자연 세계를 탐욕스럽게 갈취한 결과는 삼림 황폐화, 대량 멸종, 생태계 파괴였다. 또한 분해되는 데 수백 년이 걸리는 쓰레기가 홍수처럼 쏟아졌다. 우리 인간은 한평생에 해당하는 기간 동안 타의 추종을 불허하는 전 지구적 세력이 되었고, 이런 추세가 둔화될 조짐은 보이지 않는다. 사실 우리가 지구에 미치는 영향은 증가하고 있을 뿐이다.

한편 우리와 가장 가까운 친척인 침팬지는 5만 년 전과 다름없이 살아가고 있다. 인간은 축적된 문화를 지닌 유일한 생명체로서, 매번 다시 창조하기보다 과거의 유산 위에서 시작할 수 있다. 하지만 인류는 변덕이 죽 끓듯 한 초고성능 뇌의 볼모가 된 채로, 지구 표면에서 실수하고 더듬거리며 물리적 세계와 생물 세계를 재편하는 용감한 실험을 시도하고 있다. 우리는 우리 자신을 포함하여 모든 종의 운명을 극적으로 바꿀 힘을 가지고 있다. 중대한 변화는 이미 시작되었다. 우리를 과거 어느 때보다 오랫동안 안락하게 살 수 있게 해준 그 독창성이 우리가 일전에 경험하지 못한 수준으로 지구를 탈바꿈시키고 있다. 살아가기에 짜릿하지만 불확실한 시대다. 인류세(Anthropocene, 네덜란드 화학자 파울 크뤼천이 제안한 새로운 지질시대 개념으로 현세인 충적세에 이어 자연환경 파괴로 인류가 지구환경과 맞서 싸우게 된 시대를 뜻함_옮긴이), 곧 인간의 시대에 오신 것을 환영한다.

우리는 문자 그대로 신기원을 여는 시대에 살고 있다. 인류가 일으킨 변화의 규모는 실로 어마어마하다. 최근 몇 십 년 동안 우리는 지구가 45억 년 역사에서 경험한 것을 능가하는 수준으로 세계를 바꾸었다. 지구는 지질 시대의 경계를 넘는 중이고, 인간은 그 변화의 주동자이다.

우리가 쥐라기 지층에서 공룡의 증거를 보고 캄브리아기 지층에서 생명의 대폭발을 보고 홀로세 지층에서 빙하가 후퇴한 자국을 볼 수 있는 것처럼, 지금으로부터 수백만 년 뒤 누군가는 지표면에 켜켜이 쌓인 지층 가운데 한 층에서 우리 인간의 지문을 볼 수 있을 것이다. 우리의 영향은 대규모 멸종, 바다의 화학 조성 변화, 사라진 숲과 사막의 성장, 강을 가로막은 댐, 빙하의 후퇴와 가라앉은 섬들에서 나타날 것이다. 먼 미래의 지질학자들은 화석 기록에서 다양한 동물의 멸종과 가축의 번성, 알루미늄 캔과 비닐봉지 같은 인공 물질들에 대한 화학적 흔적, 캐나다 북동부 애서배스카 오일샌드(원유를 함유한 다공성 사암_옮긴이) 지역의 합성원유 탄광 사업 같은 인위적 사업들의 흔적을 발견할 것이다. 합성원유 탄광 사업으로 연간 300억 T의 토양이 옮겨지는데, 이것은 같은 기간에 전 세계 모든 강에서 떠내려가는 퇴적물 양의 두 배에 해당한다.

지질학자들은 이 새로운 시대를 인류세라 부른다. 인류 그 자체가 지구를 산산조각 낸 소행성 충돌, 지구를 연기 장막으로 뒤덮은 화산 폭발 같은 지질 시대를 정의하는 사건들과 맞먹는 지구 물리학적 힘이 되었음을 인정하는 것이다.[5]

지구는 현재 인간의 행성이다. 우리는 숲을 그대로 둘지 베어

넬지, 판다가 생존할지 멸종할지, 강이 어디로 어떻게 흐를지는 물론 대기의 온도까지 결정한다. 지금 우리는 지구에서 가장 많은 대형동물이고, 그다음으로 많은 동물은 우리가 잡아먹고 부리기 위해 육종으로 창조한 동물들이다. 지표면의 10분의 4가 우리의 식량을 기르는 데 사용된다. 전 세계 담수의 4분의 3을 우리가 통제한다. 이런 시대는 여태껏 없었다. 우리 때문에 열대의 산호초가 사라지고 극지의 빙하가 녹고 있으며, 물고기가 사라져 바다가 텅 비고 있다. 섬 전체가 상승하는 해수면 아래로 사라지는 반면, 북극에서는 맨땅이 새로 모습을 드러내고 있다.

과학 저널리스트로 일하는 동안 나는 직업상 생물권이 어떻게 변하고 있는지 보고한 조사에 특별한 관심을 기울이게 되었다. 조사 결과는 끊임없이 쏟아졌다. 나는 나비의 이동 경로, 빙하가 녹는 속도, 바다의 질소 농도, 들불의 빈도 등등이 변하고 있음을 기술하는 연구들을 차례차례 접했고, 이 모든 사건은 한 가지 공통점으로 연결되었다. 바로 인간의 영향이었다. 나와 이야기를 나눈 과학자들은 인간이 자연계에 영향을 미치는 수많은 다양한 방식에 대해 설명했다. 날씨, 지진, 해류처럼 인간에게 휘둘리지 않을 것처럼 보이는 물리적 현상에조차 인간의 영향이 미치고 있었다. 그 과학자들은 앞으로 더 큰 변화가 올 것이라고 예측했다. 지구온난화를 추적하는 기상학자들은 치명적인 가뭄, 폭염, 수 미터에 이르는 해수면 상승을 거론했다. 보존생물학자들은 대멸종 수준의 생물다양성 붕괴에 대해 말했고, 해양생물학자들은 바다 한가운데의 '플라스틱 쓰레기 섬'에 대해 이야기했으며, 우주과학자들은 인공위성을 위협하는 우주 쓰레기를 어떻게 처리할지 논의했다. 생태학자들은 자연 그대로 남은 최후의 열대우림이 황폐화되고 있다고 말했고, 농경제학자들은 사막화가 마지막 남은 비옥한 토양으로까지 번지고 있다고 경고했다. 새로운 연구들은 한결같이 우리 세계가 얼마나 많이 변하고 있는지 — 지구가 얼마나 다른 행성이 되고 있는지 — 를 각인시키는 것처럼 보였다. 인류는 이 세계를 완전히 뒤바꾸고 있었고, 나를 포함한 많은 사람들이 그런 이야기를 보도할 때 전 세계의 그 누구도 우리가 초래한 환경 위기에 대해 의심하지 않았다.[6] 상황은 심히 걱정스러웠고, 많은 경우 해결할 엄두조차 내지 못했다.

나는 최신 연구 조사를 뒤따라가면서 인류의 미래에 대한 암울한 예측을 숱하게 들었다. 하지만 나는 그와 동시에 우리의 승리, 인간의 천재성, 인간의 발명과 발견들에 대해 보도했고, 과학자들이 식물 품종을 개량하고 질병을 퇴치하고 전기를 전송하고 완전히 새로운 재료를 만드는 새로운 방법을 찾고 있다고 전했다. 우리는 자연의 놀라운 힘으로 떠올랐다. 우리는 지구를 더 뜨겁게 또는 차갑게 할 힘이 있고, 종을 없애고 완전히 새로운 종을 만들어낼 힘이 있으며, 지구 표면을 다시 조각하고 지구의 생물학을 결정할 힘을 가지고 있다. 지구상에 인간의 영향력이 닿지 않는 곳은 없다. 우리는 자연의 순환을 초월했고 지구의 물리, 화학, 생물 과정을 바꾸었다. 우리는 시험관에서 새 생명을 창조할 수 있고, 죽은 생물들로부터 멸종한 종을 되살려낼 수 있으며, 세포에서 새로운 신체 부위를 자라게 할 수 있고, 특정 신체 부위를 대체할 기계 부품을 만들 수 있다. 우리는 로봇을 발명해 노예처럼 부리고, 컴퓨터를 발명해 우리 뇌를 연장하고, 커뮤니케이션을 위한 새로운 네트워크 생태계를 창조했다. 우리는 그냥 두었으면 영아기에 죽었을 사람들을 의료 기술을 이용해 살려냄으로써 우리 자신의 진화적 경로를 바꾸었다. 우리는 인공 환경과 외부 에너지원을 창조함으로써 다른 종들을 제약하는 한계를 뛰어넘었다. 현재 72세 남성이 죽을 확률은 30세 동굴인이 죽을 확률과 같다. 우리는 초자연적 존재다. 우리는 날개 없이 날 수 있고 아가미 없이 잠수할 수 있다. 우리는 죽을병을 극복할 수 있으며 심정지 후에도 소생할 수 있다. 우리는 지구를 떠나 달을 방문한 유일한 종이다.

우리가 전 지구적 힘을 휘두른다는 깨달음은 이 세계의 시공간 속, 그리고 다른 모든 생명체와의 관계 속에서 우리 위치를 정의하는 지금의 과학적·문화적·종교적 철학을 송두리째 무너뜨리는, 인식의 특별한 전환을 요한다. 중세까지만 해도 인간이 우주의 중심이라고 믿었다. 그런 다음에 16세기에 니콜라스 코페르니쿠스가 나타나, 지구도 태양 주위를 도는 하나의 행성일 뿐이라는 위치를 확인시켜주었다. 19세기에 찰스 다윈은 인간을 또 하나의 종, 즉 거대한 생명의 나무에 달린 하나의 잔가지에 불과한 존재로 전락시켰다. 하지만 지금 이 패러다임이 다시 바뀌고 있다. 인간은 더 이상 또 하나의 종이 아니다. 우리는 살아 있는 지구의 생물 화학적 조건을 의식적으로 재편하는 최초의 종이다. 우리는 우리 행성의 주인이 되었고, 지구 생명의 운명을 좌지우지하고 있다.

우리 행성이 마지막으로 새로운 지질 시대에 진입한 것은 약 1만 년 전이었다. 그 시대는 우리 종의 생존과 성공에 심대한 영향을 미쳤다. 당시 마지막 빙하기가 끝나면서 홀로세라고 불리는 지구온난화 시대가 시작되었다. 대륙빙하는 극지방으로 물러났고 열대 지방은 더 습해졌다. 사람들은 동굴에서 나와 새로운 환경 조건의 이점을 취하기 시작했다. 풀이 번성했고, 밀과 보리처럼 영양가 있는 씨를 맺는 풀들을 경작할 수 있었다. 전 세계에서 사람들은 더 큰 집단을 이루어 정착했고, 수렵 채집 대신 음식물을 가공하기 시작했다. 그런 안정은 문화와 문명의 발달로 이어졌다. 우리 종은 수를 더욱 불렸고, 크게 성공하여 여섯 개 대륙으로 퍼져 나갔다. 인류세의 영향도 그만큼이나 심대할 것이다.

인류세라는 용어를 제안한 사람은 노벨상 수상자인 파울 크뤼천(Paul Crutzen)이었다. 네덜란드 화학자인 그는 한 과학 학회에 참석했을 때 연구자들이 언급하고 있는 그 모든 생물 물리적 변화는 "우리가 더 이상 홀로세에 있지 않다는 것을 의미한다"는 생각이 번뜩 들었다고 내게 설명했다. 지구는 홀로세 표준으로 간주되는 조건에서 너무 많이 변했다. 크뤼천은 2002년에 《네이처》에 기고한 글에서 인류세가 도래했다고 주장했고, 지난 10년 동안 과학계에서 그 용어가 사용되었다.[7] 현재 영국 지질학회는 인간이 생물권에 초래하고 있는 변화를 근거로 이 새로운 시대를 공식적으로 등재하는 더딘 과정을 시작하는 중이다. 그런 변화들은 지구의 지질, 화학, 생물에 수만 년 또는 수백만 년 동안 보존될 것이다.[8] 숲이 농경지로 바뀌는 것 같은 토지 용도의 변화와 방사능 낙진이 그런 변화에 속한다. 지질 시대를 구분 짓는 경계는 불분명하고 대개는 수천 년에 걸쳐 있다. 과학자들은 전 세계 지층을 조사하여 그 경계 시점을 계산한다. 지질학자들은 인류세의 시작점을 언제로 봐야 할까? 농경이 시작된 1만 년 전일까, 산업 혁명이 시작된 몇 세대 전일까, 아니면 거대한 가속도가 시작된 1950년대일까? 그 결정은 지질학자들이 인류세를 정의하기 위해 사용하는 표지를 어떤 것으로 정하느냐에 달려 있다. 예컨대 1949년의 핵실험이 될 수도, 약 150년 전 일어난 대기 중의 이산화탄소 농도 증가가 될 수도 있다.

하지만 지질학자들이 고생물학적으로나 지질학적으로 아직 생성되고 있는 시대에 대한 고생물학적 연대 결정이라는 개념적으로 어려운 문제와 싸우는 동안, 학계 밖의 더 폭넓은 사회 부문에서는 인류세라는 개념이 포용되었다. 인류가 진정으로 전 지구적 영향을 미치고 있다는 개념은 예술가와 시인, 사회학자와 자연보존주의자, 정치인과 변호사들의 흥미를 불러일으켰다. 과학자들은 지구와 지구 생명에 일어난 다각도의 변화들을 기술하기 위해 이 용어를 사용하고 있다. 나는 이런 폭넓은 정의에 입각하여 — 그리고 우리가 지금 인류세의 경계를 넘고 있다는 사회적 합의에 입각하여 — 이 책을 썼다.

그러면 인류세를 인정할 수 있는 근거는 무엇일까? 다시 말해 우리가 새로운 지질 시대로 진입하고 있다는 증거는 무엇일까? 대기 중의 이산화탄소 농도는 홀로세 평균보다 거의 50%가 높다. 산업과 가정에서 배출하는 온실가스는 대기를 온난화시켜 기후를 바꾸고 지구 전역의 날씨 형태에 교란을 일으키고 있다.[9] 기후변화의 여파는 전 지구적이어서 지구상의 모든 생명체에 어느 정도 영향을 미친다. 또한 대기는 그 밖의 광범한 화학 물질을 보유하는 새로운 저장고가 되었다. 산들의 경우는, 수만 년 동안 산을 뒤덮었던 빙하가 사라지면서 더 쉽게 무너져 내리는 한편 채광업자들의 손에 난도질을 당하고 있다. 강들은 물길이 바뀌고 댐으로 막히고 물이 빠져나가고 침전물의 흐름이 극적으로 감소하고 있다. 한편 자연의 땅에 농경지가 생겨나면서 우리가 뿌리는 비료 때문에 지구상에 이용 가능한 질소의 양이 폭발적으로 늘어났다. 이렇게 투입된 질소는 수확량을 늘림으로써 인구를 급증시켰고, 그 결과 지난 50년 동안 지구 인구는 두 배가 되어 지구 전체에 지대한 영향을 미쳤다. 그리고 바다는 우리가 대기 중으로 배출한 이산화탄소 가스가 용해되면서 점점 더 산성화되고 있다. 또한 산호가 죽고 우리가 일으킨 남획, 오염, 수온 상승으로 물고기가 사라지면서 바다의 생명다양성이 점점 줄어들고 있다. 북극은 녹고 폭풍은 더 강해지고 더 자주 발생하고 있으며 해수면이 상승하고 보호 기능을 하던 퇴적물, 맹그로브, 습지가 사라지면서 해안선이 침식되고 있다.

사막은 사바나 전역으로 확산되고 있다. 숲은 메마르고 잘려 나가고 있다. 야생동물들이 사냥이나 서식지 감소, 기후변화, 외래종 침입으로 죽임을 당함으로써 지구는 여섯 번째 대멸종으로 내몰리고 있다. 한편 우리는 가축 종들을 널리 확산시키고 동물 종들을 전 세계로 무차별적으로 흩어놓고 있다. 채광, 시추 등의 추출로 지구의 내장을 파내고 자연 상태에서는 생길 수 없는 새로운 화합물과 물질, 기계 장치와 사물들로 지구를 어지럽히고 있다. 그리고 밤하늘을 환히 밝혀 우주에서도 보이는 강철과 콘크리트, 유리로 된 거대 도시를 건설하고 있다.

변화한 지구는 우리에게 어떤 영향을 미칠까? 우리는 홀로세의 삶에 알맞도록 진화하고 적응했고, 최근의 새로운 변화는 너무 빠르게 일어났다. 우리가 지구에 일으킨 변화는 우리가 우월한 종이 될 수 있었던 열쇠인 동시에, 우리가 밟아온 특별한 등정의 결과이기도 하다. 우리는 지구를 변화시킴으로써 번성하고 더 오래 더 건강하게, 유례없는 인구 증가 속에서도 과거 어느 때보다 더 안락하게 살 수 있었다. 하지만 인간은 아직은 자연적 존재이다. 우리는 살아 있는 이 행성에서 진화했고, 세포로 이루어져 있으며, 공기를 들이마시고 물을 마시고 단백질을 먹는다. 우리는 우리 행성의 생물·화학·물리적 과정에 의존하여 원재료, 연료, 식량, 의복을 포함한 모든 것을 얻고 공기를 정화하고 물을 순환시키고 쓰레기를 관리한다. 인구 증가로 인해, 그리고 이 새로운 인류의 시대에 우리가 살아가는 방식으로 인해 우리는 지구가 보유한 자원과 지구의 자연 과정들에 지나치게 많은 것을 요구하고 있다. 하지만 우리가 계속해서 지구를 변화시키는 바람에 지구는 우리의 요구를 점점 맞출 수 없게 되었고, 그 결과 우리는 담수 가용성, 식량 생산, 기후변화 그리고 '생태계 서비스'(생물권이 우리의 생존을 가능하게 하기 위해 수행하는 무수히 많은 기능들)의 측면에서 위기에 직면하고 있다.

인류세에 우리는 이미 전 지구적 과정을 망가뜨리기 시작했다. 어떤 과정은 여기서 조금만 더 바뀌어도 인간에게 재앙이 닥칠 수 있다. 하지만 그 밖에서는 그런 파국에 직면하기 전에 바로잡을 여지가 충분히 있다. 지구의 생물·물리·화학 과정은 대부분, 일정한 선을 넘으면 홀로세와 같은 조건으로 돌아가기가 거의 불가능한 일종의 티핑 포인트를 가지고 있다. 예를 들어 극지방의 해빙이 티핑 포인트에 도달하면 해빙이 걷잡을 수 없어져 해수면이 수 미터씩 상승할 수 있다. 이런 큰 변화를 두려워하는 몇몇 과학자들이 '지구의 한계점'— 가령 토지 용도 변화와 생물다양성 상실에서, 인간의 안전을 보장할 수 있는 생물 물리적 한계 — 을 거론해왔다. 그들에 따르면 우리는 몇몇 부분에서 한계점을 이미 넘어섰다.[10] 안정한 홀로세 조건이 제공하는 비교적 안전한 상태에서 벗어날 때 인간이 전례 없는 어려움에 직면할 것은 분명하다.

관건은 우리가 그 결과에 어떻게 대처하느냐이다. 예컨대 국제적으로 합의된 '안전한' 지구온난화 한계인 2℃(이것도 산업화 이전 수준보다 높다) 내에 머무는 것이 바람직했겠지만 우리는 이번 세기말쯤 그 한계를 넘을 것이 거의 확실하다. 따라서 이제 질문은 더 온난한 인류세 환경에서 우리가 어떻게 살 것이냐로 바뀐다.[11] 우리는 늘 우리의 필요에 따라 생태계를 바꾸었고, 아마 앞으로도 계속 그렇게 할 것이다. 예컨대 우리가 거주할 수 있는 범위가 열대지방으로 한정되지 않은 것은 우리가 의복을 비롯해 몸을 따뜻하게 유지하는 방법을 발명한 동시에 더위를 식히는 냉방 기술을 개발했기 때문이다. 우리는 생존을 위해 빙하기를 미루는 것을 포함해 수많은 방식으로 지구 환경을 개선했다. 하지만 지구를 더 나쁘게 만들기도 했다. 그런 부정적 결과들 가운데 일부는 우리가 기술 발전이나 이주, 그 밖의 적응을 통해 극복할 수 있다. 나머지는 되돌릴 필요가 있다. 또한 어떤 경우는 거기에 맞추어 살아가는 방법을 찾을 필요가 있을 것이다.

좋은 소식은 몇 가지 문제들이 이미 통제 하에 들어오고 있다는 것이다. 많은 나라에서 법과 기술 개선을 통해 오염을 억제하고 있고, 방사능 오염은 국제 핵실험금지조약을 통해 제한되고 있다. 오존층을 파괴하는 화학물질을 금지하는 몬트리올조약 덕분에 오존층이 뚫리는 속도도 느려지기 시작했다. 중요한 것은 인구 증가율 역시 느려지면서 많은 나라들이 현재 마이너스 성장을 하고 있다는 것이다.[12] 하지만 그 밖의 다른 문제들은 계속 커지고 있으며 큰 위협으로 남아 있다. 그리고 과학은 생물 물리적 쟁점을 찾아낼 수는 있어도 우리에게 어떻게 대응해야 하는지 가르쳐줄 수가 없다. 그것은 사회가 결정할 일이다. 인간은 더 이상 또 하나의 동물이 아니다. 우리는 위생과 전기, 나아가 인터넷을 이용하는 것 같은 인간만의 특별한 권리를 가지고 있고 이것을 개발을 통해 얻을 수 있다고 기대한다.[13] 사회 정의를 실현하는 일과 환경을 보호하는 일은 긴밀하게 얽혀 있다. 가난한 사람들이 어떤 방식으로 부자가 되는가가 인류세의 모습을 결정할 것이다.

인류세에 우리가 살아 있는 지구에 미치는 막대한 영향은 우리가 겪고 있는 거대한 사회 변화 — 즉 인간이 한 종으로서 살아가는 방식에 일어난 변화들 — 의 직접적 결과이다. 우리는 현재 엄청난 규모의 인구를 부양하고 있지만, 이것은 단순히 소규모 수렵 채집인 사회의 수가 불어난 것이 아니다. 전 세계 사람들의 절반 이상이 현재 도시에 살고 있다. 도시는 인구밀도가 높고 유목적적으로 건설된 생활공간들로 이루어진 인위적 구성체로, 거대한 공장처럼 돌아가면서 지구의 식물, 동물, 물, 암석, 광물 자원을 소비한다. 인류는 산업적 규모로 움직이고, 많은 것을 필요로 한다. 예컨대 시간당 18TW(1테라와트=100만 메가와트)의 에너지, 연간 9조 m^3의 물, 식량 조달을 위해 육지 면적의 40%를 필요로 한다. 인간은 이제 인류세의 피조물이며 산업화, 인구 팽창, 세계화, 통신기술 혁명의 산물인 초유기체가 되었다. 초유기체가 된 인류의 지능, 창의성, 사회성은 연결되고 축적된 모든 두뇌의 편집물이다. 여기에는 문화적 · 지적 유산을 남긴 과거의 두뇌들은 물론, 정보 도서관(예컨대 위키피디아)과 컴퓨터 프로그램 같은 인공지능도 포함된다. 인류는 이미 인간을 보호하기 위해 흘러가는 지식의 흐름을 보유한 전 지구적 문명 네트워크가 되었다. 찌르레기 떼가 갑자기 일제히 방향을 바꾸듯이, 인류의 행동을 예측하는 것은 어렵다. 인류가 아무리 거대한 전 지구적 힘이라 해도 인류라는 초유기체를 움직이는 것은 개인이고, 초유기체의 행동을 결정하는 것은 그 안에 속한 사회이다. 그리고 해법은 대개 지역적 수준에서 발견된다. 본질적으로 우리는 다른 화학물질을 재활용하는 화학물질의 연합체이고 생물권은 우리를 100억까지 떠받칠 수 있지만, 사회 환경적 제약 안에서 그렇게 하는 것은 어려운 일이다.

우리가 전 지구적 힘임을 인식할 때 비로소 우리는 눈을 뜨고 우리의 새로운 역할에 대해 질문하게 된다. 우리는 단지 자연의 또 다른 일부로서 자연이 하는 대로 따를 뿐일까? 즉 환경이 허용하는 한계점까지 번식하고 그 이후에는 붕괴할까? 아니면 우리는 자기 결정 능력을 지닌 최초의 종으로서 우리의 자연적 충동, 영향, 환경을 조절함으로써 이 행성에서 미래에도 계속 살아갈 수 있을까? 생물권의 나머지 구성원들과의 관계는 어떨까? 우리는 — 다른 모든 종이 그러듯이 — 그들을 우리의 쾌락과 필요를 위해 무자비하게 탕진해도 되는 자원으로 대할 것인가? 아니면 우리가 새로운 전 지구적 힘을 가졌다는 것이 우리에게 자연계의 나머지 구성원들에 대한 책임감을 불어넣을까? 상반되지만 밀접하게 얽힌 이 두 가지 힘을 어떻게 조화시키느냐가 우리 미래를 결정할 것이다.

한 아이의 인생에는 자신이 향유하는 음식 — 자신이 먹는 고기 — 이 동물에게서 온다는 사실을 처음으로 깨닫는 순간이 있다. 자신이 애지중지하는 사랑스러운 털북숭이 포유류가 식량이기도 하다는 사실을 알았을 때 어떤 아이들은 채식주의자가 되어 다시는 고기를 먹지 않는다. 하지만 대부분은 그렇지 않다. 역사의 이 시점에서 우리는 그런 아이들처럼 에너지부터 물, 소비재까지 우리가 인생에서 누리고 의존하는 것들이 저마다 환경과 사회에 영향을 미치고 그것은 다시 우리에게 영향을 미친다는 사실을 깨닫고 있다. 우리가 이 문제를 해결하기 위해 어떤 노력을 하느냐가 앞으로 인류세의 경로를 결정할 것이다. 우리는 이 시대의 개척자이지만 협업적 사고를 길러내는 과학적 이해력, 뛰어난 의사소통 능력, 연결 능력을 지니고 있다. 인류세라는 포스트 자연 시대에 우리는 자연을 보존하거나, 아니면 자연이 하던 일들을 인위적으로 모방해야 할 것이다. 나는 어떻게 해야 하는지 알고 싶었고, 그것은 런던에 있는 내 책상에서는 할 수 없는 일이었다.

위도와 경도가 한 장소에 대해 모든 것을 말해주는 동시에 아무 것도 말해주지 않듯이, 내게 과학자들이 생산한 추상적인 숫자와 그래프는 우리가 살아가고 있는 새로운 세계에 대해 아무것도 말해주지 않는 것처럼 보였다. 게다가 과학만큼 학술 연구가 사회에서 뜨거운 논란을 불러일으키는 분야는 없다. 사람들은 흔히 인류세의 문제들에 대한 해법을 놓고 극단적 견해를 주장한다. 많은 사람들은 심지어 입증된 과학적 사실에까지 의문을 제기한다. 나는 호기심이 발동했고, 내가 역사의 이 중요한 순간에 우리 행성을 탐험하고 싶어 한다는 것을 깨달았다. 나는 목소리를 들어봐야 할 가장 중요한 사람들은 바로 이 새로운 시대의 인간 기니피그들 — 즉 이 변화한 세계를 이미 경험하고 있는 사람들 — 이라는 생각이 들었고, 그들이 어떻게 대처하는지 보고 싶었다. 나는 헤드라인, 쏟아지는 통계 수치, 컴퓨터 모델, 환경운동가들과 기업, 충격 요법과 지루한 슬로건 사이에 오가는 논쟁의 이면을 파헤쳐보고 싶었다. 현장의 상황을 보고, 이 시대의 주역들과 이야기를 나누고, 인류세의 현실을 내 눈으로 직접 보면서 스스로 진실을 조사하고 싶었다.

나는 런던의 직장을 떠나 탐험을 떠나기로 결심했다. 특별하고 새로운 인간의 시대가 시작되는 지구 역사의 이 중요한 순간에 나는 지구를 탐험해보기로 했다. 그 탐험에서 나는 사람들이 어떻게 자연의 일을 떠맡고 있는지 보았다. 인공 빙하를 만들어 농작물에 물을 대고, 인공 산호초를 건설하여 자신들이 사는 섬을 지탱하고, 인공수를 심어 공기를 정화하는 사람들을 보았다. 또한 인류세에 자연계의 남은 부분을 보존하려는 사람들, 새로운 장소에서 구세계를 재창조하려고 시도하는 사람들을 만났다. 그리고 어떻게 하면

100억 인구가 충분한 음식, 물, 에너지를 가지고 더욱 안락하게 살 수 있으면서도 자연계와, 우리가 의존하고 있는 과정들을 실행하는 자연의 능력에 끼치는 영향을 줄일 수 있느냐는 '난제'를 해결할 방법을 모색하는 사람들을 만났다.

나는 변화하는 지구를 여행하면서 우리가 창조하고 있는 세계를 보았고, 우리가 어떤 종류의 인류세를 원하는지 궁금해졌다. 우리는 우리가 만드는 새로운 자연을 사랑하게 될까, 아니면 옛날의 자연을 애도할까? 우리는 효율적인 삶의 방식을 받아들이게 될까, 아니면 빙하가 녹으면서 새로 드러난 땅으로 퍼져 나가게 될까? 우리는 새로운 먹거리를 먹고 새로운 작물을 심고 새로운 동물을 기르게 될까? 이 인류의 세계 안에 야생 생물들을 위한 공간을 따로 만들게 될까? 나는 각기 다른 관점에서 인류세를 경험했고, 모두가 공유하는 생물권의 복잡성을 헤쳐 나가면서 개발의 길을 모색하고 있는 개척자들을 만났다. 이 책은 이 새로운 세계를 여행한 기록이자 특별한 시대를 살고 있는 탁월한 사람들에 대한 이야기이다. 또한 독창적인 발명과 믿을 수 없는 풍경들에 대한 이야기이며, 우리가 원했든 원치 않았든 어떻게 '가이아'를 소유하게 되었는지에 대한 이야기이다.

인류가 1만 년 만에 최대 도전에 직면한 지금 나는 우리 종이 살아남을 수 있을지, 그렇다면 그 방법은 무엇인지 알아보기 위한 여정을 시작한다.

1

A T M O S P H E R E

대
기

지구의 거대한 공기 바다, 중력이 꼭 붙들고 있는 기체들로 출렁이는 하늘은 광대한 우주 안의 이 특별한 점을 점화하는 생명의 숨이다. 숨을 들이쉬고 내쉬어 보라. 대기는 지구 생명에게 없어서는 안 되는 것이다. 대기는 '살아 있는 생물권'— 즉 공기를 순환시키고 온도와 기후를 조절하고 위험한 운석과 치명적인 우주 방사선으로부터 우리를 보호하는 거대한 맥동하는 '몸'—을 이루는 내장기관이다.

대기는 100km에 걸쳐 분리되지 않고 하나로 뻗어 있고 수증기 구름, 낙하하는 눈, 번쩍이는 번개, 붉은 노을을 드러내는 기상 조건을 통해서가 아니면 볼 수 없다.

지구의 공기 바다와, 지상의 바다 속에서 소용돌이치는 해류는 서로 상호작용하면서 우리 행성의 날씨와 기후를 창조하고 생명의 조건을 결정한다. 이런 전 지구적 날씨 형태 가운데 가장 중요한 것은 아마 해들리 세포일 것이다. 울창한 적도 무풍대에 많은 비를 뿌려 생물다양성이 매우 풍부한 열대 우림과 습지를 만드는 한편 그 북쪽과 남쪽에는 메마른 사막을 남기는, 덥고 축축한 공기의 순환 형태를 말한다. 이 순환 체계의 영향은 우주에서도 초록과 갈색의 선명한 경계선으로 보인다.

하지만 지구 생명체 역시 대기 상태와 날씨를 결정한다. 최초의 대기는 수소와 수증기였다. 초기 광합성 생물들 덕분에 생명의 기체 산소가 공기에 충만해지는 데는 약 20억 년이 걸렸다. 오늘날 별 볼일 없어 보이는 스트로마톨라이트로 살아남아 있는 고대 광합성 생물인 남조류는 태양에너지를 이용해 이산화탄소에서 당을 만들었고, 그 과정에서 부산물로 산소를 방출했다.

작은 개미부터 거대한 나무까지 지구 생명체들이 끊임없이 하는 호흡은 대기의 산소를 고갈시키고 그 자리를 이산화탄소와 물로 대체한다. 호흡에서 이루어지는 가스 교환은, 낮 동안(특히 여름에) 전 세계 육지와 바다의 나무와 조류들이 하는 광합성 활동에 의해 상쇄된다. 생물과 공기 사이에 일어나는 다양한 피드백은 대략 78%의 질소와 21%의 산소, 비활성 기체들, 이산화탄소, 극소량의 다른 기체들로 이루어진 대기를 만들었다.

이 복잡한 관계 속으로 인류가 밀고 들어와 대기에 대량의 온실가스를 추가함으로써, 과거 수천 년 동안 유지되던 섬세한 균형을 깨고 이후 몇 백 년에 걸쳐 지구 기후를 바꾸었다.

대기는 상상도 할 수 없을 만큼 차가운 우주 공간의 온도로부터 지구를 보호하는 담요 역할을 한다. 이런 포근한 조건을 책임지는 기체는 이산화탄소이다. 이산화탄소가 눈에 보이지 않는 것은 햇빛이 이산화탄소 분자를 곧장 통과하기 때문이다. 하지만 적외선은 이산화탄소 분자를 통과하지 못해서 열이 그 내부에서 돌아다니며 온실 유리처럼 공기를 데우게 된다. 햇빛은 아무런 방해를 받지 않고 대기를 통과해 지구 표면에 닿는다. 그때 닿은 표면이 반짝이는 하얀 빙하처럼 빛을 반사시키는 성질을 지니고 있다면, 광선의 대부분이 빛으로 되튀어 나온다. 하지만 그 표면이 검은 바위나 흙, 바다처럼 어두우면 에너지가 열로 흡수되고, 그 열은 이산화탄소를 통과하지 못하는 적외선의 형태로 대기에 방출된다. 이런 식으로 열이 대기와 지표면 사이에 갇혀 왔다 갔다 하면서 그 둘을 데우고 생명을 지탱한다.

우리는 지구의 기후가 길이가 1m나 되는 곤충들이 살던 풍성한 열대와 생명 형태의 대다수가 죽은 빙하기 사이를 왔다 갔다 했다는 사실을 화석 기록을 통해 알고 있다. 재앙적 한파는 유성 충돌이나 초신성 폭발 같은 거대한 사건의 결과로, 대기를 흙먼지로 뒤덮어 햇빛이 지표면에 닿을 수 없게 함으로써 생명 활동에 없어서는 안 되는 이산화탄소를 생산하는 동물을 죽게 했다. 그 시기에 대기 중의 이산화탄소 농도는 160ppm 정도로 낮게 떨어졌다.

인류가 진화한 지난 50만 년 동안 이산화탄소 농도는 200ppm(빙하기)과 홀로세의 편안한 280ppm 사이를 맴돌았다. 과거에 인간이 주로 사용한 연료는 목재였는데, 목재를 태우면 그 나무가 성장하는 동안 흡수한 양만큼 이산화탄소가 뿜어져 나왔다. 하지만 인류세에 우리는 주로 화석 연료를 태워 에너지를 얻는데, 이때 수백만 년 전에 죽은 식물과 그 밖의 생명체에 저장되어 있던 막대한 양의 이산화탄소가 나온다. 내가 이 책을 쓰는 현재, 대기 중의 이산화탄소 농도는 산업화 이전 수준보다 40%나 더 높은 400ppm으로, 대기는 더 온난하고 더 역동적이고 더 많은 물을 보유함으로써 더 극단적인 날씨를 유발하고 있다. 과학자들은 홀로세 표준을 의미하는 '정상적인 기후' 따위는 더 이상 존재하지 않는다고 말한다.

또한 우리는 대기를, 물질이 연소할 때 방출되는 다른 기체와 광범한 기타 오염 물질의 저장고로도 이용하고 있다. 그중 냉매는 성층권 상층부에서 우리를 자외선으로부터 보호하는 오존층을 공격한다.

그리고 인류세에 대기는 인류의 목소리가 되었다. 가시광선이 대기를 통과하듯 소리, 라디오파, 마이크로파 역시 대기를 통과할 수 있어서 무선, 전화기, 인터넷을 통한 실시간 커뮤니케이션을 가능하게 해준다. 대기는 태양의 생명 에너지를 통과시키듯 대기 중에 떠 있는 인공위성에서 발생하는 펄스를 통과시킬 수 있어서, 우리 종은 목소리를 통해 사실상 몇 초 만에 지구를 횡단할 수 있다.

1932년에 조지 5세는 영국 본토에서 제국의 전초 기지에 사는 2,000만 청자들에게 무선 전신으로 크리스마스 메시지를 전달한 최초의 국왕이 되었다. 러디어드 키플링이 써준 대본에 따라 조지 왕은 "눈, 사막, 바다에 가로막혀 오직 공기 중의 목소리를 통해서만 닿을 수 있는 신사 숙녀들에게" 연설했다. 인류세의 대기는 이런 "공기 중의 목소리"로 가득하다. 라디오, 노트북, 텔레비전, 휴대전화, 기타 기기들에서 나오는 광선을 볼 수 있다고 상상해보라. 45억 년 지구 역사 대부분 동안 대기를 채우는 빛은 항성과 유성 같은 지구 밖 천체들의 섬광과 뇌우의 번쩍임뿐이었다. 하지만 지금 하늘은 우리의 통신 기기들이 주고받는 각기 다른 파장의 인공적인 빛으로 충만하다. 더욱이 이것은 비가시광선 스펙트럼만을 친 것이다. 우리는 가시광선 스펙트럼의 빛으로 도시와 시가지가 한밤에 우주에서도 보일 정도로 환하게 세계를 밝혔고, 별은 도시 거주자들에게 잊혔다.

인공위성은 육안으로는 할 수 없었던, 우주에서 우리가 사는 곳을 내려다보는 일을 가능하게 해준다. 바로 그 카메라들이 우리가 이 세계를 얼마나 많이 변화시키고 있는지 그 어느 때보다 상세하게 보여준다. 인터넷을 이용함으로써 우리는 지식과 지적 자원을 끌어 모아 새로운 문제를 해결할 수 있고, 여러 가지 방식으로 협력할 수 있으며, 물리적으로 어느 곳에 있든 관계없이 지리적 한계를 뛰어넘어 가상의 공간에 거주할 수 있다.

또한 대기는 하늘 모험가들의 놀이터가 되었다. 다시 말해, 대기는 지구 내의 모든 곳과 지구 밖의 우주로 신속하고 직접적인 장거리 여행을 할 수 있게 해주는 중간 매체이다. 현재 런던에서 시드니까지 가는 데는 하루가 채 걸리지 않는다. 우리는 남아프리카에서 딴 싱싱한 블루베리를 몇 시간 뒤 런던에서 먹을 수 있는 시간 틀 내에서 서로 무역할 수 있다.

하늘로 침투한 우리의 기술은 다른 어떤 생명 형태도 할 수 없는 우리 종만의 커뮤니케이션 방식을 가능하게 해주었다. 대기는 어느 한 개인이 소유할 수 없는 모든 지구인의 공통 재산이다. 대기는 생명에 첫 숨을 제공하고, 생명은 마지막 숨과 함께 소멸한다. 이 장에서는 우리가 대기에 일으킨 변화들이 향후 몇 십 년 동안 사회가 나아갈 방향을 결정하는 데 어떤 도움을 줄 것인지 살펴본다.

|

네팔 수도 카트만두에서 서쪽으로 약 200km 떨어진 도시 포카라의 작은 활주로 밖에서 마하비르 푼을 만났다. 그는 배가 불룩하고 각진 얼굴에 검고 두꺼운 머리카락을 특이한 각도로 넘긴 50대 중반의 작달막한 남성이다.

"가이아, 이쪽이에요. 이쪽!" 그는 황급히 말하며 빠른 걸음으로 앞장서 출발했다. 뻗친 머리카락이 더 헝클어져 한쪽이 붕 떴다.

나는 그를 잰걸음으로 따라갔다. 불룩한 배낭을 메고 북극 탐험 복장을 한 창백한 얼굴의 외국인 여성이 가벼운 면직물 옷을 입고 샌들을 신은 네팔 남자 뒤를 땀을 뻘뻘 흘리며 따라가는 특이한 광경을 보기 위해 사람들이 모여들었다.

주초에 있었던 정치 시위의 여파로 마오쩌둥주의 정부가 군부를 동원해 그 지역에 통금을 내린 탓에 오토바이, 버스, 택시를 포함한 모든 차량의 통행이 금지되었다. 마하비르 푼은 나를 만나기 위해 수 킬로미터를 걸어와야 했다. 하지만 정부가 제 기능을 하지 못하는 나라들이 으레 그렇듯이 이곳 사람들도 임기응변에 능했다. 푼은 망을 보더니 내게 오토바이 택시 두 대 중 한 대를 타라고 손짓하고는 자신은 남은 오토바이 택시를 탔다. 그러고 나서 우리는 출발했다.

포카라는 산맥의 후광을 업고 은은하게 빛나는 호수 마을이다. 그곳은 네팔을 '아시아의 스위스'로 바꾸겠다는 신임 총리의 약속에 가장 근접한 곳으로 매력적인 카페와 상점들이 호숫가에 운집해 있다. 화사한 옷차림의 남녀노소가 작은 둑 위에 삼삼오오 모여 백여 미터 떨어진 한 섬의 아름다운 불교 사원을 바라보며 불공을 드린다. 사리를 입은 여성들은 호수에 무릎을 담근 채 색색의 빨랫감을 물에 적시고 치렁치렁한 검은 머리를 감는다. 물고기들이 수면 위로 튀어 오르고 새들은 수면 위를 빙글빙글 돌며 먹잇감을 찾는다.

기이하게 생긴 마차푸차레산 봉우리가 이 마을 위로 우뚝 솟아 있다. 깎아지른 듯한 화강암 경사면이 마치 손가락으로 하늘을 가리키듯 파란 하늘로 치솟아 있다. 히말라야산맥은 12월 중순인 이

맘때면 호수에 얼음이 얼고 산기슭의 꽤 아래쪽까지 눈이 쌓여 있어야 한다. 하지만 가장 높은 봉우리들만 하얬고, 분홍색 꽃들이 햇빛 아래 흔들거리는 초록 줄기 끝에 매달려 고개를 까딱거렸다. 우리는 잠시 멈추어 섰고, 그 틈에 나는 옷을 한 겹 더 벗었다.

그림엽서처럼 예쁜 도시에 감추어진 몇 가지 덜 매력적인 세부가 내 눈에 들어왔다. 도시의 카페와 사업장에서 흘러나온 악취가 진동하는 미끈거리는 녹색 지표수가 미처리 하수와 기름진 오염 물질을 호수로 방출하고 있었다. 차림새가 남루하고 지저분한 아이들이 둑에 널린 버려진 플라스틱과 고체 쓰레기들을 찔러보고 있었다. 그때 한 소년이 몇 미터 밖으로 걸어가더니 바지를 내리고 호숫가에서 변을 보았다. 나는 고개를 들어 위쪽을 보았다. 예스러운 시골집이 길가에 늘어서 있었다. 사실상 흙바닥에 세워진 다 쓰러져가는 더러운 판잣집인 그 집들은 그곳에 사는 대가족에게 보호나 안락을 거의 제공하지 못했다. 어느 모로 보나 스위스와는 한참 거리가 멀었다. 그렇다 해도 이곳은 이 나라에서 가장 잘 사는 축에 들었다.

인류세 벽두에 가난한 세계가 직면한 개발이라는 과제가 얼마나 엄청난 것인지 이해하고자 한다면 네팔은 그 시작으로 적격인 장소다. 정치적·문화적·지리적으로 세계에서 가장 빠르게 성장하고 있는 두 개발도상국 사이에 샌드위치처럼 낀 네팔은 중국과 인도 어느 쪽의 성장 모델도 따르지 않고 점점 쇠퇴하기만 했다. 네팔은 세계에서 가장 가난한 10개국 중 한 곳으로 인구의 3분의 1 이상이 빈곤선 아래인 하루 40센트 이하로 살아가고 5세 이하 어린이의 절반이 영양실조에 걸려 있다. 네팔인의 약 90%가 시골 지역에 살고, 그 가운데 다수가 먹고살기에 턱없이 작은 밭에서 먹을 것을 자급자족하며 근근이 살아가고 있으며 전기, 수도, 위생, 교육, 의료 혜택을 받지 못한다. 쌀부터 등유까지 모든 것이 부족하다. 마오쩌둥주의자들의 반란과 시국 불안이 10년 넘게 이어지면서 국가 경제는 파탄 났고 기반 시설은 제 기능을 못하고 있다. 네팔은 지난 몇 십 년 동안 기본적인 통치도 불가능한 상태였다. 자선 단체 구호품에 의지해 대량 기아를 겨우 모면할 뿐이다. 네팔에서 활동하는 NGO 단체는 1990년에 220개였던 것이 1만 5,000개 이상으로 치솟아, 현재 GDP의 60%를 기여하고 있다.

절망적인 시대라고? 100년 전 스위스에서도 대부분의 사람들이 이와 비슷한 조건에서 살았고, 그 나라가 건국 50주년을 맞을 가능성은 훨씬 더 낮았다.

현재 전 세계 인구의 40%(28억)가 공동 화장실조차 없이 살고 있는데, 이것은 설사로 매년 240만 명이 죽는 주요 원인이 되고 있다. 질병의 약 80%가 배설물로 인해 발생한다(위생 시설이 없는 곳에 사는 사람들은 하루에 10g의 배설 물질을 섭취할 수 있다). 네팔이 스위스가 이룩한 도약적 발전을 이루기 위해서는 경제를 성장시켜 스위스처럼 건강, 교육, 기반 시설에 투자할 필요가 있다. 네팔 여성들도 버튼만 누르면 빨래를 할 수 있게 되면 자유 시간을 교육과 소득 활동에 쓸 수 있을 것이다. 아무도 공공장소인 호수를 화장실로 사용하지 않을 것이다. 2048년에는 아시아의 일인당 소득이 미국의 일인당 소득과 같아질 것으로 예측된다. 관건은 어떻게 하면 인류세의 변화하는 조건 속에서 인류가 처한 환경 문제를 더 악화시키지 않고 목표에 이르느냐이다. 내가 마하비르 푼을 찾은 것은, 대기를 이용하는 기술이 그 길을 순탄하게 하는 데 어떻게 이용되고 있는지 알기 위해서였다.

베니("두 강이 만나는 곳")라는 작은 마을로 가는 길은 오토바이로 다섯 시간이 걸리는 험난한 여정이다. 운전사가 1973년산 도요타라고 자랑스럽게 말하며 섀시를 툭 치는 바람에 오토바이의 사이드 패널이 우당탕거리며 떨어져나갈 뻔했다. 좁은 도로에서 낡은 재활용 타이어가 도로에 팬 구멍을 요리조리 피하며 달렸다. 그러다 갑자기 도로가 사라지더니 양쪽으로 협곡이 펼쳐졌다. 해지기 전에 도착하려고 서둘렀으나 해는 이미 져버렸고 우리는 컴컴한 길에서 손에 땀을 쥐며 곡예하듯 내달렸다.

우리는 ― 베니의 모든 건물과 마찬가지로 목조 건물인 ― 한 소박한 호텔에서 하룻밤을 묵고 동이 트자마자 다시 출발했다. 낭기(Nangi)로 가는 도로는 없다. 마하비르 푼이 사는 외딴 산촌 마을에 닿으려면 거의 수직에 가까운 가파른 길을 하루 종일 올라야 했다. 머지않아 배낭을 멘 어깨가 시큰거리고 익숙지 않은 운동에 다리가 말썽을 부렸다. 자동차나 비행기처럼 기름으로 움직이는 여행 수단으로 거리를 판단하는 데 익숙한 시대를 사는 나는 걸어서 몇 시간 또는 며칠이라는 말이 적응이 잘 안 되었다.

등산화 속에서는 발이 푹푹 쪘다. 출발하기 전에 푼은 우리가 올라갈 높이에는 이 시기쯤 꽤 많은 눈이 쌓여 있을 것이라고 했다. "오늘 밤은 얼음이 얼 거고, 내일 밤은 더 추울 거예요." 그는 쾌활하게 말했다. 나는 그가 신은 샌들을 쳐다보았다. 그는 최근까지 그 마을에서는 모든 사람이 맨발로 다녔다고 설명했다. 설마 눈이 와도? "물론이에요. 하지만 지금은 가장 가난한 사람도 샌들을 가지고 있어요."

오르막길은 초입부터 가파르고 9시간 동안 계속되었다. 갈림길이 나올 때마다 나는 혹시나 하고 묻지만 아래쪽에서 들려오는 대답은 단호했다. "계속 올라가세요." 푼이 조금 지쳐 보이기 시작하고, 이 끝없는 계단을 오르는 데 시간이 전보다 훨씬 더 걸리는 것을 보고 나는 회심의 미소를 지었다.

그러나 풍경은 아름답기 그지없었다. 독수리들이 우리 아래쪽에서 상승 기류를 타고 나선형을 그리며 눈이 시리게 푸른 하늘로 높이 올라갔다. 오를수록 산들이 더 거대해지는 것처럼 보이더니 결국 '봉우리 신기루'를 경험하기에 이르렀다. 봉우리에 다가갈 때마다 길이 더 높게 펼쳐지면서 봉우리가 더 멀리 물러나는 듯했다. 아이들은 흔히 도화지에 그림을 그릴 때 우리가 사는 땅을 초록색으로, 그 위의 하늘을 파란색으로 채운다. 나는 한 걸음 내딛을 때마다 눈이 시리도록 파란 영역으로 좀 더 가까이 다가가, 천사와 신이 있다고 여겨지는 신비로운 공간 속으로 들어가는 듯했다.

대기는 광대하고 알 수 없는 공간이지만, 우리 먼 조상들에게 그랬던 것처럼 우리에게 친숙한 곳이다. 나무 아래 누워 허깨비 같은 바람이 이파리를 흔드는 것을 보며 즐거워하고, 두둥실 떠가는 뭉게구름을 보며 기뻐하고, 숨 쉴 수 있는 공기 너머의 별들을 응시한 경험이 누구에게나 있지 않은가. 최근까지 날개 달린 생명체만이 우리가 사는 지상을 초월하여 대기라는 3차원의 거대한 공기 바다를 탐험할 수 있었다. 지상에 발을 디디고 사는 인간이 다다를 수 있는 최선은 이런 고된 등반을 통해 구름을 뚫고 천천히 힘들게 올라가 차갑게 식은 희박한 공기를 맛보는 것뿐이었다. 18세기 말이 되어서야 인간은 열기구를 타고 땅 위로 높이 올라가 새의 시각으로 우리가 사는 곳을 볼 수 있었고, 두 장소 사이를 "까마귀가 날아가듯 일직선으로" 곧장 갈 수 있었다. 기기와 기술을 이용해 대기를 자유자재로 누빌 수 있게 된 지금에야말로 우리는 자연 세계와 인공 세계에 대해 진정한 전 지구적 관점을 가질 수 있고, 어쩌면 이 둘을

화해시킬 수 있는지도 모른다. 지구 궤도를 도는 위성들 덕분에 우리는 인식표가 붙은 해양 포유류와 육상 포유류를 추적하고 사라진 숲의 크기를 측정할 수 있으며, 수십 년에 걸쳐 북극 빙하의 면적을 비교할 수 있다. 우리는 홀로세에서 인류세로 이행하는 과정을 지구가 변화하는 족족 실시간으로 측정할 수 있다.

가파른 오르막길 중간 중간에 쉬어가는 돌들이 20분 간격으로 박혀 있어서 우리는 돌이 나타날 때마다 거기에 잠시 앉아 배낭을 풀고 경치를 감상했다. 정상을 정복하는 것에는 어떤 숭고한 느낌이 있다. 해발 3,500m인 그 산은 내게는 에베레스트나 다름없고, 나는 내 보잘것없는 등반에 에드문드 힐러리(에베레스트 등정에 처음 성공한 뉴질랜드 등반가_옮긴이)만큼 자랑스러움을 느꼈다.

다른 외국인은 보이지 않고 보이는 사람이라고는 도로가 연결되지 않은 마을 사이를 오르내리는 현지인과 높은 산비탈에서 산 아래 시장까지 땔감과 오렌지가 담긴 어마어마하게 큰 바구니를 짊어지고 지나가는 상인들뿐이었다. "지난 몇 년 동안 날씨가 점점 따뜻해지면서 오렌지가 엄청나게 잘 자라고 있어요." 푼이 내게 말했다. "고지에 있는 많은 마을에서 오렌지를 기르고 있어요." 우리는 오렌지 씨 뱉기 시합을 했다. 푼이 나보다 두 배 멀리 뱉고는 좋아서 키득거렸다.

"보통 10월부터는 이 지역 전체가 눈으로 덮여요." 푼이 질퍽질퍽한 흙을 보며 말했다. "최근 들어 눈이 점점 덜 오고 있어요. 겨울이면 눈이 2m씩 쌓여 몇 주 동안 녹지 않았답니다. 그런데 작년 겨울에는 눈이 고작 2cm 쌓였어요. 올해는 눈이 더 늦네요. 눈이 안 오면 겨울 작물이 메말라 죽어요. 이번 봄에는 밀과 보리 가격이 오를 거예요."

우리가 대기를 따뜻하게 만들면서, 지구를 담요처럼 덮어 우주 공간의 얼어붙을 듯한 냉기로부터 지구 생명을 보호하는 출렁이는 온실가스에 변화가 일어나고 있고, 그것은 이곳 네팔의 눈과 전 세계의 식품 가격에 영향을 미치고 있다. 우리가 화석 연료를 태움으로써 지상에 저장된 더 많은 탄소를 대기로 방출한 결과, 이번 세기에만 홀로세 이후로 4도 가까이 상승했다. 이것은 과학자들이 결정한 '안전한' 수준보다 2도나 더 높은 것이다. 이렇게 대기 중으로 유입된 탄소는 지구 구석구석에 영향을 미치고 있다.

어떤 한 개인이나 한 마을이 혼자 온실가스인 이산화탄소를 대기로 배출하자는 아이디어를 낸 것이 아니다. 석유에 기반을 둔 시장 주도적 경제는 힘과 부를 약속하는 에너지에 대한 인간 욕구에서 발생한 문명을 특징짓는 요소이다. 석유 약 4.5l에는 한 사람이 8일 동안 일해야 생산할 수 있는 양의 에너지가 포함되어 있다. 부는 노동의 족쇄와 제한된 삶을 벗어던질 수 있는 자유의 열쇠가 아니던가. 소유할 자유, 원하는 대로 되고 원하는 대로 할 자유, 누구도 내 위에 군림하지 않는다는 꿈. 이런 생각은 우리를 취하게 한다.

전 세계 과학자와 정부 들은 석유와 지구온난화의 관계를 잘 이해하고 있고, 그 목표를 달성하는 더 건강한 방법으로 우리를 인도할 방법을 모색하고 있다. 하지만 화석 연료가 제공하는 효율적인 에너지 뭉치를 대안 에너지로 대체하는 것은 결코 쉬운 일이 아니다. 네팔처럼 산업화 이전의 재생 가능한 자원에서 대부분의 에너지를 조달하는 가난한 나라들은 전 지구적 기후변화의 영향을 경험하는 와중에도 화석 연료가 제공하는 확실한 에너지의 혜택을 갈망한다. 이것이 바로 내가 이 여행에서 맞닥뜨리게 될 한 가지 문제다.

낭기로 가는 도로가 생길 예정이라고 푼이 말했다. 하지만 그때까지는, 목소리가 도달할 수 없는 거리에 있는 사람들끼리 의사소통하거나 거래할 방법은 직접 만나거나 전령을 보내는 것뿐이다. 수천년 동안 사람들은 필요할 때마다 그런 여행을 했다. 하지만 내 조국에서는 누군가를 직접 만나기 위해 여행하는 것은 불필요한 일이라서, 그 일은 그 자체로 존경과 사랑의 의미를 담고 있다.

우리는 산을 오르는 동안 가쁜 숨을 몰아쉬며 잡담을 나눴다. 마하비르 푼은 행색이 초라하고 자신을 전혀 내세우지 않았지만, 이 지역에서는 유명 인사이다. 그는 이곳과는 어울리지 않는 매체인 무선인터넷을 통해 자신의 고장을 변모시킨 이야기를 들려주었다. 앞으로 그의 계획은 도로를 확충하고 전화선을 연결하는 것 같은 전통적인 연결 수단을 뛰어넘어 대기를 활용하는 것이다.

마하비르 푼의 부족민 약 800명이 사는 낭기 마을은 전화선도 없고 휴대폰 수신도 되지 않는다. 낭기 마을은 채소를 기르는 자급자족 농민들, 야크 치는 사람들, 구르카 군인이 되어 돈 벌러 떠나는 사람들로 이루어져 있다. 마하비르 푼은 그들 자신도 학교를 다녀본 적이 없는 그 마을의 퇴역 군인들에게 공부를 배웠다. 그들은 숯에 그을린 나무 칠판에, 절벽에서 가져온 무른 석회석으로 글씨를 썼다. 푼은 7학년 때(13세) 처음 펜과 종이를 사용했고, 8년 때 교과서를 사용했다. 하지만 이런 기초적인 교육조차 그의 아버지에게는 너무 값비싼 것이었다. 영국 군대에서 퇴역한 구르카 군인인 그의 아버지는 학비를 대기 위해 땅을 모두 팔아야 했다. 그래서 푼은 열네 살에 학교를 그만두고 이후 12년 동안 교사로 일하며 가족을 부양하고 형제들이 학교를 마치도록 도왔다.

마하비르 푼은 2년 동안 미국의 대학과 교육기관에 날마다 입학원서를 보낸 끝에, 마침내 키어니에 있는 네브래스카대학교의 한

학위 과정에 전액 장학금을 받고 입학할 수 있었다. "내가 우리 마을을 변화시키고 싶어 한다는 것을 알았어요. 나는 수입을 얻고 싶었고, 더 나은 교육과 의료 시설을 원했어요." 그는 말했다. 미국에 온 지 20여 년이 지났을 때 그는 꿈과, 그 못지않게 중요한 연락처 서류철을 가지고 낭기로 돌아왔다.

어느덧 땅거미가 지고 우리가 2,500m를 올라갔을 때, 마을 아이들이 달려와 반갑게 우리를 맞았다. 아이들은 우리에게 달콤한 향기가 나는 마리골드 화관을 씌워준 다음 낭기까지 우리를 안내했다. 푼은 내게 오늘 밤 머물 곳을 보여주었다. 흙벽에 돌로 지붕을 얹은 작고 둥그런 오두막이었다. 나는 촛불 옆에서 내 소개를 하였고, 그런 다음 동네 학교의 과학 교사가 연기 나는 소똥을 때는 스토브 위에서 자가 재배한 채소로 끓인 맛있는 커리를 나누어 먹고는 그만 쓰러져 곯아떨어졌다.

다음 날 아침에 마하비르 푼은 나를 데리고 자신의 작은 마을을 둘러보았다. 우리는 마살라를 갈고 나무와 돌 위에다 차파티 반죽을 치대는 여성들, 차가운 맨바닥에 책상다리를 한 채 토론 삼매경에 빠져 있는 마을 지도자들과 원로들을 지나 학교에 도착했다. 짧게 걷는 동안 미소와 인사가 쏟아졌다. 모두가 푼을 보고 반가워했다. 그는 지은 지 얼마 안 된 꽤 근사한 오두막을 가리켰다. 그러고는 '소녀들'을 위한 친환경 변소라고 소개하며 나를 안으로 데려갔다. 그는 미소를 지으며 내벽을 만족스러운 듯이 쓰다듬었지만, 나는 구멍 한쪽 끝에 어색하게 선 채 화장실 냄새를 의식하지 않으려고 애썼다. "퇴비는 채소를 기르는 데 매우 효과적입니다." 그는 말했다.

나라가 발전하면 사회가 점점 기술적인 방식, 점점 기계화되고 복잡한 방식으로 돌아가고, 그런 산업을 뒷받침하기 위해 완전히 새로운 일자리들이 생겨난다. 그리고 그런 일의 대부분이 읽고 쓰는 능력과 계산 능력을 요한다. 세계화는 국제 언어에 능숙한 사람들을 선호하고, 인류세에 우리의 삶을 만들어갈 사람들은 작은 촌락의 삶을 훌쩍 뛰어넘는 지식과 경험을 가진 사람들, 그리고 월드와이드웹의 집단지성을 통해 수억 명의 세계 시민들이 생산한 축적된 앎, 지혜, 지식을 얻을 수 있는 사람들일 것이다. 그것의 시작은 학교 — 즉 읽기와 쓰기, 그리고 인간만이 가진 그 능력에서 돋아나는 자신감과 자의식 — 이다. 교육은 효과적으로 이루어질 때 가난을 탈출하는 교량 역할을 하고, 오늘날 소녀들을 교육시키는 것은 변화를 일으키기 위해 꼭 해야만 하는 일로 인식된다. 교육 받은 여성들은 평균적으로 4년 늦게 결혼하고, 자녀를 적어도 2명 적게 낳고, 가족의 건강을 더 잘 관리한다. 그리고 교육을 받으면 그 사람의 소득만 높아지는 것이 아니라 마을의 평균 소득도 높아진다. "여자아이를 교육하는 것은 한 나라를 교육하는 것과 같습니다." 예전에 우간다에서 어느 여섯 살 소녀가 내게 이렇게 비장하게 말했다. 그러면 무엇이 소녀들의 교육을 막을까? 너무 똑똑한 여자는 결혼을 못한다는 둥, 더 이상 '순수하지' 않을 것이라는 둥, 임신을 할 것이라는 둥 별의별 걱정을 다 한다. 하지만 가장 큰 요인은 가난이다. 돈이 부족하면 일하기 위해 가장 먼저 교실에서 나와야 하는 대상이 소녀들이다. 그리고 소녀들이 크면 화장실이 문제가 된다. 화장실이 아예 없는 학교도 많지만, 깨끗하고 사생활을 보호하는 화장실이 갖추어지지 않은 학교는 사춘기가 되어 월경을 시작하는 소녀들이 다닐 수 없다. 게다가 여교사를 두기도 어렵다. 마하비르 푼이 내게 보여준 사례와 같이 개발은 화장실 문제로 귀결된다.

근처에는 울타리가 쳐진 채소밭이 있었는데 절반쯤 비닐막으로 덮여 있었다. "하반기에 채소를 기르는 실험을 시작했어요. 일 년 내내 싱싱한 채소를 먹기 위해서지요." 그는 설명했다. "처음에는 온실처럼 비닐막이 필요했는데, 지난 3년 동안 날씨가 따뜻해져서 비닐막 없이도 식물이 잘 자라요."

축구경기장과 부족의 집회 장소로 쓰이는 직사각형 모양의 땅 저편에 학교로 쓰이는 야트막한 통나무 오두막이 일렬로 늘어서 있었다. 우리는 그쪽으로 걸어갔고, 푼이 문을 열었다.

내가 기대한 것이 무엇이었는지는 모르겠지만, 양쪽 긴 벽에 배치된 반짝이는 컴퓨터와 모니터 들은 내게 사뭇 놀라운 장면이었다. 대부분 맨발인 소년 소녀들이 그 앞에 앉아 부지런히 뭔가를 하고 있었고, 들리는 소리라고는 키보드 치는 소리뿐이었다. "이메일 확인하실래요?" 마하비르 푼이 놀라워하는 나를 보고 히죽 웃으며 물었다. 런던의 학교에서도 이례적인 컴퓨터와 인터넷 시설이 이곳에 있다는 것이 놀라웠다.

인류세에는 세계가 한 마을의 반경에 그칠 필요가 없다. 요즘 사회 개발 목표에 전기에 대한 권리가 포함되듯이, 사람들이 팀 버너스 리(영국 태생의 컴퓨터 과학자로 흔히 인터넷을 대중에게 안겨준 월드와이드웹의 발명가라고 불림_옮긴이)의 멋진 장난감(월드와이드웹)에 접근할 권리를 거부당하는 것은 더 이상 용납할 수 없는 일이다. 인터넷이 있는 한 우리는 몇몇이서 끼리끼리 협력하는 소수의 개인이 아니다. 우리는 더 크고 아름다운 생명체이다. 우리는 인류가 하나의 유기체처럼 행동하는 '호모 옴니스(*homo omnis*)'이다. 우리는 멀리 사는 사람들과 소통할 수 있을 뿐 아니라 모든 사람과 동시에 소통할 수 있다. 나아가 우리는 우주 어딘가에 있을지도 모르는 외계인에게도 말을 걸고 있다.

통신 기기에서 나오는 눈에 보이지 않는 수십억 개의 광선이 인류세에 지구의 대기를 환히 밝히고 있다. 게다가 이런 일은 놀랄 만큼 짧은 시간에 일어났다. 1858년에 빅토리아 여왕은 미국 대통령 제임스 뷰캐넌에게 최초로 대서양 간 전보를 보냈고, 1902년에는 통신 케이블이 태평양과 대서양을 가로질러 전 세계를 둘러싸고 나아가 머나먼 오스트레일리아까지 연결되었다. 그 100년 뒤, 나는 대기로 신호를 보내는 내 주머니 속 휴대전화 덕분에 날씨와 교통 감시카메라를 확인하고, 시드니에 사는 할머니와 대화하고, 방송국과 연결해 생방송을 하고 세금을 낼 수 있다. 스마트폰은 점점 더 영리해지고 인간에 대한 반응성이 높아져 머지않아 개개인의 인체 계기판이 되어 운동을 얼마나 했는지 알려주고, 우리가 섭취한 칼로리와 비타민의 양, 수면 패턴, 심박수, 스트레스 수치, 콜레스테롤 수치 등을 점검해줄 것이다. 인류세에 더욱 완연히 접어들면 우리는 점점 — 정서적 측면에서조차 — 스마트폰을 동반자로 여기게 될 것이라고 몇몇 연구자들은 생각한다.[1]

나는 동아프리카에 갔을 때 휴대폰 사용자들이 엠페사(M-Pe-sa) 같은 모바일 금융 서비스 덕분에 SMS 문자 메시지를 통해 빠르고 편리하게 현금을 이체하고 물품 대금을 지급하는 것을 보았다.[2] 이용자가 이 서비스를 중개하는 잡화상에 가서 현금을 내면, 특별한 종류의 안전한 SMS를 통해 본인의 휴대폰 계정에 현금이 충전된다. 그런 다음에 그가 받는 사람의 휴대폰 계정에 문자 메시지를 보내면 은행을 통하지 않고 곧바로 타인에게 돈을 이체하거나 물품 대금을 지불할 수 있다. 휴대폰 계정이 없는 사람도 문자 코드의 형태로 대금을 받아 중개업소에 가서 현금으로 환전하면 된다. 은행

계좌를 개설할 기준을 충족하지 못하거나 은행에서 너무 멀리 떨어져 사는 수백만 명의 아프리카인들에게, 모바일 머니는 생애 최초로 안전하게 저금할 기회를 주었다. 현재 케냐의 성인 인구(1,700만 명 이상) 가운데 3분의 2 이상이 엠페사를 이용해 학자금에서부터 식료품 대금, 전기 요금, 택시비, 비행기 표 값까지 모든 것을 지불한다. 모바일 금융 서비스 덕분에 외딴 시골 마을에 사는 사람들도 수천 킬로미터 떨어진 시장에서 자신들이 생산한 물품을 거래할 수 있고, 도시로 돈 벌러 간 사람들이 고향 마을에 남겨진 가족에게 송금할 수 있으며, 정부와 구호 단체들이 슬럼가에 사는 굶주린 사람들에게 시의적절하게 긴급 지원금을 보낼 수 있다.

휴대폰은 금융 서비스를 제공하는 데 그치지 않는다. 스마트폰으로 구글에 접속한 네팔의 한 농부는 15년 전 미국 대통령보다 더 많은 정보에 접근할 수 있다.[3] 필리핀에서는 정부와 시민 간 커뮤니케이션의 대부분이 SMS를 통해 이루어진다. 말레이시아에서는 홍수 경보가 문자 메시지로 발송되고, 지진이 자주 일어나는 아이티부터 기근에 시달리는 동아프리카까지 전 세계에서 자연 재해 시의 피난과 구호 활동을 SMS를 통해 조직하고 있다. 인도에서는 부족 집단들이 휴대폰을 이용해 정보를 확산시키고 소외된 집단에 발언권을 제공함으로써 '시민 저널리즘'을 만들어가고 있다.

2011년 '아랍의 봄'에 시민들은 휴대폰을 이용해 억압적인 정권과 조직적으로 싸웠다. 심지어 애플리케이션과 프록시 서버를 통해 트위터나 페이스북 같은 사회관계망 사이트에 접근함으로써 인터넷과 네트워크에 대한 정부 단속을 피하기도 했다. 만일 아프리카 전역에서 스마트폰으로 투표한다면 부정선거율을 60% 줄일 수 있을 것이다.[4] 아프가니스탄에서는 부정을 줄이기 위해 경찰 공무원들의 봉급을 모바일 뱅킹으로 지급한다. 인류세로 접어들면 휴대폰이 시장도 민주화할 것이다. 킥스타터 같은 크라우드 펀딩 서비스를 이용하면, 사업하는 개인들도 동인도회사 시절 이래로 대기업들만의 배타적 영역이었던 시장에 접근할 길이 생긴다.

우리 종의 커뮤니케이션 방식이 인류세에 들어와 근본적으로 달라졌다는 사실에는 놀라울 게 전혀 없다. 2012년에 UN 텔레커뮤니케이션 에이전시는 2014년이 되면 휴대폰 수가 세계 인구를 넘을 것이며, 새 휴대폰 가입자의 70%가 개발도상국에서 나올 것이라고 예측했다. 또한 2017년이 되면 전 세계에서 인터넷에 연결된 모바일 기기가 100억 대를 넘을 것이고, 그 기기들이 보유하는 데이터량이 연간 130엑사바이트에 이를 것이라고 예측했다. 2003년까지 인간은 총 50억 기가바이트의 디지털 정보를 만들어냈다. 2010년에는 똑같은 양의 정보가 이틀마다 창조되었고, 2013년에는 10분마다 창조되었다. 2020년에는 50억여 명이 모바일 기기를 통해 인터넷에 연결될 것으로 예상된다. 20년 전만 해도 정부와 개발 기구들이 꿈에도 생각지 못했던 규모이다.[5]

네트워크를 구성하는 가난한 세계의 이용자들은 이렇게 인류의 집단적 대화에 참여함으로써 부, 지리적 공간, 계급, 성처럼 예로부터 인간을 억압했던 기제의 제약을 초월하여 영향력을 행사할 수 있다. 인류세에 인류라는 종은 네크워크로 연결된 변화된 동물이다. 그런 기술을 지님으로써 우리는 우리 몸이 지닌 한계뿐 아니라 자기가 속한 무리의 한계를 뛰어넘었다. 우리는 지구촌의 구성원이 되었다. 인류가 전 지구적 영향을 미칠 수 있었던 비결은 종의 규모로 협력하는 것이었고, 우리는 대기에 기반을 둔 커뮤니케이션 체계를 기술적으로 이용함으로써 이런 협력을 새로운 수준으로 이끌었다.

이것은 인류의 영향을 가속화할 것이고, 따라서 우리가 가진 파괴적 성향을 높이는 데 쓰일 수도 있지만 우리를 구원할 수도 있다. 예컨대 그런 도구는 우리가 타인과 생물권의 나머지 구성원들에게 어떤 영향을 미치는지 실시간으로 보여줌으로써 개발과 인간의 진보를 이끌 수 있다.

마하비르 푼은 낭기를 변화시키는 작업에 착수할 때 통신 기술이 외딴 마을에 가져올 기회를 잘 이해하고 있었다.

한 줄로 늘어선 평범해 보이는 컴퓨터 하드웨어들 끝에서 나는 좀 다르게 생긴 물건을 포착했다. 회로판이 들어 있는 두 개의 나무 상자였다. "아아, 이건 오래된 컴퓨터에서 나온 재활용 부품으로 만든 최초의 컴퓨터입니다. 우리는 새것을 살 여유가 없었으니까요." 푼이 설명했다. 인접한 네 대의 컴퓨터는 1997년에 오스트레일리아 학생들이 기부한 것이고, 나머지는 이후 몇 년에 걸쳐 미국과 유럽 사람들이 보내준 것이었다. 전화선도 없고 위성전화를 연결할 자금을 융통할 방법도 없고 반란 세력이 국가를 장악한 상황에서, 마하비르 푼은 21세기 통신 설비를 마을에 들여오려면 상상력을 발휘해야 한다는 것을 깨달았다. 2001년에 그는 BBC 국제방송의 한 라디오쇼에 편지를 보내, 최근 개발된 가정용 와이파이 기술로 자기네 마을에 인터넷을 연결할 수 있도록 도와 달라고 요청했다. 관심 있는 청취자들이 이메일로 조언과 도움을 제공했다.

내란이 일어나 네팔 정부가 인터넷 장비의 수입과 사용을 금지하고 의심 많은 마오쩌둥주의자 반란 세력들이 그 기기들을 파괴하려고 시도한 뒤로는 전 세계 자원봉사자들이 미국과 영국으로부터 무선 장비를 밀반입했다. 2003년에 모든 부품이 갖추어지자, 마하비르는 낭기 마을을 가장 가까운 이웃마을인 람체와 연결하고 산봉

우리에 있는 한 키 큰 나무에 고정시킨 텔레비전 안테나를 이용해 태양전지판으로 가동되는 무선중계국을 설치한 다음 그곳에서 20km 이상 떨어진 포카라에 신호를 보냈다. 포카라는 네팔 수도 카트만두와 광케이블로 연결되어 있었다. 이렇게 해서 낭기는 인터넷에 연결되었다.

"나는 4m 반경 내에서 사용하도록 권고하는 미국산 가정용 와이파이 키트를 사용했어요." 그는 말했다. "그리고 그 회사에 이메일을 보내 그 장비로 22km 밖으로 신호를 보냈다고 말했어요. 내심 그들이 적절한 장비를 기부하기를 바라고 편지를 쓴 것이지만, 그들은 내 말을 믿지 않았지요."

와이파이의 장점 중 하나는 비싸고 자원 집약적인 인프라가 필요 없다는 것이다. 복잡한 지형에 수 킬로미터의 케이블과 구리선을 깔 필요가 없다. 인류세에는 개발이 지금껏 그래왔던 것처럼 더러울 필요도 자연 세계를 침범할 필요도 없다. 40곳이 넘는 외딴 산촌 마을(6만 명의 사람들)이 마하비르 푼과 끊이지 않는 열정적인 자원봉사자들 덕분에 네트워크를 깔고 인터넷을 연결했고, 현재 더 많은 마을들이 대기하고 있다. "그 마을들은 이제 이메일과 인터넷 전화를 통해 다른 마을에 사는 사람들과 소통할 수 있고, 심지어는 외국에 사는 식구들과도 연락할 수 있어요. 그리고 마을 네트워크 안에서는 인터넷 전화를 이용해 무료로 통화할 수 있어요." 그는 말했다. 나는 마하비르 푼과 동네 아이들이 인터넷 전화를 나보다 오래 사용해왔다는 사실을 알았다. 유선 전화에 항상 연결되어 있었던 나는 몇 년 전 더 저렴한 국제전화를 이용하기 위해 인터넷 전화 — 스카이프 — 를 이용하기 시작한 반면, 그 마을은 10년 전에 그 기술을 도입했다.

교사는 이 지역에서 구하기 힘든 재화이지만, 이제는 겨우 글을 깨우친 군인들이 학생들을 가르치지 않아도 되었다. 와이파이 네트워크가 있다는 것은 낭기 마을이나 카트만두에 사는 교사 한 명이 여러 마을을 대상으로 수업할 수 있다는 것을 뜻한다. 교사는 모니터를 통해 학생들의 얼굴을 보고 질문을 주고받고 숙제에 점수를 매길 수 있다. 또한 마하비르 푼의 '통신-수업' 네트워크 덕분에 그 지역에 있는 소수의 훌륭한 교사들이 다른 교사들을 훈련시킬 수 있다. 그 밖에도 마하비르 푼은 네팔의 교육 자원을 모아 무료로 제공하는 전자도서관을 개발하고 있고, '한 어린이, 한 노트북'이라는 조직과 함께 그 지역 어린이들에게 노트북을 제공하기 위해 노력하고 있다. 마하비르 푼의 노력 덕분에 국가적으로 교사를 양성할 때까지는 교육을 받지 못할 뻔했던 한 세대의 어린이들이, 그 부모들은 꿈도 꾸지 못했던 일인 배우고 세계를 발견하는 전례 없는 기회를 누리고 있다. 이것이 바로 개발의 훌륭한 정의다.

하지만 송전망에서 멀리 떨어져 있는 그런 장치에 그는 어떻게 동력을 제공할까? "우리는 마을의 강 하류에 수력발전기를 설치했습니다." 푼은 말했다. 그는 여력이 되면 큰 터빈을 하나 더 설치하여 마을 전체가 전력을 보유할 수 있기를 바란다. 그때까지 귀한 전기는 컴퓨터와 서버에만 사용된다.

우리는 1호 중계국의 고장 난 부품을 고치기 위해 여분의 부품을 가지고 또다시 하루가 걸리는 등반을 시작했다. 가는 길에 마하비르 푼이 인터넷에 연결한 또 다른 마을에 들렀다. 돌로 지붕을 얹은 오두막들 사이에 흰색의 거대한 위성 접시가 우뚝하니 생뚱맞게 솟아 있었다. "우리는 이곳에 전화를 연결하려고 수년 동안 노력했어요." 푼이 설명했다. "그런데 몇 달 전, 한 NGO로부터 위성 전화와 텔레비전을 이용할 수 있는 이 접시를 받은 거예요. 하지만 그때 우리에게는 이미 무선 네트워크를 사용하는 인터넷 전화가 있었기 때문에 그 접시가 필요 없었어요. 어쨌든 그것을 이용해 전화를 건다면 너무 비쌀 거예요." 마을 사람들은 아직 그 접시를 학교 지붕 위에 세워두고 있고, 그 접시는 아무짝에도 쓸모없이 토템처럼 앉아 있다. 이 마을에는 텔레비전을 틀 전기는 고사하고 텔레비전을 가진 사람도 없었다.

마하비르 푼은 인터넷으로 할 수 있는 일이 엄청나게 많다는 것을 금방 알아챘다. 작년에 그 마을은 통신을 이용한 의료 시설과 치과 클리닉을 개설하였고, 그 덕분에 마을의 산파와 간호사들이 웹 카메라를 이용해 카트만두의 대학 병원에서 일하는 의사들과 직접 이야기할 수 있었다. 간호사들은 출산, 육아, 상처와 사고 관리, 기초적인 치과 치료에 대한 훈련을 받았다.

와이파이는 이곳의 생계도 개선했다. 야크 농가의 농부들이 걸어서 며칠이 걸리는 곳에 있는 가족이나 중개인과 이야기를 나눌 수 있고, 상인들은 들소부터 수제 종이, 잼, 꿀에 이르는 온갖 것을 판매할 수 있다. 지속 가능한 수입원을 찾는 것은 사회 개발 사업을 지속하는 열쇠라서, 마하비르는 관광 사업에 명운을 걸고 있다. 안나푸르나산맥 내의 아름답지만 인적이 드문 트레킹 루트에 위치한 많은 마을들이 관광객을 위한 야영 시설과 트레킹 가이드 서비스를 광고하기 시작했다. 트레킹 루트를 잘 아는 현지의 십대와 성인들을 상대로 마하비르 푼은 기초적인 영어 교육을 포함해 그들을 조직적으로 훈련시키고 있다. 그리고 각 마을이 힘을 모으고 서구에서 온 자원봉사자들의 도움을 받아 산맥의 외진 구간에 해당하는 제1무선중계국 바로 밑에 최초의 관광호텔을 지었다. "더 많은 관광객이 오도록, 인터넷을 이용한 안전한 신용카드 거래 설비를 만들고 있어요. 이 지역의 교육과 건강 사업을 운영할 자금을 마련하는 데 도움이 될 거예요." 푼이 말했다.

1인 혁명가 마하비르 푼이 구상 중인 마을 개조 계획은 아직도 많다. 야크 육종도 그중 하나다. 이곳 히말라야산맥의 온난화 속도는 세계 평균보다 다섯 배 빨라서, 야크 농가 사람들은 점점 더 외지고 위험한 장소로 내몰리고 있다. 털이 두툼한 동물들은 3,000m 아래서는 살 수 없기 때문이다. 마하비르 푼은 그 지역에서 유용한 짐 나르는 동물들이 더 강하고 더 낮은 고도에서 살 수 있고 질 좋은 젖을 생산하도록 야크와 소를 이종교배하고 있다. "육종을 위해 처음 그곳에 데려간 소 열여섯 마리가 눈표범에게 잡아먹혔어요. 그래서 우리는 그들을 더 주의해 지켜야 했습니다." 그는 말했다.

소는 그 마을 사람들에게 없어서는 안 되는 동물이다. 소들이 생산하는 똥이 열악한 산지 토양을 비옥하게 하는 데 사용되기 때문이다. 하지만 소는 먹어야 살고, 이왕이면 마을 사람들이 기르는 농작물 말고 다른 것을 먹는 것이 이상적이다. 마하비르 푼은 주변의 모든 마을이 땔감, 목재, 농업을 위해 희소한 숲을 파괴하는 동안 또 하나의 탁월한 사업으로 상당한 규모의 묘목장을 조성했다. 그곳에서 조성한 묘목들 가운데 약 1만 5,000그루는 낭기에 심고 주변 지역에 4만 그루 이상을 심었다. 이 자원은 마을 사람들에게는 땔감을 제공하고 소들에게는 먹이를 제공했다. 네팔 산촌 마을에 사는 사람들 대다수가 식량 부족에 시달리는 반면, 낭기 마을 사람들은 영양 상태가 좋아 보였다. 몇몇 교사들은 약간 뚱뚱하기까지 한데, 날마다 집에서 학교로 가기 위해 올라야 하는 비탈길을 생각하면 믿을 수 없는 체격이었다.

흔들리는 나무 꼭대기에서 공구를 붙들고 중계국 기기를 고치느라 고군분투하고 있는 남자에게 푼이 지시를 내리는 동안, 나는 실패한 정부가 외딴 마을의 개발을 좌우할 필요는 없다는 생각이 들었다. 낭기 주민 같은 사람들은 홀로세에 그들이 사는 곳의 지리적 위치 때문에 사회적으로, 경제적으로 제약을 받았다. 마하비르 푼 같은 결단력 있는 진정한 몽상가가 한 명만 있다면, 대기를 통한 연결망을 구축함으로써 마을들을 차례차례 바꿀 수 있을 것이다. 하지만 다른 지역에서처럼 전국적인 통합 프로그램과 훌륭한 통치, 엄격한 규제 하에 시장 접근성을 갖춘 민간 업계가 이것을 뒷받침한다면, 네팔의 개발이 얼마나 더 빠르고 효과적이겠는가.

온라인 정보, 교육, 통신, 시장의 민주화는 인류세가 더 평등한 지구촌 사회를 건설할 잠재력을 지니고 있음을 의미한다. 중국, 브라질, 인도 같은 지구 동쪽과 남쪽의 경쟁자들이 유럽과 미국, 그 밖의 소수 부자 나라들의 세계 지배에 도전하는 '더 평평한 지구' 말이다. 인류세가 시작되는 지금 인류의 삶이 개선되고 있음을 보여주는 징후들이 이미 존재한다. '실패한 국가들'은 줄었고, 어느 정도까지 민주주의를 시행하는 나라들이 증가했으며, 몇 십 년 전하고만 비교해도 전 세계적으로 덜 가난해졌다. 2008년에는 역사상 최초로 하루 1달러 25센트 이하로 살아가는 사람들의 수와 비율이 모든 대륙에서 줄었고, 이 추세는 지금도 계속되고 있다.[6] 모바일과 인터넷 커뮤니케이션에 대기를 활용하는 것, 그리고 그것을 주도하는 진취적 사업가들이 이 추세에 중요한 역할을 해왔다.

우리 인류는 네트워크로 연결된 슈

퍼 종이 되어 대기를 의사소통에 끝내주게 잘 활용한 동시에, 대기 속으로 또 다른 물질들을 투입하는 데 있어서는 무시무시하게 무차별적이었다.

인류의 대기 간섭의 추한 면모 — 우리가 내뿜는 수많은 가스들 — 가 현재 우리의 문명 세계와 자연 세계를 한계점으로 몰아가고 있다. 탄소 가스들이 다음 빙하기를 연기시킨다는 점에서는(어쩌면 무기한 연기시킬지도 모른다) 그 가스들이 우리에게 이롭게 작용했다. 하지만 그러한 배기가스가 불러온 온실효과는 농장에서부터 사막과 바다에 이르기까지 지구의 모든 부분에 구석구석 영향을 미치고 있다. 우리는 수많은 오염 물질을 우리의 공기 바다에 퍼 부음으로써 기후와 날씨를 바꾸고 있을 뿐 아니라 우리 자신을 중독시키고 있다.

공기 오염은 새로운 현상이 아니다. 고대 로마는 목재와 석탄을 땔 연기가 자욱한 거리로 악명 높았고, 1306년에 잉글랜드 왕 에드워드 1세는 석탄 때는 것을 금지하며 사형으로 처벌했다. 말할 필요도 없이 그런 조치는 효과가 없었다. 1952년에 런던 스모그가 단 4일 동안 약 4,000명을 죽이고 나서야(그리고 추후 몇 달 몇 주 동안 8,000명을 더 죽였다) 공기 청정법이 제정되어 런던 사람들에게 석탄 말고 연기가 나지 않는 코크스를 때도록 강제했다. 1950년대와 1960년대에 비슷한 법들이 당시 개발도상국 세계에 속했던 뉴욕과 그 밖의 도시들의 대기를 탈바꿈시켰다. 서구 사람들은 여전히 여러 오염 물질이 뒤섞인 공기를 흡입하고 있는데, 주된 성분은 숯 검댕과 황화물 가스가 아니라 오존과 질소 산화물 같은 보이지 않는 발암 물질들이다. 하지만 오늘날 개발도상국 세계에 사는 사람들은 20세기 중반의 석탄 연기 스모그와 비슷한 조건을 훨씬 더 큰 규모로 겪고 있다.

영국 산업 혁명 시절의 '어두운 사탄의 공장'과 그 공장들에 동력을 제공한 화력발전소들은 하늘을 검게 그을려 무수한 죽음을 초래했다. 유럽의 화력발전소로 인한 공기오염은 지금도 연간 2만 2,000명이 넘는 사람들을 죽음으로 내몰고 있다고 과학자들은 추산한다.[7] 공장 굴뚝과 자동차 배기관에서는 온실가스가 계속해서 배출되고 있다. 하지만 지난 몇 백 년 동안 보았던 눈에 띄게 더러운 하늘은 사라졌다. 그것은 공장과 발전소에 세척 장치와 그 밖의 조치들을 마련하도록 강제한 더욱 엄격한 오염 방지 대책 덕분이었다. 그리고 가장 더러운 제조업이 서유럽에서 다른 곳으로 옮아갔기 때문이기도 하다.

더러운 산업의 상당 부분을 가져간 중국은 대기질이 심하게 나쁘다. 중국 도시 인구의 단 1%만이 유럽연합 기준으로 청정하다고 간주되는 공기를 마시고 있다는 사실이 2007년 세계은행 연구 결과 밝혀졌지만, 사회 불안을 두려워하는 중국인들이 그 보고서의 상당 부분을 수정했다.[8] 언젠가 봄에 베이징을 방문했던 나는 태양이 사라진 으스스한 풍경에 충격을 받았다. 눈과 목이 따가울 정도로 심한 오염이 태양을 철저하게 가린 탓에 구름이 없는 날에도 환한 빛의 원천을 볼 수 없었다. 그런데 베이징은 그나마 '청정' 조치가 내려진 도시였다. 중국은 유럽의 사례를 따라 더러운 산업을 베이징과 상하이 같은 부유한 도시들에서 내륙의 덜 개발된 중부와 서부 지역, 그리고 인도네시아 같은 더 가난한 나라들로 아웃소싱하고 있다. 그렇게 함으로써 중국의 공기 질은 유럽의 경우처럼 개선되겠지만 개발도상국들의 대기질은 더 나빠질 것이다. 더러운 과정을 궁극적으로 멈추는 유일한 방법은 건설과 제조업 같은 산업을 깨끗하게 하는 것이다. 그러기 위해 가장 가난한 나라에 최신 공장 설계를 도입해야 한다. 또한 효율과 재활용률을 크게 높여야 한다. 결국에는 많은 더러운 산업들이 구시대의 유물이 되어 새로운 산업으로 대체될 것이고, 그것은 애초에 오염 없는 설계를 시도할 수 있는 기회를 열어줄 것이다.

인류세의 대기가 놀라운 것은 광범한 화학물질과 입자들이 대기에 주입되고 있기 때문도 아니고(화산 분출 같은 자연적 사건들도 그런 물질을 생산할 수 있다), 인류가 배기가스를 생산한 최초의 시대이기 때문도 아니다. 마치 지구 최대의 자연적 사건들이 전 지구적 규모로 일어나는 것처럼 인류가 그런 물질들을 대기에 주입하고 있기 때문이다.

이미 70억이 넘은 어마어마한 인구가 그 원인 중 하나다. 더러운 산업에서 생산되는 상품, 서비스, 에너지에 의존하는 인구 비율이 점점 늘어나고 있다. 게다가 사람들은 각자의 집 안에서 오염 물질을 생산하고 있다. 이 모두를 더한 효과는 투명한 공기를 뿌옇게 바꾸고 있다.

네팔에서 진정한 도시라고 할 만한 유일한 곳인 카트만두는 짙고 매캐한 스모그 때문에 앞이 잘 보이지 않는다. 대접 모양의 계곡에서 발생한 오염과 먼지는 쉽게 소멸되지 않는다. 그것을 씻어내는 강우도 한정되어 있고, 바람도 거의 불지 않는다. 공기는 먼지로 자욱해서, 상점 건물들의 앞면이 모두 막을 씌운 듯 때로 뒤덮여 있다. 손님이 없어서 할일이 별로 없는 직원들은 해봤자 소용도 없는 털고 쓸기에 시간을 보낸다. 이렇게 청소를 해도 몇 초만 지나면 다시 시커먼 먼지가 내려앉는다. 가시거리가 나빠서 항공기 운항도 취소되거나 지연되기 일쑤이다. 모르긴 해도 위험을 무릅쓰고 비행하는 경우도 왕왕 있을 것이다. 2012년과 2013년 사이에 이곳에서는 다섯 번의 추락 사고가 일어나 60명이 넘는 사람들이 죽었다. 희뿌연 공기의 대부분, 대략 3분의 2가 내가 낭기 마을에서 본 소똥 같은 바이오매스 연료를 조리에 사용하는 것에서 비롯된다. 나머지는 화석 연료에서 나온다. 모든 집에서 나무와 소똥 연료를 태운 연기가 기둥처럼 솟아올라, 공장 굴뚝과 농지에 놓은 불에서 나온 가스와 합쳐진다. 거리에서는 제대로 정비되지 않은 엔진을 장착한 오토바이와 자동차들이 바싹 붙어 거북이 운행을 하며 시커먼 연기를 내뿜는다. 그 결과 답답한 공기가 겨울 내내도 모자라 봄까지 그 지역에 머문다. 황해부터 아라비아해까지 갈색 연무가 긴 구름처럼 수천 킬로미터에 걸쳐 펼쳐져 있고, 검댕 입자들은 스발바르제도의 북극 얼음에서도 발견된다.[9] 갈색 구름은 인공위성 사진에서 아시아를 덮은 얼룩으로 보이는데, 그것은 감정적 문제로 불거지기도 했다. 그 오염층을 처음에 '아시아갈색구름'이라고 명명했기 때문인데, 인도가 항의하자 유엔 환경 프로그램은 후속 연구에서 그런 갈색 연무를 '대기갈색구름'으로 재명명했다.

갈색 구름의 온난화 효과가 온실 가스 효과에 더해져, 힌두쿠시 산맥의 빙하와 눈 덮인 들판이 빠르게 줄어들고 있다. 마하비르 푼이 설치한 수력발전기 터빈을 돌리는 물도 그렇게 녹은 눈이다. 그것은 어느 정도는 기온 상승이 고산 지대에서 더 두드러지게 나타나기 때문이다. 게다가 더러운 구름에 포함된 불소성 검은 탄소가 흰 눈이 덮인 봉우리에 쌓여 빛의 반사를 줄임으로써 해빙을 악화시키고 있다. 이 지역의 5배 높은 온난화 속도, 낭기로 가는 높은 산비탈에서 재배되는 오렌지, 마하비르 푼의 동네에서 땀을 뻘뻘 흘리는 야크들은 모두 그 결과로 생겼다.

　　아시아 전역을 장막처럼 덮고 있는 빽빽한 오염 담요는 몬순과 농업 생산에도 영향을 미치고 있다. 이 관계는 좀 복잡하다. 검댕 입자, 오존, 연무 속의 수증기가 햇빛을 흡수해 대기를 덥히고 온난화 효과를 최대 50%까지 높이는 동시에, 황산염 입자들은 그늘막 작용을 통해 지표면을 식힌다.[10] 그늘막 효과를 내는 에어로졸은 지구의 물 순환에 변화를 초래하는데, 바다에 닿는 햇빛이 줄어 증발이 감소하고, 따라서 비가 줄어들기 때문이다. 인도의 북쪽 절반과 아프가니스탄에 걸쳐 내리는 계절성 호우는 약 40%가 줄었고, 중국 동부에서도 강우 패턴의 남북 변화가 이미 나타나 수확량을 줄이고 있다.[11] 갈색 구름은 또한 강수의 효율도 줄인다. 큰 빗방울이 형성되기 어렵게 만들어 가뭄 같은 조건을 유발하기 때문이다. 그 효과들은 먼 오스트레일리아에서도 감지된다.

　　강우 패턴의 변화는 농업을 포함한 식물 성장에 즉시 영향을 미치고, 식물 잎들에 퇴적된 입자들은 추가 피해를 초래한다. 그런 입자들은 잎을 통과하는 빛의 양을 줄여 광합성 활동을 제한하고, 또한 식물 세포에 산성 피해를 초래할 수 있다. 그리고 지표면 부근의 오존 농도가 상승하면 밀과 콩과 식물을 포함한 특정 농작물의 수확량이 줄어든다. 한 연구에서는 갈색 구름이 이미 인도의 쌀 수확량을 25% 줄였다고 추산한다.[12]

　　갈색 구름은 건강의 적이기도 하다. 특히 어린이들의 급성 호흡기 감염 증가, 폐암, 임신의 유해한 결과, 심장병, 기타 질환들이 갈색 구름과 관련이 있다. 인도 한 곳만 해도 연간 거의 200만 명이 갈색 구름과 관련한 질환으로 사망한다고 추산된다. 갈색 구름의 주원인인, 가정에서 요리할 때 사용되는 고체 연료는 매년 말라리아보다 더 많은 사람들을 죽음에 이르게 한다. 나무를 땔 때 발생하는 연기 하나만 해도 연간 150만 명 이상을 죽음으로 내모는데 피해자는 주로 여성과 어린이들이다. OECD에 따르면, 2050년에는 도시의 공기 오염이 더러운 물과 열악한 위생보다 더 큰 사망 원인이 되고 주로 중국과 인도에서 연간 360만 명이 조기 사망할 것이라고 한다. 우리는 우리가 살고 있는 많은 장소들에서 지구에 없어서는 안 되는 신선한 공기를 위험한 독성 수증기로 바꾸고 있다.

하지만 인류세의 대기가 영원히 오염된 상태로 있으란 법은 없다. 좋은 소식은, 갈색 구름을 해결하는 것이 탄소 배출 가스에 대한 조치를 취하는 것보다 지역 온난화와 지구온난화를 해결하는 훨씬 더 쉽고 빠른 방법이라는 것이다. 바이오매스 연소를 태울 때 나오는 검댕을 줄이는 것이 효과가 크고 빠른 이유는 백 년 동안 존재하는 이산화탄소와 달리 갈색 구름의 오염 물질들은 대기에 며칠 동안만 머물기 때문이다. 검은 탄소 하나를 줄이면 지구온난화를 무려 40~50%나 감소시킬 수 있다. 게다가 건강상의 이점들에 비하면 그것은 덤이다.[13]

그러기 위해서는 자동차 배기가스 기준이 더 엄격해져야 하는데, 중국에서부터 인도까지 많은 개발도상국들이 강화된 기준을 이미 시행하기 시작했다. 또한 카트만두 같은 장소들에서 요리와 난방을 하는 방식을 근본적으로 바꾸어야 한다. 불을 써서 요리하는 5억 가구에 30달러짜리 친환경 조리 스토브를 공급하는 것은 단 150억 달러면 할 수 있는 일이다. 친환경 조리 스토브를 나누어 주면 오염이 줄어들 뿐 아니라 어린 소녀와 여성 들이 뗼감을 수집하고 나르는 일을 하지 않아도 된다. 이 일은 그들의 건강을 위협하고 강간의 위험에 노출시키며 학교에 갈 수 없게 한다. 어느 모로 보나 큰 이익이다.

에베레스트 베이스캠프로 가는 번잡한 트레킹 루트에 위치한 예쁜 동네인 파크딩 마을은 내가 가본 다른 마을과 한눈에 봐도 다른데, 나는 몇 시간이 지나서야 뭐 때문인지 깨달았다. 전기스토브에 요리하고 있는 게스트하우스 주인 애니를 보자마자 나는 그게 무엇인지 깨달았다. 내가 그 나라에 간 이래로 모든 거리와 집에 계속 존재했던 연기가 이상할 정도로 없었다. 나는 코로 숨을 깊숙이 들이마셔보았다. 먼 산등성이에서 태우는 불이 미미한 연기 냄새를 훅 끼쳤지만, 그 밖에는 연기라고 할 것이 없었다. 애니의 부엌에서 요리되고 있는 마늘과 매캐한 양파 냄새가 풍겨왔다. 채소 말리는 달큰하고 눅눅한 냄새가 향기로운 마리화나와 꽃향기, 들소 퇴비에서 나는 시큼한 흙냄새와 뒤섞였다.

나는 야채 스튜를 차파티(철판에 굽는 동글납작한 인도의 밀가루빵_옮긴이)와 함께 먹으며, 연기 없는 열반에 이르게 된 경위에 대해 애니에게 꼬치꼬치 캐물었다. 그것은 한 NGO의 발의로, 하천의 흐름을 이용해 터빈을 돌려 그 마을이 사용할 전기를 생산하는 소규모 수력발전을 도입한 덕분이었다. "등유와 디젤유의 사용이 점점 늘어나고 있었어요. 이곳에 오는 관광객들 때문이었죠. 그리고 가격도 너무 비싸지고 있었어요." 애니가 말했다. 처음에 소규모 수력발전을 제안 받았을 때 일부 마을 사람들은 회의적 반응을 보였다. 새로운 에너지원으로 전환하려면 돈이 너무 많이 들 것이라고 생각했기 때문이다. 결국 점점 비싸지는 디젤유를 감당할 수 없었던 사람들은 숲에서 나무를 벴고, 소똥과 그 밖의 쓰레기로 나머지를 보충했다. 하지만 관광객이 점점 더 많아지고 마을의 에너지 필요량이 늘어나자, 희소한 고지대 숲이 깜짝 놀랄 정도로 고갈되기 시작했다. 들소 먹이를 위해 숲을 보존하고 싶어하는 사람들과 연료로 쓰기 위해 나무가 필요한 사람들 사이에 분쟁이 일기 시작했다.

소규모 수력발전이 모든 것을 바꾸었다고 애니는 말했다. "전등, 음악, 요리에 쓰는 전기가 모두 무료예요. 그리고 검댕이 없어지니 부엌이 훨씬 깨끗해졌어요." 그녀가 미소를 지었다. 숲도 다시 자라기 시작했다. 나와 이야기를 나눈 다른 마을 사람들도 이 새로운 에너지원이 개선이라는 데 동의했다. 물론 한 가지 중요한 논란은 남아 있었다. 불을 사용하지 않고 다른 도구로 조리할 때 차파티의 맛이 제대로 나겠느냐는 것이다.

그 마을의 소규모 수력발전에 물을 대는 빙하는 높은 산 위에 있다. 얼마 남지 않은 그 지저분한 빙하는 티베트와 국경을 맞대고 있는 네팔 북부의 눈 덮인 산봉우리에 둘러싸여 있다. "어릴 때 그 빙하 위에서 놀았지요. 빙하가 수도원까지 내려와 있었어요." 그 동네에서 야크를 치는 린긴 라마 씨가 말했다. "하지만 지금은 빙하가 2km나 물러났어요."

빙하 밑 산허리에는 과거에 빙하가 그곳까지 덮고 있었음을 분명하게 나타내는 심한 상흔이 있었다. 린긴 라마의 말에 따르면, 빙하는 해마다 더 멀리 물러나고 있다. "10년 뒤면 완전히 사라질 것 같아요. 생각만 해도 이상해요."

각각의 작은 마을 위쪽에는 산의 앞면을 따라 큰 표석들로 벽을 세워놓았다. 이곳의 땅은 일 년 내내 얼음으로 뒤덮여 있었으나 얼음이 녹으면서 암석 내부의 균열이 드러났다. 히말라야산맥 — 산스크리트어로 '눈의 집'— 은 지구의 가장 젊은 땅 가운데 하나라서 지진과 지각판 운동이 여전히 왕성하다. 산사태는 이곳에서 이미 흔하지만, 기후 온난화로 더욱 잦아져 치명적 영향을 미치고 있다. 린긴 라마는 자신의 손가락으로 산의 커다란 상흔을 더듬어 내렸다.

그 자국은 무너진 집들의 잔해를 통과해 한 커다란 표석에서 끝났
다.

　　다른 곳에서는 산사태가 강을 막아 댐처럼 물을 가두고 있다.
문제는 갑자기 댐이 터지는 것이다. 경고할 새도 없이 순식간에 돌
발 홍수가 일어나 어마어마한 양의 물과 잔해가 빠른 속도로 이동
한다. 매년 수백 명이 이런 돌발 홍수로 죽는다. 2002년에 돌발 홍
수와 산사태는 네팔에서 427명의 목숨을 앗아갔고 270만 달러어치
의 재산 피해를 냈다.

　　앞으로 해빙이 가속화되면 빙하에서 물을 공급 받는 강들이 불
어날 것이다. 하지만 그런 풍요는 얼마 못 갈 것이다. 빙하가 사라지
면 물이 나올 곳이 더는 없기 때문이다. 그것은 애니의 부엌에 전기
를 제공하는 터빈들이 정지한다는 뜻이다. 이 일을 예상한 일부 마
을 주민들은 또 다른 NGO가 지원하는 다른 열원에 투자해왔다. 나
는 알록 쉬레사의 집을 찾았다. 그는 자급자족하는 남성으로 자기
집 하수, 동물 배설물로 만든 퇴비, 그 밖의 쓰레기를 집 아래 있는
생물소화조(biodigester)에 넣어 조리용 메탄가스를 직접 만들어 쓴
다. 생물소화조는 박테리아를 위한 커다란 먹이 상자로, 그 안에 사
는 박테리아들은 영양분을 포함한 폐기물을 대사하여 그 과정에서
유용한 메탄가스를 생산한다. 알록 쉬레사는 이것을 조리용 스토브
에 사용하고, 남은 에너지를 이용해 전등을 켜고 작은 발전기를 돌
려 배터리를 충전한다.

　　내가 전 세계를 돌며 방문했던 많은 집들이 다양한 쓰레기로 바
이오가스를 직접 만들어 쓰고 있었다. 그 가운데 페루의 한 집은 기
니피그 똥을 사용했다. 그리고 모두가 저마다 연기 없는 불꽃을 내
는 연비 높은 조리용 스토브를 사용하고 있었다. 그런데 정기적으

로 켜야 하지만 그래도 잠깐씩만 가동하는 조리 스토브와, 지속적인 전기 원천이 필요한 전력 장비는 다른 문제이다. 예컨대 마하비르 푼 부족의 꿈과 희망이 달려 있는 수력발전 터빈은 높은 산의 눈 녹은 물에서 얻는 증기로 돌아간다. 눈이 없다는 것은 녹은 물도 없고 전기도 없다는 뜻이다. 한때 깊었던 하천은 수위가 줄어들고 있다. 물이 흐르지 않으면, 문맹률에서부터 건강에 이르기까지 모든 척도에서 이웃을 능가하는 그 지역의 개발은 송전망을 제공하는 정부 소관이 될 것이다.

정부는 정전 사태가 일어나기 전에, 빙하 녹은 물을 가둘 충분한 저수지를 몇 년 내로 지어 개발을 위한 전력을 공급해야 한다. 하지만 아무리 봐도 그렇게 될 것 같지 않다. 그 나라의 수력발전이 물 부족과 열악한 에너지 인프라로 고군분투하는 가운데 가뭄이 이미 정전을 유발하고 있다. 개발도상국 세계 전역에서 대부분의 정전은 계획된 간헐적 전력 차단이다. 정부가 지역별로 돌아가며 전기를 분배하는 방법으로 부족한 공급을 관리하려는 시도이다. 전력 차단은 네팔의 신생 산업인 전기차 산업과 700대의 사파 템포(삼륜 전기승합차)에 심각한 영향을 미치고 있다. 이 친환경 자동차들은 카트만두 거리를 오가며 32개 충전소에서 충전하고, 하루에 약 10만 명을 수송한다. 800만 달러가 넘는 돈이 전기차 산업에 투자되었고, 다섯 개 제조 회사가 수천 명을 고용하고 있다. 하지만 정전은 전기차 산업을 벼랑 끝으로 몰아가고 있다. NGO가 지원하는 대출을 받아 사파 템포를 구매한 사람들(그들 가운데 90%가 자영업을 하는 독신 여성들이다)은 할부금을 갚을 여력이 없는데, 왜냐하면 그 자동차를 사용할 수 없어서 택시를 타야 하기 때문이다. 전기차 산업이 망하면 환경을 더럽히는 자동차들이 도로에 더 많아질 것이고,

그것은 대기에 배출되는 탄소와 갈색 구름이 더 많아진다는 뜻이다. 이것은 곧 더 심한 온난화를 의미한다.

|

　　　　　인류세의 대기는 지구가 지금까지 겪었던 어떤 대기와도 비슷하지 않고, 지구의 공기 바다에 인류가 찍은 발자국은 앞으로 수천 년 동안 이 세계에 분명하게 남을 것이다. 우리가 공기로 유입시키고 있는 화학물질들은 결국 바다, 암석 그리고 우리 세계의 생명체들로 들어갈 것이다. 산호와 나무들은 홀로세에 들이마신 것과는 다른 탄소 동위원소비를 흡수하고 있는데, 그것은 그들이 화석 연료에서 방출된 이산화탄소를 흡수하고 있기 때문이다. 하지만 이 모든 상황에도 불구하고, 대기 그 자체에 우리가 초래한 변화가 일시적일지 영구적일지는 우리가 어떻게 하느냐에 달려 있다. 당장 내일부터 대기에 가스를 방출하는 것을 멈추고 수백만 대의 통신 기기들을 끄고 모든 항공 교통을 중단한다면, 몇 년 내에 대기의 대부분이 홀로세와 같은 조건으로 돌아갈 것이다. 심지어는 이산화탄소 농도조차 몇 백 년 내로 산업화 이전의 표준으로 떨어질 것이다.

　물론 우리는 내일 당장 화학물질들의 방출을 중단하지 않을 것이다. 인간이 방출하는 거의 모든 오염 물질의 양이 증가하고 있고, 그것은 앞으로 계속해서 기후를 바꿀 것이다. 기후가 바뀌고 있다는 사실을 수많은 과학자, 기관, 언론을 통해 반복적으로 듣고 있음에도 이것이 무엇을 의미하는지 완전히 이해하는 것은 어려운 일이다. 우리는 그런 변화를 머리로는 믿는다. 하지만 그것이 무엇을 의미하는지 정서적으로 이해하고 깨닫는 것은 다른 문제이다.

우리의 기후는 인류가 가진 가장 강력한 척도 중 하나다. 기후는 우리가 사는 곳과 사는 방식, 문화와 환경은 물론, 심지어는 우리가 지구 역사에서 어느 자리에 위치하는지도 말해준다. 기후는 홀로세라는 지질시대를 정의한다. 기후는 지역과 전 지구의 생명다양성을 결정한다. 기후는 생태를 결정하고, 수문학(얼마나 많은 물이 존재하는가)을 결정하고, 날씨를 결정한다. 기후는 예컨대 말라리아가 발생할 가능성이 더 높은지, 밀이 자랄 수 있는지를 결정한다.

변화한 기후에서 사는 것은 다른 세계에서 사는 것과 같다. 아니, 다른 지질시대에 우리 세계에서 사는 것과 같다. 기후가 안정된 홀로세 대신에 우리는 인류세의, 인류가 초래한 기후변화라는 미답의 영토로 들어서고 있다. 우리는 그 영향을 느끼는 와중에도 변화로부터 우리를 보호하고 변화에 적응하려고 시도할 것이다. 기후변화는 앞으로 점점 더 우리의 식량 생산, 도시의 무결성, 에너지 생산, 지구촌 정치 그리고 우리가 다른 사람이나 다른 종들과 상호작용하는 방식에 영향을 미칠 것이다.

인류세가 전개됨에 따라, 사람들이 어떻게 행동하고 국가가 어떤 개발 방식을 선택하느냐가 대기의 조건을 결정할 것이다. 그리고 인류세의 대기는 다시 인류가 어떤 방식으로 개발하느냐에 결정적 역할을 할 것이다. 가난에 찌든 낙후된 나라 네팔은 밝은 새 미래를 눈앞에 두고 있다. 다른 곳의 산업화가 남긴 기후 온난화의 유산과 싸우는 와중에도 제대로 작동하는 민주주의를 기대하고, 소규모 수력발전에서부터 친환경 스토브에 이르기까지 지난 10년 간 NGO가 실험해온 사업의 혜택을 누리고 있다. 네팔이 밝은 미래로 진입하든 하지 못하든, 낭기 마을의 어린이들은 많은 방식에서 동시대인들 대부분이 처한 운명을 피했다. 그들은 이미 위대한 인간 대화

네트워크의 일부로 편입했기 때문에, 지리적 조건이 부여한 한계를 극복할 기회가 있는 더 보장된 인류세에 살게 될 것이다.

　인간이 대기에 일으킨 변화의 영향은 이 책에서 자주 등장할 것이다. 나는 그런 영향들이 우리가 지구에 초래하고 있는 다른 변화와 어떻게 얽혀 있는지 보여줄 것이다. 인류의 해법 중 다수가 마하비르 푼이 낭기 마을에서 해낸 혁신처럼 하늘을 침입하는 기술 혁신에 의존하고 있다. 구글의 래리 브릴리언트(구글의 자선사업 부문 Google.org를 맡아 운영하는 사람_옮긴이)는 세계 변화에 대해 이렇게 말했다. "변화는 보통 사람들에게서 시작된다. 보통 사람들이 특별한 일을 하면, 우리는 그들을 명사처럼 떠받든다. 우리는 그들을 영웅으로 만든다. 그런데 그것이 문제다. 왜냐하면 다른 보통 사람들이 이런 영웅들을 보고 자신은 그렇게 할 수 없다고 생각하게 만들기 때문이다. 하지만 길은 모두에게 열려 있다. 어느 때고 누구에게나."

2

M O U N T A I N S

산

약 43억 년 전 용융 상태로 흐르던 초기 지구의 질퍽질퍽한 암석이 지각으로 굳으면서 지구에 최초로 땅이라는 덮개가 생겼다. 커스터드가 담긴 냄비 위에 생기는 더껑이처럼 지각이 출렁이는 용암 위에서 식으며 수축하고 뒤틀렸고, 그 결과 일부가 다른 부분들보다 더 높고 두꺼워졌다. 최초의 산은 이렇게 탄생했다.

하지만 지구는 가만히 있는 법이 없다. 이 단단한 땅, 영원할 것처럼 보이는 땅은 우리가 알아채지 못하게 움직이고 있다. 지각 밑에서 부글부글 끓는 커스터드가 수십억 년에 걸쳐 지각을 산산조각 내거나 여러 섬들을 충돌시켜 거대한 대륙을 형성했다. 하나로 합쳐진 여러 개의 광대한 초대륙이 붙었다 떨어지기를 반복했고 그때마다 완전히 재구성된 지구가 창조되었다. 가장 최근에 존재했던 가장 유명한 초대륙 판게아('온지구'라는 뜻)는 3억 년 전 형성되었다가 갈라졌다. 표류하는 지각판들이 서로 충돌할 때마다 한 지각판의 끝이 다른 지각판 위로 올라가 산이 생기고, 지각판들이 멀어지면 주름이 펴지며 산이 내려앉는다. 이런 식으로 지구상의 어떤 산들은 지금도 성장하고 있는 히말라야산맥처럼 솟아오르는 한편 어떤 산들은 내려앉고 있다.

최초의 땅덩어리들을 탄생시킨 과정인 화산 활동을 통해 산이 갑자기 생기기도 한다. 부글부글 끓는 용융암들이 가끔씩 지각판 사이의 틈으로 뿜어져 나오는데, 이것이 지표면이나 해저에 쌓여 새로운 산을 만드는 것이다. 탄자니아의 킬리만자로산과 보르네오의 키나발루산은 이런 식으로 생겼다.

금방 생긴 산은 히말라야처럼 날카롭고 험하지만 시간이 갈수록 침식되면서 둥글둥글해진다. 빙하나 강의 흐름에 부대껴 표면이 서서히 또는 갑작스런 산사태로 허물어지는 것이다. 공기, 바람, 햇빛, 미생물 작용, 빗물도 산을 이루는 암석들을 마모시키는데 이런 과정을 '풍화'라고 한다. 이때 공기가 암석에 용해된 광물질과 반응하면서 공기 중의 이산화탄소를 잡아 가둔다.

산은 동시에 여러 기후를 보인다는 점에서 특별하다. 보통 다른 기온이나 날씨를 경험하려면 북쪽이나 남쪽으로 수백 킬로미터를 가야 하지만, 산은 100m만 오르거나 내려가도 비슷한 효과를 경험할 수 있다. 대기 중에 공기 분자들이 균등하게 퍼져 있지 않기 때문이다. 지표면 가까이는 공기층이 훨씬 빽빽하다. 높이 올라갈수록 태양열을 다시 발산할 공기 중의 분자들이 적어지므로 더 추워진다. 산꼭대기가 — 심지어는 케냐산 같은 적도의 산들조차 — 항상 눈과 얼음으로 덮여 있는 것은 이 때문이다. 남극 대륙에서처럼 고도와 위도가 합쳐지면, 그 지대 전체가 두터운 눈과 얼음 아래 숨기도 한다.

산에서 일어나는 이런 기후변화는 마치 섬과 같은 흥미로운 생태계를 만들어낸다. 어떤 종들은 특정한 산의 특정한 고도에서만 발견되는데, 이런 종들은 그곳에서 사촌들과 수천수만 년 동안 격리된 채로 산다.

산 위쪽의 상대적 냉기는 세계 최대의 담수원을 만들어낸다. 습기를 머금은 공기가 산꼭대기의 찬 공기와 부딪쳐 응결되면, 더 이상 담고 있을 수 없는 수증기를 비나 눈으로 내놓기 때문이다. 그리고 이런 물의 대부분이 축적된 장소에 그대로 머문다. 전체적으로 보면, 지구가 보유하는 물의 97.5%가 바닷물 또는 짠 지하수이다. 나머지 물 가운데 단 0.01%가 구름과 비에 실려 있고, 0.08%는 호수, 강, 습지에 있다. 0.75%가 지하수이고, 1.66%는 빙하와 설괴 빙원에 있다. 다시 말해 전 세계 담수의 절반 이상이 빙하에 저장되어 있다는 뜻이다.

이것은 어디까지나 홀로세의 상황이었다. 인류세에 인간이 지구의 온도를 높이면서 산은 극적으로 변하고 있다. 지구 온난화로 인해 종들은 원래 살던 기온을 찾아 10년에 12m의 속도로 비탈을 오르고 있다. 보통 기온이 0.5도 상승할 때마다 대략 100m씩 올라가야 한다.[1] 확실히 식물보다는 동물들이 쉽지만 식물들 역시 이동하고 있다. 예를 들어, 유럽의 관다발 식물들은 지난 7년 동안 평균 2.7m를 올라갔다.[2] 어떤 종들은 전에 살던 지대가 인간 거주지나 농장이 되면서 고립되기도 한다. 하지만 꼭대기에 이르러 더는 갈 데가 없는 수만 종은 멸종 위기에 처한다. 특히 열대 지방의 산지에 사는 종들이 그렇다. 환경보존주의자들은 현재 그런 종들을 구하기 위해 기후가 더 적합한 장소로 종을 옮기는 '계획 이주'를 실시하고 있다. 몇몇 경우, 기후 이주는 산의 더 높은 곳에서 과일과 채소를 재배할 수 있게 한다는 점에서 사람들에게 이롭다. 하지만 전염병을 옮기는 모기들이 더 높은 고도에서 살 수 있게 되면서 면역력이 없는 그곳 거주민들이 전염병에 감염되고 있는데, 그 결과는 치명적이다.

인간에게 가장 큰 걱정거리는 빙하가 사라지는 것이다. 1970년 이래로 빙하들이 평균 14m 얇아졌다.[3] 세계 빙하 감시청이 2000년 이래로 조사한 거의 모든 빙하가 후퇴했다. 여기에는 유럽의 모든 빙하, 히말라야산맥에서부터 아프리카를 거쳐 안데스산맥과 더 남쪽의 뉴질랜드산맥에 이르는 열대 빙하 대부분이 포함된다.

인류는 항상 산을 신 또는 신이 머무는 곳으로 숭배했다. 그래서 높은 산비탈에 사원을 짓고 그곳을 순례했다. 인류세에 우리는 이 지질학적 경이를 예속시키고 있다. 우리는 산들을 더 어둡고 더 메마르고 더 균질하게 바꾸고, 산마다 독특한 식물상과 동물상을 없애고, 심지어는 광물을 파내기 위해 산허리를 자르기까지 한다. 우리는 산의 모습을 바꾸고 있다. 한 예로, 산을 보호하던 눈이 사라지면 겉으로 노출된 부분들이 허물어진다. 현재 스위스의 마터호른산을 비롯해 곳곳의 산들이 붕괴하고 있다.

인간은 여전히 높이 솟은 산에 매혹되지만, 이 천상의 영역에 이르기 위해 인간이 낸 길에는 성스러운 돌보다 쓰레기가 더 많다. 그럼에도 우리는 산을 훼손하는 와중에도 담수를 얻기 위해 그 어느 때보다 더 산에 의존한다.

이 장에서는 우리가 산에 일으키는 변화가 그곳에 살고 있는 사람들에게 어떤 영향을 미치는지, 그리고 홀로세의 산의 환경을 인류세에 다시 만들기 위해 사람들이 어떤 시도를 하고 있는지 살펴보자.

흙벽돌로 지은 집과 성 위로 사원들이 솟아 있다. 지붕마다 기도를 적은 깃발들이 펄럭이고, 모직 외투를 입고 알록달록한 허리 장식띠를 두른 남녀들이 거리에 서서 잡담을 나누고 있다. 나는 인도 북부의 외딴 지역인 트랜스히말라야(니알람에서 히말라야 고갯마루를 넘어 네팔로 들어가는 트래킹 루트_옮긴이), 고대 라다크 왕국에 와 있다. 지역 전체가 산으로 이루어진, 지구에서 사람들이 사는 가장 높은 지역인 이곳은 티베트와 인도와 이란을 연결하는 고대 실크로드를 여행하던 순례자와 상인들이 정착해 살았던 곳으로 주민의 80%가 탄트라 불교도이다.

스타크모 마을에서는 농부들이 추수를 준비하고 있었다. 돌담에 기대어 앉아 읊조리듯 잡담을 나누는 두 사내는 양 무릎 사이에 날을 끼우고 낫을 갈았다. 리본을 엮어 머리를 길게 땋은 한 노파가 당나귀와 송아지를 이끌고 회반죽을 바른 자신의 흙벽돌집으로 갔다. 뒷밭에서는 야크 한 마리가 알팔파(콩과의 다년생 초본_옮긴이)를 뜯어 먹으며 말꼬리처럼 생긴 꼬리를 쳤다. 한 그루 살구나무 둘레에 피어난 화려한 금잔화들이 고개를 마구 까닥이고 멀리서 풍경소리가 아득하게 들려온다. 마치 영원처럼 느껴지는 풍경이다.

하지만 많은 것이 변했다고 마을 사람들은 말했다. "9월 중순에는 아침에 일어나면 콧수염이 얼어붙어 있곤 했어요." 76세 농부 타시 씨가 말했다. 그는 털모자를 쓰고 알이 분홍색인 커다란 선글라스를 끼고 있었다. 목에는 염주가 걸려 있고, 햇볕에 검게 그을린 주름진 얼굴은 말끔히 면도되어 있었다. 나는 해발 4,000m 높이에 있었지만 콧수염이 얼 만큼 춥지는 않았다. 구름 한 점 없이 맑은 하늘에서 해가 쨍쨍 내리쬐었다. 올해 들어 그런 날이 300일도 넘는데,

그 뜨거운 햇볕에 유럽인인 내 얼굴도 그을었다. 세계의 지붕이 뜨거워지고 있는 것이다.

파키스탄, 아프가니스탄, 중국(더 정확히는 티베트) 사이에 낀 라다크는 인도의 잠무카슈미르주에 뒤늦게 편입된 땅으로 아직도 영토 분쟁이 계속되고 있다. 밤이 되면 인도와 파키스탄 국경수비대가 서로를 향해 무차별 사격을 가하고, 중국인들이 와서 인도의 바위를 붉게 칠하면 인도인들은 맞대응으로 중국의 바위들을 초록색으로 칠한다. 하지만 스타크모 마을은 그런 민족주의적 기 싸움과는 멀리 떨어져 있는 느낌이다. 스타크모 사람들은 산지의 겨자색 사막 토에서 먹을 것을 재배하는 오래되고 필수적인 일에 더 관심이 있다. 이곳에 진행되는 지구온난화야말로 라다크 사람들의 삶을 그 어떤 영토 분쟁보다 더 실질적으로 교란하고 있다. 인류가 이 지역을 너무 빨리 달군 나머지 산의 색깔이 사람들의 눈앞에서 바뀌고 있을 정도이다. 빙하가 사라지면서 산이 흰색에서 담배 색으로 바뀌고 있다. 그리고 빙하와 함께 라다크의 유일한 담수원도 사라지고 있다.

타시 씨는 평생 이 계곡에서만 두 개의 큰 빙하가 사라지는 것을 보았다. 그는 그 빙하들이 있던 장소를 가리켜 보였지만, 계곡과 하늘 사이에서 내 눈에 들어온 것은 모래색과 분홍색의 메마른 바위뿐이었다. 산꼭대기만 하얗고, 내가 발견한 빙하들은 적어도 해발 5,500m 위에 있었다. 그런데 마을 사람들의 가장 큰 걱정은 따뜻해진 기후가 아니다. 사실 그들은 연초에 집 안에만 틀어박혀 있지 않아도 되어서 오히려 좋다. 가장 고통스러운 변화는 강수 패턴이 예측 불가능해진 것이다. 엉뚱한 시점에 비가 내리는 재앙적 패턴이 발생하고 있다.

트랜스히말라야 지역의 이곳은 로탕 고개(로탕 라) 너머의 비

그늘(산으로 막혀 강수량이 적은 지역_옮긴이)에 있다. 몇 달 연속 비가 내리지 않아서 사하라사막보다 더 건조하다. 서풍은 도달하지 않고 동쪽의 몬순은 높은 고개를 넘지 못한다. 보통 눈이 10월 이후부터 내리기 시작해 겨울 내내 쌓인다. 그런 다음에 3월에 녹기 시작한 눈이 보리를 파종하는 데 꼭 필요한 물을 때 맞춰 제공한다. 하지만 지난 10년 동안 강설량이 서서히 줄었다. 2012년에서 2013년으로 넘어가는 겨울은 특히 건조해서 심각한 영향을 미쳤다. 수확량은 감소하고 있고, 마실 물은 정부가 대형 트럭으로 실어 나르며, 젊은 사람들이 도시나 평지로 일하러 떠나면서 자급자족하는 전통적인 동네들이 무너지고 있다. 더 심각한 것은, 강수가 추수할 무렵 비로 내리는 바람에 그렇지 않아도 얼마 안 되는 농작물을 망치고 낮은 곳으로 흘러가 버리는 것이다.

　드문드문 자라는 자연 식생 역시 이런 변화들 때문에 줄어들고 있다. 스타크모 마을의 또 다른 농부인 툽스탄 씨는 과거에는 가축들을 산에 풀어놓고 야생의 풀을 뜯어 먹게 했다고 말했다. 하지만 지금은 귀중한 밭의 일부를 떼어 야크와 염소들을 먹일 알팔파를 길러야 한다. 야생동물들 또한 먹을 게 부족하다. 지난주에 툽스탄 씨는 아이벡스 50마리가 자신의 밭에서 채소를 먹고 있는 것을 발견했다. 아이벡스는 늑대를 유인하고 늑대들은 그가 기르는 염소를 잡아먹는다. 아이벡스와 야생 야크들이 돌담을 쓰러뜨려서 돌이 관개 수로를 막는 것도 문제다.

　근처인 라다크의 주도(州都) 레에서도 비가 말썽이다. 이곳에서는 지난 10년 동안 비를 본 적이 없다. 이곳 사람들은 가마에 굽지 않은 진흙 벽돌로 집을 짓고, 나뭇가지를 진흙과 야크 똥으로 이어 붙여 지붕을 이고, 불을 피운 연기가 빠져나갈 수 있게 구멍을 낸다.

이런 집들은 눈을 염두에 두고 지어진 것으로, 겨울에 눈이 지붕을 덮어 단열 작용을 한다. 그런데 오지 않던 비가 내려 그런 집들을 말 그대로 쓸려 내려가게 한다. 부자들은 이미 자신들 집에 콘크리트를 바르기 시작했다.

여름 끝자락에 조금 내리는 비가 겨울 내내 내리는 눈을 대체할 수는 없다. 찔끔 내리는 비는 금방 강으로 흘러가 버리고 지하수를 다시 채우기에는 역부족이다. 점점 더 많은 사람들이 지하수를 퍼 내면서 레의 샘물들은 몇 달째 말라 있다. 바닥을 드러낸 우물은 사 용되지 않고 있다. 이것은 어느 정도는 관광 산업의 호황이 가져온 결과이다. 새로운 호텔과 게스트하우스는 수세식 화장실, 24시간 샤워 시설, 세탁기를 갖추고 있다. 이런 시설은 지속 가능할 수가 없 다. 내가 머문 게스트하우스는 전통적인 라다크식 퇴비 화장실을 갖추었지만, 다른 곳에서는 거의 그렇게 하지 않는다. 어쨌거나 내 게스트하우스 주인도 우리가 사용하는 모든 물을 발전기로 움직이 는 전기 펌프를 이용해 지하 30m 밑에서 퍼 올렸다.

관광업의 폭발적 증가와 정부의 파괴적인 보조금 정책이 최근 의 물 부족 사태를 일으킨 면도 있지만 가장 큰 원인은 기후변화이 다. 그리고 그것은 전 세계적으로 증가하는 온실가스 배출과 지역 적으로 생성되는 갈색 구름 탓이다. 군부가 모든 정보를 봉쇄하고 있어서 데이터를 구하기는 거의 불가능하지만, 지역 주민들의 결론 은 만장일치다. 이곳의 빙하가 사라지고 있다는 사실, 그것도 아주 빠르게 사라지고 있다는 것이다.

이곳 사람들의 피해가 특별히 큰 이유는 여름이 아주 짧기 때문 이다. 그들이 심는 단일 작물인 보리, 콩, 밀을 3월에 파종하지 않으 면, 기온이 영하 30도 밑으로 떨어지는 혹독한 겨울이 오기 전인 9

월에 추수할 때까지 낟알이 익지 않는다. 문제는 남아 있는 빙하들이 5,000m 이상의 너무 높은 곳에 있어서 파종하기에 너무 늦은 시기인 6월까지도 관개수로가 채워지지 않는다는 것이다.

한편 그 지역에서 물의 수요는 점점 늘어나고 있다. 인류세에 인간은 지구의 가장 외딴 지역까지 침투하고 있다. 고작 몇 가구만 살던 장소들까지 부유한 도시들로부터 정기적인 항공 노선이 들어와, 본인들의 생활방식을 포기할 마음이 없는 일시적 이주자들을 무더기로 내려놓는다. 개발도상국의 많은 장소에서 그런 것처럼 관광은 레 사람들에게 새로운 부와 가능성을 가져다주었지만, 물이 없는 한 산지 사막 속의 이 비옥한 땅은 흙먼지로 흩어질 것이다.

히말라야산맥은 극지방을 빼고는 가장 넓은 면적이 빙하와 영구동토로 뒤덮인 곳으로 3만 5,000km^{2}의 빙하와 3,700km^{3}의 얼음을 포함하고 있다. 빙하가 녹는 속도는 매년 빨라지고, 일부 빙하들은 현재 연간 70m의 속도로 줄어들고 있다. 산이 어찌나 급격하고도 빨리 변하는지, 최근에 나온 구글어스 사진을 통해 흰 부분이 줄어드는 것을 직접 목격할 수 있을 정도이다. 녹는 속도는 이미 국제 기후 과학자 단체(IPCC)의 예측을 넘어섰다. 기후 과학자들은 이 지역 빙하의 70%가 스타크모의 빙하와 같은 방식으로 이번 세기말에 사라질 것이라고 예측한다. 산 위의 작은 빙하들이 녹아서 생긴 물만으로도 이미 전 세계 해수면 상승분의 40%를 차지하고, 2100년에는 해수면이 적어도 12cm 더 올라갈 것으로 예측된다.[4]

산악 빙하들이 녹으면, 줄어드는 빙하가 물러나면서 남긴 빙퇴석과 잔해에 둘러싸인 호수가 생성된다. 산사태로 생긴 댐과 마찬가지로, 그런 빙하호의 댐이 터지면 수백만 톤의 물이 쏟아지며 파괴적인 돌발 홍수를 일으킬 수 있다. 인공위성 사진에 따르면 이 지역에 약 9,000개의 빙하호가 존재하고, 그 가운데 200개 이상이 언제든 터져서 이른바 '빙하호 돌발 홍수(GLOF)'를 일으킬 수 있는 위험한 상태인 것으로 확인되었다. 많은 빙하호가 지난 반세기 동안에 나타났고, 그 이후로 꾸준히 증가해왔다. 항상 사람들은 ― 흔히 더 비옥한 토양을 활용하기 위해 ― 화산의 비탈면이나 홍수가 일어나는 강둑 같은 위험 지대에 살아왔다. 하지만 지금까지는 재난이 '신의 소관', 이른바 자연적 사건이었다면 인류세에 우리는 점점 스스로 위험 지대를 만들어내면서 전통적으로 그런 사건에 전혀 대비가 안 된 동네에 재난을 떠안기고 있다. 예컨대 네팔에 있는 임야(Imja) 빙하호는 현재 길이가 2km이고 깊이가 거의 100m에 이른다. 이 호수가 터지면 60km 밖까지 홍수가 미치고 집들과 논밭에 15m 두께의 돌무더기가 쇄도해 한 세대가 살아갈 땅이 사라질 수도 있다. 현재 페루의 수문학자들은 안데스의 한 빙하호의 둑이 터져 1만 명이 죽고 난 뒤 다른 빙하호의 물을 빼내기 위해 터널을 건설하고 있다. 그런 빙하호에서 통제 하에 빼낸 물을 이용한다면 지역 주민들에게 절실히 필요한 관개용수와 수력을 제공할 수 있을 것이다.

　홀로세 동안에도 전 세계 빙하들이 기후나 강수량의 변화에 따라 요동쳤지만, 최근 몇 십 년 동안 해빙은 더 빠르고 전 지구적으로 진행되었다. 인류세에 인류는 자연 과정과 자연의 주기를 좌지우지하고 있다. 우리는 이 행성을 자연적 상태 너머로 밀어붙이면서 지구가 자가 조절을 할 수 있는 능력, 즉 우리가 녹인 빙하들을 되돌릴 수 있는 능력을 망가뜨렸다. 게다가 물은 얼음보다 더 빨리 증발하므로, 빙하가 녹아 호수가 되면 귀중한 물의 손실이 전반적으로 증가한다. 히말라야산맥의 눈과 녹은 빙하는 갠지스강, 브라마푸트라강, 인더스강, 황허강, 메콩강, 이라와디강 등 아시아의 주요 강 열

곳에 흐르는 물의 최대 50%를 채운다. 이 장소들은 지구상에서 사람들이 가장 많이 사는 강 유역으로 13억 명이 넘는 사람들이 농업부터 어로까지 모든 것을 그 강들에 의존한다. 인류세에 우리는 산악 빙하들이 저장하고 있는 담수 없이 사는 방법을 찾든지, 아니면 지구 최대의 담수 보유고를 거대한 콘크리트 저수지로 대체하든지 둘 중 하나를 선택해야 한다. 전자를 택한다면, 습지와 그 밖의 생태계가 무너지는 것은 말할 나위도 없고 수백만 명의 삶이 위태로워질 것이다. 후자를 선택한다면 시간이 얼마 없다. 전 지구적으로 빙하들은 지난 60년 동안 중량의 거의 4분의 1을 잃었다. 전 세계의 많은 정부들이 비록 말도 안 될 정도로 부적절한 규모이기는 하나 이미 저수지 건설 사업을 시작했다. 중국은 고위도 사막 지역인 신장 지역에서 녹고 있는 빙하에서 나오는 물을 붙잡아 저장하기 위해 저수지 59개를 건설하고 있다. 하지만 비용도 어마어마할뿐더러 모든 곳에서 거대한 면적의 얼음을 콘크리트 물통으로 대체한다는 것은 현실적으로 불가능하다. 증발 손실을 줄이기 위해 지하에 저수지를 짓는 게 이상적이지만, 그렇게 하려면 비용이 더 늘어난다. 그럼에도 인류세는 저수지 건설이라는 초대형 사업을 실행할 것이 확실하다.

그런데 또 다른 방법이 있다. 내가 라다크에 간 것은 지구온난화라는 도전에 맞서 승리하고 있는 한 대단한 남성을 만나기 위해서였다. 동네 사람들이 '빙하맨'이라고 부르는 그 사람은 슈퍼맨의 분신 클라크 켄트처럼 베이지색 스웨터를 입고 끈으로 묶는 실용적인 신발을 신고 있었다. 하지만 만화책에 나오는 슈퍼 히어로와 달리 그는 74세이다. 나는 레 근처의 작은 마을 스카라에 있는 그의 아름다운 집에 초대를 받았다. 그는 자신의 매력적인 아내와 딸을 소개하며 '평범한 보통 남자'로서의 면모를 풍겼고, 우리는 아몬드와 살구를 곁들여 그 지역 특산물인 버터차를 마셨다.

하지만 체왕 노르펠은 절대 보통 시골 사람이 아니다. 그는 빙하를 만든다.

노르펠은 고지의 황폐한 사막을 가져다 세계에서 가장 가난한 농부들에게 시기적절한 관개용수를 제공하는 빙판으로 바꾼다. 그는 1995년에 기술 공무원으로 은퇴한 뒤 지금까지 10개의 인공 빙하를 만들었고, 그 빙하가 제공하는 물은 약 1만 명을 먹여 살리고 있다. 이것이 얼마나 특별한 묘기인지 설명하는 데는 어려움이 있다. 기후변화에 가장 큰 타격을 받은 장소들 중 한 곳에서 일당백 지구공학자 체왕 노르펠은 망토를 걸치고 나타난 슈퍼맨처럼 짠 하고 물을 생기게 하여 수확량을 두 배로 늘렸고, 그런 식으로 갑자기 지구온난화의 진행을 멈추었다.

보는 사람이 다 피곤할 정도로 에너지와 열정이 넘치는 체왕 노르펠은 타시 마을 위쪽으로 표석이 여기저기 흩어져 있는 땅을 가로질러 획획 걸어갔다. 노르펠은 자신이 최근에 설계한 인공 빙하를 내게 보여주고 싶어 했지만 나는 4,000m 고도의 희박한 공기 속에서 숨 쉬는 것도 힘들었다. 그는 작은 배낭을 메고 있었다. 그날 밤 영하 10도까지 떨어지는 1,000m 고지에 텐트를 치고 잘 예정이었다. 다음 날 아침에 일을 계속하기 위해서다. "날씨가 매우 춥고 일이 정말 힘들 때는 집중해야 합니다. 오로지 가장 성공적인 빙하를 만드는 일만 생각해요." 노르펠이 말했다.

기술자, 수문학자, 빙하학자, 뒤뜰 애호가인 체왕 노르펠은 단지 못 배운 농부들의 연장만으로 과학 원리에 기초해 자기만의 전문 분야를 창조했다. "이런 상황, 산지 사막의 외딴 지역에서 그가 해낸 일은 실로 대단한 것입니다." 레에 근거지를 둔 WWF 인도 고고도 습지 보존 프로그램의 코디네이터 판카이 찬돈이 말했다. 그는 지난 십 년 동안 노르펠이 하는 일을 지켜보았다. "노르펠이라는 사람의 힘을 증명하는 것이지요. 필요한 시점에 물을 공급한다는 것은 독특하고 혁신적인 아이디어입니다. 이 지역에서 우리가 경험하고 있는 기후변화에 적응하는 환상적인 기술이지요."

체왕 노르펠은 평생 한눈팔지 않고 살아왔다. 레의 농부 집안에 태어난 그는 어렸을 때 가축을 돌보러 나가 있는 동안에도 기회가 생기면 흙바닥에 막대기로 일정표와 수학 방정식을 끼적이곤 했다. "아버지에게 학교에 보내 달라고 졸랐더니, 가축 돌보는 일을 계속하면 보내주겠다고 했어요. 그래서 새벽 4시에 일어나 소와 염소들을 데리고 나가 풀을 먹인 다음 학교에 갔어요. 방과 후에는 밭일을 도우러 서둘러 집으로 왔지요."

노르펠이 자라던 1940년대에는 레에 학교가 한 개밖에 없었다. 그 학교에서는 우르두어(라다크어가 아니라)로 가르쳤는데 그마저도 초등교육에 그쳤다. 삼형제 가운데 막내였던 노르펠은 관행대로라면 생활비를 줄이기 위해 불교 사원에 보내졌을 것이다. 그의 아버지가 중등학교에 보내줄 형편이 못 되었기 때문이다. 노르펠은 열 살 때 집을 나와 400km도 더 떨어진 카슈미르주의 스리나가르에 있는 학교에 갔다. 그 학교에서 유일하게 가난한 소년이었던 그는 교사들을 위해 요리와 청소를 해서 학비를 댔다.

스리나가르의 단과대학에서 과학을 전공한 노르펠은 두 가지 사실을 알았다. 자신이 수학과 과학을 좋아한다는 것, 그리고 그가 어린 시절 보았던 고생하는 농부들을 돕고 싶어 한다는 것이었다. 이 시기 그의 영웅 가운데에는 아버지의 사촌이 있었는데, 그는 런

던에 갔다가 라다크 최초의 기술자로 레에 돌아와 마을에 공항을
세우고 레와 스리니가르 간 도로를 건설했다.

당시 카슈미르주에는 종합대학이 없었으므로 노르펠은 남쪽의
루크나우주로 가서 토목공학 학위를 땄다. 이번에는 힌두어로 배워
야 했다. 그는 그 주제의 엄밀함이 좋았고 물리학과 재료과학의 실
용성이 좋았다. "공학은 현실을 바꿀 수 있어요. 사람들의 문제를 눈
에 보이는 방식으로 빠르게 해결할 수 있어요. 알맞은 장소에 훌륭
하게 설계된 다리를 놓는 것 같은 간단한 사업은 힘든 길을 하루 이
상 걸어야 하는 사람들의 삶을 훨씬 수월하게 만들 수 있지요." 노르
펠은 말했다.

노르펠에게 공부의 목적은 오직 라다크의 고향 사람들을 위해
자신의 지식을 사용하는 것이었다. 의사에게 의학이 하늘의 소명인
것처럼 그에게는 공학이 그러했다. 마하비르 푼이 그랬듯이 그의
의지와 결과물은 사람들의 삶을 바꾸고 있다.

노르펠은 자격을 갖추자마자 레로 돌아와 당숙과 함께 라다크
의 시골 개발부에서 토목공학자로 일했다. 일은 흥미진진했지만 말
도 못하게 힘들었다. 그가 일을 시작한 1960년에는 도로도 다리도
없었고, 모든 것을 맨손으로 지어야 했다. "우리는 곡괭이와 삽을 살
돈도 없었어요. 어떤 곳에서는 동물의 뿔로 땅을 파기도 했어요. 하
지만 도로 건설이 시급했지요. 사람들은 어디를 가나 조랑말로 움
직여야 하는데 길이 나쁜 곳에서는 조랑말이 험한 길을 건널 수 있
도록 짐을 모두 내렸다가 다시 실어야 했어요. 몇 주씩 걸리던 길을
지금은 몇 시간이면 갈 수 있답니다." 노르펠이 말했다.

이후 35년 동안 이 열정적인 흑발의 기술자는 라다크 마을에서
낯익은 인물이 되었다. 인도의 다른 지역에서 파견된 정부 전문가

들과 달리 노르펠은 그 마을의 문제를 진심으로 걱정하는 사람으로 알려졌고, 사람들은 그를 신뢰했다. 라다크는 주민의 90% 이상이 자급자족 농부로 서로 긴밀한 관계를 맺고 일하며 살아간다. 돈은 없었지만(그곳에서는 모든 것이 물물거래와 협력을 통해 이루어졌다), 노르펠의 사업에 노동이 필요할 때면 사람들은 기꺼이 나섰다. "라다크에서 내가 도로나 지하 배수로, 다리, 교사, 관개 시설, 징(빙하 녹은 물을 채우는 작은 물 저장 탱크)를 만들지 않은 마을은 거의 없습니다." 노르펠이 말했다.

그는 모든 문제를 과학적으로 접근했다. 만족스러운 해법에 이를 때까지 변수를 바꾸어가며 실험했고, 지역에서 구할 수 있는 재료를 이용해 지속 가능하도록 설계해야 한다는 점을 명심했다. 예컨대 그는 수많은 수로를 팠는데, 겨울에 금이 가는 값비싼 시멘트로 마감을 하는 대신 잡초들이 자라 무성해져서 그 뿌리가 자연스럽게 운하 내벽을 덮어씌우도록 했다.

1995년에 그가 은퇴할 무렵에는 우선 과제가 바뀌었다. 도로 건설이 여전히 중요했지만, 라다크 사람들은 생계를 위협하는 훨씬 더 심각한 문제를 자각하고 있었다. "내가 방문한 모든 마을이 똑같은 문제를 겪고 있었어요. 물 부족이었죠. 빙하가 녹아 없어지고 하천이 사라지고 있었어요." 노르펠이 말했다. "사람들은 내게 물을 달라고 부탁했어요. 관개 시설에 물이 바닥나고 농사는 실패하고 있었어요. 정부는 곡식 배급을 시작했지요." 노르펠은 자신이 뭔가를 해보기로 결심했다. "물은 이 지역에서 가장 소중한 재화입니다. 사람들이 물을 놓고 서로 싸우기 일쑤예요. 관개가 필요한 계절에는 심지어 형제자매와 부자지간에도 물 때문에 서로 싸우지요. 그것은 우리 전통과 불교의 가르침에 반하는 일이지만 어쩔 도리가 없어요. 평화는 물에 달려 있지요."

그에게 영감이 떠오른 것은 집에서 100m도 안 되는 곳에서였다. 혹독하게 추운 어느 겨울날 아침이었다. "파이프에서 물이 쏟아져 나오는 것을 보았는데, 저 많은 물이 겨울에 낭비되고 있다니 참으로 안타깝다는 생각이 들었어요. 물이 얼어서 파이프가 터지는 것을 막기 위해 수도꼭지를 열어놓은 것이었지요. 그 물이 하천으로 가는 도중에 작은 숲 지대를 건너는데, 그곳에 물이 고여 웅덩이가 만들어지더군요. 나무들이 그늘을 드리운 곳이라 그 물은 금방 얼어붙었지요. 그리고 3월 초에 얼음이 녹았어요." 그가 말했다.

노르펠은 만일 자신이 어떤 식으로든 이 과정을 훨씬 더 큰 규모로 모방할 수 있다면 겨울에 그냥 흘러가 버리는 물을 인공 빙하에 가두었다가 파종하고 물을 대는 시점에 딱 맞추어 녹게 할 수 있을 것이라 생각했다. 그것은 군더더기 없이 간단한 개념이었지만, 이루는 과정은 지뢰밭이었다. "처음에 그 아이디어를 들고 가서 자금을 요청했더니 사람들이 비웃더군요. 공무원과 마을 사람들은 회의적이었어요. '당신 미친 거 아니야? 대체 어떻게 빙하를 만든다는 거야?' 그들은 이렇게 말했어요." 하지만 노르펠은 밀어붙였다. 그는 마을 원로들을 불러 모아 개념을 설명했다. 그의 끈질긴 열정이 서서히 받아들여지기 시작했다.

그에게는 장비도, 고도계나 GPS 리더도 없었으며 굴착기조차 없었다. 게다가 지난 십 년 동안 일어난 사회구조 변화도 만만치 않은 어려움으로 작용했던 것 같다. 물 부족이 심해지고, 도로가 생겨 정부 보조금으로 경작된 곡물들을 실은 트럭이 들어오자 마을 사람들은 밭을 떠나 레 또는 인도의 다른 지역에 부상하고 있는 새로운 관광 일자리를 찾아가기 시작했다. 라다크 지역의 오랜 전통인 물

물 거래와 협력은 새로운 자본 기반 경제에 밀려났다. "사람들의 태도가 완전히 바뀌었어요. 마을 사람들에게 운하 수리를 맡기거나 새로운 빙하를 만드는 것을 도와 달라고 하려면 돈을 지불해야 해요. 더 이상 아무도 무료로 일을 하지 않아요." 노르펠이 말했다.

노르펠의 기발한 발상은 겨울에 산 아래로 '그냥 흘러가 버리는' 물을 적당한 간격을 두어 설치한 돌 제방을 따라 흘러가게 하는 것이다. 이렇게 하면 물의 흐름이 느려지고 물이 더 넓은 지역에 퍼져서, 마을에서 몇 백 미터 떨어진 커다란 함몰지로 흘러 들어가게 할 수 있다. 유속이 느려진 물은 이곳에서 얼어 빙하가 될 것이다. 그는 내게 빙하가 생기는 자리를 보여주면서, 자신이 물을 흘려 보내는 길을 가리켜 보였다. 그제서야 나는 바위투성이 계곡의 모습이 머릿 속에 그려지면서 빙하가 어떻게 형성되는지 알 것 같았다. 위치가 전부나 마찬가지이다. 빙하가 만들어지는 그 장소는 해가 약하고 낮게 뜨는 겨울 동안 산의 정면에 가려 그늘이 진다. 그런 다음 3월에 해가 높이 뜨면 두꺼운 얼음판이 녹기 시작해 저수조로 쏟아지고, 개폐식 수문을 통해 농부들의 관개 수로로 들어간다. 빙하 녹은 물은 지하 대수층을 다시 채우는 데도 도움이 된다. 이 물은 아주 귀해서 물을 대는 시기에 어떤 농부는 물 도둑을 지키기 위해 수문 옆에서 잠을 자기도 한다.

빙상 아래의 암석은 산바람의 통로가 되어 빙상의 온도를 더 떨어뜨린다. 노르펠은 순차적으로 고도가 높아지는 두 번째, 세 번째 인공 빙하 자리를 가리켰다. "가장 낮은 고도에 있는 이 빙하가 다 녹을 때쯤이면 중간 고도의 빙하가 녹기 시작할 겁니다. 그다음에는 가장 높은 고도의 빙하가 녹기 시작하고, 마지막으로 산꼭대기의 자연 빙하가 녹습니다." 노르펠이 씩 웃었다. 나도 함께 웃지 않을 수 없었다. 정말 대단한 발명이었다.

그는 첫 번째 인공 빙하를 푹트세 마을 위쪽에, 도움도 거의 받지 않고 혼자 만들었다. 효과가 당장 나타나 관개 수로에 30일치의 물을 추가로 공급했다. "인공 빙하의 혜택을 본 사람들이 돕기 시작했고, 우리는 그 빙하의 길이를 2km로 늘렸지요." 노르펠이 말했다.

"마치 기적 같았어요. 사람들은 곧장 더 넓은 땅을 경작하기 시작했고, 밭 사이에 버드나무와 포플러 나무를 심었어요." 푹트세 마을의 농부 스카르마 다와 씨가 말했다. "이 기술이 정말 훌륭한 것은 효과적이고 간단하고 유지 보수가 거의 필요 없기 때문입니다." 그 빙하들은 현지의 노동력과 재료를 이용해, 시멘트 저수지를 만드는 비용의 아주 작은 일부로 만들어진다.

노르펠은 그 이후로 9개의 빙하를 만들었다. 그는 길이가 평균 250m이고 폭이 100m인 그 빙하들이 각기 약 2만 7,000m^{3}의 물을 제공한다고 믿는다. 하지만 지금까지 정확한 분석 자료가 존재하지 않고, 땅에 기복이 있어서 각 빙하에 포함된 얼음의 부피를 추측하는 데 어려움이 있다.

그는 자신이 도움을 준 사람들에게 인정을 받았다. "우리 집에 가면 선반 한가득 선물로 받은 수제 맥주가 있고 카타그(불교도들이 준 의식용 실크 스카프)가 한 트럭이나 있어요." 그가 말했다. 하지만 과학계는 관심을 거의 보이지 않았다. "나는 어디서 어떻게 하면 빙하가 가장 잘 형성되는지, 그리고 어느 부분이 가장 먼저 시작되고 왜 그런지에 대한 자료를 수집하려고 시도하고 있습니다. 그렇게 해서 이 기술을 개선할 수 있고, 다른 곳에서도 이용할 수 있었으면 좋겠어요. 하지만 과학 장비가 없어요. 오직 내 관찰에 의존할 따름이지요."

노르펠은 아프가니스탄과 투르크메니스탄에서 활동하는 한 NGO에서 그가 만든 빙하에 관심을 보였다고 말했다. "어떤 지역에서는 저수지가 훨씬 더 실용적인 해법입니다. 하지만 논밭에 물을 대야 하는 계절에는 물 저장과 방출이라는 측면에서 인공 빙하를 이길 수 없어요."

아무것도 없는 데서 빙하를 만들어내는 것은 정말 대단한 일이다. 하지만 그렇다고 전혀 새로운 일은 아니다. 사람들은 12세기부터 그 일을 하고 있었던 것 같다. 전설에 따르면, 칭기즈 칸과 몽골 전사들이 현재 파키스탄 북부에 해당하는 지역을 노리자 주민들은 빙하를 자라게 하여 고갯길을 막음으로써 그들의 전진을 막았다고 한다. 파키스탄 쪽 카라코람산맥에서 티베트 민족이 사는 지역인 발티스탄에서는 '빙하 접붙이기' 관행을 수백 년 전부터 해왔는데, 그곳 사람들은 관개용수를 빙하 녹은 물에 전적으로 의존한다. 의식적 요소가 다분히 담겨 있는 이 기술은 이른바 '암컷' 빙하(빠르게 움직이는 빙하)와 '수컷' 빙하(느리게 움직이는 바위투성이 빙하)에서 얼음을 끌어와 특정 장소에 심는 것이다. 대개 해발 4,500m 이상의 고도에 산의 북쪽 면에 심는다. 얼음을 바위 위에 심고 중간중간 박을 섞어 그 박들이 터져서 얼게 한다. 그 뒤에 천과 톱밥을 '짝짓기된' 얼음에 덮어 단열한다. 공기 통로 역할을 하는 바위들 위에 얼음을 심는 비슷한 기법이 아르헨티나에서 동굴 같은 그늘진 지역에서 실행된다. 내리는 눈이 얼어붙어 형성되는 빙판인, 이른바 '바위 빙하'는 더 깨끗한 물을 생산하기 때문에 여러 가지 물질이 들러붙는 탓에 녹으면 흙탕물이 되는 '진짜 빙하'보다 선호된다.

인간이 유발한 지구온난화에 잃어버린 빙하를 재창조하는 것은 고산 지역 사람들이 직면한 아주 실질적 문제를 해결하는 창의적 해법이다. 그 영향이 사람들의 피부에 직접 와닿기 때문이겠지만, 이 지구공학적 기법은 논란의 여지 없이 받아들여지는 듯하다. 스위스처럼 더 부유한 나라들에서는 스키 리조트 관리자들이 이미 인공 눈과 얼음을 만들고, 빛을 반사하는 거대한 장막을 이용해 그 차가운 물질을 그대로 유지하기 위해 수천 달러를 쓴다. 2008년에는 한 독일 교수가 스위스의 론빙하 위에서 산을 타고 내려오는 차가운 바람을 통과시켜 붙잡기 위해 높이 15m, 폭 3m의 차단막을 설치했다. 그 차단막이 효과가 있는 것이 확인된다면 그는 다른 빙하들에도 똑같이 실행할 생각이다.

노르펠은 첨단 장막이나 차단막을 구할 수 없다(그는 자신이 만든 빙하의 효과를 정확히 분석하는 것조차 할 수 없다). 하지만 내가 그곳에 머무는 동안 그는 과학계의 첫 방문객인 콜로라도대학교 볼더캠퍼스 INSTAAR(북극고산연구소)의 지리학 대학원생 아디나 라코비티누를 맞이했다. 그녀는 그곳을 지나 더 동쪽에 있는 자신의 빙하 현장 연구소로 가는 길이었다. 그녀가 노르펠에게 자신이 가지고 있던 휴대용 GPS 모니터를 이용해 인공 빙하가 있는 곳의 지형 지도를 만들어주겠다고 제안했다. 노르펠은 아이처럼 흥분하며 눈을 반짝거렸다. "그거 좋은 생각인데요." 그러고 나서 두 사람은 빙하가 있는 곳들을 다니며 계측하면서 행복한 두 시간을 보낸 뒤, 노르펠의 줄자와 다림줄(수평 수직 여부를 가늠하는 데 사용하는 추 달린 줄_옮긴이)로 하려면 몇 주가 걸릴 일을 뚝딱 해치웠다. 그들이 사용한 기기는 라코비티누의 연구소에서 빌려온 것으로 값이 3,000달러나 하지만, 그녀는 자신의 '진짜' 빙하로 떠나기 전에 노르펠에게 모조품은 300달러면 살 수 있다고 알려주었다. "그 장치를 구할 수 있다면 이 일이 얼마나 쉬울까요." 노르펠은 한숨을 쉬었다.

노르펠은 적어도 75개의 라다크 마을이 인공 빙하를 만들기 적합한 위치에 있다고 추산했다. 각각은 연간 약 2,700만 l의 물을 제공하지만, 자금 부족은 그를 망설이게 했다.

우리는 스타크모 마을로 가기 위해 계곡을 내려가다가 타시 씨의 집에 들렀다. "이 사람은 영웅입니다." 타시가 말했다. "그가 우리에게 만들어준 인공 빙하 덕분에 나는 감자를 키울 수 있어요. 감자는 연초에 심어야 하는 작물이지요. 수확량이 훨씬 많아졌어요. 현재 토마토와 다른 채소들도 키워요. 수입이 세 배나 늘었답니다." 새로운 관개 시설 덕분에 그는 더 따뜻한 기후 조건을 자신에게 유리하게 이용할 수 있었다. 기후변화는 이 지역 전역에 새로운 농업 기회를 불러들이고 있으며(물이 있는 곳에 한해), 예전에 농부들이 얼음과 사막 사이에 보리를 심느라 고군분투했던 높은 고도에서 온갖 종류의 채소들이 — 가지, 사과, 파프리카, 수박 — 이 자라고 있다.

하지만 타시에게 찾아온 행운은 오래가지 않을 것이다. 기후변화로 이곳의 강수 패턴도 바뀌어서 겨울에 눈이 덜 오는데, 인공 빙하를 만들려면 그때 눈이 꼭 와야 한다. "이런 빙하는 마법처럼 만들어지는 게 아닙니다. 겨울 동안 키워야 해요." 노르펠이 말했다.

인공 빙하는 이곳 사람들이 직면한 기후변화 문제에 대한 장기적 해법은 아니지만, 가난한 사람들이 적응할 수 있도록 숨 돌릴 틈을 제공한다. 인류세로 한 걸음 더 들어가면 현재 이곳에 살고 있는 농부들 대다수는 더 이상 이 지역에서 살 수 없을지도 모른다. 체왕 노르펠은 이 불교도들에게 자신들 조상이 마련한 집과 땅과 마을 즉 그들의 전통 가요와 이야기가 만들어진 곳, 자신들의 언어로 소통할 수 있는 장소에서 보낼 수 있는 귀중한 몇 년을 제공하고 있는 것이다.

인류의 맹습에 지구공학적 해법으
로 맞서고 있는 독립투사는 체왕 노르펠만이 아니다. 페루 안데스산
맥에서 사람들은 산을 말 그대로 하얗게 칠하는 시도를 하고 있다.

해발 4,200m 고도의 리카파 마을은 사람들의 생계가 남미산
낙타과 가축인 알파카 농장을 중심으로 유지되는 곳이다. 아야쿠초
시(아야쿠초주의 주도)에서 서쪽으로 100km 떨어진 이 지역은 페
루에서 가장 가난한 지역으로, 1980년대와 1990년대에 이곳을 근
거지로 활동했던 마오쩌둥 사상을 추종하는 폭력 게릴라 조직 '빛
나는 길(Shining Path)'이 주도한 10년간의 테러 공격에 특히 심한
타격을 받았다.

내가 찰론 솜브레로 산 밑에 있는 그 마을에 도착했을 때 여자
들은 더러워 보이는 작은 연못에서 빨래를 하고 있는 한편, 한 무리
의 남자들이 돌집을 고치고 있었다. 잉카 문명권의 공용어였던 고
대 언어 케추아 말을 사용하는 이 산악 지방 사람들은 지난 20년 동
안 다양한 정부 제도의 도움을 받아 자신들의 무너진 마을과 집과
삶을 재건해왔다. 하지만 기후변화는 그들을 등졌다.

젊은 아버지 살라몬 파르코는 지구온난화에 맞서 개인적으로
싸우고 있다. 그는 자신이 다섯 살짜리 아들 윌메르와 같은 나이였
을 때는 계곡에 강이 흘러 알파카 목초지를 촉촉이 적셨다고 말했
다. 여자들이 연못에서 빨래할 일이 없었다는 것이다. 하지만 해발
5,000m 고도에 있는 찰론 솜브레로의 빙하는 20년 전 완전히 사라
졌고, 이와 함께 물도 사라졌다. 남은 것은 한때 강이 흘렀던 바위투
성이 수로와 그 위로 우뚝 솟은 검은 봉우리뿐이다.

스타크모 마을처럼 리파카 마을은 원래 비가 자주 오지 않고,

비가 내리는 시기도 1월과 2월에 한정된다. 나머지 기간에 고산 지대의 초지는 빙하 녹은 물에 의존하므로, 그 물이 없으면 누렇게 변해 죽는다. 1,000명이 넘는 사람들이 더 이상 가족을 먹여 살릴 수 없어서 마을을 떠나 페루의 수도 리마 주변의 판자촌으로 이주했다. 파르코도 아내와 세 아이를 데리고 떠날 생각을 했다. "하지만 내 집은 여기에요. 도시에 가서 뭘 하겠어요? 일단 여기서 하는 데까지 해봐야지요." 그는 말했다. 살라몬 파르코와 그의 친구 제로니모 토레스는 떠나는 대신, 매일 아침 900명의 삶이 달려 있는 빙하를 되돌릴 수 있다는 희망을 품고 검은 산을 흰색으로 칠하고 있다.

그들은 5월에 산을 칠하기 시작했는데, 내가 찾아간 9월에는 3만 m^2의 검은 바위를 흰색으로 바꾸어놓았다. 2009년에 세계은행에서 개최한 기후변화 적응 대회에서 받은 20만 달러 상금으로 실시되는 이 대단한 실험은, 좀 특이하고 호감이 가지 않는 스타일인 페루 사업가 에두아르도 골드가 생각해낸 것이다. 골드의 말에 따르면 아직 받지 못한 그 돈은 산을 하얗게 칠할 석회 페인트를 생산하는 공장을 짓는 데 쓰여질 계획이다.

그 실험의 기본 원리는 검은 물체가 흰 물체보다 열을 더 많이 흡수한다는 것이다. 흰색 페인트를 이용해 검은 바위의 반사율을 높이면, 그 위에 생성되는 얼음이 녹지 않을 정도로 산을 서늘하게 식혀줄 것이고, 그러면 결국 빙하가 만들어질 것이다. 어디까지나 희망 사항이다.

페루의 환경부 장관을 포함해 많은 사람들은 회의적이다. 그들은 그 돈을 차라리 기후 이주 사업에 쓰는 게 더 낫다고 말한다. 게다가 골드가 자격을 갖춘 정식 과학자가 아니라는 이유로 정부 기관과 공공 단체들은 의심의 눈초리로 그를 바라보았다.

하지만 파르코는 결과가 이미 나타나고 있다고 말했다. "낮에는 페인트칠한 곳이 5도인 반면 검은 바위는 20도예요. 밤에는 흰색 표면이 영하 5도까지 떨어져요." 페인트칠한 바위 위에 밤새 얼음이 생기기 시작했다. 하지만 그것은 오전 10시 30분이면 녹았다.

앞으로의 계획은 페인트칠한 부분에 작은 저수지를 파고 풍력 발전기를 이용해 물을 그곳으로 끌어올리는 것이다. 그런 다음에 밤 동안 페인트칠한 바위 위로 천천히 흐르게 하면 물이 얼어붙을 것이다. 시간이 지나면서 얼음은 점점 커질 것이고, 그 과정은 자동으로 계속될 것이다. 빙하가 형성되는 조건이 갖추어졌기 때문이다. "냉기가 냉기를 만듭니다." 에두아르도 골드는 말한다. 파르코와 토레스가 칠해야 하는 면적은 총 70만 m^2로 다 칠하는 데 2년이 걸릴 것으로 예상된다. 그들이 처음에 함께 일했던 두 남자는 보름 뒤 보수가 없다는 이유로 그만두었다.

"우리가 산을 계속 칠하는 것은 효과가 있기 때문이고, 달리 선택의 여지가 없기 때문입니다. 빙하가 없으면 쓸 물이 없고, 그러면 우리는 떠나야 하니까요." 파르코가 말했다.

나는 지난 40년 동안 페루의 빙하를 연구해온 오하이오대학교의 빙하학자 로니 톰슨에게 그 아이디어를 어떻게 생각하는지 물었다. 산을 하얗게 칠하는 것은 지역 수준에서 단기적으로는 어느 정도 성공을 거두겠지만 더 큰 지역에서는 실현 가능성이 없다고 그는 말했다. "누구도 안데스산맥 전체를 흰색으로 칠할 생각을 하지 않을 겁니다." 빙하가 사라지고 있는 지금 필요한 것은 빙하를 대체할 인공 저수지이다. "댐과 저수지를 짓는 대규모 사업이 필요하다는 뜻입니다. 물론 지진이 자주 일어나는 그런 지역에서 쉬운 일은 아니지만, 꼭 필요합니다."

　　살라몬 파르코가 사는 외딴 마을 리카파가 앞으로 몇 년 내에 새로운 물 자원 공사 대상으로 낙점될 가능성은 없다. 하지만 산을 하얗게 칠한다면, 앞으로 2년간 충분한 얼음을 생산하여 마을 사람들에게 달라지는 생활에 적응할 시간을 벌어줄 수 있을 것이다.

　　다른 곳에서는 반사율을 높이기 위해 지구 표면을 하얗게 칠하는 시도를 훨씬 더 큰 규모로 확대하는 방법을 고려하고 있다. 지구를 덥히는 태양에너지의 양을 줄이는 방법 —"태양복사 관리"라고 한다— 은 지역 온난화 또는 지구온난화를 빠른 시간에 상쇄시킬 수 있다. 이번 세기에 지구온난화가 과학자들이 "안전하다"고 여기는 2도를 넘어설 것이 거의 확실하므로, 지표면을 빠르게 식히는 방법은 점점 매력적으로 다가온다. 태양에너지를 우주 공간으로 다시 반사시키는 것은 대기 중의 이산화탄소가 바다를 산성화시키는 효과를 상쇄해주지는 못하지만(이 문제는 나중에 다시 살펴보겠다), 우리 사회가 탄소 배출량을 줄이고 더 온난한 조건과 새로운 기후에 적응하고 우리가 대기로 내보낸 이산화탄소를 제거하는 효과적이고 효율적인 방법을 생각하는 동안 시간을 벌 수 있는 가치 있는 방법이다.

　　어떤 공학자들은 지구 궤도를 도는 우주 거울을 설치하자고 제안한다. 그렇게 하면 햇빛이 대기에 들어오기도 전에 튀어 나갈 것이다. 지상에서 할 수 있는 방법으로는 집과 공공건물의 지붕을 하얗게 칠하고, 더 밝고 반사율이 높은 작물을 심고(아마 유전자 변형된 변종들을 이용할 것이다), 사막이나 바다를 반사성 물질로 덮는 것이 있다. 충분한 페인트와 의지가 있다면, 목표로 하는 산꼭대기를 향해 공중에서 흰색 스프레이를 분사할 수도 있을 것이다.

　　스페인 남부의 알메리아는 1980년대 이래로 260km^{2}의 면적을 덮는 세계 최대 온실 밀집 지역을 개발해왔다. "플라스틱 바다"라고 일컬어지는 이 인류세 지형이 대단한 것은 유럽에서 가장 건조한 사막이 현재 수백만 톤의 과일과 채소를 생산하고 있기 때문이기도 하지만 그 온실들이 많은 양의 햇빛을 대기 중으로 반사시킴으로써 실제로 그 지역의 열을 식혀주기 때문이다. 스페인의 나머지 지역은 기온 상승이 세계 평균보다 빠른 반면, 플라스틱 바다에 위치한 기상 관측소들은 10년 동안 0.3도 하락을 기록했다.[5] 그 플라스틱들이 거울처럼 작용하여, 햇빛이 땅에 닿아 땅을 가열하기 전에 대기로 반사되어 돌아간다는 사실이 밝혀졌다. 그 지역에서 플라스틱 온실은 지구의 온실 효과를 상쇄했다.

한층 더 논란이 되는 방법은 공기 중 부유 입자들로 대기를 채워 햇빛을 가림으로써 지구의 열을 식히자는 발상이다. 이것은 화산이 폭발한 뒤 자연적으로 일어나는 현상이다. 1991년 피나투보 화산이 폭발했을 때 2년 동안 지구 기온이 0.5도 이상 떨어졌다.[6] 먼 과거의 초대형 화산 폭발은 지구를 빙하기로 내던져 대멸종을 초래했다. 규모가 훨씬 더 작지만 똑같은 효과를 선박 항로에서 볼 수 있다. 선박들은 보통 매캐한 아황산 배출 가스를 발산하는 중유를 태우는데, 이 배출 가스가 바다 전체에서 체감할 수 있을 정도로 더 차가운 기류를 발생시킨다. 갈색 구름에서 발견되는 것과 같은 황 입자들은 지표면에 닿는 햇빛의 양을 15%까지 줄이는 그늘막 효과를 내어 인류가 유발한 온난화 효과를 80%까지 가린다.

물론 지구온난화에 대한 해법으로 산업적인 공기 오염을 늘리자고 제안할 사람은 아무도 없다. 그 대신 공학자들은 대기에서 태양에너지를 반사시키는 다른 방법을 고려하고 있다. 낮은 고도의 층적운에 소금 입자를 주입하면, 구름의 색깔이 더 밝아지고 반사율이 높아져 국지적인 냉각 효과를 낼 수 있다. 이렇게 하기에 완벽한 반사율과 고도를 지닌 구름층이 현재 세 곳에서 자연 발생하여 반영구적인 층을 이루고 있다. 칠레-페루 연안, 나미비아-앙골라 연안 그리고 북아메리카 연안이다. 영국 기상청 해들리기후연구센터의 갈색 구름 전문가 짐 헤이우드는 칠레-페루 연안에 발생하는 층적운에 대한 컴퓨터 모형실험을 실시한 결과, 이 구름을 변형시켜 상당한 냉각 효과를 낼 수 있음을 알아냈다. 하지만 모형실험은 다른 잠재적 결과도 나타날 수 있음을 보여주었다. 서아프리카 지역의 구름에 소금 입자를 주입하면 아마존 지역에 비가 줄어들 가능성이 있다. 이것은 좋지 않은 효과이다. 칠레 연안의 구름에 소금을 주입하면 건조한 오스트레일리아 지역에 비가 증가할 가능성이 있는데, 이것은 유용한 효과일 수 있다. 파동에너지 기술을 개척한 영국 공학자이자 발명가인 스티븐 솔터는 세 곳의 주요 구름에 집중하는 것보다는, 전략적으로 중요한 전 세계 장소에서 해양 온난화 지대를 면밀히 감시한 뒤 그곳 상공에 소금 핵을 뿌림으로써 햇빛을 반사시키는 구름을 만들어 위험한 날씨를 바꾸는 게 더 낫다고 생각한다. "구름에 소금 핵을 뿌려주면 하이얀 같은 태풍(하이얀은 2013년 11월에 필리핀을 할퀴고 지나갔다) 세력을 상륙하기 전에 크게 약화시킬 수 있었을 것"이라고 솔터는 말했다. 그는 구름에 바닷물을 분사하여 구름을 더 희게 만들 수 있는 일군의 해상 탑을 설계하기도 했다. 그의 계산에 따르면, 전 세계 기온을 연간 0.5도 낮추는 규모로 탑을 세우는 데 드는 총 비용은 국제 기후 회의를 한 번 여는 비용보다 적다.

　한편 다른 과학자들은 황 입자를 수십 킬로미터 밖의 성층권에 투입함으로써 화산 폭발 효과를 더 약하지만 더 장기간 일으킬 때 초래될 수 있는 효과를 조사하고 있다. 지금까지 실험실에서만 실시된 그 실험에서는 각기 다른 입자들이 태양열을 얼마나 반사시키는지, 냉각 효과를 내는 입자들이 오존층을 파괴하는 것 같은 원치 않는 부작용을 일으키지는 않는지 조사하고 있다.

인류세에 인간이 일으킨 산의 변화들은 주로 기온이나 강수의 변화에 의해 초래되었다. 우리는 온실가스 배출을 줄이든 아니면 지구를 덥히는 태양의 힘을 줄이든, 이 둘 모두를 바꿀 힘을 가지고 있다. 인류세는 인간의 필요에 따라 기온과 강수를 조절하고 날씨를 계획하는 한층 더 복잡한 기후변화의 시대가 될 수 있다. 이것은 평범하지 않은 개념이다.

인간은 늘 환경을 개조하며 살아왔다. 우리가 전 세계에서 번성하고 있는 것은 우리 뇌의 뛰어난 적응력 덕분이다. 적응은 본질적으로 자연환경에 맞서 우리 자신을 보호하는 것이다. 우리가 지구 온도를 평균 2도 내지 4도, 심지어는 6도까지 올려도, 우리 종의 진취적인 구성원들은 틀림없이 성공적으로 적응할 것이다. 그리고 몇백 년의 시간이 흐르면 인류 집단 전체가 그런 조건 아래서 안락하게 살아가는 방법을 찾을 것이다. 문제는 우리가 대기를 온난화시키는 속도가 인간이 적응하기에 너무 빠르다는 것이다. 그렇다 해도, 대기를 인위적으로 식힌다는 개념은 대기가 전 세계의 공공재라는 점에서 논란의 여지가 크다. 어쩌면 그 의도가 너무도 분명하기 때문일지도 모른다. 즉 인간이 온실가스를 배출하여 대기를 인위적으로 덥히고 있는 와중에도 계속해서 화석 연료를 태우려는 것은 지구를 온난화시키기 위해서가 아니라 에너지를 생산하기 위해서였다. 따라서 어떤 사람들은 대기를 식히는 방법에 대한 연구조차 금지해야 한다고 주장한다. 그런 연구를 한다는 것은 지금까지

하던 대로 온실가스 배출을 계속하겠다는 뜻이기 때문이다. 한편 대기를 인위적으로 식히려는 것은 기후변화를 완화하려는 시도, 즉 에너지 생산을 탈탄소화하는 시도를 그만두겠다는 뜻이 아니냐고 말하는 사람들도 있다. 하지만 분명한 것은 탐구의 자유는 보장되어야 한다는 것이다. 특정 방법이 효과가 있는지, 그리고 어떤 결과가 나타날지에 대한 과학 연구를 수행하게 한다고 해서 그 과학자가 그 방법을 실전에 사용하는 것을 옹호하는 것은 아니며, 우리 사회가 그런 기술을 사용할지 말지 결정하기 전에 강수에 미치는 영향, 기술적 실현 가능성처럼 먼저 알아볼 필요가 있는 과학적 질문들이 존재한다.

지구공학이라는 인류세의 새로운 과학은 매혹적인 분야로 그 분야에서 연구하는 과학자들은 내가 만나본 그 어떤 사람들보다 대단하고 사려 깊었다. 지구공학은 1940년대에 수행된 원자력 연구와 소름 끼칠 만큼 닮았다. 오늘날 지구공학자들이 지금까지 존재하지 않았던 새롭고 흥미로운 과학의 최첨단에서 활동하면서 평생을 바쳐 발견을 하고 있고, 실전에 쓰이지 않기를 간절히 바라는 어마어마하게 강력한 기술을 설계하고 있다는 점에서 그렇다. 그들은 기술의 실전 배치와 관련한 위험을 진지하게 설명하고, 온실가스 배출을 줄이는 것이 온난화 문제를 다루는 최선의 방법임을 거듭 강조한다. 반사체를 이용하는 것은 매우 실질적이고도 심각한 결과를 가져올 수 있다. 컴퓨터 모형실험들은 (북극에서 진행되고 있는 재앙적 수준의 해빙을 늦추기 위해) 북반구를 식히면 남반구의 열대에 위치한 가난한 나라들에서 비가 줄어들 수 있음을 암시한다. 한 가지 해법은 남반구 상공에도 냉각 반사체를 동시에 배치하는 것이다. 또 하나의 문제는 이른바 '종결' 딜레마이다. 지구의 기온 상

승을 계속해서 억제하고 앞으로의 온난화를 상쇄하려면 이런 반사
체를 지속적으로 더 많이 분사할 필요가 있다. 그런데 만일 분사 프
로그램이 종결되면 지구의 기온이 갑자기 한꺼번에 몇 도씩 올라갈
것이고, 그것은 온실가스 증가로 유발되는 점진적인 지구온난화보
다 인류에게 훨씬 더 위험할 것이다.

　　하지만 현재 인류가 처한 곤경 — 재앙적 수준의 기후변화에 직
면한 상황에서도 그 문제를 악화시키는 연료에 점점 의존하고 있다
는 사실 — 은 앞으로 전 지구적 냉각 기법이 진지하게 고려될 가능
성이 높다는 것을 뜻한다. 따지고 보면, 문제를 기술공학적으로 돌
파하는 것은 어떤 도전에 직면할 때 인간이 항상 해왔던 일이다. 파
울 크뤼천 같은 태양복사 관리의 옹호자들은 자신들은 단순히 화산
활동을 흉내 낼 뿐이며, 그 기법은 두 배로 증가한 이산화탄소 농도
의 온난화 효과를 빠르고 값싸게 되돌릴 잠재력을 가지고 있다고
지적한다. 게다가 우리는 화산이 폭발할 때 무슨 일이 일어나는지
이미 알고 있으므로 그것이 가장 안전한 방법 중 하나일 수 있다고
주장한다. 이를테면 지구온난화의 여파보다 안전하다. 그 기법을
재앙적 수준의 기후변화를 피하기 위해 지속적으로 사용할 수도 있
고, 아니면 심각한 가뭄이나 혹서 때만 국제 조약의 지원 하에 실시
할 수도 있다. 어쩌면 그런 기법을 신중하게 배치해 산맥 전체에 걸
쳐 빙하를 유지하거나 되돌릴 수 있을지도 모른다. 하지만 전 지구
적 규모의 냉각 기법이 실현 가능한지, 윤리적 문제는 없는지, 얼마
나 타당한지 고민하는 동안에도 체왕 노르펠 같은 산의 건축가들은
자신이 있는 곳에서 온난화하는 지구에 대처하는 실용적이고 효과
적인 지역적 해법을 고안하고 있다.

3

R   I   V   E   R   S

강

하늘에서 떨어지고 호수에서 흘러나오고 샘에서 솟아오르고 빙하에서 녹은 물은 강에 실려 육지에서 바다로 간다. 이런 담수관은 생명을 제공한다. 숲과 목초지에 물을 대고 습지와 삼각주를 만들고 영양분과 퇴적물을 실어 나르고 생태계 — 동식물과 미생물로 구성된 자족적인 물 세계 — 를 길러내기 때문이다.

한편 강은 존재 자체를 생물들에 빚지고 있다. 수십억 년 동안 지상의 담수는 — 홍수처럼 — 딱딱하고 메마른 지표면을 가로질러 광대하게 넓고 얇은 이불 같은 형태로 바다로 흘러갔다. 그러다 약 4억 2,000년 전 뿌리를 내리는 식물이 땅 위에 도착해서야 강이 진화했다. 식물 뿌리는 바위 표면을 약해지게 하여 허물어뜨렸다. 그렇게 만들어진 진흙이 깎여 길이 났고, 그곳을 통해 물이 흘렀다. 식물의 강한 뿌리는 강둑을 더욱 튼튼하게 만들고 오늘날 우리가 강이라고 부를 만한 더 깊고 구불구불한 길을 내면서 물길을 더욱 넓혀주었다. 이런 원시의 강이 홍수로 넘쳤다가 물러날 때마다 퇴적물을 주기적으로 쏟아냈고, 그렇게 생겨난 더 깊고 비옥한 토양에 거대한 목질 식물들이 뿌리를 내렸다. 숲이 더 다양하게 분화하고 물길이 점점 성장하면서 마침내 오늘날 존재하는 생명력 넘치는 습지망이 만들어질 수 있었다.

빙하로 덮인 극지부터 펄펄 끓는 열대에 이르기까지, 지표면을 흐르는 물의 75%가 전 세계 강으로 빠져나간다. 강은 전 세계 물의 약 0.0001%만을 (그리고 모든 담수의 3분의 1 이하를) 담고 있음에도 지구의 물 순환에 핵심적 부분을 담당하면서 동식물이 이용할 수 있는 담수의 지리적 위치를 결정한다. 수십만 종이 한살이의 전부 또는 일부를 — 계곡으로 졸졸 흘러드는 물, 소용돌이치는 폭포와 급류, 하안림 사이를 흐르는 고요하고 깊은 물에서부터, 드넓고 퇴적물로 넘치는 습지와 삼각주까지 — 풍부한 담수에 의존하도록 진화해온 것이다.

힘차게 흐르는 지구의 강한 동맥은 시간을 초월한 존재처럼 보인다. 오늘날 존재하는 강둑에서 공룡들이 살고 죽었다. 그들은 물고기를 먹었고, 그 가운데 일부 — 철갑상어와 동갈치, 아마존의 골설어(또는 아로와나)와 피라루크 — 는 지금도 여전히 그 강에서 헤엄치고 있다. 이런 고대 생명체들은 새로 출현한 다양한 종류의 어류, 파충류, 포유류, 조류, 곤충들과 함께 담수 생태계를 지구에서 가장 다양한 생태계로 만든다.

인간도 이 생태계의 일부로 살아왔다. 목을 축이고 목욕을 하고 배를 채우고 쓰레기를 버리고 이동하기 위해 인간은 강과 호수에 거의 전적으로 의지했다. 강으로 인간 사회의 지도를 그릴 수 있을 정도로 담수는 인간에게 필수적인 요소이다. 삼각주는 비옥한 농경지일 뿐 아니라 문화적으로도 풍요로웠다. 위대한 종교들은 갠지스 강처럼 강을 신으로 모시거나, 나일강을 건넌 모세, 요단강에서 세례를 받은 예수처럼 강을 종교적 서사의 중요한 부분으로 삼았다. 역사적으로 도시는 비옥한 강 계곡과 하구에 건설되었다. 퇴적물, 물, 영양분을 포함한 농지 유출수는 비옥한 해안 삼각주를 만들었고, 그것은 더 큰 규모의 식량 생산을 가능하게 했다. 이런 식량 생산력과, 무역과 운송을 위해 강과 바다를 연결하는 기능은 삼각주를 이상적인 삶의 터전으로 만들었다. 인간의 문명은 강둑에서 탄생했다. 티그리스강, 유프라테스강, 인더스강, 나일강은 인류가 도시 생활이라는 최초의 위대한 실험을 시작하게 함으로써 그 뒤로 지금까지 이어진 궤적으로 우리 종의 발길을 완연히 돌렸다.

인류세에 인류는 세계의 강들과 그 밖의 담수원에서 물을 빼내고 있다. 기후변화는 전 세계의 물 순환을 홀로세 표준과 달라지게 했고, 그 결과 증발과 강우가 강력해졌다. 현재 홍수가 더 많이 일어나고 가뭄이 점점 더 심해지고 날씨가 예측 불가능해지고 있어서, 적응을 시도하는 사람들은 계획을 세우기가 더 어렵다. 인간이 농업, 산업, 에너지 생산을 위해 물을 더 많이 추출한다는 것은 많은 강들이 말라간다는 뜻이다. 한편 마르지 않은 다른 강들은 너무 오염이 심해 사용할 수가 없다.

우리는 인류세에 지구를 무수한 방법으로 바꾸었지만, 전 세계의 물길을 바꾼 대담한 일과 비교할 만한 것은 거의 없다. 우리는 구불구불한 물길을 곧게 펴고 방향을 틀었다. 강을 메우고 댐을 쌓았고, 농경지에 물을 대기 위해 강물을 빼냈다. 강에 물고기를 채워 넣거나 잡아 올렸고, 건설 재료를 캐내기 위해 강바닥을 팠다. 물의 흐름을 이용해 수력발전 터빈을 돌렸고, 심지어는 운하를 파서 도시 사이에 다리를 놓고 대륙을 나누었다. 인간은 현재 전 세계 담수의 3분의 2 이상을 통제하고 있다. 우리는 너무 많은 물을 포획함으로써 전 세계 물의 무게를 재분배했고, 지구는 현재 약간 더 느리게 돌고 있다.

　　지난 세기에 우리는 전 세계 습지의 절반에서 물을 빼냈고, 4만 8,000개의 큰 댐을 지었고, 큰 강들 대부분의 방향을 바꾸었다. 여전히 수원에서 바다로 자유롭게 흐르는 물은 12%뿐이다.[1] 멕시코의 리오그란데강, 중국의 황허강, 오스트레일리아의 머리강 같은 큰 강들은 이제 좀처럼 바다에 이르기 어렵다. 아랄해나 차드호 같은 내륙해는 그곳으로 흘러드는 강을 농업용수로 끌어 쓴 결과 말라버렸다. 댐을 짓고 수로를 바꾸고 강물을 뽑아내면 퇴적물이 하류로 흐르지 못하고, 따라서 침식을 막는 삼각주가 유지될 수 없다. 게다가 해안 도시들의 지하수 추출로 전 세계 주요 삼각주 가운데 3분의 2가 주저앉고 있다.[2] 세계 인구의 약 4분의 1이 의존하는 지하수는 채워지는 속도보다 더 빨리 바닥나고 있고, 안심하고 마실 물이 없는 사람들이 전 세계에 적어도 8억 명에 이르며, 우리들 다섯 중 넷이 물 부족 국가에 살고 있다.[3] 목이 타는 것은 비단 인간만이 아니다. 모든 종이 물이 필요한데, 세계 곳곳의 생태계가 물 공급 감소로 고통을 겪고 있다. 담수 종의 30%가 현재 멸종 위기에 처해 있는데, 이는 모든 생태계 가운데서 가장 높은 비율이다.[4]

　　그런데도 강에 대한 우리의 요구는 점점 더 커지기만 한다. 인류세에 우리는 위험하고 예측 불가능한 자연으로부터 우리 자신을 보호하기 위해 온갖 방법을 동원하는 와중에도 여전히 식수, 농업, 어장은 물론 이제는 에너지까지 강에 필사적으로 의존하고 있다.

　　여러 면에서 인류세의 운명은 우리가 강을 어떻게 관리하느냐

에 달려 있다. 강은 이미 많은 지역에서 감정적이고 정치적인 영역
이 되고 있다.

|

　　　　　지구에서 인간이 거주할 수 있는
이 최남단 지역은 빙하, 산봉우리, 아남극 숲, 관목 사막, 화산, 에메
랄드빛 호수로 이루어진 길들여지지 않은 야생의 땅이다. 콘도르,
퓨마, 청색고래가 사는 파타고니아는 아메리카 대륙의 꼬리 끝으로,
인간이 접근할 수 있는 마지막 남은 오지들 중 한 곳이자 남극으로
가는 출발점이다. 파타고니아는 남극과 그린란드 다음으로 세계에
서 가장 중요한 담수 보유고인 남부 빙원을 포함하고 있다. 남극너
도밤나무 숲은 이 땅이 한때 온난한 곤드와나 초대륙의 일부였음을
증언하는 한편, 잦은 지진과 맹렬히 타오르는 화산은 지질 운동이
계속되고 있다는 증거이다.

　　이 특별한 장소는 칠레에서 가장 힘차게 흐르는 세 개의 강에
수력발전 댐을 건설하는 계획을 둘러싼 격렬한 국제 분쟁의 중심이
다. 댐 건설은 각계각층의 이해가 첨예하게 걸린 쟁점으로, 그 나라
최대 기업들을 해체하고 대통령의 자리를 위태롭게 하고 있다. 내
가 그곳에 간 것은 인류세에 사람들이 값싼 전기와 경제 개발의 약
속을 선택할 것인지, 아니면 인적 드문 야생을 보존하는 쪽을 선택
할 것인지 알고 싶어서였다.

　　파타고니아 한복판으로 깊숙이 들어가면 칠레에서 가장 큰 강
인 바케르강의 얼음처럼 차갑고 푸른 물이 나타난다. 강은 산 사이
로 빠르고 맹렬하게 흐른다. 댐의 저지에도 아랑곳없이 포효하는
격정적인 맥동. 야성적이고 아직 마르지 않은, 큰 소리로 흐르는 강.

물보라가 일면 반짝 무지개가 뜨고, 바위투성이 강둑은 물이 부딪혀 씻길 때마다 반짝거렸다. 소음에 묻힌 새들의 신호음을 들은 것도 같은데 확실치는 않다. 솟구치는 강 저편은 잠잠하고 조용하다. 거대한 수력발전 댐 두 개가 바케르강에 건설될 예정이다. 이 콘크리트, 철, 아스팔트 구조물은 수천 킬로미터 떨어진 도시 거주자들을 위해 강의 막대한 힘을 이용하고자 불협화음을 일으켰다. 나는 내가 사는 동네가 저수지에 잠기는 모습을 그려보고, 도로가 뚫려 이 외딴 장소가 댐을 지으러 몰려오는 사람들로 북적거리는 장면을 떠올려보지만…… 잘 되지 않았다.

파타고니아는 황무지이다. 텅 빔 그 자체가 매력인 이곳은 예로부터 도피자들이 주로 찾던 곳이었다. 부치 캐시디(미국 서부개척시대 말기의 무법자_옮긴이)와 그 패거리가 이 황무지로 도피했고, 옛 소련에서 도망친 사람들, 웨일스 기독교도, 성공을 찾아 떠난 영국인들도 이곳으로 왔다. 비가 오지 않아 살기에는 부적합한 장소로 바람이 끊임없이 불고 얼어붙을 것처럼 춥다. 하지만 하늘은 광대하고 그 하늘에서 쏟아져 내리는 남반구의 빛은 믿기지 않을 만큼 찬란하며, 험한 사막은 특별한 색만 모아놓은 팔레트 같다.

검은 빛깔의 거대한 콘도르가 내 머리 위로 솟구쳐 올라 칙칙한 풀숲에 죽은 먹이가 있는지 탐색했다. 나무가 없는 곳이라 다른 맹금류들은 마지막 순간까지 도로에 앉아 있다가 내 차가 코앞까지 와서야 날아올랐다. 구아나코(라마의 한 유형)와 검고 흰 스컹크들을 보며 차를 몬 지 몇 시간째. 사막 군데군데 빙하가 파놓은 계곡이 있고 광활한 벌판에는 크고 생뚱맞은 돌덩이들이 널려 있었다. 이것을 '표석(漂石)'이라고 부르는데, 이 험한 땅에 속하지 않은 물건이라는 뜻이다. 표석들은 고대 빙하에 실려 산에서 끌려 내려와 이곳에 버려졌다.

광활한 황무지를 거의 하루 종일 달린 나는 마을임을 알리는 표지를 보고 안도했다. 바람 때문에 창을 작게 낸 한 외딴집을 포플러나무들이 온몸으로 보호하고 있었다. 그 집은 이 지역의 '에스탄시아' 가운데 하나였다(에스탄시아는 거의 100년 전 이 땅을 개척한 사람들이 당시 붐이었던 양모 산업으로 돈을 벌기 위해 암석과 원주민을 밀어내고 만든 목장을 말한다). 조금 더 가니 말 등에 올라탄 가우초와 양치기 개들이 이끄는 양 떼가 꼬불꼬불한 양탄자처럼 펼쳐졌다. 마치 영원처럼 자연과 혼연일체를 이룬 듯한 풍경이지만 그것은 환상일 뿐이다. 양은 19세기 말에야 이 나라에 들어왔다.

마침내 나는 파타고니아 아이센주의 주도인 코이아이케에 도착했다. 현무암 육괴(지괴보다 작은 지각 덩어리_옮긴이) 기슭에 펼쳐진 구릉 위에 위치한 그 도시는 주로 어업과 방목업으로 살아가는 작지만 잘 정비된 도시이다. 대부분의 사람들이 개척자들과 별반 다르지 않은 인생을 살지만, 도시 곳곳에 보이는 낙서는 새로이 불거지고 있는 갈등을 드러냈다. '댐 없는 파타고니아!'는 바케르강의 댐 계획 그리고 길들여지지 않은 쿠에르보강과 파스쿠아강에 여러 개의 댐을 더 건설하려는 계획에 대한 분노를 담은 슬로건들 중 아마 가장 점잖은 문구일 것이다.

대부분의 수력발전이 그렇듯이, 이곳에서도 댐 뒤에 엄청난 물을 가두고 이 물을 한꺼번에 방출해 터빈을 돌리는 방식으로 전기를 발생시킬 것이다. 비교적 얕은 바케르강과 파스쿠아강의 흐름을 깊은 에너지 저장소로 전환하기 위해서는 저수지를 만들어야 하고, 계획 중인 댐들을 모두 합치면 총 60km²의 땅이 수몰될 것이다. 하지만 가장 큰 반대는 이 계획에 수반한 송전선에 대한 것이다. 85m

높이로 치솟는 철탑 약 6,000개가 북쪽으로 2,450km 떨어진 칠레의 수도 산티아고와, 그 너머 사막에 있는 광산들로 직류 전기를 보낼 것이다. 이 송전선 하나만으로도, 고대의 숲을 관통해 120m 폭의 통로를 냄으로써 그 길목에 있는 생태계를 절단 내는 세계 최대의 몰벌이 필요하다.

비판하는 사람들은 댐, 철탑, 송전선은 단기적인 에너지 수익을 위해 진정한 야생을 영원히 파괴하는 것이라고 말한다. 찬성하는 사람들은 수력발전은 가장 깨끗한 에너지원이고, 칠레가 2018년까지 남미 최초의 선진국이 되겠다는 성장 목표를 이루기 위해서는 연간 3,500MW의 전력이 필요한데 석유나 석탄이 나지 않는 나라에서 달리 대안이 없다고 주장한다.

그 정도 에너지 요구량을 맞추려면 2025년까지 설비 용량을 세 배로 늘려야 한다. 현재 칠레는 전기의 절반을 수력발전에서 얻고, 나머지 절반은 수입한 화석 연료에서 얻는다. 파타고니아의 댐만으로 칠레의 전기 필요량의 3분의 1을 생산할 수 있다면, 외딴 지역에 있는 몇 개의 강을 희생시키는 것은 풍부한 에너지를 얻기 위해 지불하는 작은 대가가 아닐까? 하지만 댐 건설을 반대하는 사람들은 칠레는 7,000km에 이르는 세계 최장의 해안선을 가진 나라들 중 하나로 바람, 파도, 조수 에너지 사업을 위한 이상적 조건을 갖추고 있다고 주장한다. 또한 전 세계 화산의 10%를 갖고 있어서 지열 에너지 잠재력도 크다. 게다가 아타카마 사막에 세계 최강의 태양에너지 지대 중 하나를 보유하고 있다. 이 모두는 파타고니아의 태고의 자연을 훼손하지 않은 채 해당 지역에서 에너지를 생산하여 필요한 곳에 제공할 수 있게 해준다. 나는 누구 말이 맞는지 헷갈려 에너지 전문가에게 자문을 구하기로 했다.

화공학자이자 정부의 에너지 고문인 클라우디오 자로르는 말씨가 조용하고 체격이 왜소한 남성으로, 피노체트의 잔혹한 독재의 가장 엄혹한 시기를 견뎌낸 사람이다. 20대에 비밀경찰에 납치되어 60cm^2 크기의 독방에서 수년 간 고문과 감금을 당한 그는 운 좋은 '실종자'였다. 살아남았기 때문이다. 수십 년간 박탈의 세월을 산 그는 칠레의 보통 사람들이 더 나은 삶을 누리기를 바랐고, 먼 곳의 강을 둘러싼 불필요한 감상주의를 인내할 여유가 없었다. 이 문제에 대한 클라우디오 자로르의 입장은 단호했다. "우리나라는 인구의 20%가 극도로 가난하게 사는 개발도상국입니다. 나는 가난한 사람들의 수가 줄었으면 좋겠고, 그러려면 에너지가 필요합니다."

칠레는 인구 증가, 소비, 산업 성장 때문에 해마다 설비 용량이 500MW씩 더 필요하다. 다시 말해 설비 용량을 매년 8%씩 늘려야 한다는 뜻이다. "그 에너지가 파타고니아의 댐에서 오지 않는다면, 탄소 배출을 수반하는 화석 연료에서 와야 합니다. 재생 가능한 다른 에너지원은 너무 비싸기 때문이지요. 환경적으로나 경제적으로나 우리에게는 수력발전이 실행 가능한 유일한 방법입니다." 자로르가 말했다.

기후변화는 그런 상황에 새로운 절박함을 더하고 있다고 자로르는 덧붙였다. 중부 지역 전역에서 가뭄이 점점 더 심해지고 잦아지고 있는데, 그 지역은 그 나라 수력 에너지의 대부분을 담당하는 곳이기 때문이다. "2008~2009년의 가뭄 동안 기저 부하 전력(국가가 운영되기 위해 필수적으로 유지되어야 할 최소한의 전력량_옮긴이)의 15% 이하를 수력발전으로 충당했고, 나머지는 화력발전으로 메우기 위해 배럴당 118달러에 디젤 연료를 수입해야 했습니다." 한편 파타고니아 빙하의 92%가 기후변화 때문에 후퇴하고 있

는데, 빙하가 녹는다는 것은 곧 중단기적으로 파타고니아에 강의
흐름이 강해진다는 것을 뜻한다.

하지만 댐은 여전히 이해가 첨예하게 갈리는 쟁점이다. 아이센
주에서만이 아니라 전국적으로 그렇다. 조사에 따르면 인구의 절반
이상이 댐 건설에 반대하지만, 찬성과 반대가 비등비등해서 정부로
서는 어떤 결정을 내려도 문제이다. 설상가상으로 전 세계 사람들
이 이 독특한 야생에 대한 지분을 주장하고 나서면서 논란은 국제적
으로 번지고 있다. 신망 받는 일간지《뉴욕 타임스》조차 댐 계획을
철회할 것을 요구하는 사설을 게재하며 이 논란에 뛰어들었다.

지난 세기에 인간은 하루 한 개꼴로 댐을 지었고 그 댐들의 절
대 다수가 1950년대 이후에 생겼다. 현재 세계 주요 강들의 3분의 2
가 5만 개 이상의 대형 댐으로 몸살을 앓고 있다. 미국에만도 8만
5,000개가 넘는 댐이 크고 작은 강을 막고 있고, 대부분의 경우 자
연적 흐름을 완전히 바꾸어놓았다. 가장 유명한 예로 1930년대에
건설된 후버댐은 힘찬 콜로라도강을 바다에 이르기 전에 죽이는 주
범이 되었다. 2050년까지 수력발전이 40% 증가할 것으로 예측되
는 가운데 인류세에 인류는 대부분의 큰 강을 노릴 것이고, 따라서
이런 지구의 동맥들을 어떻게 이용할 것인가를 둘러싼 논란은 더욱
가열될 것이다. 유럽과 북아메리카는 수력발전 잠재력의 대부분을
소진했다. 오히려 일부 댐이 제거되어 강이 '재자연화되었다'. 하지
만 아프리카, 아시아, 남아메리카에는 세계에서 가장 가난한 사람들
에게 필수적인 전기를 공급하기 위해 수백 개의 댐이 건설될 예정
이고, 그 가운데는 파타고니아에서부터 아마존강과 콩고강에 이르
기까지 생태적으로 매우 중요한 환경들이 포함되어 있다. 하지만
대개 새로운 전기를 공급 받는 사람들은 환경, 생계, 집을 잃을 위기

에 직면한 사람들이 아니게 마련이다.

전 세계적으로 수력발전은 매력적인 저탄소 에너지원이다. 태양이나 바람과 달리, 날씨가 어떻든 전기를 지속적으로 공급할 수 있기 때문이다. 전 세계적으로 전기의 약 20%가 이미 수력에서 나온다. 수력발전은 기반 시설이 비교적 값쌀뿐더러 효율이 80~90%에 이르고 저수지라는 자체 배터리를 갖추고 있다. 저수지는 아주 훌륭한 설비라서, 태양열과 풍력을 이용하는 발전기의 경우 잉여 전기를 '펌프질해 올린 물'에 저장하는 방법을 점점 긍정적으로 고려하고 있다. 즉 잉여 전기를 이용해 물을 높은 곳의 저수지로 펌프질해 올려놓고, 해가 나지 않거나 바람이 없을 때 그 물을 방류하는 것이다. 물론 댐으로 막은 저수지는 가뭄 때 쓸 물을 저장하고 홍수를 조절하는 좋은 방법이기도 하다.

이 모든 매력적인 혜택에도 불구하고 댐의 부정적 영향은 만만치 않다. 저수지를 만드는 과정에서 흔히 비옥한 땅이 수몰되고, 때로는 수천 명이 강제 이주를 당한다. 많은 동네가 땅과 집은 물론, 조상 대대로 지켜온 산소 터나 지역 주민들에게 큰 의미를 갖는 지형지물을 포함하여 문화적으로 중요한 장소들을 잃을 위기에 처한다. 만일 수몰될 지역에 식물이 적절히 제거되지 않을 경우, 그 물질이 썩으면서 메탄 — (100년 이상 가는) 온난화 잠재력이 이산화탄소의 25배인 온실가스 — 이 배출된다. 인류가 배출하는 메탄가스량의 거의 4분의 1이 큰 댐에서 유래한다. 강을 저수지에 묶어 꼼짝 못하게 하면 식물이 쌓여 결국 썩을 것이고, 이로 인해 물고기가 살 수 없을 정도로 물이 오염될 수 있다.

또한 물의 하중은 지진을 일으킬 수 있어서 댐 붕괴와 재앙적 수준의 인명 피해를 초래할 수 있다. 다른 한편으로는 폭우가 내릴 때마다 댐 관리자들은 딜레마에 처할 것이다. 그들은 물을 계속 가두어둠으로써 값비싼 댐 벽이 터지는 위험을 감수할 것인지, 아니면 물을 방류해 하류 지역을 물에 잠기게 할 것인지 선택해야 한다. 지금까지 많은 경우에 방류를 선택해 인명과 재산 피해를 초래했다. 홍수를 조절한다는 의도로 건설된 댐들은 이런 식으로 실제로는 더 심각하고 갑작스러운 홍수를 초래할 수 있다.

댐 하류에서는 습지에 생명을 불어넣고 논을 비옥하게 만드는 자연적인 계절성 홍수가 더 이상 일어나지 않게 된다. 물의 흐름이 급격히 줄어 농부들은 논에 물을 댈 수 없고 하천에는 배가 다닐 수 없다. 회유하는 물고기들은 산란 장소로 갈 수 없고, 그렇지 않은 물고기도 수중 식물이 줄어들어 자신의 번식 집단과 헤어지게 될 수 있다. 이 모두는 생태계와 어장에 영향을 미칠 것이다. 또한 댐은 퇴적물의 흐름을 막는다. 퇴적물이 하류로 밀려 내려가는 대신 댐 벽에 쌓여 터빈을 고장 내고 저수지의 수위를 서서히 올린다. 하지만 하류에서 영양분이 풍부한 퇴적물이 사라지는 것이 미치는 영향은 이보다 훨씬 더 심각한 문제를 일으킬 수 있다. 계절성 호우 때 소실된 토양이 다시 채워지지 않으면 전체 수계의 생식력이 타격을 입을 수 있기 때문이다. 그 밖에도 상류와 하류의 요구가 국경을 사이에 두고 엇갈려서 귀중한 물을 둘러싼 분쟁으로 이어지기도 한다.

하지만 경제적 이익은 클 것이고, 새로운 저수지는 새 같은 야생동물에게는 천국이 될 수 있으며, 어부들을 위한 새로운 어장과 농민들에게 절실한 농업용수를 안정되게 공급할 수 있다. 예를 들어 이집트 나일강에 건설된 아스완댐은 1960년대에 건설될 당시 많은 논란을 불러일으켰다. 하지만 아스완댐이 하류 수계에 일으킨 환경 피해에도 불구하고 그 댐의 제거를 옹호하는 이집트인을 찾기는 매우 어렵다. 아스완댐은 뛰어난 경제적 성공 사례로 가뭄 조건에서도 더 나은 관개 시설로 작물 생산량을 늘렸을 뿐 아니라 수십억 달러 가치가 있는 수력 에너지와 홍수 보호 효과를 가져왔다. 하지만 그곳에서도 그 강은 뜨거운 쟁점이 되고 있다. 2013년에 에티오피아 의회가 이집트로부터 거의 유일한 수원인 나일강 수역 대부분에 대한 사용권을 박탈하는 협정을 비준함으로써 수단 국경에 거대한 수력발전 댐을 건설하는 토대를 놓았다.

많은 개발 사업들이 그렇듯이 수력발전 댐도 사회적·환경적 피해를 최소화하는 방식으로 건설될 수도 있고, 투자금을 가장 빨리 회수할 수 있는 값싼 방식으로 건설될 수도 있다.

2008년 8월 파타고니아의 댐 건설 공사 가운데 다섯 개를 맡은 회사인 이드로아이센이 칠레 환경부의 승인을 받기 위해 환경영향 평가서를 제출했다. 그 보고서를 평가한 32개 정부 부처는 매우 부적합 판정을 내리고 3,000가지가 넘는 문제를 해결하도록 지시하면서 9개월의 시한을 주었다. 2009년 10월에 이드로아이센은 이에 대한 5,000쪽짜리 추가 문건을 제출했으나 이번에도 공공 기관의 요건에 미치지 못해서 심사를 맡은 부처의 절반 이상이 매우 비판적인 평가를 내놓았다. 지적된 내용들에 따르면, 그 기업이 제출한 환경영향평가서에는 지진과 화산 폭발로 유명한 지역에 대한 지진 위험 자료가 빠져 있었고, 빙하호 돌발 홍수에 대한 대책이 전혀 없었으며, 국립공원 안팎의 중요한 자연 서식지, 주변 마을, 세계적으로 중요한 생물권 보호 구역인 습지와 대수층에 끼치는 영향에 대한 자료가 부족했다.

하지만 사업을 주도하는 막강한 두 기업인 이드라아이센과 XSTRATA는 칠레의 우파 대통령 세바스티안 피뇨라의 지지를 받고 있었기에 댐 건설 계획은 그대로 추진되었다. 그러면서 지난 몇 년 동안 댐 계획은 승인, 항소, 항소 기각, 재항소, 재승인을 거쳤다.

나는 건축가이자 열정적인 등반가인 피터 하트만이 있는 곳을 수소문해 코이아이케로 갔다. 그는 댐 건설에 반대하는 주요 단체 가운데 하나인 CODEFF(칠레 지구의 친구들)의 지역 대표를 맡고 있다. 우리는 북적이는 카페에서 만나기로 했는데, 하트만이 나를 금방 알아보고 가녀린 몸을 일으켜 느릿느릿 걸어오더니 두 팔을 벌려 반겨주었다. 그는 한쪽 귀가 들리지 않는 사람 특유의 억양 없는 우렁찬 목소리로 자기 집으로 가자고 했다. "거기 가서 이야기를 나누죠." 그는 이렇게 말하며 종업원이 내미는 메뉴판을 사양했다.

우리는 트럭을 타고 흙길을 달리기 시작했다. 시내 위쪽 산으로 올라갈수록 길이 나빠지더니 트럭이 점점 깊어지는 바퀴 자국을 이리저리 피할 때 급기야 나는 이쪽 좌석 끝에서 저쪽 좌석 끝으로 패대기쳐졌다. 하지만 그럴 만한 가치가 있는 여행이었다. 하트만의 집은 초가지붕을 얹은 아름다운 목조 가옥으로 햇빛에 빛나는 창문들이 아래쪽의 도시와 위쪽의 믿을 수 없이 거대한 암벽을 거울처럼 비추었다. 마테차(작은 호리병박에 담아 금속 빨대로 뜨겁게 마시는 남미의 허브차)를 앞에 놓고 하트만은 생태계 파괴에 대한 우려에서부터 자신이 사랑하는 훼손되지 않은 산과 계곡 속으로 들어와 눈을 어지럽히는 송전선에 이르기까지, 자신이 댐 사업을 반대하는 여러 가지 이유를 설명했다. "당신이 사는 곳에서는 도처에서 송전탑과 케이블을 보는 게 익숙할 일일 겁니다. 그래서 그것들이 얼마나 추한지, 풍경을 얼마나 해치는지 깨닫지 못할 겁니다. 하지만 이곳에는 자연 경관을 해치는 커다란 인공 구조물이 없습니다. 이곳은 지구상에 마지막 남은 그런 장소들 중 하나이고, 나는 그것을 지키고 싶습니다.”

　댐 반대 운동을 이끌고 있는 피터 하트만은 매력적이고 너그럽고, 여러 모로 흥미로운 사람이다. 그는 내게 그 지역의 흥미로운 역사를 들려주는 가운데 현지인들이 모양 때문에 ‘메카 데 가토’(meca de gato, 고양이똥)라고 부르는 자주색의 맛있는 감자를 포함해 그 지역산 채소로 점심으로 먹을 스튜를 만들었다. 하트만은 칠레에서 몇 안 되는 채식주의자이다.

　지역에 대한 그의 애정은 수십 년에 걸쳐 그 장소를 속속들이 알고 있는 것에서 나온다. 그는 그 지역의 산과 암벽을 등반하고, 얼음같이 찬 급류를 항해하고, 오염을 초래하는 산업과 경관을 해치는 기반 시설에 맞서 그곳을 지켰다. 코이아이케 주변의 계곡과 산비탈에는 최초의 유럽인 거주자들이 남긴 상흔이 여전히 남아 있다. 아르헨티나의 내전을 피해, 또는 칠레의 다른 곳에서 목초지를 찾아온 소 방목인들은 겨우 몇 십 년 전에 도착했지만 아이센의 정글을 걷어내고 경작할 토양을 얻기 위해 상상할 수도 없는 파괴를 일으켰다. 도끼로 숲을 베어낼 자원도 의지도 없었던 그들은 숲에 무작정 불을 질렀다. 그렇게 일어난 세계 최대의 산불로 파타고니아 숲의 절반에 해당하는 약 4만 km²가 1940년대와 1950년대에 파괴되었다. 건조한 수목과 불쏘시개나 다름없는 토종 대나무 식물의 꽃들이 연료가 되어 산불은 걷잡을 수 없이 번졌다. 그 피해는 아직도 뚜렷한데, 아직 제거되지도 썩지도 않은 나무들이 쓰러진 그 장소에 무덤을 이루고 누워 있다. 단단히 붙잡아줄 나무뿌리가 더 이상 없는 데다 외래종 양과 소들의 발굽에 채여 더욱 약해진 얇은 토양은 산비탈에서 쏟아져 내려 강을 토사로 막았고, 그렇지 않아도 한정된 경작지를 더 감소시켰다. 한때 강성한 항구였던 아이센은 현재 곳곳에 1m 가량 토사가 쌓여 더 이상 사용되지 않았고, 차카부코에 새로운 항구가 건설되어야 했다. 코이아이케 사람들은 남몰래 이렇게 자백한다. "나도 수천 제곱미터를 태웠어요."

소 떼가 풀을 뜯지 않는 곳에서는 숲이 되돌아왔다. "우리는 과거에 우리가 저지른 실수에서 배워야 합니다. 거대한 댐 건설로 파괴를 보태지 말아야 합니다. 이 독특하고 훼손되지 않은 지역을 세계의 다른 지역들처럼 파괴하는 대신 살아 있는 보존 구역으로 지키자는 것이 우리 주장입니다." 하트만은 말했다.

그의 주장은 설득력이 있었지만, 그럼에도 나는 시위라고는 처음 해보는 많은 사람들을 댐 건설 반대를 외치며 거리로 나가게 한 것이 무엇인지 알고 싶었다. 우리는 하트만의 낡은 셰비를 타고 출발해 높은 산과 콸콸 쏟아지는 하천들이 만들어내는 절경 속을 달렸다. 갖가지 농도로 울긋불긋 물든 낙엽수가 높은 산비탈을 덮고 있는 한편, 산 아래쪽은 상록수가 차지하고 있었다. 우리는 이 지역을 지나쳐 간 토착 유목민들이 그려놓은 암벽화를 찾아다니기도 하고, 멸종 위기에 처한 토종 사슴이며 칠레의 국가 상징인 안데스사슴을 찾는 공연한 수고를 하기도 했다.

우리는 관광업자 프란시스코 비오가 사는, 짚단으로 벽을 세운 집에 들렀다. 그의 집은 난방과 전기를 전적으로 태양열 전지판에 의존하는데, 집이 큰 산의 그늘에 있는 탓에 해가 하루 4시간만 드는 겨울에는 프로판 가스로 연료를 보충했다. 대부분의 사람들이 얼어붙을 것 같은 추위를 거의 막아주지 못하는 골진 철판집이나 목재 판잣집에서 사는 지역에서, 그의 집은 포근하고 단열이 잘 되어 있었다. 사실 나무를 태우는 것이 싸게 먹혔다. 한 트럭 분량이면 한 달을 지낼 수 있는데 단 80달러면 되었다. 비록 최저 임금의 3분의 1

에 해당하지만 그래도 단열에 드는 경비보다는 싸다. 프란시스코 비오는 피터 하트만과 함께 댐 건설 반대 운동을 하고 있다. 그는 1986년에 산티아고에서 히치하이커로 이 지역에 처음 왔다가 이곳과 사랑에 빠졌고, 가족과 함께 여기 와서 살기로 결심했다. "개발이 의미하는 것이 뭡니까?" 그는 갓난아이를 무릎 위에서 통통 튕기며 내게 물었다. "결국 더 많이 소비하고 쓰레기를 더 많이 만들어내고, 행복한 느낌을 주고 삶을 가치 있게 만들어주는 자연환경을 파괴하는 생활 방식 아닌가요? 국가를 개발하기 위해 그렇게 많은 전기는 필요하지 않습니다. 다른 방법이 있습니다."

댐 반대는 기본적으로 미학적인 것이다. 야생은 똑같이 찍어낼 수 없다는 생각, 자연은 건드리지 말아야 한다는 생각이다. 지구상의 모든 장소와 마찬가지로 인간은 이미 이곳에 양, 소 떼, 산불의 형태로 영향을 미쳤다. 하지만 수많은 야생의 장소가 극적으로 바뀐 인류세에, 파타고니아에 대한 그들의 생각은 많은 사람들의 동조를 얻고 있다. 게다가 피터 하트만 같은 환경운동가들은 정부에 영향력을 행사하지 못하겠지만, 부유한 지주들은 그렇지 않다.

하트만은 낡은 트럭을 몰고 한 멋진 에스탄시아로 갔다. 농업공학자였다가 지금은 소 목축인이 된 세르지오 데 아메스티는 심슨 계곡에서 약 30km^{2}의 땅을 관리하고 있다. 땅의 85%가 험난한 산과 빙하인 지역에서 그 땅은 매우 가치 있고 생산적인 경작지이다. 그런데 송전선이 그의 땅을 관통할 예정이다. 아메스티는 피노체트 정권 때 농무부 지역 비서를 지낸 사람이다. 고로 정부 관료들이 댐 사업을 지지하는 우군으로 의지했을 만한, 민간 기업 마인드를 지닌 유형의 인물일 법도 하다. 하지만 아메스티는 그런 사람이 아니다. "내가 생산하는 고기의 장점은 소들이 깨끗하고 목가적인 환경에서 자란다는 것입니다. 즉 이곳은 때 묻지 않고 오염과 소음이 없고 시각적으로 깨끗한 곳입니다. 거대한 철탑은 이런 이미지를 파괴하고 내 고기와 땅의 가치를 떨어뜨릴 겁니다."

나는 더 나쁜 상황에 처한 주민들을 만났다. 화가 난 기색이 역력한 양봉업자 가브리엘라 로시너가 그중 하나로, 그는 새 저수지가 건설되면 집이 수몰될 위기에 놓인 약 200명 중 한 사람이다. 200명은 전 세계에 건설된 다른 초대형 댐 사업들에 비하면 작은 수이다. 파타고니아 댐들의 비교적 낮은 사회적 비용은 정부 관료를 포함하여 댐 사업 지지자들이 반복적으로 강조하는 점이다.("그곳에는 아무도, 아무것도 없다." 한 명 이상의 장관이 파타고니아에 대해 이렇게 말했다.) 이에 비해 중국 싼샤댐의 경우는 120만 명이 살던 곳에서 쫓겨났고 13개 도시, 140개 시가지, 1,350개 촌락이 수몰되었다. 브라질이 아마존강에 추진하고 있는 벨라몬티댐이 건설되면 2만 명이 터전을 잃게 되는데, 그중 다수가 토착 부족민들이다. 그리고 라오스의 메콩강에 건설될 수력발전 댐들은 강 유역과 삼각주 지역에 사는 수백만 명에게 영향을 미칠 것이다.

아이센주의 또 다른 주민들은 댐 사업으로 생존을 위협 받는 인간 이외의 생물들을 위해 캠페인을 벌이고 있다. 안데스사슴, 수달, 강 하구의 찬 물에 사는 독특한 산호들이 여기에 포함된다. 1~2만 년 전 마지막 빙하기 동안 강의 흐름이 대서양에서 태평양으로 바뀌었는데, 이것은 바케르강 수계를 독특한 생물다양성으로 채운 역사적으로 희귀한 사건이었다. 그 북쪽과 남쪽에 있는 강들과 달리 바케르강에는 원시 메기속의 어류들과 은줄멸의 한 종류인 오덴테테스 하트케리(*Odentethes hatcheri*) 같은 그 지역 고유의 어류 개체군이 산다.

바케르강의 댐은 물고기의 회귀를 막을 것이다. 약간의 영양분 조성 변화도 지대한 영향을 미칠 수 있다고 열정적인 미국인 호소학자(담수를 연구하는 사람) 브라이언 레이드는 말했다. 우리는 그를 만나기 위해 코이아이케에 있는 파타고니아 생태계 연구 센터를 찾았다. "댐으로 막으면 강이 호수로 변하고 그 기능이 완전히 바뀝니다." 그는 설명했다. 레이드는 바케르강의 이산화규소 농도에 관심이 있다. 이산화규소는 큰 규모의 생태계를 떠받치는 플랑크톤성 조류 집단인 규조류를 이루는 중요한 성분이다. 만일 이산화규소 농도가 질산염 농도에 비해 떨어지면 편모충류라고 불리는 또 다른 조류 집단이 우세해지는데, 이 경우 독성을 갖는 바다 '적조'가 일어난다. 규조류는 편모충류보다 몸집이 커서 동물들이 더 효율적으로 먹을 수 있고, 이것은 생태계 전체를 더 생산적으로 만든다.

레이드는 바케르강의 댐들이 하류의 이산화규소 농도를 크게 바꿀 수 있다고 우려한다. "유럽 전역에서 댐으로 강물을 가둔 결과 물질 입자들이 갇혔고, 그래서 발트해와 흑해의 이산화규소 농도가 줄었습니다. 해양 생물의 생산성과 효율성이 떨어졌고, 이것은 어장에 영향을 미쳤습니다." 바케르강의 발원지는 빙하호라서 상당량의 이산화규소를 생산한다. "뗏목을 타고 강으로 나가 표본을 채집할 때면 저탁류 소리를 들을 수 있습니다. 모든 것을 띄우는 작은 요동이지요. 마치 라이스 크리스피가 담긴 사발에서 나는 소리 같아요." 레이드가 말했다. 그 강을 댐으로 막으면 더 따뜻한 저수지가 만들어질 텐데, 그러면 물고기는 더 많아질는지 모르지만 바다로 흘러가는 부유 물질은 사라질 것이다.

지구상의 어떤 계도 진정으로 격리된 것은 없다. 지구의 작은 부분에 우리가 일으키는 변화들이 막대한 결과를 가져올 수 있는 것은 이 때문이다. 수백 킬로미터 내륙에 수력발전 댐을 하나 짓는 것이 먼 바다의 대구 개체수에 영향을 미칠 수 있다. 인류세에 우리는 그 어느 때보다 지구를 속속들이 변화시킬 수 있는 힘을 가지고 있지만, 우리가 미치는 영향이 얼마나 복합적인지 이제 막 이해하기 시작했다. 지금까지 사건을 다루는 방법은 만일의 사태가 일어날 때마다 그 사건을 개별적으로 다루는 작용반작용의 연쇄였다. 하지만 과학자들이 인간의 다양한 개입 결과를 모형화하는 기술을 개발함에 따라, 우리는 우리가 일으키는 지구공학적 변화들이 사람과 생태계에 이익이 되도록 미세 조정할 수 있게 될 것이다.

이를테면 많은 수력발전 댐이 작동하는 방식은 습지 생태계에 불필요한 영향을 미친다. 이른바 '발전 방류'— 매일 인위적으로 대량의 물을 채우고 빼는 것 — 는 물고기들에게 치명적일 수 있다. 댐 방류 시 수위가 급격히 — 때로는 수 미터씩 — 오르내리는 것은 동식물들이 대처하기에는 너무 극적인 변화라 저수지 둘레에 죽음의 지대를 초래한다. 한 예로 물에 잠긴 나무뿌리 사이의 얕은 물에 알을 낳는 물고기들은 알을 낳은 몇 시간 뒤 산란 장소가 말라 바싹 마른 알들이 수북이 쌓여 있는 것을 보게 될지도 모르고, 때로는 종 전체가 사라질 수도 있다. 대부분의 댐들이 발전 방류를 이용하는 것은 최대 수요에 맞추어 대부분의 에너지를 방출하는 것이 수익성이 가장 높기 때문이다. 피해가 덜한 방법은 댐 벽 뒤의 큰 저수지에 많은 물을 가두는 대신 강의 자연적 흐름으로 터빈을 돌릴 수 있게 하는 자연 월류식 설계(run-of-river design)를 하는 것이다. 자연 월류식 댐은 상류 생태계를 교란하지 않는다. 저수지가 만들어지지 않고, 토사가 쌓이지 않으며, 저수지의 최저층(가장 차가운 층)의 물이 빠질 때 생길 수 있는 상·하류의 갑작스러운 온도차를 초래하지 않기 때문이다. 이런 방식의 댐은 낙차가 큰 장소에서만 적합하다. 쿠에르보강이 그런 경우인데, 환경운동가들은 댐 시공사인 XSTRATA에 댐 설계를 바꾸도록 요구하고 있다.

하지만 쿠에르보강의 댐 건설 계획에는 더 큰 문제가 있었다. 계획된 댐이 리키녜-오프키 단층선 바로 위에 놓인다는 점이었다. 이곳은 나스카 지각판, 남미 지각판, 남극 지각판이 서로 만나는 삼각 지점이다. 이것은 그 장소에서 화산 폭발이나 지진이 일어날 수 있다는 뜻이지만, 이에 대한 조사는 아직 이루어지지 않았다고 하트만은 말했다. 2007년에 XSTRATA가 댐 위치는 지진 활동이 일어나지 않는 지대임을 밝히는 보고서를 제출하고 나서 한 달 뒤 그 지역에 대규모 지진이 일어나 아래쪽 피오르로 표석들이 떨어졌고, 이것이 해일을 일으켜 반대쪽 하안 지역 사람들이 죽었다. "정부는 그 보고서를 내다버렸어요." 하트만이 씁쓸하게 웃었다. 지진은 전 세계의 댐 건설 장소에서 상당한 피해를 일으켰는데, 2010년 4월의 사례도 그중 하나로 당시 중국 칭하이성의 위수 지역에 지진이 발생하여 몇 분 만에 수만 명의 사람들이 죽었다. 지진대에 위치한 위수 저수지가 그 아래쪽 지반에 물의 하중을 가하여 지진을 촉발했던 것으로 추정되었다. 인류세에 인류의 댐 건설 활동은 지구를 뒤흔들고 있다.

다른 위험도 있다. 파타고니아는 세계에서 빙하가 가장 빠르게 녹고 있는 지역 중 하나다. 이런 해빙은 이미 재앙적인 돌발 홍수를 초래했고, 각종 잔해가 잔뜩 실린 급류는 숲 전체를 쓸어버렸다. 때로는 이러한 빙하 홍수가 베이커강의 수위를 4m나 올렸고, 심지어는 한 번에 며칠씩 방향을 바꾸어 상류로 역류하게 만들기도 했다. "그들은 지구에서 가장 불안정한 수계일지도 모르는 곳에 댐을 건

설할 생각인 겁니다." 하트만은 믿을 수 없다는 듯 팔을 거칠게 휘둘
렀다.

나는 시내로 돌아와 댐 시공사 이드로아이센의 사무실을 찾았
다. 열정적이고 귀여운 여성인 베로니카는 댐 건설이 그들에게 절
실한 일자리를 제공하고 그 지역 개발을 도움으로써 주민들을 가난
에서 구제할 것이라 굳게 믿었다. 그 모호한 '개발'이라는 말에 대해
내가 재차 묻자, 그녀는 자신이 고립된 촌 동네를 벗어나 북쪽의 작
은 도시 푸에르코 몬트에서 일 년 동안 교육을 받은 운 좋은 소수에
속한다고 설명했다. "이곳에 사는 대부분의 사람들은 선택의 여지
가 없어요. 식당도, 쇼핑몰도, 질 높은 교육의 기회도 없어요. 특히
겨울에는 도로가 좋지 않아서 다른 데로 갈 수도 없어요. 심지어 옆
동네에 가는 것도 힘들지요." 댐을 건설하려면 도로와 주변 기반 시
설을 개선해야 하고, 일하러 오는 노동자들을 위해 상점, 식당, 기타
서비스업이 생길 것이라고 그녀는 말했다.

그녀 동료인 로드리고도 댐 건설을 찬성했다. 수력발전이 칠레
로서는 에너지를 생산하는 유일하게 실행 가능한 방법이라고 생각
하기 때문이다. 2009년에 칠레는 아르헨티나에서 오는 가스에 의
존하다가 재난을 맞았다. 자국의 경제 위기로 연료가 부족해지자
아르헨티나가 칠레로 보내는 가스를 끊었던 것이다. "에너지 공급
을 다른 나라에 의존할 수 없습니다." 로드리고는 말했다. 에너지 안
보 논리는 바로 댐 시공사가 전방위 홍보에서 강조하는 대목으로,
텔레비전 광고들은 댐 사업이 중단되면 재앙이 발생할 것이라 위협
한다. 한 광고는 수술실에서 한창 수술 중에 정전이 되는 장면을 보
여주기도 한다.

이드로아이센, XSTRATA, 정부 사이의 거듭된 밀고 당기기 그

리고 환경적 이유로 제기된 일곱 번의 항소 끝에 칠레 대법원은 2012년 4월에 마침내 댐 건설을 찬성하는 판결을 내렸다. 송전선만 이 승인을 기다리고 있었다.

하지만 놀랍게도, 댐 건설 사업 지지자들이 여론에 굴복해 하나 둘 지지를 철회하기 시작했다. 댐 건설에 반대하는 대규모 — 때로 는 폭력적인 — 시위가 있은 뒤 피뇨라 대통령이 댐 건설을 공개적 으로 지지하고 나서자 그의 지지율이 폭락했다. 칠레에서 두 번째로 큰 은행인 BBVA는 환경적·사회적 우려를 거론하며 이드로아이센 에 댐 건설 자금을 대출하지 않겠다고 발표했다. 그러고 나서 2012 년 12월 칠레의 에너지 대기업 콜번은 자사가 소유한 이드로아이센 의 49% 지분을 매각하겠다고 발표했다. 2013년 12월 칠레는 댐 건 설을 강력히 반대한 좌익 대통령 미첼 바첼레트를 선출했다. 역사 상 최초로 100억 달러짜리 초대형 사업이 좌초될 위기에 놓였다.

그러나 싸움은 끝나지 않았다. 6년 동안 국가가 공급하는 전기 사용료가 75%나 올라 국민의 주머니와 경제를 쪼들리게 했다. 특 히 사막 북부의 에너지 집중 산업인 채광업이 심한 타격을 받았다. 칠레는 국가 소득의 3분의 1을 구리에 의존하고 있어서, 남부에서 오는 더 값싼 수력이라는 요괴는 쉽사리 사라지지 않을 것이다.

전 세계의 다른 초대형 댐 사업과 달리, 파타고니아 사업 계획 들의 초점은 인도적인 것이 아니다. 그 사업들은 가난한 세계의 지 속 가능한 발전과 인류세에 청정에너지가 갖는 진정한 의미, 우리 행성의 독특한 자연환경을 보존하기 위해 지구촌이 기꺼이 지불할 수 있는 대가에 대해 근본적인 질문을 던진다.

파타고니아에 송전선에 대한 승인이 떨어지면 2015년 초에는 전기 생산이 시작될 것이다. 그렇지 않을 경우 칠레는 단기적인 금전적 이익보다 자연환경을 보호하기로 선택한 몇 안 되는 개발도상국 가운데 하나가 될 것이다.

|

이런 일이 더 가난한 일당 독재국가 라오스에서 일어날 것이라고 상상하기는 어렵다.

나는 황금의 삼각 지대라 불리는, 태국·미얀마·라오스가 접하는 펄펄 끓는 산악 지대에서 느린 배를 타고 열대 라오스로 가서 메콩강을 따라 여행을 시작했다. 이 강은 하류로 2,600km를 흘러 남중국해에서 끝난다. 메콩강은 세계에서 열두 번째로 길고 생물다양성이 가장 풍부한 장소 중 하나로 1,300종이 넘는 어류와 세계 최대의 내륙 어업을 지탱한다. 메콩강 유역에는 여섯 개 국가의 약 6,000만 명이 살고 있는데, 그들은 강에 식량과 물, 교통을 의존한다. 메콩강은 파타고니아의 바케르강과 더할 나위 없이 다르지만 이곳에서도 수력발전용 댐을 짓는 계획은 많은 논란을 일으키고 있다. 인류세에 진입하면서 메콩강은 세계 최대 강들의 미래를 둘러싼 국제적 논쟁에서 가장 눈에 띄는 초점으로 떠올랐다.

나무로 만든 배는 바닥이 평평하고 길이 방향으로 딱딱한 긴 의자를 두 줄로 놓을 수 있을 만큼 널찍했다. 우리는 싱그러운 초목에 감싸인 언덕과 산들 사이로 구불구불 물길을 가르며 나아갔다. 포도나무와 다른 덩굴 식물들이 나무 수관에서부터 아래로 늘어져, 강둑부터 정상까지 푸릇푸릇한 담요로 숲을 포근하게 감쌌다. 강 중간중간 강둑이나 물 위로 불쑥 솟아오른 번질거리는 화강암과 석회암 카르스트는 더 크고 푸른 실제 산을 그대로 모방한 듯했다. 어떤 바위 노두에는 대나무 줄기가 물 위로 삐죽 올라와 있었다. 어느 마을에서 왔는지 알 수 없는 어부들은 그물을 끌어올리거나 수면 아래로 쏜살같이 지나가는 은빛의 뭔가를 잡기 위해 수영 바지를 입고 물속을 저벅저벅 걸어다녔다.

힘찬 메콩강은 이 지역에서 좁고 얕아진다. 발원지인 눈 덮인 히말라야산맥의 해발 4,500m 고지 티베트 고원에서부터 중국 윈난성을 통과하는 동안 물이 빨려나가 마른 탓이다. 최근까지도 사람의 손때가 묻지 않은 아름다운 지역으로 남아 있는 이곳에는 샹그릴라가 있다고 일컬어졌다. 상류에서 뽑혀 나간 물은 중국의 밀 곡창 지대로 가는데, 해가 갈수록 물이 점점 부족해지고 있다. 중국은 메콩강의 자국 영역에 전력과 물 저장을 위해 여러 개의 수력발전 댐을 건설해왔다. 2008년에 완공된 샤오완댐은 높이가 거의 300m에 이르는, 세계에서 가장 높은 댐으로 약 170km 길이의 저수지를 보유하고 상하이까지 전기를 보낸다.

곳곳에 눈에 보이지 않는 암석들이 보글보글 올라오면서 물이 끓는 것처럼 보이는 장소들이 있다. 중국 당국은 메콩강을 따라 호치민 시까지 순조롭게 항해할 수 있도록, 이런 급류가 흐르는 수로 바닥의 암반을 다이너마이트로 폭파시켜 급류를 가라앉힐 계획이다. 태국 북부 지류에서는 이미 한 차례 폭파가 있었는데, 항의가 거세어 남쪽의 폭파 계획은 연기된 상황이다.

기둥 위에 올려 지은 집들이 숲에서 튀어나와 마을임을 짐작할 수 있는 곳마다 강둑에 배가 멈추어 섰다. 지역 주민들이 물고기와 채소, 살아 있는 닭이 담긴 바구니를 들고 배에 탔다. 배는 이런 시골 사람들을 마을 밖의 세상과 시장과 연결해주는 유일한 방편이다. 그 나라 650만 인구의 거의 전부가 메콩강이나 그 지류에 의존해 살아간다. 어떤 곳에서 한 여성이 커다란 왕도마뱀 두 마리와 줄에 묶인 커다란 죽은 쥐 한 마리를 가지고 배에 올라타려고 했다. 배는 한 순간에 불편할 정도로 복잡해졌다.

우리가 탄 배는 한때 라오스왕국의 빛나는 수도였던 루앙프라방을 통과해 미끄러져 나아갔다. 페인트칠이 된 덧문과 부겐빌레아(남미산 덩굴식물_옮긴이)가 늘어진 베란다를 갖춘 프랑스 식민지 시대 저택이 황금색 사리탑과 장식이 화려한 불교 사원들 사이에 드문드문 흩어져 있었다. 평안한 얼굴을 한 오렌지색 승복 차림의 수도승들이 조용한 시내를 누비며 지나갔다. 루앙프라방은 공식적으로는 도시이지만 주민이 10만 명뿐이라 도시라는 말이 그다지 어울리지 않는다.

내 위쪽으로 화전식 농업의 상흔으로 헐벗은 산비탈이 보였다. 화전은 전통 농법이지만 숲을 쳐내고 태워서 농경지를 만드는 매우 파괴적인 방법이다. 화전 농법은 회복이 불가능할 정도의 토양 침식과 많은 양의 탄소 배출을 초래하는데, 이 지역에서 아편이 성공한 이유 중 하나가 거기에 있다. 양귀비는 다른 작물에 비해 열악한 토양에서도 잘 자라기 때문이다. 이곳에 사는 여러 부족들이 전통적으로 아편을 사용했고, 아시아 전역의 모든 식민 제국이 아편을 교묘히 이용했다. 현재 아편 산업은 전 세계에서 거의 아프가니스탄에만 남아 있다. 그럼에도 나는 아편을 피우겠느냐는 제안을 몇 번이나 받았다.

라오스는 가장 저개발된 국가 목록에 올라 있다. 그런 처지가 된 한 가지 이유는 그 나라에 흩뿌려진 산탄식 폭탄 때문이다. 비싸고 힘든 기뢰 제거 과정 없이는 밭을 갈거나 도로를 건설하기 어려운 것이다. 1960년대 말 이른바 '비밀 전쟁'(베트남전쟁의 일부였던 라오스내전에 미국이 비밀리에 가담한 것을 이르는 말_옮긴이) 동안 있었던 거의 60만 번의 미군 작전 때 투하된 200만 T의 폭탄 가운데 3분의 1이 폭발하지 않은 상태로 남았다. 40년이 훌쩍 지난 뒤에도 그 폭탄들은 계속해서 사람들을 죽이고 불구로 만들고 있다. 파종 시기가 특히 위험한데, 농부들이 흙을 뒤집을 때 그 폭탄들이 터지는 탓이다. 사상자 수는 증가하고 있고, 특히 돈벌이가 되는 중국의 새로운 고철 시장에 내다 팔기 위해 오렌지만 한 폭탄을 찾는 어린이들 사이에 피해가 크다. 라오스의 발전을 저해하는 또 하나의 요인은 공산주의 정부이다. 1975년 이후 인구의 10%가 공산주의 정권 때문에 나라를 떠났거나 재교육 수용소에 구금되었다. 떠난 사람들은 주로 교육 받은 중산층 지식인이었는데, 이들의 이주로 그 나라가 한 세대의 개발을 손해 보는 동안 이웃 나라인 태국, 베트남, 중국은 아시아의 호랑이들(홍콩, 싱가포르, 한국, 대만)을 빠르게 따라잡았다. 라오스 사람들의 절대 다수가 육지로 둘러싸인 그 나라의 강에서 물고기를 잡거나 산과 들에서 쌀농사를 지으며 근근이 살아간다. 남아 있는 숲은 주로 시골에 살고 절반이 전기를 사용할 수 없는 그 나라 국민들에게 식량과 다른 물질들을 제공하는 중요한 장소이다. 불공정한 토지 강제 매입은 그들의 생계를 위협하는 또 하나의 원인이다. 정부가 기반 시설 공사를 이유로, 또는 부자나 기업과의 부패한 거래로 인해 국민들로부터 땅을 뺏고 보상금은 거의 지불하지 않기 때문이다. 이 문제는 심지어 국가가 통제하는 언론조차 그 일을 보도할 만큼 큰 논란이 되었다.

라오스는 동남아시아의 배터리가 되겠다는 열망을 오래전부터 키워왔다. 메콩강물의 대다수가 라오스 북부에서 남부로 쏟아져 내리기 때문에, 라오스는 독보적인 수력발전 잠재력을 지니고 있다. 메콩강을 길들이겠다는 꿈을 처음 꾼 것은 프랑스였다. 20세기 초에는 사이공에서 루앙프라방으로 가는 것이 파리로 가는 것보다 오래 걸렸다. 철길을 놓고 급류 지역을 폭파하고 운하를 파는 시도는 모두 허사로 돌아갔다. 몇 십 년 뒤 국제적 기업들이 메콩강의 세로축을 따라 수력발전 댐을 건설하여 라오스를 탈바꿈시키고 개발을 촉진하겠다는 새로운 계획을 들고 라오스로 몰려왔다. 하지만 전쟁과 정치 갈등이 그 계획을 망쳤다.

이것이 지금까지의 상황이다. 길들여지지 않은 메콩강에 11개 수력발전 댐을 짓겠다는 계획은 상당히 진전된 상태다. 공산주의 정부는 이 가난한 나라 사람들에게 전기와 그 밖의 다른 물질적 부를 약속하지만, 세계 어느 지역에서도 보기 힘든 독특한 생물다양성을 보유한 이 강의 숨통을 막는 사회·환경적 영향은 어마어마할 것이다. 정부가 강에서 숲까지 그 나라의 자연 자원을 팔아치우며 전기 판매, 고무 농장, 목재와 채광으로 반짝 이익을 챙기는 동안 라오스 국민은 모든 것을 잃을 위험에 처해 있다.

나는 라오스의 앙증맞은 수도 비엔티안을 지나 하류 쪽으로 며칠을 더 가서, 인상적인 석회암 카르스트와 보호림으로 둘러싸인 타케크라는 작은 도시에 들렀다. 이곳 동물들은 낯을 가리는데, 이곳에서는 동물들이 아직도 사람들에게 잡아먹히기 때문이다. 그래서인지 나는 동물들을 거의 보지 못했다. 마을 사람들이 숲에서 채집한 여러 가지 먹을거리를 담은 바구니를 들고 지나갔다. 바구니에는 버섯, 달팽이, 곤충, 다람쥐, 메콩강의 해초 말린 것이 담겨 있었다. 마을 사람들이 붉은 개미를 우적우적 씹어 먹기에 나도 따라 해보았다. 입 안에서 톡 하고 터지면서 시큼한 맛이 났다. 나는 쓸만한 산악용 오토바이를 빌리러 갔다가 연료 계기판과 속도 계기판이 고장 난 100cc짜리 스쿠터를 가지고 돌아왔다. 뒷바퀴 타이어의 안쪽 튜브를 새로 끼우고 연료를 채운 뒤 나는 타케크를 떠나, 언덕에 있는 메콩강 입구에서 한 지류를 따라 다시 정글로 들어가는 세 시간짜리 여정에 올랐다. 논에서는 모내기 준비가 한창이고 살집이 통통하게 오른 검은색과 분홍색 들소들이 연못에서 뒹굴며 장난을 쳤다. 아이들은 새총으로 돌멩이를 쏘아대고 사롱(동남아 지역에서 입는 통형 의복_옮긴이)을 입은 여인들이 아기에게 젖을 먹였다. 인류세의 증표라 할 만큼 어디서나 볼 수 있는 도로 공사가 이곳에서도 한창이었다. 내가 한 것 같은 보트 여행은 몇 년 내에 옛 추억이 되거나 관광객을 위해서만 운영될 것이다. 미얀마의 항만 도시 몰먀잉에서부터 태국과 라오스를 거쳐 베트남의 다낭까지 1,500km에 이르는 도로가 거의 완공되었다. 이미 방콕과 하노이를 오가는데 뱃길로 2주가 걸리던 것을 지금은 육로로 사흘이면 갈 수 있다. 이 새로운 '동서 경제 통로'는 어떤 수력발전 댐보다 산업과 경제성장에 박차를 가함으로써 라오스를 빠르게 변화시킬 것이다.

약 80km를 갔을 때 도로가 움푹 팬 구멍과 진흙투성이로 바뀌며 갑자기 누런 황무지 땅이 나타났다. 대규모 공사가 진행되는 이곳은 라오스 정부의 자랑이자 기쁨인 남테운 제2수력발전 댐이 들어설 자리이다. 발전소를 통과하니 구불구불한 오르막길이 이어졌다. 나는 차갑고 축축한 공기를 뚫고 오르막길을 올라 나카이 마을로 갔다. 마을에 도착하여 스쿠터에서 내리자니, 덜컹거리며 달리느라 엉덩이가 얼얼하고 진동 때문에 손과 발이 욱신거렸다.

이곳에서 미국 자연학자 빌 로비쇼를 만나기로 했다. 그는 "정글에서 동물을 찾지만 먹지는 않는!" 아주 특이한 사람이라고 라오스의 식당 종업원이 신기하다는 듯이 설명했다. 우리는 깜짝 놀랄 만큼 고급스러운 프랑스 레스토랑에서 만났다. 수준에 걸맞게 가격도 비쌌다. 댐이 건설된다는 것은 곧 외국인이 온다는 뜻이고, 그것은 돈이 들어온다는 뜻이다. 우리가 앉은 테이블에서 200m쯤 떨어진 곳이 강이 흐르던 곳인데, 이미 물이 차올라 거대한 호수가 되었다. 17개 마을과 6,600명이 조상 대대로 살던 집들이 호수 아래 수몰되었다. 그곳에 살던 사람들은 그 마을 위쪽에 근사하게 새로 지어진 수상 가옥풍의 전통 가옥으로 이주했다. 그곳에 수력발전 댐이 건설될 수 있었던 것은 라오스에 정치적 '문제'가 발생할 경우 세계은행이 댐 건설을 맡은 국제 기업들에 지급 보증을 하겠다고 약속했기 때문이다. 게다가 세계은행은 라오스 정부에 건설비 15억 달러 가운데 3분의 1을 빌려주었다. 하지만 그 돈에는 단서가 있었는데, 수몰로 집을 잃은 사람들에게 보상을 하고(즉 깨끗한 주거 시설을 제공하는 것) 숲을 적절하게 보호하는 것이었다.

남테운댐은 사회적으로나 환경적으로 성공적인 댐 사업으로 널리 인정받는다. 댐을 반대하는 환경운동가들조차 설계, 부지 선정, 댐 건설 여파를 줄이는 시도에 있어 세심하게 주의를 기울인 점을 인정한다. 하지만 최선인 것처럼 보이는 상황도 그리 단순하지만은 않다. 어디로 이주하고 싶으냐는 물음에 마을 사람들은 놀랍지 않게도 고향 마을, 친구들, 함께 살아온 강 근처에 머물고 싶다고 말했다. 문제는 그 마을의 좋은 땅은 이미 다른 사람들이 살고 있어서 이용할 수 없고, 남은 땅은 농사가 잘 되지 않는 점토 토양이라는 것이었다. 하루 벌어 하루 먹고 사는 어민들이었지만, 강이 없는 그들은 대안이 필요했다. 그래서 그들에게 농작물이 제공되었다. 하지만 토질이 나쁜 토양에는 뭘 심어도 죽었다. 그다음에는 들소가 주어졌지만, 이들마저도 뜯어먹을 풀이 없어서 죽었다.

그래도 사람들은 인공 호수 가장자리에서 먹거나 팔 먹거리를 잡기 위해 그물을 던졌다. 하지만 저수지가 생기기 전과 같지는 않았다. 그들에게 말을 걸어보면 대부분이 댐 사업에 대해 조심스럽지만 긍정적으로 말했다. 그들이 난생처음으로 전기를 쓰고 도로가 뚫린 덕분에 무역 기회는 물론 외부 세계와 소통할 기회가 생겼으며, 전에는 갖지 못했던 선택지들을 갖게 되었기 때문이다. "나는 고향 마을이 그립지 않아요. 지금이 훨씬 살기 편해요." 한 노인이 내게 말했다.

남태운강은 메콩강으로 진입하기 전의 경사도가 수력발전 회사가 충분한 이윤을 남길 수 있을 만한 각도로 떨어지지 않았다. 그래서 공학적 묘안을 짜냈다. 남태운강에 댐을 건설하여 물을 가둔 다음 바닥에 길이 250m, 폭 9m의 터널을 뚫어 남태운강과 나란히 흐르지만 고도가 더 낮은 세방파이강과 연결한 것이다. 그 결과 수력발전에 필요한 빠른 낙차와 강한 유속이 생겼다. 이 시설은 1,000MW 이상의 전기를 생산하여 대부분을 연간 수천만 달러에 태국에 판매할 예정인 반면에 두 강을 극적으로 바꾸고(그 강에 의존하는 수만 명의 사람들에게 영향을 미치면서) 두 강이 흘러드는 메콩강에도 영향을 미친다.

남태운댐은 이미 이 지역 생태계에 영향을 미치고 있다. 그곳의 숲은 매우 특별하다. 과학자들은 소형 포유류의 다양성이라는 측면에서 그 지역을 마다가스카르 다음으로 중요한 곳으로 꼽는데, 3,500km^{2}에 이르는 땅에 대한 연구는 거의 이루어지지 않았다.[5] 그곳은 9종의 영장류, 호랑이, 표범, 코끼리의 중요한 안식처일 뿐 아니라 지금까지 단지 화석 기록으로만 알려져 학자들이 멸종한 줄 알았던 몇몇 종들을 포함하여 새로운 종이 계속 발견되고 있다. 이곳에 사는 특이한 동물 가운데 하나가 사올라인데, 1990년대에 발견된 영양의 한 종류로 뿔이 두 개이지만 "아시아의 유니콘"으로 알려져 있다. 이 종은 새로운 속으로 분류되었으며, 어쩌면 새로운 아과로 분류될지도 모른다.[6] 사올라는 안남산맥 고지대에 산다. 그리고 포유류의 새로운 과로 분류된 카니우(라오스바위쥐)도 있다. 이 동물은 설치류의 한 종류로 호저와 친척 관계이다. 큰다람쥐처럼 생겼고 석회암 카르스트 지대에 산다.

이 광대한 야생이 제대로 보호되고 있는지 감독하는 것이 빌 로비쇼의 일이고, 그는 향후 25년 동안 이 일을 하는 것에 대해 연간 100만 달러라는 상당한 보수를 받는다. 하지만 댐은 벌써 많은 문제를 일으키고 있다. 수위가 높아졌다는 것은 나카이의 숲에 배를 탄 사냥꾼들이 접근할 수 있음을 뜻한다. 또한 초목을 다 잘라내기 전에 댐 자리가 수몰되어 식물 물질이 호수 내부에서 썩으면서 물을 오염시키고 물고기를 죽이고 메탄을 생성하고 있다.

로비쇼는 우리가 만나기 하루 전날 보호 구역 내에 있는 외딴 동네 몇 군데를 2주간 둘러보고 돌아온 참이었다. 그는 비극적인 이야기를 몇 가지 가지고 돌아왔다. 그 숲에는 고대 수렵 채집인 집단뿐 아니라 쌀과 채소 농사를 지어 먹고사는 자급자족 농부들이 사는데, 최근 몇 년 동안 라오스 정부는 수렵 채집인들을 계획적으로 색출하여 내쫓은 뒤 그들을 마을에 정착시키고자 경작할 땅을 주었다. 정부 관료들은 수렵 채집인들의 존재를 개발된 현대 국가의 바람직한 이미지와 맞지 않는 국가적 망신으로 생각했다. 하지만 그 사람들은 숲에서 나오면 대부분 병들어 죽는다. 부족 전체가 이런 식으로 사라졌다. 부족민들은 자신을 보호하는 정령이 숲에 산다고 믿는데, 숲은 그들을 보호하기에는 너무 멀리 있었다. 어쩌면 그들은 새로운 바이러스에 노출되거나, 아니면 단지 우울증에 걸려 농사일에 안주할 수 없는 것인지도 모른다. 살아남은 소수는 돌아가기를 원했고, 로비쇼는 한 부족의 부족민 15명을 대신해 정부와 협상을 벌이고 있다.

나는 타케크로 돌아가서 메콩강을 따라 그 강이 1,000개의 지류, 급류, 폭포로 갈라지는 시판돈(4,000개의 섬)까지 남쪽으로 내려갔다. 그리고 돈콘섬의 한 조용한 마을에 머물렀다. 이곳은 발전기가 오후 6시에서 10시 사이에 무작위로 몇 차례 전기를 제공하는 것 외에는 전기가 들어오지 않는 곳이다. 밤새도록 땀이 줄줄 흐르지만 선풍기 팬의 세 날개는 모기장 위에서 마비된 채 머리 위에서 꼼짝도 하지 않는다. 날아다니는 단백질 공급원을 잡아먹고 통통하게 살이 올라 굼뜬 도마뱀붙이들도 열기에 지쳤는지 울음소리가 다 죽어가는 중간 톤이다.

하지만 이 모든 것이 바뀔 것이라고 내가 머무는 집 주인 판 씨가 호언장담했다. 새로운 댐이 완공되면 곧 전기가 들어온다. 치솟는 연료비 때문에 발전기가 필요 없어질.때까지 기다리기도 힘들지만, 그는 이렇게 말했다. "댐이 생산하는 전기로 우리 섬에 인터넷이 연결될 겁니다."

이곳은 라오스의 다른 모든 곳과 마찬가지로 강이 일상의 중심이다. 아이들은 물속에서 헤엄치고 작은 치어들을 그물로 낚으며 놀았다. 아래쪽에서는 한 사내가 목욕을 하고, 근처에서 한 여성이 설거지를 했다. 집오리들이 멀리 강굽이를 둘러싸고 꽥꽥거렸다. 물 위의 채소밭도 보였다. 나는 구불구불한 길을 따라 아래로 내려가 희귀한 이라와디돌고래들이 정기적으로 모습을 드러낸다고 해서 이름 붙여진 '돌고래 해변'으로 갔다. 그리고 해변에서 동네 어부들과 잡담을 나누다가, 그물을 거두러 가는 하루 여섯 번의 여정 중 하나에 동참했다.

지금은 우기에 막 접어든 때라서, 급류에 휩쓸린 작은 물고기를 잡는 대나무 발 그물(물살이 드나드는 좁은 바다 물목에 대나무 발 그물을 세워 물고기를 잡은 원시 어업_옮긴이)이 최상의 어획 도구이다. 그것은 내가 해변에서 세어본 10가지 특수 고기잡이 장치 중 하나인데, 각각의 장치들은 서로 다른 상황, 계절, 시간대에 사용되었다. 나는 한 어부의 배에 올라타 대나무 발이 있는 곳까지 몇 미터를 나아갔다. 어부들이 대나무 발을 만드는 데는 석 달이 걸렸다. 우리는 물고기를 몇 마리 가져와 해변에 마련된 석쇠에 구워 점심으로 먹었다. 대나무 발 고기잡이는 그물을 만들고 관리하는 소수의 어부들이 잡은 고기를 그들의 가족과 공유하는 절반의 협동 사업이다. 판매할 수 있을 만큼 충분히 물고기를 잡는 사람은 거의 없지만 배불리 먹을 만큼은 잡는다. 나는 그들 중 한 명에게, 우리 배에서 가까운 거리에 있는 돈사홍강의 하우사홍 해협에 말레이시아 전력 회사가 댐을 건설할 수 있도록 허락한 정부 결정을 어떻게 생각하는지 물었다. 그 해협은 건기 내내 열려 있는 유일한 물길이라서 그 지역에서 가장 중요한 물고기 이동 통로이다. "우리는 물고기를 먹지 전기를 먹지 않아요." 그는 웃으며 말했다. 하지만 보상을 받지 않겠느냐는 말에 그는 거듭 강조해서 말했다. "우리는 돈이 필요한 게 아니라 먹을 물고기가 필요해요."

메콩강은 물고기 다양성의 측면에서 아마존강 다음으로 중요하다. 그리고 그 강의 물고기 중 70% 이상이 이동하는 종이라는 점도 독특하다. 몇몇 종들은 매년 베트남의 남중국해에서 머나먼 티베트까지 이동한다.[Z] 세계 최대의 담수 어종인 메콩대형메기도 그런 종 가운데 하나이다. 이 종은 몸길이가 3m가 넘고 몸무게는 무려

300킬로그램이다. 메콩대형메기의 개체 수는 이미 남획으로 인해 지난 20년 동안 무려 90%가 줄었다. 돈사홍 수력발전 댐이 지어지면 분명 상업적으로 중요한 많은 물고기들이 사라지겠지만, 더 중요한 것은 그곳 어장에서 주식으로 먹는 물고기를 잡는 수만 명의 생계가 위태로워진다는 점이다. 크기가 정어리만 한 잉어류인 '트레이 리엘' 같은 물고기도 그런 물고기 중 하나이다.

오후에 나는 돈뎃섬에서 레스토랑을 운영하는 봉 씨를 방문했다. 레스토랑은 수리 공사를 하느라 닫혀 있었다. 지난 몇 년 동안 그는 기이한 홍수 형태를 경험했다. 밤새 그의 레스토랑과 그 옆길이 몇 주, 어떨 때는 몇 달씩 물에 잠겼다가 갑자기 물이 빠지는 것이다. 최근에 그는 원인을 알아냈다. 그곳에서 상류로 1,000km 이상 떨어진 중국의 메콩강에 건설된 수력발전 댐들이 정기적으로 물을 방류하고 멈추기 때문이었다. "이곳에 물고기 수가 많이 줄었어요." 그는 말했다. "저들이 돈사홍댐을 건설하면, 나는 사업을 접고 볼라벤 고원으로 올라가야 할 판입니다. 여기는 물에 잠길 것이 확실하니까요."

"중국의 댐들이 이미 문제를 일으키고 있어요. 공무원들이 와서 우리에게 이렇게 말했어요. '물이 들어오면 닭과 들소를 데리고 더 높은 곳으로 올라가세요.' 이렇게 살 수는 없습니다."

만일 그 강에 먹을 물고기가 충분하지 않으면 사람들은 어떻게 해야 하느냐고 물었더니, 그는 자기도 모른다고 답했다. "나는 물고기를 먹어야 해요. 항상 그렇게 살아왔으니까요. 아마 사람들은 관광업에 종사하겠지요." 이 지역의 주요 관광지는 아시아 최대 폭포인 콘파펭 폭포이다. 하지만 그 폭포는 계획 중인 댐의 또 다른 희생물이 되게 생겼다. 댐이 강의 흐름을 대폭 줄일 것이기 때문이다.

　　라오스 정부는 국가의 풍부한 자연 자원을 활용하는 것이 가난한 나라를 신속한 개발로 몰고 갈 것이라고 주장한다. 또한 자급자족 농업을 하던 사람들이 돈을 더 많이 버는 일을 하게 만들 것이라고 생각한다. 자급자족 농부들은 세금을 내지 않으니까 그렇겠지만…… 어쨌든 '가난'은 매우 주관적인 개념이다. 라오스는 기반 시설이 열악하고(하지만 중국 기금 덕분에 개선되고 있다), 의료 서비스가 거의 전무하고 교육이 부실하고 사회보장 서비스도 없다. 하지만 이곳 사람들은 굶주리지 않는다. 많은 사람들이 진정으로 자족적인 생활을 하는데, 그것은 그 나라의 삼림이 빠르게 황폐화되고 있음에도 그들이 자연 자원이 풍부한 환경에서 낮은 인구 밀도로 살아가고 있기 때문이다. 사람들은 과일, 채소, 곤충, 그 밖의 다른 동물들을 정글과 강에서 얻고(90%가 시골에 산다), 닭과 들소를 기르고 벼와 채소를 심는다. 돈의 관점에서 보면 그들은 인도 거지보다도 훨씬 더 가난하지만, 삶의 질 관점에서 보면 부유하다.

　　아직까지는 그렇다. 인구가 증가하고(라오스 인구는 1970년대 이래로 두 배로 늘었다) 환경이 파괴되고 오염되어 생물이 사라지면 라오스 국민들도 나처럼 다른 것과 교환해야 하는 음식, 다른 지방이나 나라에서 실어 와야 하고 도시에서 제조업이나 서비스업에 종사하며 번 돈으로 교환해야 하는 쌀에 의존하게 될 것이다. 라오스 국민들은 지금 이 순간 매우 귀중한 것, 그리고 이 세계에 매우 드문 것을 가지고 있다. 바로 태어난 환경에서 자족적이고 느긋한 삶을 살 수 있는 능력이다.

　　가난에는 장사가 없다. 그리고 내가 이야기를 나누어본 라오스의 많은 사람들은 확실히 파타고니아 사람들만큼이나 전기 이용 같은 개발의 외적 성과들을 열망한다. 하지만 인류세에 우리는 개발을 어떻게 획득하고 가난한 사람들 사이에 어떻게 분배하느냐에 대한 선택권을 가지고 있다.

대안이 거의 없는 라오스나 칠레 같은 나라에서 에너지를 생산하기 위해 강을 활용하는 것은 사회·환경적 비용에도 불구하고 충분히 타당한 선택이 될 수 있다. 그러면 우리가 많은 논란을 불러일으키는 댐 건설을 일단 받아들일 경우, 어떻게 하면 피해를 최소화할 수 있을까? 세계댐위원회(World Commission on Dams)의 상임 고문을 지냈고 지금은 국제환경개발연구소 물 부문을 맡고 있는 제이미 스키너는 댐 건설업자들에게 기간 한정 면허를 발급하는 것이 한 방법이 될 수 있다고 말했다. "미국에서 면허는 30년 또는 50년 동안만 유효하고, 그 기간이 끝나면 재심사를 받아야 합니다. 현재 많은 댐들이 철거되고 있는 것은 그 댐들의 면허가 만료되어 더 엄격한 환경 계획 규정을 통과하지 못했기 때문입니다."

댐의 영구성을 제거한다면, 특히 댐 건설업자가 30년 뒤 댐을 철거할 수 있는 여력을 갖추어야 한다는 단서와 함께 면허를 발급할 경우 환경운동가들도 댐을 받아들이기가 더 쉬워질지 모른다. 문제는 많은 나라의 경우 부실한 행정과 부정부패 때문에 그런 계약을 해봤자 소용이 없다는 것이다. 심지어 기업들이 환경청정기금을 책정하도록 법으로 규정하고 있는 미국에서조차, 결국 그 돈을 지불하는 것은 주 정부이기 일쑤이다. 하지만 댐의 수명을 한정하는 것은 또 다른 이유에서도 합리적이다. 기후변화가 전 세계의 강우 패턴을 바꾸면서 많은 댐이 경제적으로 무가치해지고 있기 때문이다. 2001년에 발표된 국제 수력발전 지속 가능성 평가 지침은 댐 개발에서부터 운영에 이르기까지 모든 단계에서 댐을 평가하는 하나의 방법으로, 관리자들이 국제적으로 합의된 환경 및 사회적 기준

에 따라 더 나은 댐을 설계하도록 유도하고 갈등을 줄이는 역할을
할 것이다.

　본질적으로 댐 계획은 참여하는 과정이 될 필요가 있다고 스키
너는 말했다. 과학자들은 서로 다른 공학적 방법과 각 방법의 전력
및 환경 영향을 분석할 수 있으나, 어떤 영향을 받아들일 수 있는지
결정하는 것은 사회의 몫이다. 예컨대 수문이 있는 여수로형 보를
설치하면(수력발전소나 저수지에서 물이 일정량을 넘을 때 물을 빼
내기 위해 만든 물길을 여수로라고 한다_옮긴이) 생태계에 피해를
덜 줄 수 있는 비교적 정기적인 물의 흐름을 만들 수 있지만 전력 생
산량이 줄어서 수익성이 떨어진다.

　만일 지역 주민들이 땅과 생계에 대해서뿐 아니라 문화적으로
민감한 문제인 이주 방법에 대해서도 적절한 보상을 받는다고 느낀
다면, 그리고 그들이 전기를 공급 받음으로써 댐의 혜택을 누린다
면 댐이 주는 상처가 훨씬 줄어들 것이고, 나아가 지역 공동체에 받
아들여질 수 있을 것이다. 마찬가지로 만일 우리가 국제사회의 일
원으로서 어떤 환경이 댐을 짓기에는 너무 귀중하다고 판단한다면,
우리는 그 나라에 잠재적 전력을 잃는 것에 대한 보상을 제공하고
경제개발을 위한 현실적 대안을 제공해야 한다.

　라오스는 자국의 막강한 지리적 위치 그리고 사람들이 절실히
필요로 하는 광물과 수력발전 잠재력을 가지고 있다는 사실을 자국
에 유리하게 이용할 수 있을 것이다. 즉 부유한 이웃들로부터 메콩
강을 환경적으로 지속 가능한 방식으로 활용하는 것에 대한 적절한
대가를 받아내는 것이다. 이런 식으로 라오스는 자국의 중요 장소
를 모두의 이익을 위해 개발되지 않은 채로 남겨둘 수 있을 것이다.

돈사홍댐이 건설될 장소는 캄보디아 국경에서 북쪽으로 겨우 2km 떨어진 곳이다. 나는 아침 일찍 출발하는 배를 타고 라오스의 힘들고 슬픈 이웃 나라로 건너갔다. 캄보디아는 수십 년에 걸친 폭력, 기근, 고문, 대학살로 휘청거리고 있다. 정체성을 찾기 위해 고군분투하고 과거로부터 벗어나려고 시도하지만 잘 되지 않는다. 캄보디아는 ATM 기계들이 미국 달러만을 지급하고 도로 표지판이 프랑스어로 되어 있으며 국제 자선 단체들이 보건부터 교육까지 기본적인 정부 기능을 수행하는 곳이다. 근처 앙코르와트 사원을 보러 관광객이 모여드는 쾌적한 도시 시엠립에서는, 여자들이 자신이 태어나기도 전에 만들어진 미국 영화에 나오는 진부한 대사로 말을 건다. "당신을 영원히 사랑해요." 그들은 일면식도 없는 남자들에게 이렇게 중얼거린다. "돈이 없으면 애인도 없다"와 같은 슬로건이 적힌 티셔츠가 좌판에 걸려 있고, 금발에 분홍빛 볼과 립스틱을 칠한 반짝이는 입술을 지닌 젊은 미국인 여성 관광객들이 그것을 구매한다. 알록달록한 짧은 원피스 밖으로 그들의 풍만한 몸이 쏟아질 것만 같다.

메콩강이 동남아시아의 혈액이라면, 이곳 캄보디아에 있는 톤레삽은 심장이다. 톤레삽은 이 지역에서 가장 큰 호수로 물의 양이 계절에 따라 요동친다. 한 해의 대부분 동안 톤레삽은 수량이 30km^{2}도 안 되는 얕고 둥그런 수역에 불과하다. 하지만 내가 시엠립에서 캄보디아 수도 프놈펜까지 내려오는 동안, 새로 내린 비로 물이 불어나기 시작했다. 6월부터 11월까지 엄청난 양의 물이 메콩강으로 흘러 들어와 톤레삽을 채우고, 그럴 때 톤레삽은 평상시 크기의 50배인 1만 6,000km^{2}에 이른다. 홍수로 불어난 물은 연못을 채우고 숲을 범람시켜 메콩강까지 상류로 올라오는 물고기들에게 번식하고 산란할 장소를 제공한다. 메콩강에 사는 물고기의 3분의 2가 톤레삽에서 일생을 시작한다. 톤레삽은 전 세계에서 가장 생산적인 내륙 어장으로 400만 명을 먹여 살리고 캄보디아 어획량의 4분의 3을 제공한다. 이것은 캄보디아인들이 설령 세계에서 가장 가난하다 해도 먹을 게 가장 풍부한 사람들이라는 뜻이다.[8]

우기가 끝나는 11월이 되면, 톤레삽호수에 가득 찬 물이 강에 역류를 일으킨다. 연례행사처럼 반복되는 강의 역류는 캄보디아에서 경축할 사건으로 캄보디아 사람들의 열렬한 환호를 받으며 왕궁 외부 지역에서 일어난다. 상류에 댐이 건설되면 이 역류가 절반으로 줄어들 것이고(어쩌면 이 유명한 역류 현상을 더 이상 못 보게 될지도 모른다), 역류가 지탱하는 생태계에 막대한 영향을 미칠 것이다.[9] 강물의 약 절반이 라오스 국경 너머에 저장되고, 그 물들은 연례 홍수를 일으키는 대신 댐 관리자들의 변덕에 따라 방류될 것이다. 그들은 버튼 하나로 자연적 주기에 월권을 행사할 수 있다.

아침 일찍 나는 비가 내려 질퍽질퍽한 메콩 강둑을 미끄러지듯 걸어 내려가 강 하류의 베트남으로 가는 녹슨 페리를 탔다. 승객은 얼마 없었다. 대부분의 사람들은 새로 뚫린 고속도로를 이용했다. 태국 북부에서 첩첩산중으로 굽이굽이 흐르던 모습과는 강의 모습이 많이 달랐다. 이곳에서 메콩강은 넓고 깊은 데다, 남쪽으로 다급히 이동하는 물고기처럼 남중국해로 돌진했다.

국경에서 강은 섬과 해협으로 갈라진다. 그래서 베트남 사람들은 메콩강을 꼬리가 아홉 개 달린 용이라고 부른다. 이곳 사람들은 그 누구보다 메콩강 가까이에서 산다. 그들은 물 위로 받쳐 올린 집에서 사는데, 줄을 이어 묶어 불안정하게 흔들리는 널빤지를 건너

집에서 강둑까지 이동한다. 내가 국수를 먹던 수상 카페 옆에도 그런 집이 하나 있었는데 엄마, 아빠 그리고 어린아이가 둘인 젊은 가족이 강에서 목욕을 하고 있었다. 그런 다음에는 물속에 옷가지를 넣고 흔들어 대나무 판에 탁탁 쳐가며 빨래를 했다. 그러고 나면 먹은 사발과 접시를 씻어야 할 것이다. 강은 그들에게 식량도 제공한다. 그 집 아래 매달린 그물 안에는 물고기 양식장이 있었는데, 그들은 거실 바닥에 뚫린 구멍을 통해 물고기를 낚아 먹었다.

이 지역에 새로운 다리가 여러 개 건설 중이지만, 아직까지는 이쪽에서 저쪽으로 건널 때 사람들은 통 넓은 바지를 입고 고깔 밀짚모자를 쓴 여자들이 햇빛 아래 노를 젓는 카누를 타고 이동했다. 나는 더 하류로 내려가 메콩강 삼각주에 있는 베트남의 중앙직할시 칸토에 도착했다. 한때 빙하 녹은 물이 남중국해로 흘렀던 곳이다. 이 지역에는 1,700만 명이 사는데 그들은 주로 쌀농사와 어로에 의존해 살아간다. 이곳에서 인류는 이미 강을 바꾸었다. 물고기의 수가 남획, 오염, 퇴적물 축적(강물을 뽑아낸 결과 메콩강이 퇴적물을 바다로 밀어내는 힘이 줄어들었기 때문이다)으로 줄어들고 있다. 그리고 (지구온난화 때문에) 해수면이 올라가면서 강물이 소금물로 바뀌고 있어서, 내륙으로 56km 들어온 곳에서도 4ppm의 염도가 측정되고 있다.[10] 많은 농부들이 쌀농사를 새우 양식으로 전환해야 할 판이다. 새우 양식은 초기 투자 비용이 높고 그들이 갖추고 있지 않은 양식 기술이 필요하다. 정부가 내놓은 대책은 더 작은 수로들을 메우고 어촌 사람들에게 공장 일을 권하는 것이다.

나는 유명한 수상 시장에 가기 위해 일찍 일어나 배를 탔다. 지난번에 이곳에 간 때가 1995년이었는데, 당시 모여 있는 수백 대의 배에 저마다 싱그러운 농산물이 가득했던 기억이 난다. 이번에는 배들이 더 적었다. 상거래는 여전히 일어나고 있었다. 하지만 이 지역에 다리가 건설되었으므로 수상 시장은 머지않아 완전히 사라지고 오토바이를 소유한 새로운 마을을 위한 육상 기반의 큰 시장으로 대체될 것이다.

강의 방향이 바뀌고 강물이 마르면서 사람과 강 사이의 직접적 관계가 사라지고 있다. 하지만 인간은 지금도 강에 생존을 의존한다. 강물의 이용은 이미 전 세계에서 갈등의 주요 원인으로 부상하고 있고, 강을 공유하는 협정과 조약들을 통해 잠재적인 물 전쟁을 피하긴 했으나 어떤 형태든 협력 관리의 대상이 아닌 곳이 전 세계 276개 국제적 강 유역 가운데 60%에 이른다. 하지만 많은 장소들이 물이 풍부한 나라와 물이 부족한 이웃나라의 거래를 통해 갈등을 피하고 있으며, 이런 거래는 인류세에 점점 더 중요해질 것이다. 파라과이 경제는 브라질에 수력 전기를 파는 것에 거의 전적으로 의존한다. 두 나라가 공유한 파라나강에는 이타이푸댐이 건설되어 있다. 물이 부족한 그 밖의 다른 나라들은 이웃나라에서 물을 구매하는 방안을 고려하고 있다. 예컨대 미국은 멕시코(플라야스 데 로사리토에 계획 중인 두 개의 담수화 공장에서 파이프로 끌어 올 계획이다)와 캐나다에서 물을 구매할 계획이다. 분석가들은 2020년에는 전 세계 물 시장의 규모가 1조 달러에 이르고 주로 아시아와 남아메리카의 수요 증가가 이 시장을 주도할 것이라고 예측한다.[11]

인간은 또한 '가상 물' 거래 ― 물을 사용해 생산된 상품과 서비스의 거래 ― 를 통해 전 세계에 물을 분배하고 있다. 이런 거래의 대부분 ― 담수 소비의 92% ― 이 농업을 통해 일어난다.[12] 일본인들의 경우, 그들이 사용하는 물의 3분의 2 이상이 예컨대 오스트레일리아산 쇠고기의 형태로 나라 밖에서 기원한다. 미국 시민이 평균적으로 사용하는 물 — 연간 2,840m³로 일본인의 물 발자국의 2배이다 — 의 80%가 국내 재배 농산물에 담겨 있고, 나머지 20%의 대부분이 중국의 양쯔강 유역에서 온다. 하지만 국가들의 물에 대한 압박이 점점 증가하면서 새로운 전략이 생겨나고 있다. 정부들은 물이 풍부한 외국 땅을 구매하거나 그 물이 사용되는 방식에 주도권을 가지려고 한다. 이런 구매의 전부가 개발도상국에서 발생하고 있고, 그 가운데 대부분이 잘못된 정치, 부정부패, 규제 부재에 처해 있는 데다, 주민들이 자신들의 땅과 자원에 대한 권리를 거의 행사하지 못하는 장소에서 발생하고 있다. 사우디아라비아, 한국, 중국, 인도는 아프리카 전역에 걸쳐 광대한 땅을 매입했는데, 대부분이 가장 가난한 나라의 가장 비옥한 지대와 강 유역의 땅들이다. 매입의 목적은 농작물을 길러 자국으로 역수출하기 위해서이다. 예컨대 나일강은 현재 그곳에 사는 주민들뿐 아니라 수단의 일부분을 매입한 다른 대륙 사람들까지 먹여 살려야 한다.

강이 이대로 계속 마르면 물 부족이 인류세에 우리 종의 패인이 될 수도 있다. 매킨지사의 컨설턴트들은 2030년이 되면 전 세계 물 필요량이 지금의 4조 5,000억 T에서 6조 9,000억 T으로 증가할 것이라고 예측한다. 이것은 현재 확실히 공급 가능한 양을 40% 웃도는 양이다. 우리의 창의력이 아무리 뛰어나다 해도 우리는 아직 우리가 필요한 규모의 담수를 제조할 수 없고, 따라서 전 세계에서 인위적으로 물을 저장하는 것이 시급하다. 예부터 집에서는 빗물과 강물을 가두어 사용해왔다. 귀중한 빗방울을 필요한 곳으로 흘려보내기 위해, 아라비아에서부터 중국에 이르기까지 모든 곳에 정교한 운하와 터널이 만들어졌다. 최근에 인간은 자연의 한계를 극복할 정도로 수자원을 좌지우지하는 막강한 힘이 되었다. 심지어 우리는 미국의 라스베이거스와 피닉스를 포함한 사막 지역에 물이 흘러넘치는 샘과 광대한 골프장이 있는 현대 도시를 건설하기까지 했다. 고비 사막의 광산과 석탄 생산 현장 그리고 중국 북부의 내륙 도시들, 산업, 농경지도 물 공급이 충분하지 않은 곳이다. 아라비아의 위성사진을 보면 사막의 모래 위에 칠해진 기이한 녹색 고리들을 볼 수 있는데, 이것은 다른 곳에서 물을 끌어 온 증거이다. 한편 중국은 세계가 지금껏 목격한 가장 야심 찬 물길 바꾸기 사업에 착수했다. 2050년까지 수백 킬로미터에 걸친 파이프를 통해 연간 거의 450억 m^3의 물을 남부 지방의 양쯔강에서 끌어 와 인구가 많은 북부 지방의 심하게 오염된 황허강을 채울 계획이다. 이 사업은 비용이 어마어마하게 들며 그 길목에 사는 수만 명을 이주시켜야 하는 등 수많은 기술적 문제를 안고 있다. 많은 관측통들은 이 사업이 성공할 것이라 생각하지 않는다. 그럼에도 세계의 자연 담수원으로는 모자랄 정도로 인류의 물 수요가 계속 증가하는 지금, 사람들은 앞으로 점점 더 모든 대륙에서 강과 호수를 움직이려고 시도할 것이다.

인류세에 도시들은 더 이상 강 유역이라는 지리적 위치에 한정될 필요가 없다. 하지만 자연적인 강의 기능을 수행하는 파이프, 저수지, 운하들에는 상당한 비용이 든다는 점을 잊어서는 안 된다. 부자 나라들이 펑펑 쓰는 물은 기반 시설과 정수 처리 비용으로 연간 약 7억 5,000달러가 든다. 이것은 가난한 나라들이 따라 하기에는 너무나 값비싼 비용이다.[13] 차라리 자연 생태계를 유지하고 복원하는 비용이 싼 경우가 많다. 뉴욕시는 캣스킬산과 허드슨밸리에서 물을 끌어다 쓰는데, 이 물 자원은 매우 청정해서 원래 정수 처리가 필요치 않았다. 하지만 1990년대에 농업용수로 인한 오염과 그 밖의 다른 오염 물질 때문에 상황이 바뀔 위협에 처했다. 뉴욕시 측은

정수 공장을 짓는 비용을 따져봤는데(대략 100억 달러) 토지 보호
와 보존 프로그램에 투자하는 편이 더 싸다는 계산이 나왔다(15억
달러). 이 전략은 효과가 있었다. 새로운 기반 시설에 드는 비용의
작은 일부로 수질을 유지할 수 있었고, 생물다양성이 풍부한 생태
계를 유지하는 이익까지 덤으로 얻었다.

사우디아라비아는 최근에 한 발을 더 내딛어 기반 시설이 하는
일을 해주는 자연 시스템을 인위적으로 창조하는 일에 착수했다.
세계 최대의 알루미늄(보크사이트) 광산이 있는 아라비아 사막의
마덴에서, 공학자들이 광산의 산업 용수와 화장실 폐수를 거르는
생물 필터로 작용하는 인공 습지를 창조하고 있다. 이 습지가 완성
되면 화학적 필터링과 정수 탱크 그리고 기계적 과정은 자연 과정
을 이용해 독성 물질과 금속, 그 밖의 불순물을 물에서 제거하는 식
물과 미생물들로 대체될 것이다. 그리고 담수화된 귀중한 물의 증
발을 줄이는 혁신적인 지하 폐쇄회로 순환 장치를 통해 그 과정에
쓰이는 물을 하루 750만 l씩 절약하게 될 것이다. 전통적인 정수 공
장에 들어가는 시간과 비용의 작은 일부로 만들어질 그 습지는 오
아시스 역할을 하여 새들에게 서식지를 제공할 것이다.

인류세로 접어들면 우리는 강과 호수, 폭포가 자연적으로 수행
하는 서비스를 재현하는 기반 시설을 더 많이 보게 될 것이다. 하지
만 앞으로는 인공 습지를 창조하는 우리의 접근 방식도 더욱 섬세
해질 것이다. 즉 우리의 필요를 충족시키기 위한 지구공학적 해법
을 찾을 때 자연 시스템의 복합적이고 상호 의존적인 역할을 고려
하는 것이다. 그리하여 물리적 구조에 그치지 않고 식수, 관개, 에너
지 필요를 모두 어느 정도 충족시킬 수 있는, 잘 작동하고 생물다양
성이 풍부한 생태계를 유지하거나 창조함으로써 생물학적 구조까

지 포함하는 설계가 이루어질 것이다. 동시에 식품과 그 밖의 산물은 생산에 포함된 물 비용을 반영하여 가격이 책정될 것이다. 심지어 탄소 시장과 비슷한 국제 물 시장도 생길지 모른다.

|

나는 상징적인 메콩강을 따라 내가 떠난 경이로운 여행을 몇 년 뒤에는 할 수 없을지도 모른다는 사실을 깨닫고 잠시 슬펐다. 하지만 홀로세의 길들여지지 않은 강에 대한 그리움은 인류세에 강을 보존하는 데에는 아무런 도움이 되지 않는다. 대신에 우리는 지구의 거대한 물줄기를, 그들과 생태계, 화학적·물리적 주기와의 관계 그리고 강둑에 살고 있는 사람들과의 관계에서 냉정하게 살펴볼 필요가 있다. 그래야만 비로소 관련된 모든 사람이 우리가 강을 사용하는 방식에 대해, 그리고 우리의 필요를 충족시키기 위해 강의 능력을 보충할 방법에 대해 결정을 내릴 수 있다.

4

F A R M L A N D S

농
경
지

지구를 감싼 주름진 지각판 위로 날아올라 브로콜리처럼 보이는 숲과, 거울과 리본처럼 보이는 호수와 강들을 내려다보다 보면 보는 이의 시선을 즉시 멈추게 하는 종류의 덮개가 눈에 띈다. 우리 눈은 자연 속에 나타나는 어떤 형태에 이끌린다. 일정한 간격을 두고 등고선처럼 언덕을 동그랗게 둘러싼 초록 목걸이, 이음새가 매끈한 노랗고 푸른 조각보, 큼직한 직사각형의 파릇파릇한 띠, 사막의 잿빛 모래에 에워싸인 완벽한 원형의 에메랄드와 금. 이런 형태는 저절로 진화한 것이 아니라 지구의 숙련된 정원사인 인류가 설계한 것이다.

농업은 약 1만 년 전 레반트에서 발명되었고 기후변화가 기폭제가 되었다. 마지막 빙하기가 끝나고 홀로세는 건기가 긴 온난한 환경을 맞았다. 곡물이 자라기에 알맞은 조건이었다. 그런 일년생 풀은 한 계절 만에 빠르게 성장하고 죽으면서 휴면 상태의 배아 단계인 종자를 남겼다. 종자는 건기를 견딜 수 있었다. 곡물은 소화시키기 힘든 목질의 줄기가 아니라 커다란 씨 — 당과 단백질 저장소 — 에 자신의 에너지를 투입하므로 인간이 추수하고 거두기에 이보다 좋을 수 없다. 최초의 농부들은 야생에 흩어진 낟알들을 모아 정착지 주변에 뿌렸고, 무르익으면 거둬들여 충분한 시간 동안 저장하고 도정하고 제분할 수 있었다. 농부들은 열악한 토질에서 가장 잘 자란 식물에서 가장 맛있고 가장 포동포동한 씨를 골랐고 이런 씨는 도정하기도 쉬웠다. 얼마 뒤 그들은 낟알을 계획적으로 심어 작물화하기 시작했다. 이것은 식물이 아닌 인간의 이익을 위해 씨를 방출하는 작물을 창조하는, 진화적 압력에 대한 월권 행위였다.

초창기 농부들은 지구의 지형을 철저히 바꾸어 나갔다. 인간은 숲과 같이 자연 발생하는 식물을 태우고 자신들이 인위적으로 만들어낸 변종을 추수하기 용이한 지대에 심었다. 이렇게 해서 최초의 농경지가 탄생했다. 인간은 지역 생태계를 바꾸는 동시에 그 밖의 생물다양성에 손을 대기 시작했다. 닭, 돼지, 소 같은 동물을 가축화하기 시작한 것이다. 가축들은 안전하게 뜯을 수 있는 새로운 목초지를 이용하는 대신 인간에게 고기와 우유, 퇴비를 제공했다.

농업은 전 세계에서 적어도 세 번 독립적으로 발명되었고, 이것은 늘어난 인구를 부양하는 유일한 방법으로서 지구 전역으로 확산될 정도로 큰 변혁이었다. 농경과 함께 계속된 수렵과 채집은 정착한 마을이나 도시 전체를 먹이기에는 너무 비효율적이었다. 문명을 가능하게 하고 번성하게 한 것은 바로 농경이었다.

가장 원시적 형태의 농경인 이동 경작은 지형을 일시적으로 바꿀 뿐이었다. 유목 생활을 하는 농부들은 화전을 일구고 씨를 뿌리고 추수하고 나면 다른 장소로 이동했다. 따라서 땅은 다시 야생 상태로 돌아갈 수 있었다. 하지만 사람들이 정착하여 강둑과 삼각주를 이용해 홍수가 일어나는 동안 농작물에 물을 대고 토양을 비옥하게 만들기 시작하면서 많은 경작지가 영구적 농경지가 되었다. 인간은 원래 처음에는 비옥한 지역에서만 농사를 지었지만, 기술이 발전하자 아라비아와 중국의 사막처럼 지극히 적대적인 지역에서조차 복잡한 관개 장치를 이용해 작물을 재배하기 시작했다.

아무리 대단한 관개 시설을 갖추어도 작물들은 토양 속의 광물, 그중에서도 특히 단백질과 DNA의 필수 성분인 질소의 제약을 받는다. 열대 지방은 좀 더 빠르지만 토양이 1cm 형성되는 데는 수백 년이 걸린다. 우선 암석이 바람과 비를 맞아 풍화되어야 한다. 미생물, 곤충, 지의류가 이 과정을 돕고, 이 생물들이 썩은 유기물은 식물을 포함하여 더 많은 생물의 양분이 된다. 이런 유기물, 살아 있는 생물, 광물들의 축적을 우리는 토양이라고 부른다. 질소는 대기에 풍부하지만, 극소수의 생물들만이 대사할 수 있는 형태로 존재한다. 수천 년 동안 농부들은 토양에 모자란 질소와 그 밖의 다른 필수 영양소를 보충하기 위해 생물 물질을 재활용했다. 줄기와 사일리지(가축의 겨울 먹이로 말리지 않고 저장하는 풀)가 그대로 썩도록 논밭에 버려두고, 동물과 인간의 퇴비를 포함해 그들이 구할 수 있는 모든 유기물을 첨가했다. 하지만 인구가 불어나자 같은 양의 질소로 더 많은 농작물을 키워야 했다.

사람들은 기근에 시달리는데 수확량은 늘 모자라기만 하자 19세기 과학자들은 이용 가능한 귀중한 질소를 찾기 위해 더 먼 곳을 바라보았다. 그들은 남아메리카에서 그것을 발견했다. 아타카마 사막과 근처 섬들의 건조한 기후에서 막대한 양의 구아노 — 새똥 — 가 축적될 수 있었던 것이다. 토착민 농부들은 이미 수백 년 전부터 그것을 사용해왔지만, 과학자들의 발견으로 유럽과 미국에서 엄청난 관심이 일었다. 거대한 수출 산업이 조성되었고 구아노가 풍부한 국가인 페루, 볼리비아, 칠레는 수익성이 높은 그 배설물을 놓고 전쟁을 벌였다. 칠레가 이겼지만 승리는 오래가지 않았다. 1909년에 독일 화학자 프리츠 하베르가 공기 중의 질소를 식물이 흡수할 수 있는 형태인 용해성 암모니아로 바꾸는 방법을 발명했다. 그의 동료 카를 보슈는 그것을 산업 과정으로 키웠다. 인공 비료의 시대가 탄생한 것이다. 이것은 지구의 질소 순환을 계획적으로 심대하게 바꾼 지구공학적 혁신이었다.

인공 비료의 효과는 당장 나타났다. 농작물 생산이 증가하고 이에 따라 인구가 성장했다. 1만 m^2의 땅으로 먹일 수 있는 인간의 수가 두 배 이상 늘었다. 현재 우리 몸 속 단백질의 절반이 하베르-보슈 과정으로 만들어진 암모니아에서 유래한다. 수십억의 사람들이 주식으로 먹는 빵과 쌀, 감자는 인공 비료에 큰 빚을 지고 있다.

지난 세기에는 농업의 산업화와 집중화가 세계를 접수했다. 얼음 없는 지표면의 약 40%가 농작물이나 가축을 기르는 데 사용되어 농경지는 인위적으로 만들어진 지표면 가운데 가장 큰 면적을 차지했고, 인류세에 우리가 지구에 미친 영향의 가장 명백한 증거 중 하나가 되었다. 이미 농업은 초지의 70%, 사바나의 50%, 온대 낙엽수림의 45%, 열대 산림 생물군계(어떤 지역이나 서식처에 살고 있는 개체군의 집합체로, 단순한 개체군의 집합이 아니라 생물종 간의 다양한 상호관계에 의해 조직화된 집단의 단위_옮긴이)의 27%를 없애거나 경작하고 있다.[1] 열대 지방에서 새로 조성된 농경지의 80%가 숲을 대체한 것이다.[2] 게다가 담수의 70%가 농업에 쓰인다.[3] 지구에는 엄청나게 다양한 동식물이 존재하지만, 농업은 그 중에서 단일 재배로 심은 몇 가지 식물 종으로만 구성되고, 가축화도 마찬가지로 소수의 포유류와 조류 종으로 구성된다. 그 결과 인류세는 밀, 쌀, 닭 같은 특정 종이 모든 대륙에서 압도적 성공을 거둔 시대가 되었다. 실제로 지구에 사는 사람들의 몸무게 총합은 소들의 몸무게 총합의 절반에도 미치지 못하는 데다 이런 소들의 대부분이 자연 상태에서는 존재하지도 않았을 동물들이다. 그들은 멸종 위기에 몰린 한 야생종을 데려다 인간이 선택적으로 육종한 것이었다.

헨리 키신저(노벨 평화상을 받은 미국 정치인_옮긴이)는 1974년에 열린 제1차 세계식량회의에서, '10년 안에' 굶주린 배를 움켜쥐고 잠자리에 드는 어린이가 없게 할 것이라고 약속했다. 낙관할 만한 이유가 있었다. 수년 동안 세계의 식량 생산은 인구 증가 속도보다 빨리 증가했다. 수확량이 높은 변종 종자를 널리 이용하고 관개 시설과 비료에 막대하게 투자한 결과 가시적 성과가 나타났던 것이다. 약 20년 동안 녹색혁명은 주로 아시아 지역에서 식량 안보 문제를 개선했고 수억 명의 생계를 해결했다. 하지만 인류세에 인류는 그 어느 때보다 배고프다. 충분한 먹거리가 없는 사람들이 10억 명에 이른다. 반면에 15억 명이 과체중 또는 비만이다.

인류세에 인류는 어떻게 식량을 조달할 것인가? 더 정확히 말하면, 향후 40년 동안 우리는 어떻게 지난 1만 년 동안 생산했던 것보다 더 많은 식량을 생산할 것인가? 2050년까지 식량 생산은 두 배가 되어야 한다. 우리가 불확실한 물 공급, 기후변화, 토질 저하에 맞닥뜨리고 있기도 하거니와 최고의 농경지들은 이미 다 사용되고 있기 때문이다.[4] 나는 그 답을 찾기 위해 농경지로 향했다.

나는 질식할 것 같은 도시 아마다
바드(구자라트주의 주도_옮긴이)에서 출발해 부채선인장 울타리가
둘러쳐진 바싹 마른 평지를 가로질러 인도의 서쪽 끝 구라자트주 깊
숙이 차를 몰고 갔다. 도로변에서 대형 트럭들이 철 양동이를 들고
줄을 서서 기다리는 여자들에게 물을 전달하고 있었다. 여자들은 물
양동이를 이중 삼중으로 겹쳐 머리에 인 채 집으로 가는 고생스러운
길을 나섰다. 인도에서 가장 잘 개발된 주 가운데 하나인 이곳에도
아직 많은 마을에 수도관이 들어오지 않았다. 말라붙은 우물은 앞으
로 일곱 달이나 남은 우기에 단비가 내릴 때까지는 채워지지 않을
것이다.

라즈사마디얄라 마을은 정확히 구자라트주의 한복판으로 더러
운 산업 도시 라즈코트 밖으로 약 15km 거리에 위치한다. 대부분의
시골 마을처럼 이곳 사람들도 자신이 재배한 농작물에 식량을 전적
으로 의존하고, 얼마를 벌든 수입은 먹고 남은 것을 판매한 것에서
나온다. 하지만 이곳은 내가 인도에서 가본 다른 마을들과 사뭇 달
랐다. 쓰레기와 오물 없이 가로수가 늘어선 깨끗한 길도 그렇고 모
래 속의 오아시스처럼 반짝이는 호수도 그랬다. 분홍, 보라, 노랑,
빨강 꽃들이 길가에 옹기종기 모여 있었고, 그곳에 전략적으로 배
치된 호스들이 꽃에 물을 분사했다. 2007년에 라즈사마디얄라는
그 나라에서 가장 깨끗한 마을로 신문에 대서특필되었다. 그리고 1
년 뒤에는 전국에서 가장 범죄 없는 마을로 '터스그램상(Tirth
gram)'(구자라트 정부가 시골 마을의 단합과 개발을 도모하기 위
해 추진한 사업의 일환_옮긴이)을 받았다. 국민의 85%가 시골 마을
에 사는 인구 13억의 땅 인도에서 특별한 일이 이 마을에 일어나고

있었다. 길가에 나가면 으레 들을 수 있는 시끌벅적한 아이들의 소리가 이곳에서는 이상할 정도로 들리지 않는데, 나중에 알고 보니 아이들은 학교에 있었다. 그들은 힌두교 배움의 여신 사라스와티의 모습이 그려진 화려한 그림 아래 나란히 줄지어 앉아 공부에 열중했다.

나는 라즈사마디얄라 마을의 이장('촌장')인 하르데브신 자데자와 인사를 나눴다. 60대의 정정한 남성인 그는 시골이고 날씨가 더운데도 몸에 딱 붙는 양복을 차려입고 있었다. 가까스로 빳빳하게 서 있던 그의 셔츠 칼라가 속절없이 흐르는 땀에 버틸 재간이 없었는지, 그가 나를 데리고 잘 관리된 마을을 구경시켜주는 동안 목덜미에 힘없이 주저앉았다. 그는 자신이 '비간디주의 교도민주주의'(정치 엘리트의 지도적 역할을 강조하는 민주주의_옮긴이)라고 이름 붙인 제도의 복잡한 내용을 자랑스럽게 설명했다. 그 제도에 따라 이 마을은 25개 가구로 이루어진 단위로 구분되고 각 단위에서 대표를 선출한다(투표는 강제적이다). 그런 다음에 각 단위의 대표들이 모여 모든 마을 사람들이 따라야 하고 "어길 시 엄격한 처벌을 받거나 마을에서 추방될 수도 있는" 규칙을 결정한다. 제도의 기본 바탕은 사회적 평등이다. 모든 계급의 사람들이 평등한 투표권을 갖고 마을 공동체는 곤경에 처한 사람들을 육체노동부터 금융 지원까지 모든 방식으로 돕는다. 하지만 게으름은 용납되지 않는다. 누구도 부정할 수 없을 만큼 깨끗하게 잘 굴러가는 사회를 만든 이런 사회구조가 성공할 수 있었던 것은 가장 귀중한 자원인 물을 관리하고 공유하는 이 마을의 독특한 방식 덕분이었다. 하르데브신 자데자의 독창성과 통찰력이 여기에 적지 않은 역할을 했다. 그는 약 30년 전 깨끗한 물과 위생 시설이 발전을 지탱하는 데 필수적이며 자신의 마을이 그런 시설을 갖추어야 한다고 판단했다.

매년 우기가 지나면 마을 우물들에 물이 가득 찼다. 다시 말해, 이 지역의 지하 대수층에 빗물이 고여 있다는 뜻이었다. 문제는 우기에 내리는 비의 대부분이 대수층에 이르기 전에 빠져나가 사라지는 바람에 쓰이지 못한다는 것이었다. 기후변화로 이 지역의 우기가 점점 짧아지고 홍수가 점점 강력해지고 지표수 증발이 더 빨라지면서 물의 소실은 더 심해졌다. 우물들은 대부분 말랐고, 지하수면(지하수 지대의 최상부면_옮긴이)이 250m 깊이로 떨어졌다. 수확도 시원치 않아서 사람들은 점점 더 가난해졌고, 이웃 마을 사람들은 자신들의 딸을 라즈사마디알라 마을의 신랑과 결혼시키기를 꺼렸으며, 젊은이들은 ― 그다음에는 가족 전체가 ― 도시로 이주하기 시작했다. 마을이 심하게 건조해지자 정부는 이 지역을 '사막 지역'으로 선포했다.

하지만 이 마을에는 탁월한 자산이 있었으니 바로 하르데브신 자데자였다. 그는 이례적으로 고등 교육을 받았고 영문학 박사학위가 있었다. 더욱이 경찰에서 성공적 경력을 쌓아가며 중앙예비경찰대의 부사령관 자리까지 제안 받았다. 그러던 찰나에 라즈사마디알라 마을 위원회로부터 촌장이 되어 달라는 부탁을 받았다. 자데자가 보증된 자리를 마다하고 마을의 운명을 바꿀 결심을 했을 때 경찰의 손실은 마을 사람들의 이익으로 돌아왔다.

1985년에 자데자는 아메다바드의 우주연구센터로 과학자들을 찾아갔고, 그들은 위성 지도를 이용해 마을의 지하 지질에 대해 알려주었다. 마을은 수천 년 전 화산 활동이 활발했던 지대에 위치하고 있었다. 위성 지도상에 지하 암반을 관통하는 지질구조선들이 보였고, 자데자는 그것을 바탕으로 대수층으로 가는 빗물의 흐름을 파악할 수 있었다. 그는 마을 사람들을 동원해 위성 지도상에 지질 구조선이 있었던 장소로 찾아가 대수층으로 가는 지표 밑 수로가 노출될 때까지 땅을 팠다. 그러고 나서 중력을 이용해 가장 높은 땅의 선형 구조가 지나가는 장소에 우기에 내리는 비를 모을 수 있는 집수지를 만들었다. 누구도 이 귀한 저수지에서 물을 퍼 가서는 안 되었다.

자데자는 원격 탐사와 지질 정보 체계를 이용해 땅 위와 땅 밑 물 저장소로 최상인 장소들을 알아낼 수 있었다. 우기에 쇄도하는 물의 흐름을 느리게 해서 물이 대수층으로 들어가는 데 걸리는 시간을 벌고자, 마을 사람들은 자데자의 지시 아래 15년에 걸쳐 50개 이상의 사방댐(산사태나 홍수를 막기 위한 둑_옮긴이)을 만들었다. 과거에는 이런 지표 밑 물길들의 대다수가 물을 머금고 있었는데 시간이 흐르면서 말라버렸다. 하지만 땅을 파내고 치우자 그 물길에 다시 빗물이 흘렀다.

그런 다음 마을 사람들은 4만 그루가 넘는 나무를 심었다. 나무가 드리우는 그늘은 토양의 수분 증발을 줄이는 데 도움이 되고 나무들의 잎은 토양 표면을 덮는 비료로 쓰일 수 있었다. 밭을 더 보호하기 위해 토양을 침식시킬 수 있는 빗물이 느리게 흐르도록 흙벽을 계단식으로 쌓았다. 이것은 효과적이었다. 빗물이 조금씩 흘러내려 대수층을 채우자 마을 우물들이 일 년 내내 가득 찼다. 가뭄이 심한데도 심지어 저수지에 지표수가 존재했다. 자데자는 이 계획을 고안한 뒤로는 단 한 대의 물 트럭도 그의 마을에 멈출 필요가 없었다고 자랑스럽게 말했다.

마을 사람들이 힘들게 모은 귀한 물은 신중하게 사용되었다. 심어놓은 곡식을 따라 묻혀 있는 검은 플라스틱 관들은 뿌리가 곧바로 흡수할 수 있도록 충분하면서도 정확한 양의 물을 각 식물의 밑동에 전달했다. 이런 식의 '적수 관개'는 수확량을 증가시키는 한편 노동력을 줄이고 물을 보존하고 토양 염류화를 막는다. 그 결과로 라즈사마디알라에서 풍성하게 거두어들이고 있는 ― 곡물과 채소부터 면화 같은 돈벌이 작물들까지 ― 수확물은 사회적·물질적 부를 생산했다. 지속적인 가뭄에도 농부들은 이웃 마을 농부들보다 10~100배를 더 벌고 한해에 추수를 세 번 했다. 모든 집에는 자체적으로 빗물을 보존하고 믿을 수 있는 수돗물과 "반드시 사용해야 하는" 변기를 갖추고 있다. 쓰레기를 무단 투기하거나 침을 뱉으면 벌금 50루피를 내야 하고 딸들도 의무적으로 교육해야 한다. 자데자는 이 마을에는 범죄가 전혀 일어나지 않는다고 말했다. "그래서 마을로의 이주가 일어나고 있는데" 그 마을에 살기를 원하는 가족들의 대기 명단이 존재할 정도라고 한다.

나는 정원과 일광욕 테라스 위로 부겐빌리아(분꽃과의 열대식물_옮긴이)가 만발한 굴랍 기비 씨의 아름다운 이층집을 방문했다. 인도의 '거지 계급'에 속하는 기비는 마을 의회가 개입하기 전까지는 자신의 계급이 시키는 대로 하루를 살았다. 지금 그는 가게와 땅을 소유하고 있다(대출이 "전액을 지불해주었다"고 그는 자랑스럽게 말했다). 하지만 더욱 감명 깊은 점은, 전에는 화장실 청소를 하던 '불가촉천민' 계급의 아주 가난한 사람이 지금은 좋은 집을 갖고 청소일로 꽤 괜찮은 임금을 받을 만큼 형편이 좋아졌다는 것이다.

자데자는 적수 관개로 경작되는 ― 그해의 세 번째 작물인 ― 콩밭을 이리저리 둘러보면서 집수지를 더 깊게 파고 있는 현장을 보여주었다. 표면적을 줄여서 증발로 인한 손실을 줄이기 위해서였다. "우리는 배수로를 개선할 필요가 있어서 지금 여러 종류의 토양을 가지고 실험하는 중입니다. 지난 5년 동안 비가 너무 일찍, 너무 심하게 내려서 추수 전에 작물이 썩었기 때문이지요." 그가 설명했다. 나는 그가 그 문제를 충분히 해결할 수 있을 것이라고 확신했다.

마하비르 푼과 체왕 노르펠처럼, 하르데브신 자데자는 비전과 카리스마를 지닌 지도자로 마을의 운명을 극적으로 개선할 수 있었다. 구자라트 주정부가 사막 한가운데에 '인더스 오아시스'— 라스베이거스를 모델로 한 카지노와 엔터테인먼트 복잡체로 파도 기계와 수상 스포츠를 위한 해변이 있는 인공호수를 완비한 곳 — 를 만들겠다는 허황된 계획을 세우는 동안 자데자는 자신이 성공시킨 지속 가능한 물 관리를 건조하고 굶주린 그 지역의 다른 마을에 재현하기 위해 묵묵히 노력하였다. 라즈사마디얄라 마을은 큰 성공을 거두어 이제 농업을 넘어 그 주에서 최초로 자전거 공장을 세우고 있다.

텅 빈 누런 들판을 지나 도시로 돌아오는 길에 나는 왜 다른 마을들은 비슷한 수혜를 받지 못하는지 궁금했다. "그들은 머리를 쓰지 않아서 그래요." 자데자가 내게 말했다. 하지만 나는 자데자의 프로젝트가 성공한 이래로 단 한 명의 정부 관료도 그곳을 방문하지 않았다는 그의 말에 더욱 놀랐다. 인류세에 100억 명을 먹이기 위해서는 이런 계획이 조직화된 방식으로 재현되어야 한다. 관개와 비료를 통해 아시아 전역의 작물 생산량을 높이고 그럼으로써 수백만 명을 굶주림에서 구한 녹색혁명은 막대한 양의 물에 의존했다. 산업까지 가세하면서 물 사용은 더욱 늘어나기만 했다. 따라서 지금 우리에게 부여된 과제는 녹색혁명의 성공을 재현하되 지속 가능한 방식을 채택하는 것이다. 물이 점점 귀해지는 세계에서 농업은 더 많은 물을 저장할 필요가 있고, 적수 관개 같은 방법을 통해 물 사용을 줄여야 한다.

인도 땅의 약 69%가 현재 '건조한 땅'으로 분류된다(25%가 사막이다). 주요 산업이 농업인 국가에는 밝지 않은 전망이다. 게다가 이것은 중국에서부터 아프리카와 남아메리카까지 전 세계에서 반복되고 있는 패턴이다. 예를 들어 중국 북부에서는 2만 4,000개 마을이 사구의 습격으로 버려진 한편, 나이지리아는 매년 3,500km^{2}의 농경지를 사막에 빼앗기고 있다.[5]

호수와 강은 마르거나 지나치게 오염되어 물을 끌어 쓸 수 없고 비가 내린다는 보장도 없으니 농부들은 할 수 없이 대수층을 이용하고 있다. 현재 지하수는 관개용수의 3분의 2를 제공한다. 지하수층의 일부는 지하 하천을 통해서 또는 우기에 비를 흡수해 주기적으로 채워지지만, 나머지는 수만 년 또는 수백만 년 전에 암석층 사이에 갇힌 '화석수'를 담고 있다. 화석수는 채워지지 않는다. 써버리면 그만이다. 그리고 인도는 세계에서 관개용수로 화석수를 가장 많이 사용하는 나라로(연간 68km^3), 국제 전문가들이 농업 붕괴와 기아 사태에 직면했다고 경고할 정도로 심각한 수준이다.

물 부족은 대개 한심한 물 관리 탓이다. 저수지와 그 밖의 물 저장소가 부족하고, 사용된 물의 재활용도 거의 이루어지지 않는다. 7억 명이 넘는 인도인들이 위생 시설을 갖추지 못해서(인도인의 절반이 노지에서 배변하는 탓에 2012년에 농촌개발부 장관은 자기 나라를 세계에서 가장 큰 '노지' 화장실이라고 묘사했다) 미처리 하수와 그 밖의 쓰레기가 강과 운하로 곧장 흘러간다. 그나마 존재하는 수돗물은 법적 이용권이 없는 절박한 사람들에게 도용될 뿐 아니라 누수에 시달린다. 인도는 비록 달에 로켓을 쏘아 보냈을지라도 가장 현대화된 도시 델리의 중산층 주민들에게조차 수돗물을 제공할 수 없다. 제공한다 해도 하루 겨우 몇 시간 수준이고 제공하는 물도 오염되어 있기 일쑤이다. 라즈사마디얄라에서 가장 가까운 도시 라즈코트에서(인구 160만)에서는 행정 당국이 하루 20분 동안만 물을 공급한다. 사람들은 민간 물 트럭이 배달하는 지나치게 비싸고 품질이 의심스러운 물을 받기 위해 양동이를 들고 몇 시간씩 기다린다. 다른 곳 사람들은 관 우물(작은 관을 땅 속에 박아 펌프로 물을 뽑아 올리는 우물_옮긴이)을 이용한다. 그런 시설은 마을 사람들이 함께 공유하거나 개인 땅에 매설되는데, 후자의 경우 물 값을 지불해야 한다.

값싼 디젤 또는 전기 펌프의 개발과 값싼 에너지가 맞물려 지난 25년 동안 지하수 퍼 올리기가 급증했고, 매년 100만 개가 넘은 관 우물이 새로 매설되었다. 인도에서 생산되는 전기의 6분의 1이 관개 펌프에 쓰이고, 이로 인해 특히 농촌 지역에서 잦은 정전이 발생한다. 농부들은 점점 더 강력한 펌프를 점점 더 깊이 박아야 했다. 그 결과 많은 장소들, 특히 저지대인 구자라트주에서 지하수가 해수면 아래로 빠르게 떨어졌고, 이로 인해 소금물이 대수층으로 스며들어 우물이 오염되었다. 구자라트주는 심지어 농부들을 소금 제조업처럼 전망이 더 확실한 다른 산업에 종사시키는 프로그램까지 시작했다.

하지만 인도의 다른 건조한 주와 마찬가지로 구자라트주는 이미 식량 작물에 물을 대기 위해 귀중한 빗물을 모으고 저장하는 전통을 가지고 있다. 나는 아마다바드주, 라자스탄주, 마하라슈트라주에서 이런 지하 '탕카' — 지붕에 떨어지는 빗물을 담는, 방수 석회석을 입힌 석조 저장고 — 를 여러 곳 가보았다. 수천 년 전으로 거슬러 올라가는 고대 탕카 시설에는 타르 사막에 있는 깊은 계단 우물 같은 물 저장고와, 정결 목욕탕(의식 전에 몸을 깨끗하게 하는 곳_옮긴이)도 포함된다. 다른 곳들과 마찬가지로 구자라트에서도 영국의 식민 통치자들이 가정에서 탕카를 사용하는 것을 금지하면서 그 탕카들을 메우라고 명령했다. 그런 탕카가 반란 세력의 은신처로 사용되고 있다는 두려움 때문이었다. 대부분의 장소에서 고대 탕카 시설은 버려진 상태이다. 물길은 막혔고 동물들이 드나들며 물을 오염시켰다. 그리고 새로운 건물들은 더 이상 물 저장고를 보유하지 않는다. 하지만 최근 들어 사람들이 이 오래된 관행을 되살리기 시작했다. 몇몇 마을에서 고대 석조 저수지를 청소하고 보수하고 있다. 또한 더 젊은 세대는 21세기에 지속 가능하게 사는 방법을 찾는 도전을 시도하고 있다.

'인도의 실리콘 밸리'라고 불리는 도시 벵갈루루의 한 교외 지역에서 나는 비시와나스 씨의 집을 방문했다. 그의 집에 들어가면 곧바로 마음이 고요해지는 것을 경험할 수 있다. 자칭 '젠 레인맨(Zen Rainman)'인 그는 전문 훈련을 받은 토목공학자이자 타고난 창조적 실험가로, 대중을 위해 실용적이고 값싸게 지속 가능한 삶을 살 수 있는 방법을 찾고 있다. 그 결과 그의 집은 다양한 기술을 시험하는 일종의 실험실이 되었다. 그는 자신의 집을 고대 원리에 따라 지었다. 먼저 탕카를 파고 거기서 얻은 점토를 성형하여 햇빛에 자연 건조시켜 벽돌을 만들었다. 공기의 흐름을 높일 수 있도록 구조를 설계했고, 건물의 방향은 태양의 위치를 참조해 정했으며, 덩굴식물들이 외벽과 내벽을 감쌌다. 그 결과 그의 집에는 선풍기도 에어컨도 없는데, 이곳 중산층 가정에서는 드문 일이다. 가족이 사용하는 에너지는 PV 태양열 전지판과 온수기로 공급하고 지붕에는 태양열 조리대까지 있다.

　　지붕에는 중국식 친환경 화장실과 습지, 초지, 논, 채소밭에 해당하는 네 개의 실험 장소로 구성된 바이오존이 있다. 파릇파릇하고 기기들이 즐비한 그의 집 지붕은 이웃들의 평평한 기와지붕의 노출 콘크리트와 상당한 대조를 이룬다. 지붕 위의 농장은 미적 특징 외에 중요한 목적을 지니고 있다. 바로 도시 거주자들이 자신이 먹을 음식의 일부를 생산하는 것이 가능함을 보여주는 것이다. 향후 몇 십 년 동안 기후변화가 소규모 시골 농부들의 존재를 위태롭게 만들고 그래서 그들이 어쩔 수 없이 기회의 도시로 이주하면, 소규모 농가와 자급자족하는 농부들은 산업화된 국가에서 이미 그렇게 된 것처럼 설 자리가 없어질 것이다. 하지만 많은 사람들이 도시에서 계속해서 밭을 경작할 것이다. 나는 북적거리는 빈민가의 가장 비루한 구석에서 온갖 종류의 채소와 과일들이 자라는 것을 보았고, 그 산물은 가난한 사람들의 식생활에 가치 있는 기여를 하였다. 월드워치연구소에 따르면, 약 8억 명의 사람들이 도시 공간에서 먹을 거리를 기르고 이것은 전 세계 식품 생산의 20%를 차지한다. 젠 레인맨은 빗물에만 의존하여 지붕 위 농장을 경작하는 방법을 궁리하고 있다.

　　비시와나스의 지붕 위에 있는 작은 밭에도 상당한 양의 물이 필요하지만, 그의 물 보존 장치는 그것을 충분히 감당할 수 있다. 벵갈루루는 아마 세계에서 물 공급 비용이 가장 비싼 도시일 것이다. 모든 물이 카베리강에서부터 고지의 그 도시로 펌프로 퍼 올려지는데, 80MW의 전기를 이용해 하루 1억 l 이상의 물을 끌어올린다. 이뿐 아니라 그 도시와 교외 지역에서는 화석수가 있는 곳인 약 380m 깊이까지 파 내려간 20만여 개의 우물에서 물을 펌프질하기 위해 하루에 총 80MW를 이용한다. 이 시설은 정부 보조금을 받는데, 결국 가장 가난한 사람들이 가장 많은 비용을 지불하게 되는 구조라서 사실상 가장 가난한 사람들이 부자들이 물을 낭비하도록 돈을 지불하고 있는 셈이다. 이것은 정부가 수돗물과 우물에서 펌프로 퍼 올린 물에 보조금을 지원하기 때문인데, 한 달에 2만 5,000*l* 이상을 사용하는 가구는 450루피를 환급 받는다. 하지만 가장 가난한 사람들은 수돗물을 이용할 수도, 우물을 파고 펌프를 설치할 여유도 없어서 민간 소유의 물 트럭이 리터당 약 3루피에 공급하는 물에 의존한다.

비시와나스의 집은 벽과 밭을 둘러싼 빗물받이와 지붕에서 탕카로 직접 빗물을 흘려보내는데, 이것은 그 가구의 연간 필요량을 모두 충족시키고도 남는다. 그는 자신의 집을 지은 뒤로 다른 중산층 교외 지역에 있는 비슷한 집뿐 아니라 시골의 가난한 집들을 위해 여러 종류의 빗물 수거 장치를 설계해 만들어왔고, 그런 장치는 지금까지 1,000여 개 마을에 설치되었다. 비시와나스와 자데자의 사례는 사회생활의 가장 오래된 단위인 시골 마을의 생활이 비교적 간단하고 저렴한 수단을 통해 근본적으로 개선될 수 있음을 보여준다. 농촌 거주자들이 아니라 도시인들이 지배하는 최초의 시대에, 그런 식의 변혁은 시골에 사는 사람들이 그럼에도 불구하고 더 많은 기회를 누릴 수 있게 해준다.

|

인도에서부터 아프리카에 이르기까지 농부들은 작물에 물을 대기 위해 거의 전적으로 비에 의존한다. 관개 시설을 이용하는 농경지는 아프리카의 경우 단 10%이고, 주로 이집트와 남아메리카에서 이용한다. 이에 반해 인도는 26%이

고 중국은 44%이다. 사하라사막 이남 아프리카에서 관개는 식민지 시대에 건설된 시설들이 방치되면서 지난 30년 동안 사실상 감소했다. 파이프, 수도관, 그 밖의 다른 기반 시설이 있어야 할 자리에는 노란색 플라스틱 드럼통이 놓여 있다. 이런 드럼통들은 아프리카 전역 어디를 가나 눈에 띄어서 그 통들이 오기 전에는 물이 어떻게 수송되었는지 상상하기 어려울 정도이다. 어떤 곳에서는 그 물통이 (휴대폰을 빼면) 현대를 증명하는 유일한 물건인 한편, 도시에서는 콘크리트와 유리로 된 그 모든 멋진 건물들에도 불구하고 기본적인 물 공급이 한심한 수준에 머물고 있음을 상기시키는 물건이다. 반건조 지역과 사막 지역에서는 여성들이 마을에서 쓸 물을 가져가기 위해 노란색 물통을 머리에 이고 균형을 잡으며 일주일에 세 번씩 40km가 넘는 거리를 걷는 모습을 흔히 볼 수 있다. 식수를 구하기가 매우 어려운 그런 곳에서는 전통적으로 유목 생활이나 이동식 농경을 했다. 아프리카 대륙의 14%만이 작물을 경작할 수 있을 만큼 충분한 비가 내리는데, 이런 땅조차 주기적인 가뭄을 겪는다. 하지만 인구가 빠르게 팽창하고 사막이 경작 가능한 땅을 가로질러 확장하자 농부들은 반건조 조건에서도 작물을 경작하려는 시도를 하고 있다.

우간다 북쪽의 키아카메스 마을에서 나는 밭에 쪼그리고 앉아 있는 비아린다바 로비나 씨를 우연히 만났다. 그녀는 적도 한낮의 작열하는 햇빛 아래서 땅콩을 수확하는 중이었다. 꽃무늬 민소매 블라우스는 땀으로 흠뻑 젖고 치마는 구겨져 더러운 땅바닥에 끌렸지만 그녀의 눈은 맑고 총명했다.

"올해는 비가 정말 안 왔어요." 그녀는 포동포동한 볼을 들어 살며시 웃으며 말했다. 그러는 동안에도 그녀의 손은 마른 줄기에서 땅콩을 떼어내느라 분주했다. "잘되는 해는 이 땅에서 20포대가 나와요. 하지만 올해는 서너 포대밖에 안 될 것 같아요."

땅콩은 한 자루당 약 10만 우간다실링(53달러 또는 33파운드)의 이익을 남긴다. 하지만 올해는 값이 떨어져서 한 자루당 8만 실링밖에 못 번다. 80%가 넘는 수확량 손실은 감당하기 어려운 것이지만 로비나는 애써 웃으며 어깨를 으쓱해 보였다. "해마다 비가 점점 더 오지 않고 점점 더 예측 불가능해지고 있어요. 농사철이라는 개념조차 없어지는 상황이에요. 하지만 할 수 있는 한 농사를 계속 지을 거예요. 사람들이 먹을 식량을 만드는 건 좋은 일이니까요." 그녀가 설명했다.

35세의 로비나는 신참 농사꾼이다. 그녀와 남편은 우간다 북서쪽에 있는 도시 마신디에서 교사로 일했으나 교사 월급으로는 네 자식을 부양할 수 없다는 것을 깨달았다. "교사 봉급은 매우 낮아요." 그녀가 말했다.

부부는 약 1만 2,000m²의 밭을 사고 집을 지은 다음 농사를 시작했다. 우간다에서 농사가 진정으로 '처음'인 사람은 없다. 인구의 90% 이상이 농업에 종사하는 나라에서 대부분의 사람들은 적어도 채소밭 하나씩은 돌보면서 자란다. 로비나의 부모는 소작농으로 다른 사람들의 땅에서 일하다가 돌아가셨다. 그녀의 어머니는 40세가 되기도 전에 에이즈로 사망했고, 아버지는 일 년 뒤 자전거 사고로 사망했다(우간다의 평균 수명은 51세이다). 로비나는 가난한 고아로 남겨졌고, 일하기 위해 학교를 그만두어야 했다. 결혼 후 로비나의 시아버지가 사범대학교를 보내주었고, 밭을 살 돈을 빌려주어 그녀의 가족을 도왔다.

그녀가 앉아 있는 밭은 사실 그녀의 가족을 부양하기에 충분하고도 남아야 한다. "하지만 기후가 변하고 있어요." 로비나가 말했다. 과거에는 우기가 예측 가능했기 때문에 농부들이 정해진 시기에 파종하고 추수할 수 있었다. 하지만 지금은 우기가 아무 때나 불쑥 찾아와서 비가 몇 주 연속 내릴지 아니면 이틀 내리고 말지, 첫 비에 파종을 할지 아니면 계속 내리는 걸 지켜봐야 할지 아무도 모른다. 이런 상황은 안 그래도 부족한 물을 그냥 흘려보내게 만든다. 몇몇 농부들은 그들이 얻을 수 있는 소량의 비를 최대한 활용하려면 빗물이 즉시 흘러가 버리는 대신 뿌리로 흡수되도록 솟아 올라온 이랑이나 둔덕에 심어야 한다는 것을 터득했다. 이런 소박한 조치들은 시간이 많이 걸리지만 수동 급수, 점수 관개, 호스로 물 뿌리기 같은 방법들과 쉽게 병용할 수 있다.

로비나는 바나나와 옥수수 밭을 경작해왔지만, 올해는 카사바, 수수, 땅콩 등 가뭄에 더 잘 견디는 작물로 바꾸었다. 카사바 — 아프리카에서 널리 재배되는 남미산 덩이줄기 — 같은 작물은 가난한 농부들에게는 굶주림과 생존을 가르는 차이일 수 있다. 카사바는 가뭄과 열악한 토질을 견딜 뿐 아니라 더 뜨거운 기온에서 잘 자란다. 따라서 기후변화로 인해 수확량이 2030년까지 10% 오를 것으로 기대된다.[6]

비료를 써서 수확량을 늘리는 것이 어떠냐고 내가 물었다. "저는 비료를 써본 적이 없어요. 너무 비싸니까요." 그녀가 설명했다. 노동은 또 하나의 난관이다. 그녀는 황소가 한 마리도 없어서 수공구를 이용해 밭을 갈고 추수해야 한다. "도와줄 일꾼을 구하기도 어렵고 구한다 해도 너무 비싸요. 그렇다 보니 추수하는 데 시간이 너무 많이 걸려서 그사이에 동물들이 밭에 와서 곡식을 먹고 망쳐놓기 일쑤지요."

로비나는 동네 시장에서 종자를 구매한다. 전문 상점에 가면 더 나은 종자를 살 수 있다는 것을 알지만 질이 나쁜 '가짜' 종자를 만날 확률이 매우 높은 데다 좋은 종자는 값이 네 배나 비싸다. 점점 예측 불가능해지는 비가 다시 확실해지느냐에 모든 것을 걸 수밖에 없는 일종의 도박 같은 상황에서 로비나가 수확량을 높이려면 종자, 비료, 해충 방제에 돈을 써야 하지만 그녀는 돈이 없다.

비교적 부유한 로비나조차 그런 데 쓸 돈이 없다. 일주일 전 우간다 스탠빅은행, 녹색혁명연맹, 킬리모신탁이 소규모 농부들을 위한 2,500만 달러 대출 기금을 조성하겠다고 약속했다. 로비나에게 대출을 신청할 생각이냐고 물으니 그녀는 어깨를 으쓱했다. "남편에게 달렸어요." 우간다에서 여성은 노동의 75%를 담당하고 있지만 땅이나 재산을 소유할 수 없다.

인류세에 여성들은 개발도상국 세계에서 수확량을 높이는 열쇠를 쥐고 있다. 그들은 전 세계 농업 노동력의 절반 이상을 차지하고 사하라사막 이남 아프리카에서는 80% 이상을 차지하지만, 성차별적 정책과 문화적 관행이 그들의 잠재력을 저해한다. 예컨대 그들은 땅의 단 1%를 소유하고 있을 뿐이다. 만일 여성 농부들이 재원, 교육, 그 밖의 다른 자원에 공평하게 접근할 수 있다면 수확량은 30%까지 오르고 영양실조는 17%가 떨어질 수 있다고 2011년에 실시된 한 분석은 추정했다.[7]

관개 시설이 완비된다면 로비나의 밭과 그 지역의 수많은 다른 밭들이 엄청난 혜택을 누릴 것이다. 집수 장치나 빗물 저장조가 필요한 매우 건조한 몇몇 다른 지역들과 달리 그녀의 밭에는 1m 전후로 풍부한 지하수면이 있다. 하지만 몇 달 전까지만 해도 마실 물을 확보하는 것도 큰 문제였다. 그녀는 내게 지름이 약 2m쯤 되는 고

약한 냄새를 풍기는 뿌연 연못을 보여주었다. 사람들은 그것을 먹고 씻는 데 사용했고 동물들과도 공유했다. 그해 초 그녀의 마을은 펌프를 갖춘 재래식 우물을 파는 데 필요한 도움을 영국 NGO 부고사신탁(Bugosa Trust)에 신청했다. 마을에서 노동력과 벽돌 비용, 돌멩이와 벽돌 같은 경골제를 제공했고, 부고사신탁은 펌프와 시멘트, 기술적 도움을 제공했다. 3주 안에 펌프 가동 준비가 완료되었다. 마을에서 더러운 물을 사용하면서 발생한 피부 발진, 설사, 복통이 2주 만에 사라졌다. 말라리아 발생률도 급감했다. 아무도 개방된 연못에서 물을 떠 먹거나 그 물로 씻지 않았기 때문이다. 그 나라에서 활동하는 다른 많은 NGO와 달리, 부고사신탁은 다른 기관과 자선단체에서 하는 활동을 불필요하게 되풀이하지 않는다. 부고사신탁에서는 사람들의 삶을 즉시 개선하는 인상적인 일을 하고 있다. 나는 부고사신탁의 코디네이터인 네드 모건과 함께 다섯 개 마을을 방문했다. 그는 아프리카 시골 야외에서 오래 머물기에 적합하지 않은 창백한 안색과 주근깨를 가진 보스턴 출신의 성실한 26세 남성이다. 얼굴이 금방 달아오르는 모건은 가는 마을마다 펌프를 배달하는 물의 신으로 환영을 받았다.

아프리카의 마을에 식수를 제공하는 NGO 군단은 관개 문제를 해결할 방법에 대한 청사진을 한 번에 한 마을씩 차례로 제시한다. 인도 같은 곳에서는 대규모 운하 건설과 물길 바꾸기 계획이 효과를 거두었지만, 많은 아프리카 정부들은 비용의 벽을 넘을 수가 없다. 오히려 개인 또는 마을 수준의 집수·저장 시설을 간단한 지하수 펌프와 결합한다면 즉각적 효과를 볼 수 있을 것이다. 우물 파는 기계를 구할 수 없는 마을에서는, 지하수면이 충분히 높은 곳에서 얕은 재래식 우물들을 이용할 수 있다. 하지만 그런 펌프는 농업용으로 설계된 것이 아니라서 물을 퍼 올리는 과정이 만만치 않고, 따라서 마을 사람들은 통을 이용해 손으로 물을 길어야 한다. 물론 식수를 공급하는 것은 NGO가 아니라 우간다 정부가 할 일이다. 게다가 몇몇 지역에서 수동 펌프를 설치하고 있지만, 정부가 제공하는 중국산 펌프는 쉽게 부서지고 고철을 노리는 범죄 조직에 도난을 당하기 일쑤이다.

나는 휘몰아치는 비를 뚫고 캄팔라시를 가로질러 우간다 국립 농업연구기구 소장인 암브로스 아고나를 만나러 갔다. 그는 사무실 가구가 장난감처럼 보일 정도로 거구이지만 웃음도 그의 쫙 편 손바닥만큼이나 넉넉한 남성이다. 우리는 우간다의 소규모 농부가 특히 그 나라 북부에서 직면한 어려움에 대해 잡담을 나눴다. 어느 순간 창문을 부술 것처럼 쏟아지는 폭우 소리 때문에 나는 그의 말을 듣기 위해 몸을 기울였다. "거기는 끔찍하게 건조해요." 아고나는 이렇게 말했다.

그 나라의 대부분 지역에는 연중 두 차례 비가 온다. 첫 번째는 3월에서 6월까지이고 두 번째는 8월부터 11월까지이다. 올해는 그 지역 전역에 첫 번째 비가 내리지 않아서 막강한 나일강의 수원지인 진자(Jinja)처럼 원래 비가 많이 오는 지역들조차 굶주림과 배고픔을 겪었다. 가뭄은 북부와 동부 — 수단과 케냐의 국경 지대 — 를 가장 심하게 강타했다. 그곳 사람들은 지난 4년 동안 비다운 비를 보지 못했고 동물들이 굶어죽었다. "과거에는 비가 언제 내릴지 예측할 수 있어서 농부들이 비가 오기 전에 파종했습니다. 물을 확보할 수 있을 거라고 확신했으니까요." 아고나가 말했다. "5년 연속 기근에 시달린 지역들도 있습니다." 동아프리카의 '곡창 지대' 우간다의 식품 가격은 천정부지로 치솟아 많은 사람들이 콩과 설탕 같은 주식조차 구할 수 없는 처지이다.

지난 15년에 걸친 동아프리카의 전반적인 가뭄 추세(가뭄의 강도와 빈도가 점점 증가하고, 비는 더 짧고 변덕스럽게 내리고 있다)는 그 지역에 대한 최고의 기후 모형이 내놓은 예측과 잘 맞아떨어진다. 아프리카인들은 식품 가용성을 직접적으로 줄이는 점점 심해지는 가뭄 탓에 기후변화에 가장 심한 타격을 받을 것으로 예상된다. 무관한 사실이든 무관하지 않은 사실이든(대부분의 사람들은 무관하지 않다고 내게 말했다), 아프리카인들은 기후변화에 가장 적게 기여했고 남극을 제외하면 아직 크게 산업화되지 않은 유일한 대륙에 속한다(실제로 많은 지역들이 1980년대 이래로 탈산업화되어 왔다).

인류세에 기후변화로 인한 죽음은 (작은 비율을 제외하면) 날씨 그 자체 때문이 아니라 기후변화와 다른 불운 사이의 치명적인 시너지 효과 때문일 것이다. 메뚜기 떼 습격과 같은 자연재해, 가짜 종자, 농부들의 건강 악화로 인한 낮은 생산성, 나쁜 통치와 부패(예를 들면 농업 예산의 상당 부분이 사라진다), 사회적·성적 불평등, 열악한 기반 시설, 부자 나라에 유리한 무역법과 보호무역 협정들이 그런 불운에 속한다.

18세기가 서구인들이 노예무역을 통해 아프리카인들을 훔쳐간 시대였고, 19세기와 20세기가 식민화와 불공정 무역을 통해 아프리카의 자원을 훔친 시대였다고 한다면, 21세기는 서구인들이 기후변화로 줄어든 강우와 증가한 증발에 의해 그리고 가장 비옥하고 비가 많이 내리는 지대들에 대한 직접적인 토지 수탈을 통해 아프리카로부터 물을 훔치는 시대가 될 것이다.

외국 기업과 정부들은 식량과 수출용 에너지 작물을 기르기 위해 가난한 나라의 가장 좋은 땅을 싼값에 대거 사들이고 있다. 투자자들은 일반적으로 그 나라의 환대를 받는다. 부패 때문에, 아니면 자국의 농업을 개발하는 데 도움을 받을 수 있으리라는 희망으로 정부들은 그런 투자자들에게 물 접근성과 세금과 인프라 혜택을 제공한다. 하지만 땅에 투자하는 외국인 투자자들은 장기간 머무는 경우가 드물고 대부분이 5년 내에 팔고 떠난다. 그들은 지속 가능성에는 관심이 거의 없고 몇 달 동안 기계를 동원한 대규모 공사로 한 지역의 토양, 생물다양성, 수질, 숲을 파괴하고 수십억 농부들의 생계를 위협하기 일쑤이다. 많은 경우 투자자들은 자신들이 새로 획득한 땅에서 사람들이 나가기를 요구하고, 그렇지 않은 경우는 '비어 있는' 국가 소유의 땅이나 공유지를 구매한다. 지구상에 실제로 비어 있는 땅은 거의 없다. 비옥한 땅은 특히 그렇다. 이런 땅들은 세계의 가장 가난한 사람들이 농업, 목축, 수렵 채집을 하며 살아가는 데 없어서는 안 되는 목숨 같은 자원이다. 하지만 그들은 땅에 대한 공식적인 법적 소유권이 없기에 정부는 그것을 마음대로 처분할 수 있다.

　농산품 투기가 2005년 이래로 급증하여(2008년까지만 해도 20배 증가했다), 농산물 계약의 98%가 실제 상품보다는 수익성 선물로 거래되었다.[8] 이로 인해 식품 가격이 폭등한 데다 날씨로 인한 작물 손실은 상황을 더욱 악화시켰다. 여러 나라에서 일어난 식품 폭동과 피비린내 나는 '아랍의 봄' 내전들은 이런 추세와 무관하지 않다. 가난한 세계 사람들은 이용 가능한 현금의 70%를 식품에 쓰기 때문에 식품 가격이 조금만 올라도 삶에 위협을 받을 수 있다. 4,400만 명이 넘는 사람들이 2010년과 2011년 사이에 식품 가격 상승으로 극단적 빈곤에 내몰렸다. 식품 가격이 1%씩 오를 때마다

1,600만 명이 굶주림에 내몰린다.[9]

마다가스카르 대통령 마르크 라발로마나나가 축출된 가장 큰 이유가 한국의 대우 그룹과 맺은 99년짜리 임차 계약 때문이었다. 그는 그 계약으로 마다가스카르 최고의 농경지 1만 3,000km²를 넘겨주었다. 대우 그룹은 자국의 식량 안보를 강화하고자 남아프리카 노동력을 이용해 연간 500만 T의 옥수수를 길러 땅이 부족한 한국으로 수출할 계획이었다. 인구의 3분의 2가 가난하고 50만 명 이상이 국제 식량 원조에 의존하고 있던 마다가스카르에서 새로 당선된 대통령 안드리 라조엘리나는 이 계약을 재빨리 철회했다.

이용 가능한 땅이 한정되고 먹여 살릴 입은 많은 상황에서 많은 사람들은 앞으로 우리가 나아갈 최선의 길은 큰 기업들이 기술 진보를 이용한 대량생산에 세계의 땅을 이용하게 하는 것이라고 믿는다. 나는 그렇게 생각하지 않는다. 굶주리고 인구가 늘어난 인류세에 더 나은 해법은 지역 농부들이 생산성을 개선하도록 지원하고 그들에게 농산물을 구매하는 것이다.

나는 우간다 동부 쿠미 지역의 올로가라 마을로 가서 정확히 그런 방식으로 자기 가족의 운명을 바꾼 한 여성을 만났다.

"농사는 매우 고귀한 일입니다. 농사는 우리나라의 뼈대이지요." 위니프레드 오모딩은 잡초를 뽑다 멈추고 일어나 이렇게 힘주어 말했다. 완전히 선 그녀의 키는 주변에 건강하게 피어난 해바라기만큼이나 컸다.

위니프레드의 사회적 지위는 보잘것없지만 그녀가 성취해낸 일은 결코 보잘것없지 않다. 그 지역 사람들의 거의 80%가 생존하기 위해 식량 원조에 의존하는데, 이웃의 밭에는 키가 절반밖에 자라지 못한 줄기에 매달린 쪼글쪼글한 옥수수와 수수가 안쓰러울 정도로 누렇게 떠 있었다. 위니프레드의 밭은 너무도 파랬다. 그녀가 키우는 해바라기, 참깨, 카사바는 500명이 사는 작은 마을을 에워 싼 선인장과 흙먼지 사이에서 번성했다.

이렇게 되기까지 위니프레드는 수년 동안 힘든 노동을 해야 했다. 단 몇 년 전만 해도 그녀의 가족은 내전이 남긴 외상을 겪었고, 농작물은 실패했으며, 그녀는 가족을 먹이기 위해 고군분투했다. 하지만 지금 41세의 농부 위니프레드는 남편과 9명의 아이들을 위한 충분한 식량을 생산할 뿐 아니라 남은 것을 판매하여 큰 수익을 내고 있다. 그녀의 땅이 완전한 수확 잠재력에 도달하기까지는 아직 갈 길이 멀지만 그녀는 도전할 준비가 충분히 되어 있다. "저는 농사가 정말 즐거워요." 그녀가 웃으며 말했다. "농사에 대해 이야기하는 사람과 함께 있기만 해도 정말 기뻐요."

하지만 그것은 그녀가 원했던 직업은 아니었다. 개발도상국 세계에서 농사를 짓는 농부들의 절대 다수가 그렇듯이 위니프레드도 달리 할 수 있는 일이 없어 자포자기로 그 일을 하게 되었다. 그녀의 양친은 교사였고 위니프레드도 부모를 따라 교사가 되려고 했다. 하지만 수년간의 폭력적 내전으로 그 꿈이 좌절되었다. 이 지역에서는 너무나도 흔한 이야기인데, 사하라사막 이남 아프리카의 모든 나라(보츠와나를 제외하고)가 지난 30년 동안 지역적인 무력 충돌이나 내전으로 개발에 심각한 타격을 입었기 때문이다. 우간다의 소로티 마을과, 위니프레드 가족이 살고 있는 올로가라 마을을 포함한 이웃 동네들은 요웨리 무세베니 대통령이 당선되고 나서 뒤따라 일어난 1980년대 말 일련의 반란으로 심한 타격을 받았다. 잔학한 신의 저항군(LRA)을 포함한 무장 혁명 집단들은 교육 받은 주민, 번성하는 면화 산업, 제조업 기지를 갖춘 번영한 지역을 전쟁터로 전락시켰다.

인구의 상당 비율이 국내 실향민들을 위해 급하게 마련된 '안전 캠프'로 도망쳤다. "그 캠프는 금방 찼어요. 우리가 들어갈 공간은 없었어요. 그래서 마을에 남았지요." 그녀가 설명했다. 위니프레드 가족을 포함해 남겨진 주민들은 LRA의 반복적 폭력, 법과 질서가 부재한 상황을 이용하는 무장한 유목 부족의 소 떼 습격, 주민들을 보호해야 할 정부 군인들이 자행하는 인권 학대에 시달렸다.

"정말 힘든 시기였어요. 총격 소리가 들릴 때마다 우리는 모든 것을 버리고 숲으로 도망쳐 숨어야 했답니다." 그녀가 회상했다. "반란 세력의 손에 큰언니가 두 아이를 남겨놓고 죽었어요. 저는 학교에 있었는데, 그들이 우리 아버지도 죽였지요. 어머니는 우리 모두를 학교에 보낼 형편이 못 되었답니다. 부모님은 교육을 매우 중시했던 분들이라 우리가 모두 그런 식으로 학교를 중단하는 것을 보고 매우 힘들어하셨어요. 하지만 반란군은 우리 집을 깡그리 태웠고, 우리가 키우던 소 일곱 마리와 염소와 양들을 빼앗아가고 농작물을 파괴하고 카사바도 뽑아버렸어요. 우리에게는 아무것도 남은 게 없었지요."

내전이 이곳의 농업을 어느 정도까지 뒤처지게 했는지 완전히 파악하기는 어렵다. 비록 무장해제 과정이 아직 진행 중이고 부족 간의 긴장이 다른 지역에서도 여전히 문제가 되고 있기는 하지만 사람들은 살던 마을로 돌아오기 시작했다. 하지만 논밭을 떠나 수십 년을 생활한 사람들은 땅을 어떻게 관리해야 하는지 잊어버려 다음 세대로 농업 기술을 전파할 수 없었다. 이 지역에 남았던 사람들조차 대개 땅이 잡초로 뒤덮여 땅을 사용할 수 없었다. 예전에 이 나라를 먹여 살리다시피 했던 면화 제조업을 포함한 모든 산업이 내전이 일어나는 동안 다른 곳으로 떠났거나 사라졌다. 게다가 동물들도 모두 사라져 밭을 갈거나 거름을 줄 때 부릴 황소가 한 마리도 없었다.

위니프레드는 경찰에 지원했지만 학교 졸업장이 없어서 불합격했다. 그녀는 열여덟 살에 스물일곱의 에프렘 오모딩과 결혼했다. 그는 군인이 되어 반란군과 싸우기 위해 학교를 일찍 떠났다. 그즈음 에프렘의 아버지가 돌아가셨다. "귀신이 들리더니 약물 중독으로 사망했어요." 위니프레드가 사실 관계만을 건조하게 말했다. 시아버지의 때 이른 죽음으로 부부는 약 3만 2,000m^{2}의 땅을 상속 받았다.

위니프레드와 에프렘은 그 새로운 땅에 점점 불어나는 가족을 위해 초가지붕을 얹은 방 한 칸짜리 초벽집(나무로 뼈대를 세우고 뼈대 사이에 나뭇가지나 대나무를 엮어 외를 설치한 다음 그 위에 볏짚을 섞은 흙 반죽을 안팎으로 붙여 지은 집_옮긴이)을 지었다. 그런 다음 그들은 식량 생산을 위한 느린 투쟁에 착수했다.

유산은 위니프레드에게 행운이었다. 우간다에서 대다수 농부들은 겨우 약 4,000m^{2}의 경작지를 가지고 있는 소규모 자작농이다. 우간다인의 90% 이상이 설령 다른 직업이 있다 해도 자신들의 식생활을 — 그리고 때로는 자신들의 수입을 — 이런 '밭작물'로 보충한다. 전 세계 곡물의 절반과 칼로리의 절반 이상을 생산하는 약 85%의 농가가 2만 m^2 이하의 작은 규모이다.[10] 그리고 이마저도 점점 줄어들고 있는데, 인구가 증가하고 세대를 내려가며 땅이 아들들 사이에 더 작은 지분으로 쪼개지기 때문이다. 소규모 자작농은 기초적이고 노동 집약적인 일이지만, 시골 사람들의 대다수가 그런 식으로 먹고 살고 그것을 자신들 정체성의 일부로 여긴다. 효율적인 대규모 단일 재배는 아프리카 대부분 지역에서 적합하지 않다. 생물 다양성이 부족한 것도 한 가지 이유이지만(꽃가루받이 곤충도 없다), 기후변화 때문에 한 작물에 집중하는 것은 너무 위험하기 때문이다. 식량 생산을 다양화하는 것 그리고 질병, 홍수, 가뭄으로 주요 작물을 망칠 경우 가족을 먹여 살릴 수 있도록 지역산 토종 채소를 포함시키는 것이 훨씬 더 안전하고 지속 가능한 방법이다.

올로가라 마을은 반건조 지역에 속한다. 즉 연간 강우량이 800mm 이하라는 뜻이다. 선인장과 작은 관목들이 그 지역에서 자연 발생하는 유일한 식물이다. 삼림 벌채로 토양이 성글고 푸석푸석해져서 바람이 강하게 불면 먼지 폭풍으로 하늘이 시커메진다. 이곳 사람들은 한 계절도 밭을 놀릴 수 없다. 그래서 윤작도 시도해보지만 별로 효과가 없고, 토양은 영양분이 고갈된 불모지가 되어 수수를 파괴하는 기생 잡초 '스트리가' 같은 문제에 쉽게 노출된다. 아프리카에서 대부분의 소규모 자작농은 지난번 심은 작물에 빼앗긴 영양소와 무기질을 매번 다시 채울 여력이 없어서 농경지의 4분의 3이 노후 토양인 가운데 사하라사막 이남 아프리카의 수확량은 1년에 15~25%씩 감소하고 있다.[11] 이미 아프리카 대부분 지역에서 곡물 수확량이 1만 m^{2}당 겨우 1T 수준인 데 비해 남아시아는 2.5T, 동아시아는 4.5T이다. 아프리카 농부들은 자신들의 경작지를 화전을 통해 확장할 수밖에 없고, 이것은 생태계의 질 저하, 물 저장 능력의 상실, 토양 침식을 유발한다.

토양은 전 세계에서 바닥 나고 있다. 매년 750만 T — 10만 km^{2}가 넘는 경작 가능한 땅 — 이 소실된다.[12] 현재 전 세계 농경지의 약 80%가 얼마간 또는 심각하게 토질이 저하된 상태이고, 지난 40년 동안 경작지의 3분의 1이 버려졌다.[13] 유럽에서 토양은 자연적으로 보충될 수 있는 수준보다 17배 빨리 사라지고 있다. 중국에서는 57 배이다. 매년 더 많은 땅이 건물과 도로 밑에 봉쇄된다. 게다가 도시들은 대개 가장 비옥한 땅에 거주지를 세우고 성장해왔기 때문에 광대한 도시 중심가들은 최고의 토양 중 일부를 깔고 앉아 있는 셈이다. 토양 침식은 과거에는 제국을 무너뜨렸고, 인류세에도 가장 큰 걱정거리 중 하나이다. 토양이 식량을 기르는 데 필수적인 것은 아니다(나는 방글라데시의 물에 뜬 수련 화단에서, 오스트레일리아 온실의 영양분이 풍부한 막 안에서, 그리고 스페인의 비닐봉지 속에서 채소가 자라는 것을 본 적이 있다). 하지만 설령 우리가 토양 없이 충분한 식량을 생산할 수 있다 해도 물 관리부터 오염 정화, 나무와 집을 지지하는 것까지 토양이 제공하는 많은 생태계 서비스를 대체하기는 불가능할 것이다.

삼림 벌채는 올로가라뿐 아니라 전 세계에서 토양 상실을 일으키는 주된 원인이다. 관목과 풀이 베어져 나가면 토양과 영양소, 물을 붙들어주는 뿌리가 존재하지 않게 된다. 이럴 때 건조한 날씨가 계속되면 토양이 바닥에서 쉽게 날아가 버리는 흙먼지로 변해 농경지가 사막으로 변할 수 있다. 열대 지방에서 건기가 끝날 때 흔히 그런 것처럼 그런 다음에 폭우라도 내리면 훨씬 더 많은 양의 토양이 홍수에 쓸려 내려가 산사태를 일으키고 하류의 물길을 토사로 막는다. 농부들은 나무와 관목을 심는 방법으로 반격하고 있다. 나무는 토양이 수분을 머금을 수 있도록 돕고 바람을 완화해주고 빗물이 흘러가는 속도를 늦춰준다. 서아프리카에서는 나무심기 프로그램이 토질을 상당히 개선시켰고, 나는 인도네시아에서 농부들이 뿌리를 깊이 내리는 인도 풀인 베티버를 심어 토양을 침식으로부터 보호하는 것을 보았다. 더욱이 베티버는 잡초와 병충해 급습을 줄이고, 판매할 수 있는 기름을 생산하고, 동물의 사료로도 유용하다.

생물 물질을 재활용하는 것은 토양의 영양소를 보충하는 가장 쉽고 저렴한 방법인데, 세계의 많은 장소들에서 유일하게 구할 수 있는 비료는 가축의 똥이다. 하지만 이마저도 점점 귀해지고 있다. 농경지 주변에 남겨진 소수의 나무와 관목을 보존하기 위해 농부들이 요리용 연료로 가축 배설물을 태우고 있기 때문이다. 내가 인도의 한 농가에서 본 한 가지 해법은 생물 분해기 — 박테리아가 쓰레기를 분해하는 탱크 — 에 가축 배설물을 넣는 것이다. 그래서 박테리아가 생산하는 메탄으로는 요리용 스토브를 가열하고 분해된 퇴비는 밭에 비료로 뿌리는 것이다.

하지만 위니프레드는 토양에 거름을 줄 배설물과 노동력을 제공할 동물이 없었다. "땅이 너무 나빠서 처음에는 마을 남자들 몇 명을 데려다 그들의 손 뒤에 쟁기를 묶어 사람의 힘으로 밭을 갈았어요. 끔찍한 시절이었지요. 1990년대에 많은 사람들이 배를 곯았고 많은 아이들이 죽었어요." 위니프레드가 말했다.

위니프레드는 밭에 카사바를 심었고, 옥수수부터 땅콩까지 여러 작물을 시도해보았다. "시장에서 종자를 샀는데 품질이 별로예요. 여러 농부들의 것이 섞여 있고, 그래서 사면서도 그게 뭔지 도무지 알 수가 없어요. 가짜 종자가 너무 많아요."

오모딩 부부는 이웃보다 세 배나 큰 땅을 갖고 있었는데도 겨우 먹고 살 수 있을 만큼 재배하며 10년 동안 고생했다. "숱한 날들을 하루 한 끼밖에 못 먹었어요. 카사바와 콩을 주로 먹었지요." 마침내 부부의 운이 바뀌었다. 2000년대 초에 정치가 안정을 되찾았고, 그것은 남자들이 군인이 되는 것을 그만두고 밭에서 일을 도울 수 있음을 뜻했다. 그리고 2003년에 구호 단체에서 위니프레드와 그 밖

의 올로가라 마을 여성들이 '소액 융자'를 위한 농업 조합을 결성하
도록 도왔다. 협동조합에 소액의 보증금을 넣어두면 농사일을 위한
대출을 얻을 수 있었다. 위니프레드는 자신의 첫 대출금으로 밭을
갈고 잡초를 뽑을 황소를 샀다.

그러고 나서 그녀는 나쁜 종자를 쓰는 한 풍작을 기대할 수 없
다는 사실을 깨닫고, 소로티 마을에서 몇 백 킬로미터 떨어진 곳에
정부가 새로 만든 국립 반건조 자원연구소(NaSARRI)의 과학자들
을 찾아가 조언을 구했다. NaSARRI의 사회봉사 담당 직원인 플로
렌스 올마이코릿-오우모는 농부들을 관련 과학자들과 연결시켜주
는 일을 하는데, 위니프레드가 처음 찾아온 날을 똑똑히 기억했다.
"그녀는 농사가 계속해서 잘 안 되는 무척 곤란한 상황이었어요. 하
지만 똑똑하고 열심히 일하는 사람이었지요. 우리는 그녀가 성공할
줄 알았어요."

시기가 잘 맞아떨어졌다. 연구소는 때마침 반건조 조건에 적합
한, 가뭄을 잘 견디고 질병 저항성이 있는 새로운 작물 변종을 시험
하고 있었고, 밭에서 그들이 만든 종자의 수를 불려줄 믿음 직한 농
부를 찾고 있었다. 위니프레드가 적임자였다. "그녀가 우리 조언에
진심으로 귀 기울이고 배우고 싶어 한다는 것을 알 수 있었어요." 오
우모가 말했다.

2006년에 위니프레드는 파종을 위해 땅을 준비하는 방법을 배
웠다. 예를 들어 다시 쟁기질을 하여 파종하기 전에 예전에 추수한
사일리지와 줄기들을 토양에 넣고 썩도록 내버려두는 것이다. 또한
어떤 작물을 키워야 하는지에 대한 조언도 받았다. 옥수수는 (물을
너무 많이 먹어서) 탈락이었다. 수수, 카사바, 기장이 선택되었다.
나중에 그녀는 연구소에서 최신 종자를 얻을 기회가 생기자 대출금

으로 그것을 샀다.

결과는 곧바로 나타났다. 다음 분기의 농사가 너무나 성공적이어서 남은 농산물을 시장에 내다 팔았으며 몇 킬로그램의 훌륭한 종자를 생산하여 NaSARRI 네트워크를 통해 다른 농부들에게 팔았다. 자극을 받은 그녀는 다른 돈벌이 작물을 키우는 것도 고려하기 시작했다. 그녀는 이것이 가족의 운명과 농업과의 관계에서 터닝 포인트가 되었다고 말했다. "전에는 아이들을 먹이려고 농사를 지었어요. 하지만 지금은 농업을 우리 삶을 더 낫게 만들고 더 부유해지는 방법으로 생각합니다. 새로운 것을 시도하는 것은 흥분되는 일이에요."

위니프레드가 시도한 새로운 종자들 중 하나는 NaSARRI 과학자들이 개발한 해바라기 종자의 개량된 변종이었다. 그것은 가뭄에 내성을 지니고 기름을 많이 짤 수 있는 종자를 생산했다. 그녀는 이 종자를 자신이 조합원으로 있는 협동조합을 통해 농부들에게 팔았고, 협동조합에서는 NGO를 통해 해바라기씨 가공 기계로 기름을 짜도록 해주었다. 위니프레드는 이런 식으로 작물의 부가가치를 높일 수 있었다. 병입된 기름은 기름을 직접 짜야 하는 씨보다 가격이 훨씬 더 높기 때문이다. 게다가 기름을 짠 종자의 찌꺼기인 '깻묵'은 매우 영양소가 풍부한 동물 사료로 판매가 가능하여, 협동조합의 다른 조합원들도 그렇게 하고 있다.

그 수익으로 오모딩 부부는 약 1만 6,000m^{2}의 땅을 추가로 구매할 수 있었고, 지금은 가뭄에 내성을 지니고 수확량이 많은 새로운 참깨 변종을 심고 있다. 그 변종은 더 갈색을 띠는 자연종보다 소비자가 선호하는 흰색 종자를 생산한다. "심심(simsim, 참깨 씨)' 재래종은 재배하는 데 여섯 달이 걸리는데, 이것은 넉 달이면 수확할 수 있어요." 그녀는 무르익어 추수할 때가 된 풍성한 작물 속을 걸어가면서 말했다.

수확량이 개선된 결과는 그녀의 밭 바깥에서도 분명하게 나타났다. 카사바 농장 가장자리의 도로변 공터에 그들의 작은 초벽집이 있는데, 그 집 위로 방이 여러 개인 커다란 벽돌집이 반쯤 완성되어 있었다. "해바라기 농사로 번 돈으로 벽을 지었어요. 심심 농사로 번 돈으로는 지붕을 살 거예요." 위니프레드가 자랑스럽게 말했다.

이런 새로운 생산성으로 위니프레드는 무엇이 달라졌을까? 큰딸을 제외한 모든 자식들이 현재 사립 기숙학교에 다닌다. 올해 스물한 살인 큰딸은 교사가 되기 위해 공부하고 있다. "큰딸은 부모님의 직업을 이어갈 거예요. 제가 원했던 직업이지요. 교육은 우리나라에서 가장 중요한 일이지요." 위니프레드가 확신에 차서 말했다. "교육은 우간다 사람들이 나라와 경제를 발전시키는 데 도움을 주고 우리 젊은이들이 도적이나 반란군이 되지 않도록 막을 겁니다. 교육을 받으면 돈을 벌 기회가 항상 있으니까요."

그녀의 아이들이 그녀처럼 농부가 되고 싶다면? "농사는 정말 힘들어요." 그녀가 생각에 잠겨 말했다. "하지만 그애들도 카사바를 기를 밭은 있어야죠."

위니프레드는 자신의 긴 여행에서 아직 시작 단계에 있을 뿐이다. 소로티에 오렌지 주스 공장이 건설되고 있는데, 위니프레드는 기회를 보고 있다. 그녀는 오렌지 과수원을 계획하고 있지만 물이 큰 문제가 될 것이다. 우기는 지난 2년 동안 완전히 소실되었다. 앞으로 위니프레드 같은 농부들은 가뭄에 대한 지구공학적 해법들의 수혜자가 될 수 있을 것이다. 한 예가 (이미 중국에서 이용되고 있는) 구름씨뿌리기인데, 요오드화은을 하늘에 뿌려 그 주변에 물방울이 형성될 수 있는 작은 핵을 만드는 것이다. 이 방법은 비를 생산할 수 있지만, 다른 지역의 비를 '훔친다'는 비난과 지역 갈등을 유발할 수 있다. 또 다른 종류의 공중 분사인 태양복사관리(2장에서 소개한 것처럼, 황 입자를 성층권에 주입하여 햇빛을 우주로 반사시키는 것)는 열 스트레스로 수확량이 감소하는 문제를 해결할 수 있다. 열이 없으면 대기에 추가로 유입되는 이산화탄소가 광합성 활동을 늘릴 것이다. 연구자들은 그 기법이 전 세계 작물 수확량을 20% 증가시킬 것이라고 추산한다.[14]

위니프레드가 마냥 기다리기만 하는 것은 아니다. 그녀는 이미 페달식 펌프를 사기 위해 대출을 받았고, 얕은 재래식 우물을 파기 위해 돈을 모으고 있다. 그녀는 이런 펌프와 우물이 오렌지에 물을 제공할 수 있기를 바라지만, 관개 수로를 만드는 방법에 관한 조언을 얻기 위한 노력도 계속하고 있다. 위니프레드는 또한 트랙터를 갖고 싶어 한다. "만일 비가 오는데 소가 아프거나 없으면 파종할 기회를 놓치는 거잖아요. 트랙터가 있으면 쟁기질을 하고 잡초를 뽑고 추수하고 돌투성이 땅을 팔 수 있어요. 놀라운 일이에요." 그녀가 아직 시도하지 못한 영역도 있다. 땅콩 잎이 시드는 것 같은 질병을 줄이기 위해 살충제를 뿌리는 것도 그중 하나이다. 그리고 아프리카의 거의 모든 농부들과 마찬가지로, 그녀는 아직 비료를 살 돈이 없다.

미국 국제개발기구와 세계은행의 기금으로 이룩한 아시아의 '녹색' 농업 혁명은 아프리카를 그냥 지나쳤고, 아프리카에는 관개, 비료 사용, 기계화가 거의 전무하다. 그 결과 아프리카 대륙은 세계에서 가장 비효율적인 식량 생산지로 남아 있다. 미국의 농부들은 아프리카의 소규모 자작농보다 약 4,000m²당 다섯 배 많은 옥수수를 기르는데, 합성 비료가 그 열쇠이다. 합성 비료의 발명은 질소 순환에 변화를 초래했고 우리 행성을 바꾸었다. 비료 산업에 의해 매년 1억 T 이상의 질소가 대기에서 제거되고, 이것은 전 세계 사람들의 절반을 먹이는 데 도움이 된다. 문제는 이 질소의 작은 일부만이 식품으로 간다는 것이다. 나머지는 토양, 호수, 바다에 남아 조류를 대규모로 번성시키는 비료가 된다. 이렇게 불어난 조류는 유독하고 용존 산소를 소진하여 다른 종들을 질식시킨다. 그 결과 수 킬로미터에 이르는 죽음의 지대를 유발한다. 이 문제가 특히 심각한 중국의 경우 강 수계 전체가 집약적 농업으로 오염되었다. 해법은 비료를 각각의 식물에 직접 뿌려 낭비를 줄이는 표적 적용(또는 '소량 투여')과 물을 저장하는 갈대숲을 조성하여 농지 유출수가 수로에 들어오기 전에 걸러주는 것이다.

유기농법을 옹호하는 사람들은 산업화 이전에 썼던 토양 개량법을 선호한다. 이를테면 가축 분뇨 뿌리기, 콩과 작물과 돌려 심기(콩과 식물은 공기에서 직접 질소를 '고정'할 수 있는 박테리아를 뿌리에 품고 있어서 비료가 거의 필요치 않거나 아예 필요 없는 한편, 다른 작물들을 위해 토양을 비옥하게 한다) 그리고 추수하지 않은 줄기와 잎을 밭에 그냥 두어 토양 덮개로 사용하는(바닥덮기 또는 멀칭이라고 함_옮긴이), 이른바 '보존 농업' 등이 있다. 이런 방법은 모두 유용하고 환경 친화적이고 값이 저렴하다. 그리고 인공 비료를 널리 이용하는 상황에서도 여전히 중요한 방법으로 남을 것이다. 인공 비료는 토양에서 사라진 유기물을 대체할 수 없는 반면, 토양 덮개는 토양의 구조를 온전하게 회복시키고 영양분이 곧바로 씻겨 나가기보다 토양에 그대로 남게 하는 가치 있는 방법이다. 몇몇 경우 멀칭 하나만으로도 수확량을 두 배로 올릴 수 있다. 하지만 모든 비료와 마찬가지로 퇴비 유출수는 수로를 오염시킬 수 있고, 퇴비를 만드는 과정에서 강력한 온실가스인 메탄이 방출된다. 콩과 식물들은 매우 노동 집약적이고 농부들이 돈벌이 작물을 심고 싶어 하는 공간을 차지한다. 게다가 멀칭은 효과적이긴 해도 가치 있는 동물 사료, 요리용 연료, 생물가스 원료로 쓰일 수 있는 재료가 들어 간다.

환경에 대한 고려에다 실험실에서 만들어져 식품에 적용된 해법들에 대한 문화적 불신이 더해져, 부자 나라의 많은 사람들이 유기농법을 선택했다. 유기 농산물이 더 건강하다는 오해 때문에 유기 농산물을 선택하는 사람들은 빠른 부패의 위험과 대장균 같은 병원균의 위험을 인지할 필요가 있다. 하지만 유기 농가들은 대개 생물다양성에 기여하고 자연적인 해충 방제법을 사용할 가능성이 더 높다. 이를테면 해충을 잡아먹는 곤충들이 살 수 있는 환경을 조성하거나, 내가 인도의 한 유기 농가에서 본 것처럼 님나무 씨 추출물을 분사하는 것이다. 이런 자연 살충제는 합성 살충제보다 훨씬 더 안전하고, 님나무는 이에 더하여 그늘과 비료도 제공한다. 농사철 중간에 논의 물을 빼거나 작물들 사이에 물고기나 오리를 기르는 것(또는 개미와 흰개미 같은 생물들의 생장을 장려하는 것) 같은 다른 기법들은 수확량을 늘리고 온실가스 배출을 줄이고 물이나 살충제 사용을 줄일 수 있다.

하지만 증가하는 세계 인구를 순수하게 유기 농법만으로 먹여 살리기는 불가능할 것이다. 표준 농법보다 수확량이 평균 25%가 낮아서(그리고 일부 작물의 경우는 훨씬 더 낮다) 광대한 면적의 새로운 경작지가 필요할 것이고, 그러면 남아 있는 숲과 그 밖의 생태 공간은 더 고갈될 것이다.[15] 많은 지역에서 유기 비료만으로는 식물에 필요한 양분을 모두 제공할 수 없다. 특히 아프리카의 경우, 토양의 대부분이 황폐한 상태라서 동물 사료 — 그리고 천연 비료 — 만으로는 작물에 필요한 영양분을 제공할 수 없다. 아프리카인들이 작물 수확량에서 세계의 나머지 지역을 따라잡으려면 합성 비료를 이용할 필요가 있다는 사실에는 의심의 여지가 없다. 현재 아프리카에서 비료를 생산하는 국가는 극소수이고, 아프리카 내륙의 운송비가 비싼 탓에(높은 연료 가격과 열악한 도로 상황 때문이다) 아프리카 농부들은 비료에 세계 평균 가격의 6배를 지불하고 있다. 그것도 그들이 비료를 구할 수 있을 때 이야기이다. 1980년대에 IMF와 세계은행은 정부가 비료에 정부 보조금을 제공하지 않는다는 조건으로 아프리카에 개발 원조를 제공했다. 하지만 아프리카 사람들이 수십 년 동안 계속해서 기근에 내몰린 데다 2005년에 재난 수준의 흉작으로 아프리카 인구의 적어도 3분의 1이 긴급 식량 구호 대상이 되자 말라위 대통령 빙구 와 무타리카는 조건을 어기고 비료 보조금을 다시 도입했다. 말라위는 사하라사막 이남 아프리카 지역에서 그렇게 한 최초의 국가였다. 말라위의 농업 생산은 세 배가 되었고, 2007년에는 여분의 옥수수를 짐바브웨와 케냐에 수출했다. 현재 10여 개 나라들이 말라위를 따라 보조금을 다시 도입하고 있다.

인류세에 농경지들은 우리를 위해 더 열심히 일해야 할 것이고, 식량 생산의 목표는 기근을 피하고 단순히 생존에 필요한 식량을 기르는 것을 넘어 계속 진화하고 있다. 현재 과학자들은 특히 먹을거리가 제한된 장소에서, 주식 작물의 영양분을 더 풍부하게 만드는 방법을 찾고 있다. 세이브더칠드런(Save the children)의 추산에 따르면, 향후 15년 동안 먹을거리가 충분하지 않아 5억 명의 어린이가 육체적·정신적 발육 저하를 겪을 것이라고 한다. 매 시간 300명의 어린이가 영양실조로 죽고 그보다 많은 아이들이 말라리아, 에이즈, 결핵으로 죽는다. 건강한 뇌와 몸을 발육시키기 위해서는 적절한 단백질, 비타민, 무기질이 필요하고 건강한 뇌와 몸은 그저 생존하는 것을 넘어 충족된 삶을 살면서 육체적 건강으로나 지적으로나 사회에 기여하기 위해 꼭 필요하다.

나는 6시간 동안 버스를 타고 우간다 북부의 소로티로 갔다. 동아프리카의 굶주림과의 전투에서 가장 유망한 무기인 한 사람을 만나기 위해서였다. 나는 기초 생물학 연구실이 무질서하게 늘어선 저층 건물 단지에서 그를 발견했다. 연구실 건물들 둘레에는 실험용 작물을 키우는 밭이 있었다.

데이비드 카울레 오켈로는 한 국립 연구 프로그램을 맡고 있지만 일 년에 6,000달러도 못 번다. 그는 아프리카의 열악한 연구 시설과 인색한 과학 연구 기금 때문에 끊임없이 좌절을 느끼지만, 그래도 미국이나 유럽에서 일할 생각은 없다. 그는 아직 서른세 살이지만 벌써 세 번의 내전을 겪었다. 빳빳한 흰색 셔츠를 입고 미소를 짓는 이 남성은 정말 대단한 사람이다.

"처음에는 의사나 치과 의사가 되고 싶었어요. 하지만 결국 농사를 택했지요. 그것이 제 인생에서 할 수 있는 최선의 선택이었다고 생각합니다." 오켈로가 말했다. "교수님은 우리에게 늘 이런 말씀을 하셨지요. 우리가 최고의 학부다. 의사들을 보라. 그들도 배가 고프면 환자를 치료할 수 없다. 환자들을 보라. 먹을 게 없으면 나을 수 없다. 변호사들을 보라……. 먹을거리 없이는 아무도 일할 수 없고 너희는 그것을 제공할 수 있는 사람이다."

열정과 품위를 갖춘 오켈로가 어깨에 짊어진 것은 바로 책임감이다. 그는 NaSARRI의 우간다 국립 땅콩연구 프로그램의 수장으로 자신의 나라에서 키우는 이 중요한 고단백 식용 작물의 질과 양을 제대로 관리할 책임이 있다. "저는 농부들의 필요에 따라 계속해서 새로운 변종을 시장에 출시해야 합니다. 즉 가뭄에 대한 내성, 로제트 바이러스 같은 병충해에 대한 저항성 그리고 껍질이 쉽게 벗겨지게 하는 것 같은 일을 개선해야 한다는 뜻입니다." 껍질 문제는 가공 단계에서 중요하다.

쌀과 밀 같은 주곡이 기후변화로 큰 타격을 받으면서 과학자들은 영양분이 풍부한 다양한 대안을 개발하기 위해 노력하고 있다. 땅콩이 특히 유용한 것은 그것이 견과류라서가 아니라 콩과 식물이어서 질소를 고정하기 때문이다. 땅콩은 또한 가치 있는 돈벌이 작물인데, 땅콩버터와 땅콩 페이스트부터 기름에 이르기까지 다양한 제품으로 가공될 수 있다. 오켈로가 맡은 가장 큰 일 중 하나는 연구실에서 개발하는 개량된 변종을 해당 농가의 조건에서 가장 잘 키울 수 있는 방법을 농부들에게 조언하는 것이다. 전국의 농부들에게 닿기 위해 오켈로는 라디오 진행자가 되어 조언을 건네고 농부들로부터 피드백을 받았다. 미디어 출현으로 그는 유명인사가 되었다. 특히 여성 농부들은 전국적인 농업 박람회가 열릴 때마다 오켈로의 부스로 몰려든다. 농부들이 이용하는 것은 라디오만이 아니다. 개발도상국 전역에서 농부들은 인터넷과 휴대폰 앱을 활용해 비료, 살충제, 종자의 사용, 작물과 종자의 최근 가격뿐 아니라 최신 일기예보에 대한 조언을 얻고 있다.

오켈로는 이례적인 성공 사례이다. 그는 뒤숭숭한 아촐리주 한복판에 있는 키티굼구에서 열여섯 남매 중 열두째 아이로 태어나 성장하는 동안 돈이 항상 부족했지만 부모의 교육열 덕분에 그 나라 최악의 격동기를 견딜 수 있었다. 오켈로는 내전이 최고조일 때

고등학교에 들어갔다. "1986년부터 수풀 속에 숨어 지냈습니다. 2년 동안 공부를 못 했지요. 학교는 전쟁 지역 한가운데에 있었어요. 우리는 정부군과 반란군 사이에서 십자포화를 받았어요." 그는 기억을 떠올리며 말했다.

이 시기에 오켈로의 아버지가 골암으로 위독해졌고, 그래서 1988년에 그들은 키티굼의 병원으로 피신했다. "정전이 되자마자 학교로 돌아갔어요. 아버지의 침상 옆에서 잠을 자고 아침에 일어나 학교에 갔습니다. 그때 시신을 많이 보았지요. 우리 상황이 그랬으니까요. 학교에 가려다 십자포화 속에 갇히고 시체들을 넘을 수 없어서 병동에 계신 아버지 옆으로 돌아오곤 했어요. 2004년까지 반란이 계속되어 평화를 경험해본 적이 없어요. 그 전쟁에서 사촌들을 여럿 잃었고 친구들 대부분이 살아남지 못했지요. 나의 일부가 죽은 어두운 시기였습니다." 오켈로의 쾌활한 얼굴이 어두워졌다.

오켈로의 사랑하는 아버지는 1년을 넘기기 못하고 암으로 돌아가셨지만 아들에게 과학에 대한 애정과 과학자의 꿈을 심어주고 떠났다. "아버지는 의사를 보조하는 선임 조수였습니다. 거의 의사나 마찬가지셨지요. 마을에서 매우 유명한 사람이었어요. 3만 명이 넘는 사람들의 건강 문제에 답을 하셨으니까요." 오켈로는 설명했다. "아버지가 의학을 이용해 사람들을 치료하는 모습을 보고 과학을 공부하고 싶어졌어요. 그래서 학교로 돌아가 공부를 했습니다. 그러던 어느 날 내가 잘하고 있다는 것을 알았고, 그런 확신은 전쟁통과 외상에도 불구하고 공부를 계속할 수 있는 힘이 되었답니다."

유치원 교사인 오켈로의 어머니는 그를 고등학교와 대학교에 보낼 형편이 못 되었지만, 오켈로는 우간다 수도 캄팔라에 있는 마케레레대학교에서 공업과학을 공부할 수 있는, 많은 이들이 탐내는 정부 지원금을 받았다. 오켈로는 대학에서 두각을 드러냈고 식물 육종가가 되기로 했다. "저는 아프리카, 그중에서도 특히 우간다의 식량 안보 문제에 관심을 갖게 되었고, 그래서 내가 유전학을 전공한다면 언젠가 배고픔을 덜어주는 사람이 될 수 있을 것이라고 생각했습니다."

아프리카는 인구가 가장 빠르게 증가하고 영양실조에 걸린 사람이 가장 많은 대륙이다. 지구온난화와 가뭄은 수확량에 심각한 타격을 입힐 것인데, 가장 느린 온난화 시나리오는 미국에서 이번 세기말까지 수확량이 43% 감소할 것이라 예측하고, 가장 빠른 온난화 시나리오는 79% 감소를 예측한다.[16] 예를 들어 밀 수확량은 이미 기후변화가 있기 전보다 약 6% 줄어든 한편, 전 세계에서 커피와 초콜릿을 포함한 모든 식량이 기후변화 때문에 사라지거나 너무 비싸 살 수 없어지고 있다.[17] 세계 인구의 3분의 1이 건조 지대에 살고 있는데, 그런 지역들은 토지 황폐화로 식량 공급, 생물다양성, 수질, 토양 생산성이 감소하고 있다. 그래서 열과 가뭄에 내성을 가진 변종을 개발하는 것뿐 아니라 먹을거리가 다양하지 않은 개발도상국 세계에서 주식으로 먹는 작물의 영양분 함량을 개선하기 위한 시도가 서둘러 이루어지고 있다.

2003년에 오켈로는 마케레레대학교에서 "고단백 옥수수"라 불리는 품종 개량된 옥수수 변종에 관한 석사 연구 프로젝트를 수행할 연구 보조금을 받았다. 트립토판과 라이신(일반적인 곡물에는 부족한 두 가지 필수아미노산)을 더 많이 함유하도록 품종 개량된 그 옥수수는 우유에 포함된 단백질 값의 82%를 함유하고 있어서 임산부와 영양실조에 걸린 아이들에게 유용할 것으로 기대된다. 오켈로의 과제는 그 옥수수의 고수확 재래종을 생산하는 것이었다. "그러기 위해서는 실험실의 분자생물학과 밭에서 이루어지는 재래식 육종이 둘 다 필요합니다." 결과는 성공이었다. 연구 팀은 '런지파이브(Longe5)'라고 불리는 옥수수 변종을 출시했고, 그것은 우간다에서 잘 자라고 있다. 하지만 그의 석사 학위가 끝났다는 것은 연구 기금도 끝났다는 뜻이었다. 프로젝트는 중지되었다. 2006년에 오켈로는 옥수수를 연구하는 정부 연구직에 지원했고, 결국 NaSARRI의 참깨, 해바라기, 땅콩을 아우르는 기름 작물 부서에 취직했다. 2년 뒤에는 수확량이 높고 가뭄에 내성을 지니며 로제타 바이러스에 저항성을 가진 새로운 땅콩 품종을 개발하기 위해, 아프리카 녹색혁명을 위한 연맹(록펠러재단과 빌앤멀린다게이츠재단의 합병)에서 3년간의 연구 보조금을 받았다.

오켈로가 고무장화를 신고 나서 우리는 함께 밭에서 최종 테스트 중인 새로운 땅콩 작물을 보기 위해 바깥을 천천히 거닐었다. "지금 시험하고 있는 변종이 500종 정도 됩니다. 2016년까지(연구 보조금이 그때 끝난다) 한 해에 적어도 두 가지 변종을 출시할 수 있을 겁니다."

그의 다음 프로젝트는 로제타 바이러스의 유전자 구성과 다양성을 조사하는 것이다. 이 바이러스는 땅콩 작물을 공격해 성장을 저해하고 잎을 파괴하며 수확량을 100%까지 줄인다. "저는 형질전환 변종을 시도해보고 싶습니다." 그는 말했다. 형질전환이란 한 종의 유용한 유전자를 다른 종에 집어넣는 기술을 말한다. "30~40년 내에 모든 곳에서 형질전환 기술이 쓰일 겁니다. 저는 그 기술이 로제타병을 관리하는 데 쓰일 수 있을지 알아보고 싶습니다."

나는 인도에 있을 때 이미 이런 식으로 땅콩을 개량하는 연구자들을 만난 적이 있다. 하이데라바드(인도 텔랑가나주의 도시_옮긴이) 외곽에 있는 국제반건조열대작물연구소(ICRISAT)에서는 과학자들이 영양소가 풍부하고 물을 적게 먹는 다섯 가지 식량 작물에 집중하고 있다. 바로 나무콩, 병아리콩, 진주조, 수수, 땅콩이다. 이 작물의 12만 개가 넘는 변종들이 미래 세대를 굶주림으로부터 구하기 위해 연구소의 냉장 보관소에 저장되어 있다. 데이비드 오켈로처럼 그 과학자들도 유전자 마커를 이용해 한 작물에서 가뭄이나 흰곰팡이에 대한 저항성에 관여하는 DNA 부위를 찾아내고, 이런 형질을 강화하는 잡종 변종을 선택적으로 길러낸다. 이것은 장미 육종가들이 더 큰 꽃을 얻기 위해 사용하는 과정, 또는 개 육종가들이 페니키즈의 작은 키를 얻거나 그레이트데인의 큰 키를 얻기 위해 사용하는 과정의 정교한 버전이라 할 수 있다.

또한 ICRISAT의 과학자들은 육종만으로는 불가능한 방식으로도 작물을 개량하고 있다. 예컨대 그들은 땅콩에 열과 가뭄에 대한 내성을 더 높여주는, 갓과 같은 십자화과의 애기장대 유전자 한 개를 삽입했다. 또 다른 흥미로운 실험에서는 우리 몸에서 비타민A로 전환되는 옥수수의 베타카로틴 유전자로 땅콩의 영양소를 강화했다. 전 세계 2억 5,000만 어린이와 아프리카의 5세 이하 어린이의 3분의 1이 겪고 있는 비타민A결핍증은 예방 가능한 시력 상실, 질병, 때 이른 죽음을 일으키는 주범이다. 유전자 변형 땅콩은 색깔만 더 노랄 뿐 맛은 똑같다.

땅콩이 비타민A를 강화한 최초의 농작물은 아니다. 황금쌀이 있었다(시장에 출시되는 최초의 영양소 강화 GM 작물로 2015년 출시 예정이었다) 그리고 황금고구마도 있었다. 하지만 영양소 강화 땅콩이 더 합리적 선택인 이유는 땅콩이 매우 기름진 식품이기 때문이다. 비타민A는 기름에 잘 녹지만 물에는 잘 녹지 않아서, 기름진 음식이 우리 몸에 비타민A를 훨씬 잘 전달한다. 비타민이라든지 아연과 철 같은 미네랄 또는 단백질을 함유하도록 영양 강화한 유전자 변형 작물은 가난한 세계에 사는 수백만 명의 건강을 개선할 수 있는 잠재력을 갖고 있다. 심지어 부유한 세계에서조차, 많은 사람들이 나쁜 식생활로 인해 영양 불균형 상태를 겪고 있다는 점을 고려하면, 영양 강화된 주곡은 건강을 증진하는 데 도움이 될 것이다. 또한 과학자들은 건강상의 다른 이점을 지닌 유전자 변형 과일과 채소들을 생산하려 하고 있다. 예를 들어 식생활로 몸에 건강하지 못한 지방이 축적되는 것을 줄일 수 있다면 전 세계에 유행처럼 번지고 있는 비만을 줄일 수 있을 것이다. 그 밖에 화학물질, 연료, 약물을 생산하는 식물을 유전공학으로 만들어낼 수도 있다.

농부들은 1990년대부터 유전자 변형 작물을 길렀지만, 우리는 이제 겨우 그런 작물의 잠재력을 알아가기 시작했다. 유전자 염기 서열을 해독하는 새로운 도구들이 개발되면서 유전자 변형 기술은 십 년 전만 해도 상상할 수 없었을 만큼 빨라지고 값싸졌다. 덕분에 인도, 우간다, 중국, 브라질처럼 그런 연구를 후원하는 나라의 연구실에서는 자국의 기후, 토양, 필요에 맞게 맞춤화된 작물 변종을 생산할 수 있다. 유전자 변형 작물을 기르는 농경지의 절반 이상이 현재 개발도상국에 있다.

세계 어느 곳에서나 정부들은 유전자 변형 식품에 대한 소통에 느리고 무능했다. 그래서 몬산토와 신젠타 같은 상업적 기업들이 유전자 변형 식품 시장을 독차지해왔다. 자신들의 특허를 악착같이 방어하는 이들 기업은 구매자들이 추수할 때 나온 종자를 거둬 다시 뿌리지 못하게 하고 따라서 종자가 필요한 사람은 매번 그 회사에서 새로운 종자를 사야 한다. 서구의 농부들은 어쨌든 이렇게 하지만, 가난한 사람들은 그럴 수가 없다. 이런 관행에 더하여, 기업이 실시하는 환경 및 소비자 안전 평가의 불투명성까지 맞물려(기업들은 소속이 없는 독립 과학자들이 자신들의 종자에 대해 연구하는 것을 허가하지 않는다) 많은 사람들이 유전자 변형 기술을 의심하게 되었다. 소비자들이 유전자 변형 식품을 흔쾌히 집어 들게 만들 한 가지 방법은 모두가 자유롭게 볼 수 있도록 유전자 데이터를 공개하는 것이다. 인간과 쌀의 유전 암호는 이미 연구자들이 자유롭게 이용할 수 있고, 몇몇 작은 생명공학 회사들은 현재 자신들의 기술을 '오픈 라이센스'로 하고 있다. 다행히 이런 종류의 작물 개량 연구는 대부분 결과를 조작할 이유가 없는, 공공 기금으로 운영되는 대학 연구실에서 이루어지고 있다. 게다가 이런 연구들은 작물 개량의 많은 이점을 밝혀냈다. 예컨대 흔히 발생하는 병충해에 저항성을 갖도록 유전자 변형된 식물을 이용하는 인도와 중국의 면화 재배 농부들은 현재 제초제를 거의 또는 아예 사용하지 않는데, 이것은 그들의 건강에도 도움이 된다.[18] 또 다른 유전자 변형 작물은 독성이 덜한 제초제를 쓰거나 비료를 덜 쓸 수 있어서 제초제와 비료 제조 과정에서 다량으로 배출되는 가스뿐 아니라 수로로 흘러 들어가는 농지 유출수를 줄인다. 가뭄에 내성을 지니도록 유전자 변형된 작물은 아직 이렇다 할 인상적 결과를 보여주지 못했지만, 이 분야에도 틀림없이 진전이 있을 것이다.

유전자 변형 작물은 현재 전 세계 농업의 단 10%를 차지하고 대부분이 식품보다는 연료로 쓰이지만, 굶주린 사람들을 도울 수 있는 잠재력이 크다. 대중의 불신에도 불구하고 유전자 조작 제품들이 별다른 건강상 문제를 일으키지 않는다는 것을 많은 연구들이 보여주고 있다.[19] 형질전환은 자연에서 광범하게 이루어지는 과정임을 알아둘 필요가 있다. 이를테면 우리의 각 세포 내에서 그 세포에 에너지를 제공하는 발전소 역할을 하는 미토콘드리아는 원래는 박테리아였는데 초창기 생물들에게 흡수된 것이다. 식품의 유전자 조작도 새로운 일이 아니다. 유기 작물을 포함하여 많은 작물 변종들이 원 작물의 종자를 돌연변이를 유발하는 화학물질이나 방사선에 노출시키는 방법으로 만들어졌다. 하지만 유전자 변형 식품이 만병통치약은 아니다. 곤충들은 머지않아 살충제를 발산하는 유전자 변형 작물에 대한 내성을 진화시킬 것이고, 제초제 내성을 지닌 유전자 변형 작물을 파종한 땅에는 제초제 내성을 지닌 슈퍼 잡초들이 기승을 부리며, 가뭄에 가장 잘 견디는 작물조차 비는 필요하다. 농부들은 유전자 변형 작물을 기르든 재래식 작물을 기르든 종자, 관개 시설, 비료, 좋은 토양이 필요하다.

농업이 소규모로 유전자 변형 없이 유기농으로 이루어져야 하는지, 아니면 효율적인 합성 생물학 도구들을 이용해 산업적 규모로 이루어져야 하는지를 둘러싼 열정적이고 극단적인 견해에도 불구하고 결국 농업은 이 모든 것을 아우르게 될 것이다. 예를 들어 농부들은 유전자 변형된 쌀이든 재래식으로 육종된 카사바든 지역, 기후, 토양의 종류에 가장 효과적인 작물을 심는 동시에 밭 주변에 (뿌리에 박테리아를 가지고 있는) 질소를 고정시키는 나무와 산울타리를 심음으로써 여러 가지 이익을 얻는다. 작물과 밭과 농부들이 무수히 다양한데 농법이 다양하지 않을 수 없고, 우리는 다가오는 시대에 이런 다양성이 필요할 것이다.

환경 영향 측면에서 보면 종자가 유전자 변형된 것이냐보다 작물을 재배하는 방식이 훨씬 더 중요하다. 농부가 비료와 살충제를 과용하지 않는가? 농경지가 열대우림을 대체하고 있지 않은가? 면화처럼 물을 많이 먹는 작물이 그 작물에 적합하지 않은 건조한 지역에서 재배되고 있지 않은가? 토양이 회복할 여유를 주는가? 예컨대 쟁기질은 토양을 훼손할 수 있고 미생물이 유기물 분해에 필요한 산소를 얻을 때 다량의 이산화탄소를 방출하는 과정을 재촉한다. 고로 현재 토양이 배출하는 탄소는 인간이 배출하는 탄소보다 10배나 많다.[20] 몇몇 과학자들은 쟁기질 대신 추수하고 남은 식물 물질들 사이에 구멍을 뚫어 파종해야 한다고 주장한다. 지난 작물의 줄기와 뿌리를 남겨두면 그것이 토양과 수분을 붙들어 토양 침식과 광물의 산화(토양의 비옥함을 떨어뜨린다)를 줄이는 한편, 느리게 썩는 식물 물질들이 영양소를 재순환시키고 미생물, 벌레, 곤충을 유인함으로써 토양 생산성을 유지하고 생태계 서비스(생태계의 물 순환, 탄소 순환, 오염 물질의 정화 기능 등 인간 사회에 직접적인 경제적 혜택이 없으나 생태계의 존재와 기능이 생물의 생존에 기여하는 혜택_옮긴이)를 제공한다. 이른바 무경간농법은 브라질과 미국에서 인기를 얻고 있지만, 세계에서 가장 가난한 농부들이 그 농법을 채택하기까지는 시간이 걸릴 것이다. 아무래도 파종을 위해 구멍을 뚫는 장비를 마련하려면 비용이 들기 때문이다.

인류세에 인구가 증가하고 먹일 입이 늘어나면서 야생으로 남겨진 지역이 점점 농경지로 전환되고 있는 상황에서, 굶주린 사람들을 먹이고 생물다양성을 보호하려면 수확량이 낮은 나라들에서 어느 정도 농업 집약화가 필요하다. 서구 유럽의 수확량은 이미 생리적 한계에 가까이 와 있다. 만일 가난한 나라들의 수확량이 증가해 잠재력의 95%에 이른다면, 현존하는 농경지에서 나오는 전 세계 식량 생산은 23억 T으로 58%가 증가할 것이라고 미국 생태학자 조너선 폴리는 추산한다. 설령 수확량이 잠재력의 75%까지만 오르더라도, 전 세계 식량 생산은 여전히 11억 T으로 28% 증가할 것이다. 하르데브신 자데자와 위니프레드 오모딩 같은 농부들이 보여주듯이, 이것은 관개 시설, 고품질 종자, 비료 접근성을 개선하면 되는 간단한 일일 수 있다. 한 가지 특정 농작물만을 대량으로 재배하면 더 효율적일 수 있겠지만, 산업적 농업은 오염을 초래할 수 있고 고용을 덜 창출하고 더 적은 변종을 이용하기 때문에 더 많은 비율의 식량이 질병이나 날씨의 위험에 노출될 수 있다. 유행하는 곡물에 밀려 지금까지 경시되었던, 가뭄 내성을 지닌 수수, 카사바, 기장, 고구마, 바나나, 땅콩 같은 믿을 만한 토종 작물들은 뜨겁고 건조한 기후에 더 적합하므로 규모를 늘려야 한다.

더 장기적으로는, 완전히 새로운 농기술을 연구하고 개발할 필요가 있을 것이다. 예컨대 바다나 공장 선반에서 기를 수 있는 해조나 곰팡이 식품을 개발할 수 있을 것이다. 과학자들은 최초의 다년생 곡물을 개발하고 있는데, 이것이 성공한다면 식량 안보와 환경에 큰 보탬이 될 것이다. 우리가 지금 사용하는 일년생 작물들보다 비료, 관개, 토양 경간, 살충제가 훨씬 덜 필요하기 때문이다.

판세를 바꿀 또 하나의 해법은 주곡의 광합성 효율을 개선하는 것이다. 쌀과 보리를 포함한 대부분의 식물은 C3 식물이다. 즉 공기 중에서 이산화탄소를 흡수하면 그것을 탄소 원자가 3개인 분자로 '고정'한다. C3 식물은 물이 풍부한 온대 기후에서 번성하지만 기온이 오르면 효율이 떨어진다. 이미 지구온난화로 쌀 수확량이 20%까지 급감했다. 그런데 옥수수, 사탕수수, 수수를 포함한 약 3%의 종은 분자당 탄소 네 개를 고정하는 더 효율적인 유형의 광합성을 진화시켰다. 이런 C4 식물은 C3 식물보다 햇빛이 더 많이 필요하지만 더 높은 온도, 가뭄, 한정된 질소량에 더 잘 대처한다. 과학자들은 쌀을 C4 식물로 바꾸어 수확량을 50% 올리는 방법을 연구하고 있다. C4 메커니즘이 자연 상태에서 여러 번 독립적으로 진화했고, 쌀을 포함한 많은 식물들이 이미 전환에 필요한 효소들을 갖추고 있다는 것은 좋은 징조이다.

많은 경우, 인류세에 굶주린 사람들을 먹이는 일은 작물이 썩기 전에 시장에 도착할 수 있도록 도로와 보관 방법을 개선하는 것처럼 간단한 일 — 하지만 어려운 일 — 이다. 르완다에서 우간다의 수도 캄팔라까지 동쪽으로 차를 몰고 가는 길에, 나는 농부들이 밭에 쌓인 바나나와 채소들을 망가뜨리는 것을 보았다. 공급 과잉으로 지역 시장에 내다 팔 수도 없고 도로 상태가 나빠서(그것은 부패와 도로 관리 기금의 오용 때문이었다) 북동쪽으로 몇 백 킬로미터 떨어진 곳에서 기근에 시달리는 사람들에게 운송할 수도 없었기 때문이다. 개발도상국 세계에서 생산되는 식량의 약 40%가 냉장과 운송 문제 때문에 시장에 닿기 전에 폐기된다.[21] 부유한 나라들에서도 같은 비율의 식량이 버려진다. 낭비를 줄이는 것이야말로 미래에 지구촌 사람들의 식량 수요를 맞출 수 있는 가장 빠르고 값싼 방법일 것이다. 음식물 쓰레기는 미국과 중국 다음으로 세 번째로 큰 온실가스 배출자이며 8억 7,000만 명이 매일 굶주리는 현실에서 농경지의 3분의 1을 이용한다.[22]

우리는 경작 가능한 땅의 용처에 대해서도 좀 더 신중하게 판단해야 한다. 세계에 영양실조에 걸린 사람들이 수십억에 이르는 상황에서 식량을 고의로 태우는 사람들이 있는데, 그들은 누구일까? 바로 생물 연료 업계가, 그것도 정부와 비정부기구의 승인과 지지를 받으면서 그런 일을 하고 있다. 생물 연료는 이상적인 연료로 보일 수 있다. 옥수수나 사탕수수 같은 작물을 연료용으로 재배할 수 있고, 그것을 태우면 그 식물이 자라면서 공기 중에서 흡수한 이산화탄소만 배출되기 때문이다. 하지만 거대 기업들은 이미 개발도상국의 5km²가 넘는 땅을 쥐고 생물 연료를 생산하고 있다. 나는 인도와 중앙아메리카에서 생물 연료(해바라기, 자트로파, 사탕수수를 포함하는)를 재배하고 있거나 또는 이 작물 때문에 자신들의 땅에서 내쫓긴 영양실조에 걸린 사람들을 만났다. 어느 쪽이든 그들과 그 가족은 손해인데도 열대우림과 사바나의 광대한 지대가 생물 연료를 위해 개간되고 있다.

전 세계 농작물의 상당 비율이 연료용으로 전환되면 식량 가격은 오를 수밖에 없다. 그리고 수확물이 가뭄, 홍수, 그 밖의 다른 재해로 파괴될 경우 상황은 훨씬 더 나빠진다. 식량 가격에 관한 G20 임시 회의가 열리고 난 뒤인 2012년 8월에 유엔 식량농업프로그램의 사무총장은 미국 정부에 옥수수 수확물의 생물 연료 할당제를 중지할 것을 요청했다. 수개월 동안 지속된 가뭄과 무더위로 옥수수의 대부분이 파괴되었기 때문이다. 겨울에 동물 사료 값이 오를 것을 우려한 전 세계 목축업자들은 그 요청을 지지했다. 하지만 미국이 더 우려한 것은 휘발유 가격의 상승이었고, 따라서 생물 연료 할당제를 그대로 유지했다. 어쨌든 그해에 굶주린 사람들과 목마른 자동차들 사이의 전투에서는 후자가 이겼다.

게다가 불행히도, 기름을 생물 연료로 대체하는 것은 온실가스 배출량을 크게 줄이지 못했다. 오히려 배출 가스가 때때로 증가했다. 그것은 생물 연료를 키우기 위해서는 비료가 필요하고(비료는 사용하고 제조하는 과정에서 온실가스를 방출한다), 이산화탄소를 흠뻑 머금은 열대우림이 생물 연료 작물을 재배하기 위해(또는 생물 연료에 밀려난 식량 작물을 재배하기 위해) 베어지기 때문이다.

버려진 식물 물질이나 비료에서 유래하는 이른바 차세대 생물 연료들이 대안으로 이용되고 있다. 하지만 이것도 문제가 될 수 있다. 이런 원료로부터 연료를 생산하려면 에너지가 더 많이 필요할 뿐더러(그렇지 않다면 우리 몸이 소화시킬 것이다) 세계 대부분의 지역에서 이런 물질은 '쓰레기'가 전혀 아니다. 그것은 유용한 흙 덮개나 비료이자 가축의 먹이가 되고 말려서 지붕을 얹는 데나 요리와 난방 연료로도 쓰인다. 유전자 변형 조류나 박테리아를 이용하는 3세대 생물 연료들도 등장을 기다리고 있다. 지금까지 실험은 고무적이었다. 하지만 세균이 살기 위해서는 연료가 필요한데, 그것은 대개 당이고 당은 재배해야 한다. 바다, 호수, 황무지에서 기를 수 있는 조류도 햇빛뿐 아니라 영양소의 공급(농지에서 유출된 비료가 그 역할을 할 것이다)이 필요하지만 농작물이 필요하지는 않다. 하지만 조류의 경우, 연료로의 전환이 매우 효율적임에도 불구하고 광대한 지대가 필요해서 현실적으로 우리가 필요한 연료량의 작은 일부밖에는 제공할 수 없다.

굳이 생물 연료까지 가지 않더라도, 인류세에 남겨진 농업의 발자국은 이미 광대하고 걷잡을 수 없는 수준이다. 농업은 질소순환을 바꾸고 강과 호수를 텅 비우고 수많은 지하수를 뽑아냄으로써 도시들을 바다로 가라앉히고 있다. 비료, 소들의 트림, 논, 삼림 벌채에서 발생하는 온실가스는 총배출량의 30%를 차지한다. 이것은 발전이나 운송 시 발생하는 양보다 많은 것이다.

이런 전 지구적 변화를 추동하는 것은 우리의 입이다. 약 1만 년 전, 홀로세 초기에 지구 인구는 약 500만 명이었지만 지금은 70억을 넘었다. 세계 인구는 자원의 한계를 넘을 것이고 그 결과 적어도 200년 동안 끔찍한 기근이 초래될 것이라는 엄중한 경고가 있었다.

하지만 인구 증가율은 이미 정점에 도달했다. 고지를 찍은 시점이 대략 폴 R. 에를리치의《인구 폭탄(The Population Bomb)》이 출판된 해인 1986년이다. 그때 이래로 증가율은 약 50% 줄었고, 개발도상국(중국 제외)에 사는 여성들의 출산율은 평균 여섯 명이 아니라 세 명이 되었다. 일부 국가들은 이미 피임을 적극적으로 홍보하고 출산을 지연시킬 뿐 아니라 여성의 교육을 장려하고 있는데, 이 모두는 가족의 크기를 줄이는 데 기여한다. 세계에서 가장 인구가 많은 중국은 1978년에 논란의 여지가 있는 '한 자녀 정책'을 도입했고, 그 정책은 수억 명의 잠재적 출산을 막았다. 하지만 가족 크기를 줄이는 방법으로 사회공학은 경제성장만큼 효과적이지 않다는 사실이 밝혀졌다. 같은 시기에 '개발도상국'에서 '선진국'으로 이동한 대만에서는 출산율이 중국보다 조금 더 감소했다.

지금부터 2050년까지 인구 성장은 개발도상국 세계의 거의 전역에서 일어날 것이다. 사하라사막 이남 아프리카가 가장 높은 인구 성장률을 보일 테지만, 추가되는 인구의 대부분은 아시아인이 될 것이다. 2020년에는 인도가 중국을 제치고 가장 인구가 많은 나라가 될 것이기 때문이다. 한편 부유한 국가들에서는 출산율이 감소하고 있고, 일본 같은 몇몇 나라들은 2050년에는 인구가 줄 것이다. 이미 진행 중인 인구구조 변화로 부유한 사회들은 점점 개발도상국에서 오는 이민자들에게 의존할 수밖에 없어질 것이고, 그 결과 인류세에는 전 세계 사람들이 빠르게 뒤섞일 것이다. 인간의 수를 줄이는 것이 인류의 안전한 미래를 위해 무엇보다 중요하다고 생각하는 환경주의자들은 인구증가율의 감소가 충분히 빠르지 않다고 본다. 하지만 많은 농학자와 경제학자들은 식량을 포함해 모두에게 돌아갈 몫이 충분하다고 생각한다. 그들은 기후변화, 토질 저하, 물 부족의 여파가 확산되고 있음에도 우리가 농업의 효율을 높이고 추수 전후의 낭비를 줄인다면 수십억 명을 추가로 먹일 수 있다고 주장한다.

　부자가 되면, 사람들은 쌀이나 카사바를 먹다가 우유와 고기를 먹게 된다. 지구의 모든 사람이 미국인들이 평균적으로 먹는 것처럼 먹거나 미국인들의 생활 방식으로 산다면, 모두에게 돌아갈 몫이 충분하지 않을지도 모른다. 같은 무게의 단백질을 식물보다 고기에서 얻을 때 더 많은 땅, 물, 에너지가 사용되고 훨씬 더 많은 온실가스가 배출된다. 현재 약 20억 명이 육식을 주식으로 하는 식생활을 하는 반면 30억이 영양실조에 처해 있다. 하지만 인구가 증가하고 그 가운데 일부가 부유해지면, 육식하는 사람들의 수와 비율은 지속 불가능한 수준으로 증가할 것이다. 미국에서는 가축이 이미 인간보다 다섯 배 많고, 인간보다 7배나 많은 곡물을 먹는다(그런 곡물은 인간을 먹이는 데 사용되는 땅 면적의 7배 면적에서 재배된다). 이것은 8억 4,000만 명을 먹일 수 있는 양이다. 전 세계에서 작물의 단 62%가 사람들을 직접 먹이는 데 쓰이고, 3분의 1은 가축에게 돌아가고, 또 다른 3%는 생물 연료나 다른 목적에 쓰인다. 인간은 매초 약 1,600마리의 동물과 새들을 먹기 위해 죽이는데, 바다 생물은 여기에 포함시키지도 않은 것이다.[23] 가축의 총 생물량은 인간의 두 배이다.

　인류세에 우리가 전 세계에 남아 있는 소수의 숲과 그 밖의 다양한 생태계를 보존하려면, 최근에 도축된 동물의 고기를 먹는 일을 줄여야 할 것이다. 소보다 먹이를 단백질로 훨씬 더 효율적으로 전환하는 곤충이 훨씬 큰 단백질 공급원이 될 것이다. 20억이 넘는 사람들이 이미 이런 식으로 식이를 보충하고 있다. 앞으로도 고기를 얻기 위해 가축을 계속해서 기르겠지만 작업장에서 집중적으로 기를 것이고, 아마 해조류 같은 새로운 먹이를 먹여서 기를 것이다(그리고 가축의 대뇌피질을 제거하여 불편한 삶을 의식하지 못하게 만들 수도 있다). 초대형 농장이 이미 사우디아라비아와 미국에 존재하는데, 그런 농장들은 10만 마리가 넘는 가축을 수용한다. 합성 고기를 기르는 것도 또 하나의 방법이다. 그 방법은 물 사용을 90% 줄이고, 온실가스 배출을 95% 줄이고, 토지 사용을 99% 줄일 것이라고 과학자들은 추정한다.[24] 이론상으로는, 단 한 동물의 세포를 실험실 선반에서 배양하는 것으로 전 세계 육류 수요를 충당할 수 있다. 게다가 유전자 변형을 통해 지방이 적고 더 건강하고 다양한 맛을 지닌 고기를 생산할 수도 있을 것이다.

하지만 가장 큰 영향을 미치려면, 인류세에 인간이 육류 소비를 과감하게 줄일 필요가 있다. 전 세계의 많은 지역사회에서 문화적·종교적·윤리적 이유로 고기를 적게 먹거나 아예 먹지 않고, 영양가 있고 맛있는 육류 대용품이 많이 나와 있다. 관건은 고기가 부의 증표라는 거의 보편적으로 퍼져 있는 믿음을 뒤집는 것이다. 이미 고무적 단서들이 포착되고 있다. 예를 들어 미국의 육류 소비는 지난 10년 동안 10% 떨어졌는데, 그것은 사람들이 더 건강한 선택을 추구하고 동물 사료 비용이 고깃값을 높였기 때문이다.[25]

인류세에 인류와 농업의 관계는 달라질 것이다. 위니프레드 같은 소규모 자작농은 전 세계적으로 더욱 줄어들 것이다. 사람들은 점점 더 도시화되어 채소밭과 가축 농장으로부터 더욱 멀어지게 될 것이다. 식량을 재배하기보다는 사 먹을 것이고, 점점 더 가공된 식품을 먹을 것이다. 농장은 다른 어딘가에 존재하게 될 것이다. 사람들은 종자를 심어 식량을 재배하는 일상적 투쟁과 동떨어져 살게 될 것이다. 무엇을 먹든 우리는 앞으로 인구를 줄여야 하고, 식량을 더 지속 가능한 방식으로 사용해야 한다. 우리는 더 작은 면적의 땅에서 물을 더 적게 쓰고 오염 물질을 덜 배출하는 방식으로 더 많은 식량을 재배하게 될 것이다. 우리가 재배하는 식량은 영양소가 더 풍부할 것이고 낭비는 줄어들 것이다. 우리가 이것을 해내기 위해서는 이동 농업, 유목 목축, 유기 농법 같은 오래된 관행뿐 아니라 유전자 변형 같은 유망한 신기술까지 포함해 가지고 있는 모든 도구를 이용해야 할 것이다. 농업의 변혁은 위니프레드 오모딩과 하르데브신 자데자 같은 사람들이 보여주었듯이 단 몇 계절 만에도 일어날 수 있지만, 이러한 싹이 스스로 자랄 수 있을 때까지 키우기 위해서는 개선된 기반 시설을 포함하여 외적 지원이 반드시 필요하다.

이런 식으로 우리는 기후변화와 그 밖의 다른 압력에도 불구하고 증가하는 인구를 먹일 수 있을 것이다. 어쨌든 인류세에는 농경지가 더 확장되어 지표면의 거의 절반을 덮을 것이고, 먹을거리에 대한 인류의 추구가 지구의 모든 부분에 영향을 미치리라는 것에는 의문의 여지가 없어 보인다.

5

O   C   E   A   N   S

**바
다**

지구를 감싸 안고 소용돌이치는 거대한 수역은 태양을 도는 다른 행성들에서는 볼 수 없는, 우리 푸른 지구만의 특징이다. 우리 행성은 액체 상태의 물을 가지고 있는 유일한 행성이다. 하지만 처음부터 그랬던 것은 아니다. 수백만 년 동안 용융 상태의 지구에는 어떤 종류의 물도 존재하지 않았다.

지구의 겉껍질이 만들어질 때 지구의 부글거리는 뱃속에서 최초의 물이 탄생했다. 화산 폭발로 뿜어져 나온 증기가 기온이 낮은 대기로 올라가 구름을 만들었고, 지구가 식으면서 그 구름이 비가 되어 내렸던 것이다. 비는 수만 년 동안 내렸다. 지표면의 저지대는 물에 잠겨 최초의 바다를 창조했다. 한편 어린 지구는 차갑고 커다란 혜성들의 융단 폭격을 끊임없이 맞고 있었다. 아마 우리 행성의 물 가운데 절반은 이런 식으로 왔을 것이다.

바다는 해안선의 윤곽과 모양을 정했다. 지표면을 깎아 절벽과 수로를 만들고 섬들을 난타하고 해변을 찰싹찰싹 때리고 그 육중한 몸을 들어 올려 정기적으로 조수를 일으킨 결과였다. 조수는 지구의 자전 속도에 영향을 미치고 낮의 길이를 늘였다.

바다는 우주에서 가장 위대한 실험을 했는데, 바로 생명을 탄생시킨 일이었다. 생명은 심해 열수공에서 시작되었다. 열수공은 뜨겁고 광물질이 풍부한 기체를 내뿜는 해양지각의 틈바구니로 생명의 구성 성분들이 풍부했다. 약 35억 년 전 에너지가 충만한 이 열수공에서 스스로를 복제할 수 있는 복잡한 분자가 만들어졌고, 이 분자들이 결국에는 살아 있는 세포들을 형성했다. 생명은 수십억 년 동안 이 바닷속 자궁에서 나오지 않았다.

바다는 현재 지구의 70%를 덮고 있으면서 날씨와 기후 형태를 만들고 지구의 탄소, 질소, 물의 순환에 중요한 역할을 한다. 우리 농작물과 숲, 호수와 도시에 비로 내리는 물의 대부분은 바닷물의 증발로 만들어진 구름에서 온다. 비나 눈으로 바다에 들어가는 양보다 바다에서 증발하는 물의 양이 더 많아서, 만일 강과 그 밖의 유출수가 바다를 보충하지 않는다면 해수면은 낮아질 것이다. 해수면은 실제로는 상승하고 있는데, 이것은 인간이 바다를 덥혀 팽창시키기 때문이다. 또한 빙하가 녹아서 바다에 물을 쏟아놓기 때문이다.

먼 옛날 바다는 세상의 끝이요 지식과 경험의 한계를 상징했다. 물고기는 초창기 인류에게 가치 있는 식량 자원이었으나 바다는 많은 면에서 두려운 존재였다. 용감한 탐험가들이 바다 저편의 신세계를 탐험하러 나서기도 했지만 망망대해로 나가는 사람들은 거의 없었고, 대부분의 사람들은 시야에서 육지가 벗어나지 않는 곳에 머물렀다. 바다는 육지를 매우 효과적으로 갈라놓아서 문명들이 수천 년 동안 서로의 존재를 알지 못했다. 심지어 가장 작은 물길들조차, 찰스 다윈이 갈라파고스 제도에서 본 것처럼 저마다 독특한 차이를 진화시킬 만큼 오랫동안 동식물들을 갈라놓을 수 있었다. 마침내 풍요로운 새 어장을 찾던 용감한 뱃사람들이 무시무시할 정도로 광대하고 검푸른 바다를 건넜다. 그리고 '유니콘' 고래라든지 길이가 10m가 넘는 대형 오징어 같은 믿을 수 없는 생명체들에 대한 이야기를 가지고 돌아왔으나, 수백 년 동안 과학자들은 이런 생물들의 존재를 입증하지 못했다. 또한 그들은 새 대륙을 발견했다. 그들의 탐험은 전 세계 사람들을 결합시키고 세계화 과정이 시작되게 했다.

인류세에.인류는 바다를 탈바꿈시키고 있다. 바다가 대륙을 갈라놓은 곳에 우리는 다리와 터널을 놓아 그 땅을 연결했다. 그 과정에서 우리가 한 섬과 대륙에서 다른 섬과 대륙으로 종들을 도입하면서 지역 고유의 다양한 생물들이 희석되고 흩어졌다. 한편 대륙이 바다를 갈라놓는 곳에서는 파나마와 수에즈에서와 같이 운하로 바다를 연결했다. 하지만 우리가 일으킨 가장 큰 변화는 북극에서 볼 수 있을 듯하다. 그곳은 거의 전부가 바다로 이루어진 장소, 광대한 얼음 땅이 모든 지역을 일 년 내내 통과할 수 없는 곳으로 만들던 장소였으나 우리가 얼어붙은 바다를 서서히 녹이면서 그곳에 뱃길이 생기고 사람들이 거주하고 석유와 광물을 시추할 수 있게 되었다.

바다는 화학·생물·물질적 쓰레기가 흘러드는 하수구가 되었다. 우리가 일으킨 오염은 바다의 산성화를 촉진하고 영양소의 농도를 바꾸었다. 해안선 근처는 특히 심하다. 인류는 바다를 가열하고 팽창시키고 남획했다. 우리는 특정한 종 전체를 선택적으로 빼냄으로써 해양 생태계를 교란시켰고, 그런 와중에 전에는 접근 불가능했던 깊은 바다를 탐험하여 새로운 종과 서식지를 발견했다.

인류세에 바다는 우리의 식량 저장고이자 교통길이지만, 점점 우리의 전력 공급원이자 석유와 가스의 원천이 되고 있기도 하다. 바다는 수십억 명의 사람들에게 생계와 식량을 제공하며 지구에서 가장 큰 '숲'을 보유하고 있다. 바로 우리가 공기 중으로 배출하는 이산화탄소를 청소하는 식물성 플랑크톤이다. 우리는 이제 겨우 바다의 3%만을 탐험했을 뿐이다. 하지만 우리가 신비로운 심해를 조사할 방법을 찾는 동안 바다 표면에서는 재앙적 사건이 일어나고 있다. 섬 전체가 파도 밑으로 사라지고 있는 것이다.

|

수상비행기의 둥그런 선실 창에서 내려다보는 몰디브 군도는 인도양에 줄줄이 떠 있는 일련의 청록색 물방울 같다. 얕은 옥색 초호들의 가장자리에는 저마다 이 높이에서는 초록색으로 보이는 산호 띠가 둘러져 있다. 그 밝은 초호들 한가운데에는 대체로 소용돌이 모양의 흰 모래톱이 있다. 가장 규모가 큰 모래톱에는 무질서한 빌딩 숲이 자리하고 있는 반면에 나머지 모래톱 중 몇몇에는 코코넛, 파파야, 반얀나무, 차풀나무 들이 작은 정글을 이루고 있다.

몰디브는 90%가 바다에 덮여 있고, 물 위로 올라와 있는 10%는 수백 제곱미터에 걸쳐 1,200여 개의 작은 섬들로 흩어져 있다. 이 땅 조각들에 약 47만 명이 사는데, 그중 가장 큰 조각의 면적이 $8km^2$가 채 되지 않는다. 몰디브의 수도 말레는 세계에서 인구밀도가 가장 높은 도시로 겨우 $2km^2$의 섬에 13만 명이 모여 산다.

그들의 존재는 위태롭다. 가장 높은 '산'이 겨우 해발 2.3m밖에 되지 않기에 몰디브의 아슬아슬한 모래톱은 기후변화의 파괴에 직면하고 있는 세계에서 가장 위태로운 땅에 속한다. 얼마 안 되는 땅마저도 바다 생물의 골격으로 만들어진 것이기에 어떤 면에서 몰디브는 지상인 만큼 바다의 일부이기도 하다. 해수면 상승, 점점 강해지는 폭풍 해일, 우기의 변화, 바다 산성화와 이와 관련한 침식은 모두 이 열대 낙원을 물에 잠길 위기에 처하게 한다. 어떤 과학자들은 2030년에는 이 섬들에 사람이 살 수 없게 될 것이라고 예측한다.

"몰디브의 섬들은 과거보다 훨씬 작아졌어요. 그리고 모래톱들이 해마다 줄어들고 있어요." 수상비행기 창을 통해 밖을 내다보며 존 그레고리가 말했다. 영국 바스에서 온 존과 그의 아내 수는 '돌아온 손님'들이다. 그레고리 부부는 2002년부터 매년 3월과 9월에 몰디브의 호화 리조트 중 한 곳에서 2주를 보냈다. 지난 10여 년 동안, 부부는 여러 변화를 목격했다. "리조트 방갈로 중 몇몇은 물이 차서 폐쇄되었어요. 한 개는 바다에 잠겼죠. 그리고 우리가 항상 일광욕을 했던 해변은 완전히 사라졌어요. 참 유감스러운 일이에요. 조만간 다른 곳을 찾아야 할 것 같아요." 수가 말했다.

관광 수입이 국가 수입의 적어도 3분의 1을 차지하는 나라이지만, 몰디브 정부는 그레고리 부부가 겪는 불편을 신경 쓸 여력이 없다. 내가 이곳을 방문했을 때 몰디브는 물리적·사회적·정치적 대격변을 겪고 있었다. 국내적으로는 싸워서 잃을 것밖에 없지만, 세계적으로는 몰디브가 국제무대에서 입장을 확고히 한다면 얻을 것이 많아 보였다. 이 취약한 땅에 사는 사람들에게 지금은 매우 불안하면서도 한편으로는 매우 낙관적인 역설적 시기인 것이다. 30년 동안 이어진 폭력적 독재가 끝나고, 참신한 아이디어로 넘치는 젊은 새 대통령 모하메드 나시드가 정권을 잡았기 때문이다. 하지만 지난 정부가 물려준 적자 예산을 극복하려면, 그가 공약으로 내건 사회제도와 기반 시설 개선을 이행하려면, 그리고 그의 웅대한 계획

을 실행하려면 가능한 한 많은 관광 수입이 필요하다. 그 웅대한 계
획은 몰디브에 머물 수 없을 정도로 해수면이 높아질 경우 전 국민
을 이주시킬 수 있는 영토를 사들일 기금을 조성하는 것이다. 산호
와 해변이 사라지기 전에 나시드 대통령은 그레고리 부부 같은 관
광객으로부터 충분한 기금을 조성해야만 한다. 그는 시간을 상대로,
그리고 인류세에 인간이 변화시킨 바다를 상대로 싸우고 있다.

몰디브의 위험한 상황은 여러 가지 면에서, 인류가 마지막 남은
야생의 수역인 바다를 점점 침해함에 따라 우리 모두가 직면하게
될 도전을 압축해서 보여주는 듯하다. 몰디브 사람들은 남획부터 지
구온난화에 이르는 문제들을 최전선에서 가장 극심하게 느끼고 있
다. 내가 이곳에 간 것은 세계에서 가장 낮은 나라, 사라질 위험이
가장 큰 나라에서 산다는 것이 어떤 것인지 알기 위해서였다. 그리
고 자신의 나라가 바다 밑으로 조용히 가라앉는 것을 두고만 보지
않기 위해, 인류가 가하는 전 지구적 힘에 맞서 혁신적 방법으로 싸
우고 있는 한 대단한 사람을 만나기 위해서였다.

모하메드 나시드는 2008년 후반에 몰디브 최초로 민주 선거로
당선된 대통령으로 경제와 기반 시설을 개발하면서도 국가를 재생
가능한 에너지를 생산하는 발전소, 세계 최초의 탄소 중립국으로
만들겠다고 약속했다. 그는 몰디브 수역 아래서 석유를 채취하려
했던 전임 대통령의 계획을 거부함으로써 다른 나라에 강력한 메시
지를 던졌다. 경제적 어려움이 따를 것이 분명한데도 환경 정책을
그토록 분명하게 지지한 나라는 일찍이 없었다. 한편 무한 개발을
추구하는 인류가 생산한 보이지 않는 오염에 그토록 직접적이고 분
명하게 위협 받은 나라도 일찍이 없었다. 어느 모로 보나 몰디브를
방문하기에 매혹적이고 흥분되는 시기였다.

나는 해가 진 후 말레에 있는 그의 집 소박한 안뜰에서 '안니'를 만났다. 안니는 나시드 대통령의 애칭이다. 그는 셔츠와 타이를 벗고, 전통 의상인 칼라가 없는 편안한 분홍색 셔츠를 입고 슬리퍼 차림으로 나타났다. 그는 열린 테라스 문을 통해, 집 안에서 두 아이를 위한 저녁을 준비하고 있는 아내 라일라와 몰디브 공식 언어 디베히어로 몇 마디를 주고받고 나서 내게 마실 것을 권했다. 그러고 나서 가라앉은 저녁 공기를 순환시키기 위해 선풍기 스위치를 켠 다음 웃으면서 정식으로 인사한 뒤 내 맞은편에 앉았다. 나는 그가 얼마나 젊은지 처음으로 실감했다. 그는 40대이다. 몸집이 왜소하고 소년 같은 데다 조용하면서 열정적인 목소리는 대체로 중책을 맡은 사람에게서는 보기 드물게 높은 어조를 띠었다.

나는 이야기를 시작하자마자 그의 개방적인 태도와 솔직한 유머 감각에 반했다. 대화를 나누는 동안 그는 경제 선진국들의 탄소 경감에 대한 무대책을 "바보 같은 짓"으로, 석유에 대한 의존을 "매우 어리석은 것"이라고 표현하면서 왜 "세계의 나머지 국가들이 말로만 떠드는 대신 뭔가를 시작하지 않는지" 되물었다. 그는 "지금 당장 재생 가능한 에너지에 자금과 관심을 모아야 한다"고 생각했다. 그는 자신이 열정을 가지고 있는 문제들 — 인권과 기후변화 — 에 대해 허심탄회하게 말하기를 두려워하지 않고 홍보 기법을 동원하는 데에도 거침이 없는 대통령이었다. 2009년에 그는 장관들을 설득하여 양복 위에 스쿠버 장비를 착용하게 하고, 바다 밑에 잠긴 책상 주위에 둘러앉아 각료회의를 하는 장면을 텔레비전으로 내보냈다. 해수면 상승이 그 나라에 미치는 영향에 관심을 불러일으키기 위해서였다. 그해 말 안니는 코펜하겐에서 채택된 국제기후협약의 '진정한 영웅'으로 떠올랐다. 덴마크 수상에 따르면, 그는 "자존

심을 내려놓고 우리 손자들을 위해 이 협정을 채택하자"고 다른 국가 지도자들을 강하게 압박했다. 그의 중재와 고집 덕분에 소득 없는 그 회의에서 어떤 협약이라도 맺어질 수 있었다는 것이 중론이다.

안니는 다른 국가수반들과는 신선할 정도로 달랐다. 그에게는 열정과 절실함이 있었다. 일을 빨리 진행시키고 싶은 욕구가 몸에 밴 듯했다. 마치 대통력직에 있을 시간이 그리 많지 않다는 것을 아는 사람 같았다(안타깝게도 그것은 선견지명이었다). 아니면 이미 너무 많은 시간을 낭비했다고 생각하는 듯했다. 그는 인생의 대부분을 인권 운동가이자 기자로 보내면서 전 대통령 압둘 가윰의 독재 치하에서 민주주의를 위해 싸웠다. 적어도 20차례 투옥되었고, 대개는 독방에 감금되어 수차례 고문을 받았으며(깨진 유리를 먹는 고문도 당했다), 두 딸이 태어나는 것도 지켜보지 못했다. 딸 하나는 드문 기회인 부부 접견 때 생겼다고 한다. 그는 감옥에 있으면서 가능할 때마다 공부를 했고 몰디브 역사에 관한 책을 세 권 썼다. 2003년에는 한 젊은 재소자가 고문당해 죽은 뒤 조사를 요구하여 전국적 시위와 소요를 촉발했다. 그는 해외로 도피했고, 영국에서 망명 생활을 하는 동안 몰디브민주당(MDP)을 창당했다. 2008년에 대통령 선거에서 압승을 거두자 안니는 기뻐하는 지지자들에게 많은 개혁을 약속했다. 그의 첫 행보 중 하나는 정치범을 모두 석방하고 죄수를 고문하는 데 사용된 건물들을 파괴하는 것이었다.

하지만 안니는 곧 자신이 부패로 만연한 제도를 물려받았다는 사실을 깨달았다. 남아시아에서 일인당 국민소득이 가장 높은데도 몰디브는 인구의 절반이 하루 2달러 이하로 살아가는 가난한 국가이다. 대부분의 사람들이 깨끗한 수돗물에서부터 하수도에 이르기까지 기본적인 서비스도 누리지 못한다. 보건 제도는 없는 것이나 마찬가지인 수준이고 교육제도도 제대로 갖추어져 있지 않고 기반시설은 오래되었으며 섬을 잇는 대중교통도 없다. 설상가상으로 몰디브 젊은이들 사이에는 헤로인 중독이 매우 심각하다. 어떤 지역은 다섯 명에 한 명꼴로 헤로인을 복용해서 몰디브는 인구 대비 세계 최악의 마약 중독 국가로 등극한 처지이다. 현지인과 상당수의 부유한 휴가객들 사이의 대조는 이보다 더 극명할 수 없고 둘 사이의 교류는 거의 없다. 거의 모든 관광객이 리조트 섬으로 곧장 오가고, 몰디브 사람들이 거주하는 섬은 찾지 않는다. "우리 몰디브인들은 유럽인들을 위한 호화 리조트 섬 옆의 제3세계 섬에서 살고 있습니다." 안니의 얼굴에서 편안한 미소가 가셨다.

몰디브 인구의 3분의 1이 미어터질 듯한 말레의 상하좌우로 빽빽하게 들어찬 콘크리트 건물에 산다. 그 안에서는 대개 실업 상태인 청년들이 약물 중독, 가난, 권태와 싸운다. 이 위험한 배합은 안니의 정치적 적들이 부추기는 광신주의에 쉽게 빠져들게 만든다. "몰디브는 한 이슬람 국가가 어떻게 유혈 사태와 악감정 없이 제대로 작동하는 민주주의로 평화롭게 이행할 수 있는지 보여주는 사례가 될 수 있습니다." 안니가 말했다. "그러기 위해 우리는 사람들을 교육시키고, 고립된 촌락을 21세기 세계로 끌어냄으로써 앞에 놓인 도전을 헤쳐 나갈 힘을 갖게 해야 합니다. 그것이 다른 섬으로 이동하는 것이든 다른 나라로 이동하는 것이든 말입니다."

어디나 마찬가지이지만 바다가 인류세에 어느 정도로 변할지는 우리에게 달렸다. 즉 가난한 사람들이 그들의 경제를 어떻게 개발하는지, 부유한 사람들이 그들이 환경에 미치는 영향을 어떻게 줄이는지에 달려 있다. 안니는 그 나라의 에너지 공급을 탈탄소화하고, 산업화를 이루면서도 환경의 한계에 주의를 기울이는 독특한 시도를 하고 있다. 그것은 용기 있는 결정이었다. 나는 쓸데없이 고통을 자초하는 건 아닌지……? 물었다. 안니는 내 말이 끝나기도 전에 끼어들었다. "아뇨. 그것이 진보로 가는 유일한 길입니다. 우리에게 다른 선택은 없습니다. 기후와 해수면 상승을 악화시키는 일이라는 사실을 알면서도 화석 연료를 사용하는 발전소를 짓는 것이야말로 용감한, 심지어는 어리석은 짓이지요. 영국과 미국을 포함한 산업화된 세계는 지난 300년 동안 대기를 오염시켰습니다. 우리는 그 나라들에게 다른 길이 있다는 것을 보여주어야 합니다."

국민을 기후변화로부터 방어하는 것은 제2차 세계대전 규모의 인도주의적 도전이라고 그는 말했다. "기후변화는 단지 환경 문제가 아닙니다. 그것은 수백만 명의 가정, 생계, 인생을 위협하는 인권 문제입니다. 이 세계에 사는 모든 사람들은 가장 취약한 사람들을 도울 책임이 있습니다." 국제 기후협약들은 지구의 기온 상승을 2도로 제한하는 것을 목표로 한다. 하지만 그 정도의 상승도 몰디브에는 사형선고다. "여기는 이미 늦었어요. 이곳에는 아마 믿을 수 없는 일이 일어날 겁니다. 하지만 모든 곳에서 너무 늦은 것은 아닙니다. 그리고 우리가 2도를 목표로 한다면 1.5도 내에 머무는 것도 해볼 만하다고 생각하게 될지도 모릅니다."(사실 내가 이미 언급한 것처럼 많은 과학자들이 이번 세기말에 4도가 상승할 것이라고 예상한다.)

안니의 생각은 급진적이다. 그는 군도 내에 지구공학적으로 인공 해안선과 섬들을 만들고 해상 섬을 건설하는 것은 물론, 나아가 국부 펀드로 외국 땅을 사들여 몰디브 인구 전체를 이주시키는 것까지 생각하고 있다. 이주 계획은 식민지 정복 때 외에는 시도된 적이 없으며, 지금의 정치적 풍토에서 '국가 안의 국가'가 존재할 수 있다고 상상하는 것은 어려운 일이다. 하지만 인류세에 사라지고 있는 각 국가가 기후변화가 나라를 훔쳐갈 때 뭘 해야 하는지 저마다 해법을 찾아 나서게 되면서 이런 식의 생각도 점점 더 진지하게 고려될 것이다. "우리는 함께 살기를 원합니다. 우리는 우리 문화를 잃고 싶지 않습니다. 하지만 천막을 치고 수십 년을 사는 기후 난민이 되고 싶지도 않습니다." 안니는 말했다.

한편 그는 당장의 문제에 대처함으로써 자국민이 고국을 떠나야 하는 시점을 늦추려고 시도하고 있다. "바다의 습격으로 물이 오염되고 있고 16개 섬의 주민을 이주시켜야 하며 어로 문제, 해양 생물 밀렵, 침식, 산호초 백화 문제 등등 수많은 일들이 일어나고 있습니다. 우리는 산호초를 회복시키고 식물을 심어서 우리 섬들의 자연적 방어력을 복구시켜야 합니다." 그는 말했다.

안니의 계획에는 모두 돈이 든다. 그 돈의 상당 부분은 관광 사업에서 와야 할 것이다. 신혼여행객과 부자들은 몰디브의 고요함, 보증된 햇살, 예쁜 열대어들 가운데서 헤엄칠 수 있는 잔잔한 물에 이끌려 수십 년 동안 몰디브를 찾았다. 나는 그런 장소들이 지금 어떤 상황을 맞고 있는지 보기 위해 한 리조트 섬으로 갔다. 내가 탄 배는 엽서의 한 장면 같은 장소에 닿았다. 투명한 물이 주문 제작된 목재 방갈로들 앞에 있는 반짝이는 흰 모래에 입맞춤을 했다. 하지만 비키니 차림의 해수욕객들이 자리를 비우면 기계 장치가 들어온다. 하루에 두 번 대형 파이프가 해안의 물 밑으로 들어가 모래를 회수하여 그것을 해변에 퍼 올린다. 모래를 펌프질하지 않으면 해변도 없을 것이다. 사실 섬의 상당 부분이 존재하지 않을 것이다. 몰디브는 조수에 따라 이동하는 모래만큼이나 일시적이고 덧없다. 이 섬들의 다수가 해류의 변화에 따라 오고 가는 모래톱에 불과하다. 현지인들도 자신들의 나라를 '워둔 아디 기룬(Wodun adhi Girun)' 이라고 부른다. "나타났다 사라지는 나라"라는 뜻이다.

그 나라는 수천 년 전 일련의 화산섬으로 탄생할 때부터 물에 발을 디디고 있었다. 이 섬나라의 기원을 처음 알아낸 것은 1840년 대에 몰디브에 머물렀던 찰스 다윈이었다. 목걸이 모양의 23개 섬과 초호들은 산호초가 화산섬 가장자리를 둘러싸면서 시작되었다고 다윈은 추측했다. 곧이어 지구가 마지막 빙하기에 깨어나면서 빙하 녹은 물이 해수면 상승을 일으키는 한편 휴화산들이 서서히 침강했다. 이 두 가지 효과가 서서히 화산섬들을 물에 잠기게 했다. 초를 짓는 산호들은 얕은 물을 좋아해서(대부분이 45m보다 깊은 곳에서는 잘 자라지 못한다), 해수면 상승을 따라잡을 수 있을 만큼 빠른 속도로 탄산칼슘 골격을 차곡차곡 쌓아 나갔다. 동시에 수면의 산호들은 수평으로 자라면서 점점 줄어드는 해안선을 따라잡았다. 화산섬이 완전히 물에 잠긴 지 한참 뒤에도 계속해서 산호들이 위쪽과 바깥쪽으로 자라, 애초에 화산이 있던 곳에 초호를 빙 둘러싼 고리가 형성된 것이다.

내가 수상비행기에서 본 보석 같은 산호 고리들은 이런 점진적 과정을 통해 형성되었고, 다윈은 이것을 몰디브 사람들이 사용하는 언어로 '환초'(아톨루atholhu)라고 불렀다. 산호들이 비늘돔과 불가사리 같은 다른 바다 생물에 의해 부서지면 산호 골격이 결국 모래가 되고, 이것이 다른 잔해들과 함께 쌓여 초호 내에 야트막한 섬들을 형성했다.

하지만 지난 15년 동안 이 섬세한 균형이 깨졌다. 산호가 따라잡을 수 없을 정도로 해수면이 빨리 상승하고 있고, 점점 더 많은 섬들이 영구적으로 사라지고 있다. 전 세계적으로 바다는 연간 3.5mm씩 상승하고 있는데, 이것은 20세기에 목격된 속도의 대략 2배이다. 지난 10년 동안의 해수면 상승은 대부분 바다의 열팽창에서 비롯되었다. 즉 온실효과에 수온이 올라가자 동요한 분자들이 더 멀리 이동해 부피를 키운 것이다. 하지만 지금은 빙하가 녹는 것이 주원인이다. 지금까지 해수면 상승은 지구온난화 속도와 정비례했지만, 과학자들은 해수면 상승이 가속화되기 시작할 것이고 그 결과 온난화가 1도 일어날 때마다 수면이 2.3m씩 상승할 것이라고 예상한다.[1] 그들의 계산은 몰디브의 많은 지역들이 2070년, 2050년 또는 더 빠른 2030년 중 언제 거주할 수 없는 장소가 될지 판단하는 데 도움을 줄 것이다. 몰디브로서는 1m만 상승해도, 상당한 지역이 거주할 수 없는 곳이 되고 대부분의 기반 시설이 완전히 물에 잠길 정도로 파괴적인 결과가 닥칠 것이다.

해수면이 상승하고 이에 따라 산호가 더디게 성장하거나 죽으면서 산호초가 파도와 폭풍으로부터 섬들을 보호하지 못하게 되었고, 그 결과 해안선이 빠르게 침식하고 있다. 몰디브에서 해안 침식은 단순히 한 해에 해안선 몇 미터를 잃는 문제가 아니다. 그것은 나라 자체를 위태롭게 만드는 일이다.

침식은 이미 그 나라 사람들에게 큰 영향을 미치고 있다. 도로와 집들이 허물어져 바다에 잠기고, 코코야자가 물에 쓸려가고, 지하수는 해수로 심하게 오염되어 많은 섬에서 마실 수 없는 수준이다. 지금까지 20개 섬이 버려졌다. 리조트 섬들은 하루 두 번씩 모래 펌프를 이용함으로써 사라지는 것을 단기적으로 모면할 수 있겠지만, 현지인들이 사는 섬들은 그 방법이 효과가 있다 해도 비용을 감당할 여력이 없다. 게다가 리조트 관리자들은 그 조치가 얼마나 일시적인 것인지 너무나도 잘 안다.

　몰디브는 앞으로 다가올 침수의 여파를 이미 맛보기로 경험했다. 2004년 아시아 쓰나미가 닥쳤을 때 몰디브는 대륙붕이 없어서 최대 파고가 겨우 4m 수준이었음에도 일인당 피해가 가장 심했다. 가장 심한 타격을 받은 섬 중 하나인 칸돌루두섬에서는 가장 높은 쓰나미 파도가 단 2.5m였는데도 몇 분 뒤 파도가 물러났을 때 세 명이 죽었고, 살 수 있는 집이 한 채도 남지 않았으며, 주민들은 그 섬을 영원히 떠나야 했다. 사람이 거주하는 150개 섬 가운데 57곳이 중요한 기반 시설에 심각한 피해를 입었고, 15곳은 모든 주민이 대피했으며, 6곳은 심하게 파괴되었다. 게다가 21개 리조트 섬들이 심각한 피해를 입어 문을 닫아야 했다. 총 피해액은 GDP의 약 62%에 해당하는 4억 7,000만 달러였다. 해수면이 상승하고 폭풍 예보가 더 잦아지고 있으니 미래에 쓰나미가 비슷한 피해를 입히지 않으리라는 보장은 전혀 없다.

　나는 안니와 함께 몰디브 최초로 폭풍에 안전하도록 설계된, 라아툴에 위치한 ‘계획 섬’ 두바파루섬의 공식 개장식에 갔다. 사람이 살지 않는 정글에서 초목을 모두 베어낸 뒤 적십자 일꾼들이 칸돌루두섬에서 살아남은 4,000명의 쓰나미 생존자들을 위해 자금과 노동력을 투입해 완전한 무에서 새로운 마을을 건설했다. 집은 다른 섬들에 비해 더 내륙에 위치하고 있으며, 각각의 집에는 세척용으로 전통 우물이 마련되어 있다(몰디브 최대 섬을 빼고 모든 섬에서 해수면 상승으로 지하수에 염분이 섞였다). 학교와 마을회관은 폭풍 해일과 그 밖의 다른 침수에 대비해 필요할 경우 마을 전체를 수용할 만한 규모로 크게, 홍수로 범람한 물이 섬을 파괴하지 않고 통과할 수 있도록 기둥 위에 올려 지어졌다.

안니가 마을 지도자들과 악수하고 잡담을 나누는 동안 나는 새 집을 둘러보았다. 남편과 세 아이를 데리고 이곳으로 이주한 파티마 모하메드는 새 집을 무척 마음에 들어 했다. "옛날에 살던 집보다 훨씬 크고 깨끗해요. 그 집에서는 온 식구가 한 방에서 잤지요. 그리고 이 집에는 선풍기도 있어요." 그녀가 내게 선풍기를 보여주었다. 그 가족은 지난 4년 동안 다른 세 가족과 함께 난민 수용소에서 살았다. 14명이 한 방에서 지냈다. 하지만 그녀는 새 집이 아무리 감사하고 기쁘다 해도 마음만은 영원히 칸돌루두에서 살 것이라고 말했다.

비상시를 대비해 기둥 위에 올려 지은 건물들이 갖춰진 계획 섬으로 사람들을 이주시키는 것은 소수의 사람들에게 단기적으로는 효과가 있을 것이다. 침수로부터 가옥을 보호하는 조치는 방글라데시 같은 다른 저지대 지역에서 시도되어 성공을 거두었다. 하지만 이 방법이 몰디브의 200개 섬들 전체에서 장기적으로 상승하는 해수면을 해결할 수는 없다. 이주하기에 적당한 새로운 섬들도 충분하지 않다. 위험에 처한 섬들의 방벽을 콘크리트로 보강하는 시도도 있었지만 절반의 성공을 거두었을 뿐이다. 1990년대에는 일본 정부가 상승하는 해수면으로부터 말레를 보호하는 6,300만 달러짜리 방파제 값을 지불하기도 했다. 그 방파제는 도시를 쓰나미로부터 보호했지만 환경에 부작용을 초래한 탓에 안니는 다른 섬들에 추가로 방파제를 건설하는 것을 망설였다. 살아 있는 산호는 숨을 쉬려면 초당 약 10m의 유속이 필요한데, 방파제는 산호초 위로 흐르는 해류를 줄여 이 자연 방파제의 죽음을 초래하고 그럼으로써 침식을 키운다. 산호초가 없으면 섬들은 허물어진다. 가장 심한 피해를 입은 것은 아마 압둘·가윰이 2008년 선거 운동 기간에 서둘러 건설한 수많은 섬 항구들일 것이다. 12개가 넘는 항구들이 해류를 방해하는 장소에 위치하여 산호, 모래, 해안선의 침식을 가속화했다. 그 결과 모래가 휩쓸려가 항구 안에 쌓이는 바람에 항구가 무용지물이 된 경우가 부지기수였다.

지역 내 환경 기구인 블루피스(Bluepeace)는 몰디브가 방파제를 짓고 섬을 확장하는 것보다 더 크게 생각할 필요가 있다고 생각한다. 그 단체는 진정으로 필요한 것은 군도 곳곳에 지대를 높인 일련의 인공 섬을 마련하는 것이라고 주장한다. 국제사회가 기후변화를 보상하는 차원으로 비용을 지불하여 7개의 섬을 만든다면 해수면이 상승하기 전에 몰디브 인구 전체를 수용할 수 있으리라고 그 기구는 제안한다. 아주 말이 안 되는 생각은 아니다. 2004년에 말레 북서쪽에 인공 섬 울루말레가 건설되었다. 그 섬은 주로 상업 항구의 용도로 인구밀도가 높은 수도의 압력을 줄이기 위한 목적으로 설계되었지만, 해수면보다 3m 위에 건설되어 이번 세기 중반까지는 족히 버틸 수 있다. 적어도 보수적인 추산에 따르면 그렇다. 하지만 울루말레는 자연 해류를 방해하여 인접한 섬들의 침식을 키웠을 뿐 아니라 해저에서 재료를 파내는 바람에 해안의 복원력도 감소시켰다. 현재 여러 회사들이 해상 섬 개념을 실행에 옮기려 하고 있다. 그중 하나인 네덜란드의 더치도클랜즈사는 반지 모양의 해상 섬 4개(각각의 섬에는 72개의 수상 빌라가 들어선다), 군도의 형태로 조성되는 개인 소유의 해상 섬 43개, 세계 최초의 18홀짜리 수상 골프장 그리고 800개의 룸을 갖춘 수상 호텔을 건설하기 위해 몰디브 정부와 협상을 벌이는 중이다. 이 계획에 따르면, 해상 섬들은 해저 터널로 연결되고 골프장은 두 개의 고급 호텔에 인접한 해저 클럽하우스를 갖추게 된다. "해상 섬들은 농업, 사무실, 주거, 레저 공간을 더욱 확장시킴으로써 미래 도시 풍경을 만들어 나갈 것입니다. 정부들은 정체된 개발에 투자하는 대신 섬을 유연하게 운영하고 비용-효율적으로 임대함으로써 새로운 경제 기회를 창출할 수 있을 것입니다." 더치도클랜즈사의 설명이다.

반대쪽 끝에는 20년 전 몰디브의 쓰레기 문제를 해결하기 위해 자연적인 초호 내에 건설한 또 다른 인공 섬 틸라푸시가 있다. 관광객 한 명이 하루 평균 3.5Kg의 쓰레기를 생산하는데, 이것은 현지인의 평균보다 5배 많은 양이다. 현지인들 사이에서 '쓰레기 섬'으로 통하는 틸라푸시섬은 현재 매일 330T 이상의 쓰레기를 배편으로 받고, 이렇게 쌓여서 생긴 고약한 냄새를 풍기는 거대한 쓰레기 더미에는 파리 떼가 득실거린다. 방글라데시 이주 노동자들은 냄새를 풍기는 쓰레기와 쓰레기를 소각할 때 나오는 매캐한 연기 사이에서 가까스로 쓰레기 분류 작업을 한다. 그들은 석유 드럼통, 석면, 납, 카드뮴, 배터리를 골라내야 하는데, 쓰레기 '산사태'가 일어나면 이런 물질들이 바다를 오염시키기 때문이다. 산더미 같은 쓰레기가 초호를 메우면서 틸라푸시섬은 날마다 1m²씩 늘어난다.

안니는 "모든 선택지를 고려하고" 인공 섬도 배제하지 않지만 먼저 자국의 자연적 회복력을 개선하고 싶어 한다. "몇몇 장소에서 우리는 상황을 더 악화시키고 있습니다." 그가 말했다. 칸돌루두가 겪은 운명은 다른 섬들을 관리할 때 하지 말아야 할 게 무엇인지 알려주는 엄중한 경고이다. 끔찍히도 과밀한 데다 해안이 빠르게 침식되자, 칸돌루두 주민들은 섬을 확장하고 건축 자재를 얻기 위해 산호초를 완전히 파냈다. 이것은 곧 파괴적인 파도를 늦춰 파도의 에너지를 줄일 것이 아무것도 존재하지 않는다는 뜻이다. 한편 목재 가옥을 짓기 위해 식물들도 모두 베어낸 탓에 물을 흐름을 늦추고 해안을 온전하게 유지할 맹그로브가 전혀 남아 있지 않았다. 표토를 붙잡아줄 나무도 없었다. 아마도 맹그로브 농장을 만든다면 자연 방벽을 회복시킬 수 있을 것이고, 일부 종들은 5년에서 10년이면 성숙할 수 있기 때문에 그 혜택을 비교적 빠르게 얻을 수 있을 것이다.

2011년 몰디브 정부는 재난 위험 감소와 기후변화 적응을 통합하는 전략적 국가행동계획(Strategic National Action Plan)을 세계 최초로 발표했다. 이 계획은 기반 시설을 개선하고 사회적 투자를 실시함으로써, 그리고 맹그로브와 산호초처럼 침식을 지연시킬 수 있는 자연 방벽 생태계의 건강을 강화함으로써 그 나라의 복원력을 높일 여러 방법을 자세히 소개했다. 몰디브의 산호초 생태계는 세계에서 일곱 번째로 크고 가장 큰 자연 환초들 중 두 개인 틸라둔마티와 후바두를 포함하고 있다. 또한 종 다양성이 가장 풍부한 곳 가운데 하나로 1,900종이 넘는 어류, 187종의 산호, 350종의 갑각류, 9종의 고래, 15~20종의 상어, 7종의 돌고래, 5종의 거북이 살고 있다. 산호는 단지 몰디브의 생물다양성, 어장, 관광에만 중요한 것이 아니라 그 섬들의 필수불가결한 일부이다. 그 섬들은 결국 산호로 만들어져 있기 때문이다.

몰디브의 산호 지도는 일부만 완성된 상태라서 산호초에 대해 아직 많은 것이 알려져 있지 않다. 온도와 해수면이 상승하면 산호초가 어떻게 행동할지도 알 수 없다. 산호초는 전 세계 생태계 가운데 최초로 인간 때문에 완전히 사라질 운명을 맞게 생겼다. 어떤 과학자들은 2050년에 산호초가 사라질 것이라고 추정한다. 그때가 되면 이미 대기 중의 이산화탄소 농도가 산호를 멸종으로 내모는 수준보다 높을 것으로 예상되기 때문이다. "2050년에 산호와 우리가

'산호초'라고 부르는 것이 아직 있을는지 모르겠습니다. 하지만 있더라도 그것은 과거에 건설된 거대한 석회암 구조로 소규모의 살아 있는 산호들이 그 위에서 생존하기 위해 고군분투하고 있을 겁니다." 산호 생태학자 피터 세일은 말한다.[2] 그는 2100년이 되면 산호를 볼 수 없을 것이라고 생각한다. "우리가 존재하는 내내 우리와 함께했던, 지구상에 어떤 종류의 인간이 존재하기 훨씬 전부터 있었던 생물 집단 전체를 죽여 없애고 있다는 말입니다. 우리의 활동 때문에, 우리가 이 행성을 바꾸어 산호초 집단이 계속 살아갈 수 없는 장소로 만들었기 때문에 산호초가 우주에서 사라지고 있는 것입니다."

만일 그렇다면 인류세의 바다는 다채롭지 않을뿐더러 물고기 다양성의 측면에서도 훨씬 더 열악해질 것이다. 산호초는 모든 해양 생물의 4분의 1을 부양한다. 또 산호초는 수백만 명의 생계를 책임지고, 많은 섬과 해안 국가들에서 국가 경제의 적어도 절반에 기여하며, 모래 해변을 만들고 해안선을 보호한다. 그리고 해수면이 상승할 때 몰디브 같은 저지대에서 폭풍 해일과 침수를 막는 자연 방벽이 되어준다.

산호는 실은 강장동물이라는 일군의 원시 생물을 말한다. 해파리도 강장동물이다. 탄산칼슘(석회석) 골격으로 이루어진 산호는 광합성을 할 수 있는 조류를 불러들여 살게 하는데, 그 조류들은 산호에 영양소의 대부분을 제공하는 대가로 포식자들로부터 보호를 받는다. 인류가 배출하는 이산화탄소는 산호에게 이중고를 안긴다. 우선 바다 온도가 올라가면 형형색색의 조류가 그 안에서 살 수 없다(산호초가 너무 많은 조류를 잃어 흰색으로 변하고 결국에는 떼죽음을 맞는 것이 산호초 백화 현상이다). 그리고 대기의 이산화탄소가 점점 바다에 용해되면서 바다가 산성화되어 탄산칼슘을 녹인다. 이것은 산호들이 골격을 만들기 위해 훨씬 더 많은 에너지를 소비해야 함을 뜻한다. 바다는 현재 우리가 배출하는 이산화탄소의 4분의 1을 삼키는데, 지난 세기에 탄산 증가로 바다의 수소이온농도가 0.1pH 떨어졌다.[3] 미미한 변화처럼 보이겠지만, pH는 로그 척도로 측정되므로 이것은 산도가 30% 증가했다는 말과 같다(1990년대 이후로만 따져도 15% 증가했다). 이런 변화 속도는 지난 6,500만 년 동안의 그 어느 때보다 빠르며, 지구 역사에 있었던 그 어떤 진화적 위기 때보다 10배 이상 빠른 것이다.

이와 동시에 산호초는 오염, 남획(남획 때문에 핵심 종들이 제거되고, 산호를 제압하고 죽이는 파괴적인 조류 같은 다른 종들이 확산되었다), 보트용 닻으로 인한 피해 때문에 맹공격을 당하고 있다. 건강한 산호초는 1만 m²당 최대 1,500kg의 물고기를 길러낼 수 있지만, 산호초에 사는 물고기가 1만 m²당 300kg 이하로 줄어들면 산호초가 붕괴할 가능성이 높다.[4] 보호되고 있는 리조트 섬들이 현지인이 거주하는 섬보다 산호초 피해를 덜 입는 이유들 중 하나가 여기에 있다. 또한 산호초는 인간과 관련한 피해에 계속 노출될 때보다 보호 구역에 위치할 때 지구온난화 피해에서 회복될 가능성이 훨씬 높다. 앞으로 몇 십 년 동안 산호초의 생존은 다음 세대 산호들에 달렸다. 즉 산호 유생들이 바위에 얼마나 잘 정착해 폴립으로 변하느냐, 그리고 광범한 피해 이후에 새로운 산호초를 얼마나 잘 건설하느냐에 달려 있다.

인간이 산호초를 완전히 절멸시키기 직전인 지금, 산호를 구하기 위한 전투가 한창이다. 안니는 그동안 이 전투의 최전선에서 캠페인을 벌이고 인공 산호초를 키우는 최초의 실험들에 적극적으로 참여했다. 세계 최초의 산호 경작 사업은 바다 밑 정원을 조성해 해저를 회복시키는 것이 목표이다. 이 열정적인 대통령은 과학자들을 도와 양식장에서 키운 산호 폴립 '동강이'들을 물속에 잠기는 특수한 격자 틀 위에 얹어, 죽어서 석회석 덩어리로 변한 사촌들 사이에 옮겨 심고 있다. 살아 있는 산호초 구조가 생겨나 마침내 새로운 섬을 형성할 것이라는 바람에서다. 지금까지는 성공인 것 같다. 수만 개의 새로운 산호 동강이들이 나캇차 푸시, 란다 기라바루 그리고 그 밖의 섬 연안의 원형 산호초 위에 뿌리를 내렸고, 이에 상응하여 해양 생물도 증가했기 때문이다.

또 다른 리조트 섬은 한 발 더 내딛고 있다. 나는 인류세 환초 관리의 미래를 보여주는 장소를 방문하기 위해 바빈파루로 향했다. 이곳에서도 양식장에서 산호 동강이를 기르고 있는데, 내가 스노클링 장비를 착용하는 동안 해양 생물학자 로베르토 토마세티는 자신들이 산성화되는 물에 사는 산호에 도움을 제공하고 있다고 설명했다. 우리는 둑에서 바다로 뛰어들어 해저의 황량한 모래벌판 위로, 그리고 폴리스티렌처럼 생긴 한때 살아 있던 산호 잔해들 위로 헤엄쳤다. 그러고 나서 몇 미터를 더 가자 거대하고 알록달록한 사물이 시야에 들어왔다. 연구자들이 해저에 설치한 '로터스'라고 불리는 거대한 철제 우리였다. 길이가 12m이고 무게가 2T인 그 구조물은 약한 전류를 공급하는 긴 케이블에 연결되어 있다. 전기는 화학 반응을 일으켜 그 구조물에 탄산칼슘이 축적되게 한다. 산호들은 이 구조물에 불가항력적으로 보이는데, 산호들이 로터스를 완전히 뒤덮은 탓에 형형색색의 정교한 모양과 색깔 밑에 있는 철제 우리를 알아보기 힘들 정도였다.

1998년에 엘니뇨로 태평양 온난화가 발생하여 바빈파루 주변 산호들 가운데 98%가 죽었다. 그래서 이곳의 과학자들은 해저 불모지대 위 콘크리트 구조에 접붙인 산호와 로터스에 접붙인 산호의 성장률을 비교하는 실험을 할 수 있었다. 토마세티는 로터스에서 산호의 성장이 다른 곳에서보다 최대 다섯 배나 빨랐다고 말했다. 또한 전류가 흐르는 산호초는 산호들을 더 건강하게 만들어 온난화 효과와 그 밖의 스트레스를 더 잘 견디게 만드는 것처럼 보였다. 아마도 그 생물들이 골격을 만드는 데 에너지를 덜 낭비하기 때문인 듯하다. 이보다 규모가 작은 시제 장비가 1998년의 온난화 사건 때 설치되었는데, 산호들의 80% 이상이 살아남았다. 이에 비해 다른 산호초에서는 2%만이 살아남았다. "나는 열에 내성을 지닌 산호를 산호초의 노출된 부분에 옮겨 심어 그곳을 산호로 뒤덮을 수 있을지 알아내려고 합니다." 토마세티가 말했다. 연구자들은 더 높은 온도, 자외선, 산도를 견딜 수 있는 산호 변종을 선택적으로 육종하는 시도를 하고 있다. 일부 산호들이 자연적으로 그렇게 하는 것처럼 산호에 사는 조류 종들을 더 강한 종으로 교체하는 것도 한 가지 방법인데, 초기 실험들은 그것이 효과가 있다는 것을 증명하고 있다.[5] 이 방법을 더욱 큰 규모로 실행하면, 침식을 지연시켜 섬사람들에게 시간을 벌어줄 만큼 충분한 산호초를 살려둘 수 있을 것이다.

전류를 방출하는 '생물바위' 구조물이 전 세계에 여러 개 설치되었다. 그중 하나가 인도네시아 발리섬 페무테란에 있는 220m 길이의 정원이다. 이것을 설계한 사람은 해양 과학자인 울프 힐베르츠와 토머스 고루이고, 목적은 지구온난화로부터 산호초를 보호하는 것이다. 하지만 이 방법에 수반되는 비용과 노력 때문에 작은 규모로밖에 할 수 없다. "수천 킬로미터의 산호초를 다시 자라게 할 수 있는 기술은 현재 없습니다. 따라서 이 방법은 한계가 있습니다." 피터 세일이 말했다. 하지만 그는 그것이 관광 리조트에는 유용한 기법이고, 기름 유출이나 다이너마이트 어로 같은 일시적 피해에 타격을 입은 작은 면적의 산호초를 회복시키는 데는 도움이 된다는 것을 인정했다. 그리고 인공 산호초들은 설령 산호로 뒤덮이지 못하더라도, 불법 저인망 어로를 막는 물리적 장벽이 될 수 있다. 지중해와 플로리다 연안에 설치된 콘크리트 구조물이 이런 식으로 사용된다.

산호초가 사라지는 문제는 수많은 창의적 해법을 이끌어냈다. 한 가지 발상은 산호초가 자라는 얕은 물에 거대한 차양을 설치함으로써 그늘막을 만들어 온도를 낮추는 것이다. 영국의 건축기획자 레이철 암스트롱은 합성생물학으로 산호와 비슷한 생물을 창조하는 방안을 구상 중이다. 합성 산호가 태양에너지를 이용해 탄산칼슘으로 이루어진 인공초를 만들면, 이 구조로 베네치아처럼 가라앉는 도시들을 지지한다는 생각이다. 하지만 불행히도, 이 과정이 자연적으로 일어나든 인간의 창조물에 의해 일어나든, 바다가 계속해서 산성화되는 한 탄산칼슘 초는 용해될 수밖에 없다.[6] 그리고 영향을 받는 것은 단지 산호만이 아니다. 갑각류, 굴, 플랑크톤을 포함해 탄산칼슘 껍데기를 만드는 모든 동물들 그리고 고래부터 인간까지 이런 생물을 잡아먹는 모든 동물들이 영향을 받을 것이다. 작은 플랑크톤성 동물인 익족류('바다 나비'라고도 불린다)는 물고기와 해양 포유류의 중요한 먹이가 되는데 이미 산에 녹고 있고, 굴도 마찬가지이다.[7] 물고기와 고래의 뼈도 탄산칼슘으로 이루어져 있는데, 연구자들은 바다의 산성화로 뼈의 형태가 변형되고 있음을 밝혀냈다. 특히 물고기들이 방향을 찾고 속도와 방향을 감지하기 위해 사용하는 섬세한 귀뼈에 변형이 일어나고 있다.[8] 물고기들은 산성화로 방향만 잃어버리는 것이 아니다. 생물학자들은 그들의 신경전달 물질도 교란을 일으켜 행동을 변화시키는 것을 발견했다.[9] 산성화는 또한 음파가 물속을 이동하는 방식도 바꾼다. 수소이온농도가 0.3pH 떨어지면 물속에서 소리가 70% 더 멀리 갈 수 있다. 인류세에 바다는 점점 더 시끄러워지고 있고, 이것은 아마 고래목처럼 소리로 소통하는 동물들을 혼란스럽게 만들 것이다.[10]

심해 열수공처럼 이산화탄소 농도가 자연적으로 높은 장소들은 이에 걸맞게 낮은 수준의 생물다양성을 보인다. 이런 곳에서는 산호초가 점액질 조류로 대체되는데, 이곳을 통해 우리는 인류세의 바다가 앞으로 몇 십 년 동안 어떤 모습으로 변할지 짐작할 수 있다.[11]

한 가지 방법은 중탄산염 또는 석회를 물에 넣어 바다의 산도를 떨어뜨리는 것이다.[12] 시험 결과는 이 방법을 쓴 장소에서 국지적으로 산호의 성장이 개선된다는 사실을 보여주지만, 우리가 배출하는 이산화탄소의 전 지구적 효과를 상쇄하기 위해서는 바다에 매년 약 $10km^3$(약 90억 T)의 석회를 첨가해야 한다.[13] 현재 우리는 연간 약 3억 T의 석회를 생산하고 그것은 주로 콘크리트 산업에 쓰인다. 그러므로 이 방법의 문제가 무엇인지는 명백하다. 어쩌면 해삼이 해답일까? 연구자들은 이 커다란 무척추동물이 소화 과정의 일환으로 탄산칼슘과 암모니아를 분비하여 물의 수소이온농도를 높인다는 사실을 알아냈다. 하지만 여기에는 엄청난 양의 해삼이 필요할 것이다. 바다는 현재 우리가 배출하는 탄소의 약 절반을 흡수하므로, 바다의 산도를 떨어뜨리고 싶다면 궁극적으로 그런 배출 가스를 줄일 필요가 있다.

인류세의 산호초 파괴는 심각하고 전 지구적인 문제이다. 1998

년의 대규모 백화 사건 때 전 세계 산호의 16%가 파괴되었다.[14] 그 이후 적어도 여섯 차례의 대규모 백화 사건이 있었으며, 과학자들의 추정에 따르면 세계 최대의 산호초인 오스트레일리아 그레이트배리어리프의 최소 20%가 파괴되었고 인도양과 카리브해에서 산호의 90%가 사라졌다. 이 문제와 싸우기 위해 몰디브보다 더 많은 일을 하고 있는 곳은 없지만, 사라지고 있는 산호는 안니가 직면한 바다의 변화 중 한 가지에 불과하다. 경작 가능한 땅이 매우 적은 탓에 이곳 사람들은 해양 포식자들만큼이나 물고기에 의존한다. 끼니의 대부분이 식구 중 누군가가 잡아 염장했거나 건조시켰거나 커리 가루를 뿌린 참치이다. 그런데 어장에 문제가 생긴 것이다.

수 세대 동안 몰디브 어부들은 나카이이(Nakaiy)에 의존했는데, 그것은 독특하고 복잡한 날씨 달력으로 14세기부터 사용되었다고 알려진다. 나카이이는 한 해 동안 군도 어디에서 참치 떼와 그 밖의 다른 물고기를 찾을 수 있으며 별, 바람, 폭풍, 우기, 조수가 어떻게 변하는지에 대한 정확하고 상세한 정보를 14일 간격으로 제공한다. "항상 완벽하게 맞아떨어졌어요." 60대의 뱃사람인 압둘 아지즈가 말했다. "하지만 지난 15년 동안 점점 부정확해졌어요. 지금은 더 이상 그 달력을 사용할 수 없어요." 인류세에 들어와 기후가 점점 예측 불가능해졌고, 어부들은 물고기의 크기와 어획량이 감소하는 것을 직접 목격했다. "참치는 이렇게 컸어요." 아지즈가 자신의 양팔을 펼치면서 말했다. "당신 얼굴만큼 큰 조개가 있었고, 수많은 종류의 상어와 꼬치고기가 있었지요." 정부는 대책으로 특정 지역에서의 어로 행위와 위기종의 어획을 금지하는 법안을 만들었다. 몰디브의 어로는 대부분 가다랑어와 그것보다 더 드물고 몸집이 큰 사촌인 황다랑어를 낚는 것이며, 이것은 이 나라 수입의 10분의 1을 차지한다. 그들은 이 지역에서 수백 년 동안 사용된 더 예쁜 돛단배 '도니스'를 대체한 모터보트 '도니스'에서 대낚시로 고기를 잡는다 (몰디브에서는 어류 자원을 보호하기 위해 그물이 금지되어 있다). 그것은 가장 지속 가능한 어로법이지만 그럼에도 어류 자원은 급격히 줄었다. 2005년 이래로 어획량이 40%가 떨어졌고, 어부들은 생계를 유지하기 위해 더 멀리까지 나가야 한다. 어떤 사람들은 보호 구역인 산호초에서 불법 어로를 하거나 위기 종을 낚기도 한다. 한편 몰디브 주변의 잘 보존된 어류 자원은 아시아의 다른 지역으로부터 비양심적인 어부들을 불러들였다. 그들은 단지 참치만 낚는 것이 아니다.

나는 일군의 생물학자와 함께 세상에서 가장 큰 물고기인 고래상어를 찾는 사흘간의 탐험을 떠났다. 고래상어는 열대 바다 전역에 살지만, 어미 상어의 몸 안에서 알을 부화시켜 새끼를 낳는다는 것 외에 그들의 행동, 이주 경로, 수명, 번식 습성에 대해 알려진 것은 비교적 적다. 고래상어는 커다란 등지느러미를 얻기 위해 사냥되고 있다. 그 지느러미는 아시아 지역 레스토랑에서 상어 지느러미 수프를 광고하는 옥외 광고판으로 사용된다. 지느러미 사냥 때문에 최근 몇 년 동안 몰디브에서 상어의 수가 급감했다. 상어는 성체가 되는 데 적어도 10년이 걸리고 번식률이 매우 낮아서 대다수의 개체군이 남획에서 회복할 수 없다. 배에 오른 과학자들은 너무 늦기 전에 그 위기 종에 대해 더 많은 사실을 알아낼 수 있기를 희망했다.

우리는 고래상어들이 모인다고 알려진 약 40km 떨어진 외곽의 한 환초로 떠났다. 잔잔한 바다 위에 부딪히는 햇빛이 너무 강해서 거의 공기처럼 투명한 물 밑을 보기 위해서는 편광 렌즈를 써야 했다. 쥐가오리 한 마리가 거대한 망토를 우아하게 펄럭이며 미끄러져 지나가고 거북들이 심술궂은 목욕용 장난감처럼 천천히 돌아다니고 알록달록한 물고기들이 거대한 무리를 지으며 질서정연하게 휙 스쳐 지나갔다. 내게는 그저 마법 같은 장면이었다. 하지만 과학자들은 노심초사했다. 길이가 최대 20m에 이르고 물방울이 들어간 인상적인 바둑판 무늬를 뽐내는 고래상어는 찾기 쉬울 것 같지만, 3시간 동안 물을 뚫어져라 쳐다보는데도 한 마리도 보지 못했다. 고래상어를 찾는 사람들은 우리만이 아니었다. 쾌속정들이 고래상어 관광에 나선 한 무리의 리조트 관광객을 싣고 우리 옆을 쏜살같이 지나갔다. 고래상어 관광이 이곳에서 큰 사업이 된 탓에 이 지역 고래상어의 75% 이상이 보트에 긁힌 상처를 가지고 있다고 몰디브 고래상어 연구 프로그램의 리처드 리스가 말했다. 고래상어들은 수면 근처에서 천천히 헤엄치기 때문에 특히 취약했다.

불현듯 리스 앞에 한 마리가 출몰했다. 나는 훈련된 연구자들을 따라 물속으로 뛰어들어 표류하는 큰 상어 쪽으로 있는 힘껏 빠르게 헤엄쳐 갔다. 리스가 측정용 밧줄의 한쪽 끝을 내게 건넸고, 나는 온 힘을 다해 상어의 코 쪽으로 다가가 녀석의 눈을 똑바로 쳐다봤다. 리스는 꼬리 쪽에 있었다. 상어는 길이가 겨우 6.5m밖에 안 되는 어린 개체였지만, 내게는 우아하고 여유 있게 물속을 헤엄치는 웅장한 생명체였다. 다른 상어와 달리, 고래상어의 거대한 입은 인간에게 아무런 위협이 되지 않는다. 이들은 미세한 동물과 조류들을 대량으로 먹는 여과섭식자이기 때문이다. 리스는 녀석의 성별을 감식하기 위해 배 밑 쪽으로 헤엄쳐 갔다. 작은 기각들로 보아 수컷이었다. 그는 수중 카메라로 고래상어의 왼쪽과 오른쪽을 찍었다. 또 다른 과학자가 작살을 들고 상어 위를 급습하여 등지느러미 바로 밑에 꼬리표를 매달았다. 앞으로 그 상어가 수면으로 올라올 때마다 위성을 통해 자료가 전송될 것이다.

우리가 수면 위로 올라갈 때 리스가 또 한 마리를 보았다. 우리는 다시 스쿠버 장비 없이 다이빙을 했다. 이 불쌍한 상어는 과거에 지느러미 사냥을 당했는지 심하게 뒤틀린 등지느러미가 떨어질락 말락 했다. 이 크기의 상어지느러미는 대만이나 홍콩에서 1만 달러쯤 한다. 이번 세기에 고래상어 개체군이 50%쯤 감소할 것으로 예상되는 한 가지 이유가 여기에 있다.[15]

바다에서 나흘을 보낸 뒤 육지로 돌아가니, 안니가 몰디브 수역에서 암초 상어 사냥을 금지했다는 소식이 들려왔다. 그 관행을 법으로 금지한 국가는 그 지역에서는 처음이고 세계적으로는 두 번째였다. 몰디브 수역에 자주 출몰하는 37종의 상어를 보호하는 캠페인을 벌여온 해양보존주의자들은 그 조치에 환영을 보냈다. "8년 전에는 스노클링을 할 때마다 둑 근처에서 흑기흉상어를 60~70마리쯤 볼 수 있었습니다. 그런데 지금은 두 마리만 봐도 운이 좋은 거예요." 바아 환초의 소네바 푸시 리조트에 근거지를 둔 해양생물학자 안케 호프마이스터가 말했다.

나는 안니의 제안으로 몰디브 북부의 이 호화 리조트를 찾았다. 그는 이곳을 영감의 원천이라고 표현하면서, 이곳에서 시도되는 혁신적 실험을 참관하도록 장관들을 정기적으로 보냈다. 리조트 주인 소누 쉬브다사니는 안니와 똑같은 목표를 자기만의 소박한 방식으로 추구했다. 그것은 사회·환경적으로 진보적인 사업으로 수익을 내는 것이다. 2015년에 소네바 푸시는 생산하는 양보다 많은 이산화탄소를 흡수하겠다는 계획을 세웠다. 그 목표를 위해 리조트에 나무와 맹그로브를 심었다(몇 그루 야자수를 제외하면 황무지나 다름없는 다른 리조트 섬들과는 큰 차이가 있는 행보이다). 각각의 주문 제작된 빌라는 자연 환기를 사용하도록 설계되었는데, 쉬브다사니는 이것을 보완하기 위해 차갑고 깊은 바닷물 속으로 파이프를 내리는 열 교환 에어컨 장치를 도입하는 새로운 실험을 했다. 하지만 설계 문제로 애를 먹으면서 제대로 작동시키기 위해 100만 달러 이상을 쓴 뒤, 결국 이 장치를 포기하고 처음부터 다시 시작해야 했다. 새로운 계획은 전기가 필요한 다른 시설과 마찬가지로 새로운 태양열발전소를 이용해 냉방을 제공하는 것이다. 샤워용 온수는 이미 열 회수 장치를 이용해 제공하고 있고, 레스토랑의 음식물 쓰레기로 만드는 생물 연료로 이것을 보완한다. 그는 이런 시도들이 리조트의 디젤 발전기를 쓸모없게 만들기를 바란다. 현재 그 리조트는 세계 곳곳에서 나무심기 프로젝트를 진행함으로써 방문객들이 타고 오는 국제선의 탄소 발자국을 상쇄하기 위해 노력하고 있다.

쉬브다사니에게는 바다라는 자연환경만큼이나 인간의 — 사회적 — 환경도 중요하다. 그는 다른 리조트보다 두 배 많은 직원을 고용하고, 다양한 사업을 통해 그들과 마을에 투자한다. 한 예로, 여행자들이 몰디브인과 함께 며칠간 자원봉사를 하면 리조트에서 10일간 무료 휴가를 보낼 수 있는 프로그램이 있다.

소네바 푸시는 가장 친환경적인 호텔일 뿐 아니라 최고의 호텔이라는 찬사를 자주 듣는 곳으로, 지속 가능성을 위해 호사를 희생하지는 않았다. 큰 기술혁신만큼이나 코끼리 똥 종이와 황마 가방 같은 작은 변화들도 중요하다고 쉬브다사니는 강조한다. 이를테면 이 섬에서는 플라스틱 병을 사용할 수 없다. 그 대신 관광객에게 유리병을 주고 담수화 시설에서 나온 생수나 탄산수를 무료로 채워준다. 리조트 측에 따르면 이 조치로 매년 매립지로 가는 병 4만

5,000개를 줄일 수 있다. 유지 관리 구역에는 재활용 시설이 사려 깊게 감추어져 있다. 게다가 리조트에서 쓰는 과일, 허브, 샐러드를 공급하는 밭도 두 군데 있는데, 식품의 90% 이상을 수입하는 곳에서 이것은 정말 대단한 일이다.

수천 킬로미터 떨어진 곳에서 배출되는 훨씬 더 많은 양의 이산화탄소 때문에 이런 섬이 사라지고 있는 상황에서, 이런 시도들이 다 무슨 소용일까? 말레에 돌아와 나는 안니에게 이 질문을 던졌다. "우리가 솔선수범해야 합니다. 다른 나라들에게 배출량을 줄이라고 요청하는 것이 진정성 있게 들리려면, 요청하는 사람도 똑같이 해야 합니다. 이 원리는 부유하든 가난하든 모든 나라에 적용됩니다." 안니가 답했다.

이런 태도는 개발도상국이 통상적으로 취하는 입장과 매우 다르다. 개발도상국들은 자신들은 경제를 개발할 필요가 있고 그렇게 하는 동안 오염시킬 자유가 있어야 한다고 주장한다. 그들은 자신들은 현재 대기 중에 있는 온실가스를 생산한 장본인이 아니므로 배출 제한을 받아서는 안 된다는 논리를 펼친다. 하지만 안니는 전세계가 환경 위기에 놓인 상황에서 공정함을 따지는 것이 무슨 소용이냐고 말한다. "물론 몇몇 나라들이 공기를 오염시키는 방식으로 자국 경제를 개발한 것은 불공정하고, 가장 가난한 나라들이 기후변화에 가장 큰 타격을 받는 것도 불공정합니다. 하지만 우리는 이런 논리를 뛰어넘어 그 문제를 적극적으로 해결해 나가야 합니다."

인권과 기후변화 대응을 연결하는 안니의 선구적 시도는 내게 깊은 감명을 주었다. 이 섬들이 결국 사라질 것이라는 사실을 그도 안다. 하지만 그의 국민들, 그리고 그 자식과 손자들에게는 계속 살아갈 지구가 필요하다. 따라서 안니는 단기적 조치를 취하면서도 장기적 관점에서 생각했다. 그것은 특별한 자질이고 대통령이라는 직책을 가진 사람에게서는 특히 보기 드문 자질이다. 이 낙원 같은 섬나라에서 추후 전개된 사건들이 내게 유독 비극적으로 다가오는 이유가 여기에 있다.

안니가 두려워했던 대로 그의 대통령 임기는 너무나 짧았다. 임기 중반인 2012년 초 그는 쿠데타로 권력에서 축출되었다. 그가 추진하던 사업은 투자자들이 빠져나가면서 보류되거나 취소되었고, 많은 방면에서 몰디브는 후퇴했다. 국제사회의 압력이 점점 커지고 시위가 폭력적으로 흘러가던 2013년 말, 마침내 선거가 실시되었다. 안니는 작은 표차로 압둘라 야민 가윰에게 패했다. 가윰은 전 독재자의 이복동생으로 자신의 경쟁자가 너무 세속적이고 서구 세계와 지나치게 가깝다고 비난하는 이슬람주의 선거 운동을 이끌었다. 이에 맞서 안니는 계속해서 기후변화, 개발, 환경 문제에 대한 조치를 촉구했다. 최근에 이곳에서 느꼈던 낙관주의적이고 희망적인 분위기를 기억하는 나로서는 몰디브에서 보낸 날들을 떠올릴 때면 씁쓸하기 짝이 없다. 이산화탄소 농도가 계속 올라가고 바다가 더 따뜻해지고 산성화되고 위협적으로 변하는데도, 세계 지도자들 중 누구 하나 이 문제를 해결하려고 나서는 사람이 없다는 것은 자못 절망적이다. 그리고 이것은 인류의 가장 큰 실패 중 하나이다.

|

잃어버린 낙원을 다른 곳에서 되찾을 수 있을까? 이것은 잠식당하는 바다, 침식되는 해안, 줄어드는 지하수, 나빠지는 산호초와 어로 환경 속에서 살아가는 다른 섬나라

사람들이 곧 직면해야 할 물음이다. 투발루, 방글라데시의 볼라섬, 파푸아뉴기니의 카터릿섬, 키리바시, 피지 그리고 태평양의 환초들이 그 후보들이다.

나는 뉴델리에 머무는 동안 마침 그곳에 와 있던 키리바시 대통령 아노테 통을 만날 수 있었다. 그는 안니처럼 키리바시에 사는 11만 3,000명의 시민들이 처한 역경을 절절히 토로했다. 아노테 통은 지구온난화에 대해 목소리를 내며 행동을 촉구하고 나선 최초의 세계 지도자들 중 한 명이다. 그가 과학을 전공했기 때문이기도 하지만, 더 큰 이유는 그의 고국인 태평양의 섬나라에서 점점 가시화되고 있는 기후변화의 영향 때문일 것이다. 그의 나라는 몰디브처럼 33개의 야트막한 환초와 섬들로 이루어져 있다. "우리는 이 섬들에서 나무와 집들이 하나씩 파도 속으로 사라지는 것을 목격하고 있습니다. 지금의 상황은 '만일 해수면이 상승하면 우리는 물에 빠져 죽을 것'이라는 가정형이 아닙니다. 상황은 현재 진행형이며 돌이킬 수 없는 지점에 도달했습니다." 아노테 통 대통령이 내게 말했다.

키리바시는 기후변화 때문에 모든 영토가 사라지는 최초의 국가가 될 예정이고, 몰디브와 방글라데시 같은 나라는 그것을 공포에 떨며 지켜보고 있다. 아노테 통은 실용적인 사람으로 불가피한 상황에 대한 대책을 세우고 있다. 그는 오스트레일리아와 뉴질랜드를 상대로 I-키리바시(그 나라 국민을 부르는 말)를 이민자로 받아달라고 요청해왔다. 키리바시는 지구에서 가장 가난한 나라 중 하나이다. 대부분의 사람들이 물고기를 잡거나 코코넛 산업에 종사하며 코이어(코코넛 열매 겉껍질로 만든 거친 섬유)와 코프라(코코넛 과육을 말린 것으로 거기서 기름을 추출하고 남은 것은 동물 먹이로 쓴다)로 뭔가를 만든다.

아노테 통은 자신의 국민이 그동안 살던 곳과는 극명하게 다른 나라에서 새로운 삶을 살 수 있기를 바라는 것만큼이나 그들이 그런 삶에 준비가 되어 있기를 간절히 바란다. "나는 우리 국민이 기후난민이 되어 그날그날 아무 희망 없이 살아가기를 원치 않습니다. 젊은이들은 앞으로 살날이 더 많고, 따라서 우리는 그들이 새로운 곳에서 최고의 기회를 잡아 이등 시민으로 전락하지 않고 새로운 나라에 기여할 수 있도록 해야 합니다. 그들이 이주하는 것은 그들 잘못이 아닙니다." 그는 그러기 위해 키리바시의 일부 국민들이 과수원에서 일하면서 원예 훈련을 받을 수 있도록 뉴질랜드 정부와 협상을 벌여왔다. 그리고 오스트레일리아는 약 100명에게 간호사 훈련을 시키는 것에 합의했다. 이것은 작은 숫자일 뿐 아니라, 두 나라 모두 지금까지 키리바시 국민을 새로운 시민으로 받아들이는 데는 합의하지 않았다. 실제로 한 뉴질랜드 판사는 2013년에 기후변화를 이유로 난민의 지위를 요구하는 한 키리바시 남성의 요청을 거부했다.

잠비아 대통령 레비 음와나와사는 키라바시 사람들을 환영하는 유일한 국가수반이었다. 그는 아노테 통에게 자기 나라에는 키라바시인들을 수용할 수 있는 "여지가 충분하다"고 말했다. 하지만 그 조치에 합의하기 전인 2008년에 잠비아 대통령이 임기 중 갑자기 사망했다. 현재 아노테 통은 피지에서 두 번째로 큰 섬인 바누아레부섬에 약 $20km^2$의 땅을 사들이기 위해 피지 군사정부와 협상을 벌이고 있다. 이미 여러 키리바시인들이 그 지역의 12개 섬나라가 공동으로 소유한 피지의 남태평양대학교에 다니고 있다. 아노테 통은 새 나라가 이민자에 대한 부담으로 허덕이지 않도록 가장 젊고 유능한 일꾼들을 먼저 보낼 계획이다. 하지만 아무리 그래도 피지로 이주하는 것은 만만찮은 일이다. 무엇보다 키리바시는 민주주의 국가인 반면 피지는 민주적으로 선출된 정부가 2006년에 축출당하고 현재 억압적인 '계엄령' 치하에 있기 때문이다.

피지 이주 계획이 잘 풀리지 않을 경우에 대비해 아노테 통은 다른 장소들을 물색해왔다. 전 국민을 이주시킬 수 있는 거대한 해상 섬이나 석유굴착 장치 형태의 구조물을 짓는 방법도 고려하고 있다. "모든 선택지를 고려해야 합니다. 우리는 이 과정의 개척자들이라서 정답이 무엇인지 아직 모릅니다."

내가 태어난 나라가 더 이상 존재하지 않으리라는 사실을 아는 것은 어떤 기분일까? 그는 그동안 비슷한 질문에 능숙하게 대답했던 전문가적 태도를 잠시 내려놓고 생각에 잠겼다.

"고통스럽지요." 그는 마침내 답했다. "그것은 5,000년의 역사를 지닌 한 문화를 잃는 것, 고유의 언어와 동화와 노래를 잃는 일이니까요. 나는 우리나라 사람들이 모두 함께 어딘가로 이주할 수 있기를 바라지만, 그곳이 어디든 우리를 받아줄 수 있는 곳으로 뿔뿔이 흩어지게 될 겁니다."

"더 늙은 사람들은 고국을 떠나느니 차라리 파도에 휩쓸려 죽는 게 낫다고 말합니다. 조상들이 살았고 사랑하는 사람들의 무덤이 있는 장소니까요. 많은 사람들이 이주하기보다는 비통하게 죽을 겁니다." 그는 말했다. 그가 직면한 상황 — 한 문화가 몇 십 년 내에 통째로 우리 눈앞에서 사라진다는 것 — 이 무엇인지 알 것 같았다. 인류세에는 지리적 지도가 달라질 것이다. 하지만 문화적 지도 역시 달라질 것이다.

"이것은 우리 시대에 지구촌이 맞은 최대 위기입니다. 테러리즘보다 더 큰 위기이지요. 온실가스를 계속해서 방출하는 사람들은 기후 테러리스트입니다." 아노테 통이 몹시 화가 난 채로 말했다.
"우리가 1번 타자가 되었지만 다른 사람들도 우리 뒤를 따를 겁니
다."

저지대 섬들의 운명은 약 1만 km 떨어진 곳 — 너무 낯설어서
같은 행성이라는 사실을 믿기 힘든 장소 — 에서 일어나고 있는 단
순한 물리적 과정에 달려 있다. 하루의 대부분이 캄캄한 어둠 속에
휩싸여 있고 허리케인처럼 휘몰아치는 바람이 얼어붙은 바다를 강
타하고 도시 크기만 한 빙하들이 서로 부딪히는 곳, 바로 북극에 변
화가 일어나고 있는 것이다. 그 변화는 지구가 지난 1,000만 년 동
안 한 번도 경험하지 못한 극단적 규모로 진행되고 있다. 우리 행성
에 마지막으로 남은 가장 야생적인 바다가 인간의 영향에 마침내
굴복한 것이다. 북극의 얼음이 서서히 녹고 있다.

기후 모형들은 그린란드와 남극 같은 지구 양극단에서 일어나
는 해빙이 언젠가는 티핑 포인트에 도달할 것이고 그 뒤에는 해빙
속도가 갑자기 가속화될 것이라고 예측한다. 녹은 물이 빙상의 붕
괴를 재촉하는 윤활유 역할을 하고, 얼음과 눈(태양 광선을 최대
90%까지 반사시킨다)이 줄어들고 태양열을 더 잘 흡수하는 검푸
른 물이 더 많아질 것이기 때문이다. 하지만 기후 모형마다 제시하
는 시간표는 다르다. 나사(NASA) 고더드 우주비행센터의 제임스
핸슨 집단은 전 지구적 해수면 상승이 2100년까지 5m에 이를 것으
로 예측한다. 한편 독일 포츠담 기후영향연구소의 스테판 람스도르
프 집단이 제시하는 것처럼 더 보수적인 모형들은 이번 세기말까지
1.4m 상승할 것이라고 예측한다. 이 정도만 해도 세계 주요 도시들
다수와 함께 몰디브 같은 저지대 섬들을 침수시키기에는 충분하다.
심지어 람스도르프조차 "빙상의 비선형적 행동 또는 한계 행동" —

다시 말해 티핑 포인트 — 가 존재할 경우 센티미터 단위가 아니라 미터 단위의 해수면 상승도 배제할 수 없다고 말한다.

확실한 것은 해빙이 가속화되고 있다는 사실이다. 내가 히말라야산맥에서 목격한 해빙은 북극에서 일어나고 있는 일에 비하면 아무것도 아니다. 북극의 온난화는 다른 지역들에 비해 적어도 2배 빠르고, 어쩌면 8배까지 빠를지도 모른다.[16] 지구온난화 평균이 2도라는 말은 북극의 온난화가 3~6도임을 의미한다. 그것은 어느 정도, 뜨거운 남풍이 검댕 오염 물질들을 가지고 이 지역에 모이기 때문이다. 검은 입자들은 태양 광선을 흡수하여 대기를 덥히고, 그 입자들이 눈과 함께 얼음 위에 떨어지면 얼음을 검게 만들어 해빙을 가속화한다. 거의 모든 북극 빙하가 줄어들고 있다. 그린란드의 빙상은 매년 200Gt의 얼음을 잃고 있다. 이것은 10년 전보다 네 배 빠른 속도이다. 2011년에 그린란드의 한 지역을 연구한 연구자들은 그 빙상의 크레바스가 1985년 이래 13% 증가했고, 그 결과 얼음이 녹아 바다로 흘러드는 속도가 빨라졌음을 밝혀냈다.[17] 그린란드 표면적의 80%를 덮고 있는 그린란드 빙상은 남극 빙상 다음으로 넓다. 만일 그린란드가 완전히 녹는다면 전 세계 해수면이 7m 상승할 것이다.

바다가 일률적으로 상승하는 것은 아니다. 예를 들어 태평양은 해수면이 평균보다 20% 더 상승할 것이다.[18] 그리고 열대 섬들이 사라지는 한편 새로운 땅들이 북극에서 모습을 드러내고 있다. 우나르토크 퀘퀘르타크(Uunartoq Qeqertaq, '온난화하는 섬'이라는 뜻)는 2006년에 탄생했는데, 예전에 그 땅과 그린란드 본토를 한꺼번에 덮고 있던 얼음 다리가 녹은 결과이다. 인류세에 우리는 지도책을 다시 그려야 할 것이다.

해저 온난화와 북극 땅의 해빙으로 그곳에 오랫동안 저장되었던 수억 톤의 메탄가스가 밖으로 나오고 있다. 메탄은 이산화탄소보다 20배 더 강력한 효과를 지닌 온실가스이다. 과학자들은 우리 세계를 거주할 수 없는 수준으로 탈바꿈시킬 잠재력을 지닌 대량의 메탄가스가 대기로 올라오는 것을 목격해왔다. "우리가 지름 1,000m가 넘는 지속적이고 강력하고 인상적인 누출 구조를 발견한 것은 이번이 처음입니다." 러시아 과학자 이고르 세밀레토프는 2011년 영국 《인디펜던트》 신문과 한 인터뷰에서 이렇게 말했다. 지상에서 우리는 북극의 툰드라가 푸르게 변하는 모습을 지켜보고 있다. 광대한 영구동토 지대가 녹아서 농업이 가능해지고 있는 것이다. '툰드라(Tundra)'라는 말은 '나무가 없다'는 뜻이지만, 연구자들은 일부 지역에서 오리나무와 버드나무 숲을 포함해 식물이 20% 증가한 것을 목격했다.[19] 동물 종도 그곳으로 이주하기 시작한 한편, 북극곰 같은 종들은 멸종 위기에 놓여 있다. 이미 북극으로 진출한 남방의 사촌 회색곰과 이종교배가 일어나 피즐리 또는 그롤라라고 불리는 잡종이 탄생하고 있다.

하지만 가장 크고 극적인 지역 변화는 바다의 얼음에 일어나고 있는 변화이다. 북극은 가장 작고 얕은 바다로 일 년 내내 꽁꽁 얼어붙은 채로 육지에 완전히 둘러싸여 있다. 여름 몇 달 동안만 얼음이 부분적으로 후퇴했다가 다시 언다. 그런데 후퇴의 규모가 점점 커지고 후퇴가 더 일찍 시작되고 있다. 1980년 여름에는 북극의 얼음이 지구 표면의 2%를 차지했으나, 그때 이래로 면적이 절반으로 줄었고 부피는 75%까지 떨어졌다. 그러다 2007년에 갑자기 얼음이 전례 없는 속도로 녹았다. 지구의 '지붕' 위로 선박이 대서양과 태평양 사이를 오갈 수 있을 만큼 분명한 수로들이 생겨났다. 이후에도 해빙은 계속되어, 2012년 여름에는 과학자들이 자신들의 기후 모형과 예측을 재평가하지 않을 수 없을 정도로 얼음이 사라졌다. 데이터에서 해빙 속도가 과소평가된 것은 과학자들이 위성사진상에서 유빙과 녹아서 질퍽질퍽해진 얼음을 구별할 수 없기 때문이다. 하지만 분명한 것은 북극의 얼음이 해빙과 온난화를 가속화하는 죽음의 나선에 진입하고 있다는 사실이다. 2030년이 되면 북극해에 얼음이 없을지도 모른다. 어쩌면 그 시기가 앞당겨질 수도 있다. 그런 빠른 속도에 경악을 금치 못하는 과학자들은 온난화하는 북극이 떠안기는 재정 부담이 2012년의 세계 경제 규모와 맞먹을 것이라고 계산한다.[20] 일각에서는 구름을 만들어 햇빛 반사율을 높이기 위해 대기로 바닷물을 분사하는 방법을 포함해, 온도를 대폭 떨어뜨리는 긴급한 지구공학적 조치들을 추천하고 있다.

땅에 있는 빙하가 녹는 것과 달리, 바다의 얼음이 녹는 것은 해수면에 직접 영향을 주지 않는다. 그것은 단순히 자체 부피를 대체할 뿐이다. 하지만 인류세에 지구 북극에 햇빛을 반사시키는 두꺼운 빙판 대신 거대한 검은 수역이 존재하는 것의 함의는 북극 안에서 끝나지 않는다. 바다의 순환은 따뜻한 열대 바다와 얼음장 같은 북극 바다 사이의 온도차가 지배한다. 과학자들은 이미 변화를 목격하고 있다. 엘니뇨부터 허리케인까지 전 세계의 기후가 영향을 받고 있기 때문이다. 빙하가 녹아 북극에 물이 새로 유입되는 데다 그 물이 상대적으로 따뜻하다 보니 해수층이 안정되어 바닷물이 필요한 만큼 뒤섞이지 않는다. 바닷물이 덜 차가워지고 먹이 가용성이 증가함에 따라 물고기들은 더 북쪽으로 이주하고 있다. 얼음이 녹으면서 더 많은 빛이 물속을 통과할 수 있게 되자 식물성 플랑크톤이 번성한 탓이다.[21]

이 지점에서 바다에 주어진 최고의 선물이 등장한다. 바로 식물성 플랑크톤이 광합성을 한다는 사실이다. 식물성 플랑크톤은 바다의 열대우림으로서 이산화탄소를 붙잡아 가둔다. 만일 우리가 이 플랑크톤의 활동을 이용할 수 있다면 온도를 낮추는 동시에 산성화된 바다를 중화시킬 수 있을지도 모른다. 이런 생각을 토대로 지구공학자들은 철(이 비료는 자연 상태에서는 바다에 낮은 농도로 존재한다)을 이용해 식물성 플랑크톤의 번성을 촉진하고 싶어 한다. 다양한 괴짜들이 그들 나름의 작은 시도들을 했지만, 가장 큰 희망이 걸려 있는 곳은 남극의 차갑고 황량한 물이다. 남극에서는 한때 크릴새우가 풍부한 물이 대규모 고래 개체군을 부양했다. 하지만 인류의 고래잡이 산업이 이 대형 바다포유류를 사실상 전멸시키자 그들과 함께 하나의 생태계가 통째로 사라졌다. 아마도 고래들이 철이 풍부한 배설물로 바닷물에 비료를 주었기 때문이었을 것이다. 크릴새우가 없는 지금은 고래가 거의 없다. 그곳의 물에 철 부스러기 비료를 주자는 생각은 지구공학을 회의적으로 바라보는 대중에게도 그럴듯하게 들릴 것이다. 우리가 파괴한 생태계를 회복시키는 데 도움이 될 것이기 때문이다. 그리고 동시에 그 방법은 지구의 기온을 바로잡는 방법이 될지도 모른다.

지구의 중요한 날씨 형태는 극지방의 조건에 크게 의존하고, 북극에서 진행되고 있는 대대적인 해빙은 이미 북반구에서 온대 지역에 속했던 지대에 변화를 가져오고 있다. 뜨거운 남풍과 얼음장 같은 북풍 사이의 온도 차이가 줄면서 두 전선이 예전처럼 격렬하게 휘저어지지 않고 온화하게 확산된다. 따라서 이렇게 바람이 휘저어지는 과정에서 형성되는 이른바 '제트기류', 에너지가 풍부한 바람(수백 킬로미터에 걸쳐 뻗어 있는 기류로 북유럽에서 경험하는 온화한 기후를 만든다)이 더 남쪽으로 밀려 내려간다. 그런 비교적 안정된 상태 — 정체된 상태로 머무는 둔화된 공기 — 는 온대 지방에서 일반적으로 경험하는 날씨 변화가 더 극단적이 되고 더 오래 지속된다는 것을 의미한다. 따라서 온대 지역에서 여름에 짧게 소나기가 내리는 대신 우기 같은 홍수가 쏟아지고, 짧은 건기 대신 가뭄이 수개월씩 이어진다. 겨울에는 제트기류가 더 남쪽으로 내려가는 탓에 유럽과 미국의 온대 지역들이 차가운 기온에 노출되고, 증발로 인해 공기 중에 증가한 습도는 장기간의 폭설을 초래한다. 다시 말해 유럽의 북쪽이 더 추워지고 겨울에 눈이 많이 오는 한편 제트기류의 남쪽에는 가뭄이 이어진다. 인류세에 지구는 더 이상 온대 기후를 지닌 광대한 대륙을 갖지 못할 것이다.

인류세의 북극은 머지않아 홀로세의 손님이 알아볼 수 없는 곳이 될 것이다. 북동항로 — 유럽과 아시아를 잇는, 오랫동안 염원했던 바닷길 — 의 얼음이 열리면서 이 금지된 지역에 새로운 무역 가능성이 생기고 해양 교통이 활기를 얻고 있다. 북극을 통해 유럽에서 극동아시아로 가면 수에즈 운하를 통과하는 것보다 시간이 거의 절반으로 준다. 북동항로로 가면 로테르담에서 요코하마까지의 거리가 적어도 7,000km가 줄어들고 비용은 약 3분의 1이 더 저렴해진다. 연료가 절감되고 아덴만에서 소말리아 해적들을 만날 위험도 피할 수 있어 보험료가 절감되기 때문이다.

사라지는 얼음으로 새로운 기회를 만난 이들은 또 있다. 바로 해빙을 일으키는 온난화의 주범인 기업들이다. 대략 500억 배럴의 석유와 7조 m³의 가스 — 각각 전 세계 매장량의 15%와 30% — 뿐 아니라 그 밖의 다른 풍부한 광물이 북극해 해저에 매장되어 있다. 기업들은 지금까지는 접근이 불가능했던 유전을 시추하기 위해 앞

다투어 달려가고 있고, 이 사업의 어마어마한 경제적 잠재력은 북극의 다섯 개 나라 사이에 외교 긴장을 유발하고 있다. 각 나라들은 저마다 해저 자원과 잠재력이 막대한 풍력, 조수, 지열 에너지에 대한 소유권을 주장한다. 각 나라는 자국 해안에서 튀어나와 있는 대륙붕 일부에 대한 소유권을 주장할 수 있고, 해저 지질에 대한 주권은 이런 식으로 결정되고 있다. 미국이 소유권을 주장할 수 있는 860만 km²에 이르는 땅만 해도 세계 최대 규모의 해저 영토 확장일 것으로 추산되는데, 알래스카주를 제외한 미국 48개 주를 합한 것보다 크다. 2007년에 블라디미르 푸틴 대통령은 국제 합의가 이루어지기 전에 선수를 쳐서 북극 해저에 러시아 깃발을 꽂았다. 하지만 이런 객기에도 불구하고 더 냉랭한 새로운 냉전에 대한 두려움은 당분간은 근거가 없어 보인다.

그보다 더 큰 걱정은 에너지 회사들이 서둘러 돈을 벌고자 연약한 해양 환경을 파괴할 것이라는 사실이다. 현존하는 생태계는 그런 차갑고 어두컴컴한 환경 속에서 살아남기 위한 극단적 기제를 진화시켰다. 이를테면 물고기 종들의 혈관에는 부동액이 흐르고, 곰 같은 거대 포유류들은 몇 달 동안이나 먹지 않고도 생존할 수 있다. 그럼에도 이런 동물들은 위태위태하게 살고 있고, 따라서 석유 재난이 일어난다면 종 전체가 멸종에 처할 수 있다. 북극에서 허리케인처럼 강한 바람, 매서운 얼음 폭풍, 충돌하는 빙산과 압축 동결의 위험을 딛고 시추하는 것은 아무리 거대한 유정을 발견할 수 있으리라는 희망이 있다 해도 결코 쉬운 일이 아니다. 게다가 선박이 실수로 기름을 흘리거나 RMS 타이태닉호처럼 충돌 사고로 기름이 유출될 가능성이 다른 어떤 곳보다 높다. 또한 북극에서의 유출은 아무리 소량이라도 걷어내거나 봉쇄하기가 훨씬 힘들다. 석유는 차가운 물에서는 열대에서와 같이 자연적으로 잘 분산되지 않고, 멕시코 만에서 석유 분해를 도왔던 미생물들이 북극에는 살지 않는다. 선박의 출입을 제한하는 방책이나 기타 물리적 방벽을 이용해 유출된 기름을 봉쇄하는 방법도 불가능하다.

하지만 환경에 대한 우려에도 불구하고 석유와 광물 탐사자들은 그 지역으로 떼 지어 몰려가고 있다. 시추 작업에 착수하는 것은 지금 당장은 경제적으로 이익이 되지 않는다 해도(여러 회사들이 제반 비용을 현실적으로 따져본 뒤 그 지역에서 철수했다) 십 년 내에 그런 모험이 수익을 가져다주는 시점이 올 것이다.

지금까지 에스키모인들과 고래 사냥꾼들만이 살던 장소에, 새로운 산업을 떠받치기 위해 이미 소도시와 큰 도시들까지 건설되고 있다. 인구가 단 5만 6,000명(그 가운데 85%가 이누이트이다)에 불과한 세계 최대 섬 그린란드가 타지인들에게 제압될 위기에 처해 있다. 어쨌든 토착민들은 그 지역에서 사는 것이 점점 힘들어지고 있다. 예전에 꽁꽁 얼었던 땅을 건너려면 지금은 진흙에 처박히거나 얇은 얼음 틈에 빠질 위험을 감수해야 한다. 또한 얼음이 녹아 몰아치는 북극의 거친 파도에 연약한 해안선이 노출되면서, 해안선이 차츰 바다 속으로 허물어지고 있다. 북극의 일부 지역에서는 보호 작용을 하던 얼음이 녹아 없어지면서 바람이 물 위에서 이동하는 거리가 늘어나 침식 속도가 연간 수십 미터 수준으로 두 배나 늘어났다.[22] 전통적인 사냥지들은 현재 접근 불가능하고, 현대 세계의 새로운 이민자들이 가져온 생활 방식은 현지 문화를 잠식하고 있다. 그린피스 활동가들은 그 지역에 선박을 배치해 상주하면서 시추를 방해하는 활동을 하는 한편 시추 계획에 대한 반대 여론을 조성하고 있다. 충분한 기금으로 운영되는 NGO가 그보다 더 많은 기금으로 운영되는 석유 회사들에 맞서 얼마만큼 성공을 거둘지는 두고 볼 일이다.

한편 북극 국가들의 배타적 어업 수역 바깥에 위치한 수백만 제곱킬로미터의 이른바 '도넛 구멍'이 사상 최초로 녹고 있고, 그 결과 북극의 대구 개체군들이 마구잡이식 어로에 노출되고 있다. 야생 상태로 남아 있던 북극도 다른 모든 바다처럼 인간의 남획이라는 재앙에 희생될지도 모른다.

물고기는 우리가 대량으로 사냥하는 마지막 야생동물이지만 우리가 그렇게 하는 마지막 세대가 될지도 모른다. 전 세계 어류 자원의 85%가 남획되었거나 바닥났거나 회복 중이다.[23] 큰 어종들은 90%가 감소했다. 전 세계의 어류 자원이 계속 줄어들고 있는데도 물고기 소비는 현재 일인당 연간 20kg에 육박하고 있다(1950년대보다 4배 많은 수준). 현재 세계 최대의 바다 포식자가 된 인간은 바다의 생명다양성을 떨어뜨리고 먹이사슬을 교란하고 있다. 인류세가 더 진행되면 사람들이 먹는 유일한 물고기는 양식 물고기가 될 가능성이 높다. 바다에 사는 모든 어종을 맛보는 것은 고사하고 볼 수조차 없어질 것이다. 유럽인들이 지중해와 북해에서 저인망 같은 점점 더 효율적인 방법을 이용해 물고기를 싹쓸이한 결과 해저의 광대한 지역들이 이미 사막처럼 되었다. 그리고 과도한 국가 보조금으로 운영되는 이런 산업적인 어업 선단들은 현재 열대 바다에서도 물고기를 싹쓸이하고 있다. EU 어획량의 4분의 1이 현재 유럽 수역 밖에서 잡힌 것이고, 그 대부분이 과거에 어류 자원이 풍부했던 서아프리카 바다에서 잡힌 것이다. 서아프리카 수역에서 각각의 저인망 어선은 하루 수십만 킬로그램의 물고기를 잡아 올려 유럽으로 돌아간다. 모든 서아프리카 어장들이 현재 고갈된 상태라서, 영세 어업을 하는 많은 지역 주민들은 가족을 먹여 살릴 수 없는 처지이다.

점점 감소하는 어류 자원을 손에 넣기 위해 막대한 국가 보조금으로 대규모 어업 선단을 운영하는 정책은 모든 면에서 지속 가능하지 않다. 일단 비용만 해도 연간 약 500억 달러가 든다. 스페인의 경우, 육상에 올라온 물고기 세 마리 중 한 마리가 보조금으로 잡힌 것이다. 반면에 영세 어업은 전 세계에서 잡히는 물고기의 절반을 담당하지만, 그 업종의 90%를 차지한다.[24] 분명 산업화된 국가들은 전통적인 방법으로 돌아가지 않을 테지만, 대규모 선단을 대폭 줄여야 한다는 사실 또한 명백하다. 인간이 해양 생태계를 너무 크게 변화시킨 탓에, 우리가 홀로세 수준의 어류 다양성을 회복하려면 어떤 종도 해내지 못했던 일을 해야만 한다. 즉 더 사냥할 기회와 여력이 있을 때 사냥을 억제하는 것이다.

EU만 해도 어류 자원을 회복한다면 어획량을 대략 350만 T 더 늘릴 수 있고, 그 가치는 연간 44억 달러에 이른다.[25] 회원국들이 더 많은 할당량을 확보하기 위해 야단법석을 떠는 현 제도 대신에 개별 정부들이 현지의 어류 자원 수준을 바탕으로 할당량을 정할 수 있을 것이다. 개별 어부들에게 떨어지는 몫은 그 할당량 안에서 정해지므로, 결국 어류 자원이 늘어나면 자신에게도 이익임을 알게 될 것이다. 이런 방법은 아이슬란드와 뉴질랜드를 포함한 여러 나라에서 성공을 거두었고, 경쟁자들이 마지막 물고기를 낚아채기 전에 바다에서 가능한 한 많은 물고기를 잡으려는 상황을 끝내는 데 도움이 된다. 연구 결과는 이런 식으로 어장을 관리하는 것이 자유롭게 어장을 이용하는 것보다 어장 붕괴를 피할 가능성이 2배 높다는 것을 보여준다. 심하게 고갈된 수역에서 어류 자원을 회복하는 방법은 어획을 금지하는 것뿐이다. 그 밖의 다른 지역에서는 할당량을 준수하는지 제대로 감시해야 한다. 어선들에게 면허를 발급하고 추적 장치를 장착해 불법 조업 구역에 들어가지 않는지 확인하고, 잡은 물고기에 대해 임의 추출 검사를 실시해 크기와 종을 확인하고, 물고기에 꼬리표를 달아 원산지를 확실히 하는 방법 등을 고려해볼 수 있다.

인류세에 우리는 바다의 생물 종들이 바다에서 야생 상태로 살아가는 것이 아니라 작은 우리 안에서 살아가는 모습을 목격하고 있다. 인류는 식량 부족에 직면했을 때 항상 해왔던 방법대로 사냥에서 양식으로 이동했다. 우리가 먹는 물고기의 절반 이상이 현재 양식장에서 나온다. 중국은 그 비율이 80%에 이른다. 아시아의 많은 동네에서 수백 년 동안 해왔던 것처럼 논에서 벼와 함께 물고기를 기르는 것은 농업 생산을 다양화하고 단백질과 그 밖의 필수 영양소를 확보하고 수확량을 늘리는 지속 가능한 방법이다. 식물들은 열과 포식자들로부터 물고기를 보호하고, 물고기는 해충을 잡아먹고 그 배설물로 땅을 비옥하게 만든다. 하지만 산업적 규모의 양식은 문제가 훨씬 많다. 연어와 참치 같은 양식 물고기는 멸치와 정어리처럼 더 작은 물고기를 자기 몸무게의 20배나 먹고, 그 결과 이런 작은 물고기들의 남획을 초래했다. 또 양식장은 심한 오염을 유발한다. 양식장에서는 걸쭉한 독성 유출물이 나오는데, 이것이 바다 조류들에게 거름이 되어 용존 산소를 줄이고 죽음의 지대를 만든다. 예컨대 스코틀랜드의 연어 양식 산업은 320만 명 — 그 나라 인구의 절반이 넘는 수 — 이 생산하는 미처리 하수와 같은 양의 질소 쓰레기를 생산한다.[26] 그리고 양식장은 감염과 기생충의 온상이라서 야생 개체군들을 자주 감염시킨다. 그럼에도 분명히 양식장은 앞으로 더 중요해질 것이고, 양식장이 유발하는 문제들은 더 나은 관리와 혁신을 통해 극복될 수 있을 것이다. 예를 들어 물고기에게 인공 오메가3 기름을 첨가한 채식 사료를 제공하는 것이 한 방법이다.

　남획과 오염, 기후변화, 산성화는 해양 생태계 전체를 바꾸고 있다. 거북, 쥐가오리, 해양 포유류와 상어들을 포함해 온갖 종류의 이국적인 바다 생물들이 사람들에게 잡혀 멸종에 이르고 있다. 약 1억 마리의 상어들이 매년 죽임을 당한다. 상어 개체 수는 전 세계적으로 80%가 줄었고, 상어 종의 3분의 1이 지금 멸종 위기에 처해 있다. 상어는 최상위 포식자이고 해양 생태계의 균형을 유지하는 데 중요한 역할을 한다. 상어 개체 수의 감소는 먹이사슬 아래쪽에 위치한 물고기 개체 수를 증가시킬 수 있고, 그것은 다시 플랑크톤 같은 매우 작은 해양 생물 개체군의 붕괴를 초래할 수 있다. 가장 작은 생물들이 없으면 바다의 먹이그물 전체가 위태로워진다.

　그것을 보여주는 한 예가 해파리이다. 지난 십 년 동안 여러 지역들이 해파리 개체군의 폭발적 증가 ― '만개' ― 를 목격했다. 젤라틴질의 걸쭉한 수프로 변한 바닷물이 해안선, 항구, 만을 점령하여 해변이 폐쇄되고 핵발전소의 가동이 중단되었으며, 관광부터 어로까지 이런저런 산업들이 지장을 받았다. '노무라입깃해파리'라 불리는 냉장고만 한 젤리 괴물은 몸무게가 무려 220kg이고 지름이 2m에 이르는데, 2002년 이래로 해마다 동해를 떼 지어 습격하여 일본 어로 산업에 수십억 엔의 손실을 입혔다. 해양 생태학자들은 더 나쁜 일이 닥칠 것이라고 경고한다. 해양 환경에 인간이 초래한 변화들이 티핑 포인트로 이어질 것이고, 그러면 물고기가 아닌 해파리가 인류세 바다들을 지배할지도 모른다는 것이다. 수억 년 전 선캄브리아 시대에 그랬듯이 말이다.[27] 해파리는 일단 다른 해양 생물보다 인류세 조건에 더 잘 준비되어 있다. 더 따뜻한 수온, 염도 변화, 바다 산성화, 오염은 그들에게 유리하게 작용한다. 해파리는 근육질 물고기들보다 산소 결핍(저산소)에 훨씬 잘 대처할 수 있다. 우리의 기반 시설 — 부두, 교각, 시추선 — 조차 해파리들에게는 폴립들에게 닻을 제공하는 호재로 작용한다.

인류세에 우리는 어떤 종류의 해양 생명다양성을 원하는지 결정해야 하고, 그런 다음 그런 종들을 구하고 싶다면 재빨리 행동을 취해야 한다. 해법은 의외로 간단할 수 있다. 이를테면 매년 낚싯줄에 걸려 죽는 바닷새들이 30만 마리가 넘는데, 이런 상황은 신천옹, 바다제비, 슴새 개체군을 멸종 직전으로 몰아가고 있다. 하지만 새들을 겁주는 색 테이프를 묶고 무거운 낚싯줄을 이용하면 바닷새의 죽음을 90% 이상 줄일 수 있다.[28] 해양보호구역을 강화하고 확장하는 것은 해양 생물을 보존하는 데 도움이 되고, 점점 더 많은 국가가 이 움직임에 동참하고 있다. 몰디브는 현재 30개가 넘는 해양생태계 보호구역을 보유하고 있고, 오스트레일리아는 면적이 230만 km^2가 넘는 세계 최대의 해양보호구역을 만들었다. 현재는 바다의 1% 이하만이 보호구역이지만, 국제사회는 2020년까지 이 비율을 10%로 올리는 데 합의했다. 하지만 해양보호구역이 효과가 있으려면 정부들이 그곳을 순찰하고 보호할 수 있는 자원을 가져야 한다. 또한 고래상어에서부터 고래에 이르기까지 많은 해양 생물들이 이동을 한다. 다시 말해 그들은 보호구역 내에 머물러 있지 않기에 어부들에게 손쉬운 먹이가 되고 만다. 이 상황에 필요한 조치는 이동하는 동물들, 그리고 해류나 엘니뇨 같은 기후 현상 탓에 서식지를 바꾸는 동물들을 따라 이동하는 보호구역을 만드는 것이라고 많은 사람들이 주장한다. 또한 보호구역을 표적에 맞게 정확히 설정하여 어부들의 생계에 피해를 주어서는 안 된다. 한 연구는 단 20개 지역을 — 전 세계 바다 면적의 4% — 을 보호구역으로 지정하면 108종, 즉 전 세계 해양 포유류 종의 84%를 보호할 수 있다는 사실을 밝혀냈다.[29]

하지만 이 가운데 어떤 것도 우리가 바다를 오염시키는 행위를 억제하지 않는다면 큰 도움이 되지 않을 것이다. 인간은 예로부터 바다를 쓰레기를 흘려보내는 거대한 수세식 화장실로 사용해왔지만, 과거에는 세계 인구가 훨씬 적었고 우리가 생산하는 모든 것이 생분해되는 자연 물질로 만들어지던 때라서 이런 습성이 해양 환경에 별 영향을 끼치지 않았다. 한 예로, 인간의 오물이 육지에 쌓여 질병을 유발할 가능성을 막기 위해 바다로 오물을 흘려보내는 것은 합리적 선택이었다. 하지만 우리의 쓰레기 규모는 현재 바다의 모습을 탈바꿈시키는 지경에 이르고 있다.

중금속과 그 밖의 독성 쓰레기는 홍합 같은 저서생물들에게 먹혀 먹이사슬을 따라 축적된다. 이런 상황은 매우 심각해서 북극곰 같은 최상위 포식자들이 병들고, 임신한 여성들에게 중금속 오염을 피하기 위해 참치 같은 육식 어류를 먹지 말라고 권고할 정도이다. 또한 우리는 생분해되지 않으며 물에 뜨는 수백만 톤의 플라스틱 쓰레기를 생산하는데, 플라스틱 생산은 지난 30년 동안 500%가 증가했다. 그뿐 아니라 우리는 세제와 비료를 포함한 화학 폐수를 생산하는데, 독성 조류들이 이런 화학 쓰레기를 먹고 우주에서도 보일 만큼 거대하게 번성하면서 다른 해양 생물들이 마실 산소를 고갈시켜 거대한 죽음의 지대를 만들어낸다. 심지어 합성섬유로 만든 옷을 세탁하는 것도 그 규모가 커지면서 문제가 되고 있다. 폴리에스테르 의복은 물에 씻길 때마다 대략 1,900개의 플라스틱 섬유를 방출하는데, 해양 동물들이 이것을 먹음으로써 측정할 수 있을 정도의 양이 먹이사슬로 흘러 들어가고 있다. 현재 바다 1km^{2}당 평균 1만 8,500개의 플라스틱 조각이 포함되어 있고, 이런 플라스틱 조각은 해류에 실려 다니며 뭉쳐 물에 떠다니는 거대한 쓰레기 섬을 이룬다. 주요 해양 환류에서 플라스틱 대 해양 생물의 비율은 무게로 따져 6대 1이나 된다.[30] 이것은 물고기와 거북, 알바트로스 같은 해양 생물에게 문제가 되는데, 플라스틱을 새끼들에게 먹이게 되기 때문이다. 한편 태평양 북부의 5,000km^2 면적을 뒤덮으며 뗏목처럼 둥둥 떠다니는 잔해 뭉치는 홍합, 게, 그 밖의 무척추동물들에게 햇빛을 피할 그늘과 단단한 표면을 제공함으로써 과학자들이 플라스틱 권역(plasticsphere)이라고 부르는 새로운 생태계를 만들어내고 있다. 인류세에 플라스틱은 사실상 태평양에 수억 개의 단단한 표면을 추가했다(해초를 포함해 물에 둥둥 떠다니는 다른 구조물은 그곳에 자연적으로 생기지 않는다).

그들이 우리가 버린 쓰레기 위에서 사는 유일한 생물은 아니다. 카리브해에서 나는 쓰레기로 섬 하나를 통째로 창조한 한 남성을 만났다. 그의 방법이 어쩌면 사람들로 북적이는 섬과 침식되고 있는 해안에 대한 잠재적 해결책이 될지도 모른다. 본토 벨리즈에서 몇 킬로미터 떨어진 웨스트포인트섬에는 두 채의 목조 가옥과 약간의 과일 나무와 돼지들이 맹그로브에 둘러싸여 있다. 그곳은 5년 전에는 존재하지 않았다는 사실을 제외하면 특별할 것이 없었다. 크리올 말을 쓰는 어부 제럴드 맥두걸은 자신이 어떻게 그런 생각을 떠올렸는지 설명했다. "야자나무들이 바다에서 자라나는 광경"을 본 뒤였다는 것이다. "근처에 있는 솔트워터 케이(작은 모래섬)의 노동자들이 맹그로브 군락 안에 쓰레기를 갖다 버렸는데, 시간이 지나자 그 쓰레기 위에 모래가 쌓이고 야자나무들이 자랐습니다." 그가 내게 말했다. 맥두걸은 집을 지을 만한 땅을 물색했지만 카리브해의 이 최고급 수역에 있는 섬들과 모래섬들은 값이 너무 비쌌다.

"여기에 쓰레기를 쌓아 내 가족이 살 집을 지을 수 있겠다는 생각이 들었어요." 빠진 이를 드러내며 웃는 그의 가죽처럼 두꺼운 검은 얼굴에 주름이 잡혔다. 타바코 케이 일대에서(소규모의 섬들과 맹그로브 군락) 맥두걸은 유망해 보이는 장소를 발견했다. 맹그로브로 둘러싸인 모래톱이었다. 그곳은 면적이 100×70m로 정부가 소유한 땅의 일부였다. 그는 벨리즈 당국에 자신이 하고자 하는 일을 설명하면서 임대해줄 수 있는지 물었다. "그들은 내가 하려는 일이 가능하다고 생각하지 않았지만 한번 해보라고 했어요." 그가 말했다.

이후 몇 년 동안 맥두걸은 짬이 날 때마다 막 생기기 시작한 자신의 섬을 찾았다. 그는 그 지역의 모든 섬과 리조트를 상대로 쓰레기를 자신의 모래톱에 버려 달라고 설득했고, 친구들 중에서 도움을 줄 사람들을 모았다. 그들은 함께 쓰레기를 분리했다. 맥주병은 병 회사에 되팔아 섬 조성 기금에 보탰고, 캔은 태워서 금속재 매립 재료로 사용했고, 비닐봉지는 부피를 부풀리는 데 사용했다. 남은 플라스틱과 금속 쓰레기들이 그의 새로운 땅이 되었다. 섬을 키우는 일은 층층이 쌓는 과정이다. 먼저 그는 진흙과 해초를 걷어낸 다음에 분리가 끝난 쓰레기를 채워 넣었다. 그러고 나서 진흙과 모래를 한 층 덮고 쓰레기를 또 한 층 얹었다. 그 위에 단그리가의 제분소에서 가져온 톱밥을 덮고 다시 진흙과 모래를 좀 더 덮었다. 그는 목재 울타리로 섬에 바리케이드를 쳤다. "비가 오면 톱밥이 물을 머금어요. 파파야와 코코야자를 심었더니 나무뿌리가 모든 것을 잡아 묶어주었어요." 맥두걸이 설명했다. "정부 조사원이 와서 보더니 깜짝 놀라더군요. 내 말대로 되었으니까요!" 결과는 인상적이었다. 맥두걸은 내가 찾아갔을 때 이미 면적이 2만 m²에 달한 그곳에 큰 집을 두 채 지었고, 풍성한 과수원을 조성했다.

인류세로 더 접어들면 일련의 인공 섬과 심지어는 해상 도시까지 보게 될까? 아마 그럴 것이다. 특별한 목적으로 조성된 땅에 더 큰 규모의 인구를 수용하기 위한 인공 섬들이 이미 몰디브에서 두바이까지 도처에서 건설되고 있다. 그리고 그런 구조물들은 우리 지구의 지리학을 바꾸고 있다. 지금까지 대부분의 인공 섬들은 저지대에 있고, 그래서 자연적으로 생긴 섬처럼 해수면 상승에 취약하다. 하지만 해상 섬들은 해수면 상승에 따라 높아질 것이다. 페이팔의 공동 창립자인 억만장자 피터 틸은 자율적인 해상 도시국가를 창조하겠다는 바람으로 시스테딩연구소(Seasteading institute)에 자금을 대고 있다.

인류세에 우리는 바다와의 관계를 근본적으로 재고할 필요가 있다. 최근까지 광대한 야생의 바다는 영원히 소진되지 않을 것처럼 보이는 푸짐한 물고기 뷔페를 제공하면서 인간이 첨가하는 불순물에는 끄떡도 하지 않을 것처럼 여겨졌다. 바다는 그렇지 않다는 최초의 단서가 포착된 때가 1800년대였던 것 같다. 당시 고래잡이 산업은 지구가 지금껏 보았던 가장 큰 생물을 멸종 직전까지 몰아갔다. 현재 인류의 영향은 바다 전역에서 목격되고 있고, 우리는 우리가 의존하며 살아온 핵심 종들을 잃을 위기에 처해 있다. 육상 포유류인 우리가 지금보다 더 바다 환경의 일부였던 적은 없었다. 우리 대부분이 해안에 살고, 다수의 사람들이 몰디브인들처럼 해수면 고도에 산다. 우리는 언제 물러나고 언제 보호해야 할지 결정해야 한다. 바다를 '구하기' 위해 바다로부터 인간을 격리하는 것은 바람직하지도 현실적이지도 않다. 하지만 우리는 우리의 파괴적 영향을 하루빨리 줄여야 한다.

　바다는 근본적으로 바뀌었고, 우리는 이 변화와 더불어 살아갈 새로운 방법을 설계해야만 한다. 해수면이 상승하고 있으므로 우리는 우리가 살아갈 섬과 해안을 창조하는 지질학 과제를 수행해야 한다. 어류 자원이 급감하고 있으므로 우리가 먹을 가축들을 양식해야 한다. 더 온난해지고 더 산성화된 조건에 처한 우리는 인공 산호초를 만들어내야 하고, 어쩌면 광합성을 하는 플랑크톤으로 바다 정원을 조성해야 할지도 모른다.

　이런 변화의 최전선에서 모하메드 나시드와 아노테 통 같은 사람은 인류가 처한 도전을 헤쳐 나가는 데 영감을 불어넣는 지도력을 보여주었다. 이제 세계의 나머지 사람들이 동참해야 한다.

6

D E S E R T S

사
막

메마르고 황량하고 바람이 휘몰아치는 사막은 지구에서 가장 적대적인 땅이자 다른 행성의 표면과 가장 닮은 장소이다. 우리 행성의 지표면 가운데 3분의 1이 사막으로 덮여 있는데, 이런 곳은 강수량이 너무 적어서 빗물이 채워지는 속도보다 증발하는 속도가 더 빠르다. 전 세계 사막의 절반이 광대한 면적의 얼어붙은 땅인 극지방에 있고, 그중 대부분은 생명이 살지 않는다.

나머지 절반은 적도 근처에 있는데, 대개 물이 뚝뚝 떨어지는 가장 싱그러운 열대우림에 인접해 있다. 이 건조한 땅들은 광대한 모래벌판으로 초목이 거의 없어서 바람이 걸리는 데 없이 휘몰아치고, 풍화된 흙은 바람에 실려 수천 킬로미터 밖까지 날아간다. 지구에서 가장 큰 사막인 사하라사막에서 온 무기물은 풍요로운 아마존을 비옥하게 만든다.

낮에는 척박한 사막의 표면에 태양이 쨍쨍 내리쬐어 기온이 50

도까지 치솟고 밤이 되면 그 열기가 구름 한 점 없는 하늘로 빠져나가 기온이 영하로 곤두박질친다. 하지만 식물, 동물, 인간은 사막에서 사는 방법을 찾았다. 그들은 사막의 가장자리를 차지하고는 치명적인 모래벌판을 용감하게 가로질렀다. 풀을 뜯는 가축 떼와, 그들을 따라다니며 사는 방법을 터득한 유목민들은 도저히 살 수 없을 것 같은 메마른 땅에서 수많은 세대 동안 살아남았다.

먼 과거에는 지금은 사막인 지역 가운데 많은 곳이 축축한 땅이었다. 사하라사막은 한때 생명으로 와글거리는 사바나였다. 수천 년 전 인간이 바위 위에 그린 그림들에는 커다란 영양과 소가 묘사되어 있다. 과거에 거대한 호수들이 넘쳐 사하라사막을 포함해 많은 사막들이 주기적으로 물에 잠겼는데, 현재 그 잔재들이 건조한 표면 아래 파묻혀 있다가 발견되고 있다. 이런 화석수는 사막을 다시 푸르게 할 잠재력을 품고 있다.

인류세에 들어와 사막이 점점 확장되고 있다. 지구온난화로 지표면의 온도가 점점 올라가면서 물이 더 빨리 증발하고, 반건조 지역에서는 기후변화로 강수량이 줄어들고 있다.[1] 게다가 인류가 땅을 사용하는 방식도 예전에 수풀이 우거졌던 지역을 사막으로 바꾸고 있다. 허약한 건조 지대에서의 집약 농업과 인구 팽창은 사막화를 재촉하고 있다. 사막의 확장은 예전에 경작 가능했던 땅들을 황폐화시키고, 마을 사람들을 도시 빈민가로 내몰고, 가난을 악화시킨다. 사막화로 매년 12만 km^2가 넘는 경작 가능한 땅이 황폐화된다.[2] 아프리카의 약 40%가 이미 사막화의 영향을 받고 있다. 전문가들은 2025년에는 아프리카 대륙의 경작 가능한 땅 가운데 3분의 2가 사라질 것이라고 경고한다.

사람들은 그 모래벌판을 물러가게 하는 다양한 전략을 시도하고 있다. 가장 주목할 만한 전략 중 하나는, 사하라사막 남단을 따라 세네갈부터 에티오피아와 디지부티까지 11개 나라를 가로지르는 너비 15km, 길이 7,775km의 수목 벨트인 '녹색 만리장성'을 건설하는 것이다. 중국에 있는 또 다른 녹색 만리장성은 네이멍구에서 동쪽으로 확장하고 있는 쿠부치사막을 멈추기 위해 세워졌다.

인류세에 인간은 작열하는 태양과 거침없는 바람의 새로운 용도를 찾으면서 사막을 활용하고 있다. 지구에서 가장 가난한 나라 가운데 몇몇은 태양과 바람의 에너지를 붙잡아 전기를 만드는 계획으로 혜택을 보기 시작했다. 오스트레일리아, 미국, 중국, 아프리카의 사막을 가로지르는 광대한 에너지 벨트가 추진되고 있고, 그 전기의 일부는 사막을 더 살기 좋은 곳으로 만드는 데 쓰일 것이다. 예컨대 태양광 담수화 공장은 전에는 불가능했던 장소에서 농업을 가능하게 할 것이다.

인류세에 인류는 사막을 침범하고 탈바꿈시키면서 이 이질적인 지형을 도시와 공원, 초록 들판과 거대한 호수로 바꾸었다. 우주에서 보면 이런 장소들은 몰라볼 정도로 바뀌었다. 회색 모래 위에 원형으로 심어진 밀 작물들이 회전하는 관개 시설의 거대한 팔 아래서 노란 꽃을 활짝 피운다. 피닉스, 라스베이거스, 두바이 같은 도시들은 물을 뿜어내는 분수와 꽃 장식을 완비한 채 건조한 모래밭에서 새 얼굴을 드러낸다.

사막은 언제나 물과 수풀이 귀하고 기온이 극과 극을 오가고 바람이 휘몰아치는 장소였다. 하지만 인류세에 점점 많은 사람들이 그곳에 살기 위한 시도를 하고 있다. 그들은 이 낯선 지형을 이용하는 새로운 방법을 익혀가며 사막을 탈바꿈시키고 있다.

"투르카나호수 주변에 사는 부족들
을 만나고 싶어요." 나는 내 영원한 조력자인 게스트하우스 주인 샐
리에게 말했다. "나이로비에서 거기까지 가려면 어떤 버스를 타야
하나요? 사람들이 많이 이용하는 버스인가요? 예매를 해야 할까요?"

샐리는 박장대소했다. "거기는 버스가 안 가요. 하하하. 투르카
나호수로 가는 버스가 뭐냐고요?"

케냐 북쪽 끝에 있는 그 사막 지대는 에티오피아와 국경을 맞
댄 곳으로 부족 간의 잦은 무력 충돌과 공격적인 도적 떼로 골치를
앓는 무법 지대이다. 게다가 그곳에 가려면 아프리카 대륙 최악의
도로들을 통과해야 한다. 수년간 계속되는 극심한 가뭄은 그런 긴
장을 더욱 부추겼다. 내가 그곳에 가려는 것은 환경이 점점 더 가혹
해지는 이때 사람들이 어떻게 대처하는지 알아보고 진전을 이룬 몇
가지 굵직한 변화들에 대해 알고 싶어서였다.

마침내 샐리가 웃음을 멈추고 내게 연민을 보였다. 내가 그곳에
가려는 것이 진심임을 안 그녀는 자기 사촌이 그 지역 선교회에 가
톨릭 신부로 있으니 만나게 해주겠다고 약속했다. 또 마침 그 선교
회에 있는 또 다른 신부가 이시올로(Isiolo)에서 자동차를 수리할 부
품을 기다리고 있으니, 그가 나를 태워 투르카나호수로 데려다줄
수 있을 것이라고 했다. 놓치기에는 너무나 좋은 기회라서, 나는 다
음 날 아침 6시 30분에 그 도시의 마타투(미니밴) 정거장에서 이시
올로로 가는 차를 기다렸다. 경찰의 검문을 여러 번 통과해야 하는
불편한 여행 끝에 마침내 오후 늦게 마타투가 이시올로 시내로 들
어갔다. 나는 이시올로의 가톨릭 선교단을 찾기 위해 모든 간판과
건물을 살폈지만 도저히 찾을 수 없었다. 4억 명의 아프리카인이 개

종한 기독교인인데, 이 작은 마을에는 기적의 교회(Church of Wonderful Miracles)부터 최고의 미래 교회(Church of the Best Future)까지 다양한 기독교 종파들이 활발하게 활동하고 있고 큰 규모의 이슬람 집단도 있었다. 사람들은 보잘것없는 수입의 약 10%를 이런 종교 집단에 내는데, 정부가 세금으로 걷는 것보다 훨씬 많은 액수이다. 이 돈은 아프리카의 몇몇 종교 지도자를 전용기, 거대 교회, 영화 제작사와 출판사를 소유한 백만장자로 만들었고, 그런 사업들은 하나같이 절박한 사람들을 착취하고 있다.

마침내 선교회를 찾아낸 나는 한 오프로드 차량의 시동을 건 채 인내심 있게 기다리고 있는 파비오-미구엘 차파로 신부를 보았다. 그는 서른다섯 살에 콜롬비아 출신이다. 3시간 이상 늦었건만 그는 이보다 더 너그러울 수 없었다. 떠나기 전에 그가 마지막 점검을 하는 동안, 선교회가 운영하는 고등학교에 다니는 여학생들이 줄지어 지나갔다. 수많은 선망의 시선들이 젊고 잘생긴 신부에게 향했지만, 그는 의식하지 못한 채 엔진을 점검하면서 여고생들의 쓸데없는 질문에 친절하게 답했다. 소녀들은 지나가는 수녀들의 눈총에도 아랑곳없이 치마를 최대한 짧게 추켜올렸다. 몇 분 뒤 우리는 도로에 올라, 노골적 적대감으로 우리를 응시하는 얼굴들을 지나치며 다소 빠른 속도로 시내를 통과했다.

그때 시내 한복판에 검게 그을린 커다란 땅이 눈에 들어왔다. 여전히 연기가 피어오르고 있었지만, 사람들은 이미 A자형 목재로 재건을 시도하고 있다. 원래는 시장이었는데 어제 홀랑 타버렸다고 차파로 신부가 말했다. 모든 것이 파괴되었다. 상점, 가판대, 농산물(대부분이 절실하게 필요한 식품들이다), 사람들의 집이 모두 사라져 살길이 막막했다.

사건의 시작은 총격이었다고 그는 설명했다. 어제 시내 거리에서 목축 부족인 투르카나 부족과 보라나 부족 사이에 총격전이 있었다. 최소 열 명이 죽었고, 사망자 가운데는 미션스쿨에 다니는 14세 여학생도 한 명 포함되어 있었다. 소녀는 트럭을 타고 가던 중이었는데, 그때 보라나 부족이 모두 내리라고 명령하고는 그 소녀를 포함해 투르카나 부족을 골라내 총살했다.

이곳에서 일어나는 여느 무력 충돌처럼, 이 사건도 한 부족이 다른 부족의 소를 훔친 것이 발단이었다. 점점 황폐해지는 사막에서 유목민 부족들은 수백 년 동안 이어온 삶의 방식을 포기하고 있었다. 가축들은 굶어 죽고 아이들은 기아와 콜레라에 시달렸지만 정부는 도와 달라는 절규를 외면했다. 그 속에서 투르카나, 삼부루, 보라나 같은 부족들은 아직 살아 있는 가축과 아직 마르지 않은 소수의 수원을 놓고 서로 싸우고 있었다. 과거에 부족 간 전투는 막대기와 창으로 싸웠지만, 폭력에 물든 이웃 나라 소말리아와 수단 탓에 총을 값싸고 쉽게 구할 수 있었다. 현재 그 지역 대부분이 위험 지역으로 강도와 폭력이 만연했고, 기후변화가 초래한 그 나라의 운명 앞에 정부와 경찰도 속수무책이었다.

"가뭄이 심하지 않을 때는 부족들이 서로 친밀하게 지내면서 소수의 수자원을 이용하기 위해 협력합니다. 하지만 가뭄이 너무 심하거나 너무 오래 지속되면 동물들이 죽기 시작하고 부족들이 서로 가축을 훔치면서 무력 충돌로 이어지지요." 파비오 신부가 말했다. "가뭄이 극심할 때는 도둑맞은 가축을 되찾기가 오히려 쉬워요. 습격한 부족도, 그들이 강탈한 동물도 병들고 허약한 탓에 멀리가지 못하기 때문입니다." 그는 이렇게 덧붙였다.

가뭄이 극심했다. 지난 6년을 통틀어 최악이다. 케냐 북부와 아

▲ 학교 운동장에서 체조를 하는 낭기 마을 어린이들.
▼ 스타크모 마을에 형성된 빙하는 봄이 되면 녹는다.

살라몬 파르코와 제로니모 토레스가 페루 안데스에서
산을 하얗게 칠하고 있다.

인도 라즈사마디얄라 마을의 교실.

▲ 베트남 차오독(Chao Doc)의 수상 시장.
▼ 앞으로 살게 될 큰 집의 입구에 서 있는 위니프레드 오모딩과 그녀의 가족.

▲ 파타고니아의 광활한 황무지는 가우초들의 고향이다. ▼ 벨리즈의 쓰레기 섬에 지어진 제럴드 맥두걸의 집(이 사진을 찍기 며칠 전 사이클론으로 폐허가 되어 그가 수리를 하는 중이었다).

▲ 케냐 최북단에 가뭄이 들었을 때 내가 지나친 많은 소 사체들 중 하나.
▼ 실험적인 안개 포집망 설계.

물통을 이고 가는 사람은 아프리카 전역에서 흔히 볼 수 있다.

휴대폰을 들고 있는 케냐의 마사이족.

자신이 만든 세레레 보호구역에서 마코앵무와 함께 있는 로사 마리아 루이스.

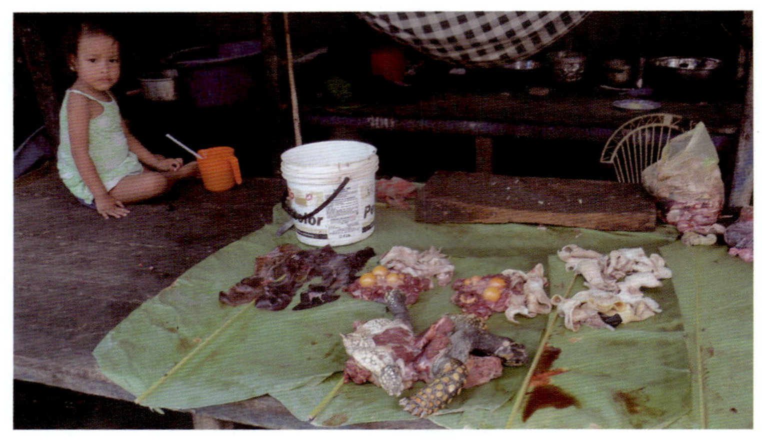

아마존 한복판에서 판매 중인 야생동물 고기.

볼리비아 소금 분지의 리튬 소금 더미들.

브라질 호신야의 파벨라 주거지에 집들이
오밀조밀하게 밀집해 있다.

프리카의 뿔 지역(아프리카 대륙 북동부)의 사막들은 내가 찾아간 당시 극심한 고통을 겪고 있었는데, 적어도 1,300만 명이 기아에 허덕이는 긴급 구호 대상이었다. 지난 50년 동안 평균 기온이 1.3도 상승하고 강우량이 약 20%가 감소한 결과 식물대가 이동하고 나무들이 다섯 그루 중 한 그루꼴로 죽었다.[3] 사하라사막은 곳곳에서 연간 1km 이상 전진하면서 굶주림과 대규모 이주를 초래했고, 부족 간 충돌과 지역 간 충돌을 악화시켰다. 케냐를 포함해 아프리카 나라의 4분의 3이 비가 조금만 줄어도 강의 유량이 크게 감소할 수 있는 지대에 있다. 가뭄은 생계, 동물, 수목, 수력 생산에 영향을 미치고 있었다.

물론 이곳 사람들에게 건조한 날씨가 처음은 아니다. 그들은 사막에 산다. 하지만 가뭄은 더 자주 발생하고 더 오래 지속되고 있으며 그사이에 내리는 비는 더 짧아지고 있다. 보통 가뭄은 9~10년마다 발생했고, 가뭄이 끝나면 비가 내렸다. 그런데 지난 10년 동안 극심한 가뭄이 한 해 걸러 한 번씩 발생했고, 4년 동안 비가 전혀 내리지 않은 곳도 있었다. 전통적인 가뭄 대책은 더 이상 효과가 없었다. 다음 번 가뭄이 닥칠 때까지 사람들과 동물들이 가뭄 피해를 복구하고 힘과 복원력을 기르고 더 많은 동물들을 생산할 시간이 없었다. 지구온난화로 기온이 올라가 우물과 호수에 남아 있는 물이 더 빨리 증발하고, 수 킬로미터 밖에서부터 몰려와 풀을 뜯는 가축들 때문에 안 그래도 드문 초목이 더 줄어들었다.

케냐는 여러 부족들이 합쳐진 불안한 연합체로 처음에는 아랍의 노예무역자들이, 그다음에는 영국 식민주의자들이 그들을 들쑤시고 조종했다. 독립을 획득한 뒤 잠시 조용하고 번영하는가 싶었으나 땅, 동물, 물을 둘러싼 부족 간의 무력 충돌이 다시 시작되었다. 케냐는 2002년 이래 인간개발지수에서 20계단이나 미끄러졌고, 정부는 부패하여 민주적 개혁을 거의 이루지 못하고 있다. 이런 상황은 무력 충돌에 지친 케냐인들을 좌절에 빠뜨렸고 국제사회의 우려를 불러일으켰다. 한편 절반 이상이 어린이인 케냐 인구는 지난 20년 동안 두 배로 부풀었다.

이 적도 근처 나라의 80% 이상이 건조 지대이고, 그곳에 사는 유목민 부족들은 광대한 지역을 소, 염소, 낙타로 뒤덮는다. 이런 동물들이 갖는 중요성은 아무리 강조해도 지나치지 않다. 가축이 없는 남성은 결혼할 수 없지만, 큰 가축 떼를 소유한 남성은 아내를 예닐곱 명씩 둘 수 있다. 가축은 부와 안전의 척도이며 그들의 주식인 피, 젖, 고기를 제공한다. 병든 자식에게 돈을 쓰느니 차라리 병든 염소를 위한 약을 사는 데 돈을 쓰는 사람들도 많다. 그런 사람들의 입장에서 동물을 잃는 것은 이웃 부족을 습격할 좋은 빌미가 된다. 이래서 악순환이 계속된다.

우리가 시내를 빠르게 빠져나가는 동안 나는 긴장하며 주위를 주시했다. 파비오 신부 옆에 바싹 붙어 혹시 있을 습격에 대비해 경계 태세를 취했다. 모든 남성, 여성, 어린이가 잠재적 살인자였다. 많은 사람들이 총을 소지하고 있으며, 부패한 경찰은 부족들에게 많은 총알을 제공하고는 문제가 발생하면 내뺐다. 파비오 신부는 밤에 무기를 실은 비행기들이 착륙하는 사막의 한 곳을 가리켰다. "반란군이 저기 저 산에 살아요." 우리가 명목상은 도로이지만 사실상 흙길인 곳을 덜컹거리며 지나갈 때 그가 그곳을 가리켜 보였다. 우리 몸이 상하좌우로 패대기쳐지며 자동차의 딱딱한 내장재에 아플 정도로 심하게 부딪히는데도 차파로 신부는 속도를 줄이지 않았다. 길가에 큰 바위와 높다란 진흙 둑이 보였다. 총을 지닌 사람들이 몸을 숨기기에 완벽한 장소였다. 우리는 더 평평하고 탁 트인 장소에 와서야 긴장을 풀었다.

투르카나 부족민들이 태워 달라며 차를 세웠지만 차파로 신부는 '만석'이라는 뜻의 케냐 수신호를 보내며 빠르게 지나갔다. "몇 달 전 뒷좌석에 투르카나 사람을 태우고 가던 중이었는데 삼부루 부족민이 우리를 향해 총을 쏘았어요. 세 발을 맞았지요. 한 발은 여기를 스쳐 지나갔어요(그는 총알이 한쪽 문에서 자신의 배를 지나 다른 문으로 지나가는 것을 손짓으로 보여주었다). 한 발은 엔진에 박혔고 한 발은 앞 타이어에 박혔어요. 하지만 나는 제어가 안 될 때까지 200미터를 더 달렸지요." 그는 말했다. "그때가 제 인생에서 타이어를 가장 빨리 교체한 때지요." 그는 웃었다. "그 일이 있는 뒤로는 여러 부족이 혼재한 지역에서는 어떤 부족도 태우지 않아요."

차파로 신부의 휴대폰이 계속 울리고 전화 건 사람들이 그에게 지금 어디냐고 물었다. 그는 일부러 모호하게 얼버무리며 대답하지 않다가 연결이 끊기는 시늉을 했는데, 분명 성직자답지 않은 행동이었다. 그는 어리둥절한 내 표정을 알아채고 이렇게 설명했다. "내가 어디 있는지 얘기하면 금세 그 말이 퍼져서 습격당할 거예요."

낙타들이 도로 한편에 마치 만화에 나오는 새처럼 서 있고, 우리는 얼룩말과 '디크디크'라고 불리는 작고 예쁜 사슴들을 지나쳤다. 이런 동물들을 텔레비전이나 동물원에서만 보았던 나는 신이 났지만, 속도를 늦추는 것조차 너무 위험했기에 차파로 신부는 그 동물들을 쏜살같이 스쳐 지나갔다. 나는 우리 차가 그들을 치지 않기만을 바랄 뿐이었다. 군대의 순찰용 지프와 트럭 두 대를 빼고는 지나가는 차량이 없었다. "그들은 강도를 피하기 위해 무리를 지어 다녀요." 신부가 말했다.

몇 시간이 흘렀다. 중국인들이 도로의 이 구역을 포장할 예정이지만 이곳 사람들은 그 사업에 열의를 보이지 않는다고 차파로 신부가 말했다. 중국인들은 공사장 근처에 있는 모든 것을 먹는 것으로 악명 높기 때문이라고 그는 설명했다. 그들은 귀한 염소를 먹어서 염소를 소유한 부족과 갈등을 빚었고, 개를 먹는 탓에 사람들이 자신의 개를 중국인에게 팔거나 아니면 남의 개를 훔쳐서 팔았다. 게다가 그들은 야생동물도 먹었다. 사슴에서부터 영양, 고양잇과의 대형 동물에 이르기까지 모든 것을 먹었다. 이 때문에 부족들은 이런 동물을 죽여서 중국인에게 팔았다. 가장 화나는 일은 돈벌이가 되는 상아 거래가 활발해서 현지인들이 코끼리를 쏘아 죽이는 것이었다. 그리고 적어도 열에 한 명이 HIV 양성 환자인 지역에서 공사장에 기생하는 매춘도 걱정이었다.

다섯 시간 뒤 도로가 갑자기 사라지고 작은 강이 나타났다. 비가 내린 뒤에만 흐르는 계절성 하천과 달리 이 강은 일 년 내내 흐른다. 하지만 이 강도 가뭄에 허덕였다. 모래밭에 난 자국을 보면 이맘때쯤 강이 얼마나 넓고 깊어야 하는지 알 수 있다. 그럼에도 이 강은 중요한 수원이다. 강이 통과하는 마을들에는 여러 개의 모래 댐들이 만들어졌다. 이 단순한 구조물은 강 또는 계절성 하천의 흐름을 막는 콘크리트 벽으로 이루어져 있다. 이 벽 뒤에 토사와 모래가 쌓이는데, 이것이 강바닥을 높여서 물이 콘크리트 벽을 넘어 하류로 계속 흐르게 된다. 하지만 모래는 조만간 수백만 리터에 이르는 엄청난 양의 물을 흡수한다. 콘크리트 벽 뒤에 쌓인 양의 40%가 실제로는 물이다. 심지어 강의 흐름이 끊겨도 모래 댐에 판 우물들이 계속해서 물을 공급함으로써 사막의 생명줄 역할을 한다. 몇몇 댐들은 심지어 수도꼭지도 있어서 콘크리트 벽의 밑바닥에서부터 수면까지 관을 통해 모래를 여과한 깨끗한 물을 내보낸다.

반대쪽 강둑은 높고 가파랐다. 우리는 강으로 돌진해 차바퀴를 공회전시켜가며 건너편으로 가려고 했지만, 무거운 자동차는 강둑을 오르지 못했다. 차파로 신부가 거듭 엔진의 속도를 높여가며 진흙투성이 모래밭에서 빠져나가려고 시도했지만 클러치가 타고 바퀴가 헛돌 뿐 제자리였다. 신부는 되돌아 나오려고 해봤지만 차는 더 깊이 빠질 뿐이었다. 주위에 어둠이 내렸다. 우리는 가시나무 덤불에서 가지를 꺾어 타이어 밑에 깔기로 했다. 나는 신발과 양말을 벗고 강으로 저벅저벅 걸어 들어갔다. 내 발가락 사이로 걸쭉한 진흙이 삐져 나왔다. 우리가 나뭇가지를 가지고 고군분투하며 땅을 판 끝에 마침내 차파로 신부가 차를 끄집어냈다. 이제 주위는 칠흑같이 어두웠다. 어둠이 믿기지 않는 눈동자가 어딘가에서 빛을 흡수하려고 자발적으로 크기를 키울 정도로 완벽한 어둠이었다. 머리부터 발끝까지 진흙투성이인 우리는 녹초가 되었다. 나는 발에 가시가 박히고 팔다리가 긁혔지만, 어쨌든 우리는 강에서 빠져나와 다시 떠났다. 목적지인 투르카나 호숫가 마을 로이얀갈라니까지는 적어도 7시간을 더 가야 했다. 우리는 속도를 높여, 암흑 속에서 번쩍이는 커다란 고양이들 — 아마 표범일 것이다 — 의 눈빛을 힐긋힐긋 쳐다보며 전속력으로 달렸다.

차파로 신부가 근처 선교회에서 눈을 붙이고 가자고 말했다. 이탈리아 선교사들이 지은, 커다란 베란다가 건물을 완전히 에워싼 아름다운 집이었다. 신부 두 분이 우리를 따뜻하게 맞아주며 어서 안으로 들어오라고 했다. 그곳에서 생활하는 세 신부는 절친한 친구처럼 보였다. 모두 젊고 고된 생활을 함께하면서 서로 가까워진 탓이다. 모두가 총격을 당한 적이 있었고, 성난 부족 집단들을 상대해왔으며, 그들이 지은 학교들이 불타 없어지는 일부터 그들의 도움으로 자라고 배운 아이들이 무력 충돌, 질병, 영양실조로 죽는 일까지 자신들의 노력이 물거품이 되는 것을 지켜보는 좌절도 함께 겪었다. 우리는 — "욕실에서 전갈을 조심해야 하는" — 방으로 안내받고 모기장을 꼭 사용하라는 당부를 받았다. 2년 전 이곳에 홀로 머물던 한 이탈리아 신부가 뇌 말라리아에 걸렸는데, 자동차가 고장나 도움을 요청할 방법이 없어서 끔찍하게 죽었다. 차파로 신부는 — 그저 이곳의 수많은 사상자들 중 하나인 — 그 신부의 유령과 함께 잠을 청했다.

　다음 날 아침 신부들이 5시에 일어나 콜레라 치료제를 전달하러 먼 동네로 갈 채비를 했다. 당시 그곳 주변에 콜레라가 돌아 주로 아기와 노인들을 죽이고 있었다. 우리는 크림처럼 부드럽고 맛있는 아카시아 꿀 한 사발과 함께 빵을 나누어 먹었다. 이곳에는 벌새라고 알려진 작은 새가 있는데 꿀을 좋아한다. 벌새는 사나운 벌들을 뚫고 꿀을 먹을 수 없어서 벌꿀오소리와 공생을 한다. 벌꿀오소리는 작고 매우 공격적인 포유류로 역시 꿀을 좋아하지만 꿀이 어디에 있는지 모른다. 벌새는 한참 앞에서 날면서 벌꿀오소리를 안내하여 꿀이 어디 있는지 알려준다. 그러면 벌꿀오소리가 큰 발톱으로 벌집을 습격해 벌들을 쫓아버린다. 이렇게 해서 벌새와 벌꿀오소리는 사이좋게 꿀을 실컷 마실 수 있다. 몇몇 현지인들은 벌꿀오소리와 벌새를 잘 지켜보면 꿀을 찾을 수 있다는 사실을 알았다. 그리고 벌새는 사람들이 벌꿀오소리보다 더 빠르고 영리하다는 것을 깨달았다. 사람들은 연기를 피워 벌을 쫓아버렸다. 그래서 벌새는 벌꿀오소리를 건너뛰고 사람들에게 직접 신호를 보내 벌꿀로 안내한다. 이곳 선교회 신부들은 현지인들과 함께 꿀 채집을 장려하기 위해 노력하고 있다. 마을 주민들은 나이로비에서 꿀을 팔아 생계

를 유지할 수 있고, 생계 수단으로 점점 큰 부분을 차지하는 꿀 거래
는 가뭄에 가축을 잃은 가족들에게 도움을 준다.

오전 6시 차파로 신부와 나는 차로 돌아왔다. 날씨가 벌써 더웠
다. 우리는 얼마 남지 않은 연료를 아끼기 위해 더 천천히 달렸다.
이제 동물들을 더 쉽게 식별할 수 있었다. 디크디크가 길에 서 있다
가 마지막 순간 놀라 휘둥그레진 눈으로 도망쳤다. "음, 먹음직스럽
게 생겼군." 작은 볏이 달린 쪽빛의 아름답고 화려한 들꿩 두 마리를
지나칠 때 신부가 말했다. "멋지네요." 내가 말했다. "그렇지요." 차
파로 신부가 고개를 끄덕였다. "닭보다 훨씬 나아요."

놀랍게도 대부분의 사막은 생명으로 가득하다. 사막코끼리부
터 카멜레온, 도마뱀붙이, 야광 전갈, 뒤집힌 곤충들까지 가장 크고
가장 작고 가장 신기한 동물들이 산다. 이들 모두가 사막의 지독히
뜨겁고 건조한 환경 조건에서 살아남기 위한 적응들을 진화시켰다.
하지만 계속되는 가뭄은 이곳에 사는 사람들뿐 아니라 동물들에게
도 영향을 미치고 있다. 이동 경로가 남쪽으로 바뀌었고, 동물들이
병들어 떼죽음을 당하고 있다. 몇 킬로미터마다 부패하는 살점이 풍
기는 지독한 악취가 코를 찌른다. 그럴 때면 예외 없이, 보라색과 녹
색의 둥둥 떠다니는 기름막 안에 대략의 윤곽, 턱뼈 모양, 발굽으로
만 형체를 겨우 알아볼 수 있는 낙타, 암소 또는 염소가 길가에 있다.
냄새는 형언할 수 없을 정도로 지독해서 차를 타고 지나가는 와중
에도 구역질이 날 정도이지만, 독수리들에게는 그 냄새가 분명 향수
처럼 느껴질 것이다. 몇몇 사체들은 이미 백골로 변했다. 동물들은
4월에서 5월쯤부터 굶어 죽든 목말라 죽든 죽어가고 그 동물들의
주인은 결코 오지 않을 비를 기다리고 있다고 차파로 신부가 말했
다. 사람들이 기억하는 한 올해만큼 동물을 많이 잃었던 적이 없었

다. 동물들은 뜯어 먹을 풀을 찾아 헤매느라 점점 기력이 쇠해지면
서 떼죽음을 당했다.

　　얼마 뒤 사막에 마을 하나가 나타났다. 이 지역에 있는 대부분
의 마을이 그렇듯이 막대기를 세우고 그 위에 동물 가죽을 덮은 둥
그런 집들이 20여 채쯤 모여 있는 이 마을도 그저 잠시 머물다 가는
장소일 뿐이다. 모두가 유목민인 부족들은 자주 이동하므로 이곳에
영원한 것은 없다. 홀로세 내내 그런 떠돌이 생활이 이어졌고, 사막
에서는 그것이 가장 지속 가능한 삶의 방식이다. 투르카나 목축 부
족민들이 가지고 다니는 것은 당나귀 한두 마리에 가뿐히 실을 수
있는 것들뿐이라서 집들은 대개 버려지며, 그들은 다음 장소에 이
르러 또다시, 걸어서 며칠 걸리는 곳에서 막대기들을 구해 새 집을
지을 것이다. 이곳에는 나무가 거의 없는 탓이다. 1970년대 초에 이
지역을 뒤덮었던 숲은 집을 짓고 숯을 굽고 장작을 패기 위해 베어
진 지 오래이다. 인구가 증가하면서 이런 황폐화의 악순환은 점점
심해졌다.

　　우리는 '사리마'라는 마을에 들어가 교사인 로우이 씨의 오두막
에 들렀다. 알고 보니 그는 이곳에 사는 남자 둘 중 한 명이었고 나
머지 주민은 모두 여성과 아이들이었다. 아이들이 흥분에 들떠 주변
으로 모여들어 우리 손가락을 잡아당기며 자신들이 아는 몇 마디 영
어를 반복했다. "하우-두-유-두? 하우-두-유-두?" 남자 둘은 모두
염소를 찾으러 가고 없었다. 어젯밤에 다른 부족의 습격을 당해 염
소 대부분을 도둑맞았기 때문이었다. 범인으로 의심 가는 자들은
삼부루 부족이었다. 이 작은 마을로서는 삼부루 부족을 상대하는
것이 버거웠을 테지만 투르카나 부족에는 호전적인 파벌이 있었다.
그들은 산악 지역에 사는 반군 집단으로 어떤 상황에서도 살아남도

록 훈련되어 있었다. 지난해 삼부루 부족이 투르카나 부족의 염소 몇 마리를 훔쳤을 때 투르카나 사람들이 그 반군 집단을 불러들였다. 반군은 삼부루 부족의 땅으로 들어가 수천 마리의 염소와 소를 훔쳤다. "그들이 거대한 무리의 동물을 데려와 투르카나 부족의 마을에 나누어주는 모습을 볼 수 있었어요. 군대가 헬리콥터와 총으로 무장하고 왔지만 반군에게는 상대가 못 되었지요. 그들은 죽은 병사들을 데리고 기지로 돌아가야 했어요."

우리가 이 마을에 간 것은 볼일이 있어서였다. 이 마을 사람들은 유향을 생산하는데(대부분의 마을 사람들이 그것을 껌처럼 씹는다), 그러기 위해 25km 넘게 가야 있는 특정한 나무에서 향기로운 진을 받는다. 로우이는 내게 작은 곡식 자루 세 개를 보여주었다. 마을의 모든 아이들을 먹일 식량으로 선교회가 기부한 것이었다. 유목민들은 별다른 수입원이 없어서 향과 숯 제조는 가뭄이 극심할 때 식량을 구매할 수 있게 해주는 유용한 생존 수단이다. 불행히도 숯을 생산하기 위해서는 얼마 남지 않은 나무들을 베어야 하고, 그 결과 그늘과 물은 더 줄어든다. 게다가 절박한 소들이 묘목을 먹으면서 유향의 원료인 유향 나무들이 멸종으로 치닫고 있다. 또한 가뭄 때문에 산불도 더 자주 일어나고, 남아 있는 다 자란 나무마저 하늘소의 습격에 더 취약하게 된다. 차파로 신부는 미사에 쓸 유향을 구매했다. 유향을 계량하여 마대에 담는 두 여자 주위로 온 마을 사람들이 모여들었다.

이쯤에서 나는 내가 선교사들에게 갖고 있는 강한 편견, 아니 반감을 시인해야겠다. 나는 선교사들이 가난한 나라 사람들에게 자신들의 믿음과 규칙을 '감염시킨다'고 생각했다. 예부터 선교사들은 수없이 많은 죽음의 원인이었고 아프리카에서 자주 보게 되는,

성경책과 교리를 움켜쥔 북아메리카에서 온 광신도 부부들은 내게 충만한 기쁨을 주는 존재가 아니었다. 그런데 이번 여행이 나의 그런 나태한 판단을 흔들어 깨웠다. 차파로 신부는 영웅이라 해도 모자람이 없었다. 그런 헌신적인 선교사 네트워크의 실질적 개입이 없었다면 이곳 사람들은 변화하는 환경에서 살아남을 수 없었을 것이다. 다른 자선 단체들이 짐을 싸게 만드는 폭력, 매우 가혹한 환경에서의 무자비한 일상, 군대가 선택된 부족들만을 구조할 만큼 편향된 정치 속에서 차파로 신부는 아랑곳없이 이슬람교도와 기독교도를 똑같이 방문하고 돕고 먹이고 교육했다.

우리는 유향을 담은 큰 마대 자루 두 개를 차에 싣고 나서 마을 교사에게 값을 지불하고 떠날 채비를 했다. 하지만 떠나기 전에 협상할 일이 몇 가지 더 있었다. 여자들 여러 명이 35km 떨어진 오아시스까지 자신들을 태워주기를 바랐다. 그곳에 가서 물통을 채우려는 것인데, 우리 차를 얻어 타면 이틀 내지 사흘마다 걸어가야 하는 길을 편하게 갈 수 있기 때문이었다. 모두를 태울 자리는 없었고, 차파로 신부는 공정하고 싶었다. 결국 타협하여 여자 여섯과 아이 둘을 태우기로 했다. 건조한 동네에서 물을 구하는 일은 거의 항상 여자들 몫이고, 그들 가운데 다수가 멀고 위험한 지역을 통과해 고생스러운 길을 걸어가서 무거운 물통을 지고 돌아와야 했다. 아프거나 임신 중일 때도 예외는 없다. 물을 긷는 일은 사막 마을에서 유산과 사산을 유발하는 가장 큰 원인으로, 길 가는 도중에 출산하는 경우도 허다하다. 그런 아기들을 케냐어로 '므완지아'라고 부르는데 "길에서 태어나다"라는 뜻이다. 요즘 같은 극심한 가뭄에 그들이 아는 샘까지 가려면 몇 시간을 걸어야 하므로, 낮 기온이 50도에 육박하는 지금 우리 차에 탄 승객들의 얼굴에는 안도하는 기색이 역력했다. 이 여성들은 머지않아 더 영구적인 안도감을 얻을지도 모른다. 2013년에 출범한 그리드맵(GRIDMAP)이라는 유엔 프로그램이 진보한 위성사진을 이용해 투르카나의 지하 대수층 지도를 작성하겠다는 목표를 세웠기 때문이다. 이미 2,500억 m^3가 넘는 지하수가 발견되었고, 이 가운데 몇몇은 표면에서 겨우 몇 미터 아래에 있다.

　　우리가 다시 출발하자 뒷좌석에 탄 여자들이 일제히 노래를 부르기 시작했다. 우리는 걸리적거릴 게 아무것도 없는 사막을 통과했다. 나무는 단 한 그루도 없었다. 이곳의 높은 염도는 이 낯선 화산 지형을 완전한 황무지로 만들었다. 우리가 있는 곳은 아프리카 지구대였다. 뜨겁고 도처에 둥그런 베개용암과 화석이 놓여 있었다(용암이 차가운 물속으로 직접 흘러들 때 거죽이 식어 현무암이 되고, 용암이 계속 밀려들면 어느 순간 거죽이 파열되면서 붉은 용암이 쏟아져 나와 새로운 현무암 덩어리를 만든다. 이 과정이 반복되면 단면이 둥글고 기다란 베개 모양의 현무암 덩어리가 줄줄이 쌓인다_옮긴이). 베개용암과 화석들은 이 지역이 바다 밑에 있었던 시절을 증언한다. 차가 비탈을 올라갈 때 그 아래 황량한 돌투성이 지형에 호수가 나타났다. 정말이지 눈부시게 파래서, 현지인들은 그것을 '비취해'라고 부른다. 투르카나호수는 에티오피아의 오모 계곡까지 뻗어 있다. 이 장소에 사람이 산 것은 현대 인류가 진화하기 전부터이다. 다른 화석들과 함께 이 지역에서 발견된 호모에렉투스 어린이의 거의 완전한 골격인, 160만 년 전의 '투르카나' 소년은 플라이스토세 초 이 지역에 번성했던 호수 마을이 있었음을 알려준다. 호수의 둘레는 케냐에 접한 인도양의 해안선보다 길지만, 인류세에 인류는 해가 갈수록 그 호수를 줄어들게 하고 있다. 홀로세 초인 1만 년 전 수위는 100m가 더 높았고 나일강에 물을 제공했다. 그러나 지금은 오모 계곡의 토사 퇴적, 댐, 관개 시설로 인해 물의 유입이 크게 줄었다. 에티오피아는 오모강에도 수력발전을 위해 대형 댐을 건설하고 있다. 이 댐이 건설되면 유량이 더 줄어 2024년에는 수위가 8m 가량 낮아질 것이다.

시간이 더 흘러 우리는 또 다른 언덕을 올랐다. 그때 정말로 감격적인 장면이 눈앞에 펼쳐졌다. 로이얀갈라니 마을이 짠 하고 우리 앞에 신기루처럼 나타난 것이다. 고작 나뭇가지와 야자나무 잎으로 만든 오두막들일 뿐이지만 눈물겹게 반가웠다. 사막에 감춰진 그 선교회에 우리는 예정보다 15시간이나 늦게 도착했다.

신부들이 미사를 보러 간 동안 나는 주위를 둘러보았다. 선교회는 나무와 잘 가꾸어진 꽃 들이 심긴 시원하고 그늘진 뜰에 자리하고 있었다. 뒤쪽 바깥채에는 해먹과, 태양전지판과 풍력발전기로 가동되는 텔레비전이 있었다. 이곳이 서늘하고 바람이 잘 통하는 이유는 콘크리트 건물인 본관과 달리 현지의 자연 물질을 이용해 만들어졌기 때문이었다. 그러니까 나뭇가지와 야자수 잎으로 지은 오두막의 확장판인 셈이다. 야자나무 숲을 돌아가니 선교회에 딸린 수영장이 나타났다! 화산수로 채워진 자연 온천이다. 나는 신발을 벗고 옷을 입은 채로 물에 뛰어들어 여행의 피로를 씻어냈다.

점심을 먹은 뒤 나는 이 낯선 사막 도시를 탐색했다. 주민은 거의 모두 투르카나 부족으로 나머지는 사업 차 온 소말리족과 몇몇 삼부루족, 다른 소수 부족들이었다. 사람들은 일반적으로 친절하고 알록달록한 장식을 하고 있었다. 여자들은 정교한 구슬 목걸이를 걸고 있었다. 붉은색이 눈에 많이 띄었는데, 투르카나 부족이 가장 좋아하는 색깔이었다. 최근에 유행한 콜레라는 이제 잡혔지만, 신부들은 항생제와 절실히 필요한 식품 꾸러미를 계속해서 나눠 주었다.

선교회는 많은 학교를 지었고, 특히 소녀들을 교육하는 데 공을 들였다. 적어도 교육 받은 여성은 자식을 학교에 보낼 것이기 때문이다. 선교사들이 등교를 장려하는 한 가지 방법은 모든 아이에게 최소한 한 끼 식사를 무상으로 제공하는 것이었다. 하지만 그 밖의 다른 장소에서와 마찬가지로 많은 소녀들이 학교에 갈 수 없는데, 부모들이 딸을 학교에 보내려 하지 않기 때문이었다. 부모들은 딸들이 "가방끈이 너무 길어 결혼하지 못하면" 지참금을 챙길 수 없게 될까 봐 두려워했다. 선교회는 열 살쯤 된 결혼한 소녀들을 위해 무상 급식을 제공하는 야간 수업도 운영했지만, 이 역시 출석률이 낮았다.

이런 장소에서 이루어지는 교육 사업이 과연 현지인에게 득이 되느냐는 물음에 나는 일반적으로는 상당히 회의적이다. 내가 보기에, 유럽 중심적 교육 개념 ─ 그들의 전통적인 학습 환경(예컨대 그들은 축산 또는 농업에 관한 기술을 습득한다)에서 아이들을 빼내어, 그들의 삶과 아무런 관련도 없는 주제들에 관하여 지루한 교과서에 적힌 낡고 공허한 글귀들을 가르치는 일 ─ 은 사회적으로나 개인적으로나 손해다. 이런 교육은 젊은이들을 도시 빈민가와 판자촌에서 살도록 준비시키지만 보수가 좋은 직업을 갖는 데 성공하는 사람은 극소수이다. 하지만 이곳 투르카나 호숫가에서 나는 정반대의 느낌을 받았다. 마치 수세기 전부터 이어져 내려온 삶의 방식이 종언을 고하는 것을 지켜보는 느낌이었다. 사막에 사는 사람들은 대안이 필요했다.

목축은 사실 건조한 땅을 사용하는 가장 경제적이고 생산적인 방식이고, 현재 겪고 있는 가뭄과 같은 위기들이 닥쳤을 때 필수적인 식량원이 된다. 이곳 부족민들이 영위하는 방식의 유목은 오래된 지식과 기술을 이용해 황무지처럼 보이는 땅에서 물과 목초지를 찾는다. 정주 농업이나 목축업처럼 토지를 남용하지 않도록 광대한 지대를 지속 가능한 방식으로 이용하는 것은 유목민들이 하나의 생활 방식을 수천 년 동안 이어올 수 있는 비결이었다. 아프리카에는 유목민이 2억 5,000만 명이 넘는다. 그들은 아프리카 땅 면적의 43%를 누비고, 지구에서 가장 가난한 사람들임에도 그들이 사는 나라의 GDP에 10~44%를 기여한다.[4] 소를 신중하게 방목하는 것은 토양의 탄소를 순환시켜 토양이 더 많은 물을 흡수할 수 있게 하고 사막화를 되돌린다. 동아프리카산 육류의 약 90%와 우유의 80%가 유목민들에게서 나오지만, 그들은 연이은 타격에 직면하고 있어서 유목식 생활 방식은 조만간 종말을 맞을지도 모른다.

　영국 자선 단체 크리스천에이드(Christian Aid)가 2006년에 발표한 한 보고서에 따르면, 케냐 북부에 사는 유목민의 3분의 1 이상이 어쩔 수 없이 자신들의 삶의 방식을 포기할 처지에 놓였다. 2008년에는 그 수가 100만 명으로 두 배가 되었다. 문제는 한두 가지가 아니다. 농부들, 국립공원 보존주의자들, 채광 및 그 밖의 산업적 이권을 소유한 사람들이 광대한 구역에 울타리를 쳐놓고 사람들의 접근을 금지하면서 유목민들은 그들이 예로부터 이용했던 땅에서 점점 밀려났다. 그들은 남아 있는 줄어든 땅에 의존할 수밖에 없는데, 그런 장소는 수원과 목초지가 거의 없는 가장 척박하고 메마른 땅이었다. 점점 더 잦아지고 심해지는 가뭄은 최후의 결정타였다. 소들이 죽고 물과 목초지를 둘러싼 이웃 부족과의 무력 충돌이 끊이지 않자, 많은 유목민들이 마을로 이주해 식량 원조, 쓰레기통 뒤지기, 야생동물 사냥에 의존하며 살아갔다. 몇몇 곳에서는 유목민들이 정주 농업을 시도하기도 했지만 결과는 엇갈렸다. 소도둑은 늘 있었지만, 최근 들어 굶주리고 절박한 사람들의 진지한 돈벌이 수단이 되었다. 내가 목격했듯이, 이들은 이제 현대 무기로 무장한다. 로이얀갈라니 마을에는 그런 습격으로 남편을 잃은 미망인들이 숱했다.

사람들에게 다른 생활 방식에 대한 대비를 시키고 여성들의 힘을 길러 다른 생계 수단을 가질 기회를 제공하는 것은 분명 값진 일이다. 읽고 쓰기를 배우는 투르카나 부족 아이들은 스무 살 이전에 결혼할 확률이 훨씬 더 낮고, 가족을 위해 돈을 벌 확률이 더 높고, 자식들에게 손을 씻도록 교육할 확률이 더 높다. 교육 받은 투르카나 사람들은 군대와 기업에서 간호사, 교사, 기계공으로 일했다. 나는 영어를 매우 잘하지만 중등학교를 2년 다니다가 학비가 없어 그만둔 이사벨라를 만났다(케냐에서는 초등학교만 무상교육이다). 이사벨라는 스무 살에 아이가 둘이었다. 그녀는 영어회화 연습 삼아 나에게 자신의 계획을 들려주었다. 교사가 되고 싶지만 그것은 아마 불가능할 것 같고 언젠가 나이로비에 가고 싶다고 말이다.

선교회에 돌아오니 차파로 신부가 이시올로에서 가져온 부품으로 자동차를 수리하고 있었다. 그는 차 아래에서 기어 나오며, 미망인들이 낚시하러 가는데 함께 가겠느냐고 물었다. 그 여성들은 부족 간 무력 충돌로 남편을 잃고 어떻게든 자식을 먹여 살려야 했다. "처음에는 매일 선교회에 와서 음식을 구걸했어요. 그래서 우리는 그들에게 낚시 그물을 주고 물고기 잡는 방법을 가르치기로 했지요." 차파로 신부가 말했다. 출발은 불안했다. 낚시는 투르카나 문화에서 천한 일이었기 때문이다. 하지만 몇 번 실패한 끝에 그들은 마침내 해냈을 뿐 아니라 먹을 수 있는 양보다 더 많이 잡았다. 그들은 선교회에 와서 구걸하는 것을 그만두었고 대신에 잡은 물고기를 파는 방법에 대해 조언을 구했다. 그들은 지금 먼 빅토리아호수까지

가서 물고기를 팔아 잘 살고 있다. 여성 어부들이 잡은 물고기는 말리거나 소금에 절여서 창고로 보내지고, 그곳에서 일주일에 한 번 에티오피아에서 그 마을을 경유해 빅토리아호수로 가는 트럭을 기다린다.

낚시는 목축에 비해 매우 안전한 생계 수단이었다. 여성 어부들은 더 이상 굶지 않아도 되었고, 풀을 뜯기러 먼 지역을 돌아다닐 필요가 없으므로 물고기를 도둑맞을 일도 없을뿐더러 (병들거나 죽은 염소와 달리) 도시에서 팔아 다른 물건을 살 수도 있었다. 그 결과 미묘한 변화가 일어났다. 투르카나 사회에서 오랫동안 낮은 지위를 견뎌온 미망인들이 자신들의 지위가 개선되는 것을 목격했다. 정주 생활을 한다는 것은 교육과 보건 시설을 이용할 수 있다는 뜻이었다. 하지만 그것은 도로변에서 숯을 파는 유목민들과 마찬가지로, 유목 생활 방식의 종말을 불러왔다.

우리 차는 다시 노래 부르는 투르카나 사람들을 가득 싣고, 넘을 수 없을 것처럼 보이는 큰 바위들 너머 해안을 향해 울퉁불퉁한 길을 떠났다. 미망인들과의 낚시는 결국 연기되고 말았는데, 호수에 도착하니 악어의 습격으로 그물들이 모두 망가져 있었기 때문이다. 악어는 나일 강물이 이 호수를 채우던 시절이 남긴 유산이었다. 하지만 16세부터 35세까지 다양한 연령대의 미망인들은 지체 없이 옷을 벗고 호수에 뛰어들어 헤엄을 쳤다. 악어와 하마 들과 함께하는 수영은 흥미진진했다. 용감한 미망인들이 차파로 신부의 몸에 인정사정없이 물을 튀겼다. 그러고 나서 우리는 선교회로 돌아갔고, 앤드루 신부는 우리가 아무것도 잡아오지 않은 것을 보고 실망했다. 하지만 우리에게는 저녁으로 먹을 말린 틸라피아가 있었고, 틸라피아는 맛있었다. 투르카나 호숫가에 사는 현지인들은 고기, 우유, 피를 먹고 사는 반면(그들은 동물의 목 동맥을 찔러 컵에 피를 받은 뒤 피가 응고해 혈관이 닫힐 때까지 혈관을 꼭 집어준다), 이주한 신부들은 나이로비 외곽에서 가져온 과일과 채소 같은 더 다양한 것을 먹는다. 현지인들은 치즈도 먹지 않는데 "비누 같다"는 게 이유라고 앤드루 신부가 말했다. 그러면서 그는 케냐에서 먹을 수 있는 물고기는 틸라피아뿐이라고 공언했다. 몸바사섬과 나머지 해안 지역에서 많은 종류의 물고기가 잡히지 않느냐고 내가 물었다. "하지만 그 물고기는 바다에서 온 거라서 먹으면 안 돼요." 그가 대답했다. 그게 뭐가 문제냐고 물었더니, 바다에서 온 물고기는 짜기 때문이란다. 나는 투르카나호수에서 잡은 물고기도 짜다고 지적했다. 그랬더니 그는 불길한 어조로 이렇게 말했다. "바다에 사는 물고기들 중에는 눈알 두 개가 머리 한쪽에 붙어 있는 물고기도 있어요." 그것으로 상황 종료였다.

일요일에 우리는 차파로 신부가 성당에서 미사를 볼 수 있도록 옆 동네로 건너갔다. 그곳은 구성원이 약 50명으로 케냐에서 가장 작은 부족인 엘모로족 마을이었는데, 많은 사람들이 삼부루족과 족외혼을 한 탓에 '진정한' 엘모로족이 있는지는 알 길이 없다. 이 부족은 케냐에 마지막 남은 전통 어로 부족 중 하나로 남자들은 뗏목을 타고 나가 100kg에 이르는 농어와 틸라피아를 잡는다. 로이얀갈라니의 미망인들처럼 그들도 빅토리아호수에서 팔기 위해 물고기를 말리고 소금에 절인다. 모든 거래는 케냐의 모바일 금융 서비스 엠페사로 이루어진다.

아름답고 조화로운 노래, 은은한 향냄새, 나를 향한 호기심 어린 눈초리 속에서 미사가 진행되었다. 아이들과 어른들은 뼈와 이에 기형을 가지고 있었다. 차파로 신부는 호수에서 퍼 온 물을 그냥 마

시는 것이 원인이라고 생각했다. 물속에 용해된 무기질이 칼슘 흡수
를 방해하는 듯했다. 이곳은 아동 사망률이 높았다. 여자들은 자식
을 예닐곱 명 낳는데, 그 가운데 한둘을 잃는 것은 정상적인 삶의 일
부로 받아들여졌다. 언제 어떻게 될지 알 수 없는 5세 이하 어린이
는 아직 완전한 사람으로 '치지 않고' 그 나이가 지나야 비로소 확실
하게 살아 있는 사람이 된다.

　하지만 이곳의 삶은 곧 ― 투르카나 소년은 말할 것도 없고 ―
이곳 사람들이 한 번도 경험해보지 못한 방식으로 재편될 예정이다.
차파로 신부는 나를 태우고 호수 분지에서 벗어나 다시 사막의 평
원으로 돌아갔다. 이곳은 바람이 엄청나게 셌다. 오토바이 타는 사
람을 쓰러뜨릴 정도라고, 본인도 쓰러진 적이 있는 차파로 신부가
침울하게 말했다. 큰 일교차가 투르카나호수와 사막 내륙 사이에
강하고 지속적인 바람의 흐름을 발생시킴으로써 형성되는 '투르카
나 복도 저공 제트류'(바람의 흐름을 가속화하는 통로 역할을 한다
고 해서 붙여진 이름_옮긴이)가 이 지역을 가로지른다. 이 제트류는
그 지역을 풍력 에너지 생산에 최적인 장소로 만든다. 그래서 이곳
에 아프리카 대륙 최대의 풍력 단지가 들어설 예정이다. 이 사업은
네덜란드와 케냐의 컨소시엄이 시공하는 300MW짜리 대형 공사로
케냐 전력 필요량의 약 20%를 충당할 예정이다. 예측 가능한 강한
바람이 분다는 것은 똑같은 터빈으로 유럽에서 생산하는 전력의 두
배를 생산할 수 있다는 뜻이다. 이 지역 7.5km^2 면적에 걸쳐 360개
이상의 터빈이 설치될 예정이고, 생산된 전기는 고가 케이블선을 타
고 수백 킬로미터 남쪽의 나이로비와 기타 인구 밀집 지역으로 보
내질 것이다. 현재 케냐 국가 전력의 약 80%가 수력발전소에서 온
다고 추정되지만, 잦은 가뭄으로 생산이 불확실해지면서 전력 기여

분이 30%까지 줄었고 여유가 있는 회사들은 값비싼 디젤 발전기에
의존하고 있다.

풍력 터빈이 사막에 이상적인 이유는 사막 지형은 바람이 막힘
없이 흐를 수 있는 데다 터빈 때문에 방해 받을 사람들이 적기 때문
이다. 하지만 이 말은 곧 터빈이 생산한 전기의 수혜자들이 대개 먼
곳에 살아서 긴 송전선을 설치해야 하며 도중에 에너지가 손실된다
는 뜻이기도 하다. 그럼에도 캘리포니아의 모하비사막, 라자스탄의
타르사막, 네이멍구의 고비사막을 포함해 전 세계 사막에 풍력발전
용 터빈이 부지런히 설치되고 있다. 몇몇 사업은 다른 발전 방식과
의 결합을 시도하고 있다. 예를 들어 태양광과 풍력을 결합하는 경
우 터빈은 밤 동안 에너지를 공급한다. 아부다비에 있는 한 발전소
는 풍력발전용 터빈으로 생산한 전기를 이용해 사막의 수증기를 물
로 응축한다. 프랑스 기업 에올워터사(Eolewater)가 발명한 이 장치
는 30KW짜리 터빈 한 개와 콘덴서 한 개로 공기 중에서 하루 500
~800*l*의 물을 추출하는데, 규모를 키울 수 있다면 다른 동네에도
물을 제공할 수 있을 것이다.

풍력 터빈은 인류세에 전 세계 전기 사용량의 상당 부분을 제공
할 수 있을 것이다. 이론상으로, 전 세계에 400만 개의 터빈을 세우
면 연간 7.5TW를 능히 생산할 수 있다(이것은 현재 사용량인
18TW의 거의 절반에 해당한다). 하지만 논란도 있는데, 터빈이 새
를 죽이고 기존의 발전 방식에 비해 광대한 면적의 땅이나 바다가
필요하기 때문이다.[5] 이 문제를 피하는 한 가지 방법은 바람이 더 강
하게 부는 더 높은 고도에서 바람을 채집하는 것이다.[6] 500m 상공
에서 바람을 이용하기 위한 다양한 설계의 연과 항공기가 개발되고
있다. 한편 연안에 조성되는 풍력발전 단지는 토지 사용자들의 저

항이 비교적 적지만 설치하기 어렵고 값비싸며 선박들의 항로를 방해할 수 있다. 한 가지 해결책은 쇠사슬로 매어놓은 해상 섬 풍력발전 단지를 만드는 것이다. 이렇게 하면 해저에 깊이 박을 필요가 없고 깊은 수역의 가장 좋은 (가장 바람이 많이 부는) 장소로 이동시킬 수 있는 한편 항로를 방해하지 않을 수 있다.

투르카나 풍력발전 단지는 공사하는 첫 3년 동안 약 2,500개의 일자리를 창출할 것이고, 새로운 기반 시설과 함께 나이로비와 투르카나를 잇는 도로망을 요한다(현재 기업의 중역들은 헬리콥터를 타고 이 지역을 방문한다). 차파로 신부는 수많은 외지인들이 밀려들어 이 지역에 사는 고립된 부족들이 그들만의 문화와 생활 방식을 잃게 될까 봐 걱정했다. 이곳의 유목민들은 이미, 영국-아일랜드 기업 툴로오일(Tullow Oil)이 최근에 투르카나 지역의 한 유정에서 143m의 석유를 발견한 뒤로 개발의 여파를 실감하고 있다. 석유가 발견된 뒤로 정부가 지역사회의 동의도 없이 부족 땅의 일부를 석유 시추자들에게 넘겨주는 바람에 그 땅은 출입 금지 구역이 되었다. 하지만 풍력발전 단지 사업의 책임자 카를로 판 바헤닝언은 그 개발이 역사상 최초로 아프리카 북동부에 일자리, 기반 시설, 전기를 포함해 여러 기회를 가져올 것이라고 주장한다. 그는 그 컨소시엄이 투르카나호수에 어장을 설치하고, 물을 둘러싼 부족 간 갈등을 끝낼 수 있는 청정수 사업을 창설할 것이라고 말한다. 이미 약속된 새 병원은 고립된 이 지역 사람들의 건강을 증진할 수 있을 것이다.

이 지역 사람들의 일부는 이미 난생처음으로 전기의 혜택을 누리고 있다. 사막의 또 다른 주요 전력 공급원인 태양 덕분이다. 엘모로 부족 남자 둘은 나이로비에서 싼값에 판매되는, 태양전지로 작동되는 휴대폰을 가지고 있고, 마을의 오두막집 중 하나는 지붕에 태양전지판을 두 개 갖추고 있다. 또한 이곳에 250MW의 전력을 생산하는 대형 태양광발전소를 건설하겠다는 사업 제안서도 나와 있다. 유목민 부족들이 사는 이 황량한 사막의 호숫가에 서 있노라면 이곳이 에너지 허브가 될 수 있다는 사실이 믿기지 않는다. 하지만 인류는 태양에서 무한한 에너지를 얻겠다는 꿈을 실현시켜가고 있고, 현재는 전기를 사용할 수 없는 세계 인구의 4분의 1에게 앞으로 몇십 년 동안 전기를 제공하는 동안 이런 사막들은 완전히 변모할 것이다.

바람이 불지 않는 사막에서도 태양은 구름의 방해를 받지 않고 계속 내리쬐고, 이것은 믿을 수 있는 전기 공급원이 된다. 사막의 마을이 대개 발전소에서 먼 외딴 지역에 있기 때문에 이런 태양에너지는 특히 유용하다. 사실 태양광발전은 많은 개발도상국에서 송전망보다 훨씬 믿을 만하다는 것이 판명되었다. 정전이 자주 일어나는 인도에서 정전 시에도 전기 공급의 중단 없이 작물 관개에 필요한 물을 계속 펌프질 할 수 있는 곳은 오히려 송전망에 연결되어 있지 않아 최근에 태양전지판을 설치한 가장 가난한 마을들이다. 태양은 지구에 12만 TW의 에너지를 끊임없이 제공하는데, 이것은 박테리아에서부터 동식물, 날씨, 화학 순환에 이르는 우리 세계의 모든 것을 움직이는 동력이다. 인류는 태양이 한 시간 동안 제공하는 에너지와 똑같은 양의 에너지를 한 해에 사용한다. 문제는, 태양에너지는 분산되는데 우리는 그 에너지를 집중된 형태로 이용해야 한다는 것이다. 사막의 태양광발전은 그것을 하는 한 가지 방법이다.

휴대폰 충전이 필요하지만 송전선이 들어오지 않는 집들을 보고 기업들은 발빠르게 시장성을 발견했고, 아프리카와 인도 아대륙 전역에서 다양한 방식의 선불형 태양광 서비스가 우수죽순 생겨났다. 이런 서비스는 극빈층을 겨냥한다. 이들은 태양전지판을 설치할 자본이 없을뿐더러 저렴한 송전망 전기를 이용할 수 없는 탓에 등유나 디젤유를 구매할 수밖에 없기 때문에 에너지에 돈을 많이 쓴다. 몇몇 선불형 태양광 상품의 경우 사용자들은 적은 수수료를 지불하고 대용량 배터리를 지급 받아 자신의 기기를 충전하고, 그러고 나서 배터리가 소진되면 동네 태양광 충전 센터로 가져가 적은 비용을 지불하고 충전된 배터리와 교환한다. 요금은 엠페사 휴대폰 금융으로 지불할 수 있다. 내가 상하이에서 만난 한 이스라엘 기업가는 아프리카에서 중국산 태양전지판을 판매하는 대량 구매 사업을 시작했다. 현재 아프리카인들과 그 밖의 개발도상국 소비자들은 태양전지판에 열 배 가격을 지불하는데, 그것은 그들이 개별적으로 또는 먼 장소에서 소량으로 구매하기 때문이다. 요탐 아리엘의 회사 베누솔라(Bennu Solar)는 10억 명의 시골 사람들을 대상으로 그들에게 가장 적합한 태양광 장치를 추천한 다음 그들 대신 값싼 태양전지판을 공동 구매한다. 그 밖에 다른 상품은 할부 구매와 같은 방식으로 운영된다. 즉 태양전지판과 배터리, 기기 충전에 필요한 기타 옵션을 사용자 소유가 될 때까지 수개월에 걸쳐 저렴한 비용으로 대여하는 것이다. 영국 벤처 기업인 에잇나인틴(Eight19)이 그런 상품을 판매하고 있는데, 사용자들은 보증금 10달러를 지불하면, 태양전지판, 두 개의 방에서 사용할 수 있는 태양광 조명 키트와 LED 전구 그리고 재충전해서 사용할 수 있는 리튬 배터리와 휴대폰과 노트북 충전용 연결 잭을 받는다. 그런 다음 매주 1달러짜리 스크래치 카드를 구매하고 카드 번호를 문자메시지로 보내 암호를 전송 받는다. 태양광 배터리를 계속 작동시키려면 그 암호를 배터리에 입력해야 한다. 18개월이 지나면 그 장비는 사용자 소유가 된다. 소비자가 비용을 지불하면 키트에 다른 옵션을 추가할 수 있는데, 이를테면 더 많은 방에서 사용하거나 텔레비전이나 재봉틀을 사용하기 위해 패널 또는 배터리를 추가할 수 있다.

전 세계 사막에서 사람들은 태양광발전의 규모를 키워가고 있다. 몇몇 지역에서는 일련의 광전지 판을 배열하여 거기에 닿는 햇빛으로 직접 전기를 생산한다. 이 가운데 가장 인상적인 사례로 애리조나에 있는 200MW 용량의 발전소, 300GWh의 전기를 생산하는 중국 고비사막의 골무드에 있는 발전소 그리고 인도 구자라트에 있는 600MW 용량의 세계 최대 태양광발전소를 꼽을 수 있다. 칠레는 아타카마사막에서 이미 정부 보조금 없이 '그리드 패리티(grid-parity)'(생산한 전기의 비용이 화석 연료를 사용해 생산한 전기의 비용과 같아지는 지점)를 달성했다. 하지만 사막은 흙먼지와 모래가 흩날리는 곳이라서 태양전지판과 반사판을 깨끗하고 효율적으로 유지하기 위해서는 작은 태양광발전소의 경우도 수만 리터의 물이 필요하다. 그런데 그런 장소에서는 물이 희소하고 비싸다. 공학자들은 방수 또는 방진 코팅을 이용해 이 문제를 피하는 방법을 고안하고 있고, 사우디아라비아에 근거지를 둔 한 공학자는 태양전지판을 청소하는, 배터리로 작동되는 자동 드라이클리너를 발명했다. 이 발명품은 현재 시험 가동 중이다.

태양전지판을 통해 전기를 생산하는 것 외에 또 다른 방법은 태양 광선을 이용해 물이나 기름 같은 물질을 가열한 다음 그 증기로 발전기를 돌려 전기를 생산하는 것이다. 낮에 증기의 일부를 증기 축적 장치에 옮겨놓으면 밤에도 발전기를 가동할 수 있다. 이것은 기존의 발전소가 작동하는 방식과 매우 비슷한데, 화석 연료 대신 태양을 이용해 증기를 발생시키는 것만 다르다. 배열된 반사판들이 유체가 저장된 홈통이나 가열 탑에 태양 광선을 모은다. 국제에너지기구는 2050년까지 집광형 태양열발전이 전 세계 전기 수요의 4분의 1을 제공할 수 있으리라고 추산한다. 가장 야심 찬 집광형 태양열발전소로는 캘리포니아 모하비사막에 있는 세계 최대 태양열발전소와, 해바라기 모양으로 배열된 나선형 반사판들을 이용해 용융염(801℃ 이상으로 가열해 녹인 소금_옮긴이) 탑으로 태양 광선을 보내는 스페인 남부의 한 흥미로운 발전소를 꼽을 수 있다. 용융염은 태양열을 매우 효과적으로 저장해서, 그 발전소는 밤에 저장된 열을 방출해 터빈을 돌림으로써 연간 540GWh의 전기를 24시간 제공할 수 있다.

이런 프로젝트를 보잘것없어 보이게 만드는 더 야심 찬 초국가적 태양열 사업도 진행 중이다. 바로 북아프리카 사막에 내리쬐는 태양에서 — 광대한 태양전지판과 집열판뿐 아니라 사막의 풍력 에너지까지 이용해 — 전기를 생산하여 유럽 전역으로 보내기 위한, 발전 용량 2,000MW짜리 계획인 데저텍(Desertec)이다. 사하라사막은 6시간 동안 전 세계가 1년 동안 사용하는 에너지를 받는다. 데저텍 프로젝트의 목표는 유럽 전기 수요의 15%를 공급하는 것이고, 그 전력은 먼 거리를 가는 동안 에너지의 90%를 보존하는 효율적인 고압직류(HVDC) 송전선을 통해 사하라사막에서 북쪽으로 송전될 예정이다. 중요한 점은 이 프로젝트가 유럽에만 전기를 공급하는 것이 아니라는 것이다. 태양광발전기가 있는 나라인 모로코, 튀니지, 이집트를 포함해 아프리카 나라들도 수혜를 받을 것이다. 그리고 HVDC 송전은 한 가지 방법일 뿐이다. 고온초전도체 분야에서 이루지고 있는 발전 덕분에 해저 케이블을 이용해 더 먼 거리로 효율적인 송전이 이루어질 수 있다. 예를 들어 아이슬란드에서 생산되는 지열 에너지, 노르웨이에서 생산된 수력 전기를 이런 방식으로 영국까지 보낼 수 있다. 또 다른 방법은 수소에 에너지를 저장하여 운송하는 것이다. 즉 태양에너지를 이용해 물을 산소와 수소로 분해했다가 연료 전지 내부의 수소를 이용한 역반응을 일으키는 방법으로 필요한 장소에서 전기를 생산할 수 있다. 또한 태양에너지를 이용해 에탄올, 디젤유, 메탄을 포함한 탄화수소 연료를 생산하기 위해 이산화탄소와 물 같은 화학 작용제를 반응시킬 때 필요한 열을 생산할 수도 있다. 이것은 바로 광합성 과정에서 식물 내부의 엽록소가 하는 일로 지구상의 모든 생명을 떠받치는 반응이다. 관건은 엽록소보다 더 나은 반응 촉매제를 찾아 그 과정의 비용 효율을 높이는 것이고, 따라서 강력한 후보인 백금은 제외된다.

현재 태양에너지 도입에 가장 적극적인 곳은 유럽 국가들, 그중에서도 특히 독일로서(유럽에서 사용되는 태양전지판의 80%가 중국산이다) 그것은 정부 보조금 덕분이다. 태양에너지는 북유럽의 전반적인 에너지 공급에 기여할 수는 있는 반면에 북유럽에서 전력을 생산하는 가장 비효율적인 방법 중 하나이다. 따라서 최선은 태양열발전을 사막에 집중시키고, 날씨가 흐린 북유럽 지역에서는 원자력과 바람 같은 그 밖의 비탄소 원료에 의존하는 것이다.

사막은 태양과 바람에 노출된 아직 개발되지 않은 거대한 땅으로 인류세에 미래 에너지 생산의 열쇠를 쥐고 있다. 하지만 사막이 보이는 것처럼 실제로 텅 빈 장소일까? 내가 만나본 유목민들은 이곳이 자신들의 땅이고 자신들이 생계를 영위하는 토대라고 주장한다. 사막의 연약한 생태계도 산업적 규모로 추진되는 저탄소 에너지 개발의 영향을 느끼고 있다. 전 세계 사막의 광대한 지역에서 우리는 사실상 야생동물들을 긁어내다시피 하고 있다. 몇몇 장소의 경우 변화된 조건을 견뎌내는 생물은 오직 설치류와 뱀, 작은 관목들 뿐이다. 우리가 사막 지형을 대대적으로 리모델링함에 따라 새, 거북, 대형 야생동물들이 사라지고 있다. 캘리포니아의 모하비사막에 초대형 태양열발전 단지를 건설한 회사는 공사를 시작하기 전에 공사 현장에 살던 멸종 위기에 처한 사막거북을 다른 장소로 이주시켜야 했다. 하지만 다른 사막 동물들에게도 비슷한 동정이 베풀어질지는 미지수이다.

실제로 전 세계의 사막은 점점 텅 빈 곳과는 거리가 먼 장소가 되고 있다. 한편으로는 경작 가능했던 땅이 사막화된 탓으로, 다른 한편으로는 모든 곳의 인구가 불어나고 있는 탓에 사막은 점점 사람들이 집이라고 부르는 장소가 되고 있다. 물을 찾는 것은 사막에 거주하는 모든 생물에게 중요한 일이지만 인간의 경우는 유독 그렇다. 인간은 사막에 사는 대부분의 동식물보다 물 없이 버틸 수 있는 시간이 더 짧기 때문이다. 하지만 우리는 우리 몸에 없는 생물학적 적응을 독창성으로 능히 보완할 수 있는데, 점점 건조해지는 지구에서는 그렇게 하지 않으면 안 될 것이다. 식수, 농업용수, 수력발전을 위한 담수 수요가 그 어느 때보다 커지면서 우리는 모든 수원으로부터 물을 끌어모으기 위해 안간힘을 쓰고 있다. 많은 사막 국가에서 지하 대수층이 이미 고갈되어 다시 채워지지 않고 있다. 그런 대수층은 지금과는 기후가 달랐던 수천 년 전 그 지역에 비가 더 많이 내리고 강이 흘렀을 때 형성되었다. 최근에 지질학자들은 사하라사막과 나미비아의 지하 대수층에서 — 아프리카 표층수 부피의 100배이고 그린란드와 남극의 빙상 다음으로 큰, 세계에서 세 번째로 큰 담수 저장고에 해당하는 — 광대한 저수지를 발견했다. 약 5,000년 전 마지막으로 저장된 그 물은 우물을 통해 퍼낼 수 있지만, 많은 지역에서 지하 150m 이상 깊은 곳에 있어서 퍼내는 데 비용이 많이 든다. 그럼에도 그것은 다른 사막 국가들이 이미 시행하고 있는 관개농업을 시도하는, 많은 물 부족 국가들에게 희망을 준다. 세계 최대의 관개 공사인 리비아의 대수로공사(Great Man-made River project)는 지하 500m 깊이에 있는 우물들을 통해 — 약 15만 km³의 물을 담고 있는 — 누비아 사암 대수층(Nubian Sandstone Aquifer)에서 하루 650만 m³의 화석수를 뽑아낸다. 그 물은 수도관을 통해 그 나라 인구의 70%와 관개 작물에 공급된다. 하지만 전문가들은 마지막 빙하기 동안 축적된 그 대수층이 이번 세기 내에 말라붙을 것이라고 예측한다. 이웃 나라 이집트의 지하수 수위는 그런 지하수 추출의 결과로 이미 떨어지고 있다. 리비아의 특별한 인공 수로에도 불구하고, 대부분의 사막 국가들은 물이 절박하게 부족한 상황이다.

　　이론상으로 물 부족은 이 푸른 행성에서 인류가 겪지 않아야 하는 고통이다. 인류세에 우리는 해수를 담수화하는 기술을 가지고 있지만 유일한 장애물이 에너지이다. 이미 담수화 공장들이 지구 전역에 건설되고 있고, 그곳에서 생산된 물은 수백 킬로미터 떨어진 내륙의 도시로 보내진다. 담수화 과정은 간단하다. 정화된 해수를 기화시킨 다음 다른 곳에서 소금만 남기고 다시 액체로 응결시키는 것이다. 하지만 이 과정에 필요한 에너지가 지금은 화석 연료에서 나온다. 그런데 석유가 풍부한 나라들조차 담수화 공장을 가동하는 에너지로 점점 태양을 고려하는 추세이다. 사우디아라비아는 태양광발전소 3기를 건설하고 있으며, 2030년에는 석유 순수입국이 될 것으로 예측된다. 바람이나 태양을 동력으로 한 효율적인 대규모 담수화 과정은 홀로세의 사막을 황량하고 두려운 장소에서 농업 중심지로 탈바꿈시킴으로써 번영하는 도시들 — 인류세의 지속 가능한 라스베이거스 — 을 떠받칠 수 있을 것이다.

|

하지만 인류세에 모든 곳이 라스베이거스가 될 수는 없다. 가난한 사막 동네들은 계속 모래 댐과 빗물 집수 같은 지역적 해법에 의존할 것이고, 그런 방법은 앞에서 살펴본 것처럼 빗물을 보존하는 데 매우 효과적일 수 있다. 하지만 비가 거의 내리지 않는다면 어떨까?

페루에서 리마는 한 국가의 수도치고는 좀 이상한 장소에 있다. 납덩이같은 하늘이 장막을 치고 있는 날이 연중 절반이 넘을 뿐 아니라 — 스페인 정복자들은 1535년의 화창한 1월에 그곳을 수도로 고를 때 그 사실을 알지 못했을 것이다 — 연간 강수량이 15mm 이하이다. 리마는 카이로 다음으로 큰 사막 도시로 물과 전기를 가뭄에 시달리는 리마크강에 전적으로 의존한다. 이 강의 발원지는 수백 킬로미터 떨어진 안데스산맥의 빙하이다. 전 세계 열대 빙하의 70% 이상이 페루에 있고, 1970년대 이래로 리마크강에 물을 공급하는 빙하의 3분의 2를 포함해 페루 빙하의 25%가 녹았다. "2030년에는 이 나라에서 빙하가 거의 다 사라질 거라는 예측이 나와 있습니다. 하지만 해빙이 훨씬 더 빨리 일어나고 있어요." 리마에 있는 국립기상수력기관의 과학 부문 책임자인 엘리자베스 실베스트레가 말했다.

아이러니하게도, 안데스산맥의 가뭄은 사람들이 리마로 이주하는 가장 큰 이유 중 하나이다. 현재 페루 인구의 80% 이상이 그 나라 물 자원의 1.8%를 보유한 해안가 사막에 살고, 그 가운데 900

만 명이 리마에 산다. 리마 시내의 가장 부유한 동네에 거주하는 업체와 주민들조차 잦은 급수 제한을 겪는데, 이때는 수도꼭지를 돌려도 물이 나오지 않는다. 하지만 약 200만 명이 거주하는 '아센타미엔토스 우마노스(Asentamientos humanos)'(흔히 AAHH라고 하며, 번역하면 대략 '거주지'라는 뜻)라고 완곡하게 불리는 이주민들의 빈민촌인 1,800개 마을에서는 문제가 훨씬 더 심각하다. 따라서 찢어지게 가난한 한 판자촌 주민들이 사구에 숲을 조성하려 한다는 사실은 놀랍기 그지없다. 자비에 토레스 루나는 벨라비스타(페루 중부 카야오주의 행정 구역 가운데 하나_옮긴이) 지구의 AAHH에 급하게 지은 자신의 판잣집 너머로 보이는 사구에 숲을 조성하는 것이 자신들이 겪고 있는 긴급한 문제에 대한 장기적 해법이 되기를 바란다. 그의 마을에는 먹을 물은 물론 세척과 위생에 사용할 물도 없다. 그러니 숲에 끌어들일 물도 있을 리 없다. 하지만 이 계획은 들리는 것처럼 허무맹랑하지 않다. 16세기 이전에 이 언덕들은 숲이었다. 스페인 사람들이 와서 목재를 얻기 위해 나무들을 베어 낸 것이다.

다시 말해 리마에 없는 것은 비지, 물이 아니었다.

자비에 루나의 집 너머로 우뚝 솟은 작은 언덕을 오르면 습도가 높아서 숨쉬기가 힘들 정도임을 알 수 있다. 5월부터 11월까지 리마에는 현지인들이 '가루아(garúa)'라고 부르는 짙은 회색 안개가 걷힐 날이 없어서 태양을 가리고 도시 빈민들에게 기관지염과 폐렴을 일으킨다. 안개가 생기는 것은 기온 역전(thermal inversion) 때문인데, 냉랭한 훔볼트해류(페루해류라고도 하며, 남아메리카 연안을 따라 북상하는 한류_옮긴이)가 태평양에서 오는 물기를 머금은 공기를 식혀 해안에 비가 내리지 못하게 막는다.

안개는 지면에 낮게 깔리는 수증기 구름으로 해안가에 흔하다. 철썩이는 파도가 일으키는 물보라가 소금 핵을 제공함으로써 공기 중에 물방울이 형성될 수 있게 돕기 때문이다. 지난 2년 동안 루나와 이웃들은 그 축축한 공기로부터 귀한 물방울을 포집하기 위해 벨라비스타 언덕 꼭대기에 일련의 거대한 망을 세웠다. 안개 포집망의 원리는 안개 속 수증기를 액체인 물로 응결시키는 것이다. 즉 공기 중의 물방울을 붙잡아 물줄기로 만드는 것이다. 이것은 자연이 아주 잘하는 기술이다. 예컨대 세쿼이아는 필요한 물의 절반을 안개에서 확보하고, 거저릿과에 속하는 나미비아의 검고 반짝이는 사막딱정벌레는 골진 등딱지에 안개를 응결시킨 다음 물구나무서기를 하여 그 물을 입 안으로 흘려 보낸다.

루나와 이웃들은 저수지와 물탱크를 짓고 귀한 안개를 포집하기 위해 언덕 꼭대기의 전략적 지점에 철사를 이용해 $40m^2$ 면적의 커다란 차광망을 세웠다. 바다에서 오는 안개를 실은 바람이 그 망에 닿으면 그 결과를 귀로 들을 수 있다. 마치 물이 콸콸 솟는 샘 같은 소리가 난다. "우리도 이렇게 잘될지 몰랐어요." 루나가 말했다. "유일한 문제는 이웃 마을의 도둑들이 우리가 힘들게 만든 안개 포집망을 부수고 철사를 훔쳐가는 것이에요."

안개 포집망 아래 놓인 홈통에 받아진 물은 모래 필터를 통과하여 저수 탱크로 간다. 그것은 세척수와 식수로 쓰이고 묘목에도 뿌려진다. 그 묘목들은 4년만 지나면 스스로 안개를 포집할 수 있을 만큼 크게 자라 지속적인 지표수를 생산할 것이고, 그 물은 오래된 우물들을 다시 채우고 500년 만에 처음으로 이 마을에 물을 공급할 것이다. 이런저런 수종으로 실험한 끝에 콩과 식물인 '타라 나무'가 선택되었다. 이곳에 자생하는 타라 나무는 경제적으로 중요한 열매를 생산한다. 타라 열매는 타이어, 가죽 가공, 약초 산업에 쓰이는 갈산을 만드는 데 쓰인다. "관개 시설이 없다면 이 사막에서 타라 나무가 완전히 자라는 데 400년이 걸리겠지만, 물을 주면 4년이면 열매가 열릴 겁니다." 몰리나에 있는 국립농업대학에 재직하며 이 프로젝트에 자문을 제공한 산림공학자 루이스 마르케스 카노가 말했다. 벨라비스타의 안개 포집망을 설계한 독일 생물학자 카이 티데만과 안네 룸머리히는 반복적인 실험 끝에 이웃 빈민촌인 비르겐 데차피B(Virgen de Chapi B)에 '사상 최고의' 포집망을 내놓았다. 그것은 3면을 가진 구조로 '에펠탑'이라고 불리는데, 하루에 2,500l의 물을 생산하는 한편 일반적인 직사각형 구조의 공간만을 차지하다. 다른 단체들도 안개 포집 사업을 제안하고 있으며, 리마의 몇몇 마을에 20개 포집망이 계획되어 있다.

그러면 안개 포집이 리마를 물 위기에서 구할까? 500~1,000명이 사는 작은 마을에서는 이 기법이 엄청나게 유용하다고 보브 세메나우에르는 말했다. 그는 칠레의 아타카마사막에 그 기법을 도입한 선구자이다. 하지만 그것은 사람들의 식수와 세척수 그리고 소규모 농업에 필요한 물을 제공할 수 있을 뿐이다. 카페나 수영장 같은 시설이 들어올 정도로 마을이 커지면 일인당 물 사용량이 40~50l에서 최대 수백 리터까지 증가한다. 그때는 정부 차원에서 수도관 공급에 투자할 필요가 있다. "하지만 작은 시골 마을과 고립된 동네들의 경우는 그런 포집망이 생명선일 수 있다"고 그는 말했다.

안개 포집망 원리를 담수화 과정과 결합하면 어떨까? 그것은 인류세에 사막을 탈바꿈시키고, 심지어는 새로운 농업 지대로까지 바꿀 수 있는 천재적 발상이다. 오스트레일리아의 농부들은 벽이 골판지로 된 온실을 이용해 해안가 사막에서 식물에 물을 대고 있다. 벌집 모양의 벽에 (태양광 펌프와 분무 장치를 이용해) 바닷물을 분무하면 바람에 증발하여 소금기가 빠진 습한 공기가 남는데, 이것을 응결시켜 온실 작물에 물을 주는 것이다. 바람이 불지 않을 때는 태양광 팬이 가동된다. 이 장치는 현재 선드롭 농장(Sundrop Farms)에서 사용되고 있는데, 이 농장은 오스트레일리아 남부 포트 오거스타 외곽의 건조한 해안 관목 지대에 거대한 온실을 짓고 수 톤의 싱싱한 채소를 기른다. 현재 그 온실은 수백만 그루의 채소들을 수경 재배하기 위해 약 8만 m^2 규모로 확장되고 있다. 포물면 거울들이 하루 종일 태양을 따라 움직이며 증기 터빈을 돌린다. 이 동력으로 해수를 펌프질하여 담수화할 뿐 아니라 밤에는 온실에 난방을 제공하고 낮에는 냉방을 제공한다. 매일 깨끗한 물 약 1만 *l* 가 생산되고, 이 물은 영양분과 함께 식물의 뿌리에 분무된다. 이 장치는 밀폐되어 있고 흙을 사용하지 않으므로 살충제가 필요 없다. 하지만 '익충' 노린재(해적벌레)를 풀어 작물을 갉아먹는 응애나 총채벌레류를 잡아먹게 한다. 현재 카타르에서도 이 시설이 건설되고 있으며 다른 사막들에서도 이 장치를 사용할 계획이다. 이런 온실이 대규모로 건설된다면 지역의 기후까지도 바꿀 수 있고, 그 결과 알메리아 온실들과 비슷한 국소적 냉각 효과를 낼 수 있을 것이다. 이런 식으로 곳곳의 사막 지형이 사바나로 바뀔 수 있을 것이다.

인류세에 확장하는 사막에서 유목민을 위한 장소는 더 이상 존재하지 않을지도 모른다. 하지만 우리는 이 광대한 황무지를 풍부한 저탄소 에너지원으로, 그리고 믿을 수 없게도 새로운 농경지로 이용하는 방법을 배우고 있다.

S A V A N N A H S

사
바
나

지구에 처음 존재했던 나무 없는 광대한 평원은 오늘날의 사바나와 매우 비슷하지만 큰 차이가 하나 있었다. 풀이 아직 진화하지 않아서 생태계가 이끼, 지의류, 고사리 같은 선사시대 식물로만 덮여 있었다. 중생대 동안 초식 공룡 무리와 그 밖의 파충류들이 사바나를 어슬렁거리며 이런 식물들을 뜯어 먹었다. 풀이 지상을 진정으로 장악한 것은 백악기 이후 공룡이 멸종한 뒤였다. 오늘날 풀은 지표면의 20%를 덮고 있다.

시간이 흐르면서 풀은 지배 식물이 되었고, 이에 따라 동물들은 이 풍부한 식량원을 이용하기 위한 다양한 적응 기제를 진화시켰다. 소, 영양, 양, 낙타, 라마를 포함하는 반추동물은 위가 네 개의 방으로 나뉘어 있어서 풀에 들어 있는 섬유질 셀룰로오스(식물 세포벽의 주성분_옮긴이)를 되새김질을 통해 여러 단계에 걸쳐 소화시킬 수 있다. 그런 포유류는 그것으로도 모자라 수많은 장내 세균에 의

존해 셀룰로오스를 분해하기 때문에 그들의 특수한 소화관 안에는 미생물이 그 일을 하는 발효실이 들어 있다. 현재 반추동물은 풀과 마찬가지로 남극을 제외한 모든 대륙에서 발견되고, 영양과 들소들이 한때 공룡이 풀을 뜯던 장소에서 되새김질 거리를 씹고 있다.

인간의 자연 서식지라고 할 만한 장소가 있다면 그곳은 아마 사바나일 것이다. 다른 모든 포식동물이 그랬듯이 우리 조상도 초식동물이 바글거리는 광활하고 탁 트인 초원으로 자석처럼 이끌렸다. 나무들이 쉴 곳과 장작을 제공하기에는 충분하지만 풀을 뜯는 수많은 동물을 감춰줄 만큼 많지는 않았던 사바나는 사냥 장소로 거부할 수 없는 매력을 지닌 곳이었다. 인류의 직립보행이 출현한 곳도 바로 아프리카 사바나였다. 우리가 도구를 사용하고 물건을 들 수 있는 자유로운 두 손을 가진 직립보행하는 종으로서 독보적 성공을 거둔 것은 어느 정도는 수백만 년 전 바람이 휘몰아치는 초원에서 진화한 변화들 덕분이다.

인간은 수만 년 전 사바나를 '관리'하기 시작하면서, 정기적으로 초목을 불태우고 나무를 잘라가며 사바나를 확장하고 새로 창조했다. 우리는 더 빠르고 강한 동물들을 추적하고 앞지르는 방법을 알아냈고, 반추동물들이 기후변화 때문에 머나먼 이주를 시작했을 때 그들을 뒤따라 아프리카 바깥의 전 세계로 퍼져 나갔다. 동물들을 뒤따라간 덕분에 우리는 그런 장거리 여행에서 자동적으로 식량원을 확보할 수 있었고, 그 덕분에 교역을 하고 새로운 목초지를 탐험할 수 있었다. 마지막 빙하기 말에 세계가 더 온난해졌을 때, 최초의 농부들이 작물 재배를 시작하도록 영감을 불어넣은 것은 사바나에서 자라는 풀이었다. 그 농부들의 경작지를 중심으로 마을이 성장했고 인류 문명이 발생했다.

인류세에 야생 상태로 남아 있는 사바나는 극소수이다. 이런 곳은 지구에서 인간의 손이 거의 미치지 않는 최후의 장소로 인간 없는 세상이 어떤 모습일지 상상할 수 있게 해준다. 현재 지구상의 사바나는 대부분이 농경지로 바뀌었거나 건물이 들어섰거나 국립공원으로 길들여졌다. 한때 전 세계의 사바나를 돌아다녔던 대형 야생 포유류들은 사냥당해 멸종했다. 그리고 그들이 살던 장소에 우리는 새로운 초식동물들을 창조했다. 현재 단 몇 가지 품종으로 개량된 가축화된 소들이 길들여진 사바나에서 풀을 뜯는다. 죽음은 굶주린 포식자의 아가리에서 찾아오는 것이 아니라, 등급별로 그리고 정기적으로 인간에 의해 진두지휘된다. 인류세에 진정한 야생은 존재하지 않는다. 인간은 더 이상 사냥하고 사냥당하는 두려움과 예측 불가성을 경험하지 않는다. 우리는 슈퍼 종이 되어 다른 모든 동물의 운명을 결정한다. 총을 발명하면서 우리는 더욱 대담해졌다. 현재 우리는 전 지구적 규모의 대량 멸종을 일으킬 만큼 너무 많은 생물을 죽이고 있다. 이번에 맞게 될 대멸종은 지구 역사에서는 여섯째에 불과하지만 살아 있는 종이 초래한 최초의 대멸종이 될 것이다.

우리는 전 세계를 돌아다니며 우리 마음에 드는 동식물을 선별하여 그들을 새로운 장소로 데려갔고, 그럼으로써 새로운 생태계를 창조해왔다. 우리는 도시 교외의 정원, 골프장, 공원에 야생 사바나의 모방 작품을 창조했다. 이런 몇몇 장소에 우리는 토착 초식동물들을 다시 들여왔고, 사라진 포식자를 대신하여 그들을 정기적으로 솎아내고 있다.

인류세에 우리는 자연 세계를 길들여 우리가 선택한 소수의 생물로 야생을 채우고 사냥으로 야생동물들을 멸종시켰다. 그러므로 우리가 어떤 종류의 자연을 원하는지, 그리고 모두가 공유하는 이

행성에서 어떻게 하면 인간이 야생의 종들과 계속 공존할 수 있을지
결정해야 한다.

|

하드자베족 사람들은 가진 게 아무
것도 없다. 동물도 없고 땅도 없으며, 있는 것이라고는 등짝에 걸친
옷가지뿐이다. 하지만 가장 큰 일은 자신들의 환경에서 필요한 모든
것을 생산할 수 있는 기술과 자원을 잃은 것이다.

나는 이 고대 수렵 채집인 부족을 만나기 위해 탄자니아 북부에
있는 대도시 아루샤에서 에야시호수(Lake Eyasi)까지 서쪽으로 4시
간을 여행했다. 에야시호는 세렝게티 고원의 사바나를 관통하는 동
아프리카대지구대에 고인 1,000km^2 면적의 계절성 소다 호수(물
속에 나트륨 함량이 높은 호수_옮긴이)이다. 하드자베족은 인류가
지구를 장악하기 이전의 세계, 당시 비교적 적은 수로 존재했던 인
간이 — 비록 더 영리했는지는 몰라도 — 그저 또 하나의 종에 불과
했던 시절을 들여다볼 수 있는 창이다. 최근까지 세계의 이 부분은
인류세의 영향이 사실상 미치지 않았다. 그리고 세렝게티 지역은 여
전히, 많은 수의 대형 포유류가 지구를 어슬렁거리고 인간이 이주
하는 동물들을 뒤따라가며 그들을 사냥했던 시절인 플라이스토세
와 가장 닮은 장소이다.

에야시호수는 약 360만 년 전 세 명의 초기 인류가 산책했던 장
소인 라에톨리(Laetoli)에서 겨우 40km 떨어져 있다. 고인류학자
메리 리키는 그들이 걸었던 부드러운 땅에서 화석으로 굳은 발자국
을 발견했을 때, 그 길을 걸었던 성인 둘과 어린이 한 명이 유인원과
달리 엄지발가락이 나머지 발가락과 나란히 배열된 두 발로 우리처

럼 똑바로 서서 걸었음을 알았다.

하드자베족의 야영지로 다가가면서 나는 내 조상들과 같은 땅을 디디고 있는 느낌, 고향을 한 번도 떠난 적이 없는 일가친척을 만나러 고향으로 돌아가는 느낌을 받았다.

그들은 남녀가 따로 모여 앉아 있었다. 남자들은 류트처럼 생긴 작은 현악기를 연주하거나 독이 있는 나무 송진을 금속 화살촉에 바르고 있었다. 그들은 경질목의 나뭇가지를, 그 지역의 콤미포라(몰약) 나무에서 꺾은 연질목 가지에 빠르게 비벼서 불을 붙였다. 곧 연기가 피어올랐다. 나도 호기심에 한번 해보았다. 무지하게 어렵지만, 그들의 도움으로 결국 불을 붙이는 데 성공했다.

하드자베 부시먼족은 약 15명씩 무리 지어 살고, 설타음을 사용하면서도 아프리카 다른 지역의 설타음 언어와는 매우 다른 독특한 언어를 사용한다. 현재 남아 있는 하드자베족은 400명이 채 되지 않는데, 그들은 동아프리카와 남아프리카 지역에서 수만 년 전부터 이어져 내려온 생활 방식으로 살아간다. 이 부족은 적어도 5만 년 동안 이 지역에서 살아왔다고 여겨지지만, 현대 세계 ― 농부들, 정부가 설계한 보존 구역들, 민간 수렵 지대 ― 가 그들의 땅을 집어삼키면서 그들이 사는 범위는 점점 축소되었다. 토착민 권리를 위해 싸우는 조직에서는 하드자베족을 위한 수렵 지역을 제공해줄 것을 정부에 합법적으로 요구하고 있지만 지금까지 아무런 조치도 이루어지지 않았다.

하드자베족의 두 집단은 에야시 지역의 한 다투가족 마을과 결연을 맺었다. 다투가족은 300년 전 마사이족의 침입으로 자신들의 방목지였던 응고롱고로 분화구 주변에서 밀려났다. 다투가족인 에드워드 씨가 두 집단 중 한 집단에 나를 소개했고, 자신이 통역사로 나섰다.

하드자베족은 어린이들의 절반 이상이 5세가 되기 전에 죽는다. 주로 말라리아로 죽지만, 치료할 수 있는 다른 질환으로 죽기도 한다. 여자들의 상당 비율이 출산 중에 죽거나 숲에서 출혈로 죽거나 체체파리가 전염시키는 수면병을 포함한 이 지역의 다른 위험 요인으로 인해 죽는다. 에드워드의 마을은 산기가 있는 하드자베족 여성을 제시간에 병원으로 옮기고 아이들을 학교에 보내려고 시도했지만 잘되지 않았다. 하드자베족 사람들은 문화적으로 건물을 무서워한다. "지붕 아래 있는 것은 치명적이라고 생각하기 때문에 아이들이 학교에 오래 있어 봤자 한 달이고, 여자들은 병원에서 출산하는 것이 무서워 병원에 가려고 하지 않아요." 에드워드가 말했다. 하드자베족은 나뭇가지와 동물 가죽으로 지은 단순한 집이나 나무 위 또는 동굴에서 산다. 20세기 초에 영국 식민 지배자들도 하드자베족을 문명화하여 마을에 정착시키려고 했지만 부족민들은 그것을 거부하고 자신들의 전통 생활 방식으로 돌아갔다.

하드자베족이 "더 좋은 것을 몰라서"가 아니다. 5세기에 그 부족이 최초로 아프리카의 뿔 지역에서 이주해온 이래로 그들은 목축민과 정착 농업인들과 꾸준히 접촉해왔다. 하드자베족은 비록 족내혼을 고집하고 자신들을 노예로 잡아가고 죽이고 질병을 옮겼던 외부인을 의심하는 등 매우 폐쇄적이지만, 지난 몇 세기 동안 다른 부족과 교역을 하면서 육류와 꿀을 금속 화살촉과 교환했다. 내가 보기에 하드자베족은 그들이 목격한 다른 대안보다 자신들의 오래된 생활 방식이 더 낫다고 의식적으로 판단하여 그런 생활 방식을 선택한 것 같다. 그곳은 위계가 없고 유례없는 성 평등을 실현하는 매우 평등하고 수용적인 사회이다.

성인 남자와 소년으로 이뤄진 다섯 명의 무리가 활과 화살을 들고 일사분란하게 일어나 걸어가기 시작했다. 그들 중 한 명은 비비털로 된 머리 장식을 하고 있는 것으로 보아 우두머리임이 분명했다. 그는 가장 길고 장식이 화려한 활을 들고 있었다. 활시위는 기린 힘줄로 만든 것이었다. 에드워드와 나는 사냥감을 찾기 위해 나뭇잎과 수풀을 수색하는 그 무리를 잰걸음으로 뒤따라갔다. 가끔씩은 그들을 따라잡기 위해 뛰기도 했다. 그때 갈라고원숭이(bushbaby) 한 마리가 눈에 띄었다. 남자들은 흥분하여 표적을 겨눈 뒤 나뭇가지들을 향해 화살을 쏘았다. 나는 숨을 죽이고 지켜보았다. 이름에 '아기'라는 말이 들어간 동물을 먹어도 되는 건지 잘 모르겠다. 녀석이 달아나자 나는 남몰래 안도했고 우리는 계속 이동했다. 우리가 서둘러 지나갈 때 가시덤불이 우리를 잡아채 옷이 찢어지고 머리카락이 걸렸다. 하드자베족은 모두 맨발 차림이었다. 우리가 통과하는 나무와 관목은 부족민들에게 영양 보충 식품을 제공한다. 이를테면 시큼하고 즙이 많은 콩, 탄수화물이 풍부한 구근, 뿌리를 으깨어 즙을 낼 수 있는 식물 또는 약으로나 비타민 섭취를 위해 먹는 식물 같은 것들이다.

꿀은 등산용 하켄처럼 나무둥치에 박은 사다리를 이용해 바오밥나무에서 채취한다. 케냐 북부 사람들처럼 하드자베족도 꿀과 밀랍을 얻기 위해 자신들을 달콤한 벌집으로 안내하는 벌새와 관계를 돈독히 해왔다. 남자들 중 한 명이 자신들이 사용하는 특수한 신호음 — 벌새 소리 흉내 — 을 시연해 보이자 벌새가 거기에 응답했다.

남자들은 주로 꿀과 열매로 구성된 채식 위주의 식사를 하는데, 이런 음식은 여자들이 도맡아 채집했다. 하지만 이 시기 이 지역에는 고기가 풍부했고, 마침 비도 내렸다. 남자들은 주로 새와 설치류 같은 작은 동물을 잡는데, 이왕이면 비비가 좋다. 그래서인지 이 지역 비비들은 이 사람들이 주변에 나타나면 지레 겁을 먹는다. 그래도 이따금씩 물소 한 마리가 "보호 구역에서 길을 잃고 헤매어", 맛있고 오래가는 만찬 거리가 되어주곤 한다.

남자들이 저 앞쪽 나무들에서 뭔가를 포착했다. 그들은 길들인 활과 독을 묻힌 화살을 들고 주위를 둘러쌌다. 이번에는 성공이었다. 소년 중 한 명이 나무를 타고 올라가 화살과 작은 새를 가져왔다. 새는 아직 살아서 날개를 애처롭게 퍼덕거렸다. 남자들 중 한 명이 새의 몸에서 화살을 뽑은 뒤 조막만한 새 머리를 자기 입 안에 넣고는 목을 깨물어 척추를 끊었다. 그러고 나서 그 전리품을 자기 허리띠에 쑤셔 넣고는 가던 길을 계속 갔다.

한 시간쯤 지났을 때 그의 허리띠에는 새 두 마리와 다람쥐 한 마리가 달려 있었다. 우리는 야영지로 돌아가 그 동물들을 불에 구워 나눠 먹었다. 여자들도 함께 먹었지만 그들은 몇 미터 떨어진 곳에서 따로 먹었다.

이런 석기시대 존재 방식은 인류세에 사라질 위협에 놓여 있다. 지난 몇 백 년 동안 하드자베족은 날이 갈수록 줄어드는 땅으로 밀려났다. 그들 땅의 많은 부분이 그 지역으로 몰려온(2000년 이후 5만 명이 들어왔다) 탄자니아의 양파 농부에게 넘어갔다. 하드자베족의 서쪽 땅은 그 부족은 사냥할 수 없는 민간 수렵 지역이 되었다. 현재 다투가 부족은 하드자베족이 사는 야에다 계곡 맞은편까지 자신들의 점유지를 확장한 상태로, 그곳에서 동물들을 사냥하고 땅을 개간하여 농사를 짓고(이로 인해 열매, 구근, 꿀이 사라진다) 소가 물을 먹을 웅덩이를 파서 하드자베족의 우물을 마르게 했다. 2007년에는 탄자니아 정부가 하드자베 부족의 또 다른 땅 6,500km² 면적을 아랍에미리트 연합국의 왕가에 민간 수렵지로 임대하면서 하드자베 부족과 다투가 부족이 모두 쫓겨나기도 했다. 하지만 그 계약은 국제사회의 비난으로 철회되었다. 2000년대 초 PBS와 BBC 방송에서 하드자베족을 다룬 다큐멘터리를 방영한 뒤로는 그 외딴 부족을 보러 관광객이 쇄도했다. 단체 여행객들은 돈을 가져오고, 돈이 있으면 술을 살 수 있다. 현재 하드자베족은 알코올 중독에 빠져 있다.

사냥을 나갔던 남자들이 바닥에 앉아 악기를 퉁기는 모습을 뒤로하고, 나는 사바나를 가로질러 지상 최대의 야생동물 쇼라고 할 만한 북쪽의 세렝게티국립공원으로 갔다.

1910년에 스미소니언연구소와 유사 연구소에 1만 구가 넘는 대규모 동물 사체를 제공하기 위해 이곳에서 마구잡이 도축을 하며 1년을 보낸 시오도어 루스벨트 대통령은 사람들의 기억에서 잊힌 지 오래인 한 장소를, "미국이나 유럽에서는 수백 년 동안 보지 못한 풍성한 사냥터"라고 묘사했다. 그는 그런 생산적인 야생을 미래 세대도 사냥할 수 있도록 보존해야 한다고 주장했다.

유럽인들과 미국인들은 ― 현대 무기, 현지인 짐꾼, 편리한 자동차를 대동하고 ― "인간과 야수를 맞세우는" 플라이스토세의 장면을 연출할 수 있는 새로운 환상의 땅으로 향했고, 저마다 갓 사냥당한 사자에 걸터앉아 포즈를 취한 한 장의 사진을 들고 집으로 돌아갔다. 전 세계에서 점점 더 많은 관광객이 그들이 5대 전리품으로 꼽는 사자 가죽, 코뿔소, 표범, 물소, 코끼리를 잡으러 도착하면서 세렝게티의 초원도 미국이나 인도의 대평원과 마찬가지로 동물들이 무진장 있는 곳이 아님이 분명해졌다. 사자 수는 급감했고, 그곳을 정기적으로 찾던 사냥꾼들은 그 동물들에게서 단순히 죽이는 것

외의 흥미를 발견했다. 그리하여 사냥꾼들은 사냥터 관리인이 되었고, 국립공원이 탄생했다.

나는 가장 먼저 세계 최대의 완전한 화산 분화구인 응고롱고로 분화구로 향했다. 가파른 비탈면이 평평한 초원과 호수들을 둘러싸고 있는 광대하고 완벽한 원형의 땅인 그곳은 입이 떡 벌어지는 장소이다. 비탈면을 내려갈 수 없는 기린만 빼고 아프리카 사바나를 떠올릴 때 연상되는 유명한 포유류가 모두 있다. 아시아코끼리보다 훨씬 큰 거대한 코끼리들이 떼 지어 서 있다. 염기성 호수 가장자리에 분홍색 수프처럼 보이는 것은 한 무리의 플라밍고이고, 자칼과 하이에나들이 그들 사이로 걸어 다닌다. 초원은 케냐의 마사이마라에서부터 남쪽으로 이주한 아프리카물소와 누 떼로 새까맣다. 떼를 지어 또는 알 수 없는 질서에 따라 이동하는 그들의 세로로 주름진 목과 황금색 수염이 햇빛을 받아 반짝였다. 그사이에서 얼룩말들이 멋지게 치장한 서커스 말처럼 풀을 뜯었다.

내 지프 운전사는 전혀 다른 창조물을 쫓았다. 바로 더 많은 지프들이었다. 그는 여섯 대의 차량이 모여 있는 것을 발견했다. 우리는 자동차의 금속 뼈대를 꽉 붙든 채 그곳으로 쏜살같이 내달렸다. 그곳의 명물이 곧 눈에 들어왔다. 게을러터진 한 무리 사자가 초원에서 왕처럼 빈둥거렸다. 우리가 다가가자 덩치 큰 수컷 한 마리가 큰 머리를 빼꼼히 들었다가 이내 다시 내렸다. 녀석은 등을 대고 눕더니 거대한 뒷발을 품위 없이 하늘로 뻗은 채 앞발 하나를 자신의 부른 배 위에 얹었다. 그리고는 한 시간 동안 꼼짝도 않았다. 금방 배를 채운 사자들은 박진감 넘치는 구경거리와는 거리가 멀었다.

한 마리는 어미이고 한 마리는 새끼인 검은 코뿔소 두 마리가 마치 선사시대의 막강한 탱크처럼 초원을 가로질러 우리 쪽으로 걸어왔다. 그런 거대한 동물을 이렇게 가까이에서 보고 있다는 것이 믿기지 않았다. 그들은 내게 친숙한 소나 말과는 매우 다른, 낯선 모양과 몸집을 가지고 있었다. 그 장면은 약간 비현실적이기까지 했다. 그들은 완벽한 야생 상태에 있었고 우리가 그들의 서식지에 들어와 있는 것이지만, 완벽한 원형의 분화구와 관광객들 사이에는 그 상황을 설정처럼 느껴지게 만드는 뭔가가 있었다. 나는 마침내 그게 무엇인지 깨달았다. 두려움이 빠져 있었다. 이 동물들 다수는 우리들 다수를 죽일 수 있을 만큼 가까이 있지만 나는 두려움을 전혀 느끼지 않았다. 그들이 우리를 죽이지 않을 것임을 알기 때문이었다. 그것은 기이한 느낌이었다. 내가 잡아먹힐 것이라 생각했다면 나는 이 경험을 반도 즐기지 못했을 것이다. 하지만⋯⋯.

세렝게티 쪽으로 넘어가자 이런 비현실적 느낌이 사라졌다. 세계에서 대형 포유류들이 가장 많이 모여 있는 장소인 세렝게티는 한 마디로 광대했다. 수천 마리의 이주하는 누 떼 앞에서 우리가 탄 지프는 보잘것없이 작았다. 지평선이 끝도 없이 이어지는, 눈이 시리도록 드넓게 펼쳐진 땅에서 우리는 아무것도 아니었다. 세렝게티는 마사이족 언어로 "결코 끝나지 않는 평원"이라는 뜻이다.

사바나에서는 우림에서와 달리 — 당신이 무기를 들고 있든 카메라를 들고 있든 — 당신이 사냥하는 동물을 볼 수 있고, 반대로 우리를 사냥하는 동물을 보기도 더 쉽다. 수만 년 전 인류가 처음으로 정복한 땅이 평원인 것, 그리고 우리에게 가장 고향처럼 느껴지는 환경이며 따라서 우리가 가장 자주 되살려내는 땅이 사바나인 것은 아마 이 때문일 것이다. 나는 며칠간의 마법 같은 나날을 보내는 동안 사자 무리를 발견했고, 나무 위의 갈라진 틈바구니에 자신이 사냥한 임팔라를 숨겨둔 채 나뭇가지에 의기양양하게 매달려 있는 표범을 우연히 목격했다. 나는 근육과 힘줄을 힘차게 움직이며 먹이를 사냥하는 치타를 보았다. 흑멧돼지 일가족이 꿀꿀거리며 돌아다니면서 진흙이 철벅거리는 연못에 뭉툭한 다리를 담근 채 장난을 쳤다. 공포에 질린 디크디크들은 놀란 눈을 휘둥그렇게 뜬 채 서둘러 발걸음을 옮겼다. 그들은 모든 포식자가 좋아하는 저녁 메뉴이기 때문이다. 나는 못생겼지만 웅장한 아프리카대머리황새가, 죽은 동물을 훔쳐 먹을 기회를 노리는 독수리처럼 기다리고 있는 것을 목격했다. 큰귀여우들이 적갈색 흰개미 집에 뚫려 있는 땅굴에서 튀어나왔고, 하마들이 비좁은 웅덩이에 모여 온몸에 흙탕물을 묻힌 채 뒹굴었다. 밤이 되어 엉성한 천막 안 침낭에 몸을 넣고 있으면 물소가 요란한 소리를 내며 지나갔고, 사자가 심장이 멎을 것처럼 무시무시하게 포효했다.

세렝게티국립공원은 1872년에 와이오밍에 건설된 세계 최초의 국립공원인 옐로스톤국립공원의 보존 전략인 '인간 이전의 자연으로 돌아가자'는 개념을 모델로 만들어졌다. 현대 인류가 훼손한 야생 지역을 태고의 상태로 되돌리자는 취지였다. 그 작업이 1950년대에 세렝게티국립공원에서 시작되었다. 그 새로운 보존주의자들이 가장 먼저 한 일 중 하나가 그곳에 있던 모든 사람들, 집과 가축들을 내쫓는 것이었다. 유럽인이 이곳의 풍부한 야생 생물을 발견하기 전 이 지역에서 200년 동안 동물들을 방목하고 사냥을 하며 살았던 1만 명의 마사이족은 국립공원 밖으로 나가야 했다.

그들은 처음에는 응고롱고로 분화구에서도 살 수 없었지만, 결국 그곳으로 돌아가 옥수수를 재배할 수 있도록 허락 받았다. 하지만 응고롱고로 분화구에서의 농업은 20년 뒤 다시 법으로 금지되었고, 2009년에 거의 6만 명에 이르는 마사이족이 그 분화구에서 다시 추방되었다. 6만 4,800명의 인구(1959년의 총 8,000명에서 불어난 것)는 지속 불가능하며 그들이 방목하는 소들이 야생 생물에 영향을 미치고 있다는 정부의 판단에 따른 조치였다.

정부가 새로운 보존 구역을 만들거나, 보존 또는 사냥을 위한 민간사업에 땅을 임대할 때마다 마사이족은 추방당하고 이주당하기를 반복했다. 2009년에 정부가 새로운 야생동물 보존법을 도입했을 때 약 3,500명의 마사이족이 추방당하고 그들의 집들이 불태워졌으며, 2013년에는 정부가 또 다른 넓은 땅을 아랍에미리트 연합국에 왕족의 사냥터로 임대하면서 적어도 2만 명의 마사이족이 쫓겨날 위협에 처했다.[1] 아랍에미리트 연합국은 이미 예전에 마사이족의 땅이었던 수십 제곱킬로미터에 민간 사냥터를 운영하고 있으며, 탄자니아 정부는 여기서 상당한 재원을 마련하고 있다.

마사이족은 동아프리카 대부분 지역에 걸쳐 자신들의 소를 방목하고 약간의 경작을 하면서 계절에 따라 이주했다. 과학자들은 이것이 이 지역의 땅을 이용하는 환경적으로 가장 지속 가능한 방식이라고 생각한다. 하지만 마사이족은 점점 더 작아지는 땅으로 내몰리고 사냥을 금지당하고, 많은 경우 경작도 금지당하면서 점점 살기 힘들어지고 있다. 그들이 기르는 소는 파괴적인 가뭄, 수십 년 동안의 근친교배와 질병 때문에 2000년과 2009년 사이에 그 수가 절반으로 줄었다. 많은 마사이족이 구호품에 의존하여 살고 있으며, 정부는 그들을 원시적이고 실패한 과거의 잔재로 여긴다. 2005년에 새로 당선된 탄자니아 대통령 자카야 음리쇼 키퀘테는 이렇게 선언했다. "우리는 유목을 전면 포기해야 합니다. 소들은 뼈만 앙상하고, 유목민들은 해골바가지 같습니다. 이런 식의 유목 생활로는 21세기에 앞으로 나아갈 수 없습니다." 아프리카의 뿔 지역의 북쪽

사막들과 투르카나호수 지역에 사는 유목민들과 마찬가지로 마사이족도 수천 년 동안 이어져 내려온 자신들의 문화와 생활 방식에 종지부를 찍을 날이 가까이 왔다. 인류세에 사람들은 옛날에 마사이 문화라는 것이 있었다고 말할 것이고, 테마파크와 박물관이 그 사람들의 전통을 증언할 것이다. 하지만 많은 인류학자들은 바이킹 전사가 더 이상 존재하지 않듯이 '원래의' 사자 사냥 생활 방식으로 살아가는 마사이족은 더 이상 존재하지 않는다고 주장한다.

나는 마사이족이 소 떼와 염소 떼를 방목하는 평원을 통과했다. 그곳은 지나친 방목으로 목초지가 피폐해져 있었다. 나는 지나가면서 벌집이 주렁주렁 매달린 나무들, 진흙 오두막집이 옹기종기 모인 작은 마을들, 바나나부터 쌀까지 이런저런 작물을 심는 사람들을 보았다. 마사이족의 모습은 매우 인상적이었다. 투르카나호수 지역에 사는 부족들처럼 키가 크고 우아한 그들은 은, 구리, 터키석으로 만든 구슬 목걸이와 귓불을 늘어뜨리는 귀걸이를 걸고 쇠촉을 붙인 긴 창을 들고 있었고, 활과 화살 또는 단도를 들고 다니는 모습도 종종 보였다. 가장 특징적인 점은 붉은 타탄체크 천인 '슈카'를 몸에 두르고 다니는 것이다. 그들은 그것을 어깨에 걸치거나 몸에 옷처럼 둘렀다. 그들은 맨발로 다니거나 타이어로 만든 단순한 고무 샌들을 신었다. 전사의 유산을 물려받은 마사이족의 많은 사람들이 도시에서 경비원과 문지기로 일하는데, 슈카 옷 주름 사이에서 휴대폰을 꺼내는 것만 빼면 그들의 겉모습은 변한 게 없다.

가축이 먹어치우지 않은 싱그러운 풀로 뒤덮인, 세상 어디와도 비교할 수 없는 세렝게티를 보니 탄자니아 정부가 왜 유목민들을 내쫓고 멸종 위기 동물들에게 최고의 먹이를 제공하려고 하는지 조금은 이해가 갈 것도 같다. 하지만 서구인들이 '자연' 또는 '자연적'

이라고 인식하는 것과 인류세에 우리 세계가 처한 현실 사이에는 엄청난 문화적 괴리가 있다. 휴가에 수천 달러를 지불해가며 세렝게티로 오는 관광객들은 얼룩말과 누 떼 사이에서 소를 치는 마사이족이 자신들의 뷰파인더에 들어오는 것이 좋을 리 없다. 한 하드자베족 남자가 세렝게티에서 밤비처럼 생긴 디크디크 한 마리를 총으로 쏘는 장면을 본다면 관광객들은 어떤 기분일까? 우리들 다수는 인간이 제거된 인위적인 국립공원이 주는 환상이 깨지지 않기를 바란다. 그런 세계에서 '자연'은 인간의 타락한 영향으로부터 격리되어 존재한다. 빅토리아 시대에 생겨난 이 개념은 점점 유행하게 되었지만, 인간이 수백만 년 동안 야생동물과 공존했다는 분명한 증거를 1970년대에 메리 리키가 이곳에서 폭로했다.

태고의 자연을 재창조하는 것이 가진 문제는 그런 자연이 존재하지 않는다는 것, 아니 한 번도 존재한 적이 없었다는 것이다. 포식자와 피식자 종의 균형이 변함에 따라 그리고 기후가 바뀌고 극단적인 날씨, 질병, 화산 활동 같은 교란이 발생함에 따라 자연 세계는 끊임없이 진화한다. 인간은 언제나 이런 진화의 일부였다. '인류의 요람'인 이곳 동아프리카 대지구대에서는 특히 그렇다.

'우리' 대 '자연'이라는 개념이 철저히 오류인 것은 우리 역시 자연의 일부이기 때문이다. 하지만 왜 새의 둥지나 비버의 굴과 댐은 자연적인 것으로 간주되는 반면 인간의 집은 그렇지 않을까? 우리가 자연 세계의 일부라면, 왜 인공물과 문화 같은 우리가 만든 것들이 행성의 힘이나 진화에 의해 자연적으로 만들어진 것보다 감탄, 경외, 존경을 덜 받거나 더 받을 가치가 있을까? 사람들이 인간과 자연 세계를 구분할 때 그것은 분명 우리가 다른 종들이 할 수 없는 방식으로 과감하고 계획적으로 환경을 선택하고 바꿀 수 있다는 것을 의미한다. 우리는 자연을 ― 심지어는 우리가 갖고 태어난 생물학적 형질조차 ― 바꾸고 강화할 수 있으며, 다른 종은 할 수 없는 방식으로 자연의 물리적 한계를 초월할 수 있다. 그런데도 인류세에 우리는 여전히 '자연'의 일부일까?

문명이 시작된 이래로 인간은 자연에서 멀어지는 것에 대해 걱정하면서도 자연에 가장 가까운 방식으로 살아가는 사회를 비웃거나 맹목적으로 숭배했다. 인류세에 마지막 남은 '자연적' 문화들이 멸종 위기에 직면한 지금, 인간은 단지 자연환경을 바꾸는 존재일 뿐 아니라 매우 다른 동물로서 이 행성에 영향을 미친다는 사실이 확실해진 것 같다.

많은 토착민들에게 이런 일은 너무 갑자기 일어나고 있다. 아프리카의 더 남쪽에 있는 보츠와나공화국에서 나는 제2도시의 길거리를 전전하며 알코올중독자로 불쌍하게 살아가고 있는 산족의 한 가족을 우연히 만났다. 부시먼족과 함께 자란 백인 보츠와나 사람인 마틴 플래터리(그는 산족의 설타음 언어만 알았기 때문에, 학교에 다니면서 통역사를 대동해야 했다)가 나를 그들에게 소개해주었다. 칼라하리사막의 부시먼족(산족)은 하드자베족처럼 세계에서 가장 오래된 민족 중 하나로 그 지역에서 수만 년 동안 삶을 이어왔다.

탄자니아의 하드자베족처럼 산족(다섯 부족이 일곱 가지 서로 다른 설타음 방언을 사용한다)도 진정한 수렵 채집인들이다. 그들은 활과 화살, 또는 날쥐 같은 지하 세계 동물을 잡기 위해 고안된 코르크스크루 같은 독창적인 덫을 포함해 다양한 방식으로 사냥감을 사냥한다. 그들의 가장 특이한 사냥 전술은, 영양 같은 동물을 그 동물이 편안하게 느끼는 속도보다 약간 빠른 속도로 쉬지 않고 뒤

쫓음으로써 그 동물보다 더 멀리 달리는 것이다. 부시먼족은 두세 명이 함께 쿠두 같은 크고 빠른 포유류를 두세 시간 동안 추격하여 지쳐 쓰러지게 할 수 있다. 내가 여기 오기 1년 전 영국의 한 텔레비전 방송국 직원이 그런 사냥 기법을 촬영하러 이곳에 온 적이 있었는데, 첫 촬영을 하는 날 사륜구동 차량을 탄 방송사 직원들은 맨발의 사냥꾼들을 따라잡을 수 없었다.

전통적으로 산족은 다섯 명에서 스무 명으로 구성된 작고 지속 가능한 가족 집단을 이루고 사는데, 자신들의 유목 생활에 걸맞게 손쉽게 허물 수 있도록 풀로 엮은 임시 오두막을 짓는다. 각 집단은 계절별로 사냥할 수 있는 사냥감을 따라 이동하고, 자기 가족을 먹이는 데 필요한 만큼 그리고 자신들의 의복과 무기에 필요한 재료를 얻을 수 있는 만큼만 사냥한다. 만일 한 야영지에서 가족 구성원이 죽으면 그 장소를 버리고 그곳에서 다시는 살지 않는다. 각 집단이 다른 집단과 독립적으로 살고 사냥하지만 일 년에 몇 차례 거행되는, 산고마(의사)가 주관하는 치유 의식 동안에는 함께한다. 이런 회합에서 집단 사이의 결혼이 성사된다.

보츠와나 북서쪽에는 '초딜로 언덕(Tsodilo Hills)'이라는 곳이 있다. 산족에게는 일종의 메카 또는 순례지이다. 그곳에 있는 수천 개의 동굴 벽화와 암각화는 부시먼족의 아주 오래된 문화를 증언하는데, 그 가운데에는 바다에서 수백 킬로미터 떨어진 내륙 국가에서 바다표범과 고래를 그린 미술품도 있다. 그것들은 걸어서 그곳까지 먼 여행을 했던 앙골라와 나미비아의 산족이 그린 것이다.

내가 투르카나호수 주변에서 보았던 유목인들과 마찬가지로, 산족의 생활 방식도 심각한 위협에 처해 있다. 하지만 기후변화로 인한 가뭄이 투르카나족과 삼부루족이 직면한 곤경의 원인이었던 반면, 보츠와나에서는 정부가 산족의 몰락을 진두지휘하고 있다. 참으로 유감스럽게도, 지난 10년 동안 보츠와나 정부는 산족을 조상 대대로 살던 땅에서 체계적으로 제거해왔다. 그 과정에서 그들의 문화와 생계를 파괴했는데 그것은 농경지, 다이아몬드 채광 산업, 야생동물 보존 때문이었다. 이 지역 토착민들은 1997년, 2002년, 2005년 세 차례에 걸친 대대적인 정리 기간에 보호 구역으로 쫓겨났고, 그들이 생계를 의존하는 동물들은 그곳에서 곧 바닥이 났다. 보호 구역에 사는 부시먼족은 사냥할 수 없어서 옥수수와 설탕 같은 정부 구호품을 공급 받는다. 그들은 그것을 가지고 지루함과 우울을 달래줄 술을 만든다. 보호 구역에서 운신의 폭은 제한되었고, 드넓은 땅을 누비며 야생 생물과 교류하며 살아온 그들의 존재 방식은 고정된 생활로 축소되었다. 이것은 마치 런던 교외 거주자에게 2인용 텐트에서 영원히 살라고 요구하는 것만큼이나 그들에게 낯선 것이다. 따라서 알코올의존증, 에이즈, 결핵 발생률이 치솟았다. 보호 구역 거주자와 현지인들은 이런저런 사건 때문에 갈등을 빚었다. 예를 들어 돈거래를 해본 적이 없어 계산을 할 줄 모르는 부시먼족에게 지역 상점들은 신용거래로 물건을 파는데, 결국 부시먼족은 카드 대금을 지불하기 위해 밀렵을 하거나 염소를 훔치게 된다.

어떤 부시먼족들은 끝내 보호 구역에서 살지 않고 숲속에 숨어버린다. 하지만 대다수는 단 10년 동안 자신들의 문화와 생활 방식이 그 이전 수천 년 동안보다 더 빨리 사라지는 것을 목격하고 있다. 다양한 NGO 단체와 국제기구들이 그들을 돕기 위해 나서고 있다(하지만 그들의 시도는 때때로 부적절해 보이는데, 이를테면 서바이벌인터내셔널Survival International은 도요타 랜드크루저를 부시먼족에게 제공하고 있다). 2006년 부시먼족은 국제고등법원(Inter-national High Court)에서 조상 대대로 살던 땅으로 돌아갈 권리를 얻어냈다. 하지만 문제는 산족이 총과 자동차를 갖게 됐고 우물과 편리한 병원에 익숙해졌다는 것이다. 이 모두는 정부 또는 뜻있는 NGO 단체가 제공한 것이었다. 부시먼족은 그들이 구매한 염소를 포함해 새로운 편의를 그대로 가지고 국립공원 내에 있는 자신들의 사냥터로 돌아가고 싶어 했다. 정부는 그들에게 돌아가도 좋지만 현대의 부속물은 가지고 갈 수 없다고 말했다. 부시먼족은 활과 화살로만 사냥할 수 있으며 풀로 엮은 오두막을 짓고 맨발로 다니는 등 그들이 예전에 영위했던 지속 가능한 방식으로 살아야 했다. 일부는 이런 생활 방식으로 돌아갔지만, 과거로의 회귀가 힘든 사람들도 있었다. 약 50명의 부시먼족이 국립공원에서 총으로 사냥하다가 체포되었다. 이런 혼란은 이 고대 부족민들의 수를 대폭 줄였는데, 그것은 보츠와나에도 이 세계에도 손실이었다. "우리는 인간의 한 독특한 생활 방식이 파괴되는 것을 목격하고 있습니다. 나는 많은 친구를 잃었습니다. 그들은 자신들의 땅에서 내쫓겼을 때 삶의 의지를 포기했지요." 마틴 플래터리가 말했다.

이것은 북아메리카 대평원에서부터 오스트레일리아의 양 떼 목장과 밀밭에 이르기까지 전 세계 사바나에서 반복되는 형태이다. 수천 년 동안 이런 고대 생태계의 일부였던 사람들이 개발되는 인류세의 땅에서 수십 년 내에 제거되었다. 이런 땅들이 사용되는 방식은 거의 항상 집약적이고 생물다양성을 떨어뜨리고 물 사용 측면에서 지속 가능하지 않다. 예를 들어 케냐 정부는 케냐산 주변 지역을 길이 400km, 높이 2m, 지하 1m 깊이의 전기 울타리로 둘러싸고 있다. 명목은 야생동물들이 농경지로 이탈하는 것을 방지하기 위해

서지만 부족민들이 자유롭게 돌아다니며 가축을 방목하는 것을 막
는 역할도 있을 것이다.

　농업이나 광업을 위해 토착민을 그들의 땅에서 내쫓는 것은 윤
리적으로는 문제가 있을 수 있어도 적어도 '자연'을 위한 것이라는
가식은 없다. 하지만 보존주의자들이 보존을 이유로 — 즉 땅을 태
고의 상태로 만들기 위해 — 토착 부족을 내쫓는 논리는 의심스럽
다. 옐로스톤국립공원을 만들기 위해 내쫓긴 토착 부족들(하루에
300명이 죽임을 당했다)은 홀로세 생태계에 포함된 고유한 일부분
이었다. 따라서 그들이 제거되었을 때 그것은 곧 최상위 포식자가
더 이상 존재하지 않으며, 정기적으로 초목을 불태워 파괴적인 야
생 산불을 막을 사람들이 존재하지 않는다는 것을 뜻했다. 그 결과
유제류가 지나치게 번식하여 묘목들을 먹어치웠고, 그 지역은 생물
다양성을 상실했다. 그 이후로 공원 관리자들은 인간을 대신해 늑
대를 최상위 포식자로 들여와 유제류의 증가를 억제하려고 시도했
다(제대로 작동하는 생태계가 부재할 경우 인간이 그런 '자연' 구역
을 관리해야 한다). 하지만 여기서도 문제에 부딪혔다. 국립공원은
인간 없는 플라이스토세를 추구할지라도 그 나라의 나머지 지역은
북적거리는 인류세에 살고 있으며, 농부들은 자신들의 조상이 수백
년 전에 제거한 포식자가 자신의 가축을 잡아먹는 것이 달가울 리
없다. 몇몇 장소에서는 보존 방법이 '인간 없는 자연 생태계'라는 개
념에서 탈피하고 있다. 예컨대 나미비아와 남아프리카는 야생동물
과 더불어 살고 일하는 지역사회에 국립공원 관리를 맡기는 데 성
공했다. 아무리 최선을 다해도, 보존주의자들은 국립공원을 인류의
영향으로부터 완전히 자유로운 상태로 관리할 수 없다. 이를테면 옐
로스톤의 생태계도 인류세의 기후변화로 인해 바뀌고 있다. 침엽수

의 절반 이상이 소나무좀의 피해를 입었는데, 이들은 더 온난한 겨울에 번성한다.

그럼에도 보존주의자들은 여전히 태고의 상태를 꿈꾼다. 예를 들어 몬태나에서 실리콘밸리 사업가였던 션 게리티는 그런 '재야생화' 개념을 약 1만 4,000km²의 대평원으로 확대하려는 시도를 하고 있다. 그 땅이 과거에 지녔던 풍요로운 야생동물을 복원하는 것이 목표이다. 그는 '유전적으로 순수한' 아메리카들소 2만 5,000마리와 여러 무리의 늑대뿐 아니라 와피티사슴과 큰뿔야생양을 들여올 생각이고, 이미 자신이 꿈꾸는 국립공원을 위해 상당한 땅을 사들였다. 몇 백 년 전에 자연적인 동물상(動物相)을 대부분 잃어버린 유럽 대륙에서조차 보존주의자들은 꿈에서 깨지 않았다. 스코틀랜드에 늑대를 다시 들여오려는 계획이 진행 중이며, 네덜란드에서는 오스트파르더스플라센의 간척지에 완전한 플라이스토세 풍경을 재건했다. 비록 과거에 (그곳이 바다로 덮여 있지 않았다면) 그곳을 어슬렁거렸을 멸종한 동물을 대신하는 대리 종들을 데려다놓았지만 말이다. 따라서 폴란드산 코닉 포니가 멸종한 타르판(야생마)을 대신하고, 특수하게 육종된 독일산 헤크 소는 멸종한 오르크스와 유럽들소를 대신한다. 곰과 늑대 같은 포식자가 없으므로 공원 관리자들이 동물들의 60%를 사살함으로써 수를 통제한다. 이런 관리는 '자연' 생태계가 작동하는 방식을 보여주겠다는 국립공원의 공언된 목표를 조롱한다.

한 지역을 '다시 자연으로' 되돌린다는 개념에는 시간적 문제도 있다. 보존주의자들은 그들이 되돌리고 싶은 '시기'가 언제인지 선택해야 한다. 예컨대 옐로스톤국립공원의 경우, 그 지역에 백인 미국인들이 도착하기 전인 대략 1800년대 중반으로 되돌릴 것인가?

아니면 인간이 침입하기 전인 약 1만 1,000년 전으로 되돌릴 것인
가? 이 경우 그 지역은 당시 존재했던 동물 대부분이 멸종했을 만큼
철저히 달라졌기 때문에 보존주의자들은 자신들의 시도를 그만두
어야 한다.

|

　　　　　인간이 자연 생태계에 끊임없이 영
향을 미쳐온 것은 우리도 다른 최상위 포식자들처럼 그 안의 일부이
기 때문이다. 플라이스토세처럼 풍부한 세렝게티의 야생동물이 놀
랍게 다가오는 것은 아프리카 밖에서는 (실제로 플라이스토세가 끝
난 이래로) 그런 다양성이 약 1만 년 동안 목격된 적이 없기 때문이
다. 그 이전에는 세계 여기저기에 대형 포유류들이 살았다. 오스트
레일리아에는 천둥새와 키가 3m나 되는 대형 캥거루(그 가운데 일
부는 육식동물이었다), 테이퍼, 거대한 코알라, 유대류 사자, 크기가
양만 한 가시두더지, 몸무게가 2T이나 나가는 SUV 크기만 한 웜뱃
이 살았다. 북아메리카는 심지어 더 흥미진진했다. 그곳은 매머드와
마스토돈, 날개 너비가 5m나 되는 독수리, 하마 크기의 나무늘보,
치타, 거대한 재규어, 검치호랑이, 영양, 낙타, 그 밖에 사바나를 누
볐던 거대한 야수들로 가득한 슈퍼 세렝게티였다. 하지만 그러고 나
서 불현듯 그들 모두가 멸종했다. 플라이스토세 말에 전 세계 대형
포유류의 75%가 사라졌고, 인간의 도착과 함께 전 대륙에서 대형동
물 멸종의 물결이 일어났다.[2] 마다가스카르와 뉴질랜드 같은 몇몇
장소에서는 이런 일이 비교적 최근인 2,000년 전과 900년 전에 일
어났다.

　하지만 다른 이주 포식자들과 마찬가지로 인간 집단도 초기에

야생동물들에 타격을 미친 뒤에는 대체로 생태계와 새로운 평형을 이룸으로써 지속 가능한 방식으로 사냥하고 미래를 위해 회복될 여지를 남겼다. 그렇게 하지 못한 인간 집단 — 예컨대 대안 자원이 없는 외딴 섬 지역의 거주자들처럼 — 은 집단 붕괴라는 호된 대가를 치렀다. 그런 장소들은 다시 인간이 사라진 상태에서 새로운 평형에 도달하거나 아니면 다른 인간 사회에 적응했다.

인류의 장구한 역사에서 거의 모든 인간이 멸종할 뻔했던 시기가 몇 차례 있었다. 인류학자들은 그런 사건을 인간 집단이 대략 2,000명 수준으로 줄어드는 '병목' 시기라고 부른다. 그 정도면 오늘날 야생 호랑이보다도 적은 수라서 멸종위기종으로 분류될 수준이다. 하지만 우리의 네안데르탈인 사촌들은 멸종했지만 우리는 그 병목을 통과했다. 홀로세로 진입한 우리는 이 행성을 우리 필요에 맞추기 시작했다.

몇몇 장소에서 인간은 홀로세의 생태계를 지배했고 그 과정에서 농경, 방화, 도시 건설, 대형 동물 사냥을 통해 생물다양성을 완전히 바꾸었다. 전 세계의 많은 사바나는 그 존재 자체를 인간에게 빚지고 있다. 인간이 농업을 위해 숲을 밀어버리고 정기적으로 불을 놓아 초원을 유지했기 때문이다. 예를 들어 약 3,000년 전 농경 부족인 반투족은 콩고 열대우림의 드넓은 지역을 사바나로 바꾸었다. 그리고 그보다 수천 년 전에 수렵 채집인 부족들은 풀 뜯는 동물과 그들의 포식자를 넓고 탁 트인 장소로 몰아 손쉽게 사냥할 수 있도록 넓은 지역을 불태웠다. 하지만 인류가 광범하고 전 지구적인 영향을 미치기 시작한 것은 인류세에 들어와서이다. 현재 인간의 순전한 수, 확산 추세, 수집하고 있는 자연 자원의 규모는 전 세계의 홀로세 생태계가 지금까지는 경험한 적 없는 인류세의 새로운 상태로 넘어오고 있음을 뜻한다.

플라이스토세 말에 일어난 대형 동물의 멸종은 인류세에 일어나고 있는 멸종에 비하면 작고 미미한 사건이었다. 우리는 1970년대 이후로 야생에 사는 척추동물 종의 3분의 1을 잃었다. 약 300년 뒤에는 현존하는 모든 포유류 종의 75%가 멸종할 것이다. 이 충격적 계산은 캘리포니아대학교 버클리캠퍼스의 고생물학자 앤서니 바노스키가 현재의 멸종 속도를 토대로 내놓은 것인데, 그는 현재 취약종과 멸종위기종으로 분류된 종들이 이번 세기에 사라질 것이라고 추정한다.[3] 유명한 생물학자 에드워드 O. 윌슨은 한 발 더 나아가 모든 종의 절반이 이번 세기말에 멸종할 것이라고 예측한다. 양서류는 3분의 1 내지 2분의 1이 멸종 위협에 처해 있는데, 연구자들이 야생 개구리와 그 친척 종들을 위한 '방주'를 지어 외부 위협을 차단한 상태에서 그들을 번식시킨 다음 위협이 지나간 뒤 풀어주는 방법을 고려할 만큼 상황이 심각하다.[4]

생명이 처음 진화하여 번성하고 다양하게 분화하면서 우리 행성을 진정으로 특별한 곳으로 만든 이래로 다섯 번의 대량 멸종이 있었다. 각각의 대멸종 사건은 저마다 어떤 격변에 의해 일어났고, 대멸종을 겪을 때마다 모든 종의 적어도 75%가 사라졌다. 마지막 대멸종은 6,500만 년 전에 일어났는데, 당시 소행성이 지구에 충돌했고 그 여파로 피어오른 재 구름이 수년 동안 하늘을 캄캄하게 가렸다. 이로 인한 기후변화는 공룡의 멸종을 초래했을 뿐 아니라 다른 모든 동물들의 4분의 3을 멸종시켰다.

앤서니 바노스키는 현재 인간은 서식지 침범과 파편화, 사냥, 기후변화, 오염, 질병 확산, 외래종 도입을 통해 과거 다섯 번의 대멸종에 맞먹는 규모의 여섯 번째 대멸종을 일으키고 있다고 말한다.

앞으로 40년 동안 지구상에 존재하는 종의 약 30%가 사라질 것이라고 보존주의자들은 추산한다. "오늘날 일어나고 있는 일은 공룡을 멸종시킨 소행성 충돌과 맞먹는 수준입니다. 우리가 그 소행성이라는 것만 다를 뿐이지요." 바노스키가 말했다.

멸종은 사실은 흔한 자연현상이다. 지금까지 지구상에 진화한 대략 40억 종 가운데 99%가 멸종했다. 하지만 멸종 속도는 대개 새로운 종의 진화와 균형을 이룬다. 현재 인간이 유발하는 멸종은 진화가 따라잡을 수 없을 만큼 빠르게 일어나고 있다. 바노스키는 현재의 멸종 속도는 자연적 속도보다 1,000배 내지 1만 배 빨라서 다섯 번의 대멸종 사건과 맞먹는 수준이라고 추산한다. 인류세 초기인 지금 우리가 우리 곁에 있는 야생동물을 지키고 싶다면, 먼저 그 동물들을 우리가 어떻게 그리고 왜 파괴하고 있는지 이해해야 한다.

현존하는 고양잇과 대형 동물은 아프리카의 사자에서부터 다른 대륙들에 사는 친척 종들에 이르기까지 모조리 멸종을 위협 받고 있다. 그들이 그런 처지에 놓이게 된 각기 다른 이유는 인류가 모든 동물의 4분의 3을 어떤 식으로 멸종으로 몰아가고 있는지 한눈에 보여준다.

판타나우는 거의 20만 km²에 이르는 초원과 습지가 브라질, 볼리비아, 파라과이 세 나라에 걸쳐 있는 남미의 세렝게티로 야생동물이 엄청나게 많은 곳이다. 나는 아메리카에서 가장 큰 고양잇과 동물인 재규어를 보기 위해 한밤중에 밖으로 나섰다. 내가 들고 있는 활활 타는 횃불이 도랑과 강에 수백 개의 빨간 '불'을 켰다. 카이만(앨리게이터의 한 종류)의 눈동자에 횃불이 반사된 것이었다. 가위 모양의 꼬리를 가진 아메리카쏙독새들이 날아오르고 대형 개미핥기 두 마리가 뒤뚱거리며 지나갔다. 한 녀석은 등에 새끼 두 마리를 업고 있었다(이것은 매우 희귀한 일이다). 몸집이 작은 회색 게 잡이여우들이 놀고 있었고, 테이퍼도 한 마리 보였다. 테이퍼는 말이지만 스스로 돼지라고 생각하는 모양이다. 뭉툭하고 웃기게 생긴 주둥이를 공중에 대고 실룩거리며 뒤뚱뒤뚱 걷더니 이내 숲속으로 쿵쾅거리며 사라졌다. 좀 더 가니 오실롯 한 마리가 보였다. 아시아의 구름표범과 비슷한 멋진 점이 박혀 있다고 해서 '점박이표범'으로 불린다. 녀석은 내게는 들리지 않는 작은 소리에도 귀를 쫑긋거리고 꼬리를 공중에 쳐들고는 커다란 집고양이 같은 태세로 강둑을 유유히 걸었다. 숙소에 거의 다 왔을 때 분명한 포효 소리가 들렸다. 재규어였다. 나는 빽빽한 덤불 속에 멈추어 선 채 칠흑 같은 어둠 속을 주시하며 기다렸지만 녀석은 여전히 어둠에 가려 보이지 않았다.

재규어는 위풍당당하고 아름다운 생물이다. 세계에서 세 번째로 큰 고양잇과 동물인 그들은 체중 대비 악력(顎力)이 가장 세고, 먹이를 잡을 때는 호랑이처럼 뒤통수를 꽉 물어 뇌를 찔러 죽인다. 재규어는 무섭도록 정확하고 환경에 매우 잘 적응한다. 물속에서 헤엄을 잘 치고 육중한 체중에도 불구하고 나무에 잘 오른다. 재규어는 유전적으로 사자와 가장 비슷하고 지금은 미국에 극소수만 남아 있지만 원래는 북아메리카 동물이다. 남북 아메리카 대륙이 파나마에서 만났을 때 남쪽으로 건너왔고, 마지막 빙하기 이후 남아메리카에서 일어난 멸종의 대다수를 초래했다. 하지만 지금 재규어는 멸종위기종이다. 삼림 벌채, 농지 확장, 그 밖의 인간의 침범으로 재규어의 서식지는 소수의 좁은 구역으로 줄어들었다. 아마존과 이곳 판타나우에 있는 서식지가 그나마 가장 넓은 축에 든다.

나는 남아메리카에서 가장 큰 고양잇과 동물과 인간의 게걸스러운 육식 욕구 사이의 갈등 관계를 조사하는 연구자들을 찾아갔다.

전 세계에서 사람들이 육식을 더 많이 하면서 인간의 육식은 전 세계적으로 야생동물에게 가장 큰 위협 중 하나가 되었다. 이를테면 영국에서는 유제품을 생산하는 소들에 위협이 된다는 이유로 오소리들이 죽임을 당하고 있다. 판타나우의 약 95%가 민간 소유로 약 800만 마리의 소를 방목하는 데 사용된다(브라질은 세계 최대의 쇠고기 수출국이다). 많은 목장주들이 재규어 사냥꾼을 불법 고용하는데, 그런 사냥꾼들은 개들을 데리고 다니며 재규어를 정글에서 몰아낸 다음 근거리에서 권총으로 쏜다. 하지만 카피바라(설치류 중 가장 큰 동물), 카이만, 사슴이 바글거리는 지역에서 재규어가 과연 소 떼에 얼마나 위협이 될까?

브라질의 육식동물보호연구소에서 일하는 연구원인 엔히크 콘코네는 바로 이 물음에 대한 답을 찾고 있다. 그는 재규어들이 무엇을 먹는지 알아내기 위해 판타나우 남부의 샌프란시스코 농장에서 지난 7년 동안 재규어 배설물을 분석해왔다. 재규어들이 가장 좋아하는 먹이는 카피바라이고, 카이만이 그 뒤를 바싹 따른다는 사실이 밝혀졌다. "아직 데이터를 분석하는 중이지만, 재규어는 이 지역 소들이 죽임을 당하는 원인 가운데 단 0.8%를 차지하는 것 같습니다. 개체 수로 따지면 연간 약 24두 정도이지요. 많은 목축업자들이 주장하는 것보다 훨씬 낮은 수치입니다." 콘코네는 말했다. "만일 한 농부가 소 100마리를 소유하고 있고 앞으로 송아지 100마리가 태어날 것으로 기대하는데 50마리밖에 얻지 못했다면, 여러 가지 이유 중 가장 쉽게 지목할 수 있고 가장 쉽게 해결할 수 있는 원인이 재규어인 거지요. 하지만 대부분이 열악한 관리 때문에 죽습니다. 예방 접종을 하지 않아서 일어나는 자연 유산, 치료되지 않은 상처, 감염 등이 이유죠."

　또한 콘코네는 재규어와 목장주들 사이의 갈등을 줄이기 위해, 순수하게 재규어에게 잡혀먹은 소들에 관한 자료를 조사함으로써 피할 수 있는 어떤 패턴이 존재하는지 알아보았다. 그런데 이번에도 역시 관리 부실이 문제였다. "관리가 잘된 목장은 연간 1,000마리당 다섯 두를 잃고 그런 손실을 능히 흡수합니다." 콘코네가 말했다. "관리가 잘 안 되는 목장은 소들을 50km²에 이르는 광범한 지역에 풀어놓습니다. 소들은 물이 있는 곳에 정기적으로 나타났다가 혹은 숲 근처에 있다가 재규어에게 잡아먹히지요. 이보다 규모가 작은 2km² 정도로 범위를 한정하여 여러 지역에 돌아가면서 소들을 풀어놓는 것이 더 좋습니다. 이렇게 하면 재규어들이 특정 장소에 가면 소들을 찾을 수 있다는 확신을 할 수 없을 테니까요." 추천할 수 있는 다른 방법은 황소를 격리하여 송아지가 한 해의 특정 시기에 한꺼번에 태어나게 함으로써 공격에 취약한 송아지를 더 쉽게 보호하거나, 목장주들이 동물들의 전반적인 건강 상태를 잘 유지해 더 큰 이윤을 남김으로써 재규어에게 소 몇 마리를 잃는 손실쯤은 감수할 수 있도록 여력을 갖추는 것이다. 또한 목장주들은 생물 울타리를 이용할 수도 있다. 케냐에서 투르카나호수 지역의 작은 목장들은 자신들의 땅을 벌집 울타리로 둘러싸는 것이 가시덤불 울타리보다 훨씬 더 효과적임을 알아냈다(게다가 벌집은 유용한 꿀을 제공한다). 보통 벌집을 땅 주변에 10m 간격으로 걸어놓아 코끼리들이 지나다닐 수 있도록 넓은 간격을 두는데, 코끼리 한 마리가 울타리 기둥을 스치기만 해도 벌들이 몰려나온다. 판타나우에서 시험 중인 또 한 가지 방법은 보통 소가 물소나 큰뿔소 — 이들은 재규어로부터 송아지를 공격적으로 방어한다 — 와 함께 풀을 뜯게 하는 것이다.

재규어를 멸종으로부터 보호하는 것은 목축 농가의 경제적 이익에 부합한다고 콘코네는 말한다. 단지 그들의 땅에 머무는 야생동물 관광객들로부터 몇 푼을 벌 수 있기 때문이 아니라 한 생태계에서 중요한 최상위 포식자를 제거하면 다른 모든 것이 증식하여 건강하지 못한 결과를 초래하기 때문이다. "최상위 포식자들은 병들고 약한 동물들을 죽이는데, 이것은 질병을 억제함으로써 생태계를 건강하게 유지시켜줍니다." 콘코네가 말했다. "상파울로 근처에서 재규어와 퓨마를 모두 죽인 결과 카피바라가 폭발적으로 증가했습니다. 2년 전에는 소와 사람들이 카피바라의 몸에 사는 벼룩이 퍼뜨리는 홍반열에 걸렸지요. 유럽과 북아메리카에서는 최상위 포식자인 늑대를 제거한 결과 라임병이 발생하고 있습니다."

우리 문명이 온갖 방식으로 자연 세계로부터 우리를 차단해도 우리는 여전히 전 세계 생태계의 일부이며 생태계에 의존한다. 최상위 포식자를 제거하면 ― 그들이 상어든 늑대든 아니면 재규어이든 ― 인간에게도 영향이 미친다. 인류세에 우리는 최상위 포식자를 그대로 유지하거나, 아니면 생태계에서 그들이 하는 역할을 인위적으로 해내야 할 것이다. 재규어의 경우, 그것은 인간에게 전파되는 치명적인 진드기 매개병을 치료해야 함을 뜻한다. 우리는 지구촌의 일원으로서 이 동물들의 가치를 평가할 필요가 있다. 즉 목축 농가가 얻는 이득과 견주어 재규어를 잃는 비용을 감수할 가치가 있는지 결정하는 것이다. 재규어의 경우 이 방정식은 오히려 간단할 수 있지만, 벌의 경우는 훨씬 더 복잡해진다. 벌은 여러 가지 이유로 세계 전역에서 감소하고 있고(몇 가지 이유는 살충제 사용과 식물 종의 제거 같은 농가의 관행과 관련이 있고, 원인을 알 수 없는 경우도 있다), 그 결과 우리의 식량 작물에 우려할 만한 영향을 미치고 있다. 농부들은 현재 기업에 돈을 지불하고 꽃가루받이 서비스를 받고 있다. 그런 기업들은 봄에 유럽산 꿀벌 통을 트럭에 싣고 그들의 논밭으로 온다. 하지만 벌이 자생할 수 있는 농가 환경을 유지하는 편이 더 값싸고 벌에게도 스트레스가 덜하고 지역 생태계에도 더 좋을 것이다.

아시아에서 세계 최대의 고양잇과 동물이 멸종을 위협 받는 이유는, 역설적이게도 인간이 그들의 가치를 부풀렸기 때문이다. 나는 네팔 서쪽 끝 저지대에 있는, 그 나라 최대의 벵골호랑이 집단이 살고 있는 장소인 바르디아국립공원을 찾아갔다. 그곳에는 단 18마리의 호랑이가 남아 있는 것으로 알려져 있는데 네팔 정부는 2022년까지 그 수를 두 배로 늘리기 위해 그들의 먹이가 되는 초식동물이 사는 초지를 개선하고 밀렵꾼을 단속하고 있다.

얼룩 무늬가 있는 대부분의 동물이 그렇듯이 호랑이는 위험한 짐승이다. 그들은 다른 어떤 대형 고양잇과 동물보다 많은 사람들을 죽였다. 그래서 나는 몰래 한 녀석을 추적하면서 매우 어리석은 짓을 하고 있다는 생각이 덜컥 들었다. 그 거대한 동물을 추적하는 동안 현지인 가이드 시테람 씨가 들고 있는 나무 막대는 나를 안심시키지 못했다. 우리가 따라가는 발자국 크기로 보건대, 녀석은 발톱만으로도 내 얼굴을 능히 찢을 수 있을 듯했다. 그럼에도 우리는 키 큰 풀을 통과하여 발자국들을 따라 강가에 이르렀고, 다시 강을 건너 건조한 숲의 가장자리까지 갔다.

우리는 최근에 남겨진 똥을 살펴보기 위해 가던 길을 잠시 멈추었다. 길에 동물의 털과 뼈 들이 가득했다. 그리고 아직 따뜻했다. 그때 육중한 턱으로 뼈를 으깨는 것임이 분명한 소리가 들렸다. 시테람이 내게 가만히 있으라는 시늉을 하고는 발끝으로 살금살금 걸어갔다. 이제는 호랑이 냄새도 맡을 수 있었다. 나는 진땀이 나고 무릎이 후들거렸다. 5m 앞에서 시테람이 나를 향해 조용히 손짓했고, 나는 뼈를 으깨는 무시무시한 소리를 향해 한 걸음 다가가려고 했다. 덤불을 도는 순간 내 발 밑에서 건조한 잔가지가 딱 부러지며 큰 소리를 냈고, 나는 강렬한 움직임을 어렴풋이 포착했다. 불꽃 색깔의 거대한 짐승이 한달음에 깊은 숲속으로 사라졌다.

　녀석이 누워 있던 장소에는 갓 흘린 피와 씹다 버린 사슴 뼈들과 함께 아직 온기가 남아 있었다. 얼마 뒤 내 심장박동은 정상 속도로 돌아왔지만 인상이 펴지기까지는 좀 더 오랜 시간이 걸렸다.

　그것은 1900년에 10만 마리였다가 전 세계에 약 3,000마리만 남은 호랑이들 중 하나를 얼핏 본 것이었다. 그들은 시베리아에서부터 발리와 터키까지 발견되곤 했지만, 인간의 사냥과 서식지 침범으로 지난 100년 동안 그들의 범위는 90% 이상 줄었으며 발리호랑이를 포함해 세 아종이 멸종했다. 현재는 여섯 아종만이 남아 있는데, 모두가 멸종위기종 또는 위급 종이다. 몸무게가 300kg인 인상적인 시베리아호랑이도 그중 하나이다. 하지만 그들의 서식지는 점점 더 작은 구역들로 파편화되고 있으며, 그런 장소에서 그들의 삶은 훨씬 취약하다. 호랑이의 수는 지난 10년 동안에만 해도 적어도 40%가 감소했고, 보존주의자들은 그들이 20년 내에 야생에서 멸종할 것이라고 생각한다. 대부분의 야생 호랑이들은 인도에서 발견되는데, 인도 역시 호랑이를 보호하기 위해 최선을 다하고 있다. 이를테면 지난 5년 동안 인도는 호랑이 서식지를 늘리기 위해 보존 구역에서 인간 집단을 빼내어 이주시키고, 호랑이에게 잡아먹힌 가축에 대한 보상을 지급했다. 2012년 인도 대법원은 민감한 지역들로 몰려오는 지속 불가능한 수준의 관광객들에 대한 보존주의자들의 우려를 접하고, 호랑이 보존 구역의 '핵심 지역들'에서 모든 관광을 일시적으로 금지하는 전례 없는 조치를 취했다. 인도는 상당한 노력에도 불구하고 자국의 호랑이들이 직면한 최대의 위협은 밀렵꾼이라고 말한다. WWF(세계자연기금)의 수치에 따르면, 지난 10년 동안 몰수된 호랑이 신체 부위는 644점으로 최소 1,296마리의 호랑이에 해당하며, 그 가운데 절반 이상이 인도 호랑이들이었다. 게다가 밀렵은 증가하고 있는데, 2009년 이래로 연간 200마리 호랑이가 몰수되었다.

야생동물 거래를 감시하는 단체인 트래픽(TRAFFIC)에 따르면, 호랑이 산물의 가장 큰 시장은 중국이다. 호랑이 신체 부위 거래는 1992년에 금지되었지만 암시장이 여전히 성업 중이며, 호랑이 가죽과 뼈는 중국, 대만, 한국에서 수백 달러에 팔리고 있다. 뼈는 궤양에서부터 장티푸스에 이르기까지 만병통치약으로 쓰인다. 그리고 한 병에 최대 120달러를 호가하는 호랑이 뼛가루를 섞은 와인은 높은 지위의 상징으로 점점 인기를 얻고 있다.

멸종위기종에 대한 중국인의 갈망은 호랑이에서부터 천산갑과 쥐가오리에 이르기까지 모든 것을 멸종으로 몰아가고 있다. 과거에도 그런 예가 있었다. 고대 이집트의 거대한 미라 산업은 신성한 이비스와 이집트개코원숭이 같은 종들의 멸종에 기여했다. 그 밖에 수많은 다른 종들이 동물의 털, 가죽, 기타 부위에 집착하는 인간으로 인해 멸종으로 내몰렸다. 인류세에 중국이 일으키는 멸종몰이가 과거와 다른 것은 그것이 전 지구적 규모로 일어나고 있으며 수많은 다른 종에 영향을 미친다는 것이다.

세계적으로 야생동물 불법 거래는 현재 연간 약 170억 달러에 달하고, 인간의 건강뿐 아니라(HIV와 에볼라를 포함한 감염병의 약

70%가 동물에서 기원한다[5]) 정부의 안정을 위협한다. 동물과 그 신체 부위는 아프리카에서 최근 분쟁을 일으키는 원인이 되었다. "밀렵은 현지 시장에서 동물의 부위를 판매하려는 소수의 소규모 사냥꾼들의 활동이 아닙니다. 현재 밀렵은 수류탄과 기관총을 대동하는 대규모 조직 활동입니다." 중앙아프리카공화국의 야생동물부에서 동물 보호 담당을 맡고 있는 장-바티스트 마망-캉가가 내게 말했다. 최근에 아프리카의 여러 나라들이 신의 저항군, 알샤바브(소말리아의 극단주의 테러 조직_옮긴이), 잔자위드(아프리카 수단 정부의 지원을 받아 다르푸르 지역에서 테러를 일삼았던 아랍계 무장민병대_옮긴이), 수단에서부터 우간다에 이르는 그 밖의 조직을 포함한 조직 폭력단의 무장 침입을 겪었다. 이들은 활동 자금을 마련하기 위해 유인원에서부터 코뿔소와 코끼리까지 모든 것을 밀렵했다.

한 예로, 2012년 3월에 카메룬의 한 국립공원에서 기관총을 가지고 말을 탄 수단 폭력 조직이 몇 시간 동안 코끼리 400마리를 죽였다.[6] 그리고 몇 주 뒤 말을 탄 무장민병대가 코끼리 30마리를 도륙했으며 그 과정에서 생후 2주 된 새끼 코끼리 한 마리가 사투를 벌였다. 매년 수만 마리의 코끼리가 죽임을 당하고 2012년에는 몰수된 상아의 수가 사상 최고를 기록했는데, 이런 일의 대부분이 통치 기반이 약한 가난한 나라들에서 일어난다. 예를 들어, 최근 몇 십년 동안 아프리카에서 가장 잔인한 내전이 치러진 콩고민주공화국 동부의 이투리 숲에서는 2010년부터 2013년까지 코끼리 약 1,000마리가 도살되었다. 그 나라에 20년 전에는 약 10만 마리였던 코끼리가 지금은 7,000마리가 채 되지 않는다. 현재 코끼리 밀렵꾼들은 청산가리로 물을 오염시키기 시작했는데, 이것은 훨씬 무차별적인 방식의 도살이다. 보존주의자들은 현재 아프리카 코끼리들이 15분마다 한 마리씩 죽임을 당하고 있어서 10년 내에 야생에서 사라질 수 있다고 경고한다. 코뿔소 밀렵도 2007년과 2011년 사이에 3,000%가 증가했다. 2014년에는 남아프리카의 코뿔소를 구하기 위해 100마리를 보츠와나로 이주시켰다.

불법 야생동물 거래는 대개 잘 조직된 범죄 조직에 의해 일어난다. 그들은 무기와 마약 거래 같은 다른 불법 거래를 중단시키려는 정부의 노력을 수포로 만들고 지역의 무력 충돌에 자금줄을 제공한다. 거래는 점점 정교해지고 있어서, 적발을 피하기 위해 코끼리 상아에 '인공 번식'이라는 설명을 붙이거나 '황소 뼈' 같은 완곡한 제품명을 붙여 이베이 같은 인터넷 사이트를 이용해 판매한다. 불법적으로 거래되는 야생동물의 절반 이상이 중국으로 가는데, 중국에서는 멸종위기종과 상아를 밀수하는 방법에 관한 지침을 제시하는 공개 설명회가 열리고 그런 제품들에 대한 시장을 제공한다. "사람들은 승진을 도모하기 위해 상사에게 호랑이 뼈 술을 선물하고, 사업 계약을 따내기 위해 그것을 이용합니다." TRAFFIC의 사브리 자인이 말했다. 그는 호랑이 신체 부위에 대한 수요를 줄이는 방법을 연구해왔다. "대중에 대한 교육은 먹히지 않습니다." 그는 말했다. "도살된 호랑이가 찍힌 광고판을 내걸어도 사람들은 호랑이 술을 사는 것을 멈추지 않습니다." 사브리 자인은 그 대신 기업의 지도자들이 솔선수범하여 호랑이 술을 공개적으로 비난하기를 바라며 그들과 협의하고 있다. "우리는 호랑이 술을 마시는 것을 사회적으로 받아들일 수 없는 일로 만들어야 합니다. 그리고 호랑이 외에 높은 지위를 상징하는 대안을 제공할 필요가 있습니다. 중국 인구가 13억인데, 그들은 점점 더 부유해지고 있습니다. 그 사람들 중 일부만 호랑이 신체 부위를 원해도 그들을 만족시키기 위해 밀렵이 증가할 것이고, 이것은 3,000마리밖에 남지 않은 호랑이들에게 큰 타격을 미칠 겁니다."

밀렵 외에 호랑이를 보호하는 데 가장 큰 장애물은 호랑이가 인도를 포함해 인구가 가장 많은 지역들에 산다는 점이다. 인류세가 찾아낸 해법은 다른 지역에 새로운 서식지를 조성하여 그들을 이주시키는 '계획 이주'이다. 멸종 위기에 처한 태즈메이니아주머니너구리는 먼 오스트레일리아 내륙으로 이주시켰고, 영국 사업가 리처드 브랜슨은 카리브제도의 한 섬을 마다가스카르산 여우원숭이 보호 구역으로 만들었다. 패션 회사 이사였던 리 콴은 호랑이를 위해 이런 보호 구역을 만들었다. 리 콴은 남중국산 호랑이 두 마리(야생에서는 멸종했고 포획된 개체 수는 60마리 이하이다)를 중국의 동물원에서 그녀가 남아프리카에 조성한 보호 구역으로 데려왔다. 그녀는 그곳에서 호랑이들을 번식시키는 데 성공했고, 그들에게 야생 호랑이의 기술을 습득시켜 중국의 보호 구역으로 되돌려 보낼 생각이다.

호랑이들 — 또는 재규어, 고릴라, 코알라, 그 밖의 수천 종의 멸종위기종 — 이 모조리 사라지고 말고가 그렇게 중요한 문제일까? 따지고 보면 대부분의 사람들은 그런 동물을 야생에서 볼 일이 없고, 보고 싶은 사람들은 자연 서식지 안의 모습을 담은 수많은 영상과 사진을 보면 된다. 게다가 앞에 나온 그 모든 심각한 숫자들은 야생 호랑이에 대한 것이다. 포획 상태의 호랑이들은 멸종 위기에 놓여 있지 않다. 야생 호랑이보다 적어도 다섯 배 많은 호랑이가 포획 상태에서 살고 있다. 아마 2만 마리는 족히 될 것이다. 우리는 45억 년의 지구 역사에서 여섯 번째 대멸종을 초래하고 있고, 그 과정에서 생물종을 잃을 수밖에 없을 것이다. 유엔 생물다양성협약 의장에 따르면, 생물다양성을 지키기 위해서는 연간 3,000억 달러가 든다. 따라서 우리가 인류세에 그 많은 돈을 쓸 생각이 없다면, 구하고 싶은 종을 골라 그런 종들에게 보존 노력을 우선 배정해야 할 것이다. 이것은 선택의 문제이다. 호랑이는 그들을 구하기 위해 3억 5,000만 달러의 기금을 조성할 만한 가치가 있을까?

우리는 호랑이에게 고기나 털가죽을 의존하지 않는다. 호랑이는 마차를 끌거나 밭을 갈지도 않는다. 그들의 훨씬 더 작은 사촌들과 달리 집에 두고 반려동물로 기를 수도 없다. WWF(세계자연기금)는 다른 야생동물에게 끼치는 효과를 지적하며 호랑이 보호를 정당화한다. 호랑이는 서식지가 넓어서 호랑이 한 마리를 보호함으로써 약 100km^{2}의 사바나나 숲이 보존되는 효과를 얻을 수 있고, 따라서 코뿔소 같은 그 밖의 멸종 위기 동물뿐 아니라 먹을거리부터 물 관리까지 인간이 누리는 중요한 생태계 서비스를 지킬 수 있다. 호랑이는 재규어처럼 최상위 포식자로서 생태계에 비슷한 혜택을 제공한다. 하지만 벌이나 소 또는 쌀에 비하면 쓸모가 없다. 그런 쓸모는 지금까지 인류에게 보존의 기준이 되어왔다. 즉 쓸모가 있으면 보존하고 그렇지 않으면 포기하는 것이다. 이 기준은 개별 동식물에서부터 생태계와 자연 지형들에 이르기까지 모든 것에 적용된다.

호랑이는 매우 크고 강하고 아름다워서 여러 나라에서 문화적으로 중요한 상징적 동물이 되었다. 하지만 그런 이유는, 북유럽에서부터 남아시아까지 분포했으나 지금은 인도의 작은 보호 구역에 소수가 남아 있을 뿐인 아시아사자를 포함하여 다른 상징적 동물들을 보호할 충분한 이유가 되지 못했다. 과거에 로마인들이 검투사와 싸움을 붙이는 데 이용했으나 20세기 중반에 멸종한 바바리사자는 또 어떤가. 하지만 우리가 사자를 좋아한다는 사실은 야생 상태로 존재하는 사자에게 관광을 통해 상업적 가치를 부여할 수 있다. 호랑이와 영토를 공유하는 멸종위기종인 오랑우탄을 구하기 위해 협의 중인 한 계획은 오랑우탄을 보려는 관광객들에게 값비싼 '보존 수수료'를 부과하는 것이다. 이를테면 르완다에 사는 산악고릴라를 보려면 최소 500달러의 입장권을 내야 한다. 인류세에 우리는 한때 우리보다 많았던 드문 생물들을 보기 위해 큰돈을 써야 할 것이다.

자연의 '값어치'는 보존 전략으로 점점 더 각광 받고 있다. 과학자들은 어느 아마존 식물의 암 치유 잠재력 또는 토양이나 숲이 제공하는 생태계 '서비스'의 금전적 혜택을 강조하라는 압력을 점점 더 크게 받고 있다. 2010년 유엔 환경프로그램이 의뢰한 한 연구는 인류가 한 해 동안(2008년) 자연 세계에 끼친 피해가 2조~4조 5,000억 달러에 이른다고 추산했다. 또 다른 연구는 생물다양성 위기에 처한 장소들을 보존할 수 있다면 가난한 사람들에게 연간 무려 5,000억 달러의 혜택을 가져다줄 수 있다고 계산했다.[7] 이런 식으로 자연을 상업화함으로써 우리 사회는 생물권이 수행하는 많은 일들을 더 이상 당연시하지 않고(그것이 기술적으로는 가능하다 해도, 우리는 공기를 여과하고 물을 재활용하고 자연 세계로부터 얻는 단백질, 약물, 원재료들을 만들어낼 수 없을 것이다) 값을 매겨 보존할 것이다. 하지만 내가 생각하기에 자연에 어떤 종류의 값을 매긴다는 것은 당찮은 말이다. 자연은 인류를 위한 서비스를 수행하는 한편으로 우리에게 수십억 달러의 비용을 끼치고 있다는 사실을 알아둘 필요가 있다. 자연 세계는 순진하지 않다. 우리는 질병과의 싸움, 날씨의 급습, 나무뿌리, 잡초와 해충, 위험한 동물들, 허물어지는 해안선 등 자연의 공격으로부터 인간 거주지를 방어하기 위해 많은 시간과 돈을 들인다. 전쟁에서와 같이 상대를 악마화하거나 두려워하는 것은 쉽다. 인류세에 우리는 전 지구에 걸쳐 생명 시스템의 인위적 질서를 창조해가는 과정에서 생태계와 공존할 방법을 찾을 필요가 있다. 또한 우리는 자연 세계가 우리를 위해 수행하는 서비스 외에도 자연에는 값을 매길 수 없는 본질적 가치가 있다는 사실, 그리고 우리는 자연이 그곳에 있기를 바란다는 사실을 인정할 필요가 있다. 결국 호랑이를 보존하는 이유는 호랑이의 생태계나 관광의 경제적 혜택 때문이라기보다 단지 그들이 멋진 생명체이기 때문이다. "우리는 야생 동물을 구할 도덕적, 윤리적 이유가 있습니다. 나는 최후의 야생 호랑이를 죽인 세대가 되고 싶지 않습니다." 바노스키는 말한다. 나 역시 호랑이들이 여전히 야생에 살고 있는 것이 좋다. 눈부신 구릿빛 털을 흘깃 엿본 가슴 쿵쾅거리던 순간은 영원히 내 기억에 남을 것이다.

인류세의 멸종은 지속적 영향을 미칠 것이다. 사라지고 있는 것은 단지 개별 생명체들만이 아니다. 진화의 나무에 달릴 그들의 후손도 사라진다. 한 문(門)의 모든 계통이 때 이르게 사라질 것이고, 몇 천 년 또는 몇 백만 년 뒤 지구의 생물다양성은 인류가 지구를 장악하지 않았을 경우와는 판이하게 달라져 있을 것이다.

인류가 인류세의 생물다양성을 바꾸고 있는 가장 놀라운 방식 중 하나는 생태계를 균질화하는 것이다. 바노스키는 그 과정을 "자연의 맥도널드화"라고 묘사했다. 많은 동식물이 섬이나 산지 호수 같은 특정한 지리적 틈새를 차지하기 위해 진화했다. 그 결과 지구 전역에서 그곳 외의 다른 어떤 곳에도 존재하지 않는 고유종을 찾을 수 있다. 이를테면 갈라파고스제도의 대형 땅거북, 마다가스카르의 여우원숭이, 오스트레일리아의 코알라가 그런 종들이다. 이따금씩 지구 역사에서 지각판 운동이 일어나 땅덩어리들이 하나로 합쳐지는데, 그럴 때 각기 떨어져 존재하던 생물다양성이 난생처음으로 섞인다. 약 300만 년 전 북아메리카와 남아메리카 대륙이 결합했을 때도 그런 경우이다.

인류는 지금까지 독자적으로 존재해왔던 생태계에 계획적으로 또는 우연히 종을 도입하고 퍼뜨림으로써 지각판 운동 규모의 종 이주를 진두지휘하고 있다. 그 결과 쥐, 염소, 진달래, 밀, 유칼립투스 같은 몇몇 종들을 전 세계에서 볼 수 있게 되었다. 한편 많은 종들이 희귀해지거나 사라졌다. 도입종의 다수는 침입종, 즉 '잡초'라서 먹이, 빛, 서식지를 둘러싼 경쟁에서 토착종을 이기거나 토착종을 잡아먹어 멸종에 이르게 한다. 게다가 우리는 한 장소에서 다른 장소로 해충과 질병을 퍼뜨리면서 때때로 국지적 멸종을 초래했다. 격리되어 살던 인간 집단도 이런 식으로 사라졌다. 우리가 독감이나 홍역 같은 질병을 면역력이 없는 지역 사람들에게 도입했기 때문이었다.

한편 우리는 소, 개, 쌀, 옥수수, 닭 같은 선택된 몇몇 종의 개체군을 인위적으로 번성시켰다. 이들 대부분은 야생의 조상과는 판이하게 다른 육종된 변종들이다. 그 결과 낙농 농가의 소들은 멸종 위기와는 거리가 먼 반면, 그들의 야생형 조상인 오록스들은 1627년에 폴란드에서 멸종했다. 마찬가지로 영국에는 수많은 개가 있지만 늑대는 18세기에 그 섬나라에서 사라졌다. 혁신적인 환경 분석가인 캐나다 교수 바클라프 스밀에 따르면, 실제로 현재 모든 육상 척추동물의 총 무게에서 95% 이상을 차지하는 것은 인간과 우리가 사육하는 가축 동물이다. 1만 년 전 홀로세가 시작될 때는 그 비율이 단지 0.1%에 불과했다. 대형 나무늘보에서부터 북아메리카들소와 세렝게티의 코끼리들에 이르기까지 모든 것을 마구잡이로 사냥했음에도 불구하고, 현재 대형 동물(체중이 44kg 이상 나가는 동물)의 생물량(biomass)은 20만 년 전 현대 인류가 진화한 이래 그 어느 때보다 높다. 그것은 최근 인구가 폭발적으로 증가한 것과, 우리의 식량이 되기 위한 목적으로만 존재하는 가축들이 엄청나게 증가했기 때문이다. 인간의 생물량만 해도 지금까지 존재했던 다른 어떤 대형 동물 종의 생물량보다 100배 더 크다고 스밀은 계산한다.[8]

이렇듯 인류는 살아 있는 지구에 아주 분명한 표시를 남기고 있다. 지구상의 어떤 곳도 더 이상 진정한 야생, 태고의 상태가 아니다. 이산화탄소 농도도 동위원소비도 과거와는 다른 오염된 대기에서부터 한때 사바나 생태계가 번성했던 장소들에서 단일 재배되는 밀에 이르기까지, 모든 곳이 어떤 식으로든 인간의 영향을 받았다. 우리가 생태계 이곳저곳을 돌아다니며 망치는 대신 더 지적이고 의도적이고 관리자다운 역할을 할 수 있으려면, 이제 홀로세는 지나갔다는 사실을 받아들여야 한다. 우리는 개별 종에 집중하는 대신 새로운 유형의 전일적 생태계를 창조하는 쪽으로 관심의 초점을 옮겨야 한다. 그런 생태계는 종의 구성이 이전에 존재했던 어떤 생태계와도 다르겠지만, 인간이 지배하는 세계에서 더 훌륭하고 탄력적으로 작동할 것이다.

'살아 있는 박물관'으로 칭송 받는 에콰도르의 갈라파고스제도에서, 과학자들은 인류세의 생태적 — 그리고 감정적 — 도전에 맞서 싸우고 있다. 바로 세계에서 가장 독특한 생태계 중 하나를 보존하는 최선의 방법을 찾는 것이다. "우리는 과학자이자 보존주의자로서 싸움에서 졌음을 인정해야 합니다. 갈라파고스는 절대로 태고의 모습으로 돌아가지 못합니다." 찰스다윈연구소에서 복원 전문가로 일하는 마크 가드너가 말했다. "이제는 외래종들을 수용할 때입니다."

우리는 갈라파고스제도에서 사람이 거주하는 네 섬 중 하나인 산타크루즈섬의 언덕을 올라갔다. 해안가에 늘어선 반들반들한 맹그로브와 건조한 저지대의 황금빛 부채선인장은 곧 사라지고 축축한 운무림(습기가 많은 열대 지방의 삼림_옮긴이)이 나타났다. 가드너는 몸무게가 400kg에 이르는 대형 거북이 포장도로를 가로질러 풀밭 한쪽에서 다른 쪽으로 건너갈 수 있도록 잠시 멈추어 기다렸다. 머리 위에서는 갈라파고스핀치가 착생식물과 지의류가 주렁주렁 매달린, 나무껍질이 엷은 활엽수 스칼레시아나무(국화과의 꽃나무_옮긴이)에서 짹짹거렸다. 가드너와 그의 팀이 온갖 노력을 했음에도 그 축축한 고지대 땅은 구아바와 패션프루트(시계꽃과의 열대 과일_옮긴이) 같은 비토착종 그리고 스칼레시아와 구아빌로(guaybillo) 같은 고유종들이 마구잡이로 뒤섞인 잡탕 숲이 되었는데 그마저도 논밭 구획을 정비하는 과정에서 난도질당했다. 더 올라가니 안개가 자욱한 공기는 더 축축해지고 덤불은 더 빽빽해졌다. 허리까지 올라오는 나무딸기와 고사리가 뒤엉킨 장소에서 잎이 바랜 희귀한 미코니아 관목 한 그루가, 한때 어디를 가나 볼 수 있었던 자신의 존재를 위협하는 잡초들에 맞서 싸우며 라일락 색 꽃을 항의의 깃발처럼 지탱하고 있었다.

적갈색 턱수염에 샌들을 신고 조개 목걸이를 걸고 햇볕에 그을린 채 긴 다리로 블랙베리 위로 기어오르는 이 오스트레일리아 연구자는 절대 '반-보존주의자'일 리 없어 보인다. 하지만 갈라파고스제도의 보존과 연구를 총괄하는 찰스다윈연구소에 있는 몇몇 사람들의 눈에 그는 정확히 반보존주의자이다. 마크 가드너는 지난 20년 동안 세계에서 가장 독특한 태고의 보존 구역 중 하나로 칭송 받는 그 섬들의 생태계를 '순수화'하기 위해 노력해왔다. 하지만 그는 지금 방침을 바꾸고 있다. "10년 전 저는 지금보다 훨씬 더 이상적이었고, 복원에 대한 제 시각은 자연을 인간이 도착하기 전 태고의 상태로 되돌려놓는 것이었습니다. 하지만 지나고 보니 나의 이런 시각은 비현실적인 것이었어요." 그는 말했다. 작고 시큼한 열매가 매달린 가시투성이 덩굴식물을 떠받치며 가드너는 슬픈 미소를 지었다. "블랙베리들은 지금 이 지역의 300km² 이상을 덮고 있고, 연구 결과는 블랙베리가 존재할 때 섬의 생물다양성이 적어도 50% 줄어든다는 것을 보여줍니다. 하지만 제가 판단할 때 블랙베리는 이제 갈라파고스 토착종이고 우리는 그 사실을 받아들여야 합니다."

지질학적 연령이 상대적으로 어린 태평양의 이 외딴 군도는 수많은 고유종들이 사는 장소로 유명하다. 각각의 섬은 지구상에서 보기 드문 독특한 방식으로 서로 몇 킬로미터 떨어진 장소에 똑같은 식물 또는 동물에서 분기한 각기 다양한 종을 생산함으로써 그곳만의 독자적 생태계를 길러냈다. 하지만 인간의 영향은 그런 생물다양성에 타격을 주었다. 찰스 다윈은 비글호 항해 도중인 1835년 이곳에 5주간 머물며 갈라파고스제도의 11개 주요 섬들 가운데 네 곳을 방문했고, 인간이 이 섬들에 영구적으로 살기 시작한 지 겨우 3년 만에 17개 도입종이 들어온 것을 목격했다. 지난 150년 동안 (이 거대하고 늙은 거북들이 살아 있는 동안) 그 섬들은 사냥, 개간, 농업, 새로운 종의 도입으로 인해 자신들의 500만 년 역사에서 가장 크고 빠른 변화를 겪었다.

생존 투쟁에서 외래종들이 승리했고, 현재 그들이 섬의 야생을 지배한다. 찰스다윈연구소의 과학자들을 비롯해 보존주의자들은 고유종을 위해 지난 50년 동안 도입종을 제거하고 섬 생태계를 인간 이전 시대로 되돌리려고 시도해왔다. 성공도 있었다. 여러 섬에서 염소가 제거되었고, 포획 번식 프로그램을 통해 거북 개체군을 증가시켰다. 하지만 그 섬들의 독특한 식물상을 회복시키기는 것은 더 힘들었다. 238종의 고유종과 376종의 토착종이 888종의 도입종에 눌려 기를 펴지 못했고, 그 영향은 쉽게 목격할 수 있다.[9] 이를테면 과거에 스칼레시아 페둔쿨라타(*Scalesia pedunculata*) 숲은 1km²를 덮고 있었지만, 지금은 산타크루즈 섬 한 곳만 해도 97%나 줄었다. 외래종 중 가장 침입적이고 골치 아픈 식물인 블랙베리와 구아바가 숲을 이룬 장소에서는 그 밖에는 아무것도 자라지 않고 새들도 둥지를 틀 수 없으며, 심지어는 곤충들조차 드물다. 36개의 침입 식물종을 박멸하기 위한 보존주의자들의 싸움에 100만 달러가 넘는 비용이 들었으나 겨우 4종을 제거하는 데 그쳤다.

마크 가드너에 따르면, 실패의 주원인은 침입 식물이 토착 식물보다 훨씬 경쟁력이 뛰어나기 때문이다. 원래 아시아에서 도입된 블랙베리 같은 침입종의 씨는 오래 살아서 토양 속에 대거 축적된다. "많은 복원 시도가 실패하는 것은 그런 식의 방해가 실제로는 이런 씨들의 발아를 자극하기 때문입니다. 그래서 악순환에 빠지는 거죠." 그는 말했다.

가드너의 말은 그런 식의 접근법은 이제 통하지 않는다는 뜻이다. 그는 논란의 여지가 있는 패러다임 전환을 제안하고 있다. 새 패러다임에 따르면, 도입종을 새로운 세대의 생태학자들이 '이차' 생태계, '혼종' 생태계 또는 '창발하는' 생태계라고 부르는 것의 일부로 수용해야 한다. 가드너는 2010년에 이런 새로운 보존 전략을 짜는 데 도움을 얻고자 이차 생태계 관리의 개척자인 웨스턴오스트레일리아대학교 생태학자 리처드 홉스를 갈라파고스제도로 초청했다. 하지만 그의 결정은 찰스다윈재단의 오랜 구성원들에게 큰 충격을 불러일으켰다. 찰스다윈연구소를 운영하는 50년 역사를 지닌 이 재단의 창단 회원 가운데 다수가 "그런 생각에 매우 분노했다".

"사람들이 화를 낸 것은 그것이 보존을 다루는 표준적 방식에 정면 도전하는 것이기 때문입니다. 지배적인 보존 패러다임은 '좋은 것'을 보존하고 '나쁜 것'을 제거하는 것입니다. 하지만 기후변화와 인간의 영향 때문에 전 세계 생태계에서 뭐가 좋은 것이고 뭐가 나쁜 것인지 구분하기 어려워졌습니다." 리처드 홉스가 말했다. "이 세계의 상당 부분이 혼종 상태에 있습니다. 전 세계 지표면의 약 80%가 인간의 조정을 거친 셈이지요."

외부에서 도입된 비고유종을 묘사하는 언어는 흔히 부정적이고 과학 토론에서는 통상적이지 않은 도덕성을 내포하지만(그런 생태계는 항상 '잡초', '질적으로 저하된' 또는 '침입된' 생태계로 묘사된다), 고유종과 비자생종이 혼재된 혼종 삼림이 꼭 나쁜 것은 아니다. 그런 생태계는 동물들을 위한 서식지, 생태계 서비스, 그늘을 제공할 수 있고 훨씬 많은 수의 종을 부양할 수 있다. 하지만 혼종 상태의 황무지가 제공하는 생태적 기여는 최근까지 무시되었다. 2006년에 그런 시스템을 조사한 일군의 생태학자들의 논문이 처음 출판되면서 변화가 일어나기 시작했다. 그들은 이차 생태계가 보호할 가치가 있으며 많은 경우 실제로 토착 생태계보다 생물다양성이 더 풍부하다는 결론을 내렸다. 도입종의 수가 멸종한 토착종보다 많기 때문이다.[10] 인간은 실제로는 식물종 다양성의 순증가를 초래했다고 그들은 주장했다. "생물학자들은 두 시간 동안 '쓰레기 같은'

이차 삼림을 걸으면서 좌우로 눈길 한번 주지 않다가 태고의 삼림에 도달해서야 연구를 시작합니다." 푸에르토리코에 있는 국제열대우림연구소(USDA 산림청) 소장인 아리엘 루고가 말했다. "지구의 30% 이상이 이차 생태계로 덮여 있고 그중 극소수만 태고의 생태계입니다. 따라서 당신이 지구 생태계를 신경 쓴다면 이차 생태계에도 눈길을 줄 필요가 있습니다."

하지만 오스트레일리아 케언스시에 있는 제임스쿡대학교의 보존생태학자 빌 로렌스는 일차 생태계와 이차 생태계가 동등한 생물 다양성을 지닌다는 이론을 반박한다. "이차 생태계 혹은 신생 생태계는 종수는 더 많을지 모르지만 멸종 위기에 처하지 않은 쓰레기 종으로 구성되어 있습니다. 그런 종들은 세계 어디에서나 번성하는 것을 볼 수 있습니다. 우리는 일차 삼림에서 발견되는 희귀한 동식물들을 보호해야 합니다." 로렌스가 말했다. "우리가 이차 생태계를 관리하는 일에 그친다면 세계의 생물상은 균질화될 것입니다. 세계를 '균질세'라는 지질 시대로 진입시키는 것이지요. 나는 태고의 생태계를 국립공원으로 지정하기 위해 싸워야 한다고 생각합니다."

하지만 로렌스는 자연의 '맥도널드화'에 맞선 싸움에서 지고 있다. 갈라파고스제도부터 하와이까지 보존주의자들은 방침을 바꾸어 인류세 생태계의 도입종들을 수용하기 시작한 한편, 고유 식물상 또는 동물상을 꺾는 비교적 더 해로운 침입종을 축출하는 데 노력을 집중하고 있다. 그 결과 갈라파고스제도에서 히말라야에서 온 블랙베리 관목숲의 확장세는 마크 가드너의 실험으로 잡히고 있으며, 희귀한 땅거북을 잡아먹는 설치류와 염소들은 독성 물질로 제거되거나 헬리콥터를 통해 사살되고 있다.

몇몇 장소에서는 침입종이 토양 유실을 줄임으로써 지형을 강화했고, 그 결과 유용한 돈벌이 작물을 제공하고 다른 야생동물을 위한 먹이와 서식지를 제공했다. 예를 들어 쿠바에서는, 이 섬나라를 꾸미기 위해 들여온 식물인 아프리카산 마라부가 그 나라 땅을 점령했다. 그런데 과학자들이 그 식물의 생산적 용도를 발견했다. 그 목질 관목은 럼주 산업에 유용한 뛰어난 활성탄소 필터로 쓰일 수 있고, 갈아서 알루미늄과 결합하면 가벼운 전극이 되어 효율적인 배터리와 초고성능 충전기에 사용될 수 있다. 오스트레일리아의 매쿼리섬에서는 보존주의자들이 토착종 새를 잡아먹는 모든 침입종 고양이를 박멸했더니 토끼(또 다른 도입종)가 널리 확산되어 토착종 식물을 파괴했다.[11] 이런 연쇄 효과를 피하려면, 그 나름의 이차 생태계를 창조하는 침입종을 제거하는 일에 조심스럽게 접근할 필요가 있다. 세렝게티에서도 외래 식물이 번성하고 있는데, 그곳에서 보존주의자들은 '해롭지 않은 종'은 내버려두고 포유류가 뚫고 지나갈 수 없는 장벽을 형성하는 부채선인장 같은 골치 아픈 종에 초점을 맞추고 있다. 부채선인장은 아마도 자갈 선적에 딸려 들어왔거나 사바나를 통과하는 트럭에 실려 왔을 것이다.

인류는 이렇듯 생물권에 지배적 영향력을 미치기 때문에, 우리는 자연 생태계가 홀로세에 존재했던 종 사이의 대략적 평형 상태를 유지하며 '알아서 잘 지내기'를 기대하고 있을 수만은 없다. 인류세에 우리는 우리가 일으키고 있는 급속한 멸종과 생태계 균질화를 관리하는 최선의 방법이 무엇인지 결정해야 한다. 인류세는 생물다양성이 훨씬 빈약한 시대가 될 것이 확실하다. 과거에 흔했던 종들은 멸종하거나 동물원 또는 자연 서식지와는 거리가 먼, 리처드 브랜슨의 여우원숭이 보호 구역 같은 민간 격리 지구 같은 인위적 환경에만 존재할 것이다. 다른 장소들에서 우리는 인간의 영향을 섬뜩한 방식으로 체감하고 있다. 오스트레일리아에서 나는 야생 앵무새들이 새장에서 도망친 앵무새들에게 말을 배워 나무 위에서 인간의 목소리로 사람들의 주의를 끄는 것을 본 적이 있다. 또 인도네시아에서는 야자집게들이 깡통이나 요거트 통을 뒤집어쓰고 해변을 기어가는 것도 보았다. 내가 어렸을 때 또는 10년 전 가본 장소들의 다수가 지금은 완전히 바뀌었으며, 지난날의 생물다양성을 보유하고 있지 않다. 과거에 내가 토케이도마뱀붙이들의 꺽꺽거리는 구애 신호음을 들으며 잠들었던 태국의 작은 어촌 섬마을이 지금은 전자음악과 끽 하는 자동차 타이어 소리로 들썩인다. 도마뱀붙이들은 사라진 지 오래다.

하지만 우리가 한 종을 적극적으로 구조하기로 결정하면 놀라운 성공을 거둘 수 있다. 한 예로 아라비아영양은 1972년에 야생에서 멸종했지만, 동물원의 성공적인 번식 프로그램으로 개체들을 다시 야생에 풀어놓았고, 지금은 개체 수가 1,000마리가 넘는다. 그밖에 한때 멸종 직전까지 갔던 아메리카들소와 흰머리수리도 돌아온 종이다. 우리는 인류세의 생태계 구성을 결정할 수 있고, 홀로세의 야생 생물 중 어떤 것을 어디에서 보존하고 싶은지 선택할 수 있다. 예를 들어 동물원 외부에 남아 있는 서식지가 부족해 야생에 풀어놓을 수 없었던 중국 판다들의 포획 번식 프로그램에는 수십 억 달러를 쓰면서, 검은점프도롱뇽(*Ixalotriton niger*)이나 타원형별산호(*Dichocoenia stokesii*)의 위기는 무시한다면 그것은 합리적 결정일까? 런던동물학회는 어떤 종을 우선적으로 보존할 것이냐는 질문에 답하기 위해, "진화적으로 독특하고 전 지구적으로 멸종 위기(EDGE)인 종"을 찾아내는 과학적 준거 틀을 만들었다. 이런 보존 시도는 오랜 세월의 독특한 진화 역사를 가지고 있는 취약종에게 구체적인 보존 노력을 집중한다. 예를 들어 판다도 이 범주에 들지만 이상하고 못생긴 돼지코개구리(*Nasikabatrachus sahyadrensis*)도 이 범주에 든다. 자금이 한정된 데다 취약종으로 분류된 75%를 보호할 시간이 얼마 남지 않았으므로 우리는 이런 전략을 이용해 생존자와 희생자를 선택해야 할 것이다.

우리는 자연을 어떤 식으로 경험하고 싶은지 결정해야 한다. 이를테면 남극의 일부, 열대의 몇몇 섬들 또는 열대우림 지역의 땅들 가운데서 큰 부분을 뚝 떼어내어 인간의 유람을 전면 금지할 것인가? 우리는 야생동물이 그곳에 존재한다는 사실을 아는 것만으로 만족할 수 있을까, 아니면 그곳을 방문하여 직접 보아야만 할까? 우리는 인류세에 자연 세계의 어떤 면이 가치 있는 것인지 결정해야 한다. 자연 세계라는 것이, 전 세계 생태계가 한 군데 모여 있고 곰과 콘도르가 사는 인공 산 아래 아프리카 사바나에 살던 위압적인 종들이 돌아다니는, 이른바 '홀로세 테마파크'에서 재창조될 수 있을까?

농업을 통해 우리가 창조한 광대한 단일 재배 농지 같은 장소에서는, 토착 생태계를 되돌리기 위한 시도가 이미 시작되었다. 몇몇 경우는 토양 유실 줄이기, 꽃가루받이 돕기, 물 손실 줄이기 같은, 인간 이전의 생태계가 제공했던 기능을 인위적으로 되돌리기 위해 비토착종 나무와 풀을 심고 비토착종 동물을 도입하기도 한다. 환경생물학자 데이비드 보먼은 도입된 풀들을 먹어 없애도록, 그리고 원주민들이 정기적으로 불을 놓는 것으로는 더 이상 통제되지 않는 산불을 억제하기 위해 오스트레일리아에 코끼리와 하마를 들여오고, 토착종을 먹어치우는 고양이와 여우 개체군을 통제하기 위해 포식자인 딩고(들개)를 재도입하자고 제안한다.

현재 '야생'으로 남아 있는 지역들의 경우 인류가 생물다양성에 미치는 영향을 더 잘 통제할 수 있는 방법은 우리가 농경지에 필요한 땅을 줄이고 밀렵, 벌목, 사냥을 억제하고 자연 지형의 조각난 땅들을 다시 연결함으로써 대형 종들이 번식하고 사냥하는 데 꼭 필요한 이주 통로를 만드는 것이다. 지금처럼 보존 지역(국립공원과 보호 구역)이 많았던 적이 없다(따라서 몇몇 멸종위기종의 경우에는 인간이 그들을 멸종으로부터 구하기 위해 제때 행동하고 있는 것 같다). 전 세계 지표면의 약 13%가 현재 어떤 종류의 보호를 받고 있지만, 이런 지역의 다수는 명목상으로만 보호되고 있다. 가장 큰 생물다양성을 보유한 지역들은 흔히 가장 가난하고 가장 문제가 많은 지역에 있다.[12]

심지어 세렝게티처럼 유명하고 자금이 풍부하고 국제적 지원을 받는 장소들조차 커다란 위기에 직면해 있다. 현재 케냐의 마사이마라로 가는 480km 길이의 도로가 계획 중인데, 이 도로는 세계에서 가장 큰 누 떼의 이주 통로를 둘로 나누게 된다. 탄자니아 대통령은 경제적으로 중요한 지역을 연결하여 개발을 도모하고 싶어 한다. 보존주의자들은 보존 구역을 통과하는 자동차와 트럭에 동물들이 치여 죽을 것이며, 도로는 그 지역의 생물다양성에 돌이킬 수 없는 피해를 입힐 것이라고 주장한다. 과학자들은 만일 누 떼가 건기를 지낼 장소로 가지 못한다면, 개체군이 현재의 130만 마리에서 약 20만 마리로 줄어들 것이라고 추산한다. 이런 개체군 붕괴가 일어난다면 누 떼의 대이동은 끝나고 말 것이다.[13] 설령 누 개체군이 50%만 줄어도 뜯어 먹히는 풀들이 줄어들어 국립공원의 산불 빈도가 증가할 수 있다. 2011년에 정부와 기부 단체로 이루어진 컨소시엄과 세계은행이 탄자니아 정부에 문제가 된 사바나 지역의 남쪽으로 경로를 변경한다면 그 비용을 전액 지불하겠다고 제안했다. 경로를 변경한다면 다섯 배 많은 사람들이 혜택을 보면서도 중요한 경제 중심지들을 연결할 수 있다. 하지만 자카야 키퀘테 대통령은 경로 변경을 거부했다. 결국 그는 국립공원을 통과하는 부분을 비포장도로로 남겨두고 교통을 통제한다는 데 합의했다. 하지만 이 도로가 미래에도 계속 비포장 상태로 남는다는 보장은 전혀 없다. 더구나 가장 명성이 높은 장소도 인류의 공격으로부터 보호할 수 없다면, 나머지 지역에는 어떤 희망이 있을까?

|

　　역설적이게도, 멸종의 티핑 포인트에 접근하고 있는 바로 이때 우리는 멸종한 동물을 죽음에서 되돌리는 방법을 알아 나가고 있다. 과학자들은 플라이스토세의 매머드와 그 밖의 동물들을 복제할 수 있으며, 심지어는 우리의 멸종한 사촌인 네안데르탈인조차 복원할 수 있을 것이라는 희망에 부풀어 있다.

　19세기에 여행비둘기 떼는 머리 위로 지나가는 데 몇 시간이 걸릴 정도로 수 킬로미터 길이로 늘어섰고 미국의 하늘을 까맣게 뒤덮을 정도로 흔했다고 한다. 하지만 엽총이 발명된 지 50년 만인 1900년, 여행비둘기의 마지막 야생 개체가 한 소년의 총에 죽었다(동물원에 살고 있던 개체는 1914년까지 버텼다). 현재 샌프란시스코에 기반을 둔 복원부활재단(Restore and Revive)은 여행비둘기와 여행비둘기의 가장 가까운 현생 친척인 우는비둘기의 DNA 조각을 이용해 잡종을 만듦으로써 "멸종을 거꾸로 되돌리려는" 시도를 하고 있다. 그들은 이 잡종으로부터 더 많은 여행비둘기 DNA를 얻어 '역교배'(역으로 조상을 만들어내는 것_옮긴이) 또는 '역복제'를 할 수 있다. 또는 '순수한' 여행비둘기를 얻을 때까지 그 생물의 게놈을 편집할 수 있다.

그것은 위기에 처했거나 사라진 종으로부터 DNA를 수집하는 전 세계 여러 프로젝트 중 하나에 불과하다. 영국 노팅엄대학교의 '얼어붙은 방주 프로젝트'는 2만 8,000종이 넘는 현생 종들의 냉동 DNA 샘플을 수집했다. 그 가운데는 7,000종의 멸종위기종도 포함되어 있다. 한편 연구자들은 '냉동 동물원'의 원조인 샌디에이고동물원과 뉴올리언스 오두본 멸종위기종연구센터에 보관된 DNA를 이용해, 멸종 동물의 복제 배아(피부 세포나 그 밖의 파편에 들어 있는 DNA에서 유래함)를 그들의 살아 있는 친척 종의 자궁 안에 넣는 종간 대리모 출산을 시도하고 있다. 지금까지 마르타 고메즈와 그녀의 동료들은 멸종 위기에 처한 남아프리카의 검은발살쾡이의 종간 대리모 출산을 시도해왔다. 검은발살쾡이를 체외수정으로 교배시켜 그 배아를 집고양이의 자궁 안에 착상시키는 방법이다. 그들은 그다음에는 1930년대 이래로 멸종한 태즈메이니아호랑이를 시도할 계획이다. 한편 엠브라파연구소에 있는 브라질의 냉동 동물원을 관리하는 과학자들은 갈기늑대와 재규어를 포함하여 멸종위기종을 복제하려고 시도하고 있다. 다른 생물학자들은 멸종 위기에 처한 눈표범에서 만능 줄기세포를 얻어내는 데 성공했다. 따라서 이론적으로는 배아를 발생시키는 생식세포를 창조하는 것이 가능해졌다.

가능성은 무궁무진하다. 예컨대 한 종이 질병 때문에 멸종 위기에 있거나 멸종했다면, 그 질병에 저항성을 갖도록 게놈을 조작한 복제 변종을 되살려낼 수 있다. 아니면 그 동물이 늑대처럼 인간에게 해를 끼친다면, 양과 소를 좋아하지 않도록 유전자 변형을 가할 수 있을 것이다. 또한 저자극성 집고양이를 교배함으로써 주인에게 알레르기를 일으키지 않게 할 수도 있다. 하지만 과학자들이 유전물질을 온전히 얻을 수 있는 현존하는 종을 복제하는 데도 성공률이 5~7%에 그친다. 조각난 DNA를 가지고 멸종한 종을 복제한 사례는 지금까지 딱 한 번뿐이었다. 2003년에 과학자들은 200년 전 멸종한 아이벡스염소의 한 아종인 피레네아이벡스를 복제했다. 얼어붙은 털가죽 표본을 이용해 만든 배아를 가까운 친척 아이벡스 종에 이식한 것이다.[14] 멸종한 종을 복제할 때 가장 큰 장애물은 DNA가 사용할 수 없을 만큼 분해된 상태라는 것이다. 하지만 오늘날의 DNA 염기서열 분석기를 이용하면 이론상으로는 몇 개의 DNA 조각을 가지고도 동물들의 게놈을 재창조할 수 있다. 과학자들은 그런 다음에 이런 유전정보를 이용해 아프리카코끼리 같은 살아 있는 친척 종의 DNA를 조작할 수 있다. 매머드를 복제하려는 과학자들이 시도하는 방법이 바로 이것이다. 체외수정이 가능할 정도로 완벽한 상태로 얼어붙은 매머드의 고환을 발견하는 꿈 같은 일이 일어나지 않는 한, 그 방법이 최선이다.

애석하게도 이런 값비싼 기법은 개별 동물 종에서 성공을 거둘 수 있다 해도 인류가 지구를 탕진하기 이전에 존재했던 복잡한 생물다양성을 복원하는 일에는 적용할 수 없다. 종은 서식지 파괴 또는 기후변화 같은 어떤 이유로 멸종하는데, 그들을 되살린다고 해서 그 문제가 사라지는 것은 아니다. 이 분야에 있는 과학자 대부분은 동물원에 살 수밖에 없는 동물들을 복제하려고 시도하고 있을 뿐이다.

그 대신 우리는 인류세에 어떤 종류의 생태계가 존재하기를 바라는지 결정하고, 그런 생태계를 창조하고 보호하는 일을 시작해야

한다. 인류세에 우리는 더 이상 그저 자연 세계의 또 다른 구성원이
아니다. 우리는 이 행성의 정원사이며, 이 직분을 수행하기 위해서
는 정원사의 기술이 필요하다. 하지만 자연 세계와 인간 세계의 상
충하는 요구들 사이에서 타협점을 찾을 때 우리가 잊지 말아야 할
사실은, 살아 있는 세계는 단 하나뿐이라는 것이다.

8

F O R E S T S

숲

대부분의 지구 역사에서 지표면은 다른 행성들의 표면과 다르지 않은 메마른 암석이었다. 식물이 육지를 정복하기까지는 40억 년에 가까운 세월과 한동안의 지구온난화가 필요했다. 식물의 도착은 지구에 일대 변화를 가져왔다. 식물들은 지구를 푸르게 했고 대기의 조성을 바꾸었으며 최초의 육상 생물들이 발 디딜 포근한 매트를 깔았다.

약 1억 년 뒤 식물들은 관다발계를 갖추면서 습지에서 멀리 떨어진 장소로 진출하여 높이 자랄 수 있었다. 겨우 30cm에 불과하던 식물들이 데본기 말에 30m까지 커졌다. 이렇게 해서 최초의 숲이 탄생했다.

오늘날 누군가가 초창기 지구의 열대우림을 찾아간다면 아마 딴 세상처럼 느낄 것이다. 무엇보다도 숲은 아주 조용했다. 숲이 쩌렁쩌렁 울리도록 개골거리고 윙윙거리고 쩍쩍거리는 개구리, 곤충,

새 들의 울음소리가 없었다. 날아다니는 것이 아예 없어서, 최초의 나뭇가지와 잎들은 바람이 불 때만 바스락거리며 흔들렸다. 공룡은 아직 진화하지 않았고, 기거나 꿈틀거리거나 네 다리로 걷거나 덤불을 타고 오르는 동물도 없었다. 사방 어디에도 코를 사로잡는 냄새는 없었다. 그때의 숲 냄새는 지금과는 사뭇 달랐다. 향기로운 꽃도, 달콤한 즙이 흐르는 열매도, 시큼한 냄새를 풍기는 동물의 똥도, 향긋한 이파리도 없었다.

이런 고요하고 잠잠하고 단순한 숲은 각종 이끼들로 포근하게 덮여 있었고 쇠뜨기와 고사리 줄기들이 드문드문 섞여 있었다. 그 위로 최초의 나무들이 우뚝 솟아 대략 9m 높이까지 이르렀다. 이 나무는 '와티에자'라고 불린다. 이들은 오늘날의 야자나무와 비슷하게 생겼는데 우아한 우산 모양으로 가지를 뻗었다. 와티에자는 진정한 나무는 아니었으나(고사리의 친척인 이 나무는 꽃을 피우지 않았고 씨 대신 포자로 번식했으며 이파리가 아니라 엽상체가 달렸다), 원시적 본성에도 불구하고 지구를 탈바꿈시켰다. 식물들은 지구 역사상 처음으로, 흙을 뚫거나 묶고 바위를 바스러뜨리거나 뚫을 수 있는 깊은 뿌리를 가졌다. 그들의 뿌리는 물길을 내어 강을 만들었고, 호수와 습지를 둑처럼 둘러싸 수생 생물을 번성하게 했다. 새로운 숲은 최초의 수관(수목의 가지나 잎이 무성한 부분_옮긴이)을 만들었고 풍요로운 미시 생태계를 생산하여 식물과 곤충, 그 밖의 생물들의 서식지를 마련했다.

이런 녹색 개척자들의 광합성 활동은 막대한 양의 산소를 방출했고, 그 결과 날개 너비가 1m에 이르는 거대 곤충이 진화하는 환경을 창조했다. 씨를 만드는 최초의 식물과 파충류도 이런 산소로 충만한 숲에 등장했다. 원기왕성하고 싱그러운 정글이 엄청난 속도로 자라고 죽었고, 그런 질퍽질퍽한 땅은 쓰러진 나무와 죽은 식물 물질을 안치하는 영안실이 되었다. 불완전하게 부패한 무수한 나무 둥치들의 유기 탄소는 시간이 흐르면서 이탄으로 변했고, 훗날 도래할 인류세의 씨를 뿌렸다. 이 이탄이 만든 풍부한 탄층이 산업혁명을 추동하여 인류의 시대를 열었던 것이다.

때때로 초창기 숲의 활발한 광합성 활동은 대기에서 너무 많은 이산화탄소를 흡수하여 지구 온실에서 판유리를 앗아갔고, 그럴 때면 지구는 빙하기에 들어갔다. 그러다 지각판 운동이 초래한 대규모 기후변화로 최초의 숲은 종말을 맞았다. 숲은 부러지고 쓰러져 대륙 빙하에 덮였고, 나중에 우리에게 발견될 풍부한 에너지를 함유한 골격과 건조한 사막 지형을 남겼다.

수백만 년이 지나 완연한 트라이아스기에 접어들었을 때 생물다양성이 예전 수준을 회복했다. 그런데 이때 형성된 숲은 판이하게 달랐다. 종자식물이 지표면을 지배했고 침엽수가 무성하게 자랐다. 숲이 오늘날의 숲과 진정으로 비슷해진 것은 약 7,000만 년 전 백악기 말이었다. 그때 목련과 무화과를 포함하여 잎이 달리고 꽃을 피우는 최초의 나무들이 등장했다. 꽃을 피우는 식물들은 벌처럼 꽃가루를 옮기는 곤충들과 함께 진화했다. 이 무렵 숲에는 새와 곤충 들이 날아다녔고 초기 포유류가 기어 다녔으며 공룡이 지배했다.

반면 인간이 진화한 세계는 건조하고 추웠다. 당시 남아 있던 소수의 숲들은 대륙 빙하 가장자리의 레퓨지아(refugia)로 쫓겨난 상태였다. 이 마지막 빙하기가 약 1만 년 전에 끝나자 따뜻한 홀로세가 새로운 녹색 식물들을 불러들였다. 극지방에서부터 열대까지 전 세계 지표면의 절반이 숲으로 뒤덮였다. 우리 종은 숲에서 열매,

딸기, 잎, 약초, 기름, 고기, 땔감, 목재와 그 밖의 건축 재료를 조달하면서 이 풍요로운 자원을 십분 활용했다. 이 숲들은 우리와 가장 가까운 유인원 사촌들이 사는 장소이며, 인간은 여전히 쉴 곳과 매복지로 이런 숲을 이용한다.

육상 생물과 식물의 약 70%가 숲에 산다. 열대우림, 그중에서도 특히 아마존, 콩고, 보르네오, 수마트라, 마다가스카르, 뉴기니의 열대우림은 과학자들이 아직 확인하지 못한 많은 종을 포함해 어디와도 비견할 수 없는 생물다양성을 떠받친다. 이 숲의 대다수가 독특한 문화를 지닌 토착민들이 사는 장소이고, 현지 식물에 대한 그들의 자세한 지식은 더 많은 사람들을 위해 쓰일 수 있을 것이다.

숲은 지역과 세계의 기후에 중요한 역할을 한다. 전 세계의 숲은 광합성을 통해 매년 88억 T의 이산화탄소를 흡수하는데, 이것은 인류가 배출하는 온실가스 총량의 약 3분의 1에 해당한다. 그리고 모든 생물과 마찬가지로 나무도 호흡을 통해 잎으로 산소를 흡수하고 수증기를 내보낸다. 동시에 나무의 가지와 잎은 태양과 바람을 막아주기 때문에, 숲은 나무가 없는 주변 지역보다 훨씬 더 축축하고 시원하다. 이것은 시내와 강을 키워내고 다양한 양서류와 그 밖의 생물들에게 서식지를 제공하고 물을 순환시킨다. 이런 물은 나무를 유지하는 데 매우 중요한데, 나무는 광합성을 위해 물을 필요로 하기 때문이다. 숲은 기후를 만드는 것을 돕지만, 한편으로 기후에 매우 민감하다. 그리고 숲이 축소될수록 회복력은 줄어든다. 나무들을 쳐내면 그 틈으로 햇빛이 들어가서 흙이 마른다. 가뭄은 숲의 정교한 물 순환을 엉망으로 만든다. 그 결과 나무들이 죽기 시작하고, 생태계 전체가 열대우림에서 풀이 지배하는 사바나로 바뀔 수 있다.

최근 몇 백 년 동안 우리는 특히 유럽, 중동, 중국에서 가는 곳마다 숲을 태우고 잘라냈다. 그러는 동안 우리는 영국이 스페인 무적함대를 무찌르기 위해 나무로 군함을 만들었던 때와 같은 집중적인 벌목기와, 지역 주민이 질병으로 떼죽음을 당했을 때와 같은 지역적 회복기를 거쳤다. 하지만 가장 극적이고 전 세계적인 벌목은 1850년대부터 일어났는데, 그때 이래로 전 세계 숲의 40% 이상이 목재를 위해 그리고 나중에는 농경지를 위해 베어졌다.[1] 현재 세계에서 빙하로 덮이지 않은 땅의 25%만 숲이다.

삼림을 벌목할 때 흙과 부패하는 식물 물질로부터 이산화탄소가 방출되는데, 이 과정은 모든 이산화탄소 배출의 약 20%를 차지한다.[2] 최근 열대의 벌목은 숲이 대기에서 흡수한 것과 똑같은 양의 이산화탄소 배출을 초래하고 있다. 동시에 기후 온난화 때문에 북방림에 딱정벌레의 습격과 산불이 증가한 결과, 숲은 이산화탄소의 순 배출자가 되었다.[3] 다만 유럽과 미국의 버려진 농경지에 새로 조성된 숲이 겨우 이산화탄소를 흡수하는 쪽으로 균형추를 옮겨놓았을 뿐이다.

인류세에 숲은 그 어느 때보다 큰 위협에 처했지만 지구온난화, 생물다양성 감소, 물 부족의 여파로 숲의 필요는 그 어느 때보다 커졌다.

|

볼리비아 아마존 저지대의 한가로운 마을 루레나바케는 안데스산맥 기슭의 싱그러운 카르스트 지형에 둘러싸인 곳으로 힘차게 흐르는 베니 강가에 자리 잡고 있다. 낮 동안 귀를 시끄럽게 울리던 스쿠터 소리와 시장의 왁자지껄한 소리

가 멈추면 눅진한 공기가 개구리와 매미 소리, 새들의 지저귐, 박쥐 울음소리로 꽉 찬다. 이것이 아마존 열대우림의 소리들이다.

하늘을 자욱하게 덮은 엘 차케오(El Chaqueo, 짙은 연기)는 멋진 석양을 만들어내지만, 가시거리를 좁혀 베니강의 반대편을 볼 수 없게 한다. 그 연기는 농업과 목축을 위한 땅을 만들기 위해 주기적으로 열대우림에 불을 지르는 것에서 비롯된다. 볼리비아 숲들 가운데 약 3,000km^{2}가 이런 식으로 사라진다. 지역 농부들은 그 후끈한 공기가 비구름을 만들어 풍년을 가져다준다고 믿지만 실제로는 정반대의 일이 일어난다. 삼림 벌채는 농부들이 이미 겪고 있는 가뭄의 여파를 더 악화시켜서, 그들은 수확량을 늘리기 위해 더 많은 숲을 태워야 한다. 이렇게 악순환이 계속된다. 전 세계에서 사라지는 숲의 70% 이상이 농업 때문이다.

내가 아마존에 간 것은 우리가 인류세에 진입하는 이 시점에 세계 최대의 열대우림과 인류의 관계에 대해 좀 더 알고 싶어서였다. 그리고 그 열대우림을 목숨 걸고 지키는 한 아마존 전사를 만나기 위해서였다.

로사 마리아 루이스는 체구가 작은 60대 여성으로 길고 탐스러운 흑발에 이목구비가 굵직하고 다리를 절었다. 그녀가 루레나바케 부두에서 어색한 미소를 지으며 나를 맞았고, 우리는 함께 아마존 밀림 깊숙한 곳에 있는 그녀의 집으로 가기 위해 모터를 단 통나무 카누에 올랐다. 아마존강의 큰 지류인 베니강은 강폭이 넓고 유속이 빨랐다. 우리가 카누를 타고 가는 동안 강둑 양편의 숲은 점점 더 태고의 모습으로 바뀌었다. 나무등치들이 점점 더 커지고 바나나와 망고 같은 작물 종의 수가 줄어들었다. 우리는 목재와 야자 잎으로 지은 유목민 부족의 집을 지나갔다. 그들은 건기 동안에는 낚시를 하기 위해 강둑 가까이에서 야영을 했다. 이 시기에는 숲에 열매와 그 밖의 먹을거리가 상대적으로 부족하기 때문이다. 배만 볼록한 아이들이 요깃거리를 마련하기 위해 강둑에서 낚시를 했다. 자칫 잘못하면 물살 센 수면 아래 웅크리고 있는 카이만(악어)과 매가오리, 피라냐 들의 밥이 되기 십상이었다.

여행을 시작한 지 두 시간째 접어들었을 때 마침내 우리는 편안한 분위기에서 잡담을 나누었다. 그제야 나는 루이스가 입고 있는 헐렁한 암회색 셔츠 안에서 이상한 움직임을 알아챘다. 모른 척하려고 애썼지만, 힘줄투성이에 털이 수북한 검은 팔과 가늘고 긴 손가락들이 셔츠 단추 사이로 쑥 나오자 더는 잠자코 있을 수 없었다.

로사, 셔츠 안에 있는 게 원숭이예요?

그녀는 셔츠 안으로 손을 집어 넣어 크고 둥그런 눈을 가진 생후 4주 된 거미원숭이를 끄집어냈다. 녀석은 나오자마자 꼬리로 루이스의 팔을 포근하게 둘렀다. "먹을 고기를 구하는 사냥꾼들 총에 어미가 맞을 때 품에 매달려 있다가 다쳤어요." 그녀가 말했다. "가슴팍이 찢어졌는데 치료하는 중이에요. 다 나으면 보호 구역으로 돌려보낼 거예요."

야생동물 사냥과 거래는 이곳 볼리비아의 아마존 열대우림에서 점점 큰 문제가 되고 있고, 루이스는 그 문제와 싸우는 데 거의 평생을 바쳤다. 1995년에 그녀는 마디디국립공원을 만드는 데 중요한 역할을 했다. 면적이 거의 1만 9,000km²인 그곳은 세계 최대 보호 구역 중 하나이다. 그녀가 집과 일을 잃고 하마터면 목숨까지 잃을 뻔하면서 노력했지만 아마존강 유역의 이 중요한 땅의 미래는 여전히 불투명하다.

한때 지구를 덮고 있던 숲의 약 절반이 인간 때문에 이미 사라졌고 지금도 매년 16만 km²씩 사라지고 있다.[4] 전 세계 숲 가운데 절반 이상이 열대 지방에 있지만, 우리가 인류세로 접어들면서 열대우림은 초당 약 6,000m²의 속도로 잘려나가고 삼림 파괴는 마지막 남은 처녀림 안쪽까지 침투하고 있다.[5] 전 세계의 오래된 처녀림 가운데 25% 이하가 '자연 그대로' 남아 있고(그 대부분이 북부의 북방 침엽수림과 아마존 유역 및 기아나고지의 열대우림에 있다), 남아 있는 숲도 질이 점점 나빠지고 있다. 만일 삼림 파괴가 이 속도로 계속된다면, 전 세계 열대우림의 전부가 이번 세기에 완전히 사라질 수도 있다. 지구상에 남아 있는 열대우림 가운데 가장 크고, 어쩌면 가장 중요할지도 모르는 광대한 열대 아마존. 모든 대륙의 기후와 강우 형태를 결정하는 그곳이 지금 심각한 위협에 처해 있다. 과학자들은 몇 십 년 내에 그곳이 사바나로 바뀌고 이어서 사막으로 바뀔 것이라고 우려한다.

루이스는 이 독특한 생물군계를 인류의 공격으로부터 구하기 위해 싸우는 몇 안 되는 사람 중 한 명이다. 그녀와 비슷한 용감한 영혼들이 그런 시도를 하다가 죽었다. 숲에서 목재, 광물, 농업용 토양을 얻기 위해 나무를 제거하려는 인간의 욕망은 정말 집요하다. 2011년에는 아마존 활동가들이 일주일에 한 명꼴로 죽임을 당했다.[6] 사망자들 중에는 숲에서 근근이 생계를 이어가던 땅 없는 고무 채취자들과 농부들, 조상 대대로 살아온 땅을 보호하기 위해 싸우던 아메리카 인디언 부족들, 숲과 그곳에 살아온 거주자를 보호하려 했던 가톨릭 신부들, 과학자들, 호세 클라우디오 리베이로 다 실바와 그의 아내 마리아 도 에스피리토 산토 같은 저명한 환경운동가들이 포함되어 있다. 브라질 사람인 이 환경운동가 부부는 벌목꾼과 목우업자 들에게 거듭 살해 협박을 받다가 결국 브라질 파

라주의 마라바시 근처에서 습격을 당해 총에 맞아 숨졌다. 루이스
도 숲의 순교자들 속에 낄 뻔한 적이 한두 번이 아니다.

우리는 그녀가 가장 최근에 시작한 사업인 약 80km² 면적의
세레레보호구역을 향해 강 하류로 나아갔다. 그녀는 2008년에 그
숲을 밀렵과 벌목, 그 밖의 위협으로부터 보호하기 위해 그 보호 구
역을 만들었다. 우리가 탄 작은 배가 물에 떠 있는 나무줄기와 바위
를 피해가며 급류 위를 달리는 동안, 루이스는 새끼 원숭이에게 바
나나 한 개와 주사기로 우유를 먹이고는 우리 눈에 들어오는 야생
동물들에 대해 이야기했다. 물에 일부가 잠긴 쓰러진 나무들 위에
서는 거북들이 몸을 포갠 채 길게 줄지어 앉아 일광욕을 했다. 그
거북들은 앞으로 2주 동안 강어귀의 모래톱으로 헤엄쳐 가서 알을
낳을 것이다. 카피바라들은 눈에 띄고 싶지 않은지 꼼짝도 하지 않
았다. 머리 위에서는 색깔과 크기가 다양한 새들이 꽥꽥거리고 지
저귀었다. 왜가리, 마코앵무, 왕부리새, 아프리카바다수리, 독수리,
작은 물떼새, 작고 알록달록한 벌새, 물총새들도 보였다.

숲의 빈터는 바쁘게 돌아가는 불법 목재 항구의 존재를 드러냈
다. 그곳에 마호가니, 삼나무, 그 밖의 활엽수 목재들이 높이 쌓인
채 출항 준비를 하고 있었다. 관계 당국이 주기적으로 찾아와 몇 개
의 목재를 압수하지만, 불법 거래를 멈추기 위한 실질적 조치를 취
하기에는 공무원들이 받는 뇌물이 너무 짭짤하다. 좀 더 가니 또 다
른 빈터가 나왔다. 그곳에서는 한 무리의 금광 광부들이 나무가 뽑
혀 나간 흙을 휘저으며 수은과 그 밖의 독성 물질을 강에 쏟아붓고
있었다. 죽은 원숭이들이 담긴 가방을 실은 배가 우리 옆을 지나갔
다. 그 배는 정반대 쪽인 루레나바케의 시장으로 향했다.

루이스는 이미 수백 번씩 본 장면일 텐데, 그럼에도 화난 기색

이 역력했다. "수십 년을 이 정글에 살면서 이 지역 토착민들과 함께 이곳을 보호하기 위해 노력해왔어요. 우리는 모두를 위한 실행 가능한 해법을 찾았어요. 이런 끔찍한 파괴는 불필요한 것이에요." 그녀가 말했다.

어쩌면 루이스는 이 일을 위해 태어났는지도 모른다. 그녀가 겨우 생후 7개월일 때 아버지가 죽었고, 어머니 루시는 주석을 캐는 가난한 마을을 돌아다니며 약품을 팔고 중개 수수료를 받아 근근이 생계를 이어갔다. 루시가 그 시절에 본 장면들은 그녀를 볼리비아에서 가장 유명한 인권 운동가 중 한 명으로 변신시켰고, 그녀는 노예처럼 생활하는 토착민과 그들의 자연 자원을 외부인의 착취로부터 보호하기 위해 쉼 없이 일했다. 콜럼버스가 아메리카 대륙을 발견하기 전 아마존 열대우림에는 약 1,000만 명이 살았다. 오늘날 열대우림 전체에 남아 있는 토착민은 20만 명이 채 되지 않는다. 하지만 이곳이 지금처럼 인류의 활동 때문에 큰 위협에 놓인 적은 일찍이 없었다.

루이스의 어린 시절은 안데스산맥의 광부 가족들과 함께 보낸 시기와(그곳에서 그녀의 친구들은 여덟 살 때부터 지하에서 일하기 시작했고 평균 26세에 규폐증으로 죽었다), 아마존 열대우림의 토착 부족인 타카나족과 함께 살았던 시기로 나뉜다. 1980년대와 1990년대에 그녀는 열대우림으로 거처를 옮겨, 반유목민으로 개별적으로 살아가는 타카나 마을들이 정치 집단을 조직할 수 있도록 도왔다. 그들이 토지 소유권을 주장한다면 타카나 사람들이 조상 대대로 살아온 땅을 그 지역으로 점점 더 깊이 침투하고 있는 채광과 그 밖의 상업 집단의 착취로부터 안전하게 지킬 수 있었다. 그녀는 그 시절을 쿠데타와 폭력 시위가 그칠 날이 없었고 공무원들이 헬리콥터에서 마을 사람들에게 사격을 가했던 끔찍한 시기로 묘사했다. 그리고 어릴 때 살던 고향 마을에 총격이 난무했던 때를 떠올렸다.

이런 일을 계기로, 루이스는 아마존에 있는 자기 집 주위에 큰 국립공원을 만들어 세계 최대의 생물다양성을 지닌 숲을 보호해야겠다는 계획을 처음 품게 되었다. 그녀가 선택한 장소에는 높은 안데스산맥의 빙하들, 운무림(습기가 많은 열대 지방의 삼림), 건조한 숲, 팜파스, 열대우림이 있었고 1,000여 종의 생물들이 살았다. 또한 1,700명의 토착민들이 살았기에, 루이스는 그들의 전폭적 지원과 참여를 등에 업고 국립공원을 계획했다. 그 계획의 한 부분은, 국립공원 내 부족들에게 생계 수단을 제공하고 야생 생물 보호를 장려하는 지속 가능한 관광 사업을 꾸리는 것이었다. 현지인들은 회의적 반응을 보였다. 벌목업체들이 마호가니와 숲을 베는 대가로 그들에게 학교, 도로, 돈을 제공하겠다고 약속했기 때문이다. 하지만 시간이 지나면서 업체들이 약속을 지키지 않는다는 사실이 분명해졌다. 벌목업자들은 나무를 베고 숲을 불태우고 야생동물들을 쏘아 죽였으며, 그들이 건설한 도로는 그 장소를 또다시 착취할 다른 사람들의 침입을 용이하게 했다.

루이스는 1년 넘게 설득 작업을 계속했다. 그녀는 노새를 타고 두 발로 걷고 발사나무로 만든 카누(콜럼버스 이전의 잉카 부족이 사용했던 것과 비슷한 모양)를 타고 수천 킬로미터에 이르는 험난한 길을 다니며 마디디 프로젝트에 대한 열대우림 마을들의 신뢰와 협력을 얻기 위해 노력했다. 그녀의 노력은 효과가 있었고, 그녀는 숲 사람들에게 관광객을 상대하는 훈련을 시키기 시작했다. 루이스는 자신의 어머니와 함께 에코볼리비아재단(Eco Bolivia Foundation)을 창설하여, 아마존의 이 귀중한 부분을 보호해야 한다는 것을 전 세계에 알리는 작업에 착수했다. 처음에는 볼리비아 독재 정권의 반대에 부딪혔지만 그녀는 마침내 세계은행으로부터 국립 공원 창설을 위한 지원을 얻는 데 성공했고, 마디디국립공원은 1995년에 문을 열었다. 1만 9,000km²에 이르는 이 태고의 숲에는 태피어(맥)와 안경곰, 재규어, 갈기늑대, 나무늘보, 자이언트수달 그리고 전 세계 9,000종의 조류 가운데 1,000종이 넘는 종이 산다.

우리가 탄 배가 강둑의 한 장소에 정박하자 우리는 진흙과 돌을 깎아서 만든 계단을 밟고 대나무 숲으로 올라갔다. 대나무 숲은 곧 열대우림으로 바뀌었다. 우리는 우리를 난쟁이처럼 보이게 할 정도로 큰 판근(板根)을 가진 거대한 나무들, 땋은 머리카락처럼 나무를 휘감아 올라가는 '목 조르는 무화과', 얕은 수로 쪽으로 새로운 뿌리를 내리며 숲 둘레를 '걷는' 야자나무를 지나쳐 2km를 걸었다. 우리가 지나가는 길 옆의 숲은 소란스러움과 부산함으로 생기가 넘쳤다. 소형 포유류들이 종종걸음을 치고, 나무 위에서는 원숭이들이 요란하게 움직이고, 수많은 새들이 빽빽한 잎을 가로질러 서로에게 신호를 보내며 새된 소리를 냈다. 하지만 이 모든 소란을 일으키는 주범들은 우리 눈에 띄지 않았다.

1832년에 아마존에 처음 들어온 찰스 다윈은 이곳의 풍경을 절묘하게 묘사했다. "무엇이 가장 인상적이라고 말하기는 어렵다. 초목의 울창함 전반에 점수를 주고 싶다. 풀은 우아하고 기생 식물들은 새롭고 꽃들은 아름답고 잎은 푸르다. 이 모두가 울창함에 기여한다. 숲의 그늘진 부분에는 소음과 침묵이 역설적으로 혼재한다. 곤충들의 소음은 너무나 시끄러워서 저녁에는 해안에서 몇 백 야드 떨어진 곳에 정박된 배에서도 들리는 반면에, 숲속은 고요함이 지배하는 듯하다. 자연사를 좋아하는 사람에게 이런 날은 두 번 다시 경험하지 못할 짜릿한 쾌감을 준다."

마침내 우리는 2층짜리 목조 건물이 있는 숲속 작은 빈터에 도착했다. 건물 벽은 모기장으로 되어 있고, 커다란 호수가 내려다보이는 해먹이 걸려 있었다. 노랑배유리앵무가 코코아나무 위 전망대에서 반가운 듯 꽥꽥 소리를 냈다. 저공비행하던 물총새의 급강하에 서둘러 도망치는 물고기와 가오리들 때문에 호수에 잔물결이 일었다.

나는 내가 머물 오두막으로 안내되었다. 지면보다 올라온 널찍한 나무 바닥 위에 지붕이 덮여 있고 모기장을 빼면 사방이 뚫려 있었다. 전기가 들어오지 않아서 어두워진 뒤에는 달빛과 초, 횃불에 의지했다. 어스름이 질 때와 동이 틀 때면 낮게 웅웅대는 짖는원숭이들, 수많은 새와 곤충들, 숲속에 울려 퍼지는 알 수 없는 소리들이 내게 세레나데를 바쳤다. 다음 며칠 동안 로사와 나는 정글 속을 걸었다. 우리 때문에 방해를 받은 타란툴라들이 하얀 둥지로 황급히 돌아가고, 줄줄이 지나가는 부지런한 가위개미들이 마치 작은 초록 배처럼 자신들의 짐을 날랐다. 머리 위에는 짖는원숭이, 꼬리감는원숭이, 거미원숭이를 포함해 각양각색의 장난스러운 원숭이들이 있었다. 우리는 머리에 프릴처럼 볏이 달린 기이한 세레레 새(Serere bird)와 잠시 시간을 보냈다(호아친 또는 '냄새나는 새'라고도 불린다). 녀석의 새끼들은 익룡처럼 날개에 발톱이 달려 있어서 질퍽질퍽한 강둑을 오르는 데 도움이 된다. 세레레 새는 짖는 것 같은 괴상한 노래를 부른다. 이들은 건강한 집단을 유지하는 몇 안 되는 생물 중 하나인데, 끔찍한 냄새 때문에 아무도 그들을 사냥하지 않기 때문이다.

식물도 매혹적이기는 마찬가지이다. 자르면 상큼한 물을 뿜어 내는 포도나무 덩굴들, 코코넛처럼 달콤하고 단백질이 풍부한 견과, 상처를 아물게 하고 관절염을 치료하고 벌레에 물린 곳을 가라앉게 하는 약초들, 종이 같은 껍질을 가진 나무들과 마늘 맛이 나는 나무들. 긴꼬리미국너구리붙이와 주머니쥐들이 나무를 오르고 멧돼지와 페커리들이 덤불 속에서 부스럭거렸다. 이 동물들은 대개는 눈에 띄지 않지만, 언뜻언뜻 볼 기회가 많아서 빈틈없이 관찰할 수 있다. 걷는 동안 루이스는 숲 바닥에서 달콤한 야자나무 열매와 씁쓸한 코코아 같은 간식 거리를 주워 내게 건넸다. 식품의 약 80%가 이 열대우림에서 나온다. 아보카도, 코코넛, 무화과, 오렌지, 바나나, 토마토 같은 과일들. 옥수수, 감자, 쌀, 후바드호박, 얌을 포함한 채소들. 흑후추, 붉은 고추, 초콜릿, 시나몬, 정향, 생강, 사탕수수, 강황, 커피, 바나나 같은 향신료들. 브라질너트와 캐슈넛을 포함한 견과들. 게다가 이 숲은 지금까지 서구의 제약회사들이 사용하는 유효 성분의 적어도 4분의 1을 제공해왔는데, 과학자들이 지금까지 조사를 마친 식물은 이곳에 있는 식물의 아주 작은 비율에 불과하다.

이런 특별한 생물다양성에도 불구하고 아마존의 토양은 대체로 매우 척박하다. 이곳에서 경작해온 토착민들은 작물을 기를 수 있을 만큼 땅을 비옥하게 만들기 위해 이랑을 높이고 숯을 파묻는 정교한 방법을 고안해야 했다. 최근에 과학자들은 열대우림이 영양분과 무기물을 토양에 충전하기 위해서는 사하라사막의 특정한 작은 지역에서 대서양을 건너 날아오는 먼지가 반드시 필요하다는 사실을 알아냈다. 위성사진을 보면, 열대우림을 비옥하게 하는 물질의 절반 이상이 세계 최대의 단일 먼지 원천인 차드호 근처의 보델레저지에서 오는 것을 확인할 수 있다.[7] 만일 보델레저지가 그곳에 없었다면 아마존은 축축한 '사막'이 되었을 것이다.

뜨겁고 축축한 기후를 가진 열대우림은 지구상에서 가장 풍요로운 육상 생태계로 전 세계 식물과 동물의 절반 이상이 산다. 총 생물량은 다른 모든 육상 생태계의 생물량을 합친 것보다 50%가 많다. 오랑우탄처럼 열대우림에만 존재하는 동물들의 대다수가 훼손되지 않은 1차 삼림에서만 생존할 수 있거나 넓은 면적의 훼손되지 않은 숲을 필요로 한다. 따라서 이런 종들은 태고의 숲으로 촉수처럼 파고드는 인류, 경작지를 위해 숲을 야금야금 베어내는 행위, 도로 건설에 뒤따라 퍼져 나가는 오염, 소음, 산림 파괴와 양립할 수 없다. 마디디에서 그런 넓은 면적의 숲을 보호하는 것이 중요한 이유가 여기에 있다.

걷는 동안 루이스는 내게 자신의 놀라운 개인사를 더 들려주었다. 그녀는 마디디국립공원을 창설하면서 국제적 찬사를 받았지만 적들도 많이 생겼다. 마디디국립공원이 보유한 자원에 대한 상업적·정치적 이해는 위험할 정도로 커졌다.

2001년에 루이스는 국립공원 내에 객실을 보유한 숙박시설을 만들고 가이드의 안내에 따라 준비된 마을을 통과하는 길을 탐험할 첫 손님을 맞을 준비를 했다. 공원 부지 안에 마련된 각종 시설을 완비한 보존 센터는 최대 300명의 토착민 남녀에게 보호 구역 점검, 기반 시설 관리, 외국어 교습 워크숍 등의 일자리를 제공할 수 있었다. 하지만 문제가 있었다. 2000년에《내셔널 지오그래픽》이 그녀의 시도를 크게 보도하면서, 함께 일하고 싶어 하는 기부자와 자원봉사자 들의 국제적 지원을 받게 되었다. 루이스는 숲 파괴에 가담하는 정부에 비판적이었고, 따라서 전 독재자 곤잘로 산체스 데 로자다(조지 W. 부시 대통령에게 망명을 허락 받았으나 볼리비아대학살 혐의로 수배 중이다)와 그 일당에게 눈엣가시가 되었다. 그들은 벌목권, 국립공원 내 동물 거래, 채광 사업으로 상당한 돈을 벌고 있었기 때문이다. 그녀의 평판을 떨어뜨리기 위한 정부와 공원 당국의 지속적 공작이 일부 성공을 거두었지만, 그녀는 계속해서 자신의 집을 떠나지 않고 일했다. 2003년에 그녀는 살해 협박을 받았고, 그녀를 죽이기 위한 암살범이 고용되었다. 이듬해 그녀의 친환경 숙박 시설과 26개 객실이 불탔다. 그 안에는 직원 세 명과 두 아이가 있었는데, 그들은 가까스로 탈출해 죽음을 면했다. 게다가 이 모든 일은 공원 관리인들이 뻔히 보는 앞에서 일어났다. 군대가 기관총과 경찰을 대동하고 나타나 그녀의 땅과 공원에서 그녀를 추방했고 건물과 시설을 파괴했으며 그녀의 개인 소지품을 훔쳤다고 그녀는 말했다.

"30년에 걸쳐 준비한 프로젝트와 내 꿈이 겨우 몇 시간 동안 무너졌어요. 그들은 모든 것을 앗아갔어요. 심지어 내 책들도요. 그들은 내 태양전지판을 부수었고, 마코앵무를 관찰하는 망원경을 부서뜨렸어요. 가슴이 찢어지는 것 같았어요. 게다가 다섯 명이 타 죽을 뻔했는데도 범인들을 붙잡아 처벌하려는 시도는 전혀 없었어요." 그녀는 말했다.

그해 라파스에서 혁명이 시작되었고, 볼리비아 국민들은 독재자를 축출하고 새로운 지도자를 세웠다. 그러고 나서 2006년에 그 나라 최초의 토착민 대통령인 에보 모랄레스가 선출되었다. 루이스는 사법부로 초청되어 그녀의 복권과 보상을 논의하는 회의에 참석했다. 하지만 얼마 뒤 그녀는 자신의 하루 일과나 마찬가지였던 호수를 가로지르는 수영을 하던 중 4.5m 길이의 검은 카이만에게 공격을 당해 거의 죽을 뻔했다. 그녀는 생명을 구하기 위한 수술을 받고 나서 오른쪽 다리 기능을 회복하기 위한 수술을 받느라 병원에서 3년을 보냈다.

우리는 때마침 쓰러진 나무가 있는 것을 보고 멈추어 루이스가 한숨 돌리고 다리를 쉴 수 있도록 나무에 큰 개미들이 있는지 확인한 뒤 그 위에 걸터앉았다. 열대우림을 여행할 때 어려운 점은 우리 주변으로 완벽한 질서를 유지한 상태 그대로 세계를 내버려두어야 한다는 것이다. 그곳에 들어가면 우리도 누군가가 먹거나 살거나 알을 낳을 살덩이일 뿐이다. 내 몸은 얼마 지나지 않아 모기, 파리매, 응애, 쇠등에에게 물려 부어올랐다……. 말라리아는 이곳에서 별 큰 문제가 아니지만 쇠파리, 레슈마니아증, 그 밖의 끔찍한 문제들은 그렇지 않다. DEET(방충제_옮긴이)를 뿌렸는데도 벌레들은 계속해서 나를 물었다.

우리 머리 위로 커다란 거미원숭이 한 마리가 다가와 구슬픈 소리를 내며 나무들 사이를 휙휙 돌아다녔다. 루이스가 이 땅을 샀을 때, 그곳은 벌목된 숲의 폐허였다. 야생동물은 대부분 사살되거나 겁에 질려 있었다. 일부 동물들은 현재 이 지역에 다시 살고 있고, 우리 머리 위의 거미원숭이 같은 동물들은 그녀에게 구조되어 보호 구역으로 돌려보내진 동물들이다. 전 세계의 바다와 사바나에 사는 생물들과 마찬가지로, 숲의 거주자들도 전례 없는 위협에 직면하고 있다. 현재 야생동물 거래는 무기와 마약 다음으로 큰 불법 경제이고, 이곳 아마존에서는 그런 거래들이 모두 연결되어 있다. 2007년 이래로 농부들이 코카인 산업에 쓰이는 코카나무를 기르기 위해 숲을 베어내고 태우면서 삼림 파괴가 가속화되었다. 코카밭이 소진되면 농부들은 점점 더 큰 지대를 불태운다. 코카인은 주

로 이웃 나라들에서 생산되었고, 볼리비아에서는 외딴 지역의 몇몇
공장에서 노동자들이 맨발로 코카 잎을 밟아서 코카인을 생산했다.
그런데 요즘 새로운 기계의 도입으로 라파스의 작은 아파트에서조
차 생산이 가능해지면서 수익성 높은 수출용 마약의 수요 공급이
늘어났다. 코카인 산업은 야생동물 거래와 연결되어 있다. 산림 파
괴는 동물들을 불태워 죽이고 생존자들을 공격에 취약하게 만들기
때문이다. 그런 동물들은 사냥하기 쉬워서 빠른 시간에 트럭에 산
더미처럼 실을 수 있다. 평균적으로 잡힌 동물 열 마리 중 한 마리
가 산 채로 팔린다. 라파스에는 세 세도가가 있다고 알려져 있는데,
그들이 이 나라의 야생동물 거래 대부분을 통제한다. 그들은 사냥
꾼과 트럭 운전사를 고용하여 전 세계 나라로 동물들을 수출한다.
이 지역의 게릴라 집단들은 예전에는 정치적 이상을 위해 싸웠지
만, 지금은 자신들의 무기를 이용해 그런 세도가가 소유한 마약과
야생동물 세력권을 통제한다.

토착민 문화를 보호하기 위해 제정된 볼리비아의 새로운 법은
거꾸로 이 나라의 야생동물을 고갈시키는 데 일조하고 있다. 그 법
에 따르면, 마을 주민들은 식용으로 동물을 사냥하거나 그들이 사
용할 목적으로 숲의 나무를 벨 수 있지만, 숲의 자원을 팔거나 거래
할 수는 없다. 몇 십 년 전에는 이대로 괜찮았지만 총기의 증가, 외
딴 동네를 시장과 연결하는 도로, 열대우림의 빠른 감소로 원숭이
부터 재규어와 태피어에 이르는 모든 동물에 대한 체계적 도축이
일어나고 있을 뿐 아니라 남아 있는 마호가니들이 모조리 파괴되
고 있다. 이 야생동물들 가운데 동네 사람들이 실제로 먹는 것은 거
의 없다. 그 대신 성체들의 털가죽을 벗기고(동물의 털가죽은 비싼
가격에 팔린다) 고기를 식용으로 판매하고 살아남은 새끼들은 애

완용으로 판매한다. 거미원숭이 한 마리는 라파스 엘알토 지구의 시장에서 최소 100달러에 팔린다. 하지만 거미원숭이를 잡는 사람은 그 돈의 일부만 받는다. 루이스는 다양한 상태의 새끼 거미원숭이들을 구조했다. 새끼 원숭이들은 많은 경우 어미 품에서 떨어지지 않으려다가 손가락 끝이 잘려나가게 된다. 구조된 원숭이들의 대다수가 몸에 총알이 박혀 있거나 몸의 일부가 잘려 나간 상태로 발견된다.

거미원숭이 종은 멸종 위기에 처한 전 세계 25종의 영장류에 속한다. 전 세계의 평원에서부터 강과 바다까지 수많은 종들이 멸종을 위협 받는 이때, 지구의 많고 다양한 생명 형태는 단순히 우리의 지구촌 이웃이 아니라 우리의 친척임을 기억할 필요가 있다. 게다가 대형 영장류는 우리와 가장 가까운 친척들이다. 우리와 DNA의 97% 이상을 공유하는 이 영리한 숲의 거주자들은 현재 위태로운 상태로 영장류 거래, 식용 고기를 위한 사냥, 삼림 파괴, 전쟁, 숲 침범, 기후변화, 에볼라 같은 질병 때문에 모두 멸종을 위협 받고 있다. 보존주의자들은 다양한 방식으로 반격하고 있다. 나는 르완다의 비룽가산 고지에 사는 고릴라 무리인 '수사(Susa)' 무리를 찾아갔다. 그들은 다이앤 포시가 밀렵꾼들에게 살해당하기 전에 보존하려 했던 고릴라 무리로 유명하다. 야생에 남아 있는 마운틴고릴라는 현재 400개체가 채 안 되고, 그들은 저지대를 농업에 빼앗긴 채 예전 서식지의 한 귀퉁이에 고립되어 산다. 2010년에 연구자들은 자신들이 마운틴고릴라가 처한 위협을 과소평가했다는 사실을 인정했고, 10년이 지나기 전에 그들이 멸종할 수 있다고 발표했다.[8] 그래서 고릴라를 밀렵꾼들로부터 보호하고자 무장 경비대가 각 고릴라 무리를 항상 따라다니며 지키고 있다. 다이앤 포시는 모든 종류의 고릴라 관광에 반대했지만, 현재 소규모 관광객들이 하루에 최대 한 시간씩 일부 고릴라 무리를 구경할 수 있고 여기서 발생하는 소득은 고릴라 보존에 쓰이고 있다. 2010년에 우간다의 고릴라 개체 수는 10% 반등했다.[9]

인도네시아 보르네오섬의 숲에서 네덜란드 보존주의자 빌리 스미츠는 다른 접근 방식으로 오랑우탄 서식지를 구하고 있다. 수십 년 동안의 벌목, 야자유 농장을 위한 임야 태우기(그 지역의 산불은 연례행사처럼 찾아오는 위험이다) 그리고 밀렵이 보르네오섬의 열대우림을 1970년대 규모의 약 3분의 1로 줄였다. 전 세계 열대 목재의 절반 이상이 보르네오섬에서 나온다. 스미츠는 총을 들고 오랑우탄을 졸졸 따라다니는 대신 (지역 주민들의 도움으로) 파괴된 숲을 복구하여 보호함으로써 유인원들이 그곳으로 자발적으로 돌아가도록 하고자 그런 숲을 사들이고 있다. 지금까지 그는 불태워져 파괴된 숲 20km^{2}를 사들였고, 1,000여 종의 토착종과 (오랑우탄을 포함하여) 재활 치료를 받은 도입종을 그곳으로 서서히 이주시키는 사업을 통해 토착민들에게 이윤을 제공하고 있다. 숲 주변에 설치된 감시 장치들은 그 숲을 벌목꾼과 밀렵꾼으로부터 보호한다. 스미츠의 성공은 생물다양성을 복구하는 일이 지역 주민들에게 이윤을 제공하는 사업이 될 수 있으며, 주민들의 협력이 있을 경우 숲이 최악의 파괴에서 벗어날 수 있음을 잘 보여준다. 그것은 로사가 절실히 동의하는 명제이며, 마디디국립공원에서 거의 이룰 뻔했던 꿈이기도 하다.

우리 머리 위에서 거미원숭이가 우리가 먹고 있는 바나나를 달라며 애처로이 팔을 뻗었다. 과거에 인간에게 의존하는 애완동물로 살았음을 보여주는 행동이었다. 루이스는 그것을 무시했다. "사람들은 숲과 숲에 사는 동물들에게 엄청난 피해를 끼쳤어요. 심지어 내가 살아온 짧은 기간 동안에도요.” 그녀가 말했다. “벌목, 화전식 농업, 채광, 상업적 이익을 위해 들어온 식민지 개척자들은 모두 이 특별한 장소를 위협합니다. 새로운 도로가 이곳에 건설되고, 수많은 석유 개발 계약을 통해 석유 탐사가 계속되고 있어요.” 루이스가 말했다. “어렸을 때 나는 타카나 언어를 썼습니다. 그런데 지금 그것은 잊힌 언어가 되었지요. 모두가 스페인어를 사용해요. 그리고 오직 자신의 필요를 위해서만 숲에서 나무를 베고 사냥했던 사람들이 지금은 기계와 총을 이용하고, 숲의 자원을 먼 중국에까지 내다 팔고 있어요.”

현재 그녀는 과거에서 벗어나 앞으로 나아가기를 원한다. 그녀는 마디디국립공원에서 일어나고 있는 벌목과 야생동물 사냥을 멈출 수 없었지만, 자신이 만든 더 작은 세레레 보호 구역에서는 그것을 멈추는 데 일부 성공을 거두었다. 모랄레스 대통령은 그 지역 토착민 집단에게 토지 소유권을 양도하는 일에 속도를 내고 있다. 그래서 루이스는 초점을 전환하여 그런 마을에 지속 가능한 생계 수단을 제공하는 일에 힘쓰고 있다. 그녀는 생태 관광이 자신이 만든 세레레 땅 인근의 타카나 사람들에게도 도움이 될 것이라고 생각한다. 사실 그것은 대안이 없어서 사냥, 벌목, 금 채광을 계속하고 있는 더 많은 사람들에게 마디디국립공원이 해주기를 바랐던 역할이었다. “내 꿈은 ‘마디디 모자이크’를 계속해서 추구하는 것입니다. 즉 보호 구역들을 태피스트리처럼 엮는 것이지요. 그 구역 내에서는 그곳에 사는 토착민들이 그 지역 땅을 소유하고 돌보며 자연 자원을 지속 가능한 방식으로 이용하게 될 것입니다.” 숙소로 돌아가면서 로사가 내게 말했다.

　　마디디국립공원은 현재 최대의 위협을 맞고 있는 것 같다. 모랄레스 대통령이 안데스산맥의 베니강 상류에서 강이 좁아지는 발라(Bala) 지역에 수력발전 댐을 지으려던 보류된 계획을 재도입했기 때문이다. 이 댐이 건설되면 마디디국립공원과 그곳과 이웃하는 필론라자스(Pilon Lajas) 생물권 보존 구역의 1만 km²가 넘는 열대 우림이 물에 잠기게 된다. 그것은 에코볼리비아재단이 10년 전 철폐시킨 계획이다. 그럴 것 같지는 않지만 만에 하나 댐 반대파들이 다시 성공한다 해도, 현재 브라질 아마존 한 곳에만 60개가 넘는 다른 대형 수력발전 댐이 계획되어 있다. 큰 논란을 불러일으키고 있는 150억 달러짜리 벨로몬테댐이 그중 하나이다. 이것은 세계에서 세 번째로 큰 댐으로 2015년에 파라에서 가동될 예정이다(2019년 완공 예정_옮긴이). 이 댐의 건설로 토착 부족을 포함해 2만 명 이상이 삶의 터전을 잃을 것이고, 주로 산업과 제조업에 쓰일 전기를 생산하기 위해 광대한 지역의 숲이 물에 잠길 것이다.

　　볼리비아의 겁 없는 환경 운동가 로사 마리아 루이스가 새끼 거미원숭이를 구석구석 닦고 씻긴 뒤 다시 먹이를 주면서 자신이 그 땅을 살 당시 세레레가 어땠는지 회상했다. "우리는 그 숲에서 쓰레기 20T을 치워야 했고, 더 많은 동물을 수용할 수 있도록 더 많은 과일나무를 심어 숲을 다시 조성했지요. 단 몇 년 만에 이곳에 건강한 최상위 포식자 집단(재규어)이 생겼어요. 보존은 헌신이 필요하고 방심해서는 안 되는 힘든 일이에요. 하지만 그럴 가치가 있답니다." 새끼 원숭이가 근처에 있는 한 나무를 올려다보았다. 알록달록한 금강앵무 두 마리가 그 안으로 날아들었다. "이곳을 보호하는 것은 아주 중요해요." 루이스가 손으로 소란스런 잎사귀를 가리키며 말했다. "이곳은 내 집이자 내 나라의 유산입니다."

아마존 열대우림의 이 작은 부분은 잘 관리되고 있지만 550만 km²에 이르는 나머지 부분은 어떨까? 인류세에 우리는 광물, 목재, 그 밖의 삼림 자원에 대한 욕구를 충족시키면서도 현존하는 숲과 그곳의 생물다양성을 보존할 수 있는 효과적인 방법을 찾아야 한다.

나는 강 상류인 페루의 마드레데디오스 지역을 향해 서쪽으로 갔다. 그곳은 인간이 이 오래된 숲을 어떻게 이용할 것이냐를 놓고 벌어지는 전쟁의 최전선이라고 할 수 있다. 40년 동안 보호 구역이었던 마누국립공원은 눈부신 생명다양성을 가지고 있는 곳으로 적어도 1,800종의 새(지구상의 다른 어떤 보호 구역보다 수가 많다)와 13종의 영장류, 400종의 개미 그리고 다양한 토착 부족이 산다. 그중 수백 명은 최근에 숲을 침입한 식민 지배자들의 문화적 영향과 그들이 옮기는 질병의 영향을 받지 않고 수렵 채집으로 살아가기를 선택한, "문명과 접촉하지 않은" 사람들이다(1984년에 요라 족의 많은 사람들이 금광 광부들과 접촉한 뒤 독감으로 사망했다). 인류세에, 문명과 접촉하지 않은 사람들을 착취하는 최후의 사람들은 관광 가이드들이다. 그들이 데리고 다니는 관광객은 마누국립공원의 마스초피로 부족과 인도 안다만섬 사람들을 포함한 토착 부족들을 빤히 쳐다보며 사진을 찍는다.

"이곳은 아마존이 사냥과 벌목의 영향을 받기 전에 보호된 몇 안 되는 지역 중 하나입니다. 크게 자란 마호가니 나무들을 볼 수 있는 지구상의 마지막 장소 중 하나이지요. 운무림 아래쪽 지역은 태고의 숲으로 새 관찰에 환상적인 장소입니다." 마누야생동물센터에서 일하는 영국 태생의 조류학자 배리 워커가 말했다. 그는 20년 넘게 이 지역에 살면서 새들을 연구해왔다. 워커는 나를 데리고 폭포, 이끼, 지의류, 수많은 난초들이 있는 운무림을 지나쳐 마누국립공원으로 갔다. 그곳에서 페루의 국조인 기이하고 카리스마 넘치는 안데스바위새들의 '레크'(새들의 구애를 위한 정기적 회합)가 열린다. 밝은 호박 색깔을 띤 그 새는 마치 목 한가운데 눈이 있는 것처럼 보였다. 짝짓기 철이라서 그들은 우리 앞에서 — 실제로는 암컷들을 위해 — 인상적인 춤을 추었고, 마치 닭 울음소리 같은 거슬리는 소리로 구애 신호를 보냈다. 맨체스터 사람으로 몸집이 크고 말술을 즐기는 워커는 불그레한 볼과 느긋한 성격을 지니고 있는데, 별 재미가 없는 새에게도 주변 사람을 전염시키는 열정을 보여주어 그와 함께 있으면 시간이 금방 갔다.

　머지않아 우리는 진정한 열대우림의 열기, 습기, 울창한 나뭇잎에 도착했다. 우리가 있는 곳은 안데스산맥 너머에 있는 마드레데디오스강 기슭의 아마존 분지였다. 이 지역이 보호 구역이 된 것은 1970년대로 폴란드 동물학자 얀 칼리노프스키의 아들에 의해서였다. 1800년대 후반에 얀 칼리노프스키는 거대한 시베리아 북극곰(죽어서 박제로 만든 것)을 러시아 차르에게 진상품으로 바쳐 투옥을 면했다(그는 러시아의 야생 지역을 스파이처럼 몰래 돌아다니며 동물의 행동을 기록하는 의심스러운 행동으로 기소되었다). 자유를 얻은 칼리노프스키는 페루로 도망쳐 쿠스코 출신의 현지인 여성과 결혼하여 18명의 아이를 낳았는데, 그 가운데 한 명이 마누 보호구역을 만들었다.

　이 놀라운 숲과 그곳에 사는 사람들과 동물들의 미래는 밝지 않아 보인다. 석유 회사 헌트오일(Hunt Oil)은 마누국립공원의 가장자리 지역에서 석유와 가스를 탐사하고 있는데, 그것은 심각한 위협이라고 워커가 말했다. 아마존에서 페루에 속한 부분의 대략 70%가 석유 채굴 계약에 넘어갔고, 이곳에 18개 댐이 계획 중이다.

중국 같은 먼 나라에서 수천 명의 사람들이 이 지역으로 몰려왔고, 숲에 사는 토착민과 돈을 벌기 위해 온 사람들 사이에 정기적으로 충돌이 발생했다. 내가 오기 몇 주 전에도 이곳에서 일하는 영국인 선교사가 석유를 캐러 온 사람들에게 항의하는 토착민을 돕다가 그 나라에서 쫓겨났다.

배리 워커는 숲의 다른 매력 때문에 이곳에 왔다. 어린 시절에 달걀을 수집했던 일을 계기로 새를 사랑하게 된 그는 아마존의 새들을 직접 보겠다고 결심했다. 그는 1970년대 말 난생처음으로 페루에 왔고, 페루의 풍부한 조류에 매혹되었다. "아마존의 많은 종들이 외부에 전혀 알려져 있지 않았어요. 연구가 거의 되지 않은 상태였지요." 그는 말했다. "초창기 조류학의 관행은 단순히 새를 잡아 도시로 가져온 다음에 명명하는 것이었습니다. 그 새가 땅에 살았는지 나무에 살았는지, 어떤 신호음을 내는지, 짝짓기 행동은 어떤지 아무도 알지 못했어요. 직접 가본 그곳은 엄청나게 흥미진진했어요." 그는 유명한 아마존 조류학자인 루이지애나대학교의 테드 파커와 함께 아마존의 깊은 숲속으로 연구 여행을 떠났고, 그들은 그곳에서 수년을 보내며 아날로그 테이프 녹음기에 새의 노래를 기록하고 노래의 주인을 추적했다. 그러고 나서 그 동물의 특징을 기록했다가 나중에 박제된 새들이 소장된 리마박물관에서 그 동물을 동정(同定)했다(생물의 분류학상의 소속이나 명칭을 바르게 정하는 일_옮긴이). 둘은 함께 수백 가지 새의 노래를 기록했고, 그보다 더 많은 미지의 행동을 기술했다.

우리는 카누를 타고 상류인 마드레데디오스강에서 하류 쪽의 마누강으로 향했다. 점점 심해지는 가뭄에 수위가 너무 줄어서 우리는 이따금씩 강바닥에서 배를 들어 올려야 했다. 가는 길에 우리는 가마우지, 나무에 달아매는 둥지를 짓는 알록달록한 노란색 새 '오로펜돌라', 거북, 백로 들을 훔쳐보았다. 우리는 숲속의 숙박 시설과 천막에서 밤을 보내고 마지막 날 일찍 일어나 꽥꽥거리는 마코앵무와 앵무새 수백 마리가 찾아오는 높은 진흙 강둑으로 갔다. 눈앞에 펼쳐진 풍경은 가히 장관이었다. 금강앵무들이 펼치는 눈부신 색깔과 쩌렁쩌렁한 소리의 향연. 이 일부일처제 새들은 둘 또는 셋씩(아들 또는 딸을 거느릴 경우) 그 진흙 절벽에 도착했다. 그들은 절벽에 붙어서, 소리를 내는 동시에 먹는 묘기를 해냈다. 그곳은 이 새들이 사회생활과 짝짓기를 하는 중요한 장소로, 사교계에 진출한 젊은 새들은 이 진흙 절벽에서 인생의 동반자를 찾을 터였다. 마침 지금 번식철이었다.

　　새들을 관찰하는 오랜 여행에서, 배리 워커와 마누야생생물센터의 동료 연구자들은 테이퍼와 검은 거미원숭이들을 포함해 그 진흙 절벽을 이용하는 다른 야생 생물을 최초로 보고했다. 현재 연구자들은 점점 더 많은 영장류에게서 토식(geophagy) 습성을 발견하고 있다. 흙을 먹는 습관은 어쩌면 예외가 아니라 규칙일지도 모른다. 볼리비아붉은짖는원숭이 한 집단이 강둑에 늘어져 소리를 내며 진흙을 먹다가 우리가 접근하자 깜짝 놀랐다. 지금이 진흙을 먹는 절정기라고 워커가 설명했다. (건기로 완연히 접어드는) 한겨울에는 맛있고 소화가 잘되는 과일과 딸기를 찾기 어렵기 때문이다. 이럴 때 동물들은 독소를 함유한 잎과 섬유질이 많아서 소화시키기 힘든 과일을 먹을 수밖에 없는데, 진흙 속의 무기질이 그 과정을 돕는 것 같다. 새들의 경우 모래주머니 안의 모래가 추가로 도움을 제공하는 것 같고, 포유류의 경우는 무기질과 알칼로이드가 식물성 영양소를 더 잘 이용할 수 있도록 돕는다. 남아메리카의 고유종 말인 태피어도 진흙 절벽으로 오기 위해 수 킬로미터를 여행하는데, 우리는 그들이 오는 모습을 지켜보기 위해 숨어서 밤을 샜다. 석유 회사들이 이 지역을 침범해도 이 놀라운 생물들이 계속해서 올까?

나는 아마존 열대우림의 이 독특한 구역에서 보낸 즐거운 날들을 다시는 경험하지 못할 것이다. 어마어마한 야생을 보유한 이 복잡한 생태계의 미래는 '도로'라는 궁극적 위협 앞에서 유독 암울하다. 대서양과 태평양을 연결하는 5,400km 길이의 대양 간 아스팔트 도로인 '정글 고속도로'가 2011년 개통되어 그 지역을 빠르게 바꾸고 있다. 브라질에서 기른 콩과 그 밖의 작물을 페루의 항구들을 경유해 아시아 시장으로 수출하기 위해 건설된 이 도로는 세계 최대 보호 구역들 중 두 곳을 포함하여 열대우림 한복판에 있는 가장 연약한 태고의 장소들을 관통하고, 이곳 마드레데디오스에서도 아주 가깝다. 세렝게티를 관통하는 도로와 마찬가지로, 이 대양 간 도속도로는 가난한 사람들에게 개발 기회를 약속하지만 한편으로는 생태계를 통째로 위협한다. 도로 건설은 인류세를 정의하는 특징이고, 세계 곳곳의 열대우림에 도로 건설이 계획되어 있다. 브라질 아마존 한 곳만 해도 총 길이 7,500km의 새 포장도로들이 건설되고 있다. 볼리비아 토착민이 자신들의 영토를 관통하는 도로 건설을 중단하라고 요구하며 열대우림에서 라파스까지 수백 킬로미터를 행진한 뒤, 2011년 모랄레스 대통령은 그 사업을 취소했다. 하지만 1년 뒤 규모가 작은 또 다른 시위가 뒤따랐다. 이번에 시위에 나선 사람들은 도로 건설 찬성파였는데, 그들은 새로운 도로가 자신들의 가난한 외딴 마을을 경제 발전으로 이끌고 외부 시장과 연결하는 데 필수적이라고 생각했다. 따라서 그 사업이 그대로 철회될 수 있을지는 불투명하다.

　　도로 건설은 삼림 파괴를 추동하는 주요 원인이다. 그 도로가 광산과 댐에 접근하기 위한 것이든 아니면 도시와 시골을 연결하기 위한 것이든, 도로가 생기면 벌목업자, 밀렵꾼, 동물 매매상, 풋내기 광업자들이 태고의 숲에 들어올 수 있다. 그들이 들어온 다음에는 농경지를 만들기 위해 숲을 벌목하는 농부들, 마약을 재배하고 가공하는 업자들이 들어온다. 과학자들은 모든 삼림 파괴의 95%가 도로에서 25km 이내에서 일어나며, 아마존 안으로 도로가 들어올 때마다(지난 3년 동안 5만 킬로미터가 건설되었다) 그 50m 반경에 삼림 파괴가 뒤따른다는 사실을 밝혀냈다.[10] 이런 이유로 과학자들은 숲속에 대형 댐과 광산을 지을 계획이라면 차라리 철도를 건설하거나 하천망을 이용하도록 권고한다. 이를테면 아마존의 민감한 부분에 건설되는 페루 라스말비나스 지역의 카미세아(Camisea) 가스 사업은 도로 건설 없이 모든 것이 배, 비행기, 지하 수송관을 통해 떠나고 도착하는 산업적 섬처럼 운영된다. 이런 방법은 개발이 숲에 미치는 여파를 크게 줄인다. 생태계 교란을 줄이는 다른 방법도 있다. 예를 들면, 나무 위쪽의 차양 부분을 그대로 유지할 수 있는 더 좁은 도로를 건설한다든지, 동물들이 안전하게 건널 수 있도록 로프 다리를 만들어 로드킬을 줄이는 것 등이 있다. 지하 굴다리는 땅에 사는 생물들에게 도움이 된다. 2011년에 케냐의 번잡한 도로 밑에 건설된 코끼리 굴다리는 수백 마리 코끼리들이 사용하여 헤어진 코끼리 떼가 재결합하는 것을 도움으로써 농부들과 도로 사용자들과의 갈등을 막았다.

　　마드레데디오스에서 포장된 새 고속도로의 여파는 뼈아플 정도로 분명하다. 불법 금 채광 붐이 일어나면서 이 지역으로 수만 명의 농부들이 몰려오는 바람에(2006년 이래로 다섯 배가 증가했다)

무법과 부패가 들끓고 있다. 마드레데디오스강 하류(이 강은 볼리비아로 흘러가서 베니강이 되고, 그런 다음에는 브라질로 흘러가서 아마존강과 합류한다)는 지금 채광 활동으로 시끄럽고, 이로 인해 늘어나는 빈민들의 야영지는 말라리아, 매춘, HIV 폭증에 시달리고 있다. 야생동물도 눈에 띄게 줄었다. 인간이 내는 소음은 다른 동물종은 말할 것도 없고 식물들의 성장조차 방해한다는 사실을 연구 결과는 보여준다. 그런 소음이 꽃가루를 옮기는 생물들을 방해하기 때문이다.

　　나는 새로 포장된 도로를 따라 달리며 나무가 베어진 거대한 구덩이들을 지나갔다. 그곳에서 노동자들은 허벅지까지 빠지는 커피색 진흙 웅덩이 속을 저벅저벅 걸으며 (쉼 없이 돌아가는 디젤 발전기로 가동되는) 거대한 호스들을 질질 끌었다. 이 괴물 같은 '보아뱀'들 중 하나는 그 지역을 물에 잠기게 하여 토양을 흐물거리게 하기 위한 것이고, 다른 하나는 그 질퍽질퍽한 물질을 빨아들여 거르기 위한 것이다. 그러고 나서 그 모래에 수은을 넣고 섞어서 수은과 금의 혼합물 덩어리를 만든 뒤 수은을 연소시켜 없애면 금이 남는다. 하루 200명 이상의 노동자들이 이 지역의 금광으로 모여들었고, 숲이 베어져 나간 수많은 움푹한 구멍들은 흉측한 진흙 웅덩이 대열에 합류하기 시작했다. 한 지역에 금이 바닥나면 광부들은 다음 지역으로 이동한다. 매년 5만 T이 넘는 수은이 마드레데디오스강에 퍼부어지는 가운데, 가난에 찌든 노동자들은 하루 12시간씩 일하며 흙에서 금을 정제한다(하지만 노동자들은 수익의 25%만 가져간다). 현지인들은 현재 수은 중독이 두려워 물고기를 먹지 않는다. 많은 생태학자들은 차라리 수은 대신 나중에 중화할 수 있는 청산가리를 사용하는 것이 좋다고 말한다.

불법 벌목한 경재(硬材)를 쌓아올린 트럭이 여러 대 지나갔다. 이 트럭들은 정글 내부에서 나와 태평양의 항구들로 가는 중이다. 한편 반대 방향으로 가는 차량들은 채광 장비와 노동자들을 숲으로 쉴 새 없이 실어 날랐다. 시내에 가까이 오자 그나마 남아 있는 우림마저 목초지로 변했다. 하지만 아직 소는 없었다. 태고의 정글에서부터 비틀거리는 취객들과 스트립 클럽, 철물점, 교통과 세속 세계로 북적이는 흙먼지 자욱한 변경 도시 푸에르토말도나도(마드레데디오스주의 주도로 1901년 페루 정부가 조직한 우림 탐험대에 의해 발견되었고 탐험가 파우스티노 말도나도의 이름을 따서 도시 이름이 붙여짐_옮긴이)로 가는 데는 단 몇 시간이면 되었다. 변방 도시 치고는 루레나바크처럼 코스모폴리탄으로 불리기에 손색이 없었다. 새로 건설된 그 도로는 작은 개발(현재 교통 신호등이 있다)과 함께 많은 새로운 사회 환경 문제들을 가져왔다. 기후변화가 안데스 지역의 농부들에게 특히 심한 타격을 가하고 있는 가운데, 수만 명이 희귀한 금속 부스러기를 찾기 위해 암울한 조건을 기꺼이 감내하고 있다. 그들에게 숲은 불가피한 희생인 셈이다.

그렇다 해도 온난화하는 인류세에 인류는 그 어느 때보다 더 아마존 우림에 의존하고 있다. 수많은 녹색식물의 광합성 활동은 전 세계 산소의 20% 이상을 생산하고, 인류가 배출하는 이산화탄소를 한 해에 약 15억 T씩 흡수한다. 아마존을 지구의 허파라고 부르는 이유가 여기에 있다. 지구온난화에 직면한 이때 열대우림이 하는 일이 너무나 중요하기에, 오염 유발국들은 우림 국가들이 자국의 나무를 그대로 두는 대가로 비용을 지불하고 있다. 지구상에서 가장 생물다양성이 풍부한 지역 중 하나인 야수니 아마존을 보유한 에콰도르는 땅과 숲에서 발견한 72억 달러어치의 기름을 그대로 두는 조건으로 부자 나라들에게 그 가치의 절반을 지불하라고 제안했다. 하지만 2013년 현재 기부액이 3억 달러가 조금 넘자 에콰도르 대통령은 석유 시추를 강행할 수밖에 없다고 발표했다. 그 결과 야수니 아마존의 40%가 이미 석유 회사들에 의해 개발되고 있다. 그 결정은 우리에게 최소 36억 달러의 손실을 입힐 것이다.

막대한 가치를 지닌 열대우림의 대규모 광합성 활동은 숲의 건강과 '질'에 의존하는 취약한 과정이다. 다시 말해, 광합성 활동은 풀과 덩굴식물보다는 큰 나무들이 얼마나 많이 존재하느냐에 달렸다. 또한 기후와 물 가용성에도 의존한다. 삼림 파괴는 흡수될 수 있는 탄소의 양을 크게 줄이고, 가뭄도 마찬가지 결과를 초래한다. 2005년과 2010년의 심한 가뭄은 실제로 아마존의 광합성 활동을 역행시켰고, 아마존은 이산화탄소의 순 소비자에서 순 생산자가 되었다.[11] 나무가 죽어 나가면서 나무들의 광합성 활동도 멈추었다. 한편 부패와 호흡은 계속되었는데, 이 두 가지 활동은 모두 산소를 사용하고 이산화탄소를 발생시킨다. 2005년에 아마존은 16억 T의 이산화탄소를 내뿜었다. 두 번의 가뭄이 초래한 이산화탄소 배출의 총량은 지난 10년 동안 그 숲이 흡수한 순 탄소량을 상쇄시켰다.

이 지역에 가뭄이 점점 더 잦아지고 심해지는 것은 지구온난화 탓이며 기후학자들이 이미 예견했던 일이지만, 그 규모는 기후학자들을 깜짝 놀라게 했다. 숲, 특히 열대의 숲은 자체적으로 구름과 비를 만들어 미시 기후를 생산한다. 식물과 균류가 배출한 에어로졸(연기나 안개처럼 기체 중에 고체나 액체 미립자가 분산 부유하고 있는 상태_옮긴이)이 물방울이 형성될 수 있는 핵 역할을 하기 때문이다. 이런 자기 영속적인 물 순환을 이용하면 큰 효과를 낼 수 있다. 이를테면 내가 방문한 페루의 사막 마을에서는 망에 안개를 포집하여 숲에 물을 대고 있었는데, 그렇게 조성된 숲은 마침내 마을 사람들을 위해 비를 만들 것이었다. 숲은 지역의 기후, 토양, 생태에 변화를 일으키기 때문에 전 세계에서 사막화를 방지하고 농경지를 비옥하게 만들기 위해 숲을 조성하고 있다. 숲을 조성하면 탄소를 흡수하여 지구온난화를 줄이는 추가 이익도 얻을 수 있다.

19세기 과학자들은 역사상 가장 탁월한 지구공학 실험 중 하나에서 이런 숲의 힘을 이용했다. 영국 해군은 워털루전투에서 나폴레옹 보나파르트를 무찌른 뒤, 근처의 세인트헬레나섬에 투옥되어 있는 추방된 황제를 감시하기 위해 대서양 한가운데에 있는 작고 먼 화산섬인 어센션섬에 파견대를 주둔시켰다. 하지만 어센션섬은 담수도 없고 식물도 없는 황량한 바위섬이었다. 그 섬에 내린 비는 내리자마자 흘러가 버리거나 증발되었다. 다행히, 최고의 과학자 몇 명이 그 당시 세계를 항해하고 있었다. 1836년에 지질학자이자 자연학자인 찰스 다윈이 비글호 항해 도중 어센션섬에 들렀고, 그 몇 년 뒤 그의 친구이자 식물학자인 조지프 후커가 다녀갔다. 런던에 돌아온 찰스 다윈과 조지프 후커는 어센션섬에 숲을 조성하여 물을 만드는 정교한 계획을 세웠다. 그들은 나무들이 수증기를 붙잡아 축축한 안개를 만들 것이고, 토양이 축적되면 더 많은 물을 저장할 것이며, 머지않아 제대로 작동하는 생태계가 생길 것이라고 생각했다. 그들은 조지프 후커의 아버지가 소장으로 있는 큐식물원에서 연구를 했고, 그 계획을 들고 영국 해군을 찾아갔다. 1850년부터 배들이 큐식물원에서 대서양의 그 바위섬으로 나무와 묘목들을 정기적으로 실어 날랐다. 그곳에 심어진 식물들은 아프리카, 남아메리카, 유럽, 아시아에서 유래한 식물로 그 식물학자들의 열정적인 실험 과정에서 선택된 것들이었다.

계획은 효과가 있었다. 20년 내에 화산 봉우리들은 유칼립투스, 노포크섬의 소나무, 대나무, 바나나가 자라는 숲이 되었다. 그것은 인류세에 딱 맞는 맞춤 숲이었다. 현지인들이 '초록 산(Green Mountain)'이라고 불렀던 다윈의 운무림(cloud forest)은 바다 안개에서 습기를 포착하여 스스로 성장하는 수증기 오아시스를 만들었다. 숲은 시냇물을 창조했고, 해군 기지는 심지어 비옥한 토양에 식물 정원까지 가꿀 수 있었다. 어센션섬의 사례는 숲이 어떻게 물을 제공함으로써 생태계를 떠받치고 인간 집단을 부양하는 미시기후를 만들어내는지 보여주는 것으로, 전 세계 장소들에서 확대 반복될 수 있을 것이다.

전 세계의 열대우림은 훨씬 더 큰 규모로 수백만 명을 위해 비슷한 일을 수행한다. 아마존 분지는 지구에서 가장 습한 장소 중 하나이다. 연중 약 200일 동안 비가 내리고, 아마존강은 전 세계의 강 가운데 가장 많은 양의 물을 실어 나른다. 1분에 약 1억 600m³가 바다로 흘러가는데, 이것은 미시시피강 유량의 10배가 넘는 양이며 대륙을 흐르는 모든 강물의 5분의 1에 해당한다. 이런 어마어마한 수량은 대서양 해수의 염도를 연안에서 160km 이상 떨어진 곳까지 눈에 띄게 희석시킨다. 하지만 우림은 비를 생산할 뿐 아니라 생존을 위해 비에 의존하고, 그러므로 기후가 변하면 이 아름답고 자족적인 순환은 무너질 것이다. 기후학자들은 인류의 이산화탄소 배출량을 근거로, 지구에서 가장 싱그러운 이 지역이 이번 세기 내에 대부분 사막으로 대체될 것이라고 예측한다. 나무가 죽으면 숲이 더 많은 탄소를 배출하여 지구를 더 온난화시키고, 그러면 더 많은 나무가 죽는다. 한 연구자 집단은 활엽수로 덮인 면적이 2000년에는 아마존 지역의 약 80%였던 것이 2100년에는 약 28%로 줄어들 것이라고 예측한다. "(약 2040년부터) 숲 면적이 줄기 시작하면, 처음에는 풀이 확장하여 텅 빈 땅의 일부를 차지한다. 하지만 가차 없는 온난화와 가뭄은 이런 식물 형태에조차 불리한 조건을 만들고, 그리하여 아마존은 2100년경 황량한 땅(사막)이 될 것이다."[12] 또 다른 연구 집단은 한 발 더 나아가 이렇게 예측한다. "21세기 말까지 아마존 지역에서 활엽수가 차지하는 평균 면적이 80% 이상에서 10% 이하로 줄 것이다." 그리고 그들의 결론에 따르면 "이 지역의 대략 절반에서 나무들이 풀로 대체되면서 사바나 같은 지형이 될 것이다. 다른 곳에서는 환경이 사실상 사막처럼 되어 풀조차 살 수 없을 것이다."[13]

웡웡, 붕붕, 똑똑 소리가 나는 깊은 숲의 오아시스가 생명이 사라진 조용한 사막으로 바뀐 모습이 나로서는 도무지 상상이 되지 않는다. 내 살아생전에 사람들이 건조한 관목 지대를 가리키며 저곳에 한때 광대한 우림이 있었고 키 큰 나무에 매달린 원숭이들과 문명의 손길이 닿지 않은 토착 부족들과 보아뱀들이 살았다고 말할 것이라 생각하면, 이루 말할 수 없이 슬프고 심지어 충격적이기까지 하다. 홀로세에서 인류세로 가면서 일어나고 있는 변화의 속도와 규모가, 이곳 아마존만큼 확연한 곳은 아마 없을 것이다.

인간이 아마존의 이산화탄소 스펀지에 그토록 크게 의존하고 막강한 우림이 인류세에 사막으로 바뀌려는 지금, 정부들은 이 문제를 해결하기 위해 아주 소극적인 발걸음을 내딛고 있다. 인간이 매년 배출하는 이산화탄소 양의 최대 20%가 열대의 삼림 파괴 때문이고, 따라서 국가들은 REDD+(Reducing Emissions from Deforestation and Forest Degradation, 삼림 파괴와 숲의 질 저하에서 비롯된 배출가스 줄이기)라고 하는 숲 보호 방법을 제안했다. 선진국이 열대 국가들에게 그들의 숲을 보존하는 대가로 비용을 지불함으로써 자신들의 국제 배출가스 감소 의무량을 일부 충당할 수 있게 하는 것이다. 즉 부유한 나라들은 탄소를 나무에 가두어 대기에 들어오지 못하게 막기 위해 돈을 지불하고 있는 것이다.

하지만 우선 열대 국가들이 그 숲에 실제로 얼마나 많은 탄소가 있는지 계산해야 한다. 그것은 식물들의 유형과 밀도에 따라 달라지는 매우 어려운 작업이다. 푸에르토말도나도 근처의 숲에서 진행되는 한 프로젝트는 그 문제를 해결하기를 희망한다. 워싱턴DC의 카네기과학연구소 소속의 그레그 애스너가 개발한 한 자동화 기계는 약 2,000m 고도의 숲 차양 위로 비행하면서 두 개의 강력한 레이저로 분당 40만 펄스를 지상에 폭넓게 쏜다. 레이저레이더가 센서를 이용해 지상의 잎, 가지, 그 밖의 사물에 반사되어 돌아오는 레이저 신호를 지속적으로 기록하고, 분광계는 식물 속의 리그닌이나 셀룰로오스의 양, 잎 속의 클로로필 농도, 영양소와 물의 농도 같은 세부 사항을 통해 개별 식물종과 그들의 건강을 확인한다. 애스너는 이것을 토대로 전체 숲의 지도를 10cm 수준의 해상도로 자세하게 그릴 수 있다. 이것은 개별 나무들뿐 아니라 관목, 덩굴식물, 고사리, 브로멜리아드(파인애플과 식물의 총칭_옮긴이)까지 구별할 수 있다는 뜻이다.

연구자들은 이런 기술을 이용해 식물에 저장된 탄소의 양을 계산할 수 있는데, 탄소의 양은 그 식물의 생물량에 의존한다. 예컨대 오래된 활엽수 숲은 대나무나 농경지가 점유한 곳보다 제곱킬로미터당 생물량이 훨씬 많다. 그러고 나서 이 장치는 전체 숲의 양을 추산한다. 2009년에 그레그 애스너는 마드레데디오스 지역의 4만 3,000km^{2}에 대한 지도를 작성했다. 위성사진을 보면, 삼림 파괴는 흙먼지 날리는 시내에서부터 도로를 중심으로 뻗어 나가는 일련의 긴 선들을 따라 내가 배리 워커와 함께 찾았던 지역 쪽으로 확장되고 있다. 그런 장소들은 경작이나 채광을 위해 숲이 잘려 나간 개벌지들이다. 또한 그레그 애스너의 분석 도구는 태고의 숲속에 있는 수없이 많은 소규모 벌목 장소들뿐 아니라 불법 금광 작업, 코카인 농장, 소규모 농업 지역까지 보여준다. 현재 그는 규모를 키워 페루 아마존 전체와 이웃 나라 콜롬비아의 지도를 작성하고 있다. 그 장치로 생산한 3차원 이미지들은 숲에 갇힌 탄소량이 시간에 따라 어떻게 변하는지 추적할 수 있어서 REDD+ 비용을 지불하는 데 이용될 수 있다.

인류세에 오래된 우림들이 과거 어느 때보다 빠르게 변하고 있다. 하지만 한편으로 인류는 처음으로 전방위적 시각으로 이런 변화들을 관찰하고, 심지어 마누에서 한 사람이 베는 각각의 나무까지 관찰할 수 있게 되었다. 이것이 의미하는 것은, 우리가 스스로 파괴하는 것을 기록할 능력이 있으며 그러므로 그것을 멈출 능력도 있다는 것이다. 그레그 애스너는 인간 활동에 영향을 받는 숲의 규모가 과거에 추산한 것의 두 배에 달하고, 이것은 아마존에서 배출되는 온실가스의 양을 25%까지 높였음을 보여주었다.[14] 거대한 열대우림을 깎아내는 개인들의 관점에서 보면 목재, 작물, 목축을 위해 한 번에 몇 만 제곱미터씩 숲을 점진적으로 파괴하는 일은 생계 수단이며, 그들의 활동이 그들이 일생 동안 이동할 거리보다 훨씬 멀리까지 뻗어 있는 숲의 규모와 영구성에 미치는 영향은 무시할 만한 수준이다. 하지만 그렇게 야금야금 숲을 갉아먹는 개인이 수백만 명이 모이고, 대규모 상업적 기업까지 가세함으로써 수천 년 동안 조성된 광대한 숲 지역들이 점점 파괴되고 있다. 애스너는 소규모 벌목의 축적이 그보다 명백한 대규모 삼림 파괴보다 20배 큰 족적을 남긴다는 사실을 밝혔다.[15] 그는 심지어 이른바 지속 가능한 벌목 관행(예컨대 수익성이 높은 한두 그루의 경재를 베고 나머지는 그대로 남겨두는 선택적 벌목)들조차 숲에 엄청나게 해롭다는 사실을 알아냈다. 선택적으로 벌목된 나무 한 그루당 평균 30그루가 심각한 피해를 입게 되고, 그것은 다시 산불 위험을 높이고 토양을 악화시키며 생물다양성에 영향을 준다. 그는 선택적 벌목이 목축과 농업, 그 밖의 개발을 위해 이미 태워졌거나 개벌된 아마존 지역의 두 배인 연간 3만 km^2에 이른다고 추산한다.

삼림 벌채는 흔히 지구상에서 가장 가난한 사람들에 의해 이루어진다. 예컨대 마호가니 같은 경재는 값이 수백 달러에 이르고, 벌목된 땅에 콩이나 소를 기르면 수십 년의 소득이 나오기 때문이다. 나무에 값을 붙이는 REDD+ 같은 제도는 결과적으로 정부와 기관이 숲에 의존하는 사람들로부터 숲을 보호하게 되어 반감을 불러일으킬 수 있다. 일반적으로 지역사회가 숲 자원을 소유하도록 장려하는 제도들이 오히려 성공률이 높은 것 같다. 하지만 그런 제도가 아무리 잘 시행된다 해도, 열대 숲들은 숲 지역 도시에 사는 방대한 인구, 숲 자원을 거래하는 전 세계 시장, 기후변화의 공격을 버텨낼 수 없다. 국가가 발전할수록 더 많은 사람들이 숲으로부터 더 많은 자원을 원한다. 부유한 나라들은 대개 자국의 숲을 보호하고 회복시키기 시작하는 한편 다른 지역의 숲을 더 많이 요구한다. 전 세계에서 선적되는 목재의 절반 이상이 중국으로 가는데, 중국은 그것을 위해 열대 숲으로 들어가는 도로를 건설함으로써 지속 가능한 숲을 위한 국제적 시도를 물거품으로 만든다.[16] 육식의 전 세계적 증가 추세만 보더라도, 소 먹이로 쓰이는 브라질산 콩의 수

요를 천정부지로 높이고 있다. 이미 아마존의 17%가 콩, 소, 목재로 인해 파괴되었다.[17]

　　인류가 목재, 고기, 야자기름, 사탕수수 등을 새로운 물질로 서둘러 대체하지 않는 한 열대우림과 그곳에 사는 독특한 동물들은 한 세대 내에 사라질 것이다. 지속 가능한 조림 산림(plantation forest)은 우림 벌목에 대한 한 가지 대안으로, 소나무와 유칼립투스처럼 빨리 자라는 나무들이 선택된다. 생명공학 회사 퓨테라진(FuteraGene)은 일반 유형보다 40% 더 빨리 성장하도록 유전자 변형된 유칼립투스 품종을 창조했는데, 이들은 단 5년 만에 키가 27m 넘게 자란다. 브라질의 거대한 목재 컨소시엄인 수자노(Suzano)가 소유한 그 회사는 목재와 생물 연료를 위해 이런 유전자 변형 나무 숲을 대규모로 조성할 계획이고, 2015년부터 그곳에서 나무들을 상업적으로 재배할 수 있도록 브라질 정부에 허가를 신청했다. 이런 조림 산업은, 원래의 숲이 아니라 그 바깥에서 나무를 재배한다면 벌목된 나무들의 일정 비율을 되돌릴 수 있을 것이다. 앞으로 몇십 년 동안 우리가 이런 생물학 공장들을 더 많이 지어야 한다는 것은 분명한 사실이지만 유칼립투스, 기름야자, 고무 같은 단일 종이 자라는 야생은 푸른 사막이나 마찬가지라서 다른 생태계에 존재하는 특별한 생물다양성과는 비교가 되지 않는다.

　　한편 연구자들은 인류세의 미래에 예상할 수 있는 자연적 열대우림의 모습을 알아내기 위해 노력하고 있다. 나는 거대한 정글 도시 마나우스 근처에 있는 브라질 아마존으로 가기 위해 더 북쪽으로 향했다. 그곳에서 연구자들은 아마존이 티핑 포인트에 도달해 사막으로 빠르게 변할지, 아니면 서서히 나빠져 우리에게 행동할 시간을 줄지 알아내는 것이 목표로 이런저런 실험을 실시하고 있다.

현재 약 2,500만 명의 사람들이 마나우스를 비롯해 빠르게 성
장하는 아마존 도시에 살면서 벌목, 농지 확장, 산업 오염, 그 밖의
피해를 부추기고 있다. 예를 들어 마나우스 주변 지역은 서식지를
빠르게 잃어감으로써 멸종 위기에 처한 작은 포유류인 얼룩무늬타
마린의 유일한 서식지이다. "우리는 아마존에 대해 아는 것이 거의
없습니다." 마나우스에 있는 INPA(국립아마존연구소)의 소장인 아
달베르토 루이스 발이 말했다. "2년 전 우리는 여기서 멀지 않은 한
장소를 찾아갔다가 새로운 원숭이 종을 발견했습니다. 우리는 셀
수 없이 많은 새로운 곤충과 거미 종들을 발견하고 있답니다." 분류
학자들은 인류세의 변화에 맞서 앞다퉈 새로운 종을 발견하여 명명
하고 있다. 연구자들은 아마존이 '멸종 부채'를 축적하고 있다고 생
각한다. 그것은, 개체군이 빠르게 감소하고 있지만 그들이 완전히
사라지기까지는 몇 세대가 더 걸릴 것이라는 논리이다.[18] 설령 그들
이 멸종하지 않는다 해도 기후변화의 압력 아래서 극적으로 변할
것이라고 루이스 발은 말했다. 문제는 어떤 변화가 일어날 것인지
에 대한 우리의 지식이 컴퓨터 시뮬레이션, 고대 기록 그리고 이미
기후변화가 종들(대개 조류)에게 영향을 미친 몇몇 기록된 사례에
기반을 두었다는 사실이다. 다시 말해 우리는 미래를 볼 수 없다.

그럼에도 루이스 발은 우리에게 미래를 보여주려고 한다. 그는
아답타(ADAPTA)라고 불리는 실험의 첫 번째 시도에서 세 가지 서
로 다른 온난화 예측을 바탕으로 향후 몇 십 년 동안의 아마존의 모
습을 엿보고 있다. 어류 생물학자인 루이스 발은 시클리드과인 오
스카를 포함한 물고기로 실험을 시작했다. 오스카는 겉모습은 못생
겼지만 매우 특별한 어류이다. 이 물고기는 신진대사를 멈추고도
체온 하락 없이 일종의 동면에 들어갈 수 있다. 이런 묘기가 필요한

이유는 이 물고기가 사는 '검은' 강(부패한 식물들 때문에 검은빛을 띤다)은 밤이 되면 산소가 심하게 부족해지고 산성을 띠기 때문이다(밤에는 광합성이 일어나지 않아서 용존 이산화탄소 때문에 산도가 대략 pH 3.5로 떨어진다). 한 생물이 이런 환경에 처하는 것은 매우 이례적인 일이다. '검은 강'에 사는 많은 어류는 수면 근처에서 숨을 쉬기 때문에 문제가 없다. 그 밖에 산소 결핍에 대처해야 하는 유일한 복합 동물은 높은 고도에 사는데, 그들은 이에 대한 적응으로 비대한 심장을 갖고 있다. 하지만 오스카는 완전히 다른 방식으로 산소 고갈에 대처한다. 이 물고기는 먼저 유산소 대사를 중단하고 우리와 같은 방식으로 무산소 대사로 전환한다. 그리고 혈류를 다른 조직으로 보내, 백색근처럼 그것을 견딜 수 있는 조직에 젖산을 축적한다. 대부분의 물고기들은 젖산을 배출하지 않으면 죽는다. 하지만 오스카는 일정한 시점에 연구자들이 여전히 찾고 있는 어떤 생물학적 방아쇠가 당겨짐으로써 밤 동안 무산소 대사에서 일종의 동면 상태로 전환한다. "녀석은 죽은 것처럼 보입니다. 시체 놀이라고나 할까요. 다음 날까지 죽은 거나 마찬가지인 상태로 보냅니다." 마리아 테레자 페르난데스 피에다테가 말했다. 그는 또 다른 오스카 연구자이다. 아답타는 오스카를 포함해 10종의 아마존 강 어류, 많은 수중 곤충들, 미생물, 식물을 조사할 계획이다. 연구 표본은 네 개의 똑같은 소우주에 담기는데, 세 개는 서로 다른 지구온난화 시나리오에 따라 높인 이산화탄소, 온도, 습도의 제약을 받고 나머지 하나는 대조군이다. 실험 결과를 분석하기 전까지 이 네 가지 실험 조건은 수년 동안 유지된다.

아달베르토 루이스 발은 반짝거리는 실험 장치들이 놓여 있는 '멸균실'의 밀폐된 이중문을 통해, 내게 미래 아마존의 모습을 보여주었다. 기후변화가 초래하는 유전자 변형을 조사하기 위한 초고속 대용량 염기서열 분석기가 놓여 있었고, 독립된 발전기로 돌아가는 복잡한 컴퓨터 제어 공기 장치도 있었다. 나는 그에게 무슨 일이 일어날 것 같은지 물었다. "어떤 물고기는 죽을 것이고 또 어떤 물고기들은 온도, 이산화탄소, pH 적응과 연관된 특정한 유전자들을 과발현시키거나 하향조절하겠지요." 루이스 발이 말했다. "우리는 확실히 모릅니다. 그러니까 이런 실험을 하는 거지요." 지구에 마지막으로 대기의 이산화탄소가 크게 상승했을 때 어류 종의 수가 폭발적으로 증가했다. 그때의 이산화탄소 상승은 현재 일어나고 있는 것보다 훨씬 더 오랜 시간에 걸쳐 일어났다. "아마존 어류들은 고온에 적응되어 있지만, 온도 변화에 매우 민감합니다." 그가 말했다.

아마존은 부분들의 총합보다 훨씬 더 큰 어떤 것이고, 루이스 발에게는 결코 말하지 않겠지만, 어류는 아마 그 숲의 가장 중요한 요소가 아닐 것이다. 하지만 어류는 하나의 지표이다. 그리고 그 실험은 이제 겨우 시작 단계이다. 현재 실험은 이미 모기(그중 일부는 말라리아와 뎅기열의 원인균을 옮긴다), 포유류, 나무를 포함한 더 큰 생태계를 포함시키는 쪽으로 확장되고 있다. 오스트레일리아에서 진행되고 있는 한 비슷한 실험은 유칼립투스 나무를 40% 높은 이산화탄소 농도(550ppm)와 더 높은 온도에 노출시켜 그들이 어떻게 반응하는지 살펴보고 있다. 처음에는 광합성이 증가하는 것 같지만, 그 효과는 곧 기온 상승에 의해 상쇄된다. 기온 상승이 나무의 성장을 저해하기 때문이다. 지금까지 숲은 기후변화로 인해 주로 피해를 입고 있다. 산불 빈도나 가뭄이 증가하기 때문이거나, 혹은 기온이 상승하면 병충해와 질병이 확산되기 때문이다. 하지만 세쿼이아(미국삼나무)는 기후변화로 이익을 보고 있는 것처럼 보인다. 기온 상승으로 해안의 안개가 줄어들면서 잎에 닿는 햇빛이 더 많아지기 때문이다.[19] 몇몇 장소에서는 전에는 숲이 없었던 곳에 숲이 생기고 있다. 대개 영구동토로 뒤덮인 북극 툰드라 지역은 홀로세에는 풀과 작은 관목들만이 자랐지만, 영구동토가 녹으면서 푸른 숲이 북쪽으로 올라가고 있다. 5,500만 년 전 대기 중의 이산화탄소 농도가 높았던 시기에 남극에 야자나무와 비슷한 나무가 존재했다는 사실이 밝혀진 뒤 연구자들은 남극에 야자나무가 자랄 것이라고 예측하고 있다.[20]

하지만 인류가 배출하는 온실가스를 흡수하기 위해서는 더 적은 나무가 아니라 더 많은 나무들이 필요한 이때, 인류세의 숲 면적에 대한 예측은 전반적으로 불길하다. 실은 매우 심각한 상황이라서 일부 과학자들은 더 많은 나무를 심기보다는 공기에서 이산화탄소를 흡수하는 더 효율적인 방법을 찾아 나무 설계를 전면 개선할 필요가 있다고 말한다. 자연이 채택한 방법인 광합성은 약 30억 년 전 박테리아의 한 종류가 태양에너지를 직접 이용할 수 있는 능력을 처음 진화시켰을 때, 즉 태양에너지를 이용해 공기 중의 이산화탄소로부터 당을 만들었을 때 개발되었다. 그것은 매우 유용한 적응이어서, 그 박테리아는 빠르고 왕성하게 불어나 자신들이 만든 독성 폐기물인 산소로 대기를 채웠다. 곧이어 산소를 마셔도 죽지 않는 유기체로 진화하여 산소로부터 이익을 얻었고, 그 결과 오늘날 지구에 존재하는 생명이 탄생했다. 식물은 이런 박테리아가 생산한 산물에 의존했다. 그러다 26억 년 전 어느 시점에 한 식물이 자신의 세포 안으로 그 박테리아를 끌어들였고, 그 박테리아는 식물의 세포 안에서 광합성을 수행했다. 인간을 포함한 거의 모든 생물이 태양을 연료로 이용하여 공기로부터 생명의 기본 단위인 탄소를 흡수하는 식물의 광합성 능력에 의존한다. 그리고 인간 문명이 진화한 홀로세의 기후는 대기 중의 온실가스 농도를 조절하는 숲에 의존했다.

나는 인공 숲을 조성함으로써 이 과정을 개선할 수 있다고 믿는 한 남성을 만나기 위해 뉴저지로 갔다.

컬럼비아대학교의 지속 가능한 에너지를 위한 렌페스트센터(Lenfest Center for Sustainable Energy) 소장인 클라우스 래크너는 독일 태생의 열정적인 과학자로, 제임스 러브록처럼 NASA에서 일하다 지구 시스템 관리 분야로 왔다(우주를 연구하는 일에는 우리 지구의 소중함을 깨닫게 만드는 뭔가가 있는 모양이다). 클라우스 래크너는 잎이 하는 것처럼 공기 중에서 이산화탄소를 직접 제거함으로써 지구 온도를 조절하는 방법을 찾고 있다. 성공한다면, 단순히 대기를 식히는 것 말고도 여러 가지 이익을 얻을 수 있는(예컨대 바다의 산도가 떨어진다) 몇 안 되는 지구공학적 방법 중 하나가 될 것이다.

최근 발전소 굴뚝에 집진 장치를 설치하여 원점에서 이산화탄소를 제거하려는 시도들이 이뤄지고 있다. 그런 다음에 그 이산화탄소를 식혀서 고염도 심부 대수층(해수보다 더 높은 염분 농도로 채워진 다공질 암석으로 전 세계 대부분의 지역에 존재하기 때문에 이산화탄소 저장을 위한 아주 큰 공간을 가지고 있다_옮긴이)의 유체를 대체하는 등 깊은 땅 속 저장고에 저장할 수 있다. 또 다른 저장 방법은 그 이산화탄소로 매장된 원유를 대체하는 것인데, 이렇게 하면 도달하기 힘든 장소에서 석유를 뽑아내는 것을 도울 수 있다. 이 과정을 '석유회수증진법'이라고 부른다. 발전소에서 온실가스를 제거하는 것 — 이것을 이산화탄소 포집 저장이라고 부른다 ─ 은, 우리가 화석 연료를 계속 태우고 있기 때문에 대기 중으로 이산화탄소가 추가 유입되는 것을 막는 유용한 방법이다. 하지만 이미 대기로 배출된 이산화탄소는 어떻게 할까? 발전소 굴뚝에서 배출되는 공기에는 이산화탄소가 12% 농도로 비교적 소량 존재한다. 그 이산화탄소를 제거하는 데는 엄청난 에너지가 들고 따라서 비용이 많이 들지만, 제거하는 것은 가능하다. 문제는 대기에서 이산화탄소를 제거하는 것이다. 대기 중의 이산화탄소는 농도가 매우 낮아서(부피로 따질 때 모든 가스 중 0.04%를 차지한다), 차이가 생길 정도로 이산화탄소를 제거하기 위해서는 막대한 양의 공기를 처리해야 하는데 이것은 장기적 노력을 요한다.[21] 그 결과 대부분의 과학자들이 이 방법에 회의적이다.

하지만 클라우스 래크너가 이 문제를 해결할 수 있는 기법을 제안했다. 그는 자연의 나뭇잎보다 1,000배 더 효율적인 '잎'을 사용하여 공기 중의 이산화탄소를 흡수하는 인공수를 설계했다. "우리는 실제 나무가 하는 것처럼 광합성을 위해 잎을 햇빛에 노출시킬 필요가 없습니다. 따라서 잎을 더 촘촘히 배치하거나 겹쳐놓아도 됩니다. 효율을 더 높이기 위해 벌집 대형으로 배치하는 것도 가능합니다." 래크너가 설명했다.

잎은 종이처럼 얇은 플라스틱판처럼 생겼고, 탄산나트륨을 포함한 송진으로 코팅되어 있다. 이 잎은 공기 중의 이산화탄소를 끌어들여 중탄산나트륨(베이킹 소다)의 형태로 저장한다. 따라서 수증기에 헹궈 이산화탄소를 씻어낸 뒤 바람에 자연 건조시키면 다시 이산화탄소를 흡수할 수 있다.

래크너는 자신의 인공수가 하루 1T의 이산화탄소를 제거할 수 있다고 추산했다. 이런 나무가 1,000만 그루가 있다면 연간 36억 T

의 이산화탄소를 제거할 수 있을 것이다. "1억 그루가 있으면 우리
가 배출하는 모든 이산화탄소를 제거할 수 있습니다. 실제 나무로
같은 효과를 내려면 1,000배나 많은 나무가 필요합니다." 그가 말
했다. 인류세에 자연 상태의 나무들은 힘겨운 투쟁을 하고 있는 데
다, 그렇게 많은 나무를 심기 위해서는 식량을 기르는 데 쓸 수 있
는 가치 있는 땅을 써야 한다. 인공수를 대량생산할 경우 한 그루당
자동차 한 대와 같은 비용이 드는데, 매년 7,000만 대의 자동차가
생산된다고 래크너는 지적했다. 각 나무는 트럭 위에 장착되어 세
계 각지에 배치될 것이다. "대기의 멋진 점은 잘 섞인다는 것입니
다. 그래서 미국의 한 도시에서 생산된 이산화탄소를 아라비아사막
에서 제거할 수 있지요." 그가 말했다.

그는 이렇게 포집된 이산화탄소를 식혀서 저장할 수 있다고 말
했다. 많은 과학자들은 설령 우리가 모든 이산화탄소를 제거한다
해도 그 모두를 고염도 대수층이나 유정에 안전하게 저장할 수 있
을 만큼 충분한 공간이 없다고 우려한다. 하지만 지질학자들은 대
안을 내놓고 있다. 예를 들어 감람석과 사문석의 혼합물인 감람암
은 이산화탄소를 잘 흡수하는 물질로, 이산화탄소를 안정한 탄산마
그네슘의 형태로 가둔다. 오만 한 나라만 해도 산에 약 3만 km^3의
감람암이 있다. 또한 구멍이 있는 현무암질 절벽을 이용할 수도 있
다. 그 구멍들은 수백만 년 전 화산이 폭발할 때 흐른 용암에서 현
무암이 형성되는 과정에서 기체 기포들이 응고된 것이다. 그런 응
고된 기포에 이산화탄소를 밀어 넣으면 반응을 일으켜 안정한 석
회암(탄산칼슘)이 형성된다. 이런 이산화탄소 흡수 과정은 자연적
으로는 지질학적 시간 척도에서 느리게 일어난다. 이 반응 속도를
높이기 위해 과학자들은 이산화탄소 가스를 먼저 물에 용해시킨

다음 그것을 고압 상태에서 암석에 주입하는 방법을 실험 중이다.

하지만 래크너는 이산화탄소 가스는 석화시키기에는 너무나 유용한 물질이라고 생각한다. 그가 제안하는 방법은 이산화탄소를 이용해 차량을 위한 액체 연료를 만드는 것이다. 이산화탄소는 물과 반응하여 일산화탄소와 수소를 만든다. 이런 일산화탄소와 수소의 혼합물을 합성가스라고 부르는데, 이것은 메탄올이나 디젤유 같은 탄화수소 연료로 쉽게 전환될 수 있다.

우리는 공기 중의 이산화탄소를 흡수하는 (그리고 이산화탄소가 공기 중으로 들어가는 것을 막는) 기술을 가지고 있지만, 그 경제성은 또 다른 문제이다. 래크너는 자신의 인공수들이 이산화탄소 1T을 제거하는 데 약 200달러가 들 것이라고 말한다. 이 정도 가격은 석유회수증진법에 따라 이산화탄소를 이용하기 위해 1T당 100달러를 지불하는 석유 회사들의 입장에서도 경제적으로 수지타산이 맞지 않는다. 결국 우리는 그 기술의 비용이 사회적으로 지불할 가치가 있는 것인지 결정해야 한다. 그리고 자연 세계가 우리를 위해 무료로 해주는 일들을 처리할 혁신적 방법을 고안할 때, 비용 문제는 계속해서 결정 기준이 될 것이다.

현재로서 광합성은, 그것을 수행하는 주체가 열대우림이든 인공 나무든 아니면 바다의 해조 숲이든 지구의 이산화탄소 농도를 홀로세 표준으로 되돌리는 유일한 방법이다. 인류세로 더 접어들면 이산화탄소를 원점에서 제거하는 과정이 더 쉽고 더 값싸질 것이다. 그리고 더 필수적인 일이 될 것이다. 공기를 정화하는 거대한 인공 나무숲도 보게 될 것이다. 하지만 클라우스 래크너의 실험실을 떠나면서 나는 곤충과 새 들이 지저귀는 아마존의 거대한 나무들을 떠올렸다. 로사 마리아 루이스의 숲은 탄소를 흡수하는 나무들의 집합 그 이상의 의미를 지닌다. 그것은 생명 그 자체이다. 우리가 이 서비스들을 대체할 인공물을 발견한다면 우리가 숲을 생각하는 마음도 함께 변할까?

9

R O C K S

**암
석**

우주에 존재한다고 알려진 물질의 거의 전부, 99.99%가 수소와 헬륨이다. 그러므로 지구의 물질적 풍요는 특별한 예외에 속한다. 게다가 우리 행성의 아름다운 예외가 생명의 복잡성을 진화시킨 과정은 더욱 예외적인 사건이다. 46억 년 전 지구가 형성될 때 지구는 겨우 70가지 광물이 뒤섞여 휘몰아치는 상태였기 때문이다. 지구가 식으면서 그 광물들 가운데 더 무거운 철 같은 원소들이 중력에 의해 중심으로 끌려갔다.

약 39억 년 전 빙글빙글 도는 지구는 '후기 융단폭격(Late Heavy Bombardment)'으로 일컬어지는 폭발적 시대로 접어들었다. 그 시기 동안 소행성들이 지구에 융단폭격을 가했고, 이로 인해 지표면에는 거대한 분화구들이 패었다. 소행성은 지구를 침입할 때 귀중한 화물을 싣고 왔는데, 그것은 금, 백금, 텅스텐을 포함한 귀한 금속들의 보물창고였다. 이런 금속은 지구의 맨틀에 파묻혔다. 끊임없는 화산 폭

발과 바다의 침식 작용은 지구의 원소들이 이런저런 압력과 기온 조
건 아래 결합하여 반응하게 했고, 그 결과 광물의 수가 두 배 이상 늘
어났다. 우리 태양계의 다른 행성들은 이 시기에 정점에 이르렀지만,
지구는 계속해서 수천 가지 광물을 더해갔다. 그것은 생명 덕분이었
다.

　　지구 지각판(밀도가 더 높은 현무암 위에 떠 있는 화강암 껍
질)의 이동과 충돌은 생명의 성분을 제공했다. 바로 생명의 원재료
(탄소, 질소, 인, 황을 포함하는)와 에너지 그리고 생명이 지속될 수
있도록 도운 물질의 순환이었다. 생명에게는 기막힌 재주가 있었는
데 바로 광합성이었다. 우리 발아래 땅, 이 독특한 지구는 생물, 화
학, 지질 사이의 춤이 만들어낸 산물이다. 생명은 태양만큼이나 확
실하게 이 바위 행성을 창조했다. 지구 내부의 엔진은 지표면에
$1m^2$당 겨우 0.1W의 에너지를 제공하지만, 광합성이 태양에너지로
만든 화학물질에는 이보다 네 배 많은 에너지가 갇혀 있다. 이 화학
에너지는 지질 과정을 추동하고, 지질 과정들은 다시 지구상의 생
명을 촉진하는 선순환을 일으켰다. 광합성은 대기를 산소로 채움으
로써 산화 금속 같은 수천 가지 새로운 광물을 탄생시켰다. 그리고
광합성된 유기물 그 자체는 지질 과정에 기여했다. 새로 생긴 풍부
한 점토는 거대한 화강암 지각판들의 운동에 윤활유가 되었고, 그
럼으로써 대륙 이동을 촉진했다. 점토는 축적되어 퇴적층을 이루었
고, 마그마로 들어갔다가 다시 화강암으로 토해져 나왔다. 지구의
암석들은 거의 전부 생명에 의해 변형된 것이다.

　　모든 생물 물질은 죽어서 지구에 파묻혔다. 숲은 석화되어 석
탄이 되었고, 바다에서 죽은 물질은 석유가 되거나 천연가스의 형
태로 갇혔다. 지표면에서는 빙하와 강이 암석을 침식시켜 계곡과

협곡을 조각했다. 화산과 지진은 지구의 부글부글 끓는 뱃속에 있는 광물과 가스를 내보냄으로써 기후를 바꾸고 갑자기 땅덩어리를 창조하거나 삼켰다.

홀로세는 비교적 안정된 지질시대이다. 대륙들이 1만 년 동안 1km도 움직이지 않았다. 하지만 인간이 지질에 영향을 미치는 새로운 행위자로 떠올랐다. 우리는 도구와 건축 재료를 얻기 위해 암석을 깎고 수집했으며, 금속과 연료를 얻기 위해 땅을 팠다. 우리는 철과 주석 같은 유용한 금속을 귀하게 여겼지만, 쓸 데 없는 금속(금 같은 장식적인 불활성 금속이나 다이아몬드 같은 결정)에 더 큰 가치를 부여했고, 이들의 가치는 제국과 전쟁의 원인이 되었다.

인류세에 지구를 움직이는 우리의 능력은 진정으로 전 지구적 규모가 되었다. 현재 우리는 빙하와 강에 의해 움직이는 암석 물질보다 더 많은 양을 채광과 그 밖의 채굴 활동을 통해 움직인다. 인류세는 지구의 뱃속에 있는 물질을 끄집어냄으로써 건설되었다. 우리가 제조하는 모든 것, 그리고 우리가 그렇게 하기 위해 사용하는 에너지는 우리가 캐낸 광물질로 만들어진다.

산업혁명은 지하에 파묻혀 있던 화석 물질들에 힘입어 일어났고, 뒤따른 거대한 사회 변화들은 지구의 암반에서 나오는 원재료들에 대한 욕망을 부추겼다. 대량생산, 자유 시장 자본주의, 소비주의, 기술혁명, 세계화는 20세기 중반 이래로 광물에 대한 수요를 극적으로 늘린 요인이었다. 많은 경우 수요가 지구의 공급을 앞지르고, 몇몇 금속은 더 이상 구할 수 없거나 점점 희귀해지고 있다. 스마트폰 같은 21세기 기기에 쓰이는 금속 다수가 지구에는 아주 희귀한 것이라서, 어떤 사람들은 미래를 대비해 소행성이나 심지어 다른 행성을 채굴하자고 제안하기도 한다. 인류세에 인류가 지구

자원을 약탈하는 규모는 그 어느 때보다 크지만 우리는 희소한 자원들 대신 풍부한 자원으로부터 에너지와 물질을 생산하는 새로운 방법, 그리고 지구 암석의 한계 안에서 살아가는 새로운 방법을 모색하고 있다.

|

산허리에 옹기종기 붙어 있는 온기 없는 낮은 돌집들 사이에 지하로 들어가는 낮고 어두운 입구가 있었다. 그곳은 라마 피로 검게 물들어 있었는데, 2주 전 티오(악마)에게 고사를 지낸 흔적이었다. 광부들은 미신에 약한 족속이다. 현실의 곤경이 그들을 초자연적 존재에 매달리게 만든다. 그들은 해가 쨍쨍 내리쬐는 바깥으로 나오면 독실한 가톨릭 신자들이지만, 일단 지하로 들어서면 그들을 장악하는 존재는 '티오'이다.

볼리비아의 기후변화 난민들 대부분이 막판에는 이곳에 이르고, 살아 나가기 어려운 악마와의 계약을 맺는다. 나는 가뭄 때문에 작물들이 죽고 농부들이 자신의 논밭과 집을 떠날 수밖에 없을 때 그들에게 무슨 ― 좋지 않은 ― 일이 일어나는지 보기 위해 이곳을 찾았다.

해발고도 4,000m 이상에 자리한, 가난에 찌들어 다 쓰러져가는 도시 포토시는 세계에서 가장 높은 도시 중 하나이지만, 그보다 높은 무지개 빛깔의 세로리코('풍요로운 산')가 그 도시에 ―그 도시의 영광과 공포가 무엇 때문이었는지 상기시키듯 위압적인 모습으로 ― 그림자를 드리운다. 포토시는 그 산에서 은이 발견된 뒤 1545년에 건설되었다. 그 은맥은 세계에서 가장 수익성이 좋아서 스페인 제국에 200년 넘게 자금줄을 제공했다. 이 귀한 금속의 막대한 양(한때는 여기서 스페인까지 은으로 된 다리를 건설하여 그 위로 은을 실어 나를 수 있을 만큼 많았다고 한다)은 포토시를 서구 세계에서 가장 부유하고 가장 크고 가장 인구가 많은 도시로 만들었다. 17세기에 포토시에는 20만 명이 넘는 사람들이 살았다. 독자적인 조폐국도 있었는데, 이 조폐국 마크(화폐 양면에 PTSI라고 찍었다)가 달러 기호의 기원이 되었다고 여겨진다. 식민지 시대 동안 거의 7만 T에 가까운 은이 세로리코에서 실려 나갔다.

여기에는 혹독한 대가가 따랐다. 스페인이 점령한 350년 동안 은광 산업에 종사하다 죽은 사람이 800만 명에 달했다. 처음 '사라진' 사람들은 토착민 노예들이었다. 그들이 죽자 스페인 정복자들은 수만 명의 아프리카 노예를 수입해야 했고, 1572년에는 모든 노예들이 한 번에 넉 달씩 지하에 머물면서 12시간 교대로 일하게 하는 군법을 도입했다. 광부의 평균 수명은 단 6개월이었다.

1800년대에 은이 고갈되고 세계 은 시세가 떨어지면서 포토시는 쇠락의 길로 접어들었고, 최근 들어서야 주석, 납, 아연에 대한 수요 덕분에 다시 회복하는 중이다. 하지만 세로리코는 여전히 은 광부들을 끌어들인다. 그들은 그곳에서 영혼뿐 아니라 육신까지 거래하는, 파우스트보다 더 심한 계약을 한다. 이곳 광부들은 광산에 들어간 지 10년 내에 죽고 평균 35세를 못 넘긴다. 그들은 규폐증에 걸리거나 사고를 당하거나 청산가리, 수은, 일산화탄소 등 그들이 노출되는 다양한 독성 화학물질에 중독되어 죽는다. 아무리 열심히 노력해도 노동조합에 소속된 사람들은 1주일에 평균 1,500볼리비아노(약 225달러)를 벌 수 있고, 독자적으로 일하는 사람들은 대개 이보다 훨씬 적게 번다. 급료는 그들이 생산하는 광물의 양과 질에 따라 달라진다. 이 글을 쓰는 시점(2014년 1월)에 은은 온스당 20달러에 거래되었지만, 중개 수수료를 지불하고 나서 광부에게 돌아오는 몫은 적었다. 만일 한 광부가 가까스로 노동조합에 가입할 수 있다 해도(그는 가입비로 7,000달러를 내야 한다), 급료의 16%(모든 조합원이 균등하게 부담한다)가 조합으로 간다. 이 돈에서 세금을 지불하고 남은 돈으로 광부들이 규폐증에 걸리거나 사고를 당할 때를 대비한 의료보험과 연금을 들고, 미망인들의 급료도 여기서 지급된다.

후안 마마니 초케는 3년 동안 광산에서 일했다. 그는 깊은(지하 60m) 갱도에서부터 트롤리를 이용할 수 있는 높이(지하 25m)까지 50kg 무게의 암석을 실어 날랐다. 당시 몸무게가 겨우 45kg이었던 초케는 규폐증으로 죽은 자기 아버지와 같은 방식으로 일했다. 그는 스물다섯 살 되던 해에 갱도 아래로 미끄러져 떨어지면서 허리를 다쳤다. 치료하는 동안 그의 아내는 그에게 광산으로 돌아가지 말고 다시 학교로 돌아가 대학을 졸업하고 어학 교사가 되라고 말했다.

초케는 나를 데리고 광부들의 시장으로 갔다. 그곳에서 2달러만 있으면 4분 내에 탈출하는 데 충분한 양의 니트로글리세린, 질산암모늄, 신관을 구할 수 있다. 우리는 버스를 타고 세로리코에 있는 700개 광산 가운데 가장 오래되고 적어도 350년 전부터 있었던 칸델라리아 바호 광산으로 가서, 핏자국이 있는 입구로 걸어갔다.

내 앞에 그 길을 갔던 수백만 명의 사람들이 그랬듯이, 나는 마지막으로 해를 한 번 본 다음 지하 세계로 들어갔다. 들어가자마자 주변이 캄캄해지고 먼지가 자욱했다. 공기에서는 특이한 냄새가 났다. 이곳에 있는 여러 화학물질이 뒤섞여서 내는 독한 냄새였다. 나는 낮은 암석 아래 몸을 웅크린 채 초케의 뒤를 따라 비틀거리며 걸었다. 10년 전에 지질학자들이 굴과 틈새로 가득한 그 산이 8~10년 내에 무너질 것이라고 예측했던 사실은 애써 잊었다. 나는 머리를 여러 번 부딪혔다. 그때마다 내가 쓴 딱딱한 모자에 감사했지만, 이내 그 모자가 눈을 덮어 시야를 가린다며 욕을 했다. 그때 갑자기 초케가 옆으로 비키라고 소리쳤다. 우리가 가까스로 바위 위로 올라서자마자 일련의 강철 트롤리들이 우리 쪽으로 쏜살같이 내려왔다. 그 트롤리들을 밀고 끄는 남자들의 눈은 코카 잎을 씹어서인지 유령처럼 퀭했다.

우리는 계속해서 광산의 더 깊은 곳으로 내려갔다. 스카프로 코를 가렸는데도 공기는 숨을 쉬기 힘들 정도였고, 한 걸음 더 내딛을 때마다 앞이 점점 더 보이지 않았다. 곧 우리는 공포감이 엄습할 만큼 좁은 터널을 손과 무릎을 땅에 댄 채 기다시피 통과했고, 그런 다음에도 계속 내려갔다. 그리고 이렇게 깊은 곳에 사는 토끼는 물론 없지만, 우리는 작은 '토끼 굴'을 통과해 더 낮은 층에 이르렀다. 우리는 산의 내부로 2km쯤 들어와 있었다. 숨 막힐 듯 덥고 숨을 쉴 때마다 폐가 찌르는 것처럼 고통스럽고 엄청나게 지쳤다. 우리는 채굴 작업을 하고 있지도 않은데도 그랬다. 아래로 더 내려가, 너무 좁아서 배를 대고 미끄러지듯 움직여야 할 정도로 좁은 통로를 통과했다. 그곳에서 두 사내가 삽으로 암석들을 퍼서 트롤리에 싣고 있었다. 나는 그들에게 내가 가져온 물을 건넸다. 트롤리 두 대에 짐을 더 실어 보내고 나서 한 사내가 잠시 멈추어 내게 말을 걸었다.

다마소 콘도리 씨는 마흔 살이고 이곳에서 일한 지는 5년이 되었다. 그는 점점 심해지는 가뭄 때문에 할 수 없이 고향을 떠나 돈을 벌러 세로리코에 왔다. 몇 달 전부터 기침이 시작되었고(규폐증

의 첫 징후이다), 고향에 있는 가족들도 걱정이다. 하지만 지금으로
서는 일을 그만둘 수 없다. 다섯 아이의 학비를 마련할 방법이 달리
없기 때문이다. 해발고도 4,200m에 기온이 40도가 넘는 이곳에서
콘도리와 그 동료들은 각기 (짧은 편인) 8시간 교대로 40T의 암석
을 옮긴다. 산소가 희박하고 먼지가 자욱해서, 나는 여기에 서 있는
것만으로도 머리가 깨질 듯 아프고 눈물이 줄줄 흘렀다. 또 다른 5
인조 남성이 트롤리를 끌고 도착하자 콘도리는 다시 삽질을 시작
했고, 우리는 지상으로 되돌아갔다. 그것은 내려올 때 밟았던 갱도
를 고스란히 되밟아 돌아가는 길고 고통스러운 여정이었다. 하지만
50kg 짐을 짊어지고 하루에도 몇 번씩 똑같은 길을 떠나는 초케를
생각하니 불평할 수가 없었다. 만일 당신 아들이 광산에서 일하겠
다고 한다면 어떻게 하겠느냐고 물었더니 초케는 이렇게 답했다.
"차라리 녀석의 엉덩이에 다이너마이트를 달겠어요. 절대로 안 돼
요."

　귀한 은은 과거에는 주로 동전과 보석을 만드는 데 쓰였다. 나
중에 은을 질산 용액에 녹이면 투명한 감광성 결정인 질산은이 생
긴다는 사실이 밝혀졌고, 이것은 사진술의 발달에 핵심적 역할을
했다. 1970년대에는 은이 바닥나면 사진의 종말이 올 것이라는 두
려움이 있었을 정도로 그것은 중요한 발견이었다. 그때 디지털 사
진이 발명되었다. 현재 은의 (장식 시장을 능가하는) 산업적 용도
는 전자 기술, 촉매, 의료 등이다. 은은 어떤 금속보다 전기 (열) 전
도성이 높아서 다양한 전자 기기에 사용된다. '특효약(silver bul-
let)' 은의 약효는 적어도 고대 그리스 시대 '의학의 아버지' 히포크
라테스 시절부터 알려졌다. 은과 은 화합물이 박테리아와 균류에
독성 효과를 내기 때문에 은 화합물은 소독제와 화상 치료제로 이

상적이다. 또한 은은 심장 판막과 카테터에 쓰인다. 현재 연구자들은 은을 암을 퇴치하는 데 쓸 수 있을지 연구 중이다.

하지만 은은 점점 희소해지고 있다. 2010년 미국 지질조사국의 한 보고서에 따르면, 현재 알려진 세계 은 매장량은 40만 T이고 연간 생산량은 2만 1,000T이다. 이 추산에 의하면 2029년에는 은이 바닥난다. 하지만 실제로는 은 가격이 올라가면서, 탐사의 비용 효율이 높아지고 보통은 새로운 광상이 발견된다. 하지만 그렇더라도 이번 세기를 넘기지는 못할 것이다. 한 가지 해법은 유통 중인 은을 재활용하는 것이다. 광석 1T에는 보통 3g 이하의 은이 포함되어 있는 반면에 폐휴대폰 1T(6,000대)에는 3.5kg의 은이 포함되어 있다. 따라서 구식 휴대폰들을 '채광'하는 것이 더 합리적이다. 폐기된 전자 기기들은 귀한 은 광상을 포함하고 있으며, 그 광상은 땅에서 채광된 광상보다 평균 40~50배 더 풍부하다. 하지만 은이 점점 더 희소해지고 은 가격이 상승하면, 은이 쓰이는 곳 대부분에서 대용품을 찾아야 할 것이다. 예를 들어 알루미늄이 은을 대체할 수 있다. 또는 산화 금속도 훌륭한 전도체로서 은을 대체할 수 있다. 금값이 은 밑으로 떨어지는 얼마든지 가능한 일이 실제로 일어날 경우, 은의 일부 용도를 금으로 대체할 수 있을 것이다.

대안이 있다 해도, 은 가격이 높고 지하에 아직 은이 남아 있는 동안은 절박한 사람들이 계속해서 은을 채굴할 것이다. 그리고 광물이 점점 더 희소해지면서, 그것을 캐내기 위해 더 많은 자원(땅, 에너지, 물)이 필요하다. 예컨대 현재 희소해진 동을 채굴하기 위해서는 같은 양의 동을 얻는 데 과거에 필요했던 것보다 평균 10배 더 많은 광석이 필요하다. 증가하는 수요는 금에서부터 희토류 금속까지 다양한 유용한 금속들의 가격을 끌어올렸고, 채광의 수익성이 높아질수록 열대우림과 강의 파괴가 부추겨지고 가난한 나라들에서 돈을 벌기 위한 폭력과 인권 유린이 정당화되었다. 게다가 인류는 모든 것을 점점 더 많이 사용하고 있다. 2050년에는 화석 연료, 광물, 광석, 생물자원의 사용량이 세 배 늘어나 연간 1,400억 T으로 치솟을 것으로 예상된다.[1] 금속과 그 밖의 재화들의 가격은 몇몇 나라들에서 부의 창출을 도왔다. 하지만 가난한 세계가 낙수 효과를 누릴 수 있느냐는 통치 여건에 달렸다. 예를 들어 보츠와나 정부는 그 나라의 다이아몬드 광산(정부가 일부를 소유하고 있다)을 이용해 교육, 보건, 기타 공공사업의 자금을 마련한 반면에 콩고민주공화국은 그러지 않았다.

광산 위로 올라가는 길에 초케와 나는 '티오'를 보기 위해 믿을 수 없을 만큼 끔찍한 또 다른 길로 우회했다. 모든 광산에는 그곳만의 '티오'가 있다. 우리는 무서운 용모와 말도 안 될 정도로 큰 음경을 지닌 채 앉아 있는 잔인한 형상을 발견했다. 그 주위에는 얼핏 보면 쓰레기 더미처럼 보이는 것이 널려 있었다. 담배, 코카 잎, 위스키와 럼주 병, 음식, 덜 노골적인 포르노가 그려진 화투를 포함하여 모든 물건이 티오에게 바치는 제물이었다. 광부들은 그 악마가 다른 데 정신이 팔려 자신들을 죽일 시간이 없기를 바라는 마음으로 티오를 정기적으로 찾아 그런 제물로 달랜다.

하루 종일처럼 느껴졌지만 실제로는 한 시간 반밖에 안 되는 시간이 지난 뒤 우리는 햇빛 속으로 나와 눈을 깜박거렸다. 나는 시원하고 신선한 공기를 들이마시며 살아 있는 것에, 티오를 따돌린 것에 감사했다. 광산에서 들이마신 먼지로 목소리가 콱 막혔고, 그 을음을 씻어내고 지하 세계의 악취를 풍기는 옷을 세탁하려면 20분은 족히 걸리겠지만 내가 겪은 것은 광부들이 겪는 일에 비하면

장난 수준이다. 12~14시간 동안 그런 조건에서 일하고 때때로 야간 교대를 하고, 그것도 수년 동안 그렇게 한다는 것은 나로서는 상상도 할 수 없는 일이다. 어린아이들은 아홉 살부터 그런 광산에서 일한다. 이곳에는 중년 남성들이 없다. 광산 바깥에서 삽으로 암석을 푸는 미망인들뿐이다.

광부들이 다니는 포토시 병원에서 나는 애처로운 장면을 목격했다. 30대이지만 고대 사람처럼 보이는 남자들이 뒤쪽에 거대한 산소 탱크를 두고 팔에는 정맥주사를 꽂은 채 침대에 죽은 사람처럼 누워 있었다. 이것은 우리가 은을 사랑한 여파이고, 농장에 있던 마을 사람들을 광산으로 내몬 기후변화의 결과이며, 그런 조건에서 사람이 일하고 살 수 있게 허가한 정부 정책의 결과이다.

5번 침대에 누워 있는 시몬 아르시비아 씨는 포토시에서 태어났고 열일곱 살 때부터 광산에서 일했다. 그는 협동조합이 병원비를 지불하는 병원에 규폐증으로 입원한 지 한 달째인데, 내게 좋아지고 있다고 말했다. 나는 정말 잘됐다고 말했다. "보통은 죽어요. 하지만 나는 아니에요. 나는 괜찮을 겁니다. 내게는 아들이 있으니까요." 나는 그에게 아들이 광산에서 일하면 어떻게 하겠냐고 물었다. "절대 안 돼요. 아들은 공부하고 있어요. 나는 아들이 의사가 되기를 바라요. 돈이 많이 들지만, 조합원들이 돈을 갹출하고 나도 교대 근무를 더 많이 하고 있어요."

우리는 한동안 잡담을 나누었다. 그러고 나서 내가 가려고 하자 그가 말했다. "정부가 광산을 폐쇄해야 한다고 생각합니다. 광산은 내 아버지를 죽였고, 지금은 나를 죽이고 있어요."

수만 년 동안 인간은 이 광대한 바위투성이 행성의 토양 밑을 깎아내며 도구, 건축 재료, 반짝이는 보석을 갖기 위해 지구의 딱딱한 표면을 약탈했다. 우리가 강한 불활성 물질의 가치를 알아차린 유일한 종은 아니다. 침팬지들도 돌로 된 도구를 이용하고 네안데르탈인들은 유럽에서 부싯돌을 캐냈다. 하지만 돌 외에 지구 내부의 금속과 그 밖의 광물을 파낸 생명체는 우리가 유일하다. 모든 문명이 채광을 바탕으로 일어섰다. 특정 금속은 철기시대와 청동기시대와 같이 문명 발전 단계를 정의할 정도로 중요해졌다. 제국들은 귀한 금속, 보석, 연료를 찾아 대양을 가로질러 멀리 뻗어 나갔다. 로마제국은 금속을 캐내기 위해 영국을 침입했고, 수압을 이용한 채광으로 땅속 깊은 곳에서 금을 수확했다. 400년 전 스페인의 운명이 갑자기 흥한 것은 포토시의 산에서 긁어낸 은 덕분이었다.

채광된 보석들의 일부(예를 들어 철)는 수십억 년 전 한 항성 안에서 창조된 반면, 석탄 같은 광물은 비교적 최근인 약 3억 년 전 살아 있는 숲이 습지에 파묻혀 퇴적물에 의해 압축되는 과정을 통해 만들어졌다. 채광된 물질 가운데 일부는 철처럼 지구의 지각에 흔하고 다른 것들은 희귀하지만, 수천 년의 시간 틀 안에서 대체 또는 재생할 수 있는 것은 아무것도 없다.

석기시대에는 기술이 원시적이었으며 최소한의 수준에 머물렀고, 전적으로 재생 가능한 원재료를 이용했다. 도시가 생기고 산업이 발생하여 새로운 문명을 육성하면서, 우리가 지구에 미치는 영향도 증가했다. 산업혁명은 채광의 급격한 증가를 가져왔다. 석탄을 연료로 생산된 증기력 덕분에 (석탄을 포함한) 물질을 채광하고 수송하고 가공하는 능력이 급속히 증가한 것이다. 1700년에 전세계 석탄의 80% 이상이 영국에서 채광되었는데, 영국은 새로운 물질을 채광하고 가공하여 전 세계로 분배하는 움직임을 추동했다. 18세기와 19세기 동안 기술이 개선되면서 투기꾼들이 아프리카, 오스트레일리아, 미국 전역의 새로운 영토를 탐험하며 금과 그 밖의 가치 있는 금속과 보석 들을 찾았다. 하지만 채광과 채굴의 규모에서 진정으로 전 지구적 혁명이 일어난 것은 지난 60년 동안이다. '거대한 가속(Great Acceleration)'이라 일컬어지는, 인구 팽창, 세계화, 기술 통신 발전, 개선된 농법과 의학의 진보가 추동한 인간 활동의 급격한 증가에 비견할 만한 것은 아무것도 없다. 거대한 가속의 시대에 광물질의 사용이 급증한 증거를 우리는 이산화탄소 배출에서부터 물 사용, 자동차의 수, 오존층 파괴, 산림 벌채, GDP, 소비에 이르기까지 모든 것에서 목격할 수 있다. 새로운 물질에 대한 우리의 채워지지 않는 욕망은 갈수록 증가하고, 이에 따라 우리는 지구 구조의 점점 더 많은 부분을 헤집어 그것을 지표면 여기저기로 확산시키고 있다.

인류는 현재 지구 물질을 움직이는 지구상의 가장 큰 힘이다. 인간은 전 세계의 모든 강, 빙하, 바람, 비의 힘을 합친 것보다 3배 이상 많은 퇴적물과 암석 물질을 움직인다. 강은 매년 약 130억 T의 퇴적물을 움직인다.[2] 10억 T은 중국의 만리장성을 두 개쯤 세울 수 있는 양이다. 인간은 매년 약 80억 T의 석탄을 캐내고, 2030년에는 그 양이 130억 T이 될 전망이다. 그리고 우리는 매년 20억 T의 철광석과 수십억 톤의 기타 물질을 포함해 총 130억 T의 물질을 생산한다.[3] 미국 한 곳만 해도 폐광이 56만 8,000개가 존재하고, 전 세계적으로는 수백만 개가 존재한다. 우리는 지구 표면을 조각하고 있으며, 지질시대의 어느 시기에도 목격된 적이 없는 속도로 물질을 뽑아내고 있다. 우리의 굴착으로 수 킬로미터에 이르는 암반에 수백만 개의 구멍과 굴이 뚫렸다. 전 세계에서 — 심지어는 꽁꽁 얼어붙은 북극해, 타는 듯한 아타카마사막, 깊은 대서양 같은 사람이 살 수 없는 장소에서도 — 인간은 석유와 가스, 다이아몬드와 구리 그리고 몇 십 년 전에는 몰랐으나 지금은 현대 생활의 편의에 필수 불가결한 일부가 된 우라늄과 희소한 금속들에 도달하기 위해 땅 밑으로 깊숙이 뛰어들고 있다. 새로 발견된 물질은 그것이 파묻혀 있는 영토에 — 그리고 파고 뚫는 회사들에 — 엄청난 부를 약속한다. 그래서 우간다에서 브라질까지 국가들은 기를 쓰고 탐사를 하고 있다. 세계는 가장 가난한 나라들이 광물을 발견한 뒤 극적으로 부자가 되는 것을 목격했다. 막대한 유정과 천연가스정을 보유한 사우디아라비아는 단 한 가지 사례에 불과하다.

　하지만 그런 부에는 문제가 따라오게 마련이다. 채광은 더럽고 위험한 사업이다. 2010년에 칠레의 지하 갱도에 광부 33명이 여러 달 동안 갇혔을 때 세계는 공포에 질려 그것을 지켜보았다. 그 광부들은 구조되었지만, 몇 달 뒤 뉴질랜드의 광산에 갇힌 29명의 광부는 운이 좋지 못했다. 이들 사례는 세계 최대 기업들이 운영하는, 세계 최고의 광산들에서 최근에 일어난 단 두 가지 사례에 불과하다. 불법 갱도의 끔찍한 조건 아래서 작업하는 열악한 광산의 광부들 수천 명이 매년 소리 소문도 없이 죽어간다. 중국 한 곳에서만 해도 매주 약 50명의 광부들이 죽는다.[4] 광산은 대개, 권리를 거의 보장 받지 못하는 가난한 현지인들이 소유한 땅에 건설된다. 그 사람들은 이윤을 거의 얻지 못하고 자신들의 논밭, 공기, 수로, 땅이 오염되는 것에 대한 보상도 받지 못했다. 나이지리아의 니제르델타

(Niger Delta)는 석유 유출로 기름이 둥둥 떠다니는 폐허가 되었는데, 이런 오염은 세계에서 가장 가난한 사람들의 건강을 해치고 그들의 식수와 농경지를 망치고 물고기를 죽이고 있다. 그곳의 환경 재앙이 누그러질 조짐이 보이지 않는 와중에도 세계에서 가장 돈 많은 석유 회사 중 한 곳은 아무런 제제 없이 환경을 오염시키고, 가난한 사람들은 송유관을 불법으로 가로채 유독한 액체를 유출하고 확산시키고 있다. 수백만 년 전 죽어서 파묻힌 해조류와 플랑크톤에서 형성된 석유는 아마존에서부터 시베리아까지 전 세계 지표면에 유출되고 확산되어 생태적으로 파괴적 결과를 초래하고 있다.

현재 전 세계는 매일 8,500만 배럴이 넘는 석유를 이용하고, 석유 가격이 상승하면서 기업들은 석유 추출에 더욱 열의를 보이고 있다. 심지어는 역청탄에서 원유를 추출하려는 시도까지 하고 있다. 역청탄은 역청이 든 석유를 다량 함유하고 있을 가능성이 있지만, 그것을 추출하는 과정은 아주 더럽고 에너지가 많이 드는 데다 황폐화된 땅을 흔적으로 남긴다. 그럼에도 한 필수적인 원자재를 국내에서 공급할 수 있다는 것은 중국 같은 나라에는 환경과 국민의 건강에 대한 상당한 우려를 누르고도 남을 정도로 큰 매력이다. 채광에는 막대한 양의 물과 에너지가 필요하지만 채광지에는 대개 이 두 가지가 모두 부족하다. 이 때문에 광산 개발 현장에는 발전소, 수력발전 댐, 처리 시설 및 정유소, 고속도로와 그 밖의 기반 시설, 폐수 처리용 연못과 유해한 슬러지를 처리하는 시설들이 들어온다. 암반에서 원하는 금속을 분리하는 데 사용되는 방법들 역시 대개 유해하다. 사금 채취의 경우 강 수계 전체가 수은에 오염된다. 원자재 추출은 흔히 열대우림이나 북극 같은 취약한 지역에서 일어나는 훨씬 더 큰 환경 변화의 작은 부분을 이룬다.

우리는 산꼭대기를 깎아냈고 슬래그(광물을 제련할 때 광석에서 금속을 빼내고 남은 찌꺼기_옮긴이)와 암석으로 새로운 산들을 창조했으며, 심지어는 전에는 아무것도 존재하지 않았던 장소에 섬을 만들기까지 했다. 두바이 연안에 있는 야자수 모양의 섬은 약 4억 T의 지질 물질을 한 장소에서 다른 장소로 옮겨서 만든 것이다. 이런 종류의 대륙 이동은 원래 화산 폭발이나 지각판 요동으로만 일어날 수 있었을 것이다. 인류세에 인류는 흙더미를 움직이는 기계를 대동하고서 이 행성의 모습을 차츰차츰 바꾸고 있다. 우리 발밑의 암석은 굴착되고 약탈된 뒤 유독성 금속과 슬러지 같은 폐기물로 채워지고 있으며, 이런 폐기물은 누출되어 지하수를 오염시킬 수 있다.

19세기의 산업혁명가들은 영국에 오염의 유산을 남겼다. 피크 디스트릭트(Peak Districkt, 영국 더비셔주 북부의 고원 지대_옮긴이)에는 공장 굴뚝에서 유래한 산성비 때문에 이탄(소택지나 호수 등의 습윤지에 퇴적한, 불완전하게 분해된 식물 유체의 퇴적물_옮긴이)이 레몬주스보다 더 강한 산성을 띠는 곳이 있다. 강들은 지금도 납과 주석 채광의 유독한 선광 부스러기로 오염되어 있으며, 해안 지대는 탄광 쓰레기로 황폐해져 있다. 하지만 어떤 지역이 점점 부유해지면, 오염을 유발하는 더러운 제조 과정을 더 가난한 나라로 아웃소싱하기 시작한다. 중국에서 일어나는 오염의 대부분 ― 더러운 배기가스, 변색된 강, 오염된 토양, 파괴된 황무지 ― 은 영국과 그 밖의 다른 나라로 수출하기 위한 최근의 상품 제조와 관련이 있다.

포토시 광산을 둘러본 짧은 여행
은 내게 현실적 문제를 한 가지 남겼다. 내 카메라가 먼지와 그을음
때문에 고장이 나서 셔터가 작동하지 않았다. 볼리비아 수도 라파
스에서 나는 카메라 수선공을 찾아갔고, 그는 내게 2시간 뒤에 오라
고 말했다. 나는 그 문제가 개발도상국에서 발생한 것에 감사했다.
여행을 하는 동안 배낭이 찢어지거나 메모리카드에서 데이터가 사
라지는 등 수리가 필요한 문제가 여러 차례 발생했다. 인도에서부
터 에티오피아까지 나는 고장 난 물건을 수리하는 사람, 또는 문제
를 피해 갈 독창적 방법을 찾아내는 사람을 발견하는 데 아무런 어
려움이 없었다. 부유한 나라에서는 그런 문제가 발생하면 물건을
버리고 새것으로 교체해야 한다. 하지만 개발도상국 세계는 수리공
과 임기응변가들, 남들이 버린 고철을 창의적으로 이용하는 사람들
로 가득하다. 나는 나이로비에서 자동차 부속품, 야채 탈수기, 가죽
벨트를 조합하여 만든 자전거와, 온갖 종류의 기구들로 만든 안테
나를 보았고 돛, 쌀 자루, 플라스틱 음료수병으로 지은 집들을 보았
다. 하지만 카메라 수리점으로 돌아간 나는 곧 충격적 사실을 접했
다. 이런 종류의 카메라는 수리가 불가능하다고 그 남자는 내게 말
했다. 너무 "최신" 제품이라는 것이다. 30년 전에는 매년 몇 가지 카
메라 모델만이 출시되었고 모든 모델에 대한 서비스와 수리 설명
서, 갈아 끼울 부품들을 이용할 수 있었다. 이뿐 아니라 수리 산업도
성업을 이루었다. 하지만 상황이 바뀌었다. 소비자 전자 제품의 대
다수가 그렇듯이, 내 카메라는 쉽게 수리할 수 없도록 설계되었고
제조업체는 수리 설명서를 더 이상 제공하지 않는다.

내 카메라 부품들은 갈아 끼울 수 있도록 설계되어 있지 않았

다. 즉 충전할 수 있는 배터리는 성능이 다하면 교체할 수 있지만, 그 비용이면 새 카메라를 살 수 있다. 몇몇 기기들의 경우에는 배터리가 내부 회로와 결합되어 있어서, 사용자들은 배터리가 죽으면 제품을 통째로 바꾸어야 한다. 기기들이 점점 저렴해지면서 소비자들은 기꺼이 '업그레이드'를 한다. 휴대폰 시장은 2000대 초에 영국과 미국에서 포화 상태에 이르렀고, 따라서 휴대폰 회사들은 소비자의 휴대폰을 매년 업그레이드함으로로써 경쟁한다. 결과적으로 소비자들은 잘 작동하는 휴대폰을 단지 유행상의 이유로, 또는 지금 사용하는 기기의 소프트웨어를 업그레이드함으로써 얻을 수 있는 사소한 기술을 추가하기 위해 새것으로 교체하는 것이다.

매년 휴대폰을 포함해 약 5,000만 T의 전자 폐기물이 생산되는데 그 가운데에는 수백 가지 재료로 조립된 부품들이 포함되어 있다.[5] 전자 폐기물 국제 거래는 수익성이 매우 높지만, 그것을 재활용하는 작업장에서 일하는 노동자들은 내부의 귀한 금속을 얻는 과정에서 유해 중금속, 플라스틱 연소로 인한 다이옥신과 각종 독성 물질에 노출된다. 심지어 아동 노동도 자행된다. 최선은 중고 전자 기기에서 데이터를 삭제한 다음 개조하거나 수리하는 것이다. 최악은 잘게 조각내 버림으로써 채광된 광물과 그것을 제조하는데 들어간 다른 자원을 낭비하고, 그럼으로써 기기를 교체하게 만드는 것이다. 전자 제품 제조는 현재 매년 320T의 금과 7,500T의 은을 사용하지만, 회수되는 양은 15%가 채 되지 않는다.[6]

잘 작동하는 것을 교체한다는 생각은 현재 우리 문화에 매우 깊이 뿌리내린 개념이라서, 그 개념에 의문을 제기하는 사람은 거의 없다. 하지만 그것은 꽤 최근에 생긴 개념으로 광고업과 제조업에 일어난 혁명이 가져온 것이다. 두 산업은 도시화, 대량생산, 대중 방송 매체, 세계화 같은 20세기의 변화를 기반으로 번성했고, 그런 변화는 전 세계를 공장으로 바꾸고 나아가 인류가 생산하는 물건들을 위한 시장으로 만들었다. 사소한 결함만 있어도 버리고 새로 살 수 있을 정도로 값이 싸진 옷, 철, 전자 기기, 장난감, 컴퓨터, 휴대폰, 카메라는 저비용 공장에서 만들어지는데, 그런 공장들은 흔히 노동자의 건강과 안전을 무시하고 유해한 부산물과 폐기물을 강에 쏟아 버리거나 또는 그냥 방치하여 토양을 오염시킨다. 중국의 경작 가능한 토양의 약 20%가 현재 중금속에 오염되어 있다.

대부분의 제조업체의 목표는 채광된 광물이 제품을 거쳐 소비자로 가는 경로와 빈도를 최적화하는 것이다. 제조업체에서 소비자들이 어떤 한 제품을 자주 교체하도록 조종한 초창기 사례는 아마 '전구 음모'일 것이다. 당시 10만 시간짜리 전구를 제조하는 것이 가능했음에도 일군의 기업들이 비밀 카르텔을 맺어 수명이 1,000시간을 넘는 전구를 생산하지 못하게 막았다.[7] 나일론 스타킹과 타이츠 제조업자들이 기술자들(그들은 자신들이 개발한 나일론이 자동차를 끌 수 있을 정도로 강하다고 자랑했다)에게 잘 찢어지거나 올이 풀리는 덜 강한 섬유를 만들도록 지시했다는 사실도 유명하다. 그런 식으로 여성들이 스타킹을 더 자주 교체하게 만든 것이다.

제품 수명을 미리 정해놓음으로써 더 많은 제품을 파는 이런 방식을 '계획적 진부화(planned obsolescence)'라고 부르는데, 많은 정치인과 경제학자 들은 그것이 경제적으로 불가피한 일이라고 믿는다. 그 개념이 탄생한 것은 1930년대 미국의 대공황 시절로 경제를 부흥시키고 고용을 창출하기 위한 방편이었다. 1950년대에 정교한 광고 산업과 손쉬운 신용거래는 소비자들이 지칠 때까지 쇼핑하도록 부추겼다. 소비주의가 탄생한 것이다. 패션 산업은 계

획적 진부화를 바탕으로 돌아가고, 다른 산업들도 이런 식의 높은
회전율 모델에 따라 겉치장으로서나 계절적인 매력은 있지만 금방
유행에 뒤처질 제품들을 생산하고 있다. 한편 많은 제품들이 고장
나도록, 또는 수리나 업그레이드가 어렵도록 설계되어 있다. 텔레
비전 수상기의 경우, 열에 민감한 콘덴서를 일부러 뜨거운 트랜지
스터 옆의 회로판에 장착한다. 프린터에는 미리 정해진 수량을 인
쇄한 뒤 작동이 멈추도록 프로그래밍된 칩이 들어 있다.

앳돼 보이고 열정적이고 혁신적인, 캘리포니아 출신의 컴퓨터
마법사 카일 윈스는 마이크로소프트와 애플 같은 업계 제왕들이
고용하고 싶어 하는, 뛰어난 재주를 가진 전자 제품 수리공이다. 하
지만 윈스는 각개 투쟁하는 괴짜로 업계 조직을 빠져나와 소비자
편으로 건너왔다. 윈스는 점점 얇아지는 전자 기기에 더 많은 부품
을 집어넣는 복잡한 방식을 고안하는 대신에 기기들을 해체하고
있다. 시작은 2003년이었다. 당시 그는 열여덟 살이었고 샌프란시
스코에 있는 캘리포니아 폴리테크닉주립대학에서 공학을 공부하
고 있었다. "당시 내 아이북(iBook)이 고장 났어요. 그런데 보증 기
간이 끝나서 서비스 매뉴얼을 찾을 수 없었어요. 그래서 내 친구(동
료 학생인 루크 소울스)와 나는 기숙사 방에서 그것을 해체하며 스
스로 매뉴얼을 만들었지요." 그러고 나서 그들은 아이북 매뉴얼을
출력 복사하여 동료 학생들에게 돌렸다.

그들의 아이북이 서비스 매뉴얼이 없는 유일한 기기는 아니었
다. 카일 윈스는 세탁기부터 휴대폰까지 모든 것을 만드는 전 세계
제조업체의 이름을 줄줄이 열거했다. 그는 사실 요즘 서비스 매뉴
얼을 갖춘 제품은 매우 특별한 경우라고 말했다. 전환점은 비디오
카세트 녹화기(VCR)가 출시된 1980년대였다고 윈스는 말했다. 과

거를 말할 때 그의 눈동자가 위로 휙 움직였다. 나는 윈스가 1985
년에야 태어났다는 사실을 깨닫고 충격을 받았다. 그는 자신이 알
지 못하는 '고쳐 쓰는' 문화에 대해 말하고 있었다. VCR이 출시되
기 전까지는 전기 기구의 대다수가 가까운 곳에 소비자와, 제조업
체가 제공하는 제품 매뉴얼과 부품을 갖춘 수리 기술자가 있는 유
럽이나 미국에서 만들어졌다. 그런데 VCR이 출시되면서 제품의 대
부분이 일본과 아시아의 다른 지역에서 제조되었다. "제품 제조가
아시아로 가면서 기업들이 서비스 매뉴얼을 생산하는 것을 멈추었
고, 수천 명의 수리 기술자들이 직업을 잃었습니다. 제품이 고장 나
면 소비자들은 버리고 최신 모델을 샀지요." 그리고 수리된 중고 컴
퓨터나 텔레비전을 구매한 사람들 역시 새것을 사야 했다.

그 결과 현재 애플부터 도시바에 이르는 유명 회사들 대부분이
자사의 서비스 매뉴얼을 철벽 방어하고 저작권법을 이용해 사람들
이 그것을 온라인에 공개하는 것을 막는다. "그들이 매뉴얼을 발행
하지 않는 이유는 재판매 시장을 억누르고 수리 업계를 죽이고 자
사 제품의 계획적 진부화를 강화하기 위해서입니다." 윈스는 말했
다. 또한 기업들은 그렇게 함으로써 한 제품의 다른 모델들의 가격
을 인상할 수 있다. 예컨대 16기가 용량의 아이패드와 64기가 용량
의 아이패드 사이의 차이는 7달러가 더 드는 칩 하나인 반면에 소
비자가 지불해야 하는 가격 차이는 200달러이다. 만일 소비자가 그
칩을 교체할 수 있거나 배터리를 바꿀 수 있다면(배터리는 교체할
수 없고 12~24개월 만에 고장 나도록 설계되어 있다), 기업은 수
익성이 높은 고급 시장을 잃을 것이다.

카일 윈스와 루크 소울스는 컴퓨터와 그 밖의 기기들을 해체하
기 시작했고, 매뉴얼을 처음부터 다시 만들어 그것을 무료로 온라

인에 게재함으로써 저작권 규제를 피했다. 반응은 곧바로 왔고 그
들이 기대한 것 이상이었다. "첫 주말에 우리는 1만 건 이상의 조회
수를 올렸습니다." 윈스가 말했다. 두 사람은 자신들의 사이트를
'아이픽시트닷컴(iFixit.com)'이라고 이름 붙였고, 지난 십 년 동안
수백 개의 매뉴얼을 만들었다. 그들은 가정 내 해커들에게 직접 매
뉴얼을 만들어 사이트에 올리도록 독려하고, 또한 사용자가 자신의
전자 기기를 수리하는 데 필요한 도구와 여분의 부품을 판매한다.
"우리는 쓰레기와 매립을 줄임으로써 생태적 영향을 미치고 채광
된 자원을 보존하고 있습니다. 5파운드(약 2킬로그램)짜리 노트북
을 만들려면 원재료 3,000파운드가 듭니다." 윈스는 자신들이 인
식의 문화적 전환에도 기여하고 있다고 말했다. "고장 난 기기를 수
리하는 것은 어떤 사람에게 인생을 바꾸는 경험입니다. 그 사람은
다른 종류의 소비자가 되어 이제는 제품이 얼마나 오래가는지, 얼
마나 쉽게 분해되고 수리되는지를 기준으로 신제품을 선택할 겁니
다."

시장은 어쨌든 방법을 찾을 것이다. 20세기 동안 재화의 가격
이 꾸준히 떨어졌지만, 2000년 이래로 가격이 다시 올라가기 시작
했다. "우리는 자원 제한적 경제를 향해 가고 있습니다. 다시 말해
희토류와 기타 자원의 비용으로 인해 이윤이 대폭 줄어드는 상황
에서 제조업자들이 재제조와 수리 쪽으로 가야 한다는 뜻입니다."
윈스가 말했다. 희토류 금속이 그렇게 불리는 것은, 방사성 우라늄
과 토륨을 포함한 이 17개 원소들은 아주 소량 산출되고 천연 상태
에서 서로 섞여 산출되어 추출하고 분리하는 것이 기술적으로 어
렵고 비용과 자원이 많이 들기 때문이다. 전 세계 희토류 공급량의
95% 이상이 중국에서 생산되지만, 전자 기기에 필수적인 그 원소

들에 대한 세계적 수요가 지난 몇 년 동안 급증한 탓에 2012년에 중국은 수출을 제한하기 시작했다. 그런 조치는 다른 나라들의 항의를 야기했다. 공급 부족은 또한 재생 가능한 에너지 부문에도 영향을 미치고 있다. 풍력발전 터빈에서부터 효율적인 형광 전구와 태양전지판에 이르기까지 모든 것이 희토류 금속을 사용하기 때문이다(그리고 점점 희소해져서 가치가 높아지는 것은 단지 희토류만이 아니다. 납, 구리, 기타 금속 들도 현재 수요가 높아서 도둑들이 교회 지붕, 맨홀 뚜껑, 심지어는 선로 케이블까지 훔쳐갈 정도이다).

한 예로 인듐을 보자. 텔레비전 스크린, 컴퓨터 모니터, 태양전지판의 태양광 전지, 휴대폰 터치스크린에는 모두 산화인듐이 들어간다. 그것이 투명하고 전기 전도성을 갖기 때문이다. 그런데 인듐은 지구상에 가장 희소한 금속 중 하나이기도 하다. 그 결과 인듐의 가격이 최근 몇 년 동안 치솟아(2003년에 킬로그램당 60달러이던 것이 3년 만에 킬로그램당 1,000달러로 올랐다), 주로 중국에서 새로운 인듐 밀수 산업이 창출되었다. 분석가들은 인듐의 세계 공급이 빠르면 2017년에 바닥날 수 있다고 경고한다. 그런 전망은 식품이나 물이 바닥나는 것만큼 공포로 다가오지 않지만, 지난 몇 십 년 동안 디지털 디스플레이는 우리 삶에 그물처럼 얽혀 들면서 동아프리카 시골에서부터 월스트리트의 사무실에 이르기까지 우리의 사회생활과 생계의 필수적 일부로 자리 잡았다. 투르카나호수의 여성 어부들이 수백 킬로미터 떨어진 고객들에게 SMS를 통해 자신들의 물품을 거래할 수 있는 것도 인듐 덕분인 것이다.

인듐은 150년 전에 발견되었고 아연 채광의 부산물로 수확되었다. 거의 전부가 아연과 납 같은 다른 광상 안에 미량(때때로

1ppm 정도)으로 존재한다. 그 자체로 채광되지 않는다는 것은 수요가 높아진다고 해서 그 금속의 산출량이 증가하지 않는다는 뜻이다. 지구상의 인듐 대부분은 결코 이용할 수 없는 암석 내부에 박힌 단일 원자일 뿐이다.

한 가지 해법은 재활용 시도를 높이는 것이다. 그 가치 때문에 인듐 재활용 시장은 이미 1차 생산 시장보다 더 크다. 문제는 그 금속 — 산화된 형태인 인듐 주석 산화물(ITO)로 제조된다 — 이 아주 소량으로 사용되기 때문에 전자 제품에서 회수하는 과정에 비용이 많이 든다는 것이다. 스크린 하나를 제조할 때 보통 ITO가 0.5g 이하로 들어간다.

디스플레이에 대한 수요는 감소하지 않을 것이라서(2011년에만 15억 대 이상의 휴대폰이 판매되었다) 과학자들은 인듐의 대안을 찾고 있다. ITO만큼 효율적이고 가벼운 최적의 투명 도체를 찾는 것은 어려운 문제이지만 후보가 몇 가지 있다. 이른바 비화학량적 주석 산화물은 알루미늄보다 훨씬 더 많이 사용되는데, 현재의 제조 체계와 쉽게 결합할 수 있는 한 가지 대안이다. 하지만 이 화합물은 성능이 ITO만큼 좋지 않고 다른 단점도 있는데, 주석 자체가 소진되는 것이다. 주석 매장량은 20~40년을 더 버틸 것으로 추산된다.

인류세에 제작자들은 나중에 재료가 소진될 경우 다른 물질로 대체하기보다는, 처음부터 지속 가능성을 생각하여 제품을 설계해야 한다. 다시 말해, 경제적으로도 환경적으로도 좋은 쉽게 구할 수 있는 재료를 바탕으로 혁신을 도모하는 자원-안전 기술을 추구할 필요가 있다. 투명할 정도로 얇은 탄소나노튜브 역시 뛰어난 도체이고, 어쩌면 인듐 문제에 대한 가장 지속 가능한 해법을 제공할 수 있을 것이다. 탄소는 지구상에 가장 풍부한 원소 중 하나이고, 탄소 원자가 벌집 모양의 얇은 막으로 배열된 '그래핀'은 ITO에 비해 여러 가지 성능상의 이점을 가지고 있다.

필요할 때 바로 제품을 제조할 수 있게 하는 3D 프린트 기술은 기념품처럼 불필요한 제품을 제조하고 판매하는 일에 종말을 고할 것이고, 과다 포장을 끝낼 것이다. 아니면 한번 쓰고 버리는 조잡한 제품의 급증을 초래할지도 모른다. 현재는 제한된 범위의 플라스틱 제품만을 이런 식으로 만들 수 있지만, 더 많은 재료와 기술을 이용할 수 있게 되면 재활용을 병행하는 방법을 고안하는 것이 현명할 것이다. 더 흥미로운 혁명은 재료와 제품에 생물을 모방한 생애-변화 반응을 결합시키는 것이다. 이를테면 우리가 한 근육을 반복적으로 사용하면 그 근육은 닳아 없어지는 대신 더 강해진다. 마찬가지로 햇빛이 한 나무를 특정 방향에서 비추면, 그 식물은 광합성을 최적화하기 위해 그 방향으로 성장한다. 과학자들은 사용자들이 사용하는 동안 진화하는 구조재(structural material)를 고안하는 것을 검토 중이다. 이를테면 현재 진동 때문에 금속 피로를 겪는 항공기 날개가 앞으로는 쓸수록 더 강해져서 훨씬 더 오래 안전하게 유지될 것이다. 구조재는 에너지를 수집하는 것 같은 여러 기능을 수행할 수 있을 것이다. 그리고 배의 선체에 미생물 방지 기능이 있다면, 부착물을 제거하여 교통 효율을 높일 수 있을 것이다.

인류는 현재 연간 지구가 보충할 수 있는 것보다 30% 더 많은 자연 자원을 사용한다.[8] 자연 자원의 희소성이 성장에 한계를 가한다는 개념은 논리적인 것처럼 보인다. 실제로 지속 불가능한 자본주의는 종말에 이를 것이라는 예측이 수백 년 전부터 있었다. 하지만 인류가 붕괴 직전에 왔다고 일컬어질 때마다 우리는 문제를 피하는 방법을 찾았다. 1970년대에 농업 생산량을 세 배 높였던 녹색 혁명이 그런 예측된 붕괴를 한 차례 물리쳤다. 19세기에는 뉴욕과 런던이 교통 오염(말 똥) 속에 잠길 것이라거나 교통 연료(말 먹이)가 바닥날 것이라는 큰 두려움이 있었다. 하지만 자동차가 발명되어 십 년 내에 그런 우려에 종지부를 찍은 한편 고무와 석유 고갈 같은 다른 걱정거리들을 야기했다. 하지만 예전에는 시추공들이 접근할 수 없었던 수평 시추 현장에 닿을 수 있게 해주는 신기술인 수압 파쇄법의 폭발적 증가는 전 세계 천연가스 공급을 수십 년에서 수백 년으로 끌어올렸다.

판세를 바꾸는 그런 발견을 예측하는 것은 불가능하지는 않지만 어려운 일이다. 그러면 우리가 계속 그런 식으로 자원 부족에서 벗어나는 것이 옳을까? 태양에너지만이 무한할 뿐 지구상의 다른 모든 생명 형태처럼 인간도 지구와 대기에 있는 것만 쓸 수 있다. 인간은 전환과 적응의 귀재들이라 항상 광물 부족에 대한 해법을 찾긴 할 것이다. 문제는 막대한 에너지와 물을 사용하고 오염을 초래하는 형태로든 귀중한 땅을 파괴하는 형태로든 우리가 희소한 물질을 추출하는 비용을 환경에 전가한다는 점이다. 인류는 현재 전 세계에서 생산되는 자원의 대략 절반을 사용한다. 박테리아에서부터 쥐에 이르기까지 다른 종들이 이 정도 수준의 '성공'을 거두면 개체군 크기가 식량 자급 능력을 능가하는 티핑 포인트에 이른다. 인류는 식량에 의존하지만 외부 에너지와 그 밖의 물질에도 의존한다. 따라서 자원 붕괴는 인류에게 훨씬 더 심각할 수 있다.

물론 자원을 더 오래 쓰는 가장 간단한 방법은 효율을 높이는 것이다. 즉 에너지 소비를 줄이고 쓰레기를 줄이고 저탄소 생활 방식으로 전환하는 것이다. 인간의 체열만으로 온도를 유지할 수 있을 정도로 건물을 효과적으로 단열하는 것 같은 간단한 실천으로도 막대한 자원을 절약할 수 있다. 국제에너지기구는 에너지 효율을 높인다면, 2005년에 정점에 도달한 미국의 석유 소비량이 2035년에 1960년대 수준으로 감소할 수 있으며, 2011년 소비량의 3분의 1로 줄어들 것이라고 내다본다.[9] 하지만 대부분의 다른 자원과 마찬가지로, 중국과 인도의 몫이 앞으로 가장 중요한 의제가 될 것이다. 중국의 석유 소비량은 2011년 수준에서 3분의 2가 증가할 것으로 예측되고, 인도의 소비량은 2배 이상 늘어날 것으로 예측된다. 일본은 이미 효율화가 가능하다는 것을 전 세계에 보여주었다. 매우 덥고 습했던 2011년 여름, 54개 원자력 발전소 가운데 43개를 쓰지 않고도 일본은 전국적 정전을 겪지 않았다. 대신에 강한 사회적 책임 의식을 바탕으로 절전 운동을 벌임으로써, 전국민이 힘을 모아 에너지 효율을 높였다. 게다가 이 모두를 몇 주 만에 해냈다. 효율화를 추구하는 일이 에너지 효율을 개선하는 데 그쳐서는 안 된다. 모든 자원을 더 신중하게 사용하고 물질(과 제품)의 수명을 더 연장할 필요가 있다. 애니 레너드는 영화 〈물건 이야기(The Story of Stuff)〉를 찍기 위해 조사하는 과정에서, 소비자 경제를 통해 유입되는 물질 가운데 판매 6개월 뒤에도 여전히 사용되는 것은 1%에 불과하다는 사실을 발견했다.

자연에서 자원은 순환된다. 이를테면 물을 흡수한 식물을 동물이 먹고 이산화탄소를 내뱉는다. 그러면 이산화탄소는 대기로 돌아가 다시 식물이 흡수한다. 사라지는 것은 아무것도 없다. 하지만 우리 인간이 자원을 사용하는 규모는 자연의 장치들이 따라잡을 수 없을 정도이다. 예컨대 미생물은 우리가 배출한 쓰레기를 분해할 수 있지만 분해하는 속도는 우리가 생산하는 속도에 미치지 못한다. 마찬가지로 나무와 식물은 우리가 산업적으로 생산한 이산화탄소를 흡수할 수 있지만 그 속도가 충분히 빠르지 않다. 우리가 처한 자원 위기를 해결하는 방법은 자연의 순환을 인위적으로 모방하는 것이다. 그것을 '폐쇄 루프', '요람에서 요람으로' 또는 '산업적 공생' 제조라고 부른다. 이런 제조 체계에서는 제품을 생산할 때 재생 가능한 에너지를 사용하고, 과정에서 사용된 모든 물질을 재사용하고, 최종 산물은 원재료 사용을 최소화할 수 있도록 완전히 재활용한다. 즉 쓰레기도 없고 오염도 없고 효율성은 극대화된다. 예를 들어 세계 최대의 바닥 마감재 생산자인 미국 카페트 제조업체 인터페이스(Interface)는 폐쇄 루프 제조를 통해 이산화탄소 배출 제로에 도전하고 있다. 회사 창업자 레이 앤더슨은 2020년까지 자사가 환경에 미치는 부정적 여파를 제거하겠다고 약속했다. 순환 경제에서는 — 원재료를 채광하고 제품을 생산하여 팔고 버리는 선형적 제조 경로와 달리 — 제품들이 더 쉽게 분해된다. 따라서 자원을 회수하고 그것을 사용하여 신제품을 만드는 자원의 순환이 이루어진다. 폐쇄 루프 제조라는 개념을 조사한 매킨지 보고서에 따르면, 유럽 경제 하나만 따져도 제조의 48%에서 단 15%의 원재료를 단 한 차례 재활용하는 것만으로 6,300억 달러의 혜택을 얻을 수 있다. 덴마크 도시 칼룬보르는 1960년대부터 이런 자원 사용의 폐쇄 루프를 시행해왔다. 그 도시에서는 시민들이 '산업 생태계'라고 부르는 것 안에서 거의 모든 것이 재활용되고 재사용되어 매년 27만 2,000T의 이산화탄소를 줄인다.

하지만 인류의 자원 사용을 지구의 암석에서 쉽게 구할 수 있는 것으로 한정하기 위해서는 우리는 생산뿐 아니라 새로운 물건에 대한 수요와도 싸워야 한다. 탄자니아의 하드자베 부시먼족을 포함해 석기 시대 존재 방식으로 계속 살아가는 사회가 전 세계에 존재하지만, 대부분의 사람들은 산업화된 나라에서 시작된 개발의 거대한 가속의 궤적을 뒤따르고 있다. 인도의 흙먼지 속에서 근근이 살아가는 자급자족 농부들은 낭만에 젖어 고생을 사서 하는 것이 아니다. 그들도 수명 증가, 깨끗한 물 공급, 화장실, 전기, 인터넷, 자동차, 에어컨, 냉장고, 세탁기 등을 경험하고 싶어 한다. 하지만 지구촌 시민들은 이 행성을 나누어 쓰고 있으며, 따라서 우리는 현재 북아메리카의 보통 시민이 환경을 희생시키며 먹고 사는 수준으로 수십억 명을 더 부양할 여력이 없다. 기후변화, 생태계 서비스 저하, 자연 자원의 한계는 수백만 명의 삶을 위협하고 있다.

파나마 운하의 둑 위에서보다 더 물건의 구매, 판매, 이동의 전 세계적 규모를 실감할 수 있는 곳은 없다. 나는 운하의 수문 중 하나로 웅장하게 미끄러져 들어오는 거대한 배 한 척을 지켜보았다. 선상에는 수천 개의 컨테이너가 놓여 있었다. 60년 전에 발명된 그 별것 아닌 강철 상자는 세계 무역을 혁명적으로 바꾸고 물건을 값싸게 만들었다. 운송과 하역의 효율을 높인 컨테이너선은 국제무역의 비용을 크게 낮추었다. 운송비는 현재 대부분 상품 가격의 1%가 채 되지 않는다. 다시 말해 노동 비용이 낮은 장소에서 제품을 제조하는 방법으로 생산비를 줄일 수 있게 되었다. 파나마 운하의 도처에서 거대한 채굴 장치가 1만 3,000개의 컨테이너를 실어 나를 수 있는 더 큰 배가 통과할 수 있도록 운하의 넓이와 깊이를 늘리느라 분주하다. 그런 초대형 선박은 사흘에 한 대씩 건조되어 공장에서부터 구매자의 손까지 값싼 상품을 실어 나르고, 현재 세계 최대 항구 열 곳 중 여섯 곳이 중국에 있다. 중국이 더 부유해지면 더러운 산업을 다른 곳으로 밀어낼 것이다. 이미 이런 일이 중국 내에서 일어나고 있는데, 상하이와 베이징을 포함한 부유한 도시들이 오염을 초래하는 산업들을 중국 서쪽의 시골 지역과 더 작은 도시들로 밀어내고 있다. 연일 달갑지 않은 언론 보도가 나간 뒤 서구 세계 소유의 대규모 회사 중 몇몇이 중국 노동자들에게 더 나은 조건을 보장하기 시작했고, 환경에 끼치는 나쁜 영향을 개선하고 있다. 지역 주민들은 오염을 유발하는 산업에 맞서 전례 없는 행동을 취하고 있고, 몇몇 경우에는 그런 산업을 도시 밖으로 내쫓고 있다. 중국 정부도 신경을 쓰기 시작했다. 중국은 개발을 하는 와중에 오염을 제거하는 최초의 국가가 될지도 모른다.

거듭 강조하지만, 인류세에 가장 큰 도전 중 하나는 많은 가난한 나라들이 아무리 많은 오염을 수반한다 해도 나중에 부자가 되어 오염을 정화할지언정 일단 경제를 개발하려 한다는 것이다. 부유한 나라들도 그렇게 하지 않았느냐는 논리이다. 또한 개발 속도가 빨라졌지만 더 우수한 환경 정화 기술을 보유하고 있으므로, 우리는 치명적인 결과를 맞지 않고 몇 십 년은 더 버틸 수 있을지도 모른다. 그러나 확률은 그리 높지 않다. 부유한 도시들은 여전히 스모그로 고통 받고 있고, 생물다양성 손실의 많은 부분이 회복 불가능하며, 우리는 여전히 온실가스를 뿜어내고 있다. 몇몇 사람들은 지구 환경에는 모두가 지속 가능하게 살아갈 수 있는 공간이 충분하고도 남는다고 지적하지만, 선진국들이 소비 규모를 줄임으로써 자원이 더 공평하게 공유될 수 있도록 할 필요가 있다.

버스와 기차를 타고 때때로 걸어서 언덕을 오르며 호스텔을 전전하는 동안, 내가 짊어진 배낭은 점점 날씬해지고 가벼워졌다. 허리가 아파서 어쩔 수 없이 필수품과 소지품을 점점 줄여 나갔기 때문이다. 2년 넘게 여행을 하면서 나는 내게 실제로 필요한 것이 얼마나 적은지 알고 깜짝 놀랐다. 나중에 런던에 돌아와 창고에서 짐 상자를 꺼낼 때, 나는 내가 가진 물건이 그렇게나 많다는 사실이 놀랍고 약간 어리둥절하기까지 했다. 이 많은 옷을 언제 다 입고, 이 많은 책을 언제 다 읽고, 이 모든 잡동사니들을 어디에 쓸 것인가?

적어도 서구에서는 새 물건을 사들이는 고삐 풀린 소비 추세가 꺾이고 있다는 고무적 증거들이 있다. 즉 우리는 '소비 정점'에 이르렀고, 환경 비용을 초래하는 육류를 덜 먹고 있으며, 유럽인들을 따라 미국인들도 연비가 더 높은 자동차를 선택하고 운전을 덜 하고 있다. 환경 분석가 크리스 구달은 영국이 2001년에 (음식에서부터 연료, 가구까지 모든 것에서) 소비 정점에 도달했고 그 이후로 소비가 감소해왔다고 추산한다. 그 시기 동안 경제가 크게 성장했기 때문에, 구달은 영국이 자원 소비와 경제성장을 분리함으로써 경제학자들이 꿈꾸는 '녹색' 성장을 달성했다고 생각한다. 이를테면 프리사이클(Freecycle)과 이베이(eBay) 같은 인터넷 사이트의 성장 덕분에 상품이 한 명 이상의 소유자를 거치며 — 그리고 매립되지 않고 — 계속 순환할 수 있다. 그럼에도 이런 변화는 여전히 소비주의 숭배에 기초한 경제 안에서의 작은 발걸음에 지나지 않는다. 시민들은 어린 시절부터 물건을 사라는 권유를 듣고 자라는데 그 가운데 실제로 필요한 것은 극소수이다. 소비주의는 불황에서 탈출하려는 정부의 주된 경제 전략인 셈이다. 한편 소비주의 유행은 전 세계로 퍼졌고, 공산주의 국가인 중국에서 특히 명백하다. 일인당 에너지 사용이 이미 런던보다 높은 상하이는 벼락부자들이 불필요한 물건을 무수히 사들임으로써 자신들의 성공과 지위를 증명하는 쇼핑몰 도시이다. 우리는 결국 '소비 정점'에 도달할 것이다. 가장 큰 이유는 인구성장률이 감소하고 있어서 죽은 사람들을 대신할 새로운 소비자들이 적어질 것이기 때문이다. 하지만 그 시점이 환경 위기를 피할 수 있을 만큼 빨리 오지는 않을지도 모른다.

신중한 구매를 장려하는 한 가지 방법은 환경 서비스 비용을 부과하는 것이다. '오염자 부담' 원칙(PPP)은 이미 많은 나라의 더러운 공장들에 적용되고 있다. 그런 공장에서는 토양, 물, 공기에 끼친 피해를 되돌리고 유해한 쓰레기를 안전하게 처리하기 위한 비용을 지불해야 한다. 만일 이 원칙을 제조업자들의 이산화탄소 오염과 담수 및 에너지 사용으로까지 확대한다면, 환경 비용을 더 정확히 반영하여 제품 가격이 책정될 것이다. 이런 요금 제도는 더 지속 가능한 생산을 촉진하는 것은 물론, 탄소를 포획하여 저장하고 폐수를 정화하고 재활용을 하는 것과 같은 교정 노력을 위한 비용을 마련하는 데도 도움이 될 것이다.

사람들에게 소비를 통해 행복을 추구하지 말라고 교육하는 일은, 행복은 그런 식으로 얻어지는 것이 아니라는 사실이 아무리 여러 번 증명되었다 해도 만만한 일이 아니며 실패하기 쉽다. 현재 깊이 뿌리내린 문화적 믿음에 따르면, 쇼핑은 필수적이고 국가의 경제적 번영을 위한 애국적인 일이며 더 많은 물건을 구매하는 것은 그 사람을 매력적으로 만들고 지위를 높여준다. 온갖 종류의 산업들이 이런 철학을 유지하기 위해 존재하지만, 사람들은 대부분 자신이 구매하는 물건의 대다수가 돈과 자원을 낭비하는 불필요한 일임을 마음속으로는 알고 있다. 녹색 생활 방식과 지속 가능한 패션을 설파하는 사람들이 사회의 일부 부문에서 환경에 피해를 덜 주는 제품을 구매하도록 소비자들을 설득하는 데 작은 성공을 거두었다. 윤리적 문제에 초점을 맞춘 몇몇 소비자 광고는 돌고래에게 피해를 주는 방식으로 잡힌 생선과 모피 제품을 구매하지 말도록 설득하는 데 큰 성공을 거두었다. 하지만 가령 카풀 제도를 이용함으로써 지속 가능한 행동에 작은 발걸음을 내딛은 사람들이 그런 다음에는 재활용에 덜 참여함으로써 곧잘 자신들의 행동을 '상쇄'시킨다는 연구 결과도 있다.[10]

일반적으로 경제적 유인이나 법적 제약을 통해 소비자 변화를 추동하는 것이 깊이 뿌리박힌 문화적 관행과 싸우는 것보다 더 효과적이다. 발전차액지원제도(Feed it tariff) 즉 지붕 위의 태양광 전지에 보조금 또는 환급을 제공함으로써 가정에서 생산한 에너지를 시장의 표준보다 더 높은 요율로 송전망에 판매할 수 있게 하거나, 혹은 재생 가능한 자원으로 생산된 송전망 에너지에 보조금을 지급함으로써 화석 연료로 생산된 에너지보다 값을 저렴하게 만드는 제도는 재생 가능한 에너지 이용을 촉진하는 매우 효과적인 방법임이 입증되었다. 비닐봉지를 유상 판매하거나 금지하는 나라에서는 비닐봉지의 사용이 즉시 감소한다. 또한 새로운 주택, 자동차, 백색 가전제품의 에너지 효율과 온실가스 배출에 대한 법적 제약들은 문화적 관행에 대한 소비자 인식을 바꾸고 기술 투자와 발전을 더 지속 가능한 제품 설계 쪽으로 움직였다. 만일 재활용이 얼마나 용이한지에 따라 원재료와 완제품의 등급을 매기고 재활용도가 낮은 제품에 세금을 부과한다면 시장이 반응할 것이다. 즉 더 지속 가능한 제품들이 만들어질 것이고, 동시에 효과적인 재활용 기술이 진화할 것이다.

하지만 지금까지 정부들은 소비자 선택을 철저히 점검하여 저탄소 미래(지구 지각에 매장된 양, 추출에 필요한 에너지 그리고 그것을 사용함으로써 발생하는 환경 비용에 따라 자원을 이용하는 것)를 앞당기는 데 필요한 더 급진적 조치들은 피해왔다. 예컨대 정부들은 화석 연료 산업에 막대한 보조금을 지급함으로써 소비자를 위해 에너지 가격을 인위적으로 낮춘다. 정부들이 이렇게 하는 한 가지 이유는 에너지는 필수품이라서 가난한 사람들도 그것을 이용할 수 있어야 하기 때문이다. 하지만 에너지 가격을 인위적으로 낮출 때 각 가구는 에너지가 값싼 것이라고 생각하여 그것을 무가치하게 여기기 쉽다. 그래서 자신들의 집을 단열하거나 다른 방식으로 에너지 낭비를 줄일 가능성이 낮다. 한 가지 해법은 특정한 한도까지는 값싼 요금을 적용하고 일정량을 넘으면 가격을 올리는 요금 체계를 도입하는 것이다. 전자 제품에 에너지 사용량이 분명하게 표시된다면, 사람들은 '저렴한 요금 구간' 내에서 사용하려고 할 것이다. 탄소 세금 또는 '가격'을 책정한다면 정부들이 공평한 방식으로 상당량의 세수를 거두게 될 것이고, 동시에 저탄소 설계 및 제조를 위한 시장을 장려할 수 있을 것이다. 또한 정부들은 지속 가능한 저탄소 물질을 생산하는 산업을 장려하고 그런 산업을 위한 시장을 창출하는 데에도 역할을 할 수 있다. 예컨대 학교, 병원, 시청 같은 공공건물 또는 교통수단과 기반 시설을 건설할 때 지속 가능한 최신 기술을 사용하는 업체하고만 계약하는 것이다. 산업적으로 배출되는 이산화탄소의 절반 이상이 철, 시멘트, 플라스틱, 종이, 알루미늄을 생산하는 데에서 나오는데, 국제에너지기구(IEA)에 따르면 검증된 기술로 생산 효율을 높인다면 에너지 소비를 철의 경우 34%, 종이는 38%, 시멘트는 40% 정도 절감할 수 있다.

인류세가 계속해서 수십억 명에게 살 만하고 즐겁고 건강한 환경이 되려면, 인류는 가장 왕성하게 채굴되는 자원인 화석 연료의 사용을 억제할 필요가 있다. 현재 전 세계 에너지 사용의 86%가 화석 연료에서 오고, 에너지 소비는 2050년까지 50% 증가할 것으로 예상된다.[11] 가장 더러운 화석 연료는 석탄이다. 21세기의 첫 10년 동안 건설된 석탄 화력발전소만 해도 앞으로 25년 동안 산업혁명 이래로 배출된 이산화탄소 총량보다 많은 이산화탄소를 배출할 것이다. 현재 1980년에 지구 전체가 소비한 것보다 더 많은 탄소를 소비하는 중국은 탈탄소화하고 환경을 깨끗하게 하는 용감한 시도를 하고 있다. 그럼에도 전 세계에 새로 건설될 예정인 1,200개 석탄 화력발전소 가운데 4분의 3이 중국과 인도에 위치한다. 기후 행동에 대한 정부 간 협정을 맺기 위한 시도들이 결국에는 결실을 맺겠지만, 내가 그동안 관심 있게 지켜본 바로는, 각기 다른 복잡한 쟁점과 싸우는 저마다 다른 많은 나라들이 개입하는 복잡한 경제·외교·사회적 상황 속에서 과연 탄소 배출을 줄이는 데 필요한 실질적 해법이 나올 수 있을지 의문이다. 오히려 유럽연합 같은 국가 연합체와 기업 집단이 화석 연료에 대한 의존을 줄이기 위한 저마다의 목표를 착실히 달성해가고 있다. 예를 들어 덴마크는 2050년에 화석 연료에서 완전히 독립하기로 했다. 덴마크의 작은 섬 삼소는 이미 4,300명의 주민들을 위한 전기 전부를 자체 충당하고 있고 (100% 재생 가능한 에너지로 주로 풍력에너지이다), 쓰고 남은 40%를 본토로 보내고 있다.

|

       탈탄소화는 어려운 일이다. 에너지 접근성은 개발의 필수적 부분인데, 전 세계에서 13억 명이 전기가 부족하다. 다시 말해 물을 퍼 올릴 수 없거나 어린이들이 밤(열대 지방에서는 6시 이후를 뜻한다)에 공부할 수 없다는 뜻이다. 석유는 사람들에게 꼭 필요한 — 물리적, 사회적, 경제적 측면의 — 기

동성을 제공함으로써 사람들이 상품을 운송하고 더 먼 지역과 무역하고 더 효율적인 농업을 할 수 있게 해준다. 석유는 또한 인류세에 필수적이지만 문제를 유발하는 재료인 플라스틱의 바탕이기도 하다. 하지만 한 탁월한 일본인 발명가가 깔끔한 데스크톱 장치에서 플라스틱을 석유와 휘발유로 전환하는 연금술을 획득했다. 이 기계는 가장 처치 곤란한 쓰레기로 가치 있는 산물을 만들어낸다. 이토 아키노리가 만든 기계는 이미 인터넷에서 선풍적 반응을 불러일으키고 있고, 유튜브 동영상은 수백만 건의 조회수를 올렸다.[12] 동영상에서 이토 아키노리는 플라스틱 쓰레기(비닐 쇼핑백과 스티로폼 컵을 포함해)를 그 기기에 한 움큼 집어넣고 스위치를 켠다. 기계가 가열되면서 황금색 액체가 줄줄 나온다. 그가 그 기름을 철 쟁반에 붓고 라이터를 켜자 연기 없는 불꽃이 높이 치솟는다. '열분해'(산소 없이 가열하는 과정)라고 불리는 이 과정은 1kg의 플라스틱을 1*l*의 기름으로 전환하는 데 1KWh 이하의 전력을 사용하는데, 사실상 자연이 지하에서 죽은 해조류와 식물 들을 원유로 전환하는 과정을 그대로 재현한 것이다. 지금은 이런 전환에 에너지가 많이 들지만, 기술이 진보하고 원유가 더 비싸지면 이런 유형의 재활용이 더 보편적이 될 것이다.

　식물에서 유래한 바이오플라스틱을 포함해 석유, 가스, 석탄이 우리 삶에서 하는 필수적 역할을 대신할 수 있는 대체품들이 존재한다. 하지만 선진국의 경우, 이런 대체품을 사용한다는 것은 (강성 화석연료 로비 단체들을 분노하게 하는 것은 말할 것도 없고) 화석연료 사업, 송전망과 발전소와 발전기 같은 기반 시설 그리고 자동차부터 제약에 이르는 제조업에 투자해온 지난 150년의 세월을 되돌리는 것을 의미한다. 또한 개발도상국의 경우에는 새로운 방법을 개척하는 것보다 서구에서 이미 입증된 에너지 장치를 채택하는 것이 더 쉽다. 새로운 방법 가운데 다수가 해결되지 않은 문제를 안고 있기 때문이다. 그런 문제 중 한 가지는, 공급은 적은데 수요가 높을 때를 대비해 에너지를 저장하고 분배하는 방법이다. 인류세에 국가들은 효율적인 에너지 생산, 분배, 저장을 위해 더 많이 협력할 필요가 있다. 송전망은 국경을 넘어 지역 네트워크가 될 것이다. 이런 네트워크는 유럽-북아프리카 슈퍼그리드처럼, 남쪽의 사막에서 생산된 태양에너지, 해안 지역에서 생산된 바람과 파도 에너지, 강에 기반을 둔 발전소에서 생산된 원자력과 수력 에너지, 산에서 생산된 지열 에너지를 공급한다. 화석 연료를 이용한 발전은 가장 깨끗하고 효율적인 발전소에서 집중적으로 이루어지고, 나머지는 단계적으로 폐지될 것이다.

저탄소 에너지원의 가장 유망한 후보는 원자력이다. 개발도상 국들은 원자력을 열광적으로 추구하고 있고, 중국 기술자들이 터득한 기술이 수십 년 동안 원자력 산업을 도외시했던 서구에 이미 배치되고 있다. 전 세계에 수백 기의 원자력발전소가 계획 중이거나 건설 중이고, 이것은 석탄으로 만든 더러운 전기의 비율을 (그리고 양도) 줄일 것이다. 전 세계 우라늄 매장량은 현재 속도로 소비할 경우 약 200년쯤 버틸 것이다. 혹시 누군가 해수에서 막대한 양의 우라늄을 효율적으로 추출할 방법을 찾아낸다면 더 오래 버틸 것이다. 방사성 광물을 채광하는 것은 더러운 과정이고, 핵폐기물은 추가적 문제들을 제기하지만, 막대한 양의 에너지를 생산하면서도 온실가스 배출량이 인상적일 정도로 작다는 것(화력발전소가 수명을 다할 때까지 배출하는 온실가스의 5% 이하)은 원자력을 특히 매력적인 대안으로 만든다. 하지만 자본 비용 외에, 원자력 발전을 확대할 때 직면하는 가장 큰 문제는 방사성 물질과 관련이 있다. 지금까지 원자력 산업으로 인해 다치거나 죽은 사람들의 실제 수는 화석 연료 산업의 경우보다 수십 수백 배나 적다. 미세먼지(주로 에너지 생산을 위해 석탄과 생물 물질을 태우는 것에서 유래한다)는 하루 평균 447명의 사망자를 초래한다(연간 130만 명).[13] 화석 연료로 인한 오염은 생산된 에너지 100GW당 29명의 사망자를 초래하는 반면에 원자력은 0.73명, 수력발전은 0.27명이다.[14] 하지만 원자핵 반응은 1945년에 히로시마와 나가사키에 투하되어 25만 명을 죽인 끔찍한 사건을 연상시킨다. 산업 (또는 도시) 가스, 석유, 석탄 폭발에 비해 원자력발전소에서 일어난 재난은 상대적으로 적었지만, 그럼에도 재난이 한번 발생하면 훨씬 더 큰 불안과 공포를 유발한다.

체르노빌 다음으로 큰 원전 사고인 2011년 후쿠시마 대재앙은 지진과 쓰나미가 원자력발전소를 파괴하면서 일어났다. 발전소에서 죽은 사람은 단 네 명이었고 방사능 때문에 죽은 사람은 없었다. 그러나 많은 사람들이 방사능에 대한 두려움 때문에 죽었다. 병원에 있던 환자와 노인들이 황급히 대피하다가 도중에 죽었던 것이다. 지진과 쓰나미로 인한 사망자 수는 약 2만 명이었다. 물고기의 방사능 오염을 포함한 환경 여파는 재난 18개월 뒤 크게 줄었지만 여전히 명백했다. 하지만 전 지구적 규모에서 보면 토양, 수로, 해안, 식량원을 오염시키는 화학 중금속 오염과 산성 폐기물도 그에 못지않게 심각하다. 어쨌든 투명성과 공적 책임감 없이 운영되는 원자력 산업은 두려움의 주된 원인이고 재난의 규모를 키운다.

원자력은 분명 인류세의 전기 생산에 한 역할을 담당할 것이고, 그럼으로써 전기를 이용할 수 없는 사람들에게 에너지를 제공할 것이다. 현재 모색되고 있는 방안 중 하나가 일체형 고속원자로(integral fast reactor)이다. 이 방식은 기존의 핵폐기물(플루토늄)을 연료로 사용하고 토륨 원자로를 이용한다. 토륨은 우라늄보다 더 풍부한데, 토륨 원자로를 이용하면 비축된 핵폐기물에 존재하는 플루토늄을 소비할 수 있다. 토륨 원자로는 폐기물을 적게 생산하고 우라늄으로 인한 핵 재앙으로 이어질 수 있는 고삐 풀린 연쇄 반응이 일어날 수 없다. 현재 인도, 중국, 러시아, 프랑스, 미국이 모두 이 기술을 추진하고 있다.

핵분열 반응에 내재하는 위험 없이 원자력 에너지의 막대한 힘을 이용할 수 있는 방법이 있는데, 그것은 에너지원의 성배인 핵융합이다. 나는 태양을 지상에 복제하려는 인류의 가장 야심 찬 프로젝트인 국제열핵융합실험로(ITER)를 보기 위해 프랑스로 갔다.

흙먼지 자욱한 프로방스 고지에서 노동자들이 무자비한 암석을 뚫고 17m 깊이의 거대한 직사각형 구덩이를 팠다. 공사가 끝나면 그 구덩이에 73m 높이의 기계 한 대가 들어갈 텐데, 그 기계는 태양 같은 항성들이 하는 것과 똑같은 방식으로 수소핵 두 개를 융합하여 무한한 에너지를 창조하게 된다. 결과물은 헬륨 원자 한 개와 고에너지 중성자 입자 한 개이다. 물리학자들의 목표는 핵융합 반응에서 나온 중성자 에너지를 포획한 다음 그 에너지로 증기 터빈을 돌려 전기를 생산하는 것이다. 그들은 토카막(tokamak)이라고 부르는 도넛 모양의 반응실을 설계했는데, 그것은 강력한 자기장으로 핵융합에 사용되는 고온의 수소 플라스마를 만들어 유지하는 장치이다. 반응이 시작되면 핵융합이 생산한 열이 심부를 뜨겁게 유지해줄 것이다. 하지만 원자력발전소와 원자폭탄에서 일어나는 핵분열 반응과 달리, 이 융합 반응은 자기 영속적이지 않다. 반

응이 계속 일어나기 위해서는 물질을 끊임없이 투입해야 하고 그
렇지 않으면 반응이 금방 끝나버리므로 훨씬 안전하다.

이 개념은 수십 년에 걸친 토론과 논쟁 끝에, 마침내 2007년에
세계 인구의 절반 이상을 대표하는 34개 국가의 협력을 이끌어냈
다. 그 뒤로 예산은 세 배로 불었고 원자로 규모는 반으로 줄었으며
완공일은 미루어졌지만 계속 진전이 이루어지고 있다. 국제열핵융
합실험로(ITER)는 2020년 첫 번째 장비 테스트를 실시할 예정이
고, 최초의 핵융합 실험은 2028년으로 예정되어 있다. 물리학자들
은 ITER이 그 실험에 필요한 에너지의 10배를 생산할 수 있을 것으
로 기대한다. (플라스마를 가열하고 원자로를 식히는 데) 50MW를
사용해 500MW를 얻는 것이다. 이론적으로 토카막의 크기가 더
크면 입력 대비 출력 전력량이 더 커져서 기가와트 대의 전력을 생
산할 수 있을 것이다.

이 실험은 큰 도박이다. 현존하는 세계 최고이자 최대의 토카
막인 영국의 JET 실험은 에너지의 측면에서 손익분기점에 이르지
도 못했다(하지만 2013년에 미국 캘리포니아의 국립점화시설US
National Ignition Facility이 몇 분의 1초 동안 지속된 융합 실험에
서 투입된 것보다 많은 에너지를 생산하는 데 성공했다). 그럼에도
ITER이 성공한다면 약 2040년쯤 최초의 시범 핵융합발전소가 건
설될 것이고, 생산된 에너지를 실제로 전기를 생산하는 데 이용하
고 저장할 수 있을 것이다. 만일 우리가 지상에서 태양을 복제하는
일에 성공한다면 그 결과는 굉장할 것이다. 환경적으로나 재정적으
로나 진정으로 값싼 에너지 시대가 도래한다면, 빈곤 감소부터 무
력 충돌 해소까지 광범한 분야에 영향을 미칠 것이다.

하지만 지금은 각 나라들이 채광된 자원에서 에너지를 수확하

는 방법을 개선하는 임시적 조치를 취하는 데 그치고 있다. 대표적 사례가 중국이다. 중국은 이미 지구상에서 가장 심한 오염 유발국이며(중국은 인류가 배출하는 온실가스의 4분의 1을 생산한다), 가장 비효율적인 에너지 사용국 중 하나이다. 인구가 13억이 넘는 중국이 하는 행동은 전 세계에 영향을 미친다. 베이징 남쪽 도시 톈진에 새로 문을 연 그린젠(GreenGen) 발전소는 세계인의 가장 큰 희망으로 에너지 문제에 실행 가능한 해법이 될 수 있을지도 모른다. 이 석탄가스화복합발전(IGCC) 발전소는 석탄을 가스화하고 수소를 제거하여 생산된 합성가스로 터빈을 돌려 전기를 생산한다. 하늘을 뿌옇게 만드는 황 오염 물질들, 질소 배기가스, 기타 불순물은 IGCC 과정에서 거의 완전히 제거된다. 이 효율적인 방법은 전력량 1KWh당 기존 이산화탄소 배출물의 단 10분의 1을 생산하며, 배출된 온실가스(이산화탄소)는 거의 순수한 형태라서 붙잡아 저장하기가 쉽다. 이런 방식으로 전기를 생산하는 것은 비용이 더 많이 든다. 즉 킬로와트시당 50센트가 아니라 80센트가 든다. 하지만 이 회사는 효율을 더 높여 비용을 절감할 생각이다. 내가 방문했을 때 그린젠 발전소는 생산된 이산화탄소 3,000T을 탄산음료 회사에 판매해 이익을 남기고 있었지만, 그린젠의 소유주인 국영 전기회사 화능 그룹은 연간 300만 T에 이르는 이산화탄소를 보하이해 연안의 유정에 격리시켜 원유 회수를 돕는 계획을 가지고 있었다. 화능 그룹은 더 남쪽에 있는 상하이 외곽의 스동커우(石洞口)에 세계 최대의 연소 후 이산화탄소 포획 시설을 열고 10만 T의 이산화탄소를 포획하고 있다. 명목상의 목적은 음료 회사에 판매하는 것이지만 이 정도 양의 이산화탄소는 청량음료 업계의 수요를 훌쩍 넘는다. 따라서 현재로서는 남는 이산화탄소가 그대로 대기로 방출되고 있다.

과학자들은 중국의 탄층을 다수 보유하고 있는 네이멍구의 건조한 스텝 지대와 중국 북부의 고비사막에서 깊은 염수 대수층에 이산화탄소를 저장하는 실험을 하고 있다. 이 광대하고 안정된 장소들은 수십만 톤의 이산화탄소를 수용할 수 있지만, 그것은 그 나라가 매년 생산하는 수십억 톤의 이산화탄소 가운데 아주 작은 일부에 지나지 않는다. 중국의 석탄 소비는 2000년 이래로 세 배 증가했다. 게다가 대부분 품질이 낮은 더러운 연료이고, 중국이 그 검은 물질을 교통 연료로도 사용하고 있다는 걱정스러운 징후들이 있다. 네이멍구자치구의 도시 어얼둬쓰는 석탄을 디젤유로 전환하는 세계 최대의 공장을 가지고 있다. 그 시설은 겉보기에는 IGCC 발전소처럼 깨끗하고 오염을 유발하지 않는 것처럼 보이지만 다른 어떤 발전소보다 환경에 치명적이다. 디젤유를 생산하기 위해 석탄 속의 탄화수소를 분해하는 과정은 석유를 사용하는 것보다 두 배 많은 이산화탄소를 유발하고 엄청난 양의 물을 필요로 한다. 액체 연료 1T당 6.5T의 물이 필요하다. 이렇게 많은 양을 관리하는 것은 강 근처에서도 어려운 일로 건조한 사막에서는 재난을 초래할 수 있다. 현재 70km 이상 떨어진 대수층에서 물을 퍼 올리고 있다. 세계는 중국이 자국의 차량을 석탄에서 전환된 액체 연료로 운행하는 것을 감당할 여력이 없다.

그러면 대안은 무엇일까? 중국은 전철화를 착실히 추진해왔고 (고속 열차가 시간당 수백 킬로미터의 속도로 전국을 누비고 있다), 거기에 쓰이는 전기는 원자력, 풍력, 태양광 등 광범한 저탄소원으로부터 생산될 수 있다. 중국은 이미 고비사막의 넓은 지대를 풍력발전용 터빈으로 뒤덮을 만큼 풍력에 많은 투자를 하고 있고, 고압 송전선을 통해 먼 북쪽에서 생산된 전력을 도시들로 보내려한다. 거대한 태양광발전 단지도 고비사막에서부터 최종 사용자들과 가까운 장소까지 전국에서 생겨나고 있다. 그 가운데 하나가 장쑤성의 쉬저우에 있는 20MW 용량의 발전 단지이다. 중국은 태양전지판의 최대 생산자이며 그 기술의 급격한 가격 하락을 초래하는 주된 원인이다. 태양광과 풍력에 대한 중국의 투자는 인상적이지만, 재생 가능한 에너지로 생산된 전력은 석탄을 대체하기보다 석탄에서 생산된 것을 보충하는 수준에 그치고 있다. 중국은 더 과감해질 필요가 있다. 현재 전국의 도시와 일급 행정구역에서 시도되고 있는 중국의 야심 찬 계획인 탄소 거래 제도를 생각하면 낙관할 이유가 있다. 탄소에 가격을 매기는 것은 IGCC 발전소들이 이산화탄소를 격리할 재정적 유인으로 작용할 것이고, 석탄을 액화 연료로 전환하는 기술보다 가격 면에서도 더 유리할 수 있다. 하지만 무엇보다 중요한 것은, 그것이 새로운 에너지 기술을 상용화하는 경주에서 개발의 경제학과 오염을 영원히 결합할 것이라는 점이다.

인류의 운명은 중국이 제대로 해내느냐에 달렸다. 하지만 전 세계 개인들이 화석 연료에서 새로운 에너지원으로 이동하기 위해 밟는 수천 개의 작은 발걸음도 그 못지않게 중요하다. 나는 인도에서 사일리지를 연료로 전환하는 농부들을 만났고, 영국과 미국에서는 공기 중의 이산화탄소를 각기 다른 방식으로 추출하여 그것을 교통 연료용 탄화수소로 전환하려는 과학자들과 이야기를 나누었으며, 케냐에서는 이웃들에게 요금을 받고 자신의 태양전지판으로 배터리와 휴대폰을 충전하게 해주는 한 여성을 만났다. 가장 참신한 발상 중 하나는 페루의 한 마을에서 만난 것이었다. 은퇴한 뒤 비상근직으로 일하는 농경제학 교수들은 기니피그 똥으로 바이오가스를 생산하여 전등을 켜고 요리를 하고 채소를 기르고 텔레비전을 켰다.

인류세에 인류가 화석 연료에 대한 새로운 저탄소 대안 에너지를 추구한다는 것은 곧 열, 전등, 교통의 전기화를 의미한다. 자동차 연료 탱크는 배터리로 교체될 것이다. 그런 가볍고 에너지 밀도가 높은 전력원을 만드는 재료인 리튬도 채광이 필요하며, 리튬을 공급하는 전 세계에 몇 안 되는 장소 중 하나가 볼리비아이다. 세계에서 가장 크고 가장 부유한 도시 중 하나를 품었던 때로부터 500년이 훌쩍 지난 지금, 채광은 그 가난한 나라를 세계 무대로 다시 밀어 올릴 희망인 셈이다.

내가 볼리비아 남부의 흙벽돌 마을 우유니에 도착했을 때 그곳은 정전 중이었다. 정전은 그곳에 자주 발생한다. 태풍이 쉿소리를 내며 그 마을을 후려쳤고, 흙먼지와 바람에 내던져진 돌멩이들로 공기가 뿌옜다. 집 주위를 판자로 둘러쳤는데도 창문이 박살났다. 우유니는 사시장철 황량하고 바람이 휘몰아치는 전초기지이다. 사방으로 노출된 지리적 위치는 그 마을이 1889년에 아르헨티나, 칠레 그리고 여기서 북쪽에 있는 볼리비아 광산들 사이를 오가는 열차를 위한 급유 정거장으로 건설될 당시에 의도적으로 선택된 것이다. 산 어귀에 정거장을 만들었다면 은을 가득 실은 객차는 도적들의 손쉬운 표적이 되었을 것이다. 우유니 마을은 해발 3,670m에 있고, 매서운 추위는 그 마을 최초의 시민들 — 철도 건설 노동자와 군사 기지에 머무는 군대 병사들 — 사이에 전염병이 발발하는 것을 막았다고 전해진다. 그래서 새로 생긴 마을 묘지가 몇 년 동안 당황스러울 정도로 휑했다. 이것은 마을 사람들에게 큰일이 아닐 수 없어서, 그들은 자체 생산할 수 있을 때까지 가장 가까운 풀라카요 광산 마을에서 시신을 '빌려'오기도 했다.

내가 이곳에 간 것은 근처에 있는 소금 분지 '살라르'를 방문하기 위해서였다. 나는 운전사를 찾았고, 우리를 실은 자동차가 마을을 벗어나자 곧 도로가 사라지고 사막이 나타났다. 우리는 얼어붙은 하천을 통과하고 꽁꽁 언 땅 위를 달리며, 더 따뜻한 호수로 탈출하지 못한 몇 마리 플라밍고들을 애처롭게 바라보았다. 우리가 타고 있는 반짝거리는 강철 상자가 지평선에 갑자기 나타나자, 가축화된 알파카의 야생 조상인 황금색 비큐나가 놀라 펄쩍 뛰었다. 우리는 세계에서 두 번째로 큰 (그 대륙 최대의) 산크리스토발 광산을 통과했다. 그곳은 하루 10만 T의 흙을 뒤엎어 주로 은과 아연을 수출한다. 새로 지은 집들이 마을 사람들이 더 높은 장소에서 이곳으로 이주할 때 벽돌을 한 장 한 장 옮겨 이전한 17세기 예수회 교회 주변에 옹기종기 모여 있었다.

그곳 지형은 크고 거칠었다. 바람이 조각한 바위들이 땅과 하늘을 배경으로 어울리지 않게 서 있고, 환상적인 색조의 화산들이 지평선 위를 울룩불룩하게 장식했다. 오래전에 흘렀던 마그마는 거품을 일으키며 흘렀던 그 장소에 그대로 굳었다. 지구의 광물들은 초목이 없어 벌거벗은 채로 밝은 색깔의 맨 얼굴을 그대로 드러냈다. 그 땅은 몇 킬로미터마다 모습이 완전히 바뀌었다. 칠레와 아르헨티나 국경 근처에서 우리는 수출용으로 붕사(硼砂)가 채광되는 소금 분지를 지나갔다. 바람이 불면 은은하게 빛나는 그 광대한 소금 분지 위로 흰 먼지가 베일처럼 드리웠다. 호수는 반짝거리는 얼음으로 뒤덮여 있고 그 사이사이에 해조류와 소금 결정들이 섞여 있었다. 뒤로는 적갈색 산들과 화산들이 배경처럼 펼쳐졌다. 그 가운데 가장 큰 화산인 리칸카부르는 나사(NASA)가 화성 탐사 로봇을 그 분화구에서 시험했을 정도로 외계의 땅 같다. 그 분화구 비탈면의 5,916m 높이에서 희생 제물로 바쳐진 어린 소녀들의 주검이 미라로 발견되었다. 고대 잉카인들이 소녀들을 그곳으로 보내 얼어 죽게 한 것이다.

이틀 밤낮이 흐른 뒤 우리는 닐 암스트롱이 달에서도 볼 수 있었던 세계 최대 소금 분지의 초현실적 풍경으로 진입했다. 그곳은 1만 500km² 면적으로 작은 나라만 하다. 아니 바다처럼 넓다. 실제로 그곳은 과거에 바다였다. 오래전에는 대서양이 현재의 아르헨티나에서 서쪽의 라파스까지 거대한 물길을 이루어 흘렀다. 그러다 결국 육지가 바다에서 흘러 들어오는 액체의 진입을 봉쇄하여 거대한 내륙 호수를 탄생시켰다. 안데스산맥을 만든 지각판 충돌이 이 호수의 고도를 높였고, 시간이 흐르면서 호수가 증발하여 놀랍도록 광대한, 희고 반짝이는 이 소금 분지가 생겼다. 파란 하늘에 포위된 흰 바다는 내가 한 번도 경험하지 못한 것이었다. 내 눈은 그 광대함에 혼란을 느꼈다. 원근법이 왜곡되어 어떤 것이 얼마나 멀고 가까운지, 얼마나 크고 작은지 가늠할 수 없었다. 멀리서 보니 소금 분지 안에 작은 섬 하나가 있었다. 가까이 갔더니 6,000그루가 넘는 선인장으로 바글거렸다. '이슬라 잉카와시'('물고기 섬'이라는 뜻_옮긴이)라고 불리는 그곳은 죽음처럼 하얀 소금 분지 안에서 황금빛과 초록빛을 띠는 비현실적인 장소로, 과거에 라마 무리를 데리고 이 분지를 가로질렀던 잉카인들이 한숨을 돌리던 곳이었다. 화석화된 해조와 산호로 이루어진 환초인 섬의 중심에는 의식을 위한 작은 장소가 있었고, 한때 귀한 담수가 흘렀던 35m 깊이의 협곡이 있었다.

그 소금 분지는 다각형 바둑판무늬를 이루고 있다. 5m 깊이의 소금층에 생긴 틈이 그런 무늬를 만든 것이다. 소금층 밑에는 지하

호수가 있다. 모세관 작용 때문에 그 틈을 통해 호수의 물이 빨려 올라오고, 소금이 표면에서 결정화되어 틈을 따라 이랑처럼 볼록하게 솟아오른다. 곳곳에 다각형 바둑판무늬를 끊어놓는 커다란 소금 '웅덩이들'이 있는데, 이것들이 살라르의 '눈'이다. 이 부분은 물이 표면에 더 가까이 있어서 그 위로 운전하는 사람들에게는 치명적인 구간이다. 소금 분지를 가로질러 우리는 소금 캐는 마을인 콜차니에 도착했다. 등을 구부린 남자들과 소년들이 곡괭이와 삽을 들고 흰 소금을 긁어모아 고깔 모양으로 쌓으면, 소금이 햇빛을 받아 증발하다가 트럭에 실려 다른 곳으로 간다. 소금 캐는 일은 살을 에는 바람과 눈을 멀게 할 만큼 강한 햇빛 속에서 해야 하는 힘든 일이다. 소년들은 반사되는 빛을 둔화시키고 시력을 보호하기 위해 목탄으로 얼굴을 칠하지만, 노인들은 맨 얼굴로 일해서 얼굴이 나무껍질처럼 그을렸고 눈은 백내장으로 뿌옜다. 콜차니의 이 '푸에르토 세코(건조한 항구)'에서 매년 2만 T이 넘는 조리용 소금이 생산되지만, 이 하얀 물질은 조미료 이상이다. 우유니의 '살라르'는 전 세계 리튬 공급량의 절반 이상을 보유하고 있다. 이 은색의 무른 금속 반죽은 가장 가벼운 고체 원소이고, 최근까지 정신병을 치료하는 정신과 약물인 신경안정제로밖에는 사용되지 않았다. 하지만 1990년대부터 리튬은 오래 가는 가벼운 배터리로 폭넓게 사용되면서 소비자 전자 기계를 탈바꿈시켰다. 휴대폰, 노트북, 카메라에 사용되는 리튬은 지금 21세기의 주요 자원으로 인류세의 자동차에서 석유를 대체하려고 한다.

리튬은 효율적이고 가볍고 빨리 충전되는 전기차 배터리를 만들기 위해 필수적인 물질이다. 만일 볼리비아가 어떤 식으로든 리튬 생산 시장을 개척할 수 있다면, 그 가난한 나라는 마침내 부자가 될 것이다. 볼리비아가 보유한 리튬의 가치는 1조 달러로 추정된다. 적어도 에보 모랄레스 대통령은 그렇게 본다. 1억 T이 넘는 리튬이 소금 분지 밑의 호수에 용해되어 있지만, 그것을 꺼내어 생산을 산업화하는 것은 쉽지 않다. 게다가 모랄레스 대통령은 외국 투자자들을 막고 있다. 이렇게 많은 양의 필수 물질을 한 곳의 편리한 장소에서 구할 수 있다는 것은 흥분되는 일이고, 일본에서부터 중국을 거쳐 핀란드와 프랑스까지 모든 나라가 이 일에 끼고 싶어 했다. 하지만 역사는 볼리비아에 친절하지 않았다. 남아메리카 대륙에서 자연 자원이 가장 풍부한 나라 중 하나인 볼리비아는 세계에서 가장 가난한 나라인데, 그것은 외국인들이 금에서부터 은, 아연, 가스에 이르는 모든 것을 위해 그 나라를 착취했기 때문이다. 모랄레스 대통령은 지금까지 이 귀한 광물이 볼리비아 정부의 통제 밖으로 나가는 것을 허락하지 않고 있다. "우유니의 소금 분지는 또 다른 '세로리코'가 되지 않을 겁니다." 그는 이렇게 맹세했다.

그는 리튬을 추출하는 시범 사업에 착수했다. 소금 분지의 얕은 웅덩이에 뿌연 소금물을 붓고 증발하도록 며칠 내버려두면 칼륨, 망간, 붕사, 리튬 용융염 같은 귀한 광물들이 남는다. 그런 다음에 이들을 정제한다. 순수한 탄산리튬을 거두어들일 수 있을 때까지 일련의 연못을 거치며 거르고 증발시키는 것이다. 그 과정은 내가 포토시에서 본 끔찍한 채광 작업과 크게 다르지 않다. 회의주의자들은 볼리비아가 리튬을 효율적으로 추출할 만한 노하우와 기반시설이 없다고 말한다. 필요한 양을 채취하기에 부족한 것은 확실하다. 한 작은 시장에 공급하기 위해서는 1년에 약 50만 T이 필요하다는 것이 자동차 제조업자들의 계산이다. 하지만 카드를 쥔 것은 볼리비아이다. 우유니 소금 분지가 보유한 리튬은 전기차 제조와 녹색 에너지 혁명을 책임지는 수많은 재생 에너지원을 저장하는 축전지에 필수불가결한 물질이다. 리튬뿐 아니라 배터리와 자동차까지 생산하려고 하는 모랄레스 대통령은 리튬 생산이 발생시키는 부로 그 나라를 산업화할 계획이다. 도로가 열악한 나라로서는 꽤 야심 찬 계획이다.

2012년 7월 볼리비아 정부는 한국의 포스코 제철 컨소시엄과 50대 50으로 리튬을 개발하는 최초의 투자 협정에 합의하고 리튬과 배터리 성분을 생산하는 시험 공장을 건설하기로 했다. 이 계약으로 볼리비아는 리튬 배터리의 최대 생산자인 한국으로부터 제조 기술을 배울 수 있을 것이고, 한국은 황금알을 낳는 그 소금 들판에 대한 독자적 접근권을 제공 받게 되었다. 3개월 뒤 모랄레스 정부는 '어머니 자연을 위한 법(Law of Mother earth)'을 통과시켰다. 자연에 인간과 똑같은 권리를 제공하고 자연의 권리를 침해할 경우 벌금을 부과하는 법이다. 이 법으로 인해 채광, 석유, 가스 그리고 그 나라의 경제를 떠받치는 그 밖의 채굴 채광 산업은 독특하고 불확실한 위치에 놓이게 되었다. 하지만 리튬 추출은 환경에 미치는 타격이 적어서 영향을 받지 않았다.

우리는 소금 분지에서 나와 우유니로 돌아가는 길에, 마치 어머니 지구가 자신의 힘을 재천명하는 듯한 느낌을 받았다. 바람은 한층 더 거칠어져서, 우유니에 진입할 무렵 마을은 회오리치는 먼지 장막에 가려 보이지 않았다. 폭풍이 잠잠해지기까지는 며칠이 걸렸다. 내가 호스텔 방에서 다시 나왔을 때에는 나무들이 쓰레기에 휘감기고 두툼한 먼지가 모든 것을 뒤덮어 마을 전체가 갈색이 되어 있었다. 창문이 깨지고 토담은 쌓아올린 그 자리에 무너져 내렸으며 강풍에 날아간 골함석 지붕이 우글우글 구겨진 채로 거리에 나뒹굴었다. 중심 광장에서 사람들은 날개가 부러진 채 그곳으로 날아온 플라밍고들을 구조하고 있었다. 전기도 물도 디젤유도 없었다.

　　마치 이 마을과 마을의 물질들이 이 가혹한 사막에서 사라지고 있는 듯했다. 과거에 폐허로 변한 폼페이, 함피(인도 남서부 카르나타카주에 있는 옛 비자야나가르왕국의 수도_옮긴이), 티칼(과테말라 북부에 있는 고대 마야의 도시 유적_옮긴이) 같은 장소들이 떠올랐다. 인류세에 이 행성을 철저히 지배하고 있는 우리는 인간이 영원할 것이라고 믿는다. 하지만 다른 모든 종과 마찬가지로 우리의 존재도 일시적이다. 우리는 많은 장소에 오랫동안 남을 강력한 지질학적 증표들 ― 화석 기록 ― 을 남길 것이고 그 기록은 우리가 이곳에 살았다는 사실과 우리의 영향을 증언할 것이다. 하지만 강과 바다에서 아주 멀리 떨어진, 바람이 휘몰아치는 우유니 사막에서는 우리가 지은 건축물이 무너져 흙먼지로 돌아갈 것이고, 이곳에서 근근이 살아가던 한 인간 사회에 대한 증거는 모두 사라질 것이다. 우리가 이 소금 분지의 자원을 개발하려면, 즉 인간이 이 멀고 낯선 환경에서 자연을 지배하려면 더 강하고 오래 지속되는 기반 시설을 건설해야 할 것이다. 도로를 놓고 에너지 수송관을 들여오고 견고한 건물을 지어야 할 것이다. 사람들은 아마존에서부터 사하라사막에 이르는 다른 장소들에서 했던 것처럼 자신의 족적 ― 환경을 인간화하는 것 ― 을 남겨야 할 것이다. 그리하여 도시가 건설될 것이다.

10

C   I   T   I   E   S

도
시

도시는 지구에서 가장 인공적인 환경이다. 도시는 처음부터 끝까지 합성된 인간의 창조물이고, 우리 종에 맞추어진 지구 안의 소우주이다. 그 안에는 높은 산의 전망, 비를 막아주는 동굴, 호수와 강의 담수, 식량, 자연계의 물질과 연료를 대신하는 것들이 있다. 도시는 지구의 지형을 근본적으로 바꾸었고, 도시 창조자인 우리도 변화시켰다.

인간은 사바나를 배회하는 수렵 채집인으로 진화했고, 농경과 함께 최초의 마을이 출현하는 데는 홀로세가 시작될 때까지 10만 년 이상의 시간이 걸렸다. 초기 도시들이 생겨나기까지는 수천 년이 더 걸렸다. 마을 인구가 증가하면서 농업은 훨씬 더 효율적이 되었고, 사람들은 일 년에 여러 번 추수하여 잉여 식량을 생산할 수 있었다. 마을들이 교역하고 성장하기 시작하면서 사람들은 음식, 옷, 도자기 같은 물질을 거래하기 위해, 아니면 그저 만나기 위해 시장으로 왔다. 그리고 사람들을 끌어모으는 이런 꿀단지들을 건사하기 위해 공공건물과 통치 체제가 성장했다. 그리하여 도시가 탄생했다.

우리가 아는 최초의 도시는 약 6,000년 전 메소포타미아의 비옥한 하곡에서 수메르인들에 의해 건설되었다. 메소포타미아의 우르, 바빌론, 니네베 같은 전설의 도시에서 최초의 문자, 관개농업, 수도관과 하수도가 생겼고 직업 군인들로 조직된 최초의 상비군이 출현했다. 인간 사회를 포괄적으로 묘사하는 표현인 문명은 도시들과 함께 생겨났다. 일단 비교적 적은 수의 노동자들에 의해 먹을거리가 충족되면, 사회의 일정 비율은 충분한 하루 열량을 획득하는 것 외에 다른 일을 할 수 있었기 때문이다. 그들은 교사나 기술자가 될 수 있었다. 이런 최초의 도시에서 가능해진 노동 분업 덕분에 사상 — 인간에서만 볼 수 있는 예술, 과학, 정치·사회철학 그리고 생활 방식의 혁신 — 이 꽃을 피울 수 있었다. 도시 덕분에 이런 사상이 사람들 사이로 빠르게 퍼져 나갔고, 상품과 생각을 교환하기 위해 여행하는 사람들을 따라 다른 도시로 퍼져 나갈 수 있었다. 시칠리아의 도시 시라쿠사가 아르키메데스의 산물이었던 만큼 아르키메데스도 시라쿠사라는 도시의 산물이었다. 식량과 바퀴 정도를 빼면 시골에서 어떤 발명품, 창조물, 그 밖의 중요한 어떤 것이 생겨난 예가 있었던가? 인류라는 탁월한 종의 이야기는 도시에서 탄생했다. 인간은 도시인이 되면서 촌티를 벗었다.

삶과 보금자리를 고밀도로 배열하고, 좀 복잡하더라도 시장, 시청, 예배당, 통치 기관 같은 사회적 건축물 둘레에 집을 짓고 살려는 충동은 인간만의 특징이며 인간 사회에 널리 퍼져 있다. 우리가 좁은 지역에 대규모 집단을 이루고 살 수 있었던 것은 우리의 환경 장악력 덕분이었다. 물길을 바꾸고 물을 가두는 것, 먼 곳의 자원을 획득하고 수송하는 것, 효율적인 대규모 농업에 힘입어 우리는 전 지구를 지배하게 되었다. 하지만 도시의 인구 폭발을 가능하게 한 것은 지난 100년 동안 일어난 위생과 의학의 발전이었다. 깨끗한 물과 항생제는 사망률을 대폭 줄였고, 역사상 처음으로 대규모 인간 집단이 비교적 안전하게 살 수 있었다.

도시는 니네베(기원전 650년에 12만 명이 살았다) 같은 고대 도시에서 인구 1,000만이 넘는 인류세의 거대도시로 성장했다. 인류세는 도시의 시대다. 우리 종은 인류 역사상 가장 큰 규모의 이주를 하고 있다. 이미 사람들의 절반 이상이 도시에 살고, 2050년에는 약 70억 명이 도시에 살 것이다. 우리는 호모 우르바누스(*Homo urbanus*) 즉 더 빨리 사고하고 더 적극적으로 반응하고 유전적으로 더 다양한, 과거와는 다른 창조물이 되었다. 인류 역사는 점점 도시 역사가 되고 있다.

앞으로 80년 동안 인구 100만의 도시가 열흘마다 하나씩 건설될 것이다.[1] 현재 지구에는 약 30개의 거대도시가 존재하는데, 2050년에는 이런 도시들이 중국의 홍콩-선전-광저우 같은 몇 십 개의 거대 지역으로 융합하여 1억 명이 넘는 사람들이 끝이 보이지 않는 도시에서 살게 될 것이다. 일본의 수도인 거대도시 도쿄는 이미 인구 3,670만으로 인구밀도가 방글라데시의 두 배가 넘고, 세계 최대 규모의 대도시 경제를 운영한다. 도시들은 민족국가보다 더 강력해지고 있다.

앞으로 몇 십 년 동안, 일자리를 찾아 시골을 떠나는 아프리카와 아시아의 가난한 사람들이 도시화를 주도할 것이다. 그들 대부분이 1만 m²당 2,500명 수준으로 인구밀도가 매우 높은 빈민가에서 미국 보통 가정 수준의 화장실 수를 공유하며 살게 될 것이다. 전 세계적인 도시 건설 붐은 다른 장소에서 건축 자재를 위한 모래 채취와 강 준설을 초래함으로써 홍수, 침식, 물 손실, 토질 저하를 일으킬 것이다. 하지만 인류세에 막 들어선 우리는 아직 이행기에 있으며, 도시는 정교한 유기체이다. 도시는 더 크게 성장할수록 더 빠른 속도로 돌아가고 혁신한다. 도시는 인간 문명의 화신으로서, 우리 종의 최고와 최악을 구현한다. 자연 풍경 속에서 생겨날 미래의 도시들은 오늘날 우리가 알고 있는 어떤 도시보다 찬란할 것이다. 그런 도시들은 지구의 자원을 덜 쓰고 공원과 옥상 정원은 사바나 같고 에너지, 원재료, 물, 공기를 재활용함으로써 더욱 자족적으로 돌아갈 것이다. 또한 새로운 사상과 문화, 기술을 생산함으로써 우리의 존재를 오늘날 상상할 수 있는 수준 그 이상으로 만들 것이다.

　도시는 지구에서 가장 인공적인 환경이자 인간이 가장 편안하게 느끼는 장소이다. 도시를 인류세의 세계시민으로 간주해도 좋을 것이다.

|

　주민들이 악취를 풍기는 미처리 하수가 흐르는 도랑에 놓아둔 징검다리는 가옥들을 구획하는 도로 역할을 했다. 하지만 곳곳에서 그 녹색 액체의 수위는 너무 높아서 징검다리가 물에 잠겼다. 대부분의 동네 여자들은 신발을 벗고 진흙탕 속을 맨발로 걸었다. 내가 징검다리를 조심조심 건너가는 모습을 지켜보던, 고무장화를 신은 한 왜소한 노인이 내게 물에 잠긴 구역을 목마를 태워 건네주겠다고 제안했다. 나는 순간 그럴까 했지만 이내 역겨움을 삼키며 앞으로 나아갔다. 고무 샌들은 수렁에 처박혔다 미끄러지기를 반복했고, 내 주위로는 배설물 덩어리들이 둥둥 떠다녔다.

콜롬비아 북부에 있는 이 습지 마을은 비야에르모사(Villa Hermosa)라고 불린다. 아름다운 빌라라는 뜻이지만, 한때 이곳에 매력적인 저택이 있었는지는 몰라도 지금은 사라진 지 오래이다. 이곳의 집들은 비닐과 합판으로 지은 움막 수준이다. 주석이나 플라스틱판으로 된 지붕은 물이 새고, 위생 시설이라고는 외부에 구멍을 파고 커튼 두 장을 쳐놓은 것이 전부이다. 아이들은 악취 나는 물속에서 물장난을 치며 놀았다. 이 물은 이질과 콜레라의 온상일뿐더러 모기의 번식 장소가 되어 말라리아, 황열병, 뎅기열로 훨씬 더 많은 죽음을 초래했다. 딱 한 집만 수돗물이 나오는데, 사업가적 기질이 충만한 그 집 주인은 나머지 주민 1만 명에게 돈을 받고 물을 공급했다.

보건소 공무원들은 그 마을을 아프리카 난민 수용소 같다고 묘사했지만, 비야에르모사는 그 나라에서 가장 인기 있는 관광지인 카르타헤나에서 겨우 몇 분 거리에 있는, 카르타헤나의 비단 치맛자락을 붙잡고 있는 여러 판자촌 가운데 하나이다. 이곳에서 멀지 않은 곳에서, 외국인 승객들이 번쩍이는 여객선에서 내려 가장자리에 부겐빌레아(남미산 덩굴 식물_옮긴이)가 심긴 그 도시의 식민지 광장에서 카페라테를 홀짝인다. 지난 10년 동안 번영을 구가하면서 가난과 범죄가 줄었다고는 해도(연간 살인율이 2만 9,000명에서 1만 6,000명으로 줄었다) 콜롬비아는 여전히 빈부 격차가 가장 심한 나라 중 하나이다.[2] 인구 100만의 도시 카르타헤나에서 60만 명 이상이 가난하게 살고 수만 명이 불결함, 영양실조, 깨끗한 물과 위생 시설이 부재한 상태에서 산다. 지난 10년 동안 많은 사람들이 그 나라의 다른 지역에서 기후변화의 여파와 폭력을 피해 이곳으로 왔다. 그들은 더 이상 농사를 지을 수 없는 농부들로 콜롬비아무장혁명군

(FARC) 같은 게릴라 집단과 불법 무장 단체를 피해 살던 마을에서 도망친 사람들이었다.

나는 비야에르모사의 어린이를 돕는 비정부기구 중 한 곳인 J.곤잘레스재단에서 일하는 자이디스 타월 도밍게스와 함께 이 마을을 찾았다. 보육원과 어린이들을 위한 종합 시설을 갖춘 이 자선 단체는 어린이를 위한 시설이 전혀 없는 장소에 놀이공원을 만들고 있다. 이곳 사람들은 주로 노인과 어린이 그리고 폭력에 남편과 남자 형제 또는 아들을 잃은 여자들이다. 십대는 없고 고아는 많다. 인구의 70% 이상이 예전에 살던 집이 안전하지 않아서 돌아갈 수 없는, 갈 곳 없는 실향민으로 구성되어 있다.

마을 지도자인 프레디 우리베는 10년 전 형과 친구들이 살해당하는 것을 본 뒤 고향에서 도망쳤다. 돌아갈 수도 없지만 폭력이 끝난다 해도 돌아가지 않을 것이다. "가서 뭐 하게요? 내 집이 그대로 있다 한들 다른 사람이 살겠지요. 아내와 가족은 여기 있습니다. 내 인생은 여기 있어요." 그는 이렇게 말하며 습지를 저벅저벅 걸었다. 우리베는 현재 이 마을에서 목수 일을 하며 돈을 벌었다.

폭력은 이곳까지 이주민들을 따라왔다. 이웃 동네들은 모두 마약 갱단의 지배를 받고 매춘이 널리 퍼져 있다. 비야에르모사에는 학교가 없어서 겨우 여섯 살 난 어린아이들이 비 오는 날만 빼고 매일 이런 위험한 동네를 지나 학교에 간다. 비가 오면 이 마을은 사실상 봉쇄된다. 올해는 비가 너무 많이 내려서 여기저기에 홍수가 났다. 엘니뇨의 해라고는 해도, 도밍게스는 지난 몇 년 동안 홍수가 점점 더 심해졌다면서 기후변화 탓이라고 말했다. 빈민가에는 배수 시설이 없어서 빗물이 하수와 섞여 몇 주씩 고여 있었다.

도밍게스는 나를 데리고 보육원-학교 사업장으로 갔다. 그곳에서 50명의 아이들이 오전 9시부터 오후 4시까지 무료로 돌봄 서비스를 받는다. 아침과 점심도 제공된다. 덕분에 부모와 그 밖의 육아 담당자는 카르타헤나에서 일할 수 있다. 사업장 건물은 두꺼운 화물 운반용 목재로 바닥을 깔고 널빤지로 벽을 세워 지었는데, 널빤지 벽에 창구멍이 뚫려 있어서 휑뎅그렁한 내부로 빛이 들었다. 건물 안으로 들어가니 수십 명의 아기들이 눈을 감은 채 바닥에 몇 줄로 누워 있었다. 낮잠 시간이었다. 나는 내게서 가장 가까이 있는 아이를 가리켰다. 세 살쯤 되어 보이는 여자아이인데 인도의 한센병 환자들에게서 본 창백한 피부 병변을 가지고 있었다. 아이 얼굴이 왜 그러느냐고 물으니 열악한 위생(더러운 물) 때문이라는 대답이 돌아왔다. 게다가 그 여자아이는 실제로는 다섯 살로 영양실조였다. 이곳에도 한센병 환자들이 있지만 다른 세균과 곰팡이균 감염이 훨씬 더 흔하다고 했다. 도밍게스는 점심시간에 대접에 담아 아이들에게 나눠줄 수프 통을 보여주었다. 대개는 그것이 그날의 유일한 식사다운 식사였다.

나는 이와 비슷한 수준의 극심한 궁핍을 개발도상국 세계의 많은 도시들에서 보았다. 한 예로 새우 양식이 현지의 지주들에게 큰 부를 가져다준 방글라데시 남부의 도시 쿨나에서는, 홍수로 이재민이 된 4만 명의 사람들이 매년 그 도시의 빈민가에 합류했다. 나는 그런 이주자들 가운데 몇몇을 직접 만났다. 그들은 원룸에 열 명이 함께 살았고 대부분이 하천 침식, 해수면 상승에 따른 홍수, 염분 상승에 따른 농경지 소실, 극심한 가난 때문에 살던 마을을 어쩔 수 없이 떠난 사람들이었다. 다들 자신과 자기 자식들의 더 나은 삶을 바라며 그곳에 왔다. 쿨나는 벵골만에서 150km나 떨어져 있는데도 해수면 상승으로 이미 빈민가가 물에 잠기고 있었다. 만조 시점에는 물이 적어도 무릎 높이까지 찼다. 사람들은 지대가 약간 높은 도로 위로 피신하여 방수천이나 야자나무 잎으로 천막을 치고 살았다. 쿨나의 빈민가 주민들도 이상한 피부 질환을 앓았는데, 몇 명은 물속의 비소 때문이었지만 비위생적인 생활 조건과 영양실조도 한몫을 했다.

흔히 짧은 시간에 부를 획득한 도심지에서 가난이 가장 극명하게 나타난다. 이를테면 나이로비와 뭄바이가 그런 곳이다. 세계 최대 도시의 반열에 오른 뭄바이에는 약 900만 명의 빈민들이 살고 있다. 그 도시 인구의 절반이 넘는 수로 그들 대다수가 세계에서 가장 비싼 신축 아파트들의 그늘에서 산다. 세계은행의 추산에 따르면 2025년에는 2,250만 명이 뭄바이의 빈민가에 살 것이라고 한다. 유럽 한복판에도 빈민가가 존재한다. 마드리드 변두리의 카냐다레 알갈리아노 같은 곳이 그렇다. 그곳에는 빈곤이 만연하고 기반 시설은 개발도상국의 판자촌만큼이나 열악하다. 지구상에서 한 도시 안보다 더 빈부 격차가 극명한 곳은 없다.

비야에르모사에서 나와 카르타헤나의 화려한 조명, 술집, 레스토랑 속으로 돌아가는 길에 한 소년이 내 팔을 붙잡았다. 소년은 씩 웃으면서 내 카메라와 자신을 가리키고는 사진을 찍어 달라고 부탁했다. 나는 소년의 요청에 기꺼이 응했다. 낡고 더러운 반바지 하나만 달랑 걸친 소년은 카메라 앞에서 자랑스럽게 포즈를 취했다. 소년의 팔, 등, 이마는 혹으로 뒤덮여 있었다. 그는 셔터 소리가 나자 잽싸게 달려와 카메라 화면에 뜬 자기 사진을 확인했다. 그러고는 친구와 손을 잡고 선 채, 한 시간 남짓 자신의 세계를 훔쳐본 다른 세계의 방문객에게 잘 가라고 손을 흔들었다.

이 아이들은 지구 역사에서 유일무이한 도시 시대에 살고 있다.

1800년 이전의 1,000년 동안에는 세계 인구의 단 2%만이 도시에 살았다. 하지만 2050년에는 지구에 사는 100억 인구 중 4분의 3이 도시에 살 것이고, 비야에르모사 같은 장소들이 어떤 모습으로 진화하느냐가 앞으로 인류세의 환경을 결정할 것이다.

|

　　　　　　　　　　나는 인류가 건설한 위대한 도시의 고동치는 심장에 있을 때 전율을 느낀다. 부딪칠락 말락 서로의 틈새를 누비며 지나가는 사람들, 낮이나 밤이나 멈추지 않고 뛰는 맥박처럼 빨간 신호등에 급정차했다 파란불로 바뀌자마자 앞으로 돌진하는 4열 횡대의 자동차들, 잡담과 음악과 사람들과 온기로 들썩이는 술집, 계획적으로 지어진 질서정연한 건물들 그리고 광장과 시장으로 통하는 길들.

　도시는 인구밀도가 높아질수록 더 생산적이고 효율적이 되고 더 강해진다. 한 도시의 인구가 두 배가 되면 평균 임금이 15% 오른다. 일인당 특허 출원 건수 같은 생산성의 다른 척도들도 마찬가지이다. 인구 1,000만 도시의 총생산은 인구 500만인 두 도시의 총생산을 합한 것보다 15~20% 높다. 주로 시골 인구로 구성된 나라에서 도시화된 지역은 평균 소득이 다섯 배 더 높다. 이와 동시에 자원 사용과 탄소 배출은 인구밀도가 두 배가 될 때마다 15%씩 감소한다. 기반 시설을 더 효율적으로 이용하고 대중교통을 더 잘 이용하기 때문이다. 2007년에 이론물리학자들이 발견한 이런 인구밀도 효과는 도시의 매력을 잘 설명하고, 인류 사회가 어떻게 작동하는지에 대한 통찰을 제공한다.[3] 이런 효과는 심지어 수렵 채집인 사회에도 적용되는 것 같다. 한 집단의 인구가 두 배가 될 때마다 땅에서 식량을 포함한 자원을 얻는 효율이 15% 증가한다. 이 말은 곧 인구가 두 배가 되면 식량 생산 외의 다른 일에 15% 더 많은 자원과 시간이 투자될 수 있다는 뜻이다. 복잡한 사회들이 진화를 거듭하는 것은 높은 인구밀도 덕분이다.[4] 도시는 사람들을 점점 더 긴밀하게 접촉하게 하면서 우리 행성에 대한 인류의 지배를 가속화하고 있다. 초고속도로에서부터 고속 열차와 비행기에 이르기까지 도시 사이를 연결하는 교통과 통신 수단 덕분에 사람들은 여러 도시를 넘나들며 사업을 운영할 수 있고, 도시는 이런 식으로 인간 세상을 축소시켜 전 세계를 한동네로 만들고 있다. 인류세의 거대한 균질화는 자연 생태계에 영향을 미치는 것 못지않게 인간의 문화와 생활양식에도 영향을 미친다. 그 대표적 사례가 도시들이다. 도시는 진정으로 보편적인 장소이다. 내가 도시에 있을 때 고향에 온 것처럼 느끼는 것은 그 도시들이 모두 사실상 똑같은 경험을 제공하기 때문이다. 물론 좀 더 폭력적이거나 나른하거나 부유한 도시들이 있지만 도시 환경의 핵심은 똑같다. 자연계에서와 같은 엄청나게 다양한 풍경과 경험은 존재하지 않는다.

인류세의 도시 혁명은 엄청나게 많은 수의 사람들이 가장 지속 가능한 방식으로 살아갈 수 있게 한다는 점에서, 우리 시대의 많은 환경 문제와 사회 문제를 해결할 묘안이 될 수 있다. 아니면 과학 소설에 흔히 등장하는 거대도시의 디스토피아처럼, 우리 종의 패인으로 드러날지도 모른다.

내가 개발도상국 세계에서 가본 많은 장소들에서 도시화는 불결함, 쓰레기의 축적, 오염된 물과 땅 같은 문제에 빠져 있었다. 그것은 '불법적' 장소로 성급히 무계획적으로 이주한 결과이다. 이 말은 곧 행정 당국이 쓰레기 수거와 하수도 같은 기반 시설을 제공하고 싶어도 실행하기 힘들다는 뜻이다. 하지만 수십 년 동안 건설된 도시라 해도, 가난한 나라에서는 도시 지역의 지속 가능성이 시골 지역보다 훨씬 낮다. 그것은 도시 사람들이 부유해질수록 가난한 시골 사람들보다 더 많은 에너지를 쓰고 물과 그 밖의 자원을 더 많이 낭비하고 더 많이 먹기 때문이다. 시골 사람들이 도시 사람들보다 더 잘사는 일이 흔히 있는 부자 나라에서는 정반대의 일이 일어난다. 앞으로의 도시 성장은 대체로 아시아와 라틴아메리카의 가난한 나라들에서 진행될 것이고(아프리카의 도시화는 극소수 나라에서만 확연하고 빠르게 진행되고 있지만 앞으로는 바뀔 것이다), 따라서 도시화 과정은 사람들이 삶의 척도를 개선함에 따라 자원 사용이 전반적으로 증가하는 추세와 맞물릴 것이다. 그렇다면 우리의 과제는 가장 지속 가능한 도시, 즉 사람들이 과도한 쓰레기를 생산하지 않고도 품위 있는 삶을 영위하는 도시를 만드는 것이다.

지금까지 증거들을 보면 도시화는 거스를 수 없는 추세처럼 보인다.[5] 예컨대 2000년 이래로 약 2억 3,000만 명이 빈민촌에서 빠져나왔다. 하지만 인류세의 도시가 환경적으로 지속 가능할지는 비야에르모사와 쿨나 같은 곳이 어떤 모습으로 진화하느냐에 달렸다. 이를테면 비효율적인 북아메리카 모델처럼 고속도로로 연결된 위성도시들이 외곽으로 무질서하게 뻗어 나갈 수도 있고, 홍콩과 싱가포르처럼 초고층 건물이 밀집한 형태가 될 수도 있다. 조밀한 아파트 동네의 주민들은 도시 외곽의 집들이 배출하는 이산화탄소량의 절반을 생산한다.[6] 서울은 어떻게 주민의 3분의 1이 무허가 저층 거주지에 사는 빈민촌에서 20년 만에 2,500만 명의 대다수가 쾌적한 환경에서 살아가는, 지하철과 초고층 빌딩으로 반짝거리는 잘 작동하는 도시로 탈바꿈할 수 있는지 보여주는 한 사례이다.

대부분의 도시들은 설계되거나 계획되지 않았고 그때그때 필요에 따라 — 때로는 수천 년에 걸쳐 — 성장했다. 이따금씩 일부 구역들이 건축가의 계획에 따라 완전히 재건축되기도 하지만, 이런 일은 대개 지진이나 폭격 같은 재난 때문이거나 아니면 빈민가 철거, 산업 개발, 새 고속도로나 교통 체계 건설 같은 대규모 계획의 결과이다. 사회 개선을 겨냥한 많은 도시 계획들이 실제로는 상황을 더 나쁘게 만들었는데, 새로운 기반 시설이 거주자들의 건강에는 도움이 되었어도 도시 생활의 많은 요인들(예컨대 기존의 사회구조와 네트워크, 주민들이 거리와 공공장소를 사용하는 방식, 접근성, 쇼핑, 도시의 나머지 부분과의 통합 같은 실질적 측면들)을 무시했거나 악화시켰기 때문이다. 어떤 도시 계획자들은 하향식 권위를 부여하기 위해 한 도시의 사회 세력을 계획적으로 파괴하기도 했다. 예컨대 프랑스 혁명 이후의 파리 건축가들이 그랬다. 그들은 복잡하게 얽힌 중세의 골목길과 통로를 없애고 그 자리에 군대와 경찰력으로 쉽게 통제할 수 있는 널찍한 대로를 만들었다.

비야에르모사, 쿨나의 빈민가들 그리고 현재 증가하고 있는 새로운 도시의 대부분은 건축가들과 도시 계획가들이 계획한 것이 아니다. 그런 장소들은 비공식적인 — 대개는 불법적 — 거주지로 기존의 번화가나 산업을 중심으로 모인 다음 성장했다. 비공식적인 주거지에 사는 빈민가 거주자들은 이미 10억 명이 넘는다. 유엔의 예측에 따르면, 2030년에는 넷 중 한 명이 불법 도시 거주자일 것이고 2050년에는 셋 중 한 명이 그럴 것이다. 그런 빈민가들은 대부분 물, 위생, 전기, 포장도로도 없이 기초적인 주거지들이 모여서 시작된다.

사람들은 어떻게 해서 그런 장소에 오게 될까? 페루의 수도에서는 수백만 명의 가난한 이주자들이 그 오래된 식민 도시를 둘러싼 사구들 사이에 흩어져 있는, 값싼 삼중합판 주거지에 무단 거주한다. 케추아 말(잉카 문명권의 공용어_옮긴이)을 쓰는 이런 시골 농부들은 불결한 환경에서 살면서 부유한 도시 사람들의 구두를 닦거나 교통 신호를 기다리는 자동차의 창 너머로 요깃거리를 팔아 근근이 먹고 산다. 하지만 시골에서 대도시로의 이주는 수많은 개인들의 임의적 결정이 축적된 결과가 아니라, 돈으로 정치적 영향력을 행사하는 엄청나게 힘 있는 개인이 치밀하게 조직한 억대 비즈니스인 내국인 밀매의 결과였다. 소문에 따르면, 헤르만 카르디나스 레온은 그 도시 외곽에 있는 땅을 찾아내고는 주인이 해외에 있는 것을 확인한 뒤 사람들을 모아 수수료를 받고 그 땅에 들어와 살게 했다.

　레온은 뭔가를 캐묻는 사람을 경계한다기에 나는 그와 거래를 해본 사람들, 즉 레온에게 사기를 당한 사람들을 찾아서 물어보았다. 많은 사람들이 있지만 사연은 모두 비슷하니 대표로 아벨 크루즈의 이야기를 소개한다. "저는 쿠스코 근처의 에카르테 마을에서 온 농부입니다. 그곳은 아주 가난한 동네예요. 나는 돼지 몇 마리를 키우면서 코코아와 채소를 재배했는데, 가뭄이 들어 생산량이 떨어졌어요. 2003년 어느 날 한 남자가 마을에 와서 리마로 가서 더 나은 삶을 살 생각이 없는지 물었어요. 그는 멋진 집에서 살게 해주고 좋은 직업도 찾아주고 어린 두 아들을 좋은 학교에 보내주겠다고 했어요. 저는 몇 달 동안 아내와 함께 고민을 했지요. 가족과 고향을 떠나고 싶지 않았으니까요. 하지만 가뭄이 점점 심해졌어요. 우리는 그 남자에게 1,500솔을 지불하고 짐을 챙겨 그 시골 동네를 떠났지요. 합판 또는 에스테라스(대나무 판자) 몇 장과 돈을 챙겨 새벽

5시에 그 남자를 만나기로 했어요. 그를 만나러 갔더니 우리 같은 가족들이 많이 있었어요. 한 모래언덕으로 따라가니, 모래언덕 한 구역에 울타리를 치고 우리가 가져온 재료로 집을 지으라고 하더군요. 그는 수수료를 받고, 전기와 케이블 TV를 설치하는 한 민간 기업을 소개해주었어요. 우리는 물도, 위생 시설도 없어요. 방바닥에 구멍을 파서 합판을 덮은 것이 화장실이에요. 2년이면 그 구덩이가 차서 다른 구덩이를 파야 해요. 10년이면 바닥이 전부 똥으로 찰 텐데, 그때는 어째야 할지 모르겠어요."

곤경과 가난, 쓰레기와 악취 문제에 더하여 심지어는 길도 없어서 한 노파가 장바구니를 들고 가축 우리 같은 집으로 가기 위해서는 모래와 바위를 허둥대며 올라가야 하는데도, 도시의 매력은 그 어느 때보다 강력하다. 이미 라틴아메리카 사람들의 75%가 도시에 살고, 2050년에는 남아메리카 사람들의 92%가 도시에 살 것이다. 그들이 살던 시골 땅의 환경이 파괴되고 일자리가 없어질 것이기 때문이다. 게다가 도시에는 희망이 있다. 이 판자촌 거주자들의 삶이 아무리 암울해 보여도 여러 모로 그들이 떠난 곳보다는 훨씬 낫다. 취업 기회, 소득 수준, 시장에서부터 의료에 이르는 사회 서비스들이 모두 시골보다 낫다. 그런 이주자들은 조상 대대로 살던 집과 땅, 지역 공동체, 전통적인 삶의 방식을 불법 거주의 불확실성 그리고 더 나은 삶에 대한 희망과 바꾸고 있다. 예나 지금이나 사람은 반짝이는 대도시에서 전망이 더 밝은 법이다. 대도시는 임금이 더 높고 일확천금을 가질 기회가 있다. 하지만 20세기가 오기 전에는, 비록 부자가 될 확률이 높다 해도 죽을 확률도 더 높았다. 이런 현상을 이른바 '묘지 효과'라고 부른다.

인구밀도가 높은 도시는 천연두, 선페스트, 홍역 같은 질병이 창궐하기에 이상적인 장소였고, 따라서 과거에는 한 번씩 큰 유행병이 돌 때마다 인구의 상당 비율이 죽었다. 예컨대 1348년에는 런던 인구의 절반이 역병으로 사라졌다. 도시의 사망률이 이렇게 높은 탓에, 인구는 시골 사람들의 정기적인 이주를 통해서만 유지되었다. 1861년에 리버풀에서 태어난 한 소년의 기대 수명은 26세였던 반면에 데번의 시골 마을 오크햄턴에서 태어난 소년의 기대 수명은 56세였다.[7] 의료와 위생의 발전으로 현재 도시는 살기에 더 안전한 장소가 되었고, 훌륭한 병원이 많아서 병이 들거나 다칠 경우에도 생존할 확률이 더 높다. 설령 빈민가가 HIV, 사스, H5N1 같은 인플루엔자를 포함한 새로운 질병의 온상이라 해도, 현재 도시의 기대 수명은 대체로 시골 지역보다 높다. 뉴욕 같은 선진국 도시에서 기대 수명은 그 주변 지역보다 적어도 1년 더 높은데, 무엇보다 교통사고가 줄었기 때문이다. 젊은 뉴요커는 술집에서 술을 마신 뒤 시골 사람들처럼 목숨 걸고 음주 운전을 하기보다는, 지하철을 타고 집으로 돌아갈 확률이 훨씬 더 높다.[8] 하지만 비야에르모사와 쿨나처럼 깨끗한 물과 하수도 시설이 없는 개발도상국 세계의 빈민가에서는, 건강한 도시들에 비해 기대 수명이 절반 이하이고 아동 치사율이 높다.[9]

빈민가는 비록 빈곤 그 자체처럼 보여도 실은 미래에 원기 왕성한 도시를 조성할 풍요로운 묘목이다. 런던과 뉴욕을 포함해 오늘날의 수도 가운데 다수가 비슷한 배아 단계에서 시작되었다. 아프리카, 아시아, 라틴아메리카의 판자촌에 몇 분만 있어 보면 노점상, 수선집, 이발소, 간이 극장 등 온갖 종류의 사업으로 분주한 비공식 노동 시장을 목격할 수 있다. 이미 전 세계 노동력의 절반 이상이 비공식 미등록 노동이다. 2020년에는 3분의 2가 그럴 것이다.[10] 비공식 경제는 세수를 생산하지 않지만, 다른 방식으로는 직업을 구할 수 없는 수억 명의 사람들에게 고용을 제공한다. 길거리 음식 행상들, 활용할 만한 쓰레기를 줍는 넝마주이들, 휴대폰 신용거래를 취급하는 노점상들은 세무 당국에 세금을 내지 않지만 그들의 간접적인 경제·사회적 기여는 막대하다. 향후 20년 동안 전 세계 경제성장의 약 절반이 개발도상국 세계의 도시에서 이뤄질 것으로 예상된다. 그중 대부분은 비공식 빈민가 업체에서 나올 것이다.[11] 빈민가는 이미 세계 경제의 일부이다. 이를테면 라틴아메리카 판자촌의 시장과 노점은 중국에서 제조된 의복과 전자 제품을 판매한다. 도시는 가난한 사람들을 부유한 시장과 연결한다.

보육, 판매 협동조합, 대량 구매, 소액 금융, 값비싼 기반 시설 사업을 위한 공동 약정 같은 지역사회 제도는 흔히 국가의 하향식 공급이 없을 때 꽃을 피운다. 엠페사 휴대폰 금융 제도 같은 혁신(1장 참조)은 케냐 판자촌 노점상들의 비공식 시장에서 처음 시작되었다. 빈민가 마을이 자체적 조직을 갖출 때(실제로 다수의 빈민촌이 개별적으로 또는 인도에서 기원한 국제 빈민촌 거주자 연맹에 가입함으로써 자체 조직을 갖추기 시작했다) 국가가 공급하는 비용의 작은 일부만으로 인프라 개선을 이룰 수 있다. 예컨대 파키스탄 카라치의 빈민가인 오랑기의 거주자들은 1980년대에 자체 하수도 시설을 건설하여 유아 사망률을 대폭 줄였다. 한편 델리에서는 2001년 이래로 거리의 아이들이 운영하는 어린이 은행인 '어린이 개발 카자나'('보물상자') 덕분에 1,000명의 어린이 고객이 그 도시 전역의 12개 지점에서 자신들의 푼돈을 5% 이자에 안전하게 저축할 수 있다.

더반의 한 빈민가에서 나는 쓰레기를 주워 재활용하는 한 무리의 사람들을 만났다. 남아프리카가 기계화되고 개발되면서 그들은 자신들이 하는 일에 대한 인정과 생계 수단에 대한 보호를 요구하는 캠페인을 벌이고 있었다. 쓰레기를 줍는 일은 세계에서 가장 지위가 낮은 직업 중 하나이지만 수백만 명의 사람들이 생존할 식량을 획득하는 유일한 방법이고, 이런 지하 경제의 밑바닥 인생들은 개발도상국 세계의 모든 도시가 갖고 있는 특징이다. 그들의 일은 쓰레기 관리 문제를 해결함으로써 도시 위생과 쓰레기 재활용률을 개선한다. 그리고 수거된 유기물 쓰레기는 대개 퇴비로 만들어져 도시 정원을 비옥하게 하는 데 쓰임으로써 식량과 돈을 생산한다. 약 8억 명의 도시 농부들이 세계 식량 공급의 15%를 수확한다. 정부가 이 관행을 억제하기보다 장려한다면 이 몫은 더욱 증가할 것이다.[12]

하지만 경제가 발전하면 비용 면에서 가장 효율적인 방식인 소각과 매립으로 쓰레기를 관리하는 업체들이 쓰레기를 관리하게 된다. 새로 건설된 반짝이는 도시에서 넝마를 걸친 채 맨발로 쓰레기통을 뒤지는 부랑자를 보고 싶은 국가는 하나도 없다. 따라서 이런 회사들이 가장 빈곤한 사람들의 공간과 직업을 차지하기 시작했다. 그 결과 쓰레기 관리 회사들이 매립지를 봉쇄하고 순찰대가 상점과 거주지에서 쓰레기를 모으는 사람들을 막으면서 갈등이 불거지고 있다. 이에 대한 대응으로 쓰레기 줍는 사람들은 비정부 기구의 도움을 받아 협동조합을 결성하고, 자신들의 생계를 방어하기 위해 세계적 연맹까지 결성했다. 가난한 나라에서는, 모든 곳에서 그럴 테지만, 재활용은 상식의 문제이다. 소에게 먹이로 주든 쓰레기 줍는 사람들에 의해 분해되어 판매되든 재사용할 수 없거나 거기서 창출할 추가 가치가 조금도 없는 쓰레기는 거의 없다. 쓰레기 줍는 사람들은 쓰레기의 95% 이상을 재활용함으로써 온실가스, 자원 고갈, 에너지 사용을 줄인다.

새로운 협동조합들은 진전을 이루고 있다. 더반에는 약 1만 5,000명의 쓰레기 줍는 사람들이 있는데, 내가 말을 걸어본 몇몇 사람들은 상황이 이렇게 좋았던 적이 없다고 말했다. 현재 그들은 자신들이 주운 폐지에 대해 킬로그램당 더 나은 요율을 받고 작업복에 수레도 있어서 머리에 이고 짊어질 필요가 없다. 그들은 업체와 제대로 된 관계를 맺으며 지역 경제의 당당한 일원으로 인정받고 있다.

도시들이 가난한 지역을 '업그레이드'할 때 협력은 빈민가의 가장 큰 힘이자 육성해야 할 필수 덕목이다. 더 폭넓은 정책 변화를 이루고 작업 조건을 개선하기 위해서든 필수적인 기반 시설을 건설하기 위해서든 협력은 필요하다. 아주 가깝고 상호 의존적인 관계 속에서 진화하는 사회는 흔히 놀라운 위업을 달성한다. 나는 폭풍이 지나간 뒤 이웃들이 힘을 모아 서로의 집을 수리하고, 여성들이 시장에 간 다른 여성의 아기에게 젖을 먹이고, 이웃들이 한 사람의 집에 모여 함께 텔레비전을 시청하는 것을 보았다. 도시 거주자들은 경제적 전망이 더 나은 만큼 사회적 전망도 더 낫다. 예를 들어 도시 여성들은 대개 더 큰 자유를 누린다. 그들은 돈을 벌 수 있고 자기 사업을 시작할 수 있다. 전통적이고 억압적인 많은 시골 마을에서는 생각할 수도 없는 일이다. 또한 도시에서는 소수자 집단에 대한 관용도 더 크다.

내 말은 살기 힘들고 질병에 취약하고 범죄에 찌들어 있는 이런 마을의 삶을 미화하자는 것이 아니다. 이런 곳에 사는 사람들은 착취를 일삼는 '지주들'의 먹이가 되고, 잘사는 사회의 변두리에서 각자 알아서 살아야 한다. 하지만 인류세 도시 이주의 규모, 가난한 사람들조차 사용하는 스마트폰 같은 최첨단 도구들 그리고 문화와 상업의 세계화는 최근 도시화 물결에 합류하는 시민들이 인류라는 초유기체에 유례없는 영향을 미칠 수 있음을 뜻한다.

몇몇 도시는 다른 도시보다 그럴 수 있는 여지가 더 크다. 리마, 비야에르모사, 쿨나 같은 빈민가는 도시 생활의 최악의 사례를 대표하는 반면에, 의식 있는 도시 계획가들은 빈민가를 통째로 밀어 버리고 그곳 주민들을 낯선 주택 구조물로 이주시키거나 빈민가 거주자들을 역기능적인 위성도시로 이주시키려 하지 않는다. 기존의 지역 공동체가 가진 사회적 부를 이해하기 시작한 그들은 오히려 그런 부를 활용하는 방법을 찾는다. 그들이 깨달은 최선의 방법은 성장, 통합, 시민의 힘을 위한 도구를 제공함으로써 그 도시의 역동적이고 생기 넘치는 요소들을 제도 속으로 통합하는 것이다. 이 말은 곧 네트워크와 기반 시설, 한 도시의 서로 다른 사회·지리적 지역 사이의 통신과 교통 연결을 개선하는 것을 뜻한다. 성공적인 개입의 결과는 믿기 어려울 정도다. 나는 콜롬비아와 브라질에서 그것을 목격했다.

카리브해의 카르타헤나에서 버스를 타고 남쪽으로 하루쯤 가면 콜롬비아에서 두 번째로 큰 도시 메데인이 나온다. 해발 1,500m 산 계곡에 위치한 도시이다. 관광 도시도 아닌 메데인이 효율적인 스마트 지하철, 누름 단추식 횡단보도(보행자가 신호등을 조작해서 건널 수 있는 횡단보도_옮긴이), 미터기가 달린 안전한 택시를 갖추고 있는 인구 350만의 현대적이고 깨끗하고 원활하게 돌아가는 대도시의 면모를 갖춘 것은 개발도상국 세계에서는 매우 드문 경우이다. 이 지역 쇼핑몰은 21세기 소비주의에 바치는 빛나는 구조물이다. 보안 요원들이 세그웨이 스쿠터(판 위에 서서 타는 이륜 동력 장치_옮긴이)를 타고 순찰을 돌고, 가격표는 전자 LCD 영상으로 표시되고, 분수대와 조명 쇼가 쇼핑몰의 한가운데를 장식하고, 밴드가 쇼핑객들을 즐겁게 한다. 남아메리카에는 이런 생기 넘치는 도시가 드물지만, 메데인의 경우는 기적이나 다름없다. 10년이 채 안 되는 기간 동안 이 도시는 세계에서 살인이 가장 많이 일어나는 악명 높은 빈민가에서 가장 안전한 곳으로 탈바꿈했다. 이 도시는 폭력과 테러로 물든 위험 지역이 어떻게 바뀔 수 있는지를 보여주는 고무적인 본보기이다. 이렇게 만들기 위해서는 훌륭한 도시 계획, 똑똑한 통치, 기반 시설 투자가 필요했다. 이에 더하여 논란의 소지는 있지만, 악명 높은 마약 조직을 제거하기 위한 경찰 작전도 한몫했다.

1990년대에 메데인은 마약왕 파블로 에스코바르가 지배한 국제 코카인 거래의 본부였다. 그는 콜롬비아의 100억 달러 국가 부채를 갚아주겠다고 제안했을 정도로 엄청난 부자였다. 에스코바르의 경이적인 재산에 대해서는 많은 전설이 있다(일부 이야기는 그를 영웅으로 간주하는데, 그가 가난한 사람들에게 기부했기 때문이다). 부하들에게 경찰 한 명을 살해할 때마다 1,000달러를 지불했다는 이야기, 도주 중 추워서 불을 지피기 위해 200만 달러를 태웠다는 이야기, 현금 뭉치를 묶는 고무 밴드 비용으로 일주일에 1,000달러를 썼다는 이야기, 그리고 100달러짜리 지폐 묶음을 보관하던 창고에서 쥐가 갉아먹은 지폐의 가치를 10% 절하했다는 이야기. 에스코바르는 교회 짓기에 앞장섰음에도 불구하고 잔인하고 편집증적인 살인마였다. 그가 지배한 공포의 시기가 극치에 달했을 때 메데인에는 한 해에 살인자가 2만 7,000명이 넘었다. 1993년 12월에스코바르와 그 부하들을 제거하기 위해 미국 자금으로 진행된 우파 준군사 작전 뒤 — 이 작전에서 300명 이상이 죽었다 — 콜롬비아 경찰은 마침내 그 마약왕을 사살했다. 에스코바르의 후계자들도 몇 년 뒤 사살되었다.

그러고 나서 도시는 기반 시설에 대한 막대한 투자를 통해 탈바꿈했다. 우선 가장 가난한 지역들로 올라가는 케이블카와 값싼 요금의 지하철 체계를 이용해 빈민가를 부유한 다운타운 지역과 연결하는 교통 계획이 실시되었다. 또한 마을의 필요와 생활 방식에 맞추어 벽돌과 콘크리트로 새로 지은 집들이, 방 한 칸에서 여섯 명이 지내던 어두컴컴한 목재 판잣집을 대체했다. 사람들은 끔찍한 조건에서 수돗물과 전기를 사용하는 더 밝은 현대 생활로 수직 이동했다. 여기서 중요한 점은, 그런 이동이 그들이 살던 동네에서 이루어졌다는 것이다. 운하와 공원이 만들어지고 거리는 깨끗해졌으며 배수로가 확충되었다. 고층 건물이 남미 대륙의 다른 어떤 도시에서보다 빠른 속도로 하늘을 뚫고 올라갔다.

메데인은 거대도시가 아니다. 이처럼 규모가 비교적 작은 도시는 인류의 거대한 도시화 과정에서 타격을 입게 마련이다. 관심과 자원은, 국가적으로나 국제적으로 경제적 중요성이 떨어지는 2급 도시들을 비껴 거대도시와 관광 중심지에 집중되는 경향이 있다. 그럼에도 메데인의 사례는 시골에서 도시로의 거대한 이동이 꼭 위기일 필요는 없으며 기회일 수도 있음을 보여준다.

경제적으로 가장 불평등한 나라 중 하나인 브라질은 그 사실을 통감했다. 브라질의 도시에서 도시 빈민들은 '파벨라'라고 불리는 ('모로 다 파벨라'라 불리는 언덕 위에 그런 식의 주거지가 처음 건설되었기 때문이다) 빈민가에 산다. 파벨라는 불법 거주자들로 이루어져 있는데, 그들은 점점 더 튼튼한 재료로 촘촘한 판자촌을 건설하고 있다. 리우데자네이루 시민 다섯 명 가운데 한 명이 파벨라에 사는데, 브라질이 세계 최대 경제 대국 중 하나로 발돋움하는 동안 수백만 명의 파벨라 빈민들은 교육, 의료 보건, 위생의 기회를 거의 누리지 못한 채 가난 속에 방치되었다. 리우데자네이루에서 가장 크고 가장 잘살고 가장 오래된 파벨라 중 한 곳이 호신야이다. 이곳은 세계의 다른 지역에서 내가 가본 빈민가와 비교해 문자 그대로 몇 계단 위에 있다. 언덕 위에 위치한 입지는 이익이 되는데, 홍수의 위험이 없고 경관이 훌륭하며 월세로 300헤알을 내는 거주자들이 월세가 500만 헤알을 호가하는 비싼 해변 동네인 상콘라두를 내려다보기 때문이다. 이와 같은 보편적 사회질서의 역전은 다른 소외된 마을들에 비해 독특한 이점을 제공한다.

그 언덕 밑에는 건물들이 양탄자를 펼친 것처럼 촘촘이 자리 잡고 있어서 어디서 한 건물이 끝나고 다른 건물이 시작되는지 구별하는 것이 불가능할 정도이다. 거주자들은 도보로 200m 이내에서 모든 일상적 필요를 충족시킬 수 있다. 따라서 교통의 측면에서 보면 빈민가는 인류세에 가장 지속 가능한 형태의 동네이다.

하지만 그곳으로 올라가려면 오토바이 뒷좌석에 올라타 위험하게 이동하거나, 가파르고 구불구불한 위험한 길을 터벅터벅 걸어 한 시간 남짓 올라가야 한다. 이곳은 리우데자네이루를 보필하는 효율적인 대중교통망과는 동떨어져 있다. 리우 시내에서는 버스들이 격자 모양의 길을 따라 위태롭게 달리고, 택시들이 지하철 위의 도로 공간을 서로 차지하려고 경쟁을 벌인다. 한 관광지는 전차 시설을 복원하기까지 했다. 이런 교통 서비스는 지리적 분리를 초래하는 만큼 사회적 분리를 초래한다. 하지만 상황이 바뀌고 있다. 최근

들어 브라질 정부는 파벨라에 대해 적대적 입장의 방침을 바꾸어 수용과 포용으로 나아가기 시작했다. 호신야에 사는 사람들은 추방될지도 모른다는 두려움을 거두었고, 새로 생긴 안전감은 신속한 재건 계획으로 이어졌다. 그 계획의 일환으로 거주자들은 무티롱이스(mutirões, 건설협동조합)를 결성하여 목재와 방수천으로 지은 판잣집을 허물고 벽돌과 콘크리트로 새 집을 지었다. 예전의 그들이라면 이런 투자를 반기지 않았을 것이다.

시내 중심가를 벗어나자마자 나는 미로처럼 얽힌 구불구불한 골목길 속에 갇혔다. 이 길들은 가파른 계단으로 이어지고 집들을 통과하면 반대쪽으로 나오게 된다. 이곳은 자동차가 다니기에는 길이 너무 좁다. 나는 쓰레기와 개똥을 밟지 않도록 조심조심 발걸음을 옮겼다. 지나가는 모든 행인이 미소나 손짓으로 반겨주었고, 어디에나 음악이 흘렀다. 아이들이 한동안 나를 졸졸 따라왔고 고양이들은 살금살금 내 뒤를 밟았다. 나는 몸을 수그린 채 늘어진 전선 아래를 지나고 수도관을 건넜다. 거의 모든 집이 전기로 지하에서 퍼 올린 깨끗한 수돗물을 이용할 수 있었다. 악취가 나는 것으로 봐서 문제가 있는 듯했지만, 하수관처럼 보이는 것도 있었다. 지나가다 보니 두 남자가 인터넷 연결을 위해 파란색 선을 풀며 올라가고 있었다. 정부의 새로운 개발 프로그램에 따라 파벨라 전체에 무료 와이파이가 설치될 예정이었다. 나는 빵집에 들러 갓 구운 페이스트리를 샀다. 이곳의 빵은 도시 중심가보다 비싸지만, 동네 사람들은 신용카드로 모든 것을 살 수 있다. 수입이 변변치 않은 파벨라에서 사업을 하려면 신용거래를 할 수밖에 없다.

파벨라는 19세기 말 해방된 노예들이 주인 없는 땅에 정착하면서 시작되었다. 파벨라는 그 나라가 산업화하는 동안 점점 커지고 점점 더 집중화되었다. 시골에서 이주한 가난한 사람들이 리우의 높은 월세를 감당할 수 없었기 때문이다. 지금은 성장의 대부분이 내부적으로 이루어진다. 사람들은 파벨라에서 태어나 가족을 부양한다. 산적한 문제에도 불구하고(예컨대 호신야에는 학교가 네 개밖에 없고 중등학교는 아예 없다), 파벨라는 부자 동네에서 가사 도우미나 일꾼으로 일하는 주민들이 살기에 이상적인 위치에 있고 월세가 매우 저렴하며 땅을 소유한 사람이 극소수라 세금이 없다. 또한 여러 가지 면에서 강한 지역사회가 주민들의 지지를 받고 있다.

하지만 이곳의 삶을 속속들이 통제하는 마약 조직이 겉보기에 정상적으로 보이는 삶을 뒤흔들고 있다. 지나가는 길에 나는 귀여운 세 살배기 소녀가 주먹을 치켜들고 폭력배처럼 경례하는 모습과, 십대들이 팔 밑에 워키토키와 총을 끼고 모퉁이에 서 있는 것을 보았다. 그들은 호신야의 25만 주민들을 통제하는 아미고스 도스 아미고스 조직의 구성원들이다. 그들은 어려서 조직원이 된다. 이곳에 사는 열다섯 살짜리 절반 이상이 이미 조직원이고, 그들은 조직원이 된 지 15년이 지나면 대개 죽거나 감옥에 간다. 두목은 안토니오 프란치스코 본핌 로페스('넴')인데, 그는 자신의 사망진단서까지 위조해가며 체포를 피해왔다. 모든 파벨라는 마약 조직의 통제를 받고 그들의 사업은 특히 이곳에서 잘된다. 그들은 한 달에 코카인과 마리화나를 각기 1~2T씩 가공하는데, 소문에 따르면 한 달 매출이 1억 5,000만 달러에 이른다. 물론 세금도 내지 않는다.[13]

마약 조직들은 이곳에 사는 보통 사람들의 삶에 위험과 소란을 불러일으킨다. 언덕길을 시끄럽게 오르내리는 오토바이들과, 경찰들이 자신의 존재를 알리기 위해 터트리는 폭발물과 폭죽 소리는 일상적인 소동이고, 이에 더하여 마약 조직과 전쟁을 선포한 경찰들이 밤낮을 가리지 않고 헬리콥터를 동원한다. 폭력과 범죄가 만연하다는 동네 평판은 모든 주민의 명예를 더럽히고, 그래서 주민들은 입사 지원, 의료보험, 그 밖의 다른 방법으로 차별을 받는다. 주류 사회에 들어가기 위해 맞서 싸우는 것보다는 마약 조직에 가입하는 편이 거의 모든 상황에서 더 쉽다. 하지만 리우는 2014년 월드컵과 2016년 올림픽 개최지로서 이미지를 쇄신할 필요가 있음을 의식하고 파벨라의 마약 조직과의 전쟁에 박차를 가했다. 호신야는, 빈민촌에서 마약 조직을 몰아내기 위해 조직된 '평화의 회복' 경찰 부대에 의해 2011년에 영구 점령되었다. 지금까지 체포된 사람은 거의 없지만 수백 킬로그램의 마약, 총, 탄약, 위조 제품들이 몰수되었다.

　하지만 지속적 평화를 달성하고 이곳의 삶을 개선하는 데 훨씬 더 효과적인 방법은 정부의 공약대로 5,850만 달러를 투자하여 그 달동네의 가파른 언덕 위로 케이블카 시설을 건설하는 것일지도 모른다. 이 계획의 기본 개념은 메데인에서와 같이 이 사람들을 진정한 도시 지역 사람들과 통합하고, 파벨라에 산다는 오명을 벗기는 것이다. 그러기 위해 교통 연결을 정상화하고 '공식적'인 도시를 누비는 현대적인 지하철, 교외 철도, 대규모 버스들을 파벨라의 역들과 연결하는 것이다. 그렇게 된다면 이 과밀한 동네에서 장애인을 포함한 주민과 방문객 들은 십대의 오토바이 뒤에 타고 위태롭게 언덕길을 오르거나 구불구불한 골목길을 걸어서 오랜 시간 위험하게 걷지 않고도 집과 서비스 기관에 갈 수 있을 것이다. 곤돌라 시설은 미로처럼 얽힌 골목길 위로 사람들을 실어 나르고 그들을 진정한 도시와 연결함으로써, 판자촌의 존재감을 부각시켜 무시할 수 없게 만든다. 콤플렉소 도 알레망 파벨라를 그 도시의 나머지 지역과 연결하는 곤돌라 시설인 텔레페리코 도 알레망은 이미 개통되었고, 총길이가 3.5km로 세계에서 가장 긴 케이블카이다. 밑에서 꼭대기까지 걸어가면 최소 한 시간이 걸리던 것이 단 15분으로 줄었다. 케이블카의 각 객실마다 태양전지판이 있어서 이것으로 조명, 음향, 감시 카메라를 가동한다. 그리고 역에는 직업 훈련, 교육, 의료 서비스, 법률 상담 같은 성장과 포용을 촉진하는 지역사회 서비스가 갖추어져 있다. 이것은 빈민가를 철거나 무시의 대상으로 보는 정부의 일반적 접근 방식에 대한 급진적 대안인 셈이다.

주거도 개선되고 있는데, 건축가들은 파벨라를 본래대로 유지하면서도 과밀한 공간을 개선하는 최선의 방법을 조언하고 있다. 상파울루의 파벨라 '헬리오폴리스'에서는 대성공을 거두었다. 혁신적인 건축가 루이 오타케(Ruy Ohtake)는 거주자들이 '인간다운 삶'을 살 수 있도록 모든 아파트 건물을 빛을 바라보는 방향으로 배치한, 밝은 색깔의 원형 아파트 단지 11곳을 설계했다. 이 아파트 단지들은 다양한 계층을 수용하도록 설계되었고, 거주자들은 수입 액수와 관계없이 월급의 절반에 해당하는 월세를 지불하며 장애인도 살수 있다. 단지 주변에는 어린이들을 위한 놀이터와 교육 센터를 포함한 지역사회 시설이 있다. 교육 센터에는 7개 학교가 들어와 있는데, 루이 오타케가 설계한 아름다운 학교 건물은 밝고 개방적이고 응집력 있다. 이와 같은 변화는 도시들이 권한과 자금을 보유하고 강력한 자치를 할 수 있을 때에만 가능하다. 예산, 계획, 교통에 관한 결정은 여전히 국가 수준에서 관리되고 있어서 전 세계의 많은 도시들은 시민들에게 직접 과세할 수 없다. 이 말은 곧 시 의회와 시장들이 하수도나 도로를 개선하려면, 또는 과거에는 고작 몇 천 명에게 영향을 미쳤겠지만 지금은 수백만 명에게 영향을 미치는 지역에 대한 변화를 꾀하려면 국가 정치인들에게 구걸을 해야 한다는 뜻이다.

높은 인구 밀도, 아껴 써야 하는 자원, 전 지구적 환경 여파가 특징인 시대에 전 세계 건축가들은 도시 설계에 대해 재고하고 있다. 인류세에 국가의 중요성은 줄어들고, 사람들은 새로운 '도시국가'의 시민으로 살아가고 일할 것이기 때문이다.[14] 런던 시민은 노포크에서 온 농부와 공통점이 거의 없을 것이다. 그는 오히려 상하이, 뉴욕, 카이로에서 온 사람과 더 비슷한 관심사, 걱정거리, 생활 방식을 공유할 것이다. 도시들은 인류세의 구성원이 되어, 마하비르 푼과 체왕 노르펠만큼 인상적으로 사람들의 삶을 바꾸고 전 세계 환경에 지울 수 없는 영향을 미칠 것이다.

인류세 도시화의 속도를 실감하기에 중국만큼 좋은 장소는 없다. 중국의 인구는 13억이 넘는데, 그들의 절반 이상이 현재 도시에 산다. 중국의 도시 인구는 6억 9,000만으로 미국 전체 인구의 두 배가 넘는다. 30년 전에는 중국인의 20% 이하가 도시에 살았지만, 2030년에는 중국인의 75%가 도시에 살 것이다. 건설 속도가 이주 속도를 능가하는 장소들도 있다. 이런 장소에서는 새로운 아파트 단지, 사무실, 쇼핑몰을 완비한 신시가지들이 완공된 채로 몇 년째 비어 있다. 디트로이트 같은 미국의 유령 도시와는 정반대 상황의 '유령' 도시들이 생겨나고 있는 것이다. 이 도시들은 예전에 살던 사람들이 빠져나간 것이 아니라 처음부터 넓은 고속도로, 분수대를 갖춘 드넓은 광장, 쇼핑 플라자, 거대한 건물들, 고층 아파트 단지를 완비하고 탄생했으나 텅 빈 채로 결코 오지 않을 시민들을 기다리고 있다. 네이멍구의 어얼둬쓰 신도시는 이런 인류세의 텅 빈 무대 같은 기이한 도시들 가운데 최대 규모이다. 그곳은 2000년대 초에 기획될 때부터 지금까지 비어 있다. 하지만 언젠가 거주자들이 이주해 들어와, 천년의 시간과 함께 서서히 성장한 다른 도시들과 극명히 대비되는 이미 갖추어진 기반 시설에 경탄할지도 모른다.

중국 정부가 도시화를 장려하는 동안 대부분의 사람들이 더 나은 앞날을 위해 자발적으로 도시로 이주하고 있다. 중국에서 도시는 봉급이 적어도 두 배이고 취업 기회가 훨씬 많다. 오염, 가뭄, 산업의 침투, 도시 개발을 위한 강제 수매 명령 때문에 더 이상 시골에 살 수 없게 된 사람들에게는 특히 그렇다. 중국에서 도시화는 지난 10년 간의 경이로운 경제성장과(1980년에 중국은 아프가니스탄보다 더 가난했다) 급속한 산업화에서 가장 중요한 요인 중 하나였고, 필수적인 노동력과 새로운 소비자들을 제공했다. 하지만 도시화는 엄청난 과제를 부과했다. 향후 20년 동안 도시 인구는 3억 이상 늘어날 것이고 그들 모두가 주거, 기반 시설, 물, 음식, 직업이 필요할 것이다. 그리고 오염과 사회적 불평등 같은 떠오르는 문제들도 해결해야 한다. 중국 정부는 전형적인 하향식 방식으로 이 모든 문제를 즉시 해결하려 하고 있다. 최대 오염 유발자들이 가장 큰 도시에서 (시골 지역 또는 다른 도시로) 쫓겨났고, 빈민가 인구('도시 촌놈들'이라고 불린다)는 2000년 이래로 37%에서 28%로 떨어졌으며, 중국은 현재 건설 열풍에 휩싸여 있다.[15] 하지만 값싸고 부실한 시공법은 건설 과정을 필요 이상으로 더럽게 만들고 있다. 콘크리트는 지상에서 물 다음으로 가장 많이 쓰이는 자재로 절반 이상이 중국에서 생산되는데, 중국은 시멘트 1T을 만드는 데에 이산화탄소를 1T 이상 배출한다. 그리고 지난 몇 십 년 동안 급조된 건물 중 다수가 날림 공사라서 20년 내에 허물고 다시 지어야 한다. 그 과정에서 더 많은 자재를 사용하고 더 많은 탄소를 배출할 것이다.

몇몇 장소에서 도시계획자들은 인류세를 위한 완전히 새로운 도시를 설계하고 있다. 그들은 과거의 실수를 피하고 시작부터 지속 가능한 해법을 찾고 있다. 톈진에 있는 세계에서 다섯 번째로 큰 항구에서 몇 분 거리에 '미래 도시'로 회자되는 곳이 있는데, 그곳은 도시의 대부분이 아직 건설 중인 정말 새로운 장소이다. '톈진 에코시티'라 불리는 그 도시는 중국 정부와 싱가포르 정부의 협업 프로젝트로 2020년까지 "저탄소, 친환경" 도시에 35만 명을 거주시킬 예정이다. 나는 토양과 물이 오염된 황무지를 가로질러 언제나 더럽고 짙은 공기에 휩싸인 그 도시로 가는 내내 회의적이었다. 상하이 근처의 동탄처럼 화제가 되었던 다른 에코시티들의 경우 결국 자금과 정치적 문제로 계획이 철회되었는데, 일반 주민들의 필요를 제대로 고려하지 않은 허세로 가득한 사업 계획이었기 때문이다. 톈진 에코시티 사업을 위해 선택된 장소는 유독성 폐기물을 처리하는 산업 매립지이자 세계에서 가장 오염된 바다 중 하나에 인접한 황폐한 소금 밭이었다. 이 장소를 선택한 것은 계획적이었다고 톈진 에코시티 건설의 책임자인 중국-싱가포르 톈진에코시티 개발투자 사장 호통옌이 말했다. "과거에는 이른바 에코시티들이 생태적으로 중요한 지역, 또는 유용한 농경지에 건설되었습니다. 우리는 오염된 지역을 정화해 그곳을 유용하고 살 만한 장소로 만들 수 있다는 것을 보여주고 싶었습니다."

오염을 정화하는 데 거의 3년이 걸렸고, 중심에 있는 저수지에서 중금속을 제거하기 위해 특허 받은 신기술을 개발해야 했다. 저수지는 머지않아 보트를 탈 수 있는 유원지가 될 것이었다. 이런 힘든 노동은 기대했던 성과를 냈다. 나는 향기로운 나무와 태양전지판들이 늘어선 대로를 따라 반쯤 완공된 그 도시에 들어갔다. 새로 심은 묘목들 사이에 풍력발전용 터빈 5기와 태양전지판을 이용하는 가로등이 서 있었다. 이곳에서 쓰이는 전기의 5분의 1이 태양, 바람, 지열을 이용한 펌프에서 나왔다(지열 펌프는 땅의 온도 차이를 이용해 에너지를 생산한다). 나는 거의 완공된 학교를 둘러보다가 실행에 옮겨지고 있는 또 다른 혁신을 보고 깜짝 놀랐다. 그것은 네덜란드 회사 필립스가 시험 중인 기술로 소리와 동작을 감지하는 조명인데, 평소에는 꺼진 채로 있다가 누군가가 다가오는 소리나 동작을 감지하면 켜졌다. 또 다른 혁신으로 스웨덴 엔벡사(Envac)의 쓰레기 수거 장치가 있었다. 이 기술은 진공으로 쓰레기를 모아 지하 파이프를 통해 도시 전체의 쓰레기를 수거할 수 있어서 쓰레기 수거차가 필요 없었다. 그리고 제너럴모터스사는 무인자동차를 시험하고 있었다. 또한 건물에는 스마트 제어 장치를 장착하여 자동으로 창문 블라인드를 올리고 내려 빛과 온도를 조절하게 했다.

2012년에 이 도시의 주거용 건물로 60가구가 이주했다. 그 건물은 모두 친환경 최저 기준에 맞추어 설계되었는데 절수 장치가 장착된 변기, 단열 벽체, 이중창이 설치되었고 수동적인 열을 최대한 활용하기 위해 남향으로 건축되었다. 이런 기술은 몇몇 나라들에서는 이미 표준이지만 중국에서는 드문 일이었다. 쾌적성을 강조하는 것 역시 드문 일이었다. 도시 주변에는 공원과 녹지 공간들이 조성될 계획이고 새 떼를 유인하고 물을 정화하기 위해 갈대밭이 조성되었다. 도로와 골목이 바둑판 모양으로 구획된 큰 구역을 꿰고 있어서 지역사회가 생길 수 있고 도보나 자전거로 어디든 다닐 수 있어서 사람들이 사회적 소외감을 느끼지 않는다. 어디에 살든 500m 이내에 무료 여가 시설들이 있었다. '에코 밸리'라고 불리는 녹색 뼈대가 도시 한가운데로 지나가고 자전거 도로와 전차도 준비되었다. 주민들은 운전하기보다는 저탄소 대중교통을 이용하거나 걸어서 다니라는 권장을 받겠지만 자동차를 금지하지는 않을 것이라고 호퉁옌은 말했다. "우리는 사람들을 불편하게 만들고 싶지 않습니다. 그러기보다는 대안을 사용하도록 자연스럽게 유도할 것입니다." 친환경 기술에 맹목적으로 초점을 맞춘 틈새 설계들은 실효성이 없었다고 그는 말했다. "이 에코도시는 실질적 성과를 거둘 겁니다. 제대로 돌아갈 거예요."

텐진 에코시티는 아직 미완성 단계인데도, 그보다 내륙에 위치한 차가 꽉 막힌 오염된 도시들보다 더 살기 좋은 장소처럼 느껴졌다. 하지만 친환경 도시라는 이름에 값할지는 그 도시가 어떤 유형의 사회를 양성하느냐에 달렸다. 그 도시의 가장 새롭고도 중요한 임무는 사회적 포용이다. 주거의 5분의 1이 저임금 노동자와 그 가족을 위한 것으로 보조금으로 건설되고 있다. "우리는 부자들의 천국 또는 베이징에서 생활하는 사람들의 세컨드 홈이라는 개념에서 탈피하고 싶습니다." 호퉁옌은 말했다. "친환경은 사치가 아닙니다. 그것은 누구나 누릴 수 있는 필수품입니다. 이 도시는 실질적이고 재현 가능하고 중국을 포함해 세계 어느 곳에서든 확대 또는 축소 적용될 수 있는 모델입니다."

물 공급은 좀 더 큰 과제들 중 하나인데, 이곳이 건조 지대에 속하기 때문이다. 텐진 에코시티는 담수화 공장을 계획 중이고 물을 보존하고 관개와 수세식 화장실용으로 물을 재활용하는 데에 많은 노력이 투입되고 있다. 폐수는 혐기성 생물 처리를 위해 공장으로 보내질 것이고, 그 과정에서 배출되는 메탄가스는 에너지를 생산하는 데 사용될 것이다. 그럼에도 수요에 맞추기 위해서는 다른 곳의 수원을 끌어당겨 물을 보충할 필요가 있다. 중국의 새 도시들 가운데 다수가 거대한 수리공학 없이는 한 마을을 지탱할 수 없을 정도로 건조한 장소에 건설되고 있다. 중국은 말 그대로 산을 움직이고 있다. 란저우에 계획된 대도시의 경우 700개의 산을 움직이고 있다. 인류세의 인구 집단이 살 장소로 물을 수송하고 그 사람들을 부양할 식량을 토양 없이 수경 재배하기 위해 수천 킬로미터 길이의 콘크리트 터널을 건설하고 있기 때문이다. 앞으로 몇 십 년 동안 지구의 사막 도시들이 시민들에게 물을 공급하는 데 얼마나 성공할지는 의문이다. 물을 재활용하는 것은 싱가포르, 나미비아, 기타 지역 사람들이 수십 년 동안 해온 일이지만 대부분의 미국 도시들은 물을 재활용하지 않는다. 하지만 필요하면 해야 한다. 비위가 상해도 참고, 서로의 소변을 처리한 물을 마셔야 하는 현실을 직시해야 한다. 현대적인 정화 시설들이 있는 한, 도시들이 현재 낭비하고 있는 엄청난 양의 물을 공공 보건 상의 이유로 버리는 것은 말이 안 된다.

재활용, 자원의 효율적 사용, 분산 발전은 인류세 도시들을 규정하는 특징이다. 시민들은 점점 비싸지는 지방 자치체의 공급을 대체하기 위해 물, 전기, 연료를 스스로 생산할 것이다. 많은 건물들이 자체적으로 빗물을 수집하거나 안개 포집망을 이용하는 지역사회 제도나 배수구멍 제도로 물을 얻을 것이다. 각 가구에서는 목욕한 물과 설거지한 물을 거르고 저장했다가 변기에 물을 내리거나 정원에 물을 주는 용도로 재사용할 것이다. 물 보존은 오스트레일리아 같은 건조한 나라에서 이미 그런 것처럼 보편적이고 의무적인 일이 될 것이다. 다시 말해 이중 물내림 변기, 효율적인 세탁기와 식기세척기, 물 절약 수도꼭지와 샤워기, 호스 사용 제한, 각 가구가 물을 얼마나 쓰고 있는지 즉시 확인할 수 있는 수도 계량기 같은 장치가 필요하다는 뜻이다.

또한 전기 생산은 분산 발전 쪽으로 갈 것이다. 현재 도시에 전기를 공급하는 대형 발전소는 앞으로도 계속 존재하겠지만, 개인과 지역사회는 점점 스스로 전기를 생산할 것이다. 예를 들어 태양열 발전을 통해 물을 데우고 난방을 할 것이며 태양전지판을 이용할 것이다. 향후 10년 동안 공공건물과 민간 건물에 햇빛에서 전기를 생산할 수 있는 태양광전지 페인트, 블라인드, 유리가 사용될 것이다. 도시 환경은 과거의 광석라디오가 그랬던 것처럼 수동적 방법을 통해 에너지와 열을 자체 생산할 것이다. 또한 보도와 거리, 건물의 계단과 복도에는 발로 밟을 때마다 전기를 충전하는 압전 발전 장치가 장착될 것이다. 이미 잉글랜드의 한 학교에서는 학생들이 지나다닐 때 누르는 압력으로 전기를 생산하는 카펫 타일을 깔았다. 물을 운반하는 수도관을 보도의 검은 아스팔트나 지붕 또는 거리에 심으면 낮 동안 발생한 태양에너지를 이용할 수 있을 것이다. 태양광 페인트와 지붕 타일에 일어난 혁신은 인류세의 건물들이 에너지의 순 사용자가 아닌 순 생산자가 될 수 있도록 도울 것이다. 이런 기술은 화석 연료를 사용하는 발전소에서 생산되는 송전망 전기에 비해 값이 비싸지만 전지판 설계와 재료의 혁신, 대량생산, 정부 인센티브가 비용을 끌어내리고 있다. 그리고 태양전지판에 닿는 태양광의 20% 이하만이 전기로 전환되는 상대적 비효율성도 지속적으로 개선되고 있다. 예컨대 실리콘과 함께 탄소 나노튜브를 사용하면 가시광선뿐 아니라 적외선을 포집할 수 있다. 각 가구와 사무실에서 생산되는 쓰레기도 현지의 주거 단지와 상업 단지를 위한 열병합 발전에 쓰일 수 있다. 파리와 런던에서는 지하철역을 통과하는 열차와 기다리는 통근자들의 몸에서 나오는 열을 이용해 지상의 아파트 단지에 난방을 하고 있다. 많은 도시들이 향후 몇 십 년 동안 국가 송전망에서 독립하기 위한 계획을 가지고 있다.

발전, 교통, 에너지 사용의 효율을 높이는 방법을 크게 개선할 필요가 있다. 이를테면 보일러의 폐열을 회수하여 저장하거나 다른 곳에 사용하고, 단열과 좋은 자재로 새어 나가는 열을 줄이고, 빈 방의 불을 끄는 것에서부터 냉난방 장치를 조정하는 것까지 건물 전체의 에너지 사용을 자동화된 '스마트' 제어로 조절할 필요가 있다. 재생 가능하고 분산된 에너지 생산은 불규칙하고 태양광이나 조수를 이용한 발전의 경우 시간대에 좌우되는 경향이 있어서, 오늘날 대부분의 도시에서 사용되는 20세기형보다 훨씬 더 탄력적인 스마트 그리드(smart grid)가 필요하다. 스마트 그리드는 센서와 피드백 메커니즘을 이용해 소비자의 요구를 감지하여 그에 따라 부하를 조정한다. 예를 들어 사람들이 조리 기구의 스위치를 켜는 최대 수요 시간인 오전 7시에는 예비 발전기나 저장 기기들을 온라인으로 불러오고 냉장고나 에어컨 같은 기기는 저절로 절약 모드로 가동하거나 잠시 끄는 것이다.

대부분의 나라에서 스마트 그리드를 채택하는 방안을 고려하고 있는데, 그것은 스마트 그리드가 훨씬 더 효율적이라서 에너지를 적게 사용할 뿐 아니라 재생 가능한 에너지를 통합할 수 있고(즉 수요 공급을 실시간으로 살피고 감지하여 그에 따라 부하를 조절할 수 있다) 각 가구가 개별적으로 여분의 전기를 전력망으로 되돌려 보낼 수 있기 때문이다. 그리드를 업그레이드하는 일은 필수이지만(뉴욕 같은 대도시조차 큰 피해를 유발하는 정전을 겪고 있다), 값이 비쌀 뿐 아니라 시멘트 업체처럼 에너지를 많이 쓰는 산업들의 반발을 불러일으키는 등 사회적 분열을 초래한다. 이런 산업들은 기저부하용 발전소(주로 기저부하에 전력을 공급하는 발전소. 즉 24시간 동안 계속 운전하는 발전소를 말한다. 일일 수요 변동에 따른 발전기의 출력 조정이 적어 일정 수준의 출력으로 계속 운전되며 일반적으로 연평균 부하율이 60~80% 수준으로 운전된다_옮긴이)를 선호한다.

에너지 저장 및 분배를 해결하는 일은 인류세에 점점 더 시급해지고 있다. 건물들이 에너지를 생산하여 추후 사용할 수 있도록 저장할 경우, 자체적으로 저장하는 것이 그것을 전력망으로 보내 전력망을 에너지 저장고로 이용하는 것보다 훨씬 효율적이다. 대책은 많이 있지만 어떤 것도 완벽하지는 않다. 배터리는 해마다 개선되고 있는데, 전력망 규모에 적용할 수 있는 방식은 아직 시험 단계인 액체 금속 전지이다. 또 하나의 방법은 에너지를 써서 공기나 증기를 압축했다가 나중에 그것을 배출시켜 전기로 변환하는 것이다. 또한 필요할 때 연료로 태울 수 있는 수소 형태로 저장하는 방법도 있다. 그 밖에 마찰 없는 플라이휠의 빠른 회전에 에너지를 저장하는 방법도 있다. 나중에 이 플라이휠을 이용해 발전기의 회전날개를 돌림으로써 그 에너지를 이용할 수 있는데, 그렇게 하면 플라이휠의 회전이 느려진다.

전기와 물의 공급을 분산하는 것은 인류세의 시민이 자신의 도시 환경과 상호작용하는 여러 방법 중 일부에 불과하다. 시민들은 — 그리고 도시 그 자체도 — 공공 서비스의 수동적 사용자라기보다는 오히려 공급자에 대해 실시간으로 반응하는 생산자라 할 수 있다. 그러면 공급자는 그것에 맞추어 지속적으로 조정을 가하면서 효율을 높이고 쓰레기를 최소화하고 더 직관적이고 맞춤화된 운영을 해나갈 수 있다. 이른바 '스마트 도시'는 기반 시설에 매설된 센서들을 통해 또는 개인들이 자동으로 생산하거나 계획적으로 전송한 정보를 통해 의사소통한다. 네트워크화된 이런 도시(한국에 건설되고 있는 송도 신도시와 포르투갈의 플랜IT밸리가 여기에 포함된다)는 도로 신호등에서부터 대중교통의 경로와 시간까지 모든 것을 실시간 피드백을 바탕으로 지능적으로 조정한다. 다른 도시들은 지능형 센서를 이용해 공공 서비스(전기, 가스, 수도 등)를 조절하고, 홍수 관리 체계를 설계하고, 교통 신호등과 교통 흐름을 조절하고, 긴급 차량의 반응 시간을 줄이고, 공항의 수화물 흐름 속도를 높이고, 운전자들을 위해 주차 공간을 찾아주고, 쓰레기 관리를 최적화하고, 전력망의 최대 수요전력을 줄이고, 심지어는 범죄율을 줄이기도 한다. 아부다비사막에 건설되고 있는 새 도시 마스다르는 처음부터 이런 요소들을 포함시켜 도시를 설계했다. 전체 도시가 콘크리트 기반 위에 세워져 있어서, (쓰레기에서부터 물까지) 스마트 계량 서비스를 지하 공동구에서 점검하고 이용할 수 있다. 마스다르는 탄소 중립 도시를 목표로 하며 거대한 태양광발전소와 풍력발전 단지들에 의해 전력이 공급된다. 건물에는 스마트 태양 차단막, 태양전지판, 온도를 식히는 바람의 효과를 최적화하는 설계가 적용된다. 2020년에 완공될 예정인 이 도시는 지상에 자동차가 다니지 않고, 개인 고속 이동 장치처럼 운영되는 지하 무인전기차가 다닐 예정이다.

인적 네트워크는 차세대 스마트 도시의 핵심적 요소로서 에너지 소비를 줄이고 도시를 모든 방면에서 더 효율적으로 이용하는 데 중요한 역할을 한다. 크라우드소싱(일반 대중이나 아마추어들의 노동력, 제품, 콘텐츠 등 사회 자원을 활용하는 것_옮긴이)과 협동적 지도 작성은 지난 몇 년 동안 도시 전역에 센서를 심는 대규모 기반 시설 공사 없이 인터넷상에서 정보 창조를 혁명적으로 바꾼 두 가지 핵심 기술이다. 예컨대 구글맵상의 측정점들은 수억 명의 익명의 사람들이 사용하는 전화기들이 GPS 기반의 위치 업데이트를 계속해서 전송함으로써 만들어진다. 구글맵 교통 애플리케이션의 경우는 그 도시의 교통 흐름과 정체 구간을 알려준다. 더블린에서 크라우드소싱으로 운영되는 파크야(ParkYa) 주차관리앱은 운전자들을 위해 가장 가까운 무료 주차 장소를 찾아준다. 2010년 아이티에 지진이 일어났을 때에도 시민과 자원봉사자들, 정부 기관들은 섬 전체에 걸쳐 어디서 지원이 가장 시급하고 어디서 질병이 발생하고 있는지 구호 현황을 정확히 파악할 수 있었다. GPS 같은 시스템을 이용해 실시간으로 세계를 추적할 수 있는 기술은 일종의 '지구촌 신경계'를 생성하고 있으며, 이것은 사회 개선에 쓰일 수 있다.

인도 콜카타시의 한 빈민가에서 '데어데블'이라고 불리는 12세 어린이 조직은 20년 전에는 발명되지 않았던 값싸고 단순한 기술을 이용해 그들 지역의 보건 상황을 극적으로 개선하고 있다. 많은 슬럼가가 그렇듯이, 악명 높은 네루 제2지구는 공식적으로 존재하지 않는 곳이다. 다시 말해 그곳 거주자들은 위생 시설과 전기 같은 정부 서비스를 이용할 수 없다는 뜻이다. 그 어린이들은 말 그대로 자신들의 지역을 지도 위에 올려놓는 작업에 착수했다. 그들은 집집마다 다니며 자신들의 휴대폰으로 사진을 찍고 거주자를 등록하고 그곳에서 태어난 모든 어린이의 신상을 조사했다. 그런 다음 그들이 그 정보를 SMS 문자메시지를 통해 데이터베이스로 전송하면, 전송된 데이터가 아이들이 손으로 그린 지도와 연결되어 GPS 좌표에 더해졌다. 그 어린이 조직은 구글맵에 자신들의 존재를 등록함으로써 소아마비 예방접종률을 40%에서 80%로 두 배 높였고, 그 빈민가의 설사와 말라리아 발생률을 줄였으며, 전기 사용이 가능해지도록 로비를 벌였다.[16] 리우의 빈민가에서도 비슷한 일이 이루어지고 있다. 파벨라의 어린이들은 카메라가 담긴 유리병을 연에 매달아 날림으로써 공중에서 자기 동네 지도를 작성하고 있다. 그들은 붕괴 위험에 처한 건물들, 산사태, 위생과 쓰레기 문제, 위험한 송전선 같은 문제점을 찾아낸 다음 GPS 기능이 탑재된 스마트폰으로 사진을 찍어 조치를 촉구한다.

하지만 도시에 센서를 설치하는 것은 단지 첫걸음일 뿐이다. 10년 전 스마트 도시를 계획하던 도시설계자들과 도시공학자들은 인류가 하나의 네트워크로 통합될 날이 올 것을 예측하지 못했다. 개인들이 회사나 정부 부처와 실시간으로 소통할 수 있고 수백만 명의 사람들이나 특정 집단에 인터넷을 통해 소식을 알릴 수 있는 기술이 존재하는 지금, 도시는 완전히 새로운 차원으로 들어섰다. 트위터나 페이스북 같은 사회관계망 서비스를 통해 온라인상에 만들어진 커뮤니티들의 '가상 도시'는 엄청나게 강력하고 실제 도시가 갖는 지리적 테두리의 한계를 갖지 않는다. 비슷한 생각을 가진 개인들이 서로를 쉽게 찾을 수 있고, 특수 이해관계를 가진 클럽과 카페 단체들이 온라인 포럼에서 또는 해시태그와 코멘트를 통해 실제 도시에서 연합하는 것처럼 모일 수 있다. 가상 애플리케이션들은 대중 속에서 원하는 사람을 추려낼 수 있게 해준다. 예를 들어 게이와 양성애자 남성을 위한 소셜 네트워킹 서비스 애플리케이션인 그라인더(Grindr)를 이용하면, 동성애자들이 공공장소에서 그 앱을 이용하는 다른 사용자들을 찾을 수 있다. 쇼핑 네트워크 그루폰(Groupon) 같은 온라인 클럽은 상거래를 맞춤화하고, 나아가 사람들이 동네 상점과 맺는 관계에서 느끼는 대리만족을 제공하려고 시도하고 있다.

사회 정치적 변화를 청원하는 사람들은 그 어느 때보다 쉽게 정부와 기업에 책임을 물을 수 있다. 현재 엄청난 양의 데이터가 온라인에 게재되어 있으며, 간단한 알고리즘을 통해 몇 분이면 원하는 데이터를 검색하고 걸러낼 수 있다. 가상 도시와 실제 도시는 긴밀하게 얽혀 있다. 정보를 수집하고 커뮤니티를 만드는 일은 인류세의 대형 도시에서보다 온라인에서 더 쉽다. 거대도시에서는 한 집단의 구성원들이 서로 멀리 떨어져 살 것이고, 따라서 만나서 기세를 확장하기가 쉽지 않다. 하지만 온라인 모임에서 시작된 논의와 세상을 바꾸는 행동들은 정부 부처, 텔레비전, 라디오, 신문 같은 주류 언론 또는 거리로 쉽게 옮아간다. 2010년 이래로 북아프리카와 중동 전역에서 일어난 아랍 혁명들은 트위터, 페이스북, SMS 메시지와 기타 애플리케이션을 통해 조직되었지만 혁명은 실제 도시의 거리와 광장에서 일어났다. 컴퓨터와 스마트폰을 통해 온라인에서 모인 개인들은 실제 세계에서 하나가 되었다. 2012년에 스타벅스의 완벽하게 합법적인 해외 조세회피가 밝혀졌을 때 트위터에서 일어난 운동으로 스타벅스는 영국 정부에 수백만 파운드의 세금을 납부해야만 했다.

가상 도시는 지역적인 만큼 세계적이기도 하다. 나는 내가 사는 동네의 공기 오염도에 대해 매 시간 업데이트되는 정보를 얻을 수 있는 한편, 내 휴대폰 배터리를 한국에서 구매할 수 있다. 전 세계 사람들이 온라인에 모여 생각을 공유하고 변화를 촉구하고 혁신을 이루고 자신의 예술적 재능을 전파하고 친구를 사귈 수 있다. 가상 도시에서는 실제 거대도시를 축소하고 걸러냄으로써 복잡한 공간을 직접 이동하는 데 걸리는 시간과 에너지를 절약해주고 익명으로 여러 대화에 참여할 길을 열어주고, 집단적 창의성과 문제 해결 능력을 통해 인류가 나아갈 방향을 제시할 수 있다. 가상 도시는 실제 세계에서 직접 대면할 때 얻는 사회적 단서, 신체적 교류, 신뢰성 평가 같은 가치 판단을 내릴 때 사람들이 사용하는 풍부한 정보를 강화할 뿐 대체하는 것은 아니다.

하지만 가상 도시에는 문제도 있다. 우리 삶의 그토록 많은 부분에 대해 그토록 많은 정보가 그토록 쉽게 접근할 수 있는 형태로 존재했던 적은 일찍이 없었다. 서구 도시에 사는 보통 사람은 15세기 사람이 평생 동안 접할 양의 데이터를 하루 동안 접한다.[17] 아기는 아날로그 세계보다 평균 세 달 먼저 디지털 세계에 태어난다. 부모들이 초음파 사진을 페이스북에 올리고 아기가 태어나기도 전에 아기의 도메인 네임을 등록하기 때문이다. 정부, 집단, 개인, 기업은 우리에 대한 데이터에 접근할 수 있고 자신들의 목적을 위해 그것을 이용할 수 있다. 선의로도 악의로도 행해질 수 있는 이런 사생활 침해는 인류세에 이미 삶의 일부가 되었다. 미국 슈퍼마켓 타깃(Target)은 자체적으로 수집한 소비자 데이터를 통해 어떤 고객들이 최근에 임신했으며 그들의 예정일이 언제인지를 매우 정확히 알아낼 수 있다.[18] 그 슈퍼마켓은 이런 정보를 이용해 그런 여성들에게 임신과 출산 제품을 시의적절하게 광고한다. 그 여성이 임신 정보를 아무에게도 말하지 않았다 해도 말이다. 섬뜩한가? 그럴 것이다. 그렇다면 경찰이 에너지 사용 데이터를 분석해 마리화나를 재배하는 집을 찾아내는 것은 어떻게 생각하는가? 내 이웃이 온라인에서 발견한 정보로 사이버 협박이나 물리적 협박의 대상을 찾는 것은? 우리 모두가 데이터를 생산하고 있다. 인류세에 우리는 자신의 데이터를 누가 소유할 것인지, 그것이 공유할 수 있는 것인지를 결정해야 할 것이다.

도시는 이미 인류에게 환경적으로 가장 지속 가능한 주거 방식이다. 하지만 산업, 교통, 주거지, 사무실 건물이 집중된 도시는 식량 에너지와 그 밖의 에너지 소비를 고려하면 전 세계 에너지의 대부분을 사용하고 탄소 배출량의 80% 이상을 생산한다.[19] 그런데 상당한 비율의 탄소가 한 지역에서 집중적으로 배출된다면 실제로는 해결이 더 쉬울 수 있다. 넓은 지역보다는 좁은 지역에서 지속 가능성을 추구하는 것이 더 쉽기 때문이다.

비교적 좁은 구역에 밀집한 도시일수록 교통을 포함한 모든 것의 에너지 효율이 높아진다. 이미 케이블, 파이프, 하수도, 지하철, 지하실로 가득한 지하 공간을 우리는 더 깊은 곳까지 이용하게 될 것이다. 싱가포르 같은 몇몇 도시에는 이미 지하 밑으로 몇 층씩 내려가는 광대한 쇼핑몰이 진을 치고 있다. 홍콩의 경우 주택과 그 밖의 개발을 위해 암반을 파는 것을 고려하고 있다. 하지만 2050년까지 60억 인구를 도시에 집어넣기 위해서는 하늘 위로 올라가야 한다. 예로부터 도시를 규정하는 것은 스카이라인이었다. 콜럼버스가 아메리카 대륙을 발견하기 이전 그 대륙에 세워진 금도금된 거대한 마야 사원, 예루살렘의 황금돔, 신화 속의 바벨탑, 유럽의 첨탑과 뾰족탑, 맨해튼의 엠파이어스테이트 빌딩을 보라. 이제 인류세의 새로운 도시들이 이 추세를 이어가고 있다. 2001년에 말레이시아의 쌍둥이 빌딩인 페트로나스 타워가 세계에서 가장 높은 건물로 완공된 뒤로 350개가 넘는 초고층 건물이 건설되었다. 2016년 현재 페트로나스 타워는 세계 순위 10위 안에도 들지 못할 것이다. 현재 가장 높은 건물은 828m로 두바이에 있는 부르즈 할리파이다. 하늘로 치솟은 그 구조물의 위용에서 우리는 몇 십 년 전에만 해도 이 지역을 뒤덮었던 베두인족들의 사람 키만 한 오두막과의 관련성을 전혀 찾아볼 수 없다. 지구 반대편 시카고에 최초의 초고층 건물이 생긴 지 100년이 넘은 지금, 세계에서 가장 높은 건물의 4분의 3이 아시아와 중동에 있다.

도시 시대의 아이콘인 이런 초고층 건물은 주거를 해결하는 해법일 뿐 아니라 허영의 첨탑이기도 하다. 세계에서 가장 높은 건물 대부분에서 위쪽 3분의 1은 계획 단계부터 사람이 살지 않도록 설계되었다.[20] 어쨌든 구름다리와 통로로 연결된 초고층 건물은 지상 위에 거리, 시장, 공원, 정원을 갖추고 수직 수송 수단으로 사람들을 실어 나르며 인류세의 도시를 지배할 것이다. 수직으로 규모를 키우는 것이 반드시 부르즈 할리파처럼 과시적일 필요는 없다. 그것은 혁신적 해법이 될 수 있다. 건축가들은 철근 콘크리트 같은 새로운 재료를 사용하고 있으며 컴퓨터 모델링 같은 신기술을 사용해 자신들이 설계하는 건물이 완공되면 어떻게 기능할지 — 그런 고층 건물에서 사람들이 어떻게 돌아다니고 살고 휴식을 취할지 — 알아볼 수 있다. 그런 기술 덕분에 건축가들은 초기 단계에서 설계를 변경하고 탈출로를 개선하고 전망과 일조량을 최적화할 수 있다. 영리하게 설계된 아파트 단지는 수천 명을 수용하면서도 혼잡하거나 비좁게 느껴지지 않는다. 그리고 그런 주거 단지는 개인이 소유한 허영의 첨탑과는 정반대로 지역사회 한복판에 위치할 수 있다. 크라우드펀딩으로 지어진 세계 최초의 초고층 빌딩인 보고타 다운타운 바타카(BD Batacá)는 콜롬비아 수도 보고타에 있다.

건축가들은 초고층 건물의 지속 가능성을 높이기 위해 규모의 경제를 실현하는 것을 뛰어넘어 저에너지 혁신을 포함해 그런 풍요와 탐닉의 상징을 친환경 지표로 바꿀 필요가 있다. 2009년 뉴욕시에 문을 연 뱅크오브아메리카 타워가 그런 사례이다. 재활용 자재를 주로 사용한 이 건물은 빗물을 자체적으로 포집하고 물 없는 소변기 등을 이용해 물을 보존한다. 또한 들어오고 나가는 공기를 여과하고, 가스로 가동되는 현장의 열병합 발전기를 이용해 사용 에너지의 3분의 2를 생산하고, 단열 유리와 지하실의 '얼음 배터리'로 에너지를 보존한다. 얼음 배터리란 밤에 사용되지 않는 에너지를 이용해 물을 얼렸다가 낮에 그것을 녹여 건물을 식히는 것을 말한다. 건물이 사용하는 에너지가 이산화탄소 배출량의 75%를 차지하는 도시에서 이 오피스 타워는 많은 상을 수상했으며 친환경 건물 인증에서 플래티넘 등급을 받았다. 인류세에 이런 건물은 예외가 아닌 표준이 되어야 할 것이다. 도시 온도를 내리기 위해 지붕을 흰색으로 칠하고(어떤 경우에는 거리를 밝은 색으로 칠하기도 한다), 저에너지 전등을 설치하고(건물 에너지의 20%를 전등 기구가 소비한다), 단열을 개선하는 것 같은 빠른 처방들은 건물에 관한 규제와 매매 및 임대법 개정을 통해 의무화될 것이다. 언젠가는 모든 건물이 효율적인 단열 또는 지열 펌프나 쓰레기를 이용한 열병합 발전 같은 발전 장치를 통해 에너지를 스스로 조달해야 하는 날이 올 것이다. 그 방식이 꼭 최첨단일 필요는 없다. 2*l*짜리 투명한 플라스틱 물병에 물을 채운 다음 지붕에 뚫린 구멍에 꽂아 햇빛을 굴절시키는 방법으로 가난하고 어두컴컴한 주거지에 빛을 전달할 수도 있다. 현재 개발 단계인 다른 혁신적인 에너지 발전기 중에는 발광미생물 또는 조류에 의존하는 조명이 있다. 또한 에너지를 많이 먹는 전자기기의 사용을 억제하거나 재생 가능한 재충전 방법을 이용해야 할 것이다. 영국 한 곳만 해도 제품의 에너지 효율이 더 높아졌는데도 가전 기기의 전기 소비량은 1970년대 이래 두 배로 늘었다.

도시 교외가 자동차를 중심으로 건설되었다면, 인류세의 도시는 효율적이고 배출 가스가 적은 대중교통을 중심으로 건설되어야 한다. 도시 중심가에서는 자가용 자동차를 전면 금지할 필요가 있다. 실제로 통근자들이 겪는 심한 교통 체증, 비싼 주차료, 런던의 혼잡통행료 같은 자동차 운전자들에 대한 특수 과세 때문에 이런 조치가 점점 장려되고 있는 추세다. 예를 들어 보고타에서는 일요일에 자동차 운행이 금지되고 거리는 보행자, 자전거 운전자, 롤러블레이드 타는 사람들로 채워진다. 인생에서 평균 9년을 자동차에서 보내는 미국인들은 자동차 소유와 운전율이 감소를 보이는 것을 감안할 때 현재 '피크 카(peak car)'를 통과한 것 같다.[21] 세계 최대의 자동차 시장인 중국조차(차량 소유가 2000년 이래 20배로 증가했다) 자동차가 포화 상태에 이르는 시점으로 추산된 20년 이후보다 더 빨리 '피크 카'에 도달할 것 같다. 중국에서는 연료 가격이 상승하고 새로 생긴 6차선 도로들이 이미 교통 체증과 자동차 매연으로 가득한 데다 점점 더 많은 사람들이 복잡한 도시에서 살고 SNS에서 '만남'을 가지면서 자동차 소유가 점점 더 불편한 것이 되고 있다.

시민들은 그 대신에 도시를 가로질러 이동할 수 있는 빠르고 정기적이고 믿을 만한 대안 교통망과 맞춤화된 전략적 수단이 필요하다. 지하철과 공중에 매달린 선로로 다니는 차량은 교통 정체를 피해 통근자들을 빠르게 실어 나를 수 있을 것이다. 지상으로 다니는 전차와 버스는 자유롭게 타고 내릴 수 있는 편리함을 제공할 수 있다. 또 하나의 고무적인 정책으로 보고타에서는 버스를 지상 지하철 체계로 재편함으로써 저렴한 비용으로 대중교통을 변화시켰다. 정거장이 있는 곳에 보도를 높여 플랫폼을 만들고 버스 문이 지하철 문처럼 열리며 매표소도 비슷하다. 미국 공학자들은 초고속 자기부상열차를 설계하고 있다. 이 열차는 자기 반발을 이용해 선로 위를 마찰 없이 떠서 지나가는데, 언젠가는 대서양 아래로 진공 터널을 통해 달림으로써 유럽과 아메리카의 도시를 연결할 것이다. 중국은 초대형 전기 버스에 대한 개념적 설계를 내놓았는데, 이 버스는 땅 위 5m 높이의 바퀴 달린 다리로 정체된 도로 위를 달림으로써 수백 명의 통근자들을 실어 나르게 될 것이다.

자전거는 아주 좋은 개인 교통수단이며, 전기 자전거(나는 베이징에서 그것이 대중적으로 사용되는 것을 보았다)는 페달을 밟지 않고도 장거리나 언덕을 달릴 수 있다. 전 세계 도시에서 따라 하고 있는 파리의 자전거 대여 제도 벨리브(Vélib)는 사용자가 저렴한 비용으로 한 장소에서 자전거를 대여한 뒤 다른 장소에 반납할 수 있다. 이스라엘에서 전기차 사용자들은 미국 회사 베터플레이스(Better Place)가 운영하는 배터리 교환소에서 소진된 배터리를 새것으로 교환할 수 있다. 이렇게 하면 자동차 유지 비용(전기차에서 배터리는 가장 비싼 부품에 속한다)을 절감할 수 있고, 차의 가치를 그대로 유지하는 동시에 개선된 배터리가 출시될 경우 차를 업그레이드 할 수 있다. 광범하게 분포된 배터리 교환소는 '주행거리 불안'(운전자가 차량의 배터리가 나갈까 봐 두려워하는 것)을 없애준다. 자동차들이 전기로 다니면 직접적 오염(오존과 질소산화물을 포함하여)이 사라지고 원자력이나 재생 가능한 자원(태양광 또는 풍력) 같은 저탄소 에너지원을 이용할 수 있다. 베터플레이스는 현재 다른 나라로 진출하고 있다. 전기차는 심지어 정전 시에 전기를 빼 쓰는 대안 전력원으로도 이용할 수 있다. 하지만 전기차가 기존의 가솔린 차량보다 배출 가스 면에서는 더 낫다 해도 전기차와 배터리는 금속과 광물 소모가 많아서 희토류 금속류를 훨씬 더 많이 필요로 한다. 이런 금속은 효율적으로 재활용되지 않으면 유독한 폐기물이 된다. 따라서 더 나은 전기 대중교통이야말로 가장 지속 가능한 해법이다.

|

지구상의 다른 모든 곳과 마찬가지로, 인류세의 도시들도 기후변화에 대처해야 한다. 대기는 뜨거워짐에 따라 더 많은 수증기를 머금어 더 심한 폭우를 만들어낸다. 콘크리트로 덮인 도시 지역은 비가 흡수되지 못하고 자주 홍수를 유발한다. 지하철 시설은 이미 물을 퍼내는 데에 엄청난 양의 에너지를 소비하는데 그 양은 앞으로 더욱 증가할 것이다. 열대 도시에서 주로 사용되는 폭우 배수 시설과 (잡석 따위를 채워 넣은) 배수구멍이 현재 유럽의 도시 지역에 도입되고 있고, 몇몇 도시들은 보도에 투과성 시멘트를 사용하고 녹지 공간을 조성하는 것 같은 혁신을 꾀하고 있다. 점점 심해지는 더위는 또 하나의 문제이다. 도시들은 이미 '도시 열섬' 효과로 고통 받고 있다. 산업과 건물이 내뿜는 열기와 열악한 공기 흐름이 건물들이 밀집된 지역을 주변 지역보다 더 뜨겁게 만드는 것이다. 예컨대 델리와 뭄바이는 여름밤에 주변의 시골 지역보다 5~7도가 더 높다.[22] 지구온난화는 이런 상황을 더욱 힘들게 만들고(사람들은 밤 시간의 고온에 특히 취약하다), 도시 사람들은 범죄가 두려워 창문을 잘 열지 않는다. 미국 자연자원보호위원회는 2100년에는 기후변화로 열 관련 사망자가 세 배로 늘어날 것이라고 추산한다. 지붕과 도로를 흰색으로 칠하는 것은 도시 온도를 내리는 값싼 방법이다. 하지만 개발도상국 세계가 점점 더 부유해지면서 그

들은 에어컨을 설치하고 있고(인도와 중국의 에어컨 매출은 연간 20%씩 증가하고 있다), 에어컨에 쓰이는 냉매(오존층을 고갈시키는 CFC 대신 쓰이고 있는 HCFC)가 배출하는 온실가스는 2050년까지 지구온난화의 거의 3분의 1에 기여할 것이다. 건물을 공기 흐름을 유도하는 모양으로 설계하는 것 같은 간단하고 소극적인 혁신이 상당한 에너지 절감 효과를 가져올 수 있다. 세계적인 건축가 노먼 포스터가 설계한 런던의 '거킨' 타워는 바람의 흐름을 나선형으로 상승시킴으로써 에어컨 가동의 필요를 거의 절반으로 줄인다.

도시의 문제 중 하나는 탄력성 없이 설계된다는 것이다. 이것은 건설의 일반적 문제이기도 하다. 건축 공사가 준수해야 하는 구조 및 안전에 관한 특정 기준들은 최악의 날씨와 지진을 견디기 위한 것이지, 대부분의 시간 동안 최적의 상태를 유지하기 위한 것이 아니다. 등대 같은 특정 건축물에서는 악천후와 지진만을 고려하면 되지만, 대부분의 건물과 도시 공간들은 여러 기상 조건에서 쾌적할 필요가 있다. 우리는 날씨에 따라 옷을 바꿔 입는데, 건물은 왜 그렇게 하면 안 되는가? 바르셀로나에 있는 미디어틱(Media-TIC) 건물은 부풀 수 있는 에틸렌-테트라플루오로에틸렌(ETFE) 플라스틱으로 외장을 감쌌다. 이것은 태양광으로 가동되며 자동 디지털 빛 센서에 의해 조절된다. 낮 동안 햇빛의 변화에 따라 ETFC 공기 주머니들이 팽창하거나 수축한다. 빛에 반응하는 ETFC 필름은 가시광선은 통과시킬 수 있지만 자외선은 걸러낸다. ETFE 필름은 유리와 비교하여 무게가 1%일 정도로 가볍고 빛을 더 많이 투과하고 설치 비용도 70%까지 저렴하다. 또한 탄성이 있고(자체 무게의 400배까지 견딜 수 있다) 표면에 아무것도 들러붙지 않기 때문에 청소할 필요가 없으며 재생 가능하다. 몇몇 건물들은 선글라스에 사용되는 유리처럼 빛에 반응하는 유리를 설치하여 가장 뜨거운 시간대에는 열과 빛을 줄이는 반면에(따라서 에어컨 가동 시간을 줄인다) 다른 시간대에는 빛을 최대로 투과시킨다(따라서 전등을 켜는 시간을 줄인다). 다른 건물들에서는 빛을 감지하여 자동으로 움직이는 차양이 비슷한 역할을 한다. 이 밖에도 센서를 이용해 건물 내부에서 에너지와 자원 사용을 조절할 수도 있다. 가령 (내가 톈진 에코시티에서 본 것처럼) 움직임이 감지되면 전등을 켠다든지 사람과 물, 난방의 방향을 다른 쪽으로 전환할 시점을 감지하는 것이다. 사람들이 자주 밟아 카펫의 어느 한 부분이 닳기 시작하면 은근한 빛 변화로 사람들을 새로운 길로 유도할 수도 있다. 또는 사무실 공간의 한 부분에서만 활동이 감지되면 그 부분에만 난방을 가동할 수도 있을 것이다.

또한 건축가들은 반응을 하는 살아 있는 재료를 전통적 건물에 결합시킴으로써 그 건물이 환경적으로 더 지속 가능하며 환경에 적응할 수 있게 하는 방안을 고려하고 있다. 많은 건물이 현재 친환경 지붕과 벽체를 가지고 있는데, 이런 구조물은 공기를 여과하고 건물을 식히고 물을 보존하고 생물다양성을 유도하고 겉모습을 매력적으로 보이게 한다. 그런 구조물이 살아 있는 재료들을 가지고 스스로 건축을 한다면 어떨까? 네덜란드의 한 팀이 물이 닿으면 석회석을 분비하는 박테리아가 들어 있는, 자가 보수 콘크리트를 만들었다. 콘크리트에 틈이 생겨 물이 들어오면 영양분이 풍부한 캡슐 안에서 생명 활동을 중단한 상태로 있던 박테리아가 활동을 개시하고, 그러면 석회석이 분비되어 틈을 메우게 된다. 다른 제안들 중에는 합성생물학을 이용해 살아 있는 세포로 하여금 유용한 건축 재료를 생산하도록 함으로써 골조를 세운 뒤 그 주변으로 건물과 도로 시설물(도로표지판이나 가로등)의 구조적 부분을 키우는 방법도 있다. 또한 건축설계사들은 살아서 반응하는 건물을 상상하는데, 이런 건물은 거주자와 함께 움직이고 숨 쉬는 몰입형 인터랙티브 장치처럼 작동한다. 공학자들은 생물학에서 얻은 아이디어를 이용해 자가 보수 기능, 빛과 열에 대한 반응, 그 밖의 적응적 특징들을 미래 도시의 재료와 구조에 결합시킬 것이다.

하지만 지속 가능성은 자원을 효율적으로 사용하는 것 이상의 개념이다. 도시와 건물은 쾌적한 공간 내에서 사회생활, 평온, 오락, 이동의 편의 같은 인간의 필요를 충족시켜야 한다. 현재 쾌적성 시험을 통과하지 못해서 버려진 초고층 유령 건물, 쇼핑몰, 동네들이 많이 존재한다. 시민들이 자신의 주변 환경에 주인의식과 자부심을 느끼는 도시를 만든다는 것은 곧 사람들이 좋아하는 지형을 포용한다는 뜻이고, 그런 지형은 대체로 자연의 요소들을 포함한다. 도시는 우리 종이 이 행성에 발 도장을 찍고 자연을 정복한 사실을 보여주는 증거이다. 도시는 인간을 자연계로부터 보호하기 위해 인간에 의해 만들어지고 창조된 환경이다. 하지만 도시는 인간이 자연의 특정 요소들은 허용하고 나머지 요소들은 추방함으로써 자연과의 관계를 가장 분명하게 정의하는 장소이기도 하다. 인류세의 도시들은 자연계를 새롭고 혁신적인 방식으로 결합할 것이다. 공원과 녹지 공간 들은 지상 위로 올라가 수십 층 높이의 하늘 공원으로 새와 야생동물 들을 불러들일 것이다. 예를 들어 싱가포르의 상징적 건물인 마리나 베이 샌즈(Marina Bay Sands) 호텔은 56층에 나무를 심고 수영장을 포함한 레저 시설을 마련하여 멋진 경관을 갖춘 하늘 공원을 조성했다. 이 사례는 어떻게 산꼭대기 전망, 호수, 야자나무 같은 자연계의 특정 요소들을 선택, 조합해 그 도시를 위한 편안한 경관을 완전히 인공적으로 제공할 수 있는지를 보여준다. 도시와

그 내부에서 일어나는 생물 물리적 상호작용을 전통적인 생태 연구
와 비슷한 방식으로 연구하는 새로운 학문 분야인 도시생태학이 이
미 존재한다.

　관개와 유지에 필요한 에너지 때문에 큰 규모의 식량 생산은 어
려운데도 옥상 밭과 농장도 생기고 있다. 주말 농장인, 양봉인, 전문
재배자들이 인류세 도시의 더 깨끗한 공기와 물, 토양을 이용하고
공터를 더 효율적으로 활용하는 추세에 따라, 도시 환경의 일반적
인 고층 건물에서 식량을 기르는 관행은 증가할 것이다. 베를린에는
옥상 양어장이 생겼고, 거기서 생긴 폐기물은 그 도시의 농경지로
가서 비료로 쓰인다. 창의적인 재배자들은 이미 산업 공간, 거리 모
퉁이, 옥상을 작은 야생으로 바꾸거나 깔끔한 정원으로 꾸미고 있
다. 뉴욕시에서는 사용되지 않는 고가 철도가 공원이 되었다. 런던
에서는 자칭 '게릴라 농부들'이 고속도로의 아스팔트와 차량들 사
이에 꽃과 나무를 심고 있다. 한때 오염된 산업 황무지였던 장소들
에서 지금은 새들이 지저귀고, 강에서는 물고기가 헤엄치고, 시골에
서 보기 힘들어진 동물들이 도시의 틈새 환경에서 번성하고 있다.
사실 놀랍도록 많은 야생동물들이 이미 인공 환경에 의존하고 있다.
시드니의 거대한 과일박쥐 떼, 런던의 교활한 여우들, 초고층 건물
에 둥지를 튼 송골매 같은 동물들은 도시를 터전으로 삼았다. 몇몇
경우 그들의 자연 서식지는 사라져버렸다.

　한편 인간이 도입한 이런저런 동식물과 도시 환경으로 이주하
는 기회주의자 종들이 서로 상호작용하면서 다른 어떤 곳에도 존재
하지 않는 독특한 생태계를 만드는 장소도 있다. 예들 들어 현재 갈
매기들은 종종 해안에서 수백 킬로미터 떨어진 도시에 살기도 한다.
전통적인 먹이인 물고기가 점점 드물어지면서 갈매기들은 인간의

쓰레기통을 뒤지고 있다. 인류가 이 새로운 종류의 번성에서 어떤 가치를 발견할지는 아직 두고 볼 일이지만, 인간의 정원에서 시행되고 있는 이런 실험의 생존자들은 유전적 유산을 남길 것이다. 앞으로 몇 백 년 동안 어떤 자연 조건에서도 만들어지지 않았던 새로운 종들이 나타나 우리가 행한 교잡을 증언할 것이다. 이미 도시의 나방들은 전에 살았던 나무줄기에 비해 색깔이 밋밋한 콘크리트 서식지에 맞추어 몸 색깔을 바꾸었다. 명금류들은 교통 소음과 경쟁하기 위해 점점 더 큰 소리로 울고, 또 다른 생물의 도시 변종들은 예전과는 다른 생리, 행동, 뇌 크기를 보인다.[23] 도시 때문에 유전적으로 바뀌고 있는 것은 비단 동식물만이 아니다. 인간도 마찬가지이다. 도시 거주자들은 측정할 수 있을 정도의 뇌 차이를 보이는데, 그 중 몇몇 차이는 도시인들이 스트레스와 북적임을 견딜 수 있게 돕는 것 같다. 하지만 조현병 같은 질환은 도시가 두 배나 많다.[24]

수 세대 동안 각자의 마을에서 유전적으로 격리되어 살았던 사람들이 인류세의 거대한 도시 이주 물결에 휩쓸려 뒤섞이고 있다. 그 결과 인간은 현재 지난 10만 년 동안 어느 때보다 유전적으로 더 비슷하다고 생물학자 스티브 존스는 말한다. 그의 말에 따르면, 유전적 다양성의 확산은 자전거가 발명된 시점으로 거슬러 올라갈 수 있다. 자전거가 마을과 도시 사이의 결혼을 장려했기 때문이다. 하지만 지금 일어나는 도시화는 유례를 찾아보기 어려운 혼합을 초래하고 있다. 뉴욕 같은 대도시는 800여 개 언어 사용자들이 살고 있는데 세계에서 언어 밀도가 가장 높다고 여겨진다. 한편 런던에서 백인 브리튼인(옛날 브리튼 섬에 살았던 켈트계의 한 파_옮긴이)의 인구는 절반 이하로 10년 전의 58%보다 줄었다. 또한 전 세계 언어들이 전례 없이 빠른 속도로 줄어들고 있는데 7,000개 언어 중 한 개가 2주마다 사라진다.

하지만 우리의 거대도시들이 얼마나 오래갈지는 미지수이다. 그 거주자들 중 다수는 모든 이주자들이 그렇듯이 다른 어떤 장소를 '고향'이라고 말한다. 이주 2~3세대들조차 자신들의 '고향'을 언급하면서 언젠가 그곳으로 '돌아가' 큰 집이나 목장을 지을 날을 꿈꾼다. 만일 번영이 유럽과 아메리카에서와 같은 방식으로 새 도시의 시민들에게 영향을 미친다면, 많은 나라들이 개발될수록 도시가 전 세계에 걸쳐 유례없는 속도로 교외로 뻗어 나가며 야생을 점령해갈 것이다. 따지고 보면 더 나은 삶으로 가는 일시적 방편이라면 모를까, 슬럼에서 살 것이라고 상상하는 사람은 아무도 없다. 도시 면적은 현재 지구 땅 면적의 약 2%를 차지하지만 2030년에는 거의 10%까지 확장될 것이다.[25] 이 말은 곧 약 120만 km^2에 이르는 다른 풍경을 잃는다는 뜻이고, 그런 풍경의 다수는 생물다양성이 풍부한 곳이다. 브라질 아마존은 현재 빠른 도시화를 겪고 있고, 이미 2,500만 명이 그곳에 산다. 인류세의 도시가 지구를 위해 해야 할 가장 중요한 과제 중 하나는 환경 보존이다. 사람들 그리고 그들이 콘크리트와 유리, 무질서하게 뻗어 나간 산업으로 만든 풍경은 거대도시의 테두리 안에 머물게 하고 지구의 나머지 부분은 더 자연적 상태로 돌아가게 하는 것이다. 물론 인간은 대부분의 풍경을 돌이킬 수 없게 바꾸었고, 따라서 도시 외부의 지구가 인간 이전의 상태로 돌아가지는 않겠지만, 그럼에도 인간의 압력이 사라지면 생태계는 번성하여 나름의 새로운 평형상태에 도달할 것이다. 이 때문에 인류세에 다른 종들과 생태계가 계속 생존할 수 있느냐는 무엇보다 도시에 달렸다.

도시는 영구적인 것처럼 보이지만(일부 도시들은 1,000년 이상 존재했다) 많은 도시들이 인류가 지구에 가한 변화들을 이겨내지 못할 것이다. 해수면 상승과 지하수 추출 때문에 주요 해안 도시들은 바다로 가라앉고 있다. 세계의 수도들, 우리 행성에서 경제적으로 가장 중요한 장소들 다수는 이미 폭풍해일 때문에 2배 높은 침수 위험에 직면하고 있다. 게다가 인류세의 도시 인구가 더 많아지면서 더 많은 목숨이 위험에 처해 있다. 뉴욕에서부터 방콕에 이르는 도시들이 이미 홍수 비상 상황에 처해 있고, 더 많은 도시들이 여기에 합류할 것이다. 2012년에 허리케인 샌디가 일으킨 폭풍해일로 뉴욕시의 지역들이 4m 이상 잠겼다. "바다 위"를 뜻하는 양쯔강 삼각주에 있는 상하이는 일부 지역들이 3m 아래로 내려앉으면서 남중국해의 수중으로 들어가고 있다. 중국 정부는 대응에 나서기 시작했는데, 침강을 줄이기 위해 연간 6만 T의 물을 우물들로 다시 집어넣고 수백 킬로미터에 이르는 둑을 만들고, 그 나라에서 가장 잘 사는 도시와 2,000만 주민을 보호하기 위해 강이 바다로 흘러드는 곳에 임시 수문을 설치할 계획이다. 멕시코도 비슷한 운명을 겪고 있는데, 지하수를 과도하게 퍼낸 결과 그 도시의 일부 지역들이 9m가 내려앉았다. 네덜란드는 현재의 해안선을 유지하기 위해서만 매년 약 5,000만 m³의 퇴적물을 옮겨야 한다.

해결책은 무엇일까? 몇몇 도시들은 수위가 올라가는 것을 막기 위해 새로운 방조제, 간척지, 런던의 템스 장벽(Thames Barrier) 같은 수문에 투자하고 있다. 예를 들어 90%가 해수면 아래 있는 로테르담시는 주차장 같은 기반 시설 밑에 빗물저장소를 만들고 수상 주거지들을 지었다. 더 가난한 장소에 사는 사람들은 집을 버릴 수밖에 없는 순간까지 문제를 감내하는 수밖에 없다. 홍수가 잘 일어나는 많은 도시들에서 삶은 점점 더 견디기 힘들어지고 있다. 예컨대 호치민시에서는 만조로 인한 홍수가 한 달에 10일 동안 지속되기도 한다. 모래주머니는 대개 효과가 없는데, 물이 하수도 시설을 통해 주택들로 들이치기 때문이다. 많은 해안 도시들에서 보험은 이미 큰 문제이다. 미국 정부는 허리케인 카트리나의 여파로 뉴올리언스가 침수된 뒤 뉴올리언스 주민들을 위해 보험 계약을 인수해야만 했다. 하지만 그런 보험 사업은 손실이 너무 커서 결국 망할 것이라고 많은 사람들이 말한다. 생명을 구하고 기반 시설을 복구하는 비용이 점점 높아지면, 전 세계 해안 도시들은 버려지고 주민들은 다른 곳으로 이주할 수밖에 없을 것이다. 힘차게 흐르는 미시시피 강가에 자리한 뉴올리언스 같은 중요한 항구도시들조차 결국에는 살 수 없는 장소가 될 것이다. 그리고 이런 버려진 도시들은 쉼 없이 생성되는 퇴적층에 자신의 흔적을 남길 것이고, 이것은 신화 속의 아틀란티스처럼 먼 미래의 다이버들에게 발견될 것이다.

하지만 일부 도시는 물에 잠겨도, 다른 도시들은 규모가 크고 인구밀도가 높은 집단을 이루고 살아가는 혁신적 방법을 찾음으로써 더 위대해질 것이다. 지구를 철저히 탈바꿈시키는 과정에서 우리는 더 이상 행위자에 그치지 않고 관찰자이기도 하다. 인류는 자신이 만든 수많은 카메라를 통해 자신이 초래한 변화를 마치 신처럼 내려다볼 수 있다. 심지어는 우주에 있는 새로운 영구적 거처인 국제우주정거장에서도 그것을 볼 수 있다. 하지만 이 모든 관찰에도 불구하고, 기술 진보와 컴퓨터 모델링 기술에도 불구하고 미래는 그 어느 때보다 예측하기 어렵다. 수많은 위협이 도사리고 있으며, 그 가운데 많은 것이 우리 스스로 가하고 있는 위협들이다. 하지만 인간은 자원이 풍부하고 지적이고 끊임없이 적응한다. 인류세에 들어와 우리 종은 정말 잘해왔다. 그 어느 때보다 많은 사람들이 더 오래, 더 잘살고 있다. 우리는 의학과 기술 지식을 보유하고 있고, 가난하고 굶주리고 아픈 사람들의 삶을 개선하기 위해 물자를 동원하고 보급할 수 있다. 그리고 그 힘은 인간 세계에만 한정되어 쓰이지 않는다. 우리는 야생 세계에도 비슷한 방식으로 긍정적 영향을 미칠 수 있다.

내가 인류세 초에 이 살아 있는 경이로운 행성의 수많은 장소들을 찾아다니면서, 수억 년의 물리·화학·진화적 과정들을 통해 창조된 생명의 놀라운 다양성을 눈으로 직접 본 것은 엄청난 행운이었다. 앞으로 지구에 사는 인간의 삶은 점점 더 정교해질 것이다. 우리는 우리 자신이 지구에 가한 조작의 결과들을 깨닫고, 우리의 재능을 환경적으로 덜 파괴적인 방향으로 향하게 할 것이기 때문이다. 자신의 영향을 스스로 인지하고 있는 우리는 이 행성의 미래를 선택할 위치에 있는 최초의 종이다. 나는 우리가 다른 모든 생명과 공유하는 미래를 선택하기를 진심으로 바란다.

우리
가
만
든
시
대

2100년 10월 10일, 런던.

키프는 어머니가 쓰던 오래된 책상으로 걸어간다. 유리와 철제로 된 그 가구는 21세기 초에 당대를 상징하는 가구 메이커였던 이케아가 만든 것이다. 그는 책상 위 선반에서 전형적인 종이책 형태의 책 한 권을 꺼낸다.《인류세의 모험》이다. 그가 태어나던 해에 그의 어머니가 쓴 책이다. 그는 책을 펼쳐 읽기 시작한다.

　창밖으로 차광 역할을 하는 포도나무 덩굴에서는 포도가 익어가고, 연례행사처럼 치르는 혹독한 더위는 한풀 꺾이기 시작했다. 그는 유년 시절 그 도시가 어땠는지 생각한다. 외곽으로 우후죽순 뻗어 나가던 나지막한 벽돌 테라스(비슷한 주택들이 연이어 다닥다닥 붙어 있는 거리_옮긴이), 휘발유 자동차들로 꽉 막혀 있던 아스팔트 도로들. 지금은 그런 것을 보려면 아프가니스탄이나 소말리아로 가야 한다. 런던은 완전히 변했다. 거리 배열은 대체로 같지만

(사실 중세 때와 크게 다를 게 없다) 시멘트와 벽돌로 지은 작은 집들은 능동 복합재료(active composite)로 만든 대형 다용도 건물로 대체되었다. 그리고 과거에 건물들 사이를 메우고 있던 아스팔트 도로는 사라진 지 오래다. 지금은 골풀과 이끼가 그 공간을 채우고 드문드문 카피바라가 뜯는 풀과 야생 새들로 시끄러운 무화과와 망고 나무들이 심어져 있다(외래 질병 때문에 영국 토종 나무들은 현재 매우 드물다). 보행자와 자전거 운행자 들은 고무와 콘크리트로 만든 격자가 덮인 길을 사용한다. 이런 길은 계절성 호우가 내릴 때 특히 편리하다. 갑자기 불어난 물이 그 밑에 있는 빗물 저장 탱크로 빠져나갈 수 있기 때문이다.

몇 주째 비가 오지 않고 있지만 창밖 거리는 여전히 푸르다. 초목이 습기를 잘 붙잡고 있는 탓이다. 그는 이웃들이 각종 포드(pod)에서 내려 건물로 들어가는 모습을 지켜본다. 태양전지로 움직이는 전기 케이블카 포드들이 케이블에 매달려 크고 작은 도로들을 가로지르고, 대중 노선을 무료로 왕복하는 정기 옴니포드들('버스')이 있다. 또 컴퓨터 프로그램으로 작동하는 다양한 개인용 포드들을 몇 분에서 몇 시간 또는 하루 종일 대여할 수 있다. 우천 시 덮개를 접었다 폈다 할 수 있는 1인용 오픈 포드, 여섯 사람까지 태울 수 있는 가족 포드, 더 많은 인원을 실을 수 있는 트럭 포드도 있다. 포드들은 교차점에 서는데, 소액을 지불하면 자신이 있는 장소로 "부를 수"도 있다. 건설 회사처럼 유지 보수 직원을 실어 날라야 하는 업체들은 자체 포드를 운행한다. 페달 자전거도 무료로 빌릴 수 있다. 하지만 더 먼 거리를 다닐 때는 대부분의 사람들이 소액을 지불하고 전기 자전거를 탄다. 21세기 중엽에 유행했던 재택근무는 없어졌다. 현재 대부분의 사람들은 멀리서 일하지만, 최신 인터랙티브

화상회의 기술과 그 밖의 기술을 이용할 수 있는 지역사회의 다양한 허브를 이용한다. 관리자, 홍보 전문가, 번역가 등이 모이는 전문 허브도 있지만, 대부분의 노동자들은 다양한 사람들이 모이는 허브를 이용하고 가장 가까운 허브로 걸어 다니기도 한다.

키프는 책을 훑어보면서 인류세 초기에 에너지가 얼마나 큰 문제였는지 그리고 사람들이 화석 연료에 얼마나 많이 의존했는지 깨닫는다. 부모님이 가스 요금과 휘발유 값 때문에 전전긍긍하던 일을 기억하지만, 에너지 탐사가 21세기 초의 거의 모든 측면을 어떻게 규정했는지 진정으로 이해하지는 못했다. 화석 연료가 희소성과 세금 문제로 점점 더 비싸지자 대다수 사람들이 화석 연료를 이용할 수 없는 나라에서는 사회 정치적 불안이 높아졌다. 하지만 2020년대 말쯤 전 세계 사막에서 태양광발전소가 세계 전력의 약 3분의 1을 공급하고 (토륨 또는 우라늄을 사용하는) 핵융합발전소가 또 다른 3분의 1을 공급하게 되었다. 칠레는 결국 파타고니아의 수력발전 잠재력을 이용하지 않기로 결정하면서 태양광 의존에 앞장섰다. 하지만 라오스는 메콩강에 수력발전 댐을 여러 개 건설했다. 이로 인해 태국, 중국, 북베트남은 값싼 전기의 수혜를 입었으나 라오스, 캄보디아, 남베트남에 사는 수백만 명의 사람들은 더욱 궁핍해졌다. 이들은 염수화, 토양 침식, 폭풍 피해로 커피, 쌀, 그 밖의 농작물을 전부 잃었다. 댐이 강 유역 환경에 미친 여파로 어장들이 거의 붕괴 직전까지 갔고(메콩강의 거대한 메기는 수족관에서 키우려 시도했지만 결국 멸종했다), 300만 명이 메콩강 하류 지역에서 중국, 태국 등의 지역으로 이주해야 했다. 하지만 이것은 중국이 브라마푸트라강에 댐을 짓기로 결정한 뒤에 일어난 치명적 충돌에 비하면 아무것도 아니었다. 그 댐들은 대부분 나중에 철거되었는데, 빙하가 사

라진 뒤 수량이 크게 줄면서 댐들이 비효율적이 되었으며 지속적인
유지 보수가 필요했기 때문이다.

2050년에 최초의 본격적인 핵융합발전소가 독일에서 가동되
었고(2030년대에 프랑스에서 국제 열핵융합실험로(ITER) 실험이
성공을 거둔 뒤였다), 2065년에는 전 세계에 30개가 건설되어 전
세계 전기의 3분의 1을 공급했다. 현재 핵융합발전은 전 세계 전력
의 절반 이상을 공급한다. 태양광발전이 약 40%를 공급하고 수력,
풍력, 쓰레기(바이오매스)가 나머지를 공급한다. 전기는 고온 초전
도체로 만들어진 고압 직류 전선을 이용해 다른 대륙들로 송전되고,
원점에서 용융암 저장고, 수력발전 댐, 수소 용기, 효율적인 화학 배
터리 등 다양한 방식으로 저장된다.

값싸고 풍부한 에너지는 21세기의 가장 급진적인 사회적·기술
적·환경적 변화를 야기했다. 교통은 거의 전부 전기화되었는데, 그
것이 가장 저렴하고 실용적인 해법이었기 때문이다. 전기차는 미국
에서부터 중국까지 많은 도시에서 급격히 인기를 얻었다. 볼리비아
그리고 그보다 적은 규모지만 칠레와 페루는 전기차 배터리에 필요
한 리튬을 수출하여 부자가 되었다. 유럽의 많은 나라들은 런던을
본보기 삼아 대도시에서 자가용 자동차를 없앴다. 한편 항공기와
일부 산업 과정에서는 수소를 연료로 사용했다. 도시의 하늘에서 오
염 물질이 사라졌고, 사람들은 도시의 거리에서 시장과 파티를 열었
다. 열병합발전이 지열 열펌프의 도움으로 주거 단지와 상업 단지
에 결합되기 시작했다. 전 세계에서 전기 사용이 보편화되어 수백
만 명을 가난에서 건져 올렸고 그들에게 온라인 자원과 커뮤니티,
의료와 교통을 제공했다.

당연히, 전기 생산 기술을 일찍 채택하고 시행한 도시와 국가

(하지만 21세기 중반에는 도시들이 중요도에서 국가를 능가했다)는 산업 종주국이라는 측면에서 가장 큰 이득을 얻었다. 예컨대 덴마크는 교통 포드 시장을 지배하는 한편 영국은 조력 발전을 선도하면서 해안을 따라 건설된, 홍수를 줄이는 조수 석호에서 에너지의 4분의 1을 이끌어낸다.

특히 암울했던 10년 동안 런던 같은 주요 도시들조차 정기적으로 겪었던 전쟁과 정전을 되돌아보면, 에너지가 더 이상 인류의 가장 큰 문제가 아니라는 사실이 놀랍다. 그 대신에 담수가 문제이다. 책에도 초기 징후가 나타나 있지만, 물 부족이 이처럼 모든 것에 영향을 미치리라고는 아무도 예상하지 못했다. 그 영향의 한 가지 예가 쌀이다. 그는 어린 시절 파스타만큼이나 자주 쌀을 먹었던 것으로 기억하지만, 20대가 되면서 쌀값이 비싸지기 시작했다. 현재 쌀은 암시장에서만 구할 수 있거나, 아니면 최고급 레스토랑에서 비싼 값에 곁들이는 음식으로만 제공된다. 심지어 파스타와 빵도 비싸다.

현재 막대한 양의 에너지가 해수를 담수화하여 내륙으로 수송하는 데 들어간다. 하지만 그것으로는 역부족이다. 많은 나라들이 물 저장 시설을 건설하는 것을 미루었고, 해수면 상승으로 전 세계의 중요한 대수층들이 더럽혀졌다. 그는 오래된 물 저장고인 빙하에 대해 읽으면서, 영화에서 본 것 말고는 빙하를 본 적이 없다는 사실을 깨달았다. 지구상의 유일한 자연 빙하는 그린란드와 남극에 있다. 동료들은 번영하는 그린란드 도시들을 방문한 적이 있지만 그 자신은 사업차로도 그곳에 가본 적이 없다. 극지방 바깥에도 빙하가 존재하지만 그것들은 책에서 체왕 노르펠이 만든 것과 같은 인공 빙하이다.

하지만 요즘 들어 이런 계절 빙하들은 추가적 도움이 필요하다(많은 계절성 빙하들이 강과 농경지에 물을 대기 위해 열대 산지와 전략적 장소들에서 매년 만들어지고 있다). 공학자들은 먼저 표적 태양 복사 관리로 그 지역을 식혀야 한다(그 지역 성층권에 반사 입자를 살포하는 방법을 일반적으로 쓰지만, 몇몇 장소에서는 차양 위성을 발사한다). 그런 다음 구름 씨를 파종하여 그 지역에 강수를 만든다. 하지만 이 방법은 여전히 효율이 60%에 그친다. 그 결과로 만들어진 빙하는 스키장에 쓰기에는 너무 값비싸며, 히말라야산맥에서는 2월이면(안데스산맥에서는 8월에) 그 빙하들 대부분이 사라진다. 인공 빙하는 꼭 필요하지만 목마른 행성의 목을 축이기에는 작은 물방울에 불과하다. 담수화된 물을 해안에서 내륙으로 보내기 위해 모든 대륙에서 방대한 운하망이 건설되고 저수지 건설도 계속되고 있다. 한편 물 부족은 계속해서 지역 불안을 야기하고, 최근 몇 십 년 동안 여러 갈등의 불씨가 되었다. 이를테면 멕시코와 미국 게릴라 사이에 계속되는 전쟁, 2040년부터 2045년까지 일어난 중국 내전, 시나이 혁명, 인도 분리주의 충돌이 그런 경우이다. 또한 물 저장과 뜨거운 기상 조건이 맞물린 결과, 말라리아와 댕기열의 치명적 변종을 포함하여 곤충 매개 질환이 빈발하고 있다. 이런 질환들은 프랑스 남부 같은 먼 북쪽까지 유행병을 초래하고 있다. 한편 영구동토가 녹음으로써 노출된 바이러스들도 그 바이러스들이 유폐되기 전만큼이나 인간, 동물, 농작물에 치명적인 것으로 드러났다.

키프는 책장을 앞으로 휙휙 넘겨 몰디브에 관한 단락을 읽었다. 그러고는 의자에 기대어 눈을 감았다. 포도나무 이파리에 여과된 햇빛이 그의 얼굴에 노란 빛으로 일렁이자 시간이 그를 과거로 데려간다. 해변에 한 아이가 서 있다. 엄마 손을 꼭 잡은 아이의 맨발에 파도가 부딪힌다. 2020년 그가 일곱 살이 되던 해, 스노클링을 하기 위해 몰디브해로 들어가려는 찰나였다. 그들은 마치 거울 속으로 들어가듯 다른 세계로 들어갔다. 알록달록한 물고기들이 조각보처럼 펼쳐진 풍요로운 산호 위로 경쾌하게 움직였다. 부유하는 말미잘과 부채 산호들이 게와 교묘히 피해 다니는 해마, 반짝이는 작은 물고기들을 숨겨주는 한편 가오리들은 그 위를 평화롭게 미끄러져 갔다. 무지갯빛으로 반짝이는 산호 카펫 위에서 스노클링하는 동안 그는 고래상어를 흘깃 보았다. 그 심해 거인은 플랑크톤을 찾아 바다를 누빈다. 그는 경이로운 수중 세계에서 마법 같은 며칠을 보내며 특별한 생물다양성을 탐험하고 즐겼다. 그런 장관을 본 것은 그때가 마지막이었다. 산호초는 모두 사라졌고, 바다를 헤엄치던 보석들은 그의 기억 속에서만 반짝인다. 사람들이 한때 스노클링하고 낚시했던 장소에 지금은 해조류가 양식되고 있다. 해조류는 따뜻하고 탄소가 풍부한 물을 좋아하기 때문이다. 연구자들은 산호초의 일부분을 살아 있는 박물관으로 조성하고 있다. 오스트레일리아 퀸즐랜드주에 그런 박물관이 하나 있는데, 산도 중화를 위한 정기적인 라이밍(석회를 살포하여 중화시키는 일_옮긴이), 접어 넣을 수 있는 차양, 거대한 냉각 팬이 필요하다. 하지만 그런 장소는 그가 몰디브 여행에서 경험했던 자연의 경이에는 턱없이 모자란다. 하긴, 몰디브라는 나라 자체가 이제는 존재하지 않으니까.

그는 자리에서 일어나 사라진 것들에 대해 생각한다. 지난 세기는 잔인했다. 부엌으로 가면서 키프는 큰 소리로 중얼거린다. 몰디브를 삼킨 해수면 상승과 폭풍은 많은 사람들이 사는 만과 해안 들을 훔쳐갔다. 2069년의 벵골 대홍수로 방글라데시, 인도, 버마에서 수십만 명의 사람들이 죽었다. 이 재해로 지구에 마지막으로 남은 야생 호랑이 서식지인 순다르반스도 물에 잠겼다. 전 세계적으로 해안 탈출이 일어나고 있다. 뭄바이에서 뉴올리언스에 이르는 도시들이 살 수 없는 장소가 되었기 때문이다. 마이애미 같은 몇몇 도시는 내륙에 재건되었다(하지만 해안에서 멀리 떨어진 새로운 마이애미는 과거의 마이애미와는 몰라보게 다르다). 한편 방글라데시의 쿨나 같은 장소들은 버려졌다. 쿨나에 살던 거주자들은 방글라데시의 거대한 디아스포라에 합류했다. 울위치 서쪽의 런던은 템스 장벽 덕분에 최근에 일어난 거대한 홍수에서 무사했다. 하지만 공항이 완전히 유실되고 강어귀의 도시들이 수백만 파운드어치의 재산 피해를 입는 등 아찔한 상황이었다. 놀랍게도 인명 피해는 전혀 없었다. 대피 경보가 일찍 발효되었기 때문이다. 하지만 수천 명이 다운스(Downs)의 임시 대피소에서 살고 있다. 현재 템스 장벽 강화 프로그램이 진행 중이다.

키프는 전기 식사조리기를 열고 캡슐 하나에 달걀 두 알, 절지고기 소시지(곤충 단백질로 만든 것), 모조베이컨(실험실에서 배양한 돼지고기 조직으로 만든 것)을 넣고, 다른 캡슐에 마늘을 첨가한 으깬 카사바를 넣고 단추를 누른다. 그러고 나서 채소 상자에서 토마토 몇 개, 바삭바삭한 해초, 삼피어와 케일을 꺼내 샐러드를 만든다. 케일만 국내산으로 동네 주말 농장에서 재배한 것이다. 삼피어와 해초는 유럽의 다른 지역에서 재배된 것이고, 토마토는 — 수입 과일과 채소 대부분과 마찬가지로 — 북아프리카의 사막을 뒤덮고 있는 광대한 '선드롭' 농장 중 한 곳에서 수경 재배되었다.

최초의 선드롭 농장에 대한 이야기가 책에도 나온다. 오스트레일리아에 생긴 초창기 형태로 벌집 모양의 골판지로 만든 온실인데,

태양광발전으로 담수화된 해수가 관개수로 이용되었다. 지난 몇 십 년 동안 이 개념의 규모가 커지고 효율도 높아져, 현재 전 세계 작물의 절반 이상이 사막에서 이런 방식으로 생산된다. 냉각 팬이 뜨거운 외부 온도의 부정적 효과를 상쇄하고, 공기 중의 높은 이산화탄소 농도가 식물의 성장 속도를 높이고, 관개 시설은 지극히 효율적이어서 날씨와 무관하다. 수경 재배를 하면 온실을 몇 층 높이로 만들 수 있다. 그러면 여러 층에 걸쳐 작물을 재배하면서도 환경에 미치는 영향은 그대로이고, 영양분을 정확히 공급하고 남는 것은 재활용할 수 있다. 선드롭 농장이 중국, 오스트레일리아, 인도, 미국, 아프리카의 여러 지역에서 많은 농경지를 대체했다. 파종, 재배, 추수의 전 과정이 자동으로 이루어지므로 선드롭 농장에서는 최소한의 노동력만을 사용한다. 그러다 보니 2030년대에 농장이 처음 도입될 때는 반발이 있었다. 인도가 특히 반발이 심해서 10년 가까이 선드롭 농장이 도입되지 못했다. 하지만 사람들의 대다수가 도시에 살고 선드롭 농장은 사람이 거주할 수 없는 사막에 위치했기 때문에(그런 장소 대부분이 예전에는 비옥한 땅이었지만 사막화된 곳이다), 머지않아 사람들은 집중 농업을 위해 야생의 땅을 더 이상 파괴하지 않고도 사람들을 먹일 수 있는 최선의 방법으로 받아들였다.

그는 수수 기장으로 만든 맥주를 따 잔에 붓는다. 입으로 가져가려는 순간 식사조리기가 띵 하며 다 되었다고 알린다. 키프는 알림 소리를 무시한 채 천천히 맥주를 마신다. 띵! 띵! 띵! 그가 툴툴거리며 일어나 식사조리기로 가서 완벽하게 요리된 음식을 꺼내자 자동 세척이 시작된다. 그는 혼자 먹는 데 익숙한 노련한 솜씨로 식사를 하면서 책장을 계속 넘긴다. 그는 한때 이 행성을 어슬렁거렸으나 지금은 야생에서 멸종한 동물들에 대해 읽는다. 고릴라와 코끼리는 산호초와 호랑이와 똑같은 방식으로 멸종했다. 과거에 농장에서 그렇게 많은 가축을 길렀다는 사실이 놀랍다. 요즘은 곤충에서 대부분의 동물 단백질을 얻고, 다른 고기들은 커다란 세포 배양기에서 합성된다. 물고기는 모두 양식이다.

계속해서 울리는 삐 소리에 그의 몽상이 중단된다. UAV(무인 항공기 또는 '드론') 배달이 도착해서 대문에 접근하는 중이다. 배달 드론은 여러 번 시도하다가 실패하자 다시 날아가 버린다. 해커들의 공격을 받은 뒤 대문 암호를 바꾸었는데도 배달 업체는 아직 옛날 암호를 가지고 있는 모양이다. 키프는 한숨을 내쉰다. 해초로 짠 평직 셔츠 두 벌이 올 것을 기대하고(한때 흔했던 면직물은 이제 너무 비싸다), 해진 셔츠들을 이미 생분해기에 넣어버린 것이다.

키프는 현재 여든일곱 살이지만 정신은 또렷하고 육체는 빠릿빠릿하다(인공관절, 줄기세포로 만든 대체 연골, 새로 교체한 눈과 귀 부속, 십 년마다 하는 동맥 청소 덕분이다). 그는 자신이 태어나던 해에 60세가 영위하던 생활 방식으로 살고 있다. 일주일에 이틀 일하고, 가상 세계와 현실 세계의 상대와 함께 테니스를 치고, 가상 세계와 현실 세계의 친구 및 가족들과 정기적인 만남을 갖는다. 그가 태어났을 때 지구에는 70억이 살았지만 지금 세계 인구는 100억이 넘는다. 많은 사람들이 예측했던 것보다는 적다. 실제로 여러 도시 국가들이 출산을 장려하는 각종 유인책을 내놓고 미성년자들의 이민을 장려하고 있다. 자녀가 둘 이상인 가족은 세금 감면을 받는다. 정부에서는 더 적은 시간을 일하고 더 적게 소비하는 노령화된 인구 집단을 우려하고 있다. 하지만 지금까지 이런 제도는 큰 성과를 거두지 못한 채 세계 모든 곳의 인구가 감소하고 있다. 전 세계 출산율은 여성 한 명당 겨우 0.7명이고, 분석가들은 인간 종이 1세기 안에 멸종할지도 모른다고 경고하고 있다.

책을 읽는 동안 키프는 자신의 한평생 동안 이 행성이 얼마나 변했는지 새삼 깨닫는다. 인류세의 예측들은 대부분 현실이 되었다. 세계의 기온은 몇 도가 올라갔고, 세계의 많은 장소에서 사람들은 냉각 기술에 의존하여 살아간다. 바다는 해수면이 높아지고 산성화되었다. 모든 곳의 날씨가 극단적이고 난폭해졌다. 해안선도 변해서 지도를 다시 그려야 했다. 책이 출판된 이래로 여러 종이 야생에서(또는 전부) 멸종했다. 많은 장소들이 몰라보게 변했다. 사막이 지구의 광대한 지역에 걸쳐 있는 반면, 그가 어렸을 때 비행기에서 본 조각보 같은 농경지들은 더 적은 면적에 걸쳐 있다. 세계 최대의 열대우림은 현격히 줄었고, 현재 가뭄과 산불을 겪고 남은 부분을 보호하기 위해 성층권 냉각 기술과 구름 씨 파종의 도움을 받고 있다. 한편 거대한 새로운 숲이 이 세계의 지붕을 탈바꿈시켰다. 북극권을 푸르게 만들어 그곳으로 이주한 열대우림 종들에게 새로운 서식지를 제공한 것이다.

키프는 앞날이 궁금하다. 22세기에 인류세는 어떤 모습일까? 모든 대륙에 인공수를 심어 대기의 이산화탄소를 빨아들였고, 북극에 새로 조성된 숲과 바다의 해초 정원도 도움이 되고 있다. 하지만 지난 세기에 수많은 열대 숲이 죽었고 화석 연료를 포기하는 데 미적거렸던 일을 생각해보면, 앞날도 쉽지는 않을 것이다. 기온은 계속 올라가고 있고, 북극 해저에 갇힌 메탄이 풀려나 그린란드와 남극에 남아 있는 마지막 대륙 빙상을 녹인다면 큰일이다.

이런 사실에도 불구하고 — 어쩌면 이런 사실 때문에 — 세계가 더 선한 장소가 되었다고 키프는 생각한다. 끔찍한 전쟁, 기근, 테러, 극단주의와 증오, 수십만 이민자들의 익사와 죽음 같은 일들은 이

제 옛일이 된 듯하다. 지난 20년은 이 세계가 그 어느 때보다 평화로 웠던 경이로운 시간이었다. 수십억이 가난에서 벗어났다. 굶주림과 50년 전만 해도 존재했던 종류의 빈곤은 더 이상 존재하지 않는다. 기후 이주, 도시화, 온라인망은 전 세계 사람들을 뒤섞이게 했고, 그 결과 사회적 이동이 가능하고 평등한 새로운 사회가 탄생했다. 전 세계의 거대한 도시는 사람들이 친밀하고 다양한 지역사회를 이루 며 함께 살 수밖에 없도록 만들었고, 이는 한정된 자원, 기후 재난, 질병 같은 공동의 외부 위협에 맞서 단결하는 협력 정신 — 일종의 전시 사고방식 — 을 낳았다. 해마다 온실가스 배출부터 남획에 이 르는 전 지구적 쟁점들에 대처하는 굵직한 국제 협약이 맺어지고, 정부들은 앞다퉈 과감하고 빠른 행동을 촉구하고 있다. 그가 보기 에, 인류는 성장했다.

창밖에서는 아이들이 푸른 거리에서 뛰놀고 있다. 키프는 책장 을 넘겨 에필로그를 읽기 시작한다.

감
사
의
말

전 세계의 수많은 사람들이 내게 베풀어준 도움과 인내심, 여러 친절한 행동이 없었다면 이 책 ― 이 여행 ― 은 불가능했을 것이다. 그분들 가운데 일부만 이 책에 거명되었지만, 도움을 준 다른 모든 분들에게 감사의 말을 전한다. 정말 고맙습니다. 이 책은 다음과 같은 분들에게 영감을 받아서 만들어졌다. 카트만두 드와리카스 호텔의 암비카 슈레스타(Ambica Shrestha), 바르디아국립공원 정글 카티지의 바하두르 카드카(Bahadur Khadka), 네팔 교육증진기구(Open Learning Exchange)의 라비 카르마차르야(Rabi Karmacharya), 인도 자이살메르 샤히 펠리스 호텔의 조라 M(Jora M), 뉴델리 에너지자원연구소(TERI), 네팔 국제통합산악개발센터(ICIMOD), 인도 반건조지역 열대작물연구소(ICRISAT), 방글라데시 농업연구센터의 연구자들, 인도 바르칼라 근처의 자택에서 푸짐한 식사를 대접해준 쿠마리 여사, 인도 벵갈루루 근처의 에코 리조트 '아워 네이티브 빌리지'의 C. B. 람쿠마르(C. B. Ramkumar)와 랄리타 람쿠마르(Lallita Ramkumar), 인도 구자라트주 아난드시의 물 전문가 투샤아르 샤(Tushaar Shah), 아난드 개발지원센터의 사친 오자(Sachin Oza), 아메다바드 비카스 센터의 라제시 샤(Rajesh Shah), 몰디브에서 도움을 준 폴 로버츠, 서벵골주의 키디르 박스(Khidir Box), 캄보디아의 블레이크 라트너(Blake Ratner), 기후 커뮤니티의 댄 캐시던(Dan Cashdan), 에티오피아 아디스아바바 유엔난민기구의 아마레 G-에그지아베르(Amare G-Egziabher), 에티오피아 가이아 프로젝트의 밀키야스 데베베(Milkyas Debebe), 알리자 르 룩스(Aliza le Roux), 나이로비 열대 토양생물학 및 비옥도 연구소의 피터 오코스(Peter Okoth), 르완다의 이브 르우붓소(Yves Rwbutso), 르완다 키갈리 헤븐 호텔의 알리사 룩신(Alisa Ruxin)과 조시 룩신(Josh Ruxin), 말라위의 사만사 루딕(Samantha Ludick), 나미비아 스바코 프문트의 토미 콜라드(Tommy Collard), 오스트레일리아 리스모어의 스티브 필립스(Steve Phillips), 교육 비영리기구 '디지털 익스플로러'의 제이미 뷰캐넌-던롭(Jamie Buchanan-Dunlop), 칠레 팔다베르데의 휴고 스트리터(Hugo Streeter), 볼리비아 수크레의 에프라인 페두카세 카스트로(Effrain Peducasse Castro), 볼리비아 욜로사 라 센다 베르데 야생동물 보호구역의 비키 오시오(Vicky Ossio), 리마 미라플로레스 게스트하우스의 프란시스 쇼벨(Francis Chauvel), 리마 파차카막(고고학 유적지)의 카르멘 펠리페-모랄레스(Carmen Felipe-Morales)와 울리세스 모레노(Ulises Moreno), 파나마 스미소니언열대연구소의 베스 킹(Beth King), 플라야 치키타 재규어 구조센터의 산드로 알비아니(Sandro Alviani)와 엔카 가르시아(Encar Garcia), 니카라과 오메테페의 알바로 몰리노(Alvaro

Molino), 안티과의 테사 데 고에데(Tessa de Goede), 국제환경개발 연구소(IIED)의 마이크 샤나한(Mike Shanahan)과 지질학자 얀 잘라시위츠(Jan Zalasiewicz).

이런 여행은 돈도 많이 들고 힘들다. 나는 그것을 가능하게 만들기 위해 애써준 편집자들에게 큰 감사를 드린다. 특히 《뉴 사이언티스트》의 전 편집자 캐럴라인 윌리엄스, BBC의 미셸 마틴, 《사이언스》의 존 트래비스, 《시드(Seed)》의 전 편집자 돈 호이트 고먼, 《오스트레일리언 지오그래픽》의 존 피크렐, BBC 퓨처의 존 필즈, 채토앤윈더스(Chatto & Windus) 출판사의 내 담당 편집자 베키 하디에게 감사한다. 베키는 처음부터 이 책을 믿고 집필 과정 내내 인내심을 가지고 능숙하게 내게 조언해주었으며, 이 책의 가독성을 높여주었다. 그리고 여러 난감한 실수로부터 나를 구해준 교열 담당자 데이비드 밀너에게도 감사한다.

친구들과 가족들의 지지, 격려, 사랑이 없었다면 이 가운데 무엇도 이루지 못했을 것이다. 특히 엠마 영과 조 마천트는 내 넋두리를 질책하지 않고 받아주고 나와 함께 즐거운 시간을 보내주었다. 할머니 테레사 빈스와 그리운 할아버지 스티븐 빈스는 시드니에서 끊임없이 보내오는 생명선이었고, 부모님 조지아나와 이반 빈스는 딸이 주기적으로 위험한 장소로 여행을 떠나는데도 처음부터 이 계획을 지지하며 언제나 나의 우군이 되어주었으며, 집필 과정 동안에는 꼭 필요한 육아를 도와주셨다. 남동생 데이비드 빈스는 몇 주 동안 자신의 아파트를 무단 점유한 나를 눈감아주었고, 최근에 태어난 내 멋진 아들 키프는 이 책의 탄생을 최선을 다해 지연시켰다. 무엇보다도 가장 고마운 사람은 나의 동반자 닉이다. 그는 얼음벌판에

서 모래사막까지, 정글에서 바다까지 나와 함께 여행했고, 불편한
28시간 버스 여행에 동행했으며, 수없이 많은 찬물 양동이 샤워를
견뎠고, 무장한 남성들과 협상하는 것을 도왔으며, 피치 못할 때 내
배낭을 들어주었고, 모든 사진을 찍어주었다. 고맙습니다.

주

서문

1 Höning, D. et al., 'Biotic vs abiotic Earth : A model for mantle hydration and continental coverage, Planetary and Space Science.' 온라인에서 볼 수 있다. ISSN 0032-0633, 2013년 10월 25일. Http://dx.doi.org/10.1016/j.pss.2013.10.004

2 Raup, D. M., & Sepkoski, J. J., 'Periodicity of extinctions in the geologic past,' PNAS 81(1984), 801~5.

3 Mora, C., Tittensor, D. P., Adl, S., Simpson, A. G. B., & Worm, B., 'How Many Species Are There on Earth and in the Ocean?', *Public Library of Science Biology* (ed. G. M. Mace), 9(8) (2011), e1001127. doi:10.1371/journal.pbio.1001127.

4 Great Acceleration: IGBP. 다음 웹페이지에서 볼 수 있다. www.igbp.net/globalchange/greatacceleration.4.1b8ae20512db692f2a680001630.html.

5 Zalasiewicz, J., Williams, M., Haywood A., & Ellis M., 'The Anthropocene : a new epoch of geological time?', *Philosophical Transactions of the Royal Society A* (2011), 369, 833~4.

6 Gurney, K. R. et al., 'Quantification of Fossil Fuel CO2 Emissions on the Building/Street Scale for a Large US City,' *Environmental Science & Technology 46* (2012), 12194~202.

7 Crutzen, P. J., 'Geology of mankind,' *Nature* 415 (6867) (2002), 23. doi:10.1038/415023a.

8 Subcommission on Quanternary Stratigraphy, ICS Working Groups at http://quaternary.stratigraphy.org/workinggroups/anthropocene/.

9 TS.2.1.1, 'Changes in Atmospheric Carbon Dioxide, Methane and Nitrous

Oxide - AR4 WGI Technical Summary,' 다음 웹페이지에서 볼 수 있다.
www.ipcc.ch/publications_and_data/ar4/wg1/en/tssts-2-1-1.html.

10 Rockström, J., Steffen, W., Noone, K., Persson, Å., Chapin, F. S., Lambin, E. F., Lenton, T. M. et al., 'A safe operating space for humanity,' *Nature* 461 (7263) (2009), 472-5. doi:10.1038/461472a. 추가 자료로 다음 문헌을 보라. Mark Lynas, *The God Species* (2011).

11 AR4 SYR 'Synthesis Report Summary for Policymakers 5 - The long-term perspective,' at www.ipcc.ch/publications_and_data/ar4/syr/en/spms5. html.
Vuuren, D. P. et al., 'The representative concentration pathways: an overview,' *Climatic Change* 109 (2011), 5~13.

12 'World Population Prospects: The 2012 Revision,' UN Department of Economic and Social Affairs (2013). 다음 웹페이지에서 볼 수 있다. http://esa.un.org/unpd/wpp/Documentation/pdf/WPP2012_HIGHLIGHTS.PDF.

13 La Rue, F., 'United Nations Human Rights Council Report of the Special Rapporteur on the promition and protection of the right to freedom of opinion and expression' (2011), at http://www2.ohchr.org/english/bodies/hrcouncil/docs/17session/A.HRC.17.27_EN.PDF.

1. 대기

1 Srivastava, L., 'Mobile phones and the evolution of social behaviour', *Behaviour & Information Technology* 24(2) (2005), 111~29. doi:10.1080/01449290512331321910.

2 'OKR: Poor People Using Mobile Financial Services: Observations on Customer Usage and Impact from M-PESA.' 다음 웹페이지에서 볼 수 있다. https://openknowledge.worldbank.org/handle/100986/9492.

3 Ray Kurzweil, *How to Create a Mind : The Secret of Human Thought Revealed* (2012).

<u>4</u>   Gibson, C. C., & Long, J. D., 'The presidential and parliamentary elections in Kenya, December 2007,' Electoral Studies 28(2009), 497~502.

<u>5</u>   'Cisco Visual Networking Index : Global Mobile Data Traffic Forecast Update, 2012~2017.' 다음 웹페이지에서 볼 수 있다. www.cisco.com/en/US/solutoins/collateral/ns341/ns525/ns537/ns705/ns827/white_paper_c11-520862.html.

<u>6</u>   'UN Millennium Development Goals Report'(2012). 다음 웹페이지에서 볼 수 있다. www.un.org/millenniumgoals/pdf/MDG%20Report%202012.pdf.

<u>7</u>   Myllyvirta, L., 'Silent Killers : Why Europe must replace coal power with green energy'(2013), Greenpeace. 다음 웹페이지에서 볼 수 있다. www.greenpeace.org/international/Global/international/publications/climate/2013/Silent-Killers.pdf.

<u>8</u>   World Bank study, 2007. 다음 웹페이지에서 볼 수 있다. http://siteresources.worldbank.org/INTEAPREGTOPENVIRONMENT/Resources/China_Cost_of_Pollution.pdf.
Kahn J., & Yardley J., 'As China Roars, Pollution Reaches Deadly Extremes,' *New York Times*. 다음 웹페이지에서 볼 수 있다. www.nytimes.com/2007/08/26/world/asia/26china.html?_r=0
McGregor, R., '750,000 a year killed by Chinese pollution', *Financial Times*(2007). 다음 웹페이지에서 볼 수 있다. www.ft.com/cms/s/8f40e248-28c7-11dc-af78-000b5df10621.Authorised=false.html?_i_location=http%3A%2F%2Fwww.t.com%2Fcms%2Fs%2F0%2F8f40e248-28c7-11dc-af78-000b5df10621.html%3Fsiteedition%3Duk&siteedition=uk&_i_referer=#axzz2qT1pUxzT.

<u>9</u>.   Bates, T. S. et al., 'Measurements of atmospheric aerosol vertical distributions aboveSvalbard, Norway, using unmanned aerial systems(UAS),' *Atmospheric Measurement Techniques* 6 (2013), 2115~20.

<u>10</u>   Haag, A. L., 'The even darker side of brown clouds', *Nature Reports, Climate Change*(2007), 52~3. doi:10.1038/climate.2007.41.

<u>11</u>   Atmospheric Brown Cloud Regional monitoring and assessment, ICIMOD

(2012). 다음 웹페이지에서 볼 수 있다. http://geoportal.icimod.org/
MENRISFactSheets/Sheets/13iciomd-atmospheric_brown_cloud_regional
_monitoring_and_assessment.pdf.

12 Auffhammer, M., Ramanathan, V., & Vincent, J. R., 'Climate change, the
monsoon, and rice yield in India,' *Climatic Change* 111 (2011), 411~24.

13 Bond, T. C., Doherty, S. J., Fahey, D. W., Forster, P. M., Berntsen, T.,
DeAngelo, B. J., Flanner, M. G. et al., 'Bounding the role of black carbon in
the climate system: A scientific assessment,' *Journal of Geophysical
Research: Atmospheres* 118 (11) (2013), 5380~552. doi:10.1002/
jgrd.50171.

2. 산

1 Chen, I.-C., Hill, J. K., Ohlemuller, R., Roy, D. B., & Thomas, C. D., 'Rapid
Range Shifts of Species Associated with High Levels of Climate Warming',
Science 333 (6045) (2011), 1024-6. doi:10.1126/science.1206432.

2 Pauli, H., Gottfried, M., Dullinger, S., Abdaladze, O., Akhalkatsi, M., Alonso.,
J. L. B., Coldea, G. et al., 'Recent Plant Diversity Changes on Europe's
Mountain Summits,' *Science* 336(6079) (2012), 353~5. doi:10.1126/
science.1219033.

3 Dyurgerov, M., & Meier M., 'Glaciers and the changing earth system'
(2004). 다음 웹페이지에서 볼 수 있다. https://instaar.colorado.edu/
uploads/occasional-papers/OP58_dyurgerov_meier.pdf.

4 Radić, V., & Hock, R., 'Regionally differentiated contribution of mountain
glaciers and ice caps to future sea-level rise,' *Nature Geoscience* 4(2)
(2011), 91~4. doi:10.1038/nge01052.

5 Campra, P., Garcia, M., Canton, Y., & Palacios-Orueta, A., 'Surface
temperature cooling trends and negative radiative forcing due to land use
change toward greenhouse farming in southeastern Spain,' *Journal of*

Geophysical Research 113 (D 18) (2008). doi:10.1029/2008JD009912.

6 Dutton, E. G., & Christy, J. R. , 'Solar radiative forcing at selected locations and evidence for global lower tropospheric cooling following the eruption of El Chichón and Pinatubo,' *Geophysical Research Letters* 19 (1992), 2313~6.

3. 강

1 Threats to wetland: WWF, 'Rivers at Risk' report (2004), 다음 웹페이지에서 볼 수 있다. www.panda.org/about_our_earth/about_freshwater/intro/ threats/index.cfm.

2 Syvitski, J. P. M., Kettner, A. J., Overeem, I., Hutton, E. W. H., Hannon, M. T., Brakenridge, G. R., Day, J. et al., 'Sinking deltas due to human activities,' *Nature Geoscience* 2(10) (2009), 681~6. doi:10.1038/nge0629.

3. 'Harrabin's Notes : Safe Assumptions,' BBC (2012). 다음 웹페이지에서 볼 수 있다. www.bbc.co.uk/news/science-environment-18020432. UN, '800 Million People without Drinking Water,' Global Research. 다음 웹페이지에서 볼 수 있다. www.globalresearch.ca/un-800-million- people-without-drinking-water/23843.

4 Darwall, W., 'Freshwater Key Biodiversity Areas : work in progress,' IUCN Species Programme. 다음 웹페이지에서 볼 수 있다. www.unesco.org/ mab/doc/iyb/scConf/Darwall.pdf.

5 Duckworth, J. W., 'Small carnivores in Laos: a status review with notes on ecology, behaviour and conservation,' *Small Carnivore Conservation* 16 (1997), 1~21.

6 Dung, V. V., Giao, P. M., Chinh, N. N., Tuoc, D., Arctander, P., & Mackinnon, J., 'A new species of living bovid from Vietnam,' *Nature* 363 (6428) (1993), 443~5. doi:10.1038/363443ao.

7 Barlow, C., Baran, E., Halls, A. S., & Kshatriya, M., 'How much of the

Mekong fish catch is at risk from mainstream dam?', *Catch and Culture* 14(2008).

8   Fred Pearce, *When the Rivers Run Dry* (2007).

9   Bonheur, N., & Lane, B. D., 'Natural resources management for human security in Cambodia's Tonle Sap Biosphere Reserve,' *Environmental Science & Policy* 5 (2002), 33~41.

10   'Vietnam's rice bowl threatened by rising seas,' *Guardian* (2011). 다음 웹페이지에서 볼 수 있다. www.theguardian.com/environment/2011/aug/21/vietnam-rice-bowl-threatened-rising-seas.

11   'Water Service Industry to Double Revenues by 2020 in Efforts to Tackle Scarcity, Says New BofA Merrill Lynch Global Research Report,' Bank of America Newsroom. 다음 웹페이지에서 볼 수 있다. http://newsroom. water-services-industry-double-revenues-2020-efforts-ta.

12   'Water footprint and virtual water.' 다음 웹페이지에서 볼 수 있다. www. waterfootprint.org/?page=files/home.
Arjen Y. Hoekstra, *The Water Footprint of Modern Consumer Society* (2013).

13   'Act now to avert a global water crisis,' *New Scientist* (2013년 5월 24일). 다음 웹페이지에서 볼 수 있다. www.newscientist.com/article/dn23597-act-now-to-avert-a-global-water-crisis.html#.

4. 농경지

1   'Issues Brief on Desertification, Land Degradation and Drought,' led by UNCCD. 다음 웹페이지에서 볼 수 있다. http://sustainabledevelopment. un.org/content/documents/1803tstissuesdldd.pdf.

2   Gibbs, H. K. et al., 'Tropical forest were the primary sources of new agricultural land in the 1980s and 1990s,' Proceedings of the National Academy of Sciences 107 (2010), 16732~7.

3   UN report, 'Water Statistics – Water Use.' 다음 웹페이지에서 볼 수 있다.

www.unwater.org/statistics_use.html.

4 UN report, 'Food Production Must Double by 2050 to Meet Demand from World's Growing Population, Innovative Strategies Needed to Combat Hunger, Experts Tell Second Committee' (2001). 다음 웹페이지에서 볼 수 있다. www.un.org/News/Press/docs/2009/gaef3242. doc.htm.

5 Brown L. R. *Plan B 3.0 : Mobilizing to Save Civilization* (2008), Chapter 5, 'Natural Systems Under Stress: Advancing Deserts.' 다음 웹페이지에서 볼 수 있다. www.earthpolicy.org/books/pb3/PB3ch5_ss5.

6 Jarvis, A., Ramirez-Villegas, J. Herrera Campo, B. V., & Navarro-Racines, C., 'Is Cassava the Answer to African Climate Change Adaption?, *Tropical Plant Biology* 5(1) (2012), 9-29. doi:10.1007/s12042-012-9096-7.

7 Food and Agriculture Organization of the United Nations, 'The state of food and agriculture; women in agriculture: closing the gender gap for development' (2001). 다음 웹페이지에서 볼 수 있다. www.fao.org/docrep/013/i2050e/i2050e00.htm.

8 De Gorter, H., 'Explaining agricultural commodity price increases : The role of biofuel policies,' in Oregon State University conference on rising food and energy prices, 'US food policy at a crossroads' (2008). 다음 웹페이지에서 볼 수 있다. http://arec.oregonstate.edu/sites/default/files/faculty/perry/degorter.pdf.

9 World Bank, Food Price Watch (February 2011). 다음 웹페이지에서 볼 수 있다. www.worldbank.org/foodcrisis/food_price_watch_report_feb2011. htm.
Action Aid, 'Meals per gallon : the impact of industrial biofuels on people and global hunger' (2010). 다음 웹페이지에서 볼 수 있다. www.actionaid. org.uk/sites/default/files/doc_lib/meals_per_gallon_final.pdf.

10 Food and Agriculture Organization of the United Nations, '2000 World Census of Agriculture Main Results and Metadata by Country (1996~2005)' (2010). 다음 웹페이지에서 볼 수 있다. www.fao.org/

docrep/013/i1595e/i1595e00.htm.

11   State of the World 2011, *Innovations that Nourish the Planet*, Chapter 6, 'Africa's Soil Fertility Crisis and the Coming Famine,' Nourishingthe planet. org. 다음 웹페이지에서 볼 수 있다. http://blogs.worldwatch.org/ nourishingtheplanet/wp-content/uploads/2011/02/Chapter-6-Policy-Brief_new.pdf.

12   Montgomery, D. R., 'Soil erosion and agricultural sustainability,' *Proceedings of the National Academy of Sciences* 104 (2007), 13268~72.

13   Pimentel, D., 'Soil Erosion : A Food and Environmental Threat,' *Environment, Development and Sustainability* 8 (2006), 119~37.

14   'Effects of Rising Atmospheric Concentrations of Carbon Dioxide on Plants,' Learn Science at Scitable. 다음 웹페이지에서 볼 수 있다. www. nature.com/scitable/knowledge/library/effects-of-rising-atmospheric-concentrations-of-carbon-13254108.

15   Seufert, V., Ramankutty, N., & Foley, J. A., 'Comparing the yields of organic and conventional agriculture,' *Nature* 485(7397) (2012), 229~32. doi:10.1038/nature11069.

16   Ainsworth, E. A., & Ort, D. R., 'How Do We Improve Crop Production in a Warming World?,' *Plant Physiology* 154(2) (2010), 526~30. doi:10.1104/ pp.110.161349.
Schlenker, W., & Roberts, M. J., 'Nonlinear temperature effects indicate severe damages to US crop yields under climate change,' *Proceedings of the National Academy of Sciences* 106 (37) (2009), 155594~8. doi:10.1073/pnas.0906865106.

17   Lobell, D. B. Schlenker, W., & Costa-Roberts, J., 'Climate Trends and Global Crop Production Since 1980,' *Science* 333 (6042) (2011), 616~20. doi:10.1126/science.1204531.

18   'The use of genetically modified crops in developing countries : a guide to the Nuffield Council on Bioethics Discussion Paper.' 다음 웹페이지에서 볼 수 있다. www.nuffieldbioethics.org/sites/defualt/files/GM%20Crops%20

short%20version%20FINAL.pdf.

19 Herman, R. A., & Price, W. D., 'Unintended Compositional Changes in Genetically Modified (GM) Crops : 20 Years of Research,' *Journal of Agricultural and Food Chemistry* 61 (2013), 11695~701.
DeFrancesco, L., 'How safe does transgenic food need to be?' *Nature Biotechnology* 31 (2013), 794~80.
World Health Organization (Department of Food Safety, Zoonoses and Foodborne Diseases), 'Modern food technology, human health and development: an evidence-based study' (2005).

20 Bond-Lamberty, B., & Thomson, A., 'Temperature-associated increases in the global soil respiration record,' *Nature* 464 (7288) (2010), 579~82. doi:10.1038/nature08930.

21 'Save Food : Global Initiative on Food Losses and Waste Reduction : Key Findings.' 다음 웹페이지에서 볼 수 있다. www.fao.org/save-food/key-findings/en/.

22 Food and Agriculture Organization of the Unite Nations, 'Food wastage footprint impacts on natural resources : summary report' (2013).

23 Bonhommeau, S., Dubroca, L., Le Pape, O., Barde, J., Kaplan, D. M., Chassot, E., & Nieblas, A-E. , 'Eating up the world's food web and the human trophic level,' *Proceedings of the National Academy of Sciences*, 110(51) (2013), 20617~20. doi:10.1073/pnas..1305827110.

24 Tuomisto, H. L., & Teixeira de Mattos, M. J., 'Environmental Imparcts of Cultured Meat Production,' *Environmental Science & Technology* 45 (14) (2011), 6117~23. doi:10.1021/es200130u.

25 Earth Policy Institute, 'Data Highlights: Peak Meat : US Meat Consumption Falling. 다음 웹페이지에서 볼 수 있다. www.earth-policy.org/data_highlights/2012/highlights25.

5. 바다

1 Levermann, A., Clark, P. U., Marzeion, B., Milne, G. A., Pollard, D., Radic, V., & Robinson, A., 'The multimillennial sea-level commitment of global warming,' *Proceedings of the National Academy of Sciences* 110(34) (2013), 13745~50. doi:10.1073/pnas.1219414110.

2 Peter F. Sale, *Our Dying Planet* (2011)은 바다가 처한 위협에 대해 잘 알려준다.

3 FAQs about ocean acidification. 다음 웹페이지에서 볼 수 있다. http://www.epoca-project.eu/index.php/what-is-ocean-acidifi-cation/faq.html.

4 McClanahan, T. R., Graham, N. A. J., MacNeil, M. A., Muthiga, N. A., Cinner, J. E., Bruggermann, J. H., & Wilson, S. K., 'Critical thresholds and tangible targets for ecosystem-based management of coral reef fisheries,' *Proceedings of the National Academy of Sciences* 108 (41) (2011), 17230~3. doi:10.1073/pnas.1106861108.

5 Jones, A., Berkelmans, R., van Oppen, M. J., Mieog, J., & Sinclair, W., 'A community change in the algal endosymbionts of a scleractinian coral following a natural bleaching event : field evidence of acclimatization,' *Proceeding of the Royal Society B : Biological Sciences* 275 (1641) (2008), 1359~65. doi:10.1098/rspb.2008.0069.

6 Siverman, J., Lazar, B., Cao, L., Caldeira, K., & Erez, J., 'Coral reefs may start dissolving when atmospheric CO2 doubles,' *Geophysical Research Letters* 36 (2009).

7 Bednaršek, N., Tarling G. A., Bakker, D. C. E. Fielding, S., Jones, E. M., Venables, H. J., Ward, P. et al., 'Extensive dissolution of live pteropods in the Southern Ocean,' *Nature Geoscience* 5 (12) (2012), 881~5. doi:10.1038/nge01635.
Waldbusser, G. G., Brunner, E. L., Harley, B. A., Hales, B., Langdon, C. J., & Prahl, F. G., 'A developmental and energetic basis linking larval oyster shell

formation to acidification sensitivity,' *Geophysical Research Letters* 40 (10) (2013), 2171~6. doi:10.1002/grl.50449.

8 Bignami, S., Enochs, I. C., Manzello, D. P., Sponaugle, S., & Cowen, R. K., 'Ocean acidification alters the otoliths of a pantropical fish species with implications for sensory function,' *Proceedings of the National Academy of Sciences*, 110(18) (2013), 7366~70. doi:10.1073/pnas.1301365110.

9 Nilsson, G. E., Dixson, D. L., Domennici, P., McCormick, M. I., Sørensen, C., Watson, S.-A., & Munday, P. L., 'Near-future carbon dioxide levels alter fish behaviour by interfering with neurotransmitter function,' *Nature Climate Change* 2(3) (2012), 201~4. doi:10.1038/nclimate1352.

10 Ilyina, T., Zeebe, R. E., & Brewer, P. G., 'Future ocean increasingly transparent to low-frequency sound owing to carbon dioxide emissions,' *Nature Geoscience* 3(1) (2009), 18~22. doi:10.1038/nge0719.

11 Hall-Spencer, J. M. et al., 'Vocanic carbon dioxide vents show ecosystem effects of ocean acidification,' *Nature* 454 (2008), 96~9.

12 Cquestrate : The Idea. 다음 웹사이트에서 볼 수 있다. www.cquestrate. com/the-idea.

13 Harvey, L. D. D., 'Mitigating the atmospheric CO2 increase and ocean acidification by adding limestone powder to upwelling regions,' *Journal of Geophysical Research* 113 (C4) (2008). doi:10.1029/2007JC004373.

14 World Meteorological Organization, 'Climate, carbon and coral reefs' (2010). 다음 웹페이지에서 볼 수 있다. www.wmo.int/pages/prog/wcp/ agm/publications/documents/Climate_Carbon_CoralReefs.pdf.

15 Field. I. C., Meekan, M. G., Buckworth, R. C., & Bradshaw, C. J. A., 'Susceptibility of sharks, rays and chimaeras to global extinction,' *Advances in Marine Biology* 56 (2009), 275~363.

16 Cowtan, K., & Way, R. G., 'Coverage bias in the HadCRUT4 temperature series and its impact on recent temperature trends,' *Quarterly Journal of the Royal Meteorological Society* (2013). doi:10.1002/qj.2297.

17 Colgan, W., Steffen, K., McLamb, W. S., Abdalati, W., Rajaram, H., Motyka,

R., Phillips, T. et al., 'An increase in crevasse extent, West Greenland : Hydrologic implications,' *Geophysical Research Letters* 38 (18) (2011). doi:10.1029/2011GL048491.

18 Perrette, M., Landerer, F., Riva, R., Frieler, K., & Minshausen, M., 'A scaling approach to project regional sea level rise and its uncertainties,' *Earth System Dynamics* 4 (2013), 11~29.

19 Epstein, H. E. et al., 'Arctic Report Card on Vegetation.' 다음 웹페이지에서 볼 수 있다. www.arctic.noaa.gov/reportcard/vegetation.html.

20 Whiteman, G., Hope, C., & Wadhams, P., 'Climate science : Vast costs of Arctic change,' *Nature* 499 (7459) (2013), 401~3. doi:10.1038/499401a.

21 Poloczanska, E. S., Brown, C. J., Sydeman, W. J., Kiessling, W., Schoeman, D. S., Moore, P. J., Brander, K. et al., 'Global imprint of climate change on marine life,' *Nature Climate Change* 3(1) (2013), 919~25. doi:10.1038/nclimate1958.

22 Jones, B. M., Arp, C. D., Jorgenson, M. T., Hinkel, K. M., Schmutz, J. A., & Flint, P. L., 'Increase in the rate and uniformity of coastline erosion in Arctic Alaska,' *Geophysical Research Letters* 36 (3) (2009). doi:10.1029/2008GL036205.

23 De Séligny, J. F. P., & Grainger, R., 'The State of World Fisheries and Aquaculture 2010' (2010). 다음 웹페이지에서 볼 수 있다. http://41.215/122/106/dspace/handle/0/210.

24 FAO Fisheries & Aquaculture, 'Small-scale and artisanal fisheries. 다음 웹페이지에서 볼 수 있다. www.fao.org/fishery/topic/14753/en.

25 De Séligny, J. F. P., & Grainger, R., 'The State of World Fisheries and Aquaculture 2010' (2010). 다음 웹페이지에서 볼 수 있다. http://41.215/122/106/dspace/handle/0/210.

26 Halweil, B., *Worldwatch Report : Farming Fish for the Future* (2008).

27 Richardson, A. J., Bakun, A., Hays, G. C., & Gibbons, M. J., 'The jellyfish joyride: causes, consequences and management reponsese to a more gelatinous future,' *Trends in Ecology & Evolution* 24 (2009), 312~22.

28 'Bird Scaring Lines Protect Seabird.' 다음 웹페이지에서 볼 수 있다. www. abcbirds.org/abcprograms/policy/fisheries/tori_lines.html.

29 Pompa, S., Ehrlich, P. R., & Ceballos, G., 'Global distribution and conservation of marine mammals,' *Proceedings of the National Academy of Sciences* 108 (33) (2011), 13600~5. doi:10.1073/pnas.1101525108.

30 Moore, C. J., Moore, S. L., Leecaster, M. K., & Weisberg, S. B., 'A Comparision of Plastic and Plankton in the North Pacific Central Gyre,' *Marine Pollution Bulletin* (2001).

6. 사막

1 Heffernan, O., 'The dry facts,' *Nature* 501 (7468) (2013), S2~S3. doi:10.1038/501S2a.

2 UN Conventiojn to Combat Desertification, 'Desertification, land degradation and drought, global factsheet.' 다음 웹페이지에서 볼 수 있다. www.unccd.int/Lists/SiteDocumentLibrary/WDCD/DLDD%20Facts.pdf.

3 McSweeney, C., New, M., & Lizcano, G., 'UNDP Climate Change Country Profiles : Ethiopia.' 다음 웹페이지에서 볼 수 있다. www.geog.ox.ac.uk/ research/climate/projects/undp-cp/UNDP_reports/Ethiopia/Ethiopia. lowres.report.pdf.

Nicholson, S. E., Nash, D. J., Chase, B. M., Grab, S. W., Shanahan, T. M., Verschuren, D., Asrat, A. et al., 'Temperature variability over Africa during the last 2,000 years,' *Holocene* 23(8) (2013), 1085~94. doi:10.1177/0959683613483618.

UNEP, 'Food Security in the Horn of Africa : The Implication of a Drier, Hotter and More Crowded Future' (2012). 다음 웹페이지에서 볼 수 있다. http://na.unep.net/geas/getUNEPPageWithArticleIDScript. php?article_id=72.

Williams, A. P., Funk, C., Michaelsen, J., Rauscher, S. A., Robertson, I., Wils, T.

H. G., Koprowski, M. et al., 'Recent summer precipitation trends in the Greater Horn of Afica and the emerging role of Indian Ocean sea surface temperature,' *Climate Dynamics* 39 (9~10) (2012), 2307-28. doi:10.1007/s00382-011-1222-y.

4 Ngugi M., 'Agro-pastoral systems,' CAADP Workshop (2011). http://www.caadp.net/pdf/DAY%203%20-%20BREAKOUT-Pastoral%20and%20agro-pastoral%20systems_FINAL.pdf.

5 Jacobson, M. Z., & Archer, C. L., 'Saturation wind power potential and its implications for wind energy,' *Proceedings of the National Academy of Sciences* 109 (39) (2012), 15679~84. doi:10.1073/pnas.1208993109.

6 Marvel, K., Kravitz, B., & Caldeira, K., 'Geophysical limits to global wind power,' *Nature Climate Change* 3(2) (2012), 118~21. doi:10.1038/nclimate1683.

7. 사바나

1 Tanzania Human Rights Report 2011.

2 Barnosky, A. D., 'Assessing the Causes of Late Pleistocene Extinctions on the Continents,' *Science* 306(5693) (2004), 70~9. doi:10.1126/science.1101476

3 Barnosky, A. D., Matzke, N., Tomiya, S., Wogan, G. O. U., Swartz, B., Quental, T. B., Marshall, C. et al., 'Has the Earth's sixth mass extinction already arrived? ', *Nature* 471(7736) (2011), 51~7. doi:10:1038/nature09678.

4 Hof, C., Araújo, M. B. Jetz., W., & Rahbek, C., 'Additive threats from pathogens, climate and land-use change for global amphibian diversity,' *Nature* 480 (2011), 516~9. doi:10:1038/nature10650.

5 WWF/Dalberg, 'Fighting Illicit Wildlife Trakfficking: a consultation with governments' (2012), 다음 웹페이지에서 볼 수 있다. http://awsassets.

panda.org/downloads/wwffightingillicitwildlifetrafficking_lr_2.pdf.
Chomel, B. B., Belotto, A., & Meslin, F.-X., 'Wildlife, Exotic Pets, and
Emerging Zoonoses', *Emerging Infectious Diseases* 13(1) (2007), 6~11.
doi:3201/eid1301.060480.

6 'WWF: Elephant killing continues in Cameroon,' *Guardian*. 다음
웹사이트에서 볼 수 있다. www.theguardian.com/world/
feedarticle/10145985.

7 Turner, W. R., Brandon K., Brooks, T. M., Gascon, C., Gibbs, H. K.,
Lawrence, K. S., Mittermeier, R. A. et al., 'Global Biodiversity Conservation
and the Alleviation of Peverty,' *BioScience* 61(1) (2012), 85~92.
doi:10.1525/bio.2012.62.1.13.

8 Smil, V., 'Harvesting the biosphere: The human impact,' *Population and
Development Review* 37 (2011), 613~36.

9 Dirección del Parque Nacional Galápagos. 다음 웹사이트에서 볼 수 있다.
www.galapagospark.org/nophprg.
php?page=desarrollo_sustentable_especies_invasoras.

10 Hobbs, R. J., Arico, S., Aronson, J., Baron, J. S. Bridgewater, P., Cramer, V. A.,
Epstein, P. R. et al., 'Novel ecosystems: theoretical and management
aspects of the new ecological world order,' *Global Ecology and
Biogeography* 15(1) (2006), 1~7. doi:10.1111/j.1466-822X.2006.00212.x.

11 Moore, J. L. et al., 'Proctecting islands from pest invasion: optical allocation
of biosecurity resources between quarantine and surveillance,' *Biological
Conservation* 143 (2010), 1068~78.

12 Mora, C., & Sale, P., 'Ongoing global biodiversity loss and the need to
move beyond protected areas: a review of the technical and practical
shortcomings of protected areas on land and sea,' *Marine Ecology Progress
Series* 434 (2011), 251~66.

13 'Frankfrut Zoological Society Statement on The Proposed Serengeti
Commercial Road' (2010). 다음 웹페이지에서 볼 수 있다. www.zgf.
de/download/1131/FZS+statement_+Serengeti+Road.pdf.

14 Folch, J. et al., 'First birth of an animal from an extinct subspecies (Capra pyrenaica pyrenaica) by cloning,' *Theriogenology* 71 (2009), 1026~34.

8. 숲

1 Shvidenko, A., & Gonzalez, P., 'Forest and Woodland Systems.' 다음 웹페이지에서 볼 수 있다. http://pgonzalez.home.igc.org/ Shvidenko_et_al_2006.pdf.

2 Van der Werf, G. R. et al., 'CO2 emissions from forest loss,' *Nature Geoscience* 2(2009), 737~8.

3 British Columbia Ministry of Forests, Mines and Lands, 'The State of British Columbia's Forests, Third Edition' (2010). 다음 웹페이지에서 볼 수 있다. www.for.gov.bc.ca/hfp/sof/index.htm#2010_report.
Ma, Z., Peng, C., Zhu, Q., Chen, H., Yu, G., Li, W., Zhou, X. et al., 'Regional drought-induced reduction in the biomass carbon sink of Canada's boreal forests,' *Proceedings of the National Academy of Sciences*, 109(7) (2012), 2423~7. doi:10.1073/pnas.1111576109.

4 Earth Policy Institute, 'Eco-Economy Indicators – Forest Cover – World Forest Area Still on the Decline'(2012). 다음 웹페이지에서 볼 수 있다. www.earth-policy.org/indicators/C56/forests_2012.

5 Lindquist, E. J., 'Global forest land-use change 1990~2005', Food and Agriculture Organization of the United Nations(2012).

6 Watts J., 'Environmental activists "being killed at rate of one a week,"', *Guardian*. 다음 웹페이지에서 볼 수 있다. www.theguardian.com/ environment/2012/jun/19/environment-activist-deaths.

7 Ben-Ami, Y. et al., 'Transport of North African dust from the Bodélé depression to the Amazon Basin : a case study', *Atmospheric Chemistry and Physics* 10(2010), 7533~44.

8 Nellemann, C., Redmond, I., Refisch, J., 'United Nations Environment

Programme & GRID-Arendal. The last stand of the gorilla : environmental crime and conflict in the Congo basin.' 다음 웹페이지에서 볼 수 있다. www.grida.no/_res/site/file/publications/gorilla/GorillaStand_screen.pdf.

9   'Mountain gorilla numbers rise by 10%', *Guardian.* 다음 웹페이지에서 볼 수 있다. www.theguardian.com/environment/2012/nov/13/mountain-gorilla-population-rises.

10   Asner, G. P. et al., 'Condition and fate of logged forests in the Brazilian Amazon', *Proceedings of the National Academy of Sciences* 103(2006), 12947~50.
Ahmed, S. E., Souza, C. M., Riberio, J., & Ewers, R. M., 'Temporal patterns of road network development in the Brazilian Amazon,' *Regional Environmental Change* 13(5) (2013), 927. doi: 10.1007/s10113-012-0397-z.
Rosa, I. M. D., Purves, D., Souza, C., & Ewers, R. M., 'Predictive Modelling of Contagious Deforestaton in the Brazilian Amazon', PLOS one 8(10) (2013), e77231. doi:10.1371/journal.pone.0077231.

11   Fu, R., Yin, L., Li, W., Arias, P. A., Dickinson, R. E., Huang, L., Chakraborty, S. et. al., 'Increased dry-season length over southern Amazonia in recent decades and its implication for future climate projection', *Proceedings of the National Academy of Sciences* 110(45) (2013), 18110~18115. doi:10.1073/pnas.1302584110.

12   Cox, P. M., Betts, R. A., Collins, M. Harris, P. P., Huntingford, C., & Jones, C. D., 'Amazonian forest dieback under climate-carbon cycle projections for the 21st century,' *Theoretical and Applied Climatology* 78(1-3) (2004). doi:10.1007/s00704-0049-4.

13   Betts, R. A., Cox, P. M. Collins, M., Harris, P. P., Huntingford, C., & Jones, C. D., 'The role of ecosystem-atmosphere interactions in simulated Amazonian precipitation decrease and forest dieback under global climate warming', *Theoretical and Applied Climatology* 78(1-3) (2004). doi:10.1007/s00704-004-0050-y.

14 Asner, G. P., Llactayo, W., Tupayachi, R., & Luna, E. R., 'Elevated rates of gold mining in the Amazon revealed through high-resolution monitoring', *Proceedings of the National Academy of Sciences* 110(2013), 18454~9.

15 Tollefson, J., 'Climate: Counting carbon in the Amazon,' *Nature* 461(7267) (2009), 1048~52. doi:10.1038/4611048a.

16 Laurance, W., 'China's appetite for wood takes a heavy toll,' *Timber and Forestry E-News 2012* (2012), 12~13.

17 WWF, 'Deforestation : Threats.' 다음 웹페이지에서 볼 수 있다. http:// worldwildlife.org/threats/deforestation.

18 Wearn, O. R., Reuman, D. C., & Ewers, R. M., 'Extinction Debt and Windows of Conservation Opportunity in the Brazilian Amazon,' *Science* 337 (6091) (2012), 228~32. doi:10.1126/science.1219013.

19 'California's Redwoods May be Benefiting From Climate Change,' Science | KQED Public Media for Northern CA. 다음 웹페이지에서 볼 수 있다. http://blogs.kqed.org/science/2013/08/14/californias-redwooods-may-be-benefiting-from-climate-change/.

20 Pross, J. et al., 'Persistent near-tropical warmth on the Antarctic continent during the early Eocene epoch', *Nature* 488(2012), 73~7.

21 Cao, L., Caldeira, K., 'Atmospheric carbon dioxide removal: long-tern consequences and commitment', *Environmental Research Letters* 5 (2010), 024011.

9. 암석

1 Fischer-Kowalski, M. et al., 'Decoupling natural resource use and environmental impacts from economic growth,' United Nations Environment Programme (2011).

2 Syvitski, J. P. M., 'Impact of Humans on the Flux of Terrestrial Sediment to the Global Coastal Ocean,' *Science* 308 (5720) (2005), 376~80.

doi:10.1126/science.1109454.

3 Syvitski J. et al., 'Changing the History of the Earth : The Role of Water in the Anthropocene,' GWSP Conference (2013). 다음 웹페이지에서 볼 수 있다. www.gwsp.org/fileadmin/Conference_2013/ water_anthropocene_A3.pdf.

4 Gregory M., 'Why are China's mines so dangerous?', BBC. 다음 웹페이지에서 볼 수 있다. www.bbc.co.uk/news/business-11497070.

5 Schwarzer, S., De Bono, A., Giuliani, G., Kluser, S., and Peduzzi, P., 'E-waste, the hidden side of IT equipment's manufacturing and use,' *UNEP DEWA/ GRID-Europe Environment Alert Bulletin* 5 (2005).

6 'E-waste : Annual gold silver "deposits" in new high-tech goods worth $21b ; less than 15% recovered.' 다음 웹페이지에서 볼 수 있다. www. sciencedaily.com/releases/2012/07/120706164159.htm.
US EPA, O. 'Statistics on the Management of Used and End-of-Life Electronics.' 다음 웹페이지에서 볼 수 있다. www.epa/gov/epawaste/ conserve/materials/ecycling/manage.htm.

7 Cosima Dannortizer의 다큐멘터리 *The Light Bulb Conspiracy*를 보라.

8 WWF, 'Living Planet Report 2008.' 다음 웹페이지에서 볼 수 있다. http:// awsassets.panda.org/downloads/living_planet_report_2008.pdf.

9 International Energy Agency, World Energy Outlook 2012. 다음 웹페이지에서 볼 수 있다. http://www.iea.org/publications/ freepublications/publication/English.pdf.

10 Evans, L., Maio, G. R., Corner, A., Hodgetts, C. J., Ahmed, S., & Hahn, U., 'Self-interest and pro-environmental behavior,' *Nature Climate Change* 3(2) (2012), 122-5. doi:10.1038/nclimate1662.

11 OECD, 'Environmental Outlook to 2050,' Climate Change chapter. 다음 웹페이지에서 볼 수 있다. www.oecd.org/env/cc/49082173.pdf.

12 'Plastic to Oil Fantastic.' 다음 웹페이지에서 볼 수 있다. www.youtube. com/watch?v=R-Lg_kvLaAM.

13 WHO, 'Air quality and health.' 다음 웹페이지에서 볼 수 있다. www.who.

int/mediacentre/factsheets/fs313/en/.

14   Fischetti M., 'The Human Cost of Energy,' *Scientific American* (2011). 다음 웹페이지에서 볼 수 있다. www.scientificamerican.com/article.cfm?id=the-human-cost-of-energy.

10. 도시

1   'Urbanization, Biodiversity and Ecosystem Services : Challenges and Opportunities − a SpringerOpen book.' 다음 웹페이지에서 볼 수 있다. www.springer.com/life+sciences/ecology/book/978-94-007-7087-4.

2   'Colombia's murder rate down 45% during Uribe : Police', Colombia Reports. 다음 웹페이지에서 볼 수 있다. http://colombiareports.co/colombias-murder-rate-down-45-during-uribe-police/.

3   Bettencourt, L. M. A., Lobo, J., Helbing, D., Kuhnert, C., & West, G. B., 'Growth, innovation, scaling, and the pace of life in cities,' *Proceedings of the National Academy of Sciences* 104(17) (2007), 7301~6. doi:10.1073/pnas.0610172104.

4   Hamilton, M. J., Milne, B. T., Walker, R. S., & Brown, J. H., 'Nonlinear scaling of space use in human hunter-gatherers,' *Proceedings of the National Academy of Sciences* 104(11) (2007), 4765~9. doi:10.1073/pnas.0611197104.

5   UN, 'The Millennium Development Goals Report 2013.' 다음 웹페이지에서 볼 수 있다. www.un.org/millenniumgoals/pdf/report-2013/mdg-report-2013-english.pdf.

6   Hoornweg, D., Sugar, L., & Trejos Gomez, C. L., 'Cities and greenhouse gas emissions: moving forward,' *Environment and Urbanization* 23(1) (2011), 207~27. doi:10.1177/0956247810392270.

7   From P. D. Smith, *City : A Guidebook for the Urban Age* (2012).

8   Li, W., Maduro, G., & Begier, E. M, 'Life Expectancy in New York City :

What Accounts for the Gains?,' New York Department of Health and Mental Hygiene : Epi Research Report, March 2013, 1~12. 다음 웹페이지에서 볼 수 있다. www.nyc.gov/html/doh/downloads/pdf/epi/ epiresearch-lifeexpectancy.pdf.

9 McGranahan, G., & Satterthwaite, D., 'Better Health for the Uncounted Urban Masses,' *Scientific American* 305 (3) (2011), 62. doi:10.1038/ scientificamerican0911-62.

Patel, R. B., & Burke, T. F., 'Urbanization – An Emerging Humanitarian Disaster,' *New England Journal of Medicine* 361(8) (2009), 741~3. doi:10.1056/NEJMp0810878.

10 OECD, 'Is Informal Normal? Towards More and Better Jobs in Developing Countries,' OECD Development Centre Studies (2009), ISBN 978-92-64-05923-8.

11 McKinsey & Company, 'Urban world: Mapping the economic power of cities.' 다음 웹페이지에서 볼 수 있다. www.mckinsey.com/insights/ urbanization/urban_world.

12 Nourishing the Planet, 'Urban Harvest.' 다음 웹페이지에서 볼 수 있다. http://blogs.worldwatch.org/nourishingtheplanet/tag/urban-harvest/.

13 'Brazilian Army Caves in to Favela's Drug Dealers', Brazzilmag.com. 다음 웹페이지에서 볼 수 있다. http://brazzilmag.com/component/content/ article/34/5790-brazilian-army-caves-in-to-favelas-drug-dealers.html.

14 Acuto M., & Khanna P., 'Nations are no longer driving globalization – cities are,' Quartz (2013). 다음 웹페이지에서 볼 수 있다. http://qz.com /80657/the-return-of-the-city-state/.

15 UN-Habitat report, 'State of the World's Cities 2010/2011.' 다음 웹페이지에서 볼 수 있다. www.unhabitat.org/content/asp?cid=8051&catid =7&typeid=46.

16 The Revolutionary Optimists, 'Map Your World.' 다음 웹페이지에서 볼 수 있다. http://revolutionaryoptimists.org/map-your-world.

17 Rick Smolan and Jennifer Erwitt, *The Human Face of Big Data* (2012).

18   'How Target Figured Out A Teen Girl Was Pregnant Before Her Father
     Did,' *Forbes*. 다음 웹페이지에서 볼 수 있다. www.forbes.com/sites/
     kashmirhill /2012/02/16/how-target-figured-out-a-teen-girl-was-
     pregnant-before-her-father-did/.

19   World Bank Group President Robert B. Zoellick opening remarks at the
     C40 Large Cities Climate Summit. 다음 웹페이지에서 볼 수 있다. http://
     web.worldbank.org/WBSITE/EXTERNAL/NEWS/o,,contentMDK:
     22928910~pagePK:64257043~piPK:437376~theSitePK:4607,00.html.

20   'Vanity Height : the Empty Space in Today's Tallest,' *CTBUH Journal*, Issue
     Ⅲ (2013), 42. 다음 웹페이지에서 볼 수 있다. http://www.ctbuh.org/
     LinkClick.aspx?fileticket=k%2BK%2FgAvA7YU%3D&tabid=5837&langua
     ge=en-US.

21   Sivak, M., 'Has motorization in the US peaked? (2013). 다음 웹페이지에서
     볼 수 있다. http://141.213.232.243/handle/2027.42/98098.

22   Vidal, J., & Pathak, S., 'How urban heat islands are making India hotter,'
     Guardian. 다음 웹페이지에서 볼 수 있다. www.theguardian.com/global-
     development/poverty-matters/2013/jan/09/delhi-mumbai-urban-heat-
     islands-india.

23   Proppe, D. S., Sturdy, C. B., & St Clair, C. C., 'Anthropogenic noise
     decreases urban songbird diversity and may contribute to homogenization,'
     Global Change Biology 19(4) (2013), 1075~84. doi:10.111/gcb.12098.
     Miranda, A. C., Schielzeth, H., Sonntag, T., & Parteche, J., 'Urbanization
     and its effects on personality traits: a result of microevolution or
     phenotypic plasticity?,' *Global Change Biology* 19(9) (2013), 2634~4.
     doi:10.1111/gcb.12258.
     Snell-Rood, E. C., & Wick, N., 'Anthropogenic environments exert variable
     selection on cranial capacity in mammals,' *Proceedings of the Royal
     Society B : Biological Sciences* 280(1769) (2013), 20131384. doi:10.1098/
     rspb.2013.1384.
     Harris, S. E., Munshi-South, J., Obergfell, C., & O'Neill, R., 'Signatures of

rapid evolution in urban and rural trascriptomes of white-footed mice (*Peromyscus leucopus*) in the New York metropolitan area' (2013), PeerJ PrePrints 1:e13v2. 다음 웹페이지에서 볼 수 있다. http=://dx.doi. org/10.7287/peerj.preprints.12v2.

24 Lederbogen, F., Kirsch, P., Haddad, L., Streit, F., Tost, H., Schuch, P., Wüst, S. et al., 'City living and urban upbringing affect neural social stress processing in humans,' *Nature* 474(7352) (2011), 498~501. doi:10.1038/ nature10190.

Pedersen, C. B., & Mortensen, P. B., 'Evidence of a dose-response relationship between urbanicity during upbringing and schizophrenia risk,' *Archives of General psychiatry* 58 (2001), 1039~46.

25 Seto, K. C., Guneralp, B., & Hutyra, L. R., 'Global forecasts of urban expansion to 2030 and direct impacts on biodiversity and carbon pools,' *Proceedings of the National Academy of Sciences* 109(2012), 16083~8. doi:10.1073/pnas.1211658109.

인류세의 모험
우리가 만든 지구의 심장을 여행하다

지은이 가이아 빈스
옮긴이 김명주

1판 1쇄 펴냄 2018년 4월 19일
1판 2쇄 펴냄 2023년 9월 15일

펴낸곳 곰출판
출판신고 2014년 10월 13일 제2021-000049호
전자우편 book@gombooks.com
전화 070-8285-5829
팩스 02-6305-5829

종이 삼영페이퍼
제작 미래상상

ISBN 979-11-955156-9-1